TECHNIK UND KULTUR

in 10 Bänden und einem Registerband

Im Auftrage der Georg-Agricola-Gesellschaft
herausgegeben von
Armin Hermann (Vorsitzender des Wissenschaftlichen Beirats)
und
Wilhelm Dettmering (Vorsitzender der Gesellschaft)

Gesamtredaktion: Charlotte Schönbeck

TECHNIK UND WIRTSCHAFT

Herausgegeben von Ulrich Wengenroth

VDI VERLAG

Die Deutsche Bibliothek – CIP-Einheitsaufnahme

Technik und Kultur : in 10 Bänden und einem Registerband /
im Auftr. der Georg-Agricola-Gesellschaft hrsg. von Armin
Hermann und Wilhelm Dettmering. – Düsseldorf : VDI-Verl.
  Teilw. hrsg. von Wilhelm Dettmering und Armin Hermann
  ISBN-13: 978-3-642-95795-6   e-ISBN-13: 978-3-642-95794-9
  DOI: 10.1007/978-3-642-95794-9
NE: Hermann, Armin [Hrsg.]; Dettmering, Wilhelm [Hrsg.]

Bd. 8. Technik und Wirtschaft – 1993
Technik und Wirtschaft / hrsg. von Ulrich Wengenroth [Im
Auftr. der Georg-Agricola-Gesellschaft]. – Düsseldorf : VDI-
Verl., 1993
  (Technik und Kultur ; Bd. 8)
  ISBN-13: 978-3-642-95795-6
NE: Wengenroth, Ulrich [Hrsg.]

Gedruckt mit Unterstützung des Förderungs- und Beihilfefonds Wissenschaft der VG Wort

Bildredaktion: Margot Klemm
Fotoarbeiten: Werner Kissel u. a.

Satz: Konrad Triltsch GmbH, Würzburg

ISBN-13: 978-3-642-95795-6

Zum Gesamtwerk
„Technik und Kultur"

Wir dürften die Vertreibung aus dem Paradies nicht als einen Verlust beklagen: im „Ausschlagen des Paradieses", so meinten Georg Agricola und Paracelsus, eröffne sich dem Menschen vielmehr ein „neues, seligeres Paradies", das er sich selbst auf der Erde schaffen könne durch seine „Kunst". Mit „Kunst" war alles vom Menschen künstlich Hergestellte gemeint, wie die „Windkunst" (oder Windmühle), die „Wasserkunst" und die „Stangenkunst", also auch das, was wir heute mit „Technik" bezeichnen.

Die Gestaltung der Natur galt im 16. und 17. Jahrhundert als ein dem Menschen von Gott erteilter Auftrag: Wir müssen versuchen, schrieb René Descartes 1637, die „Kraft und die Wirkung des Feuers und des Windes" und überhaupt aller uns umgebenden Körper zu verstehen; dann würde es möglich, alle diese Naturkräfte für unsere Zwecke zu benutzen: „So könnten wir Menschen uns zu Herren und Besitzern der Natur machen."

Diese Visionen schienen sich am Ende des 19. Jahrhunderts tatsächlich zu erfüllen. Bezwungen wurden die großen Geißeln der Menschheit, die Cholera, die Pest und die anderen Seuchen, die einst in wenigen Tagen Hunderttausende hingerafft hatten. Die Ernteerträge stiegen, und nur noch die ganz Alten erinnerten sich an die schrecklichen Hungersnöte, die zum Alltage des Menschen gehört hatten wie Sonne und Regen. Mit dem Beginn des neuen Jahrhunderts wurde auch ein Anfang gemacht mit der Befreiung des Menschen von der Fron in den Fabriken. Ohne daß die Arbeiter hätten angestrengter schaffen müssen und ohne Verminderung der Produktion gelang es, die Arbeitszeit herabzusetzen.

Die religiöse Motivierung des technischen Schaffens war im 19. Jahrhundert verlorengegangen; die allgemeine Säkularisierung hatte auch die Arbeitswelt erfaßt. Was blieb, war der Glaube an den ununterbrochenen, durch Wissenschaft und Technik herbeigeführten wirtschaftlichen und gesellschaftlichen Fortschritt. „Man glaubte an diesen Fortschritt schon mehr als an die Bibel", hat Stefan Zweig in seinen Lebenserinnerungen geschrieben, „und sein Evangelium schien unumstößlich bewiesen durch die täglich neuen Wunder der Wissenschaft und der Technik."

Ein gutes Beispiel für diese Fortschrittsgläubigkeit gibt uns Werner von Siemens. Bei der Versammlung der Deutschen Naturforscher und Ärzte 1886 in Berlin sprach Siemens vor 2700 Tagungsteilnehmern von der ihnen allen gemeinsamen Überzeugung, „daß unsere Forschungs- und Erfindungstätigkeit" die Lebensnot der Menschen und ihr Siechtum mindern, „ihren Lebensgenuß erhöhen, sie besser, glücklicher und mit ihrem Geschick zufriedener machen wird".

Es war eine Illusion zu glauben, daß die Macht, die uns die Technik verleiht, die Menschheit notwendigerweise, das heißt von selbst und ohne unser Zutun, auf eine „höhere Stufe des Daseins" erheben werde. Vielmehr müssen wir alle unsere Anstrengungen darauf konzentrieren, daß die uns durch die Technik zugewachsene Machtfülle nicht mißbraucht wird, sondern daß sie tatsächlich die gesamte Menschheit – und nicht nur privilegierte Teile – auf die apostrophierte „höhere Stufe des Daseins" erhebt. Hier liegt die größte politische Aufgabe, die uns am Ende des 20. Jahrhunderts gestellt ist.

Wie sollen wir es halten mit der Technik? Bei fast jedem gesellschaftspolitischen Problem – und so auch hier – gibt es ein breites Spektrum von Meinungen. Das eine Extrem ist die blinde Technikgläubigkeit, wie sie vor allem im fin de siècle geherrscht hatte, und wie sie vereinzelt auch heute noch vorkommen mag. Das andere Extrem ist die unreflektierte Technikfeindlichkeit.

Schon Georg Agricola hat sich mit der Meinung auseinandersetzen müssen, daß der Mensch ganz die Finger lassen solle von der Technik.

In seinem Werk „De re metallica" (1556) nimmt Agricola gleich auf den ersten Seiten Stellung zur Kritik, die sich gegen die Verwendung der Metalle und überhaupt jede technischen Betätigung wendet: „Wenn die Metalle aus dem Gebrauch der Menschen verschwinden, so wird damit jede Möglichkeit genommen, sowohl die Gesundheit zu schützen und zu erhalten als auch ein unserer Kultur entsprechendes Leben zu führen. Denn wenn die Metalle nicht wären, so würden die Menschen das abscheulichste und elendeste Leben unter wilden Tieren führen; sie würden zu den Eicheln und dem Waldobst zurückkehren, würden Kräuter und Wurzeln herausziehen und essen, würden mit den Nägeln Höhlen graben, in denen sie nachts lägen, würden tagsüber in den Wäldern und Feldern nach der Sitte der wilden Tiere umherschweifen."

Mit Agricola sind wir der Meinung, daß ein menschenwürdiges Leben ohne Technik eine Illusion ist. Der Mensch kann der Technik so wenig entfliehen, wie er der Politik entfliehen kann.

Bleiben wir bei diesem Vergleich: In den zwanziger und dreißiger Jahren wollten viele Menschen in Deutschland mit Politik nichts zu tun haben. Die Konsequenz war, daß die Entscheidungen von anderen und in durchaus unerwünschter Weise getroffen wurden. Diesen Fehler dürfen wir heute mit der Technik nicht wiederholen: Wir müssen uns mit ihr entschlossen auseinandersetzen und mit entscheiden, welche Technik und wieviel wir haben wollen und worauf wir uns besser nicht einlassen.

Zur funktionierenden Demokratie gehört das Engagement und die politische Bildung der Bürger. Genauso gehört zur modernen Welt ein Verständnis für die Rolle der Technik.

Genau darum geht es:
Einen verständigeren Gebrauch zu machen von der Technik.

Wir wissen alle noch viel zu wenig von der Bedeutung der Technik für unsere Gesellschaft und unser Denken. Tatsächlich spielte bei der Entwicklung der Menschheitskultur die Technik von Anfang an eine entscheidende Rolle, weshalb auch der französische Philosoph und Nobelpreisträger Henri Bergson den Begriff des „homo faber" geprägt hat. Für Bergson begründet die Fähigkeit, sich mächtige Werkzeuge für die Gestaltung der Welt schaffen zu können, das eigentliche Wesen des Menschen.

Da nun überall die Auseinandersetzung um die Technik voll entbrannt ist – und neben klugen Vorschlägen auch viele törichte und gefährliche zu hören sind –, fühlt sich die Georg-Agricola-Gesellschaft aufgerufen, den ihr gemäßen Beitrag zu dieser Diskussion zu leisten. Zu Beginn der Neuzeit hat sich Georg Agricola, unser Namenspatron, Gedanken über den sinnvollen Gebrauch der Technik gemacht. Mehr als vierhundert Jahre später, zu „Ende der Neuzeit", wie manche sagen, stellt sich die Georg-Agricola-Gesellschaft die Aufgabe, eine Bestandsaufnahme vorzulegen, welche Rolle die Technik bisher in der Entwicklung der Menschheit gespielt hat.

Dabei soll es zwar auch um die auf der Hand liegende wirtschaftliche Bedeutung der Technik gehen und natürlich um die Spannung von Natur und Technik, aber ebenfalls um die weniger bekannten Aspekte. Dazu gehört etwa die zu Beginn dieses Vorwortes angesprochene ursprüngliche religiöse Motivierung des technischen Schaffens oder auch die Rolle, die der Technik in den verschiedenen Ideologien zugewiesen wird. Weitere Beispiele sind die Veränderung der „Bedingungen des Menschseins", etwa durch die modernen Kommunikationsmittel, und die Veränderungen der Gesellschaftsstruktur. Dazu gehört etwa das Entstehen des „vierten Standes" durch die industrielle Revolution und der sozusagen umgekehrte Prozeß, der sich heute vor unseren Augen vollzieht: das Verschwinden des Unterschiedes zwischen dem Arbeiter und dem Angestellten.

Wie läßt sich ein derart komplexes Thema sinnvoll gliedern? Ein Vorbild haben wir in den 1868 ausgearbeiteten „Weltgeschichtlichen Betrachtungen" von Jacob Burckhardt gefunden. Dem Basler Historiker ging es seinerzeit um die Entwicklung von Staat, Religion und Kultur. Nach einer kurzen Betrachtung über Staat, Religion und Kultur behandelt Burckhardt nacheinander die „sechs Bedingtheiten", das heißt den Einfluß des Staates auf die Kultur und umgekehrt der Kultur auf den Staat und so fort.

Dieses anspruchsvolle Programm hat Burckhardt vermöge seiner umfassenden Bildung bewältigen können. Einen Nachfolger aber wird er wohl kaum finden, der aufarbeitet, wie sich das Verhältnis von Staat und Kultur von der Mitte des 19. Jahrhunderts bis heute gestaltet hat. Inzwischen sind viele neue Staatsformen entstanden (und einige zum Glück wieder verschwunden). Auf dem Gebiete der Kultur hat es tiefgreifende Aufspaltungen gegeben, wobei man nur an das Schlagwort von den „zwei Kulturen" zu denken braucht. Mit einer pauschalen Behandlung der „Kultur" ist es heute also nicht mehr getan.

Selbst der Unterbereich „Wissenschaft" ist, was zum Beispiel die „Bedingtheit durch den Staat" betrifft, in ganz unterschiedliche Sektoren zu gliedern. Hatte der Staat dereinst, im Deutschland der Dichter und Denker, Philosophie, klassische Philologie und die Altertumswissenschaften bevorzugt gefördert, so stand um 1850 die Chemie in der Sonne der staatlichen Gunst und um 1950 die Physik. Ganz offensichtlich könnte heute kein einzelner Historiker mehr das Burckhardtsche Programm bewältigen.

Einen Teil dieser großen Aufgabe hat sich nun die Georg-Agricola-Gesellschaft vorgenommen, und zwar den Teil, der sich auf die Technik bezieht. Untersucht werden zehn „gegenseitige Bedingtheiten": (I) Technik und Philosophie, (II) Technik und Religion, (III) Technik und Wissenschaft, (IV) Technik und Medizin, (V) Technik und Bildung, (VI) Technik und Natur, (VII) Technik und Kunst, (VIII) Technik und Wirtschaft, (IX) Technik und Staat, (X) Technik und Gesellschaft.

Diese zehn Themenbände und ein Registerband bilden das Gesamtwerk. Jeder Band ist einzeln für sich verständlich; seinen besonderen Wert freilich erhält er erst durch die Vernetzung mit den übrigen Themen.

Ehe wir nun die Bände nacheinander vorstellen, noch eine abschließende Bemerkung zum Gesamttitel. Das Gesamtwerk haben wir „Technik und Kultur" genannt, weil es zwar nicht ausschließlich, aber doch in der Hauptsache darum geht, die engen Beziehungen und vielfältigen Verschränkungen zu zeigen, in denen die Technik zu allen Bereichen der menschlichen Kultur steht. Wer sich auf diese Weise mit der Technik beschäftigt, dem wird wohl deutlich, daß bei allem Mißbrauch, die vielen von uns die Technik suspekt gemacht hat, diese einen integrierenden Teil unserer Kultur darstellt.

Das Generalthema des vorliegenden Werkes ist die Beziehung zwischen Technik und Kultur. Damit ist bereits stillschweigend eine bestimmte Grenze gezogen: Es kommen hier nur diejenigen Aspekte der Technik zur Sprache, die in einem Zusammenhang mit der Kultur stehen. So sind spezielle ingenieurwissenschaftliche Fragen und im engeren Sinn technikhistorische Gesichtspunkte ebenso ausgeschlossen wie ins Einzelne gehende psychologische oder soziologische Fragestellungen.

Das vordringliche Anliegen dieser Reihe – zu einem tieferen und umfassenderen Verständnis des Phänomens Technik in Gesellschaft und Kultur beizutragen – läßt sich nur verwirklichen, wenn sich die Leitgedanken des Gesamtwerkes auch in der inneren Architektur der einzelnen Bände widerspiegeln: die wechselseitigen Beziehungen und engen Verschränkungen zwischen der Technik und anderen Kulturbereichen sollen in ihrer Entwicklung nachgezeichnet und in ihren systematischen Zusammenhängen bis zur Darstellung der gegenwärtigen Situation herangeführt werden. – Um eine Auswahl aus der Vielfalt der wechselseitigen Einflüsse zu gewinnen, wird in allen Bänden immer wieder folgenden Fragen nachgegangen:

Welche technischen Ideen, Erfindungen und Verfahren haben zu einer grundsätzlichen Änderung in der Denkweise und den Methoden anderer Kulturbereiche geführt? – Man denke dabei nur an die revolutionierende Wirkung des Buchdrucks auf das Bildungswesen, an die Fortschritte der Medizin durch die Erfindung des Mikroskops und die tiefgreifenden Einflüsse von Radio und Fernsehen auf das Verhalten der Menschen.

Welche theoretischen Vorstellungen, Strukturbedingungen oder drängenden Lebensprobleme gaben den Anstoß für technisches Forschen, Erfinden und Konstruieren? – Hierher gehört die Vielfalt technischer Lösungen für bestimmte wirtschaftliche oder politische Aufgaben.

Die verschiedenen Themenkreise und ihre Aufeinanderfolge in den einzelnen Bänden sind so ausgewählt, daß charakteristische Wesenszüge und übergreifende Strukturen der Technik sichtbar werden.

Die gegenwärtige Diskussion über die Technik ist zwar oft emotional und irrational bestimmt, aber sie beruht nicht nur auf Eindrücken und Gefühlen. Sobald dabei Argumente ins Feld geführt werden, interpretiert man Tatsachen und appelliert an die vernünftige Einsicht. In dieser Situation ist die Philosophie gefordert. Sie ist nämlich zuständig, wenn es darum geht, Begriffe zu klären und grundsätzliche theoretische Zusammenhänge der Technik aufzuzeigen. Am Anfang des Gesamtwerkes steht daher der Band

TECHNIK UND PHILOSOPHIE   (Band I)

Dieser Eingangsband beginnt mit der Erörterung des Technikbegriffes. Es folgen Ausführungen zur Bewertung der Technik in der Geschichte der Philosophie, Untersuchungen zum technischen Problemlösen und zur instrumentellen Verfahrensweise sowie Darlegungen zum geschichtlichen Wertwandel, Überlegungen zu den drängenden Fragen der Verantwortung für den technischen Fortschritt und zur möglichen Abschätzung der Technikfolgen. Die Diskussion über die Ambivalenz der Technik, über ihre weltweit kulturgeschichtlichen Auswirkungen, über ihre erhofften und realisierten Leistungen und auch ihre Gefahren schließen diesen Band ab.

Die moderne Technik in der Form, wie wir sie heute kennen, ist nicht denkbar ohne zwei Elemente, durch die die europäische Tradition entscheidend geprägt wurde: das Christentum und die Entstehung der modernen Naturwissenschaften in der Renaissance. So werden in dem Band

TECHNIK UND RELIGION   (Band II)

in einem weitgespannten historischen Zusammenhang die wechselseitigen Beziehungen zwischen technischem Wandel und religiösen Vorstellungen untersucht. Um für die Beiträge dieses Bandes eine gemeinsame Ausgangsbasis zu finden, werden in dem Eingangsartikel die Begriffe Religion, Theologie und Kirche gegeneinander abgegrenzt.

Die folgenden Kapitel des Religionsbandes behandeln den allgemeinen Zusammenhang zwischen der technischen Entwicklung und den großen außerchristlichen Religionen und den christlichen Kirchen bis hin zur Gegenwart. Überlegungen zu esoterischen Strömungen der

Gegenwart und mögliche Modelle einer Religiosität in einer zukünftigen technischen Weltzivilisation beschließen den Band.

Moderne Technik konnte erst entstehen, nachdem das theoretische
Denken, die mathematische Methode und das gezielte Experiment
in die Naturwissenschaften Einzug gehalten hatten. Die Anwendung
naturwissenschaftlicher Methoden und Ausnutzung der Naturgesetze sind die Grundvoraussetzungen technischen Schaffens. In welcher Weise sich die Beziehungen zwischen Technik und Naturwissenschaften in verschiedenen Epochen darstellen, ist ein Hauptthema des
Bandes

TECHNIK UND WISSENSCHAFT   (Band III)

Der Wissenschaftsbegriff, dessen Erörterung den Ausgangspunkt
der Untersuchungen bildet, wird hier so weit gefaßt, daß er nicht nur
Naturwissenschaften und Technikwissenschaften einbezieht, sondern
auch die Geisteswissenschaften mit angesprochen sind. Die folgenden
Beiträge sind daher zunächst den wechselseitigen Einflüssen von Technik und Geisteswissenschaften gewidmet, Untersuchungen zum Verhältnis von Technik und Rechtswissenschaften bzw. Wirtschaftswissenschaften schließen sich an. Die Entstehung der spezifischen
Technikwissenschaften und ihre Verknüpfung mit praktischer technischer Tätigkeit sind Themen in den abschließenden Darstellungen des
Bandes.

Innerhalb der Wissenschaft nimmt die Medizin einen so wichtigen
Platz ein, daß ihr ein eigener Band gewidmet wird:

TECHNIK UND MEDIZIN   (Band IV)

Aus der immer weiter anwachsenden Vielfalt der technischen Hilfsmittel für die Arbeit des Arztes wurden vor allem diejenigen behandelt,
die zu einer grundlegenden Wandlung der medizinischen wissenschaftlichen Auffassungen und Methoden führten.

Die Möglichkeiten des technischen Handelns und der Spielraum
realisierbarer Erfindungen hängen ab vom Stand des Wissens und
Könnens. Das jeweils erreichte Niveau einer Epoche wird durch die
weitgefächerten Bildungseinrichtungen an die nachfolgende Generation weitergegeben. Es ist charakteristisch für das Kulturverständnis
jeder Zeit, welche Techniken von ihr tradiert werden und welche
technischen Vorstellungen auf Akzeptanz stoßen.

In dem Band

TECHNIK UND BILDUNG   (Band V)

stehen die Beziehungen zwischen technischer Entwicklung und unterschiedlichen Bildungsvorstellungen und Bildungsinstitutionen im Mittelpunkt. Neben der technischen Ausbildung und den Bildungswerten der schöpferischen Tätigkeit von Ingenieuren und Technikern wird dabei insbesondere die Herausforderung der traditionellen Bildungsideale durch moderne Medien und Technologien behandelt.

Die realisierte Technik ist immer Umgestaltung der physischen Welt, Beherrschung und Nutzbarmachung der Natur für die Zwecke des Menschen. Ideen und Pläne des Ingenieurs lassen sich nur in konkreten und materiellen Gebilden verwirklichen, die in letzter Konsequenz – oft unter komplizierten Umformungen, Umwandlungen und Umwegen – aus der unberührten Natur hervorgehen. Technik beruht immer auf dem Zusammenhang – dem Gegensatz oder dem Einvernehmen – mit Vorgängen der Natur. Diesem Themenkreis gelten die Beiträge des Bandes

TECHNIK UND NATUR   (Band VI)

Die Themen reichen von Untersuchungen zur Bionik und Biotechnik bis hin zu den drängenden Umweltproblemen, die heute durch technische Entwicklungen entstehen.

Technisches Entwerfen und Tun ist seit Beginn der Menschheitsgeschichte eng verknüpft mit handwerklichem und künstlerischem Schaffen. Diese Verknüpfungen stehen im Mittelpunkt des folgenden Bandes

TECHNIK UND KUNST   (Band VII)

Die wechselseitigen Beziehungen zwischen Technik und Kunst haben sich im Laufe der Geschichte vielfach gewandelt; sie reichen von einer krassen Gegenüberstellung bis zur Identifikation und einem gemeinsamen Ausdruck für kreatives Tun. Ein Beispiel für diese letzte Sichtweise finden wir bei den Künstleringenieuren der Renaissance. In diesem Band wird ferner untersucht, in welcher Weise technische Hilfsmittel die künstlerische Arbeit unterstützen und die Ausdrucksmittel vervollkommnen oder durch ihre Unzulänglichkeit die Realisierung künstlerischer Ideen hemmen oder unmöglich machen. Die künstlerische Darstellung ist ein besonders sensibler Ausdruck für das

Zeitempfinden – auch in bezug auf die Technik. Die Kunst ist ein untrügliches Indiz für die positiven Erwartungen, aber auch für die Ängste gegenüber der Technik. Deshalb ist ein umfangreiches Kapitel dieses Bandes der Darstellung der Technik in Kunstwerken gewidmet. Hier wird nicht nur aufgezeigt, wie sich die Technik als Thema der Malerei, der Graphik oder Plastik widerspiegelt, sondern es wird auch die Darstellung der Technik in Literatur, Musik und Theater einbezogen. Ausblicke auf die vieldiskutierten Grenzgebiete zwischen Technik und Kunst, wie Computergraphik oder Videokunst, runden das Bild ab.

Die moderne Technik befreit den Menschen von einem großen Teil der körperlichen und sogar der geistigen Arbeit. Die technischen Geräte und Maschinen und die angewandten Verfahrensweisen wirken aber unvermeidbar wieder auf den Menschen zurück. Neben die genannten Merkmale der Technik – ihre enge Verknüpfung mit den Wissenschaften und die Auseinandersetzung mit der Natur – tritt die im umfassendsten Sinn verstandene soziale Dimension als drittes Charakteristikum.

Die Einwirkungen der Technik auf das Leben des Menschen und ihr Einfluß auf die unterschiedlichen Strukturen der Gesellschaft sind außerordentlich vielschichtig und weitreichend. Diesen umfassenden Themenkreis behandeln die letzten drei Bände des Gesamtwerkes.

Die enge Verbindung zwischen wirtschaftlicher Entwicklung und der Entstehung neuer Techniken und Industrien, aber auch die Suche nach neuen technischen Lösungen für wirtschaftliche Probleme bilden die zentralen Fragen des Bandes

TECHNIK UND WIRTSCHAFT　　(Band VIII)

Technische Entscheidungen sind oft von politischen Gegebenheiten abhängig, und politische Probleme haben ihren Ursprung in der Anwendung neuer Techniken. In wie vielfältiger Weise das staatliche System auf die technische Entwicklung eines Landes einwirkt und wie sehr die wirtschaftliche und militärische Leistungsfähigkeit eines Staatsbildes von seinem technischen Stand abhängig ist, behandelt der Band

TECHNIK UND STAAT　　(Band IX)

Alle Verflechtungen zwischen der Technik und anderen Kulturbereichen, die bisher aufgezeigt worden sind, haben eine soziale Dimension. Diese steht im Mittelpunkt des abschließenden Bandes

TECHNIK UND GESELLSCHAFT   (Band X)

Hier kommen die wesentlichen Gesichtspunkte der vorangegangenen Bände unter allgemeinen, gesellschaftlichen Aspekten noch einmal zur Sprache. Die zusammenfassenden Betrachtungen über das Verhältnis von Technik und Mensch bilden den natürlichen Abschluß des Gesamtwerkes.

Ganz gleich, wie man das Thema „Technik und Kultur" strukturiert, es gibt immer enorme Überschneidungen. Das gilt auch für das vorliegende Werk. So wird zum Beispiel die Frage nach der Verantwortung für die Folgen der Technik vor allem aus philosophischer Sicht thematisiert, aber auch unter medizinischen, pädagogischen, politischen und ökologischen Gesichtspunkten behandelt. Und die Veränderungen durch neue Medien und Computertechnik sind nicht nur für das Bildungswesen, sondern auch für die wirtschaftliche Entwicklung des Arbeitsmarktes und die Einflüsse auf das Leben der Familie ein wichtiger Gesichtspunkt. Querverweise machen bei wichtigen Themen auf den sachlichen Zusammenhang zwischen verschiedenen Beiträgen und Bänden aufmerksam.

Das Gesamtwerk „Technik und Kultur" erstrebt in erster Linie eine Bestandsaufnahme der Forschung. Dabei wurden von den Autoren die wesentlichen Veröffentlichungen auf den verschiedenen Gebieten herangezogen. In vielen Beiträgen werden aktuelle Forschungsprobleme dargestellt, und es wird auf neue Fragestellungen und zukünftige Aufgaben hingewiesen. Im Registerband XI sind alle Querverweise, Literaturübersichten, ein ausführliches Personen- und Sachwortregister und Bildnachweise zusammengestellt.

Die von der Georg-Agricola-Gesellschaft verpflichteten Autoren sind nach ihrer Sachkompetenz ausgesucht und haben zu komplexeren Problemen nicht immer eine einhellige Meinung. Differenzierte und naturgemäß auch heterogene Darstellungen machen dies deutlich. Das ist aber kein Mangel, sondern geradezu unerläßlich, wenn der Leser zu einer eigenen, fundierten Beurteilung der Technik kommen will. Und diese ist notwendig, wenn die von der Technik aufgeworfenen drängenden Probleme unserer Zeit gelöst werden sollen.

Düsseldorf, im November 1989   Georg-Agricola-Gesellschaft

Wilhelm Dettmering
Armin Hermann
Charlotte Schönbeck

Benutzerhinweise

Querverweise: Da es sich bei den Beziehungen zwischen Technik und Kultur um ein sehr komplexes Phänomen handelt, wird eine Thematik gelegentlich mehrfach unter verschiedenen Aspekten behandelt. Um dieses Beziehungsgeflecht aufzubereiten, wurden Querverweise eingeführt. Für Analogstellen in Beiträgen, die bereits fertiggestellt sind, wird dabei zunächst auf die Nummer des Bandes, danach auf das Kapitel und die Nummer des Beitrages verwiesen. Beispielsweise bezieht sich der Querverweis [V-3.1] auf den 1. Beitrag im 3. Kapitel des Bandes V. Sind dagegen die Manuskripte eines Beitrages, auf den verwiesen wird, noch nicht abgeschlossen, wird nur auf den entsprechenden Band bzw. das Kapitel in einem Band aufmerksam gemacht. Eine Übersicht aller vollständigen Querverweise aus den zehn Inhaltsbänden ist im Registerband enthalten.

Literaturnachweise: Belegstellen für die in einem Beitrag auftretenden Zitate sind im Anschluß an jeden Beitrag zusammengestellt.

Literaturanhang: Auf Überblicksartikel und weiterführende Literatur zur Thematik eines Beitrages wird im Literaturanhang am Ende jeden Bandes hingewiesen. Zusätzlich zu den in den Literaturnachweisen aufgeführten Angaben werden hier zu einzelnen Gesichtspunkten der Beiträge Hinweise und Vergleichsliteratur zu finden sein.

Registerband: Dieser Band wird für alle Bände die Inhaltverzeichnisse, die Literaturanhänge und die Zusammenstellung aller vollständigen Querverweise enthalten. Zur Orientierung im Gesamtwerk dienen ein ausführliches Personenregister, ein Sachwortverzeichnis und der Bildquellennachweis.

Inhalt

Einleitung

Ulrich Wengenroth

Die Begriffe Technik und Wirtschaft beschreiben die wichtigsten Kulturleistungen der Menschen in der Auseinandersetzung mit ihrer materiellen Umgebung und der Überwindung ihrer naturgegebenen Beschränkungen: Technik als die Menge aller Artefakte und Verfahren, die in mannigfaltiger Weise der Umgestaltung der Natur für die Zwecke der Menschen dienen; Wirtschaft als Inbegriff all jener Handlungen und Institutionen, die im Rahmen akzeptierter Normensysteme die Befriedigung menschlicher Bedürfnisse mit „knappen" Gütern, also mit nicht im Überfluß vorhandenen Dingen oder Leistungen, regeln.

Technisches und wirtschaftliches Handeln, die meist eng aufeinander bezogen sind, hat es somit schon seit den frühesten Tagen der Menschheit gegeben. Gleichwohl wird ihr Verhältnis in diesem Band fast ausschließlich für die Zeit seit der Industriellen Revolution betrachtet, also für eine im Vergleich zur Dauer der gesamten Menschheitsgeschichte sehr kurze Zeitspanne von nicht viel mehr als zweihundert Jahren. Eine solche Einschränkung ist nur zu rechtfertigen, wenn ihr ein fundamentaler Wandel des Verhältnisses von Technik und Wirtschaft und damit des gesellschaftlichen Umganges mit der materiellen Natur zugrunde liegt. Das Zentrum wirtschaftlichen und technischen Handelns muß sich ganz auffällig verlagert und eine grundsätzlich neue Arbeits- und Lebenswelt hervorgebracht haben. Eben dies ist aber im Zuge der Industriellen Revolution geschehen, die eine qualitative Veränderung des Lebens menschlicher Gesellschaften herbeigeführt hat, wie sie in dieser Dichte wohl nur noch von dem Seßhaftwerden der Menschen in der sogenannten neolithischen Revolution, dem Entstehen der agrarischen Gesellschaften, hervorgerufen wurde.

Die Haupttätigkeit dieser agrarischen Gesellschaften, Grundlage ihrer Herrschaftsbeziehungen, ihrer Kulturen wie schließlich auch ihres Wirtschaftens war die Bearbeitung und Pflege des Bodens, das Anlegen, Abwarten und Schützen in ihrer Binnenstruktur kaum veränderter biologischer Prozesse zur Erzeugung ihrer Nahrung und der Grundstoffe ihrer Bekleidung und Behausung. Ihre zielgerichtete, planvolle Landwirtschaft, deren hoher Ertrag es ihnen erlaubte, dauerhaft an einem Ort zu siedeln, deren kontinuierlicher Arbeitseinsatz dies aber auch verlangte, unterschied sie von den älteren Kulturen der nomadisierenden Jäger und Sammler. Sie waren die Träger aller uns bekannter Hochkulturen von ihren Anfängen im Nahen Osten und in Nordafrika über die klassische Antike bis in das Mittelalter. [X-2.1]

Agrarische Gesellschaften bestimmten das Gesicht der Erde und nahezu die gesamte überlieferte Geschichte der Menschheit bis in die Neuzeit. Was sie bei aller kultureller Vielfalt verband, war die unmittelbare Abhängigkeit von dem Ertrag ihrer landwirtschaftlichen Tätigkeit, die ihre Arbeitsressourcen so überwiegend band, daß nur eine kleine Minderheit sich dauerhaft anderen Beschäftigungen zuwenden konnte, ohne die Reproduktion der Nahrungsgrundlage zu gefährden. Eine Ausweitung der landwirtschaftlichen Produktion setzte sich in eine Vergrößerung der Bevölkerungszahl um; beide waren eng miteinander verknüpft und gaben der agrarischen Gesellschaft ein sehr statisches Gepräge.

Dieser starre Zusammenhang zwischen Nahrungsmittelproduktion und Bevölkerungszahl wird nach dem englischen Ökonom des achtzehnten Jahrhundert, Thomas Malthus (1766−1834), auch als malthusianische Konstellation bezeichnet. Deren offensichtlichstes äußeres Zeichen ist die häufige Wiederkehr von Hungerkrisen auch in Friedenszeiten, wie sie in Deutschland noch bis zur Mitte des letzten Jahrhunderts zu beobachten waren und deren endgültige Überwindung erst im Zuge der Industrialisierung gelang.

Die Industrielle Revolution steht also nicht nur für das Hinzutreten neuer Elemente in der Form von Produktions- und Alltagstechnik, die anstelle der Landwirtschaft bald das Leben der Menschen dominierten, sondern ebenso für das Ende einer Jahrtausende lang wirksamen Begrenzung des wirtschaftlichen Wachstums, das nun erst dynamisiert wurde. Technisches und wirtschaftliches Handeln wurden im Zuge der Industriellen Revolution so grundlegend umgestaltet, daß sie aus der Starre der malthusianischen Konstellation in die welthistorisch einmalige Dynamik exponentiellen wirtschaftlichen Wachstums auf der Basis technischen Fortschritts führten und damit eine grundsätzlich neue Epoche in der Kulturgeschichte der Menschheit begründeten.

Sie hatte ihren Ausgangspunkt im England des achtzehnten Jahrhunderts, von wo sie sich zunächst über den nordatlantischen Raum und Europa ausdehnte, um heute auch in weiten Teilen Asiens, Südamerikas und Afrikas zu dominieren, ohne jedoch bereits überall schon die agrarische Epoche abgelöst zu haben. Aus dieser Gleichzeitigkeit des Ungleichzeitigen, d. h. dem Nebeneinander von materiell weit überlegenen industriellen und – von diesen stark unter Druck gekommenen und dadurch tiefgreifend destabilisierten – traditionell agrarischen Gesellschaften, resultieren die globalen Konflikte des Nord–Süd–Gegensatzes ebenso wie die oft gewalttätigen Transformationsprozesse des forcierten Kulturumbruchs. Die überragende Leistungsfähigkeit der industriellen Welt begründete eine scharfe Asymmetrie der Macht, die den Industralisierungsprozeß zu einer unumkehrbaren Entwicklung werden ließ. Wie immer dies zu beurteilen ist, Technik und Wirtschaft unserer Welt stehen auf industrieller Grundlage und sind nur aus dieser Perspektive, die auch die Perspektive dieses Bandes ist, zu verstehen.

Daß der Ausbruch aus der malthusianischen Konstellation ausgerechnet mit einer nie dagewesenen Bevölkerungszunahme bei gleichzeitiger massiver Landflucht einherging, weist auf eine wahrhaft revolutionäre Umgestaltung der Gesellschaft und ihrer Reproduktionsformen hin. Die Industrielle Revolution hat, so paradox es klingen mag, zunächst ein Nahrungsproblem gelöst und damit eine Jahrtausende alte Konstellation beendet. In der Landwirtschaft müssen wir die ersten gesamtgesellschaftlichen Ergebnisse dieser epochenscheidenden Umwälzung suchen, denn hier wurden die Voraussetzungen für die Entkopplung von Bevölkerungswachstum und Arbeitseinsatz geschaffen, ohne die eine Hinwendung der Menschen zu vermehrter und schließlich dominierender industrieller Betätigung nicht möglich gewesen wäre. Die Verlagerung des Zentrums menschlicher Arbeit aus der Produktion von Nahrungsmitteln in die Herstellung von Artefakten und deren Gebrauch für Dienstleistungen, setzte eine vorgängige oder doch zumindest begleitende Umwälzung der agrarischen Produktion voraus, die damit zugleich ihre zentrale Stellung verlor. War die mittelalterliche Gesellschaft zur Sicherung ihres Überlebens noch darauf angewiesen, daß vier Fünftel der Bevölkerung Landwirtschaft betrieben, so genügen heute in den Industriestaaten der westlichen Welt ganze 3% der arbeitenden Bevölkerung zur Produktion eines unvergleichlich reichhaltigeren Nahrungsangebotes.

Gleichwohl sind heute nicht die verbleibenden 97% der Bevölkerung in der industriellen Güterproduktion tätig. Es waren auch in der Vergangenheit selten mehr als die Hälfte, die in diesem Sektor der Wirtschaft arbeiteten, und ihr Anteil nimmt seit einiger Zeit bereits wieder ab. So eindeutig die Jahrtausende während agrarische Epoche von der landwirtschaftlichen Arbeit bestimmt war, so unscharf ist der Zusammenhang zwischen industrieller Arbeit und Industriezeitalter. Zwar ist unbestritten, daß unsere materielle Kultur von industriell

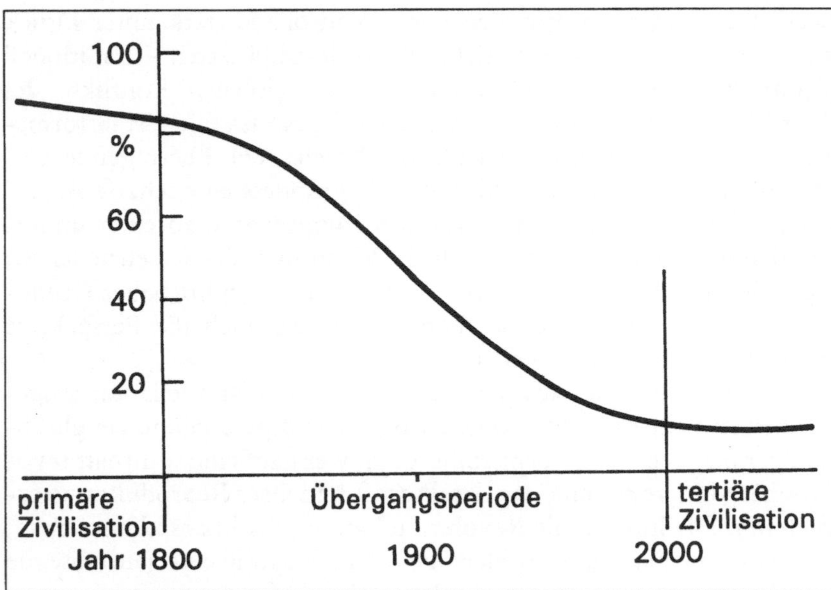

Die Graphik – nach Jean Fourastié – macht die wichtigste Veränderung in der Beschäftigungsstruktur der arbeitenden Bevölkerung zwischen 1800 und 2000 deutlich: der Anteil der in der Landwirtschaft tätigen Bevölkerung sinkt von über 80% auf etwas mehr als 10%.
—— Prozentualer Anteil der landwirtschaftlich Beschäftigten (primär) an der gesamten aktiven Bevölkerung.

erzeugten Gütern bestimmt wird, doch ist im Wirtschaftsprozeß die Dominanz der Herstellung dieser Güter einer Dominanz ihrer Anwendung im Bereich der Dienstleistungen gewichen. Je produktiver – und das heißt zugleich: je wohlhabender – die Industriegesellschaften wurden, um so geringer wurde der Anteil ihrer Arbeitskraft, den sie ingesamt zur Gütererzeugung aufzuwenden bereit waren. [X-5.4]

Offenbar war die in der Industriellen Revolution entfesselte wirtschaftliche Wachstumsdynamik so groß, daß sie auf Dauer die Wünsche nach materiellen Gütern, angefangen bei der Nahrung über Kleidung bis zu all den industriell erzeugten Ausstattungen unserer Umwelt, bald zugunsten solcher Bedürfnisse hinter sich ließ, deren Befriedigung sich nur in untergeordnetem Maße über die Zuteilung von Gütern vermitteln ließ. Wir sprechen von dem Übergang von der Industrie- zur Dienstleistungsgesellschaft, um dieser Schwerpunktverschiebung gerecht zu werden. Einige Autoren nennen es gar „De-Industrialisierung" und verbinden damit eine Zukunftsperspektive für jene Regionen, die unter der Strukturkrise „alter" Industrien, wie Bergbau und Schwerindustrie, leiden.

Es muß jedoch zweifelhaft erscheinen, ob mit dieser unbestrittenen Verschiebung der gesellschaftlichen Arbeit aus der Güterproduktion in die Dienstleistungen tatsächlich eine De-Industrialisierung verbunden ist. Haben doch fast alle Dienstleistungen mittlerweile selbst industriellen Charakter angenommen, insofern sie industrielle Güter und Vorleistungen einsetzen, ohne die sie kaum noch denkbar sind. Dienstleistungen erfordern, auch wenn sie nicht unmittelbar in der Anwendung technischen Geräts bestehen, fast immer geschützte Räume, Mobilität und Kommunikation, die technisch erzeugt werden.

Der oft postulierte Übergang von der Industrie- zur Dienstleistungsgesellschaft ist daher mit der Epochengrenze, die zwischen den agrarischen Gesellschaften und den Industriegesellschaften liegt, nicht zu vergleichen. Wurde die tägliche Auseinandersetzung mit Tier und

In Westeuropa wird der Wohlstand eines Landes meist in ganz enger Verbindung mit der Stärke seiner industriellen Beschäftigung gesehen. Diese Vorstellung ist zu sehr vereinfachend. Wie komplex der Zusammenhang zwischen dem Anteil der industriellen Beschäftigung und der Höhe des Bruttosozialproduktes tatsächlich ist, zeigt die Graphik. Hier wird am Beispiel des Jahres 1974 die Höhe des Pro-Kopf-Einkommens in Abhängigkeit von der Beschäftigung in den drei Wirtschaftssektoren Landwirtschaft (primärer Sektor), Industrie (sekundärer Sektor) und Dienstleistungen (tertiärer Sektor) in einem Querschnitt über die OECD-Länder dargestellt.

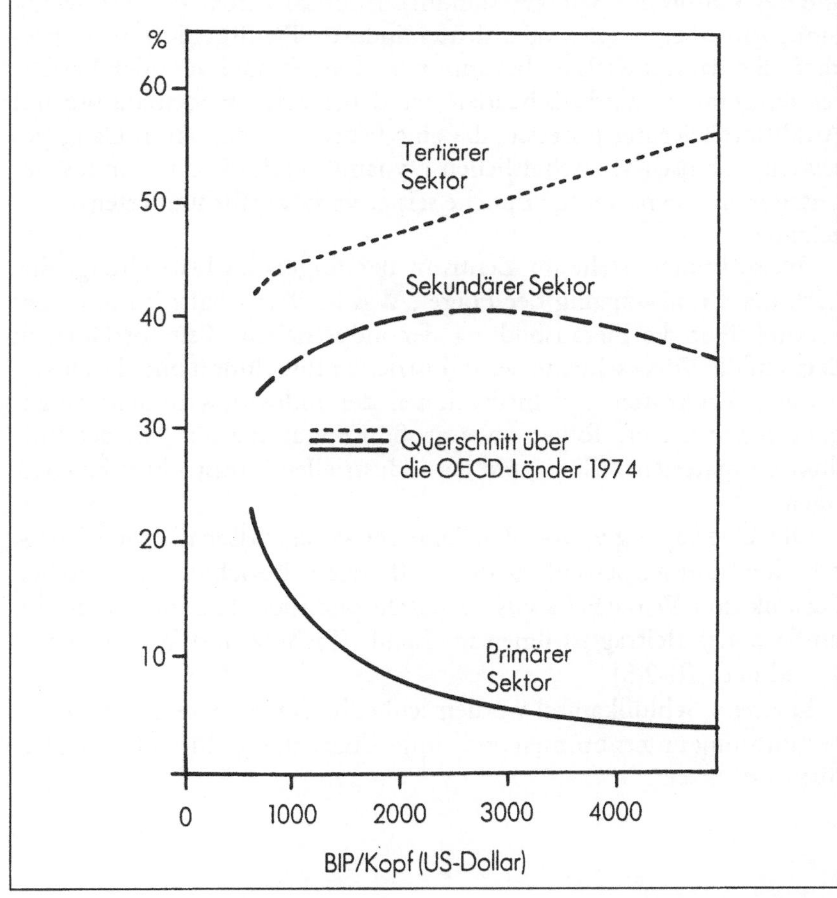

Pflanze durch die Industrielle Revolution ebenso an den Rand gedrängt, wie der Boden seine herrschaftsvermittelnde Funktion verlor,
so hat der Übergang zur Dienstleistungsgesellschaft den Umgang mit
technischen Artefakten keineswegs vermindert und auch keine neuen
Herrschaftsverhältnisse begründet. Zumindest ist derlei zur Zeit nicht
absehbar.

Wir müssen den Übergang zur Dienstleistungsgesellschaft daher
wohl eher als einen Ausdifferenzierungsprozeß innerhalb der Industriegesellschaft begreifen, der die Schwerpunktpunktverschiebung
der Arbeit von der Erzeugung industrieller Güter zur Anwendung
industrieller Güter und Verfahren beschreibt. Der Gebrauch von Eisenbahnen, Flugzeugen, Computern, Fernsehgeräten, Wassertoiletten
und Fotoapparaten ist ebenso Ausdruck einer Industriegesellschaft wie
die Herstellung dieser Artefakte und begründet kein grundsätzlich
anderes kulturelles Selbstverständnis. Insofern macht es auch wenig
Sinn, von einer zweiten oder dritten industriellen Revolution zu sprechen, die dann jeweils an bestimmten neuen Produkten oder Verfahren festgemacht wird. Es handelt sich dabei letztlich ebenfalls nur um
Ausdifferenzierungsprozesse, die eine Frucht der einmal in Gang gesetzten technisch-wirtschaftlichen Dynamik sind, die unser Industriezeitalter als eigenständige Epoche seit etwa zwei Jahrhunderten kennzeichnet.

Diese Epoche steht im Zentrum der folgenden Darstellung, die,
nach der Beantwortung der Frage „Was ist Wirtschaft?", mit einem
Kapitel über die Herausbildung der industriellen Welt fortfährt, in
dem auf die Vorgeschichte der Industriellen Revolution und die entstehenden Strukturen und Institutionen der Industriewirtschaft eingegangen wird. Dem folgen zwei große Kapitel, die sich mit der Produktion materieller Güter und der industriellen Infrastruktur beschäftigen.

Die Überlegungen von der Seite der volkswirtschaftlichen Theo-
rien her und insbesondere die vielfältigen Beziehungen zwischen
Technik und Wirtschaftswissenschaften sind nicht hier zu finden. Ein
umfassender Beitrag ist ihnen im Band „Technik und Wissenschaft"
gewidmet. [III-2.5]

In einem Schlußkapitel werden schließlich eine kurze Gegenwarts-
bestimmung unternommen und einige skizzenhafte Zukunftsperspek-
tiven umrissen.

WAS IST WIRTSCHAFT?

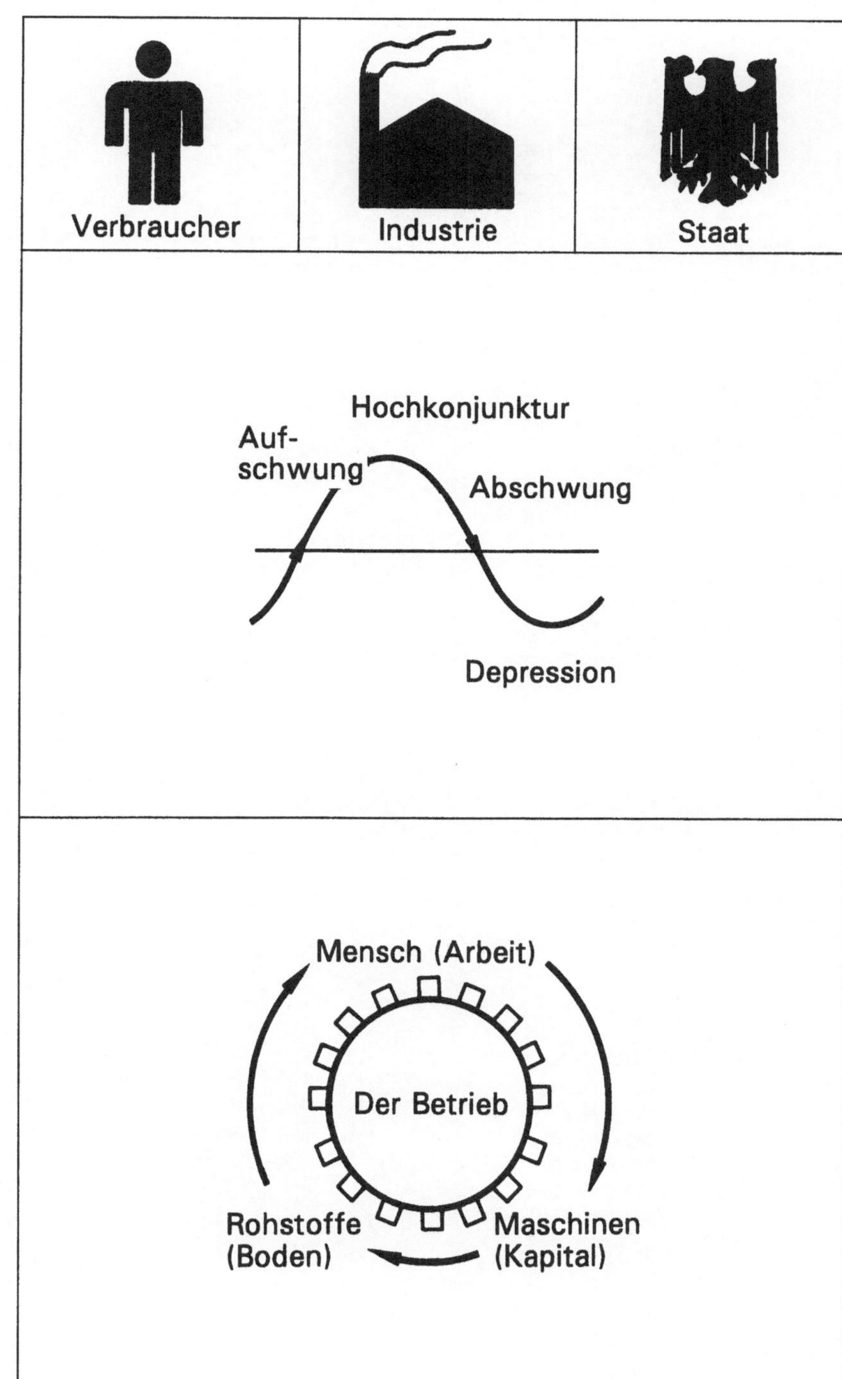

Was ist Wirtschaft?

Ulrich Wengenroth

In der Einleitung haben wir „Wirtschaft" bereits definiert als: Inbegriff all jener Handlungen und Institutionen, die im Rahmen akzeptierter Normensysteme die Befriedigung menschlicher Bedürfnisse mit „knappen", also nicht im Überfluß vorhandenen Dingen oder Leistungen regeln. Wirtschaft zielt also auf die Befriedigung von Bedürfnissen nach Dingen und Leistungen, die in der Volkswirtschaftslehre unter dem Begriff „Güter" zusammengefaßt werden.

Eine Bedingung ist, daß diese Güter „knapp" sind, nur dann sind es „wirtschaftliche Güter". Als „knapp" gelten Güter, wenn sie nicht an dem Ort bzw. nicht in dem Umfang vorhanden sind, wie es den Bedürfnissen der Menschen entspricht. Knappheit ist also nicht die Eigenschaft eines Gutes, haftet ihm nicht physisch an, sondern drückt seine Beziehung zu unseren Bedürfnissen aus. Die Luft, die wir atmen, ist gewöhnlich nicht knapp, also auch nicht Gegenstand von „Wirtschaft", sondern ein „freies Gut". Dies ändert sich erst, wenn wir besondere Anforderungen an ihre Qualität stellen. Dann müssen entweder wir uns an den Ort der guten Luft begeben, oder wir müssen, im Falle eines Bergwerks beispielsweise, die Luft zu uns transportieren. Beides bedeutet zugleich, daß wir einen Teil unserer begrenzten Ressourcen für dieses Ziel einsetzen und dabei verbrauchen, also für andere Ziele nicht mehr zur Verfügung haben. Wirtschaften ist darum auch immer die Entscheidung über den Einsatz begrenzter (knapper!) Mittel für alternative Verwendungsmöglichkeiten. Knapp sind nicht nur die meisten Güter, die wir begehren, sondern auch die Hilfsmittel, auf die wir zu ihrer Bereitstellung zurückgreifen können. Dieses Bereitstellen der Güter, Dinge wie Dienstleistungen, ist das Zentrum des Wirtschaftens: die Produktion. Produziert werden alle wirtschaftlichen Güter. Doch nicht alle wirtschaftlichen Güter werden auch konsumiert. Viele werden lediglich zur Produktion anderer Güter, den Konsumgütern, die letztlich der Bedürfnisbefriedigung dienen, eingesetzt. Dies sind Produktionsgüter.

Bei den Produktionsgütern werden gemeinhin drei elementare Formen unterschieden: die Produktionsfaktoren Boden, Arbeit und Kapital. Diese Begriffe sind weit gefaßt; so sind im „Boden" alle natür-

lich vorkommenden Stoffe und Hilfskräfte eingeschlossen. „Arbeit"
schließt jede Art manueller und geistiger Tätigkeit ein. Das „Kapital"
ist die Gesamtheit der vom Menschen selbst geschaffenen Produktionsmittel, also aller Maschinen, Werkzeuge, Gebäude, Straßen usw.
In dieser Form wird es häufig auch als „Sachkapital" oder „Realkapital" bezeichnet. Dem steht gegenüber das „Geldkapital", das zwar
kein Produktionsmittel im eigentlichen Sinne ist, jedoch die Verfügungsmacht über das Sachkapital begründet.

Produktion kann somit auch als Kombination der Produktionsfaktoren Boden, Arbeit und Kapital beschrieben werden. Einschließlich
der „freien Güter" bilden die Produktionsfaktoren die Gesamtheit der
Ressourcen, die uns für die Verfolgung unserer wirtschaftlichen Ziele,
der Überwindung von Knappheit, zur Verfügung stehen.

Den Versuch, mit dem Einsatz der Produktionsgüter ein Optimum
an Bedürfnisbefriedigung oder – in anderen Worten – einen möglichst
großen Nutzen zu erreichen, nennen wir „wirtschaftliches Prinzip".
Es ist Ausdruck einer Werthaltung, die Aufwand und Ertrag zunächst
kommensurabel macht, um sie dann einem Größenvergleich zu unterziehen. „Kosten und Nutzen" werden hierzu in der gleichen Einheit
bewertet. Dies ist zwar meist Geld, muß es aber nicht sein, wenngleich
viele andere Wohlstandsindikatoren auf dem Umweg über eine Geldbewertung gewonnen werden. In jedem Falle geht es um die Beurteilung der Produktivität der jeweils gewählten Faktorkombination. Die
getrennte Betrachtung der Produktionsfaktoren erlaubt darüber hinaus, deren jeweiligen Beitrag am Gesamtergebnis gesondert zu erfassen. So wird der Quotient aus Ertrag und Arbeit als Arbeitsproduktivität, derjenige aus Ertrag und Kapital als Kapitalproduktivität bezeichnet.

Die Verfolgung des wirtschaftlichen Prinzips legt es nahe, nicht
beliebige Ressourcen zur Bedürfnisbefriedigung einzusetzen, sondern
jene zu wählen, bei denen die Kosten-Nutzen-Relation besonders günstig ausfällt. Dies betrifft zum einen die Wahl der Rohstoffe und der
Werkzeuge, aber auch die Arbeitskraft. Als erfolgreichste Strategie hat
sich hierbei historisch die Arbeitsteilung herausgebildet: Der Verzicht,
alles selbst zu tun, zugunsten einer Koordination vieler individueller
Arbeitsverrichtungen.

Die Arbeitsteilung erlaubt es, die Produktion in Einzelschritte zu
zerlegen, für die jeweils eine eigene Kombination von Produktionsfaktoren gewählt werden kann, die eine besonders günstige Kosten-Nutzen-Relation bietet. So wurden, um ein Beispiel aus diesem Band zu
nehmen, bereits im 19. Jahrhundert in Spanien Orangen geerntet, die

dann mit billigem Rübenzucker aus Mitteldeutschland in Schottland zu Marmelade verarbeitet wurden. [VIII-5.1]

Diese Arbeitsteilung ist jedoch nur dann wirtschaftlich, wenn der Koordinationsaufwand geringer ist als der Mehraufwand bei ungeteilter Arbeit. Hohe Transportkosten zwischen den einzelnen Produktionsorten können der Arbeitsteilung eine ebenso wirksame Grenze setzen, wie ein sich rasch aufblähender Informationsbedarf zur Abstimmung der einzelbetrieblichen Produktionspläne. Arbeitsteilung schafft sogleich Lenkungsprobleme, die mit dem Grad der Arbeitsteilung wachsen.

Es ist die verwirrende Vielfalt unseres hoch arbeitsteiligen Wirtschaftsprozesses, die bei gleichzeitigem Fehlen einer sichtbaren Koordinierungsstelle den Eindruck eines unbeherrschbaren Chaos provoziert. Dabei fehlt es nicht an Planung in diesem Prozeß. Fast alle Teilnehmer an diesem Prozeß handeln mehr oder weniger planvoll in der bestmöglichen Verfolgung des wirtschaftlichen Prinzips, so wie sie es für sich interpretieren. Doch verfolgen sie dabei nur ihre eigenen eng umrissenen Ziele, ohne sich allzuviel um den Gesamtablauf zu kümmern.

Es hat nicht an Versuchen gefehlt, diesen Gesamtablauf planerisch vorausschauend zu beherrschen. Dabei ging es im wesentlichen um die Festlegung der Produktionsziele, die Kombination der Produktionsfaktoren und die Verteilung des Produktionsergebnisses. Das größte Experiment dieser Art in der jüngsten Geschichte, die sozialistischen Planwirtschaften, kommt gerade zu einem Ende. Sie stellten den Versuch dar, die Güterströme nach einem zentralen Plan zu steuern, um auf diese Art die bestmögliche Nutzung aller Ressourcen sicherzustellen.

Auf Dauer blieben die materiellen Leistungen dieser Planwirtschaften jedoch weit hinter denen westlicher Volkswirtschaften zurück. Die Steuerungskapazität der Planbehörden war trotz weitgehender Kontroll- und Weisungsbefugnisse, die die persönliche Freiheit erheblich einschränkten, durch die Komplexität der hoch arbeitsteiligen Produktionsprozesse überfordert. Die Übertragung einzelbetrieblicher Produktionsplanung auf die Gesamtwirtschaft ließ einen nicht mehr zu bewältigenden Informationsbedarf entstehen. Die möglichen Kostenvorteile eines hohen Grades an Spezialisierung durch Arbeitsteilung konnten dadurch nicht realisiert werden.

Sehr viel besser ist dies in den marktwirtschaftlichen Systemen gelungen, in denen auf eine Gesamtplanung der Güterströme verzichtet wird und die Koordination der privaten und betrieblichen Einzelpläne

dem Marktmechanismus überlassen bleibt. Die Bestimmung über
Produktionsziele, Kombination der Produktionsfaktoren und Verteilung der Produktionsergebnisse vollzieht sich dabei idealerweise selbständig und gleichzeitig durch geldvermittelte Tauschprozesse zwischen Produzenten und Konsumenten. Wichtigster Informationsträger in diesem Prozeß ist der Preis, dessen Bewegung Mehr- bzw.
Minderbedarf von Gütern anzeigt. So läßt sich ein Grundschema des
Wirtschaftskreislaufs entwerfen, bei dem es zwischen den beiden
wichtigsten Parteien im Marktgeschehen, den Unternehmen und den
privaten Haushalten, zu einem ständigen Ausgleich der realen Ströme
an Gütern und Arbeitsleistungen mit den gegenläufigen Geldströmen
kommt.

Dieses Idealbild, das den Eindruck entstehen läßt, der Markt sei von
einer „unsichtbaren Hand" gelenkt, wird durch die Intervention des
Staates wesentlich modifiziert. Der Staat schafft für diese spontanen
Austauschprozesse einen rechtlichen Rahmen, der die Marktordnung
in der politisch gewünschten Form durchsetzt und aufrecht erhält.
Dies kann das Verhindern marktbeherrschender Konzentration ebenso
zum Ziel haben wie das Verbot schädlicher Produkte oder den Schutz
schwacher Marktteilnehmer. Aus sozialpolitischen Erwägungen kann
der Staat direkt in die Verteilung eingreifen, um zum Beispiel das
Einkommen kinderreicher Familien über den am Markt für die Ar-
beitsleistung erzielbaren Betrag hinaus zu erhöhen. Schließlich behält

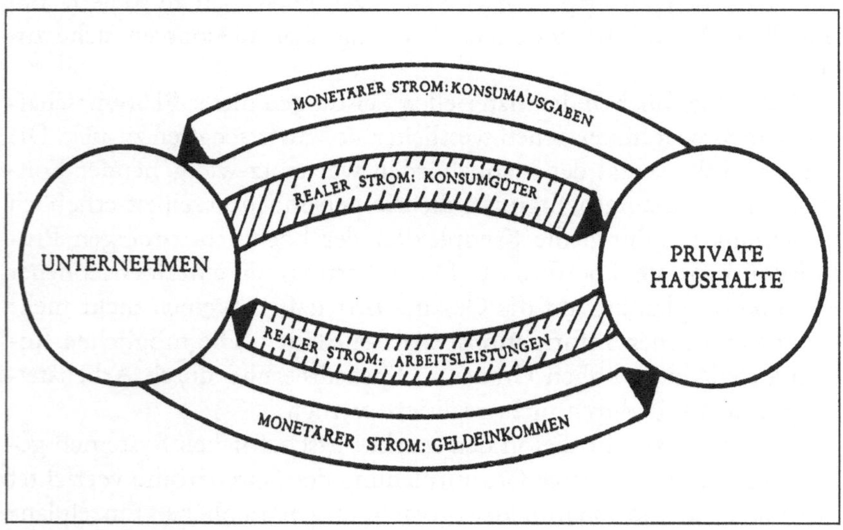

*Grundschema des Wirtschaftskreis-
laufes.*

sich der Staat wichtige Aufgaben vor und entzieht sie dem Markt, insbesondere jene, die sein Gewaltmonopol begründen, wie Armee und Polizei.

Solange diese Interventionen des Staates jedoch nur die punktuelle Beeinflussung der Güterströme, nicht aber ihre vollständige Steuerung zum Ziel haben, sprechen wir immer noch von einer Marktwirtschaft. Gleichwohl entstehen mit zunehmenden staatlichen Interventionen neben den Unternehmen und privaten Haushalten immer mehr und größere Planungsinseln im Marktmilieu, die die Anforderungen an die Planungskapazität des Staates ständig erhöhen und perspektivisch zu den Problemen der Planwirtschaft führen können.

Um diesem Dilemma zu entgehen, bemühen sich die marktwirtschaftlich verfaßten Länder um die Beeinflussung des Wirtschaftsablaufs durch marktkonforme Instrumente, die über den Preismechanismus wirken und nicht direkt in die betrieblichen Produktionspläne und Kaufentscheidungen der privaten Haushalte eingreifen. An erster Stelle steht hier die Gestaltung der Steuern und Abgaben sowie daraus finanzierte Transferleistungen zur Unterstützung bestimmter Wirtschaftszweige und sozial schwacher Gruppen. Hinzu tritt die Geld- und Zinspolitik, die jedoch häufig eigenständigen Institutionen wie der Bundesbank übertragen wird.

Im Ergebnis ist durch die Kumulation staatlicher Eingriffe in die Wirtschaft, die jeweils aktuellen politischen Notwendigkeiten entsprangen, eine pragmatische Mischung dezentraler und zentraler Lenkungselemente entstanden, die einer ständigen Revision unterliegt und stark von politischen Zeitströmungen abhängig ist. Dabei erweist sich der Rückzug des Staates aus einmal übernommener Verantwortung als äußerst schwierig. So haben sich in Deutschland beispielsweise Verkehr und Energie zu typischen Interventionsbereichen entwickelt, in denen das Marktgeschehen über weite Strecken politisch administriert ist.

Dem entspricht die Vorstellung, daß der Staat für die Schaffung und Bewahrung günstiger Rahmenbedingungen der privaten Industrie verantwortlich ist. Dies gilt in besonderem Maße für große technische Systeme, die weit über alle Unternehmensgrenzen hinausgreifen und für ihre Funktionsfähigkeit einer regelnden Autorität bedürfen. Diese Systeme finden sich vor allem im Bereich der Infrastruktur, der netzartigen Versorgung von Industrie und Haushalten mit Energie und verschiedenen Dienstleistungen. Hier kommt dem Staat traditionell eine große Zahl planender und ordnender Aufgaben zu, die tief in das Verhältnis von Technik und Wirtschaft eingreifen und grundsätzlich andere Gesichtspunkte zum Tragen bringen als in der Produktion materieller Güter.

Mit der zunehmenden Ausdehnung und Bedeutung dieser Netzstrukturen, ebenso wie durch die kumulativen Effekte industrieller Tätigkeit, insbesondere im Hinblick auf unsere Umweltbedingungen, wächst dem Staat immer mehr ordnende Verantwortung für die Wirtschaft zu. Wie sich dies auf Dauer mit marktwirtschaftlichen Formen verträgt, ist offen.

DIE HERAUSBILDUNG DER INDUSTRIELLEN WELT

Die Herausbildung der industriellen Welt

Ulrich Wengenroth

Auch wenn wir den Beginn des Industriezeitalters als einer neuen Epoche der Menschheitsgeschichte auf die Industrielle Revolution im England des 18. Jahrhunderts datiert haben, so bedeutet das nicht, daß es sich hierbei um ein plötzliches Geschehen gehandelt hätte, das voraussetzungslos und unerwartet eine neue Konstellation von Technik und Wirtschaft und damit einhergehend der Gesellschaft insgesamt hervorgebracht hat. Vielmehr sehen wir in der Geschichte des Abendlandes viele Entwicklungen, die aus heutiger Perspektive auf dieses Ergebnis hinzulaufen schienen. Da sind an erster Stelle gesellschaftliche Veränderungen, die eine größere geistige und wirtschaftliche Mobilität und damit verbunden eine steigende Innovationsbereitschaft gefördert haben. Dies schlug sich schon in den Jahrhunderten vor der Industriellen Revolution in einem sichtbar wachsenden Reichtum technischen Wissens sowie technischer Produkte und Verfahren nieder.

Dieser Befund war immer wieder Anlaß zu dem Vorschlag, die Datierung der Industriellen Revolution entweder vorzuverlegen, etwa in das Mittelalter der Mühlenbaukunst[1], oder anstelle des Umbruchs die Kontinuität der technischen und wirtschaftlichen Entwicklung zu betonen und deshalb ganz auf den Begriff „Revolution" in diesem Zusammenhang zu verzichten[2]. Wir kommen auf diese Diskussion zurück. Ganz unbestritten blieb jedoch, daß in der Antike, trotz ihrer beeindruckenden intellektuellen und baulichen Leistungen, kaum ein dem kulturellen und wissenschaftlichen Reichtum vergleichbarer technischer Fortschritt erzielt wurde, der sich in einer von den technischen Voraussetzungen her durchaus denkbare anfängliche Mechanisierung der Produktion niedergeschlagen hätte[3]. [III-3.2; III-4.2]

Die wichtigsten Werkzeuge – wie Scheren, Äxte, Schaufeln, Sägen, Sensen, Hacken, Handmühlen und Webstühle[4] – gab es bereits seit der frühen Eisenzeit (1100 bis 500 v.Chr.). Hinzu traten in der Antike verschiedene Bewegungsmechanismen sowie der Gebrauch der wichtigsten Maschinenelemente wie Hebel, Schraube und Keil, die in ihrer

Funktion vollständig erfaßt wurden. Es bleibt jedoch erstaunlich, wie wenig deren Potential in landwirtschaftliche und gewerbliche Produktionstechnik umgesetzt wurde. An Ideen und Erfindungsgabe scheint es nicht gemangelt zu haben, wie die vielen intelligenten Einrichtungen im öffentlichen Raum und in der Militärtechnik beweisen. Doch fehlen bis jetzt die Hinweise, daß sich dies in eine entschlossene Umgestaltung der Landwirtschaft und des produzierenden Gewerbes auf breiter Front umgesetzt hat. Dies wird besonders deutlich, wenn man die vergleichsweise einfache produktionstechnische Hinterlassenschaft der Antike mit dem Formenreichtum des Mittelalters vergleicht.

Die offene Situation des ausgehenden Mittelalters

In der Zeit nach 1000 finden wir in wachsender Zahl nützliche Werkzeuge und Verfahren, die die tägliche Arbeit erleichterten und Zeugnis

Im 12. Jahrhundert kommt es in der Textilherstellung zu einer wichtigen Neuerung: der Handwebstuhl wird zum Trittwebstuhl erweitert, die Tuchherstellung wird dadurch wesentlich beschleunigt. Die mittelalterliche Zeichnung aus dem 13. Jahrhundert zeigt einen Trittwebstuhl mit zwei Schäften.

eines allgemeinen Strebens nach intensivierter gewerblicher Tätigkeit sind. Einfache aber in ihrer produktivitätssteigernden Wirkung durchschlagende Neuerungen, wie ein verbessertes Zuggeschirr für Pferde, die Kombination von Rad und Trage zur Schubkarre [5] oder der Räderpflug, zeigen, daß nicht mehr Wissen als in der Antike hierfür vonnöten war, sondern in erster Linie das Bestreben nach unmittelbarer Arbeitserleichterung. Erst das Mittelalter kannte Wassermühlen in großer Zahl, die zudem über Kurbel und Nockenwelle viel mehr Arbeiten verrichteten als nur das gelegentliche Mahlen von Getreide, wie in der Antike. Das Domesday Book von 1086 verzeichnet für England südlich des Severn eine Mühle auf 50 Haushalte [6]. Im Unterschied zu den oft sterilen intellektuellen Pionierleistungen der Antike erwies sich der technische Fortschritt im Mittelalter als eminent praktisch. Mittelalterliche Technik ist erster Ausdruck großer Innovationsfreudigkeit auf breiter Front und beeindruckt vor allem auch durch die Fähigkeit, technische Impulse aus anderen Teilen der Welt aufzunehmen. Aus der Perspektive des Hochmittelalters war es keineswegs ausgemacht, daß ausgerechnet Europa zum Ausgangspunkt großer produktionstechnischer Umwälzungen werden sollte. China und die islamischen Länder standen in ihrem technischen Potential keineswegs zurück, in einigen wichtigen Bereichen waren sie sogar überlegen.

China

Dies galt in besonderem Maße für China, das um 1100 wohl die technisch am weitesten entwickelte Region der Erde war. Es gab dort bereits eine ausgedehnte Eisenindustrie, die Steinkohle, Anthrazit und Koks einsetzte und damit Jahresproduktionen von über 100 000 Tonnen erbringen konnte. In Europa wurden fossile Brennmaterialien erst nach 1700 im Hüttenwesen verwandt. Die breite Verwendung von Gußeisen weist auf die ungewöhnliche Leitungsfähigkeit früher chinesischer Hochöfen hin, mit Tagesleistungen von bis zu zwei Tonnen [7]. Dieses kräftige „schwerindustrielle" Rückgrat erleichterte den frühen Einsatz von Eisen als Konstruktionsmaterial, so z. B. beim Bau eiserner Hängebrücken, zu denen es in Europa auch keine Parallelen gab. Oder es trug eine frühe „Massenproduktion" für das Militär in dessen eigenen Werkstätten, wie die Ausstattung mit eisernen Panzern, sowie angeblich 16 Millionen Pfeilspitzen jährlich. [II-2.3; IX-3.5]
Dieser frühe Aufbruch ging in den Mongolenkriegen und schweren Pestwellen, die zwischen 1200 und 1400 die Bevölkerungszahl halbier-

ten, wieder zugrunde, ohne daß jedoch die technischen Traditionen vollständig unterbrochen wurden. So beeindrucken in der Textilindustrie des 14. Jahrhunderts die frühen Zwirnmaschinen mit mehreren Spulen, zum Teil bereits wasserradgetrieben[8], wie überhaupt die mechanische Ausstattung der chinesischen Textilindustrie zu dieser Zeit der Europas deutlich überlegen war. Zur gleichen Zeit wurden Seeschiffe gebaut, die die Karavellen der europäischen Entdecker an Größe weit übertrafen und bis an die afrikanische Ostküste segelten, ehe die Überseeschiffahrt im Jahre 1435 auf Geheiß des Kaisers abrupt eingestellt wurde[9]. Die permanente Bedrohung der nördlichen und westlichen Landesgrenzen lenkte die Ressourcen nun wieder nach innen und band sie im Ausbau und Wiederaufbau der Großen Mauer – einem wenig innovationsträchtigen Unternehmen. Ob China jedoch im vierzehnten Jahrhundert „auf Haaresbreite" seine Chance zur Industriellen Revolution verpaßt hat, wie Eric L. Jones unter dem Eindruck der technischen Leistungen geschrieben hat[10], muß offen bleiben. Denn die industrielle Revolution war, wie wir sehen werden, nicht allein ein technisches sondern mindestens ebensosehr ein soziales Phänomen.

Islam

Die islamischen Länder führten die Wasserbaukunst Roms fort und bewahrten das wissenschaftliche Erbe Griechenlands. Doch gingen sie auch in entscheidenen Punkten darüber hinaus. Dies betraf vor allem den Bau von Kraftmaschinen, Wind- und Wassermühlen zum Mahlen von Getreide und zum Brechen von Zuckerrohr, die um die Jahrtausendwende von Persien bis ins Zweistromland anzutreffen waren. Bagdad, damals eine Millionenstadt, hatte Flußmühlen, Basra besaß Gezeitenmühlen, um die Versorgung der Bevölkerung sicherzustellen[11]. Die Eisenindustrie hatte zwar nicht die Ausdehnung wie in China, mit dem Damaszenerstahl, wie er zwischen Syrien und Indien hergestellt wurde, fertigte sie jedoch ein Spitzenprodukt der damaligen Zeit. Reis und Zucker als neue Ackerfrüchte mit hohem Nährwert kamen aus Indien. Der Niedergang Bagdads mit der darauf folgenden Verlagerung des Zentrums islamischer Gelehrsamkeit und technischen Wissens nach Toledo, brachten diese im Austausch mit dem buddhistischen Raum entstandenen Kenntnisse nach Europa. An wichtigen Produkten waren darunter das Papier, der Magnetkompaß (evt. unabhängig in Europa erfunden) und ein verbesserter Webstuhl, aber auch die arabische Version griechischer Mathematik und die indischen Zahlen sowie viele chemische Kenntnisse. Zu einem zweiten Zentrum, an dem unter anderem ebenfalls griechische Mathematik weitergelehrt wurde, entwickelte sich Delhi. Wie in China hat auch in den alten Zentren der islamischen Welt der Eroberungsdruck der zentralasiatischen Nomadenvölker nach dieser frühen Blüte asiatischer Technik für zwei Jahrhunderte zu Stagnation und Verfall geführt; eine Zeitspanne, die Europa genügte, um seinen technischen Vorsprung zu zementieren und allmählich in militärische Dominanz umzusetzen.

Europa

Europa konnte die Impulse aus der islamischen Welt, die teilweise Vermittlungen chinesischer Technik waren, besonders gut aufnehmen, da seine eigene Produktionstechnik sich zu dieser Zeit ebenfalls rasch entwickelte. Die darin ausgedrückte Bereitschaft zur Veränderung und Neuerung erleichterte den Technologietransfer wesentlich. Es waren weniger die grundsätzlich neuen Dinge, die der Kontakt zur islamischen Welt brachte, als die Verfeinerung und Vervollkommnung der vorhandenen. Die Ähnlichkeit des allgemeinen Standes der Technik beeindruckt auf Dauer mehr als die wenigen spektakulären Unterschiede. Die hochentwickelten Gesellschaften von Europa bis China arbeiteten zur Zeit des Mittelalters offenbar an ähnlichen technischen Problemen und kamen dabei zu ähnlichen, wenn auch nicht identischen, Lösungen. So waren die europäischen Windmühlen wohl kaum Nachbauten der ganz anders konstruierten persischen. Und die von Joseph Needham noch behauptete Übernahme des Hochofens und des Buchdrucks aus China wird mittlerweile eher als unabhängige Parallelerfindung verstanden. Ein anderes wichtiges Beispiel ist das gleichzeitige Auftauchen des Spinnrads in Europa, Indien und China.

Was das technische Potential der chinesischen, islamischen und europäischen Welt anbelangt, so war die Situation um das Jahr 1200 offen. Allerdings litten die beiden außereuropäischen Kulturen in der Folgezeit sehr viel mehr unter den Eroberungen der zwar technisch rückständigen aber militärisch überlegenen zentralasiatischen Mächten der Mongolen und Turkvölker, während Europa sich trotz aller interner Streitigkeiten seine nach außen gewandte Neugier und Offenheit bewahren und seine gesellschaftlichen Institutionen autonom weiterentwickeln konnte.

Kapitalismus als okzidentale Besonderheit und dynamisches Element

So wichtig diese äußeren Faktoren, der Stand der Technik sowie die Okkupierung der asiatischen Konkurrenten durch die Mongolen, gewesen sein mögen, sie allein genügen nicht, um den allmählichen Aufbruch der Wirtschaft Europas zu einem dynamischen Wachstumspfad zu erklären. Hierzu mußten sich die Werte und die Grundbeziehungen in der Gesellschaft insgesamt ändern. Auch wenn wir bereits eine breitere Innovationsbereitschaft als in der Antike feststellen können, so weist diese noch lange nicht auf die Überwindung der malthusianischen Konstellation der Agrargesellschaft und die Institutionalisierung eines sich selbst tragenden Wirtschaftswachstums hin, das unsere gegenwärtige Epoche kennzeichnet.

Es bedurfte einer Neuordnung aller Sozialbeziehungen, um die physischen und intellektuellen Ressourcen möglichst der gesamten Gesellschaft und nicht nur einzelner Individuen oder kleiner Gruppen auf die ständige Optimierung ihres Arbeitsertrages zu lenken. Der Kern dieser Neuordnung war die Wirtschaftsform des Kapitalismus, in der, im Unterschied zu den vorangegangenen boden- oder personenbezogenen Formen, alle Leistungen im Wirtschaftsprozeß über den gemeinsamen Nenner des Geldes kommensurabel und damit einer Überprüfung ihrer relativen Effizienz zugänglich gemacht wurden. Das auch in den vorkapitalistischen Gesellschaften vorhandene Streben nach einem Zugewinn, nach einem Mehr an Reichtum, wird hier erstmals einer individuellen rationalen Vorausplanung und Erfolgskontrolle zugänglich gemacht. Oder wie es bei Max Weber heißt: „Ein ‚kapitalistischer‘ Wirtschaftsakt soll uns heißen zunächst ein solcher, der auf Erwartung von Gewinn durch Ausnützung von Tausch-Chancen ruht: auf (formell) friedlichen Erwerbschancen also. (. . .) – stets ist das Entscheidende, daß eine Kapital*rechnung* in Geld aufgemacht wird, sei es nun in modern buchmäßiger oder in noch so primitiver und oberflächlicher Art. Sowohl bei Beginn des Unternehmens: Anfangsbilanz, wie vor jeder einzelnen Handlung: Kalkulation, wie bei der Kontrolle und Überprüfung der Zweckmäßigkeit: Nachkalkulation, wie beim Abschluß behufs Feststellung, was als ‚Gewinn‘ entstanden ist" [12].

Insofern diese Bilanzen die Bewertung aller Elemente der Berechnung in einer Einheit voraussetzen, ist Geld zwar der nervus rerum des Kapitalismus. Doch das Entscheidende ist hier die bilanzierende Bewertung, nicht die Größe, in der das geschieht. Nach Geld oder seiner jeweiligen materiellen Form, wie Gold oder Silber, strebten auch die

Sklavenhaltergesellschaften der Antike ebenso wie die Piraten des Mittelmeers oder die Steuerbeamten des kaiserlichen China. Neu und eine okzidentale Besonderheit war jedoch, daß es zur allgemeinen Meßgröße einer bilanzierenden Kalkulation von Aufwand und Ertrag wurde. Boden, Arbeit und Technik wandelten sich darin zu „Produktionsfaktoren" mit der gleichen Dimension: Geld. Der Erfolg einer wirtschaftlichen Tätigkeit wird jetzt nicht mehr an der Befriedigung der Bedürfnisse, sondern dem in Geld bewerteten Überschuß gemessen. „Der Mensch ist auf das Erwerben als Zweck seines Lebens, nicht mehr das Erwerben auf den Menschen als Mittel zum Zweck der Befriedigung seiner materiellen Lebensbedürfnisse bezogen. Diese für das unbefangene Empfinden schlechthin sinnlose Umkehrung des, wie wir sagen würden, ‚natürlichen' Sachverhalts ist nun ganz offenbar ebenso unbedingt ein Leitmotiv des Kapitalismus, wie sie dem von seinem Hauche nicht berührten Menschen fremd ist[13]. Damit wird wirtschaftliches Wachstum per se, oder Akkumulation, wie es Karl Marx (1818–1883) und Max Weber (1864–1920) nannten, zur Triebkraft wirtschaftlichen Handelns und somit auch zum Kriterium für den Einsatz und die Entwicklung von Technik.

Die kapitalistische Wirtschaftsform entstand nicht im Zentrum der Agrargesellschaft des europäischen Feudalismus, auf dem Lande, sondern zeigte sich zunächst in den offeneren Konstellationen der städtischen Wirtschaft, ihrem Handel und ihrem Gewerbe. Insbesondere der die Herrschaftsräume überschreitende Handel machte sich die neue Mentalität des kapitalistischen Wirtschaftens schnell zu eigen und gab damit der europäischen Expansion an der Wende vom Mittelalter zur Neuzeit ihr Gepräge. Zugleich wies er als weiträumiger Agrarhandel jedoch auch erste Auswege aus der Starre der malthusianischen Konstellation.

Der Handel

Dieser Agrarhandel fand vor allem im geschützten Raum des Baltikum und der Nordsee statt und ermöglichte den nordwesteuropäischen Küstenregionen einen höheren Grad an nichtlandwirtschaftlicher Tätigkeit ebenso wie die Konzentration auf eine intensivere Bodennutzung als dies durch den Anbau von Brotgetreide möglich war. Zwischen einem Viertel und einem Drittel der holländischen Bevölkerung ernährte sich am Ende des 16. Jahrhunderts von polnischem Getreide[14]. Die extensive Getreidewirtschaft im Baltikum stellte so-

*Innerhalb des Nord- und Ostsee-
raumes garantierte die Hanse einen
intensiven wirtschaftlichen Austausch. Sie sicherte über Jahrhunderte den Getreidebedarf von
Norwegen und Westeuropa durch
Getreidelieferungen aus Ostdeutsch-
land und Polen, und sie deckte die
Nachfrage nach Tuchen, Salz und
Fertigwaren aus Deutschland.
Diese Intensität des Seehandels
war erst möglich geworden durch
die Entwicklung eines großräumigen, hochseetüchtigen Schiffstyps,
der Kogge.
Kupferstich einer Kogge um 1570.*

mit wertvolle Arbeitsressourcen in einem besonders dynamischen
Wirtschaftsraum frei und eröffnete Handel und Gewerbe, den Trägern
frühkapitalistischer Formen, dort zusätzliche Spielräume. Sie war die
Voraussetzung für das Entstehen erster Gewerbelandschaften, den
Vorläufern der Industrialisierung. Zwar hatte es vor allem in den
norditalienischen und oberdeutschen Städten ebenfalls diese durch den
Agrarhandel begünstigte Konzentration gewerblicher Tätigkeit gegeben – die Kaufmannsfamilien der Fugger und Welser waren her-
ausragende Repräsentanten dieser frühkapitalistischen Wirtschaft.
Doch blieben diese blühenden Gewerbestädte, deren hochwertige
Textilien in ganz Europa gehandelt wurden, eng begrenzte Inseln in
einer noch weitgehend traditionell wirtschaftenden agrarischen Landschaft. Allerdings darf der Vorbildcharakter dieser frühkapitalistischen
Inseln, deren spektakulärer Reichtum Ausdruck der überlegenen Ertragskraft der neuen Wirtschaftsweise war, nicht unterschätzt werden.
Oberdeutsche Kaufleute wiesen den Weg, auf dem die unersättlichen
Geldbedürfnisse der Territorialherren befriedigt werden konnten, ehe
dieser moderne Ansatz in der Katastrophe des Dreißigjährigen Krieges
wieder unterging.

Ein selbsttragendes dynamisches Wachstum war die oberdeutsche
Entwicklung des 16. Jahrhunderts freilich noch ebensowenig wie die
aufblühende Gewerbetätigkeit an den nordwesteuropäischen Küsten.

Es blieb vielmehr eine durch den Fernhandel vermittelte Spezialisierung innerhalb des zusammenwachsenden europäischen Wirtschaftsraumes. Gleichwohl trug dieser Handel entscheidend dazu bei, jene Freiräume innerhalb der Feudalgesellschaft zu vergrößern, in denen neue Wirtschaftsformen erprobt und ausgebaut werden konnten.

Der Handel hatte bei der Ausbreitung des Frühkapitalismus also eine doppelte Funktion, indem er nicht nur selbst mangels seiner Einbindung in die boden- und personenbezogenen Herrschaftsformen zum Pionier kapitalistischen Denkens werden konnte, sondern durch die von ihm geleistete Aufweichung der malthusianischen Konstellation auch dem städtischen Gewerbe, jenem zweiten Träger des Frühkapitalismus, Wachstumsmöglichkeiten eröffnete und den Zugriff auf weitere Arbeitskraftressourcen ermöglichte. Handel und städtisches Gewerbe zogen seit dem ausgehenden Mittelalter ein immer dichter werdendes Netz frühkapitalistischer Inseln und Beziehungen über Europa, in dessen Rahmen die modernen Instrumente zur „Kommerzialisierung des Wirtschaftslebens"[15] (Max Weber) entwickelt wurden, von den Rentenpapieren bis zur Aktiengesellschaft. Deren Funktionieren setzte zugleich weitgehende Vertragsfreiheit und ein verläßliches, kalkulierbares Rechtssystem voraus, das einem Anspruch auf dem Papier das gleiche Gewicht wie dem unmittelbaren Zugriff auf Edelmetallschätze gab.

Die Wendung nach außen: Schiffahrt und Entdeckungsreisen

Spielte sich der Seehandel in Nord- und Ostsee wie auch im Mittelmeer auf weitgehend befriedeten Meeren ab und konnte darum mit Lastschiffen abgewickelt werden, die ein günstiges Verhältnis von Nutzlast zu Besatzung und Eigengewicht hatten, so sah dies bei der im 15. Jahrhundert einsetzenden Überseeschiffahrt zunächst ganz anders aus. Die schwerbewaffneten hochseetüchtigen Karavellen, beladen mit Proviant und Wasser für wochen- bis monatelange Reisen, hatten kaum noch freie Ladekapazitäten. Wirtschaftlich sinnvoll war auf ihnen nur der Transport sehr kostbarer Güter wie Edelmetalle und Gewürze, die darum auch den Überseehandel beherrschten und dem Warenaustausch mit Amerika und Asien sein für diese Regionen meist verheerendes Gepräge gaben.

Wenngleich diese Unternehmen in der jahrhundertealten Grauzone zwischen Fernhandel und Raubzügen eher letzteren zuzurechnen waren, so waren sie zugleich Pioniere kapitalistischen Denkens und Wegbereiter einer Kolonisation, die regional und geistig gelöst von der europäischen Feudalgesellschaft neue Exklaven kapitalistischer Wirtschaft schuf. Aufwand und Ertrag dieser staatlich-militärischen Expeditionen wurde schnell in Geld und nicht in Sicherheit, die ohnehin aus Übersee nicht bedroht war, gemessen. Auch die Ausdehnung von Herrschaft und Religion war kaum mehr als ein Hilfsargument. Hier ging es von Anfang an um Bares und dessen möglichst rasche Vermehrung; und hier zeigte sich sogleich auch der Stellenwert des Faktors Technik. Die Schiffe einschließlich ihrer Ausrüstung gehörten zu den Spitzenleistungen europäischer Technik, die das in sie investierte Kapital durch ihre Überlegenheit in See- und Küstengefechten und die dadurch ermöglichten Beutezüge ebenso wie durch ihre Fähigkeit, gegen die Passatwinde nach Asien bzw. Südamerika und zurück segeln zu können, vorteilhaft verzinsten. Vasco da Gamas erste Reise nach Indien im Jahre 1499 soll mit einem Gewinn von 600% abgeschlossen haben[16].

Auf der technischen Grundlage von Karavellen und Karacken, Kompassen, Quadranten und Musketen entfaltete sich im 15. und 16. Jahrhundert ein erdumspannender Handel. Amerikanisches Edelmetall wurde gegen asiatische Luxusgüter und Genußmittel – Seide, Porzellan und Gewürze – getauscht. Der von den Spaniern geprägte mexikanische Silber-Real war um 1600 ein anerkanntes Zahlungsmittel in den Küstenprovinzen Chinas und allein durch den Seidenhandel sollen zwischen 1570 und 1780 annähernd 5000 Tonnen Silber aus Amerika nach Ostasien gelangt sein[17]. Mit dem Geld und ihm entgegen zogen die Menschen: Annähernd eine Viertelmillion ging im 16. Jahrhundert von Spanien nach Amerika und ebenso viele von Portugal nach Asien[18]. Die wenigsten kehrten zurück; doch anders als noch die Kreuzfahrer des Hochmittelalters dachten sie auch nicht daran, in der Neuen Welt feudale Personen- und Besitzverhältnisse nach europäischem Muster aufzubauen. Sie hatten den Blick auf die möglichst effiziente Ausbeutung der Reichtümer dieser Länder gerichtet. Wenn sie sich nicht gleich in den Edelmetallstrom einschalteten, so suchten sie Land, nicht um es zu bebauen, sondern um es bebauen zu lassen. Zuckerrohr aus Asien wurde auf die Karibikinseln gebracht und, da die einheimische Bevölkerung durch Gewalttaten und Seuchen weitgehend ausgerottet war, Sklaven aus Afrika als weiterer „Produktionsfaktor" – etwas mehr als eine Viertelmillion schon vor 1600[19]. Die Plantagenwirtschaft Amerikas war das erste große Exerzierfeld des Agrarkapitalismus, der schließlich auch in Europa den endgültigen Umbruch zum Industriezeitalter absicherte.

Agrarhandel und Agrarkapitalismus

Der Agrarhandel, gleich ob als Fernhandel mit Getreide oder als Nahversorgung der wachsenden Städte mit allen möglichen Lebensmitteln, hat wesentlich zur Monetarisierung der Landwirtschaft beitragen und den Imperativ der autonomen Nahrungsvorsorge durch den Wunsch nach Teilhabe an der sich entfaltenden Warenwirtschaft abgelöst. Wenn dieser Handel so leistungsfähig und politisch so gut abgesichert war, daß Geld jederzeit in Nahrung und Nahrung jederzeit in Geld umgetauscht werden konnte, dann überwogen schnell die Vorteile der vielseitigeren Ware Geld. Dies galt bald sogar bei großer Nahrungsknappheit infolge von Mißernten. So konnten die Hungersnöte, die am Ende des 16. Jahrhunderts die Gebiete um das westliche Mittelmeer heimsuchten, durch den Import polnischen Getreides auf holländischen Schiffen gelindert werden [20].

Geldvermögen wurde vor dem Hintergrund eines so ausgedehnten Handels zu einer ebensoguten oder sogar wirkungsvolleren Daseinsvorsorge wie der Besitz von Ackerland. Die Konsolidierung des Agrarhandels schuf nicht nur den Anreiz, Bodenbesitz in Geldkategorien zu denken, sondern verminderte zugleich auf der anderen Seite das Lebensrisiko beim Verlassen des agrarischen Sektors. Trotz abnehmender Nahrungsmittelüberschüsse, was sich in einem Ansteigen der Getreidepreise ausdrückte, gingen im 16. Jahrhundert immer mehr Menschen in die Städte [21]. Dauerhaft konnte diese Entwicklung freilich nur werden, wenn langfristig auch das Nahrungsangebot wuchs und dieser Prozeß nicht doch noch in eine malthusianische Sackgasse europäischer Dimension lief.

Mit den gewaltigen Verwüstungen und ungezählten Toten der kriegerischen ersten Hälfte des 17. Jahrhunderts brechen viele Entwicklungen in der west- und mitteleuropäischen Wirtschaft ab, so daß sich kein überzeugend kontinuierliches Band zwischen dem ersten Aufbruch des 16. Jahrhunderts und der auffallend intensivierten Gewerbetätigkeit des 18. Jahrhunderts feststellen läßt. Lediglich in dem vom Krieg weniger heimgesuchten England finden wir eine annähernd kontinuierliche Entwicklung aus dem geschilderten Frühkapitalismus von Handel und Gewerbe über die Ausbildung des Agrarkapitalismus zur völligen Umgestaltung der Gesellschaft in der Industriellen Revolution. Es ist Gegenstand ungezählter wissenschaftlicher Debatten, warum gerade England zum Mutterland des Industriekapitalismus wurde: ob dies Besonderheiten des englischen Feudalsystems, der britischen Formen des Protestantismus oder der Selbstzerfleischung Kontinentaleuropas in einer kritischen Phase des gesellschaftlichen Umbruchs zuzuschreiben sei. Es ist hier nicht der Ort, auf diese Auseinandersetzungen einzugehen[22].

Uns genügt, daß die englische Landwirtschaft im 17. Jahrhundert als erste in großem Umfang zu kapitalistischen Formen überging und durch eine zum Teil gewaltsame Auflösung alter Besitzverhältnisse und konsequente Spezialisierung auf der Basis von Lohnarbeit zu sehr viel ertragsstärkeren Betriebseinheiten gelangte. England, ein Getreideimportland im 16. Jahrhundert, wurde im 17. und 18. Jahrhundert zum Getreideexporteur[23]. Die Getreidepreise in Westeuropa fielen bis in die Mitte des 18. Jahrhunderts. Nicht mehr der Fernhandel glich den Rückgang des Anteils der Arbeitskräfte in der Landwirtschaft aus, sondern sie selbst steigerte ihre Produktivität in Einklang mit der Verlagerung der Beschäftigung oder sogar schneller, was zu einem meist mit großer persönlicher Not verbundenen „Freisetzen" ehemals landwirtschaftlicher Arbeitskräfte führte. Agrarische und gewerbliche Entwicklung drängten spätestens seit der Mitte des achtzehnten Jahrhunderts in die gleiche Richtung: eine Umschichtung der Arbeitskraftressourcen von der Nahrungsmittel- in die Güterproduktion, von der agrarischen in die industrielle oder vorläufig besser noch: in die gewerbliche Welt.

Die Freisetzung von Arbeitskräften in der Landwirtschaft kam in erster Linie der Gewerbetätigkeit auf dem Lande zugute. Diese konnte an eine lange Tradition gerade im Textilsektor anknüpfen. Schon die Textilstädte des ausgehenden Mittelalters hatten für die einfachen Arbeitsschritte, wie das Spinnen, auf die Arbeitskraft der Landbevölkerung zurückgegriffen. Diese ländliche Zulieferarbeit war im Verlagswesen organisiert. Textilkaufleute gaben ihre Rohmaterialien gegen einen Stücklohn zur Weiterverarbeitung in die Dörfer, von wo sie für die handwerklich schwierigeren Schritte der Fertigstellung, wie zum Beispiel das Färben, in die Städte zurückgeholt wurden. Dieses Verlagshandwerk blühte im 18. Jahrhundert in weiten Gebieten Nordwesteuropas auf und gab jenen Beschäftigung, die in der Landwirtschaft keine Lebensgrundlage mehr fanden[24]. Doch war es auch Anlaß für viele bescheidene Existenz- und das hieß auch Familiengründungen, die unter den Bedingungen des Feudalsystems unterblieben wären.

Ländliches Verlagshandwerk und kommerzialisierte Landwirtschaft, in ihren Erträgen unterstützt durch die Einführung der Fruchtwechselwirtschaft und den Import außereuropäischer Pflanzen, wie Mais und Kartoffeln, demonstrierten – ausgehend von England –

Die Textilfabrikation gehörte traditionell schon sehr früh zu den wirtschaftlich dominierenden Gewerben. Bereits im ausgehenden Mittelalter versuchte man, die einfachen Arbeitsschritte — wie das Spinnen — durch Zulieferung ländlicher Arbeitskräfte zu organisieren. Auch in der Fertigstellung begann man schon früh, eine arbeitsteilige Produktion in den Werkstätten anzustreben.

Die Abbildung zeigt die Verarbeitung von Wolle in einem Gewerbebetrieb in Florenz. Gemälde von Mirabello Cavalori (1510/20 – 1572) aus dem Palazzo Vecchio in Florenz.

gemeinsam, zu welcher Produktivitätssteigerung die abendländische Wirtschaft allein durch kapitalistisches Denken fähig war. Um die Mitte des achtzehnten Jahrhunderts trat die Bevölkerungsentwicklung Europas in eine radikal neue Phase, für die es kein früheres Vorbild gab. Die Rate der jährlichen Bevölkerungszunahme war nicht nur

höher als je zuvor, sondern sie blieb es auch dauerhaft[25]. Der starre
Zusammenhang zwischen Ackerland und Bevölkerungszahl, die malthusianische Konstellation, schien endgültig gebrochen, ein dynami-
scher Wachstumspfad der Wirtschaft erreicht.

Damit war zugleich eine nach historischen Maßstäben ungewöhnliche Offenheit für neue Lösungen geschaffen: Die Landwirtschaft war
erstmals in der Lage, *bedeutend* mehr Familien zu ernähren, als sie selbst
an Arbeitskräften benötigte – in England etwa doppelt so viele. Die
Gewerbetätigkeit, und als deren Kehrseite der Kauf von Konsumgütern, waren auch auf dem Lande, und das hieß bei der Masse der
Bevölkerung, zu einer Selbstverständlichkeit geworden. Es stand ein
großes Arbeitskräftereservoir für gewerbliche Tätigkeiten zur Verfügung, das trotz seiner für unsere Maßstäbe erschreckenden Armut
zugleich ein Konsumentenpublikum war, da es sich nicht mehr allein
auf den Ertrag seiner kleinen Landwirtschaft stützte bzw. stützen
konnte.

Dominierende Gewerbe: Textil und Metalle

Unter den vielen Gütern des täglichen Bedarfs, die nun in rasch wachsendem Umfang auf den Märkten gehandelt wurden, spielten die
Textilien, hinter deren Produktion bereits eine jahrhundertealte gewerbliche Tradition stand, eine hervorragende Rolle. Die Nachfrage
nach Stoffen, Bändern und Tüchern profitierte in besonderem Maße
von dem vermehrten Geldumlauf in der immer arbeitsteiligeren Gesellschaft und war darum prädestiniert, zum ersten Leitsektor der
Industrialisierung zu werden. Bald übertraf die Nachfrage die Leistungsfähigkeit der im Verlag organisierten Hausindustrie, bei der mit
wachsender Distanz zu den Heimarbeitern immer weniger Produkte
ihren Weg zurück zum Unternehmer fanden und die Qualität immer
schwieriger zu kontrollieren war. Die Wirtschaftlichkeit der Produktion geriet in Gefahr, sobald die Kontrolle des Unternehmers über den
Produktionsprozeß zusammenbrach. Die Grunddaten seiner Kalkulation wurden ungewiß[26].

Um die Kontrolle über das eingesetzte Kapital wiederzuerlangen,
ohne den Geschäftsumfang zu reduzieren, mußte die Produktion konzentriert werden. Vorbilder hierfür gab es bereits in den Manufakturen
der Frühen Neuzeit, in denen kostbare Dinge, wie beispielsweise Bro-
kat- und Seidenstoffe, unter ständiger Kontrolle der Qualität und des
Materialverbrauchs hergestellt wurden. Doch während die hohen

Preise dieser Luxusstoffe die Aufwendungen für das Manufakturgebäude und die damit einhergehende Konzentration der Arbeitskräfte trugen, war dies bei billiger Massenware nicht gegeben. Hier ging es um ganz andere Größenordnungen von Material und Menschen bei Warenwerten, die in einem viel ungünstigeren Verhältnis zu den Aufwendungen für eine räumliche Konzentration standen. Hier half nur ein qualitativer Sprung, der Ersatz von menschlicher Arbeit durch investiertes Kapital, der Einsatz von Arbeitsmaschinen, die auf kleinstem Raum die Produktion von vielen, bald hunderten von Arbeitskräften leisteten.

Das Erstaunliche und „Revolutionäre" an diesem Industrialisierungsprozeß war weniger, daß Handwerk und Gewerbe sich neue technische Hilfsmittel schufen, die ihnen die Arbeit erleichterten und sie effizienter machten. Das hatte es schon immer gegeben. Wir kennen die große Zahl genialer Apparate aus Renaissance and Barock, die aber letztendlich niemand benutzte, weil die Zeit für sie noch nicht reif war; oder genauer, weil kein wirtschaftlicher Bedarf für ihre Verbreitung sorgte. Das epochemachend Neue war in England am Ende des 18. Jahrhunderts, daß der Mensch begann, immer mehr Hilfsmittel und Werkzeuge für seine wichtigsten Gewerbezweige aus der Hand zu geben und sie einer von ihm konstruierten Maschine zu übertragen, die statt seiner jetzt die Spindel führte, den Webstuhl bewegte, oder ein Gewinde in einen Bolzen schnitt[27]. In vorindustrieller Zeit gab es dafür nur wenige Beispiele, wie etwa das Sägegatter, das Pochwerk oder die Getreidemühle, die dem Menschen einfache aber sehr ermüdende Tätigkeiten abnahmen. Jetzt ging es dagegen um höchst diffizile Dinge, zum Beispiel um die richtige Fadenspannung und die Bewegung einer Spindel.

Die Maschine konnte das bald nicht nur schneller sondern auch zuverlässiger und gleichmäßiger. Wenn wir heute ein handgewobenes Tuch an seiner ungleichmäßigen Struktur erkennen und mit einem höheren Preis bewerten, so ist das ein durchaus neues Phänomen einer hochindustrialisierten Gesellschaft. Vor zwei Jahrhunderten war es stets das Bestreben und die Kunst der besten Handweber, ein möglichst gleichförmiges Tuch herzustellen, während das, was wir heute wegen seiner Seltenheit so sehr schätzen, damals das minderwertige Produkt eines Anfängers war. Industriell erzeugte Produkte waren eben nicht einfach nur billiger sondern, was wir oft vergessen, besser als preislich vergleichbare handwerklich erzeugte. Wer nur einen Rock hatte, konnte sich den Luxus lockerer Schlingen nicht leisten. Wenn dieser Rock dann schließlich auch noch entscheidend billiger wurde,

weil Garn und Tuch mit maschineller Hilfe in bisher ungekannten
Mengen hergestellt werden konnten, dann half er nicht nur den Le-
bensstandard zu heben, sondern vergrößerte zugleich den Absatzmarkt für industrielle Produkte.

Die Spirale der Industrialisierung begann sich allmählich zu drehen,
denn die stets gleichmäßig arbeitende Maschine konnte, anders als
qualifizierte Handwerker, je nach Bedarf binnen kurzer Zeit verviel-
fältigt und vergrößert werden, und ihr Arbeitsergebnis unterlag viel
mehr der Kontrolle des Unternehmers. Aus einer einfachen hölzernen
Spinnmaschine mit acht Spindeln wurden innerhalb weniger Jahrzehnte tausende mit 120 und mehr Spindeln – auf einem Raum, der
eine entsprechende Zahl an Handspinnern nie gefaßt hätte und mit
einer Zuverlässigkeit und Geschwindigkeit arbeitend, die jenseits
menschlicher Möglichkeiten lag.

Die Entstehung der Maschinenwelt

Der zwar nicht quantitativ aber strategisch entscheidende Schritt dieser Maschinisierung, der die „Industrielle Revolution" zu einem lawi-
nenartigen, sich selbst verstärkenden Prozeß werden ließ, war die
Entwicklung von Maschinen zur Herstellung von Maschinen, der
Maschinenbau[28]. In ihm wurden die neugewonnenen technischen
Kenntnisse und Fertigkeiten nicht nur genutzt, um irgendwelche Produkte, wie Tuche, Möbel, Uhren usw., schneller und billiger herzustellen, sondern in ihm wurden die menschlichen Begrenzungen bei
der Herstellung der Maschinen selbst überwunden. Damit war ein
Maschinensystem geschaffen, das nicht nur die Voraussetzungen zu
seiner eigenen Reproduktion bot, sondern auch menschliche Erfahrung im Umgang mit den Naturkräften in sich aufnehmen und in
übermenschlichem Maßstab wieder zur Verfügung stellen konnte.
Galt dies im 19. Jahrhundert zunächst überwiegend für mechanische
und chemische Verfahren, so traten in den vergangenen Jahrzehnten
mit der Elektronik qualitativ neue Möglichkeiten der Prozeßsteue-
rung und Informationsverarbeitung hinzu.

Maschinen übernahmen in der Industriellen Revolution erstmals auf
breiter Front die Arbeit vieler „Hände" und konnten sie dank ihres
mechanischen Antriebes – zunächst noch Wasserkraft- später Dampfmaschinen – mit solcher Kraft ausführen, wie dies einem Menschen nie
möglich gewesen wäre. Was als die Lösung eines unternehmerischen

Organisationsproblems begonnen hatte, die Konzentration und Mechanisierung der Produktion zur Aufrechterhaltung der Kontrolle, wurde gleichsam zu einer zweiten – technischen – Natur der Zivilisation. Um noch einmal Max Weber zu zitieren: „Wo Arbeitsdisziplin in der Werkstatt, technische Spezialisierung, Arbeitsvereinigung und Verwendung außermenschlicher Kraftquellen zusammentreffen, stehen wir unmittelbar vor der Entstehung der modernen Fabrik"[29].

Es war den Zeitgenossen um 1800 in England und wenige Jahrzehnte später auf dem Kontinent durchaus bewußt, daß sie Zeugen des Beginns einer gewaltigen kulturellen Umwälzung waren, deren materielle Grundlage neuartige und in immer größerer Zahl und Vielfalt auftretende Apparate, Maschinen, Fabriken und Produktionsverfahren bildeten. Die Menschen strömten aus der seit Jahrhunderten vertrauten ländlichen Wirtschaft in die entstehende technische Welt der Werkstätten, Großbaustellen und Industriestädte, in denen nicht adlige Herren und Großgrundbesitzer, sondern Fabrikanten und Techniker den Rahmen der Lebens- und Arbeitswelt setzten. Technisches Handeln im engeren Sinne, der Umgang mit Maschinen und Apparaten, bestimmte nun zunehmend den Wirtschaftsprozeß – und dies galt bald auch für die früher so naturnahe Urproduktion: die Landwirtschaft, die sich allmählich ebenfalls mechanisierte und chemisierte.

Auf dem Arbeitsmarkt hatten die Industrialisierung und der massenhafte Einsatz von Arbeitsmaschinen allerdings widersprüchliche Ergebnisse. Auf der einen Seite schufen sie zwar reichlich dringend benötigte, neue Beschäftigungsmöglichkeiten außerhalb der Landwirtschaft – gerade der Eisenbahnbau in Deutschland war eines der wirksamsten Mittel gegen den Pauperismus auf dem Lande[30] –, andererseits litten aber auch viele Heimarbeiter und Handwerker immer stärker unter der industriellen Konkurrenz. Wir kennen alle aus der Literatur die Geschichte der Verelendung der schlesischen Weber. Wenngleich unbestritten ist, daß die Industrialisierung sehr viel mehr Arbeitsplätze neu schuf, als sie vernichtete, so folgte sie doch in erster Linie den Möglichkeiten des Marktes und der Technik und nicht den regional je unterschiedlichen sozialpolitischen Bedürfnissen. Die neue arbeitssparende Maschinentechnik traf das vorindustrielle Gewerbe als blinde Marktmacht.

Paradoxerweise waren es jedoch gerade die Gegenden oder Gewerbezweige, in die die Industrialisierung nicht rasch genug vordrang, die am meisten unter ihrem Druck litten. Die Gegensätze zwischen Metropole und Peripherie wurden schärfer und stellen bis heute eines der größten Probleme dar. Dem unbestreitbaren frühindustriellen Elend entkam dagegen am schnellsten, wem es möglichst bald gelang, Anschluß an die technische und wirtschaftliche Entwicklung zu finden.

Englands Schüler

Diesem Bestreben galten im 19. Jahrhundert die politischen Anstrengungen der europäischen Kontinentalmächte. Es galt, England, dem unbestrittenen Vorbild, Beherrscher der Meere und Werkstatt der Welt, nachzueifern. Wirtschaftliches Wachstum und industrielle Stärke waren mittlerweile Voraussetzungen und Garanten politischer Souveränität. In Preußen, wie auch in anderen deutschen Ländern, wurde dies nach den verheerenden Niederlagen in den napoleonischen Kriegen zur neuen Staatsphilosophie und gab den Anlaß für weitgreifende Reformen, die Landwirtschaft und Gewerbe gleichermaßen umfaßten. Agrarreformen und Gewerbeförderung waren zwei Aspekte des gleichen Programms. Während erstere die Durchsetzung des Agrarkapitalismus und die „Freisetzung" ländlicher Arbeitskraftressourcen bewirkte, sollte letztere die Grundlagen für einen raschen Aufholprozeß gegenüber dem industriell fortgeschrittenen England schaffen.

Hierzu werden mit Hilfe des Staates, oft auf seine Kosten, Maschinen aus England importiert, sowohl um die einheimische Industrie in Gang zu bringen, als auch um nachgebaut zu werden[31]. Da England den Export der strategisch besonders wichtigen Werkzeugmaschinen ebenso verboten hatte wie die Ausreise von qualifizierten Mechanikern, um seine Führungsposition möglichst lange zu wahren, ging dies nicht ohne Schmuggel und vielfältige Betrügereien ab, an denen sich die kontinentaleuropäischen Regierungen recht ungeniert beteiligten. Dies galt auch für die Organisation einer regen Industriespionage, die zur gleichen Zeit die Zentren der englischen Industrie heimsuchte.

Neben diesen illegalen Wegen zur Informationsbeschaffung stand das energische Bemühen, im eigenen Lande technisches Wissen zu verbreiten, um dem Industrialisierungsprozeß eine eigene empirische und intellektuelle Basis zu verschaffen. Dies konnte zum einen durch die Weitergabe von Maschinen geschehen, wie dies etwa die preußische Gewerbeförderung unter Peter Christian Wilhelm Beuth (1781 – 1853) betrieb, oder durch die Einrichtung von Gewerbemuseen, wo diese Maschinen vorgeführt wurden[32]. Zum anderen wurden technische Lehranstalten eingerichtet, um die nötigen Grundkenntnisse zu vermitteln. Diese „polytechnischen Schulen" waren oft die Vorläufer der späteren Technischen Hochschulen. Begleitet wurde diese staatlich organisierte Wissensvermittlung von einer großen Zahl neu ins Leben gerufener technischer Fachzeitschriften, die, häufig in der Form von Reiseberichten, von den letzten Neuheiten aus der englischen Industrie berichteten [33]. [V-3.5; V-4.2]

Der Aufholprozeß des „Entwicklungslandes" Deutschland hatte auf diese Art einen sehr viel intellektuelleren Charakter als die Entwicklung im fortgeschrittenen England, wo durch unmittelbare Anschauung und Mitarbeit immer noch vieles schneller zu lernen war, als durch theoretische Durchdringung und Aneignung. Dies sollte sich erst gegen Ende des 19. Jahrhunderts umkehren, als mit der Elektrizität und der organischen Chemie weniger anschauliche Technologien neue Industriezweige begründeten. Nun erwiesen sich die ehemaligen Nachhilfeschulen, die Technischen Hochschulen, mit ihrem theoretisierenden Zugang als überlegene Produzenten neuer, industriell verwertbarer Verfahren und mathematisch-naturwissenschaftlich versierter Ingenieure.

Nach einem erfolgreichen Aufholprozeß traten im Laufe des 19. und frühen 20. Jahrhunderts die meisten Staaten Europas und Nordamerikas als Industrieländer an die Seite Englands. Seitdem ist nur noch Japan in der Zeit zwischen den beiden Weltkriegen, besonders aber nach dem Zweiten Weltkrieg, in die Gruppe der hochindustrialisierten Länder vorgestoßen, in denen die Beziehung von Technik und Wirtschaft weitgehend ähnliche Konturen aufweist. Es ist diese hochindustrialisierte Welt, die, mit einer besonderen Betonung uns besonders nahestehender deutscher Beispiele, in den folgenden systematischen Beiträgen im Zentrum steht.

Hinter dieser Fokussierung steht nicht etwa die Vorstellung, daß in der übrigen Welt ohnehin nur gering entwickelte Formen der gleichen Beziehung zwischen Technik und Wirtschaft existieren. Vielmehr sind diese Beziehungen zwischen Technik und Wirtschaft in der sogenannten Zweiten und Dritten Welt so stark von dem Spannungsverhältnis zwischen eigenen politischen und kulturellen Traditionen sowie der erdrückenden Dominanz des industriell überlegenen Nordens bzw. Westens geprägt, daß ihre Betrachtung eines grundsätzlich anderen Zuganges bedürfte, der durch die für Industriestaaten angemessene Doppelperspektive „Technik und Wirtschaft" nicht zu erlangen ist. Diese Doppelperspektive ist selbst Ausdruck einer immer noch räumlich begrenzten historischen Entwicklung, die vor nicht viel mehr als zweihundert Jahren ausgehend von England einen radikalen Bruch mit einer jahrtausendealten historischen Tradition vollzogen hat.

Literaturnachweise

1 *Gimpel*, Jean: The Medieval Machine. The Industrial Revolution of the Middle Ages. London 1979
2 *Mokyr*, Joel: Has the Industrial Revolution been crowded out? Some reflections on Crafts and Williamson. In: Explorations of Economic History 24 (1987), S. 293–319; *Crafts*, N.F.R.: British economic growth during the industrial revolution. Oxford 1985
3 *Finley*, M. I.: Technical Innovation and Economic Progress in the Ancient World. In: Economic History Review 18 (1965), S. 29–45; Finley, M.J.: The Ancient Economy. Berkeley, CA: University of California Press 1973; *Hodges*, H.: Technology in the Ancient World. London 1970; *Lee*, Desmond: Science, Philosophy, and Technology in the Greco-Roman World. In: Greece and Rome 2nd ser. 20 (1973), S. 65–78, S. 180–193
4 *Mokyr*, Joel: The Lever of Riches. Technological Creativity and Economic Progress. Oxford 1990, S. 19
5 *Gille*, Bertrand: Le moyen age en occident. In: Daumas, Maurice (Hrsg.): Les origines de la civilisation technique (Histoire générale des techniques. Bd. 1). Paris 1962, S. 441
6 Vgl. 1, S. 25
7 *Pacey*, Arnold: Technology in World Civilization. A Thousand-Year History. Cambridge Mass. 1990, S. 2.
8 Vgl. 7, S. 24–26
9 *Franke*, Herbert/*Trauzettel*, Rolf: Das Chinesische Kaiserreich. Frankfurt a.M. 1968, S. 256; *Needham*, Joseph: Science and Civilization in China. IV, Teil 3. Cambridge 1971, S. 491 f., S. 526
10 *Jones*, Eric L.: The European Miracle. Cambridge 1981, S. 160
11 Vgl. 7, S. 10
12 *Weber*, Max: Die Protestantische Ethik. Hrsg. v. Winckelmann, Johannes, Gütersloh 1981, S. 13–14
13 Vgl. 12, S. 44
14 Errechnet nach *de Vries*, J.: The Dutch Rural Economy in the Golden Age. New Haven 1974, S. 170–172
15 *Weber*, Max: Wirtschaftsgeschichte. Abriß der universalen Sozial- und Wirtschaftsgeschichte. Hrsg. v. Hellmann, S./Palyi, M. Berlin[5] 1991, S. 240–246
16 *Broelmann*, Jobst: Karavellen, Karacken und Kalküle. In: Kultur & Technik 2 (1992), S. 21
17 *Konetzke*, Richard: Süd- und Mittelamerika I. Die Indianerkulturen Altamerikas und die spanisch-portugiesische Kolonialherrschaft. Frankfurt a.M. 1965, S. 331 f.
18 *Elliott*, J. H.: Eine Welt. Verhängnis und Vermächtnis der europäischen Expansion. In: Merkur 517 (1992), S. 310
19 Vgl. 18, S. 311
20 *Goodman*, Jordan/*Honeyman*, Katrina: Gainful Pursuits. The Making of Industrial Europe 1600–1914. London 1988, S. 28
21 *de Vries*, J.: European Urbanization 1500–1800. London 1984, S. 255 f.
22 *Macfarlane*, Alan: The Culture of Capitalism. Oxford 1987, Kapital 8

23 *Mathias*, Peter: Agriculture and Industrialization. In: Mathias, Peter/Davis, John A. (Hrsg.): The First Industrial Revolutions. Oxford 1989, S. 122

24 *Kriedte*, Peter: Genesis, agrarischer Kontext und Weltmarktbedingungen. In: Kriedte, Peter/Medick, Hans/Schlumbohm, Jürgen: Industrialisierung vor der Industrialisierung. Gewerbliche Warenproduktion auf dem Land in der Formationsperiode des Kapitalismus. Göttingen 1978, S. 61–66

25 *Armengaud*, A.: Die Bevölkerung Europas von 1700–1914. In: Cipolla, Carlo M./Borchardt, Knut (Hrsg.): Bevölkerungsgeschichte Europas. Mittelalter bis Neuzeit. München 1971, S. 128–139

26 *Paulinyi*, Akos: Die Umwälzung der Technik in der Industriellen Revolution zwischen 1750 and 1840. In: Paulinyi, Akos/Troitzsch, Ulrich: Mechanisierung und Maschinisierung 1600 bis 1840 (Propyläen Technikgeschichte. Bd 3). Berlin 1991, S. 279–286

27 *Paulinyi*, Akos: Industrielle Revolution. Vom Ursprung der modernen Technik. Reinbek 1989, S. 238f.

28 Vgl. [VIII-4.1]

29 Vgl. 15, S. 154f.

30 *Tilly*, Richard H.: Vom Zollverein zum Industriestaat. Die wirtschaftlich-soziale Entwicklung Deutschlands 1834 bis 1914. München 1990, S. 27f.

31 *Paulinyi*, Akos: Der Technologietransfer für die Metallbearbeitung und die preußische Gewerbeförderung 1820–1850. In: Blaich, Fritz (Hrsg.): Die Rolle des Staates für die wirtschaftliche Entwicklung. Berlin 1982, S. 99–142

32 Vgl. 31, S. 110–115

33 *Troitzsch*, Ulrich: Zur Entwicklung der (poly-)technischen Zeitschriften in Deutschland zwischen 1820 und 1850. In: Manegold, Karl Heinz (Hrsg.): Wissenschaft, Wirtschaft und Technik. Studien zur Geschichte. München 1969, S. 331–339; Vgl. [V-3.5]

DIE ROH- UND GRUNDSTOFFE

Der Steinkohlenbergbau in Deutschland

Uwe Burghardt

Der Bergbau ist in Deutschland auf dem Rückzug. Für den einst bedeutenden Erzbergbau begann der Niedergang vor der Wende zum 20. Jahrhundert. Bereits in der zweiten Hälfte des 19. Jahrhunderts hatte die deutsche Förderung für die Ausdehnung der inländischen Eisen- und Stahlindustrie nicht ausgereicht. Daher war ausländischen Erzen früh der Zugang zum deutschen Markt eröffnet worden. Unter dem Druck der britischen Konkurrenz mußten die Einstandspreise für Rohstoffe auf ein Minimum gesenkt werden. Dem konnte der inländische Erzbergbau immer weniger folgen, auch wenn bis zum Ersten Weltkrieg die Fördermengen wuchsen [1]. Ursachen waren die Metallarmut der deutschen Erze und die zersplitterten Besitzverhältnisse im Erzbergbau. Ohne die nationalsozialistische Autarkiepolitik mit der politisch erzwungenen Verwertung der eisenarmen Salzgitter-Erze wäre der Erzbergbau wahrscheinlich schon in den 1930er Jahren zum Erliegen gekommen. Die DDR hat aus Devisennot eine marktentkoppelte Förderpolitik betrieben. Als sie 1990 in der Übergangsphase zu einem gesamtdeutschen Staat zu Weltmarktbedingungen fördern mußte, zeigte sich, daß „der Bergbau längst den Anschluß ans vielbeschworene Weltniveau verloren hatte. Während eine Tonne Kupfer an den internationalen Rohstoffmärkten mit 5000 Mark gehandelt wird, kostet die Produktion in Mansfeld das Zehnfache. (. . .) Aus einer Million Fördergut konnten in den vergangenen Jahren nur 7000 Tonnen Metall gewonnen werden [2].

Die Förderung der deutschen Steinkohlenreviere erreichte 1990 noch die Hälfte der 1913 geförderten Menge; im Aachener Revier läuft der Bergbau um 1995 aus; in Sachsen wird keine Steinkohle mehr gefördert; auch das Ende der Ibbenbührener Grube ist absehbar. Bergbau unter Tage wird in Deutschland bald gleichbedeutend sein mit der Gewinnung von Steinkohle im Saarland und im Norden des Ruhrgebietes.

Auf letzteres wird sich der folgende Beitrag konzentrieren, um in der gebotenen Kürze an Stelle der Vielzahl von Phänomenen und

Der Steinkohlenbergbau ist in Deutschland auf dem Rückzug. Noch vor wenigen Jahrzehnten beherrschten Gebäude von Zechen die Landschaft im Ruhrgebiet und im Saarland. Das Foto zeigt die Zeche ,,Hannover" in Bochum-Hordel. Man sieht im Vordergrund das zweigeschossige Doppelstrebegerüst von 1909 der Schachtanlage 1/2. Im Hintergrund ist die moderne Turmförderanlage zu erkennen.

Orten die wesentlichen Beziehungen zwischen Wirtschaft und Technik am Beispiel des wichtigsten Steinkohlenreviers Westeuropas zu verdeutlichen. In der Phase der Industrialisierung bis zum Ersten Weltkrieg war die Schwerindustrie – Kohle, Eisen und das den industriellen Stoffwechsel vermittelnde System der Eisenbahn – der Leitsektor für den Gang der Wirtschaft. Seit Beginn der Industrialisierung ist zunehmender Grundstoffverbrauch das Kennzeichen von Wachstum gewesen. Diese Korrelation hat, ansatzweise seit der Zwischenkriegszeit, in stärkerem Maße seit den sechziger Jahren, in den industrialisierten Staaten Westeuropas und Nordamerikas sowie in Japan ihre Gültigkeit verloren. Die Wirtschaft dieser Länder wächst, und gleichzeitig nimmt die Nachfrage nach den meisten Grundstoffen ab[3]. Für Deutschland läßt sich dieser Vorgang sehr gut am Beispiel des Steinkohlenbergbaus zeigen. Die Darstellung der technisch sehr unterschiedlichen Bereiche des Erz- und Salzbergbaus, der inländischen Erdölgewinnung und der meist im Tagebau betriebenen Produktion von Braunkohle würde das Bild zwar differenzieren, aber den hier gegebenen Rahmen sprengen[4].

Für das wichtigste deutsche Revier, das Ruhrgebiet, lassen sich Expansion, volkswirtschaftliche Umkehrphase und Bedeutungsverlust des Rohstoffs und Primärenergieträgers Steinkohle in den letzten hundert Jahren graphisch anhand der Jahresfördermenge in Millionen Tonnen pro Jahr veranschaulichen. Die größte Bedeutung besaß die Ruhrkohle im Ersten Weltkrieg. Seitdem ging es abwärts, auch wenn sich die absolute Fördermenge nochmals stabilisierte. Bezogen auf die Entwicklung des Nettosozialproduktes verminderte sich das wirtschaftliche Gewicht der Steinkohle.

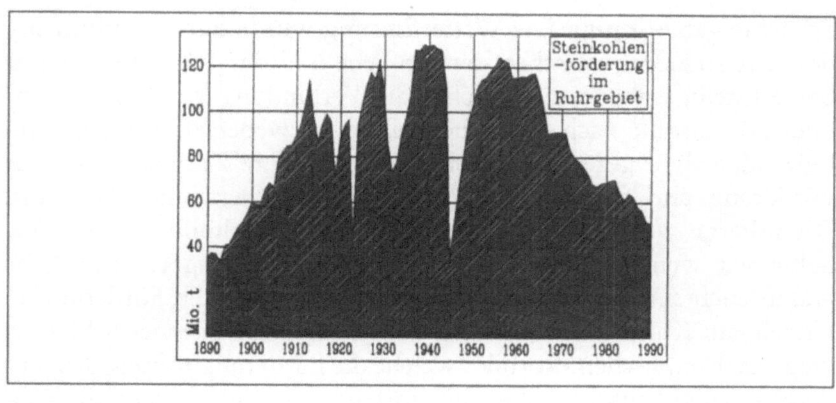

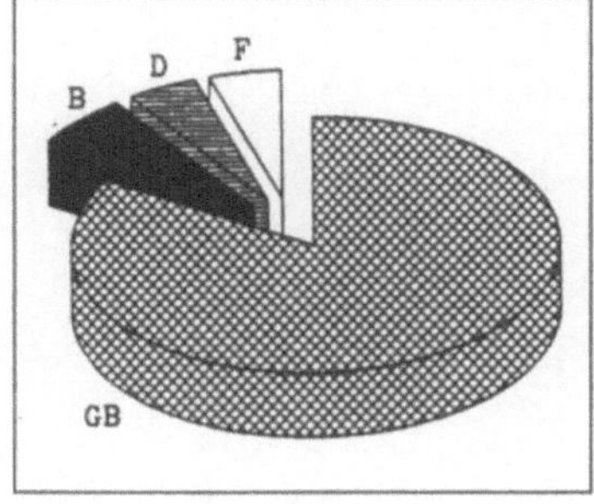

Steinkohlenförderung in Westeuropa um 1816 mit den Anteilen von Großbritannien, Belgien, Deutschland und Frankreich: Großbritannien 22,62 Mill. t, Belgien 1,774 Mill. t, Deutschland 1,274 Mill. t, Frankreich 1,215 Mill. t.

Die Zerstörung des Direktionsprinzips: die Dynamik der wirtschaftlichen und technischen Entwicklung (1815–1851)

Der Gang der Industrialisierung in Großbritannien hatte den Zeitgenossen die Bedeutung der Steinkohle für die sich anbahnende Veränderung der gewerblichen Produktion in Preußen vor Augen geführt. Im Ruhrgebiet verlief der Ausbau der Montanindustrie jedoch bis zum Ende der 1820er Jahre eher schleppend. Es wurden lange veraltete Verfahren beibehalten, etwa der Stollenbergbau und die Holzkohleverhüttung. Erst nach 1830, als sich das gesamtwirtschaftliche Wachstum von den klimatischen Zyklen des Agrarsektors löste, erhöhten sich die Zuwachsraten des Ruhrkohlenbergbaus nennenswert. Die wirtschaftliche Stimulanz und das Vorhandensein betriebssicherer Ausführungen der Dampfmaschine ermöglichten den Übergang zum Tiefbau und den Vorstoß unter die Mergeldecke.

Die Kosten für Tiefbauanlagen und die wirtschaftlichen wie technischen Risiken einer solchen Unternehmung setzten die Verfügung über große Kapitalmengen voraus – wie sie von privater Seite im ersten Viertel des 19. Jahrhunderts hier noch nicht zur Verfügung standen. Veränderungen ließ der staatliche Anspruch auf Führung des Grubenbetriebes und Festlegung der Kohlenpreise nicht erhoffen, solange es die ausdrückliche Haltung dieser Betriebsführung war, die Marktentwicklung abzuwarten.

Nach Aufhebung der französischen Verwaltung zog die Oberbergamtskommission 1815 Bilanz: Die meisten Gruben im Ruhrgebiet waren durch Stollen oder durch tonnlägige (schräge), in der Kohle dem Flözeinfallen folgende Schächte ausgerichtet. Seigere (lotrechte)

Schächte gab es kaum. Die Wetterführung wurde durch Ausnutzung
des Unterschiedes zwischen der Gruben- und der Außentemperatur
bewerkstelligt, wobei Lichtlöcher die Verbindung von der Stollen-
oder Fördersohle nach außen herstellten, entweder als Aufhauen im
Flöz oder als seigeres Schächtchen. Nur wenige Zechen hatten zur
Förderung und für die Wasserhaltung Dampfmaschinen beschafft.
Bremsberge waren im ersten Viertel des 19. Jahrhunderts eher eine
Seltenheit; wenn überhaupt, traten sie in halbsteiler Lagerung auf[5]. Sie
waren auch sinnlos, solange allgemein unter Tage die Förderung in
Kübeln auf Kufen üblich war. Erst die Einführung eiserner Schienenwege nach englischem Vorbild, welche die Förderung mittels Grubenwagen ermöglichte, brachte die Vorteile des Bremsberges zur Geltung, das Heraufziehen der leeren beim Abbremsen der vollen Förderwagen auf die Ortsstrecke und die Förderung ohne Wechsel des Fördermittels. [VIII-5.8]

Wenn die Unternehmen des Ruhrbergbaus zunächst auch mengenmäßig nicht an der Nachfragebelebung hatten teilhaben können, so
war doch wenigstens eine Anhebung der Preise möglich gewesen[6].
Die Gewinne haben Kapitalzuwachs in die Hand der Gewerken gebracht. In den 1820er Jahren haben die Ruhrorter Kohlenhändler den
Absatzmarkt rheinaufwärts bis nach Straßburg, auf den unteren Main
und auf den unteren Neckar ausgedehnt. Der Kohlenhandel in außer-
preußische Märkte hat in mehrfacher Hinsicht unterminierend auf das
Direktionsprinzip gewirkt. Es konnten viel höhere als die staatlicherseits für Preußen festgelegten Preise erzielt werden; die Gewinne stellten eine Kapitalzufuhr für die Bergbauunternehmen dar; innerhalb der
Gewerkenschaft begann damit eine Umschichtung von bäuerlichen
Eigentümern zu professionellen Bergbauunternehmern. Kapitalkräfti-
ger und politisch besser organisiert, begann diese neue Unternehmer-
schicht gegen die staatliche Betriebsaufsicht zu opponieren. Wenn es
im Vormärz auch noch nicht zu einem Ende der Leitung des Bergbaus
durch staatliche Organe kam, so hat die Widerspenstigkeit der Berg-
werksbesitzer doch eine Aufweichung des Direktionsprinzips bewirkt.

Die starke Ausweitung des Absatzgebietes in den 1820er Jahren
führte dazu, daß die Bergbeamten den Markt nicht mehr überschauen
konnten. Dies erlaubte den Gewerken eine wachsende Einflußnahme
auf die Preisgestaltung, bald ein Unterlaufen oder Überschreiten der
Richtpreise, die nach fiskalischen Gesichtspunkten und auch zwecks
Verminderung der Konkurrenz unter Berücksichtigung natürlicher
Vor- und Nachteile für einzelne Gruben unterschiedlich festgesetzt
worden waren[7]. Damit einhergehend verfiel die frühere Strenge ge-

genüber den sich nun häufenden Verstößen gegen die festgesetzten Preise, Verstöße, die auch eine legale Variante hatten: verwandelte der Gewerke sich in einen Kohlenhändler, die gesamte Förderung sich selbst zum Taxpreis verkaufend, wurde er frei in der Preisgestaltung beim Weiterverkauf[8].

Auch die Umgestaltung des Bergrechtes hat in den 1820er Jahren zur Stärkung der Gewerkenschaft gegenüber dem Staat beigetragen. Der südliche Teil des Ruhrkarbons ist stark gefaltet, und die Flöze treten in Gruppen auf. Die Bergbauberechtigungen sind dort ursprünglich als Längenfelder auf ein bestimmtes Flöz bis ins Muldentiefste verliehen worden. Unter diesen Bedingungen drohten rasch in die Teufe strebende Gruben ihre auf hangenden (höhergelegenen) Flözen Abbau treibenden Nachbarn zu Bruch zu bauen. Der Konflikt zwischen den bergrechtlichen Bestimmungen und den Abbaubedürfnissen der einzelnen Zechen führte zu Auseinandersetzungen zwischen Behörde und Gewerken[9]. Linksrheinisch hatte man zwischenzeitlich französisches Bergrecht kennengelernt, das Verleihungen auf die Fläche eines Feldes in die unendliche Teufe aussprach. Unter Druck geraten wegen der wirtschaftlichen Abträglichkeiten des alten Rechts und konfrontiert mit den Forderungen aus der linken Rheinprovinz sah sich Preußen zur Novellierung des Verleihungsrechtes veranlaßt. Wesentliche Neuerungen waren die Größe der Grubenfelder (ca. 1 km²) und die Bauberechtigung in die unendliche Teufe. Der Ausgleich rechtlicher Mängel des neuen Gesetzes und die Beseitigung der Kollision von altem und neuem Recht war durch Konsolidationen, d. h. der Vereinigung von Bergbauberechtigungen, möglich. Gegründet auf solche Zusammenschlüsse und infolge von Verleihungen nach dem neuen Recht entstanden seit den 1820er Jahren im Ruhrrevier kohlenreichere, leistungsfähigere und kapitalkräftigere Zechen.

Um die Zahl der Gewinnungsörter im Pfeilerbruchbau zu erhöhen, mußten möglichst viele Flöze angehauen werden. Die größeren Baufelder erlaubten eine gemeinschaftliche Vorrichtung von Flözgruppen mit Lösungsquerschlägen von der Hauptförderstrecke aus. In den steil gelagerten Flözen des im Ruhrtal zu Tage tretenden Karbons führten bereits kurze Querschläge zu einer erheblichen Vermehrung der Gewinnungsbetriebe. Bald drängte die Bergwerksverwaltung auf die Anlage eiserner Schienenwege unter Tage, um die anschwellende Hauptförderung auch künftig ohne Stockungen bewältigen zu können. Auf dem Hof des Bergamtes für Essen und Werden wurde sogar eine Probebahn aus dem Aachener Revier aufgebaut, das seinerseits Vermittler belgischer Bergtechnik war. 1833 verfügten 16 Gruben über solche Schiebebahnen mit einer Gesamtlänge von etwa 12,5 km. Im Zusammenhang mit diesen Grubenbahnen hat der Ruhrwasserweg zum Bau von Pferdeeisenbahnen von den oberhalb des Flusses oder in Seitentälern gelegenen Zechen zu den Ladestellen am Ufer angeregt. 1836 gab es 38 Bahnen mit 29,5 km Länge.

Die Aufstände des Jahres 1830 sollten für die wirtschaftliche Entwicklung des preußischen Westens weitreichende Folgen haben. Ermuntert durch die Gärung in Paris und vor den Interventionsplänen Preußens und Rußlands durch den Aufstand in Warschau bewahrt, hatte die Erhebung zur Abtrennung Belgiens von den Vereinigten Niederlanden Erfolg. Die Eigenstaatlichkeit Belgiens bewirkte die völlige Aufhebung der Zölle für preußische Kohle seitens der (nördlichen) Niederlande. Bis die Niederlande ihre Beziehungen zu Belgien 1835 normalisierten und bis zur Errichtung neuer Zollschranken, konnte der Ruhrbergbau die Ausfuhr in die Niederlande auf 20 Prozent der Revierförderung steigern.

Der Nachfrageschub aus Holland gab den Anstoß zum Abteufen der ersten Schächte unter den Mergel. Können mit den vorhandenen Dampfmaschinen die Wasserzuflüsse beherrscht werden und hält der Schachtausbau dem Wasserdruck im Mergel stand? — Als diese beiden Fragen beantwortet waren, stand dem Vorrücken des Bergbaus nach Norden nichts mehr im Wege.

Die ungewöhnliche Häufung des Abteufbeginns neuer Schächte um 1840 markiert den Anfangspunkt der Tiefbauphase. Gegenüber dem Stollenbergbau mit der Möglichkeit der horizontalen Förderung und Entwässerung sowie einem natürlichen Wetterzug konnten beim Tiefbau Förderung, Wasserhaltung und Bewetterung nur mit Maschinen bewerkstelligt werden. Tiefbauanlagen *mußten* daher über Dampfmaschinen verfügen. Mit dem Tiefbau begannen auch die Verkehrsprobleme unerträglich zu werden, denn die höheren Anlage- und Betriebskosten mußten auf eine größere Fördermenge verteilt werden. Die seit 1825 realisierten Chausseebauten und die Aktienstraßen der vierziger Jahre konnten lediglich den Landabsatz innerhalb des Reviers und die Verbindung zur bergischen Kleineisenindustrie verbessern, so der Ausbau der Wittener Kohlenstraße in das Wuppertal, der um 1830 meistbefahrenen Straße Preußens[10]. Die großen Fördermengen, die sich aus der durch den Eisenbahnbau ausgelösten Nachfrage ergaben, waren aber nur durch die Abfuhr auf der Eisenbahn selbst zu bewältigen.

In der Gestaltung der Grubenbaue brachte der Übergang zum Tiefbau die Verkleinerung der Dimensionen der Abbaustrecken, weil der mit der Teufe zunehmende Gebirgsdruck eine bessere Standfähigkeit der Baue verlangte. Waren zuvor die auch als Breitauffahren bezeichneten Abbaustrecken als eigenständige Gewinnungsbetriebe geführt und ebenso breit wie die Pfeiler selbst genommen worden, so wurden sie nun stärker als reine Zugänge zur Lagerstätte ausgebildet.

Ein weiteres gravierendes Problem für einen störungsfreien Betrieb war der in den 1830er Jahren in der Phase der raschen Erweiterung des Bergbaus auftretende Holzmangel. Die Bergverwaltung drang daher darauf, daß in ihrem Wirkungsbereich keine königlichen Wälder mehr an Private verkauft wurden, die in der Regel Holz schlagen ließen, ohne den Wald aufzuforsten.

Versuche zum Cyanisieren des Holzes, der Blausäurebehandlung gegen Pilze und Naßfäule, wurden wegen der damit verbundenen Gesundheitsgefährdung wieder eingestellt. Den spürbarsten Erfolg brachte die Weisung des Oberbergamtes, verbautes Holz, wo Gebirgsdruck und Beschaffenheit des Hangenden es erlaubten, zu rauben und wiederzuverwenden.

Die Vielzahl von Tiefbauschächten, die Anfang der 1840er Jahre in Angriff genommen worden ist, hat eine Phase der Entwicklung zahlreicher neuer Verfahren im Schachtbau eingeleitet, deren wichtigstes das von Josef Kindermann war. Dieser hatte ein Patent zum Abbohren von Brunnen auf den Bergbau übertragen und verbessert. Der Grundgedanke bestand darin, mit dem Bohrer im zusitzenden Wasser zu arbeiten, nach Erreichen des Steinkohlengebirges das Bohrloch mit wasserdichten Rohren zu verkleiden und es dann leer zu pumpen. Das Verfahren – Mitte der 1840er Jahre in 18 Fällen angewandt, davon nur einmal erfolglos – befriedigte vor allem die große Nachfrage nach befahrbaren Schurfschächten für die Augenscheinnahme eines Kohlenfundes durch die Bergbehörde.

Das Direktionsprinzip hat technisch restriktiv gewirkt. Dampfmaschinen ermöglichten den Vorstoß in größere Teufe. Aber ihre Beschaffung mußte durch die Bergbehörde genehmigt werden. Und das bedeutete meist ein langwieriges Genehmigungsverfahren und damit eine große Zeitspanne von der Planung bis zur Realisierung. Tiefbauanlagen konnten außerdem nur bei hoher Förderung existieren. Da dies nur auf Kosten anderer, ebenfalls unter der Obhut der Behörde stehender Anlagen oder durch Ausweitung des Absatzes – wofür die Verkehrswege staatlicherseits hätten verbessert werden müssen – möglich gewesen wäre, klaffte ein wachsender Widerspruch zwischen dem Interesse der einzelnen Gewerkschaft an der Entwicklung des Betriebes und dem direktionalen Bedürfnis nach Marktharmonie.

Dampfmaschine — Tiefbau — Großbetrieb (1851—1871)

Die preußische Berggesetzgebung war völlig uneinheitlich: 12 Provinzial-Berggesetze existierten neben dem Gemeinen Bergrecht, den montanistischen Bestimmungen des Allgemeinen Landrechts und linksrheinisch französischem Bergrecht. Diese Gesetzgebung, in deren Mittelpunkt die staatliche Betriebsführung, Preis- und Lohngestaltung gestanden hatte, war zur Fessel der wirtschaftlichen Entwicklung geworden.

Die Neufassung des Bergrechtes zog sich über einen Zeitraum von 14 Jahren hin. Die wichtigsten montanistischen Rechtsfragen — in bezug auf das Bergbaueigentum, die Sicherheitsaufsicht und die Beziehungen zwischen Gewerken und Bergarbeitern — wurden schrittweise durch Novellierung des alten Rechts behandelt und schließlich, nachdem sich die einzelnen Bestimmungen bewährt hatten, 1865 in einem neuen Allgemeinen Berggesetz zusammengefaßt. Bereits die erste dieser Bergrechtsnovellen, das Miteigentümergesetz von 1851, gab den Bergwerkseigentümern die Verfügung über die Betriebsführung und den Absatz zurück. Damit setzte eine ungestüme Expansion des Ruhrbergbaus ein.

Nun begannen Entwicklungen zusammenzuwirken, die seit längerem herangereift waren. Nach 1830 hatten sich im Ruhrgebiet zahlreiche eisenverarbeitende Betriebe angesiedelt, die britisches Roheisen bezogen. Als 1844 ein Roheisen-Schutzzoll gegenüber England und 1851 gegenüber Belgien eingeführt wurde, verteuerten sich die Vorprodukte dieser Eisenindustrie. Die hohen Eisenpreise boten Chancen für das Entstehen einer eigenständigen Eisenhüttenindustrie im Ruhrgebiet. Damit eröffnete sich dem Ruhrbergbau ein neuer Absatzmarkt für die unter der Mergeldecke angetroffene gut verkokbare Fettkohle. Als man jetzt Blackband fand, gab es Hoffnung auf eine eigene Erzlage des Reviers. Rasch legten die Zechen, die über ein Kohleneisensteinflöz verfügten, für ihre Kohlenfelder auch Mutung auf Eisenerz ein.

Der Bau der Eisenbahnen hat die Nachfrage nach schwerindustriellen Produkten erhöht, ihr Betrieb den Rohstofftransport erleichtert und verbilligt und den Warenumlauf beschleunigt. Doch 1850 ist Steinkohle nur mit etwa einem Prozent am Güterverkehr auf der Schiene beteiligt gewesen. Erst die Einführung des Pfennig-Tarifs (1 Silberpfennig pro Zentner und Meile) hat der Ruhrkohle zur Konkurrenzfähigkeit in den urbanen Zentren außerhalb des Reviers verholfen. Bis 1860 wuchs der Anteil der Steinkohle am Transportaufkommen der Eisenbahn auf 14 Prozent[11].

<table>
<tr><td></td><td>1851</td><td>1860</td></tr>
<tr><td>auf Wasserstraßen</td><td>29,6</td><td>16,7</td></tr>
<tr><td>im Bahnversand</td><td>24,9</td><td>55,1</td></tr>
<tr><td>Landabsatz</td><td>45,5</td><td>20,7</td></tr>
<tr><td>Selbstverbrauch</td><td>—</td><td>7,5</td></tr>
</table>

Verkehrsmittel, die in den Jahren 1851 und 1860 für den Ruhrkohlenabsatz benötigt wurden; Angaben in Prozent. Dabei ist 1851 der Selbstverbrauch im Landabsatz mit enthalten.

Die Marktentwicklung der 1850er Jahre stimulierte zahlreiche montane Unternehmensgründungen. Weil die Öffnung des Zugangs zur Lagerstätte beträchtliche Zeit in Anspruch nahm, gingen die meisten Neugründungen in die seit 1857 abflauende Konjunktur hinein in Förderung und drückten auf Preise und Rentabilität. Der lange Zeitverzug zwischen einer Investitionsentscheidung und ihrem Wirksamwerden hat im Steinkohlenbergbau mehrfach, insbesondere im Fall kurzfristiger und unerwarteter Veränderungen im wirtschaftlichen Rahmen, zu großen Schwierigkeiten geführt. Wegen der hohen fixen Kosten für die Offenhaltung der Lagerstätte konnten die Bergbaugesellschaften aber nicht mit einer Drosselung der Produktion auf den Preisverfall antworten. Deshalb versuchte man, durch Kontrolle des Marktes die Preise trotz stagnierender Nachfrage und ständig wachsender Förderung hochzuhalten. Die Gründung des Vereins für die bergbaulichen Interessen im Oberbergamtsbezirk Dortmund (Bergbauverein) war ein erster Schritt in diese Richtung.

Daneben stand die Strategie, durch Weiterverarbeitung der Rohkohle den Umsatz zu erhöhen, neue Absatzmöglichkeiten zu schaffen und den im reinen Bergbaubetrieb sehr hohen Lohnkostenanteil zu vermindern. Die Senkung der Produktionskosten wurde zum einen mit Hilfe von Konsolidationen angestrebt (44 Zusammenschlüsse allein 1859), zum anderen hat die Krise von 1858 Maßnahmen zur Kostensenkung im Betrieb unter Tage forciert. So wurde die Schießarbeit verbessert, zunächst durch die Verallgemeinerung des Einsatzes der seit den 1840er Jahren bekannten Nitroglycerin-Sprengstoffe und ab 1866 durch die Verwendung von Dynamit. Diese Sprengstoffe boten mehr Sicherheit bei der Handhabung, und die Schüsse konnten präziser gesetzt werden.

Hohe Lohnkosten verursachte die Herstellung der Bohrlöcher, weshalb 1852 auf der Zeche Bickefeld Versuche mit Handbohrmaschinen begannen. Die beim Bau des Mt.-Cenis-Tunnels 1855 erstmals eingesetzten Druckluftbohrmaschinen wurden in Preußen bald in drei Typen angeboten [12]. Sie haben zwar die Schießarbeit erleichtert und den Streckenvortrieb beschleunigt, gaben jedoch keine entscheidenden Impulse zur Umgestaltung des Grubenbetriebes. Unter Tage wurden eiserne Schiebewege nun allgemein üblich. Seit 1850 hatte man begonnen, zur Beförderung der Grubenwagen auf diesen Schienen Pferde einzusetzen. Stärker beaufschlagte Strecken mußten nun länger offen bleiben. Sie wurden (mit eisernen Stempeln) standfester ausgebaut, und vereinzelt als Gesteinsstrecken aufgefahren, um sie besser vor den Druckwirkungen des Abbaus zu schützen [13].

Die höheren Anlagekosten der das Steinkohlengebirge in größerer Teufe erreichenden nördlichen Gruben hatten von vornherein Schachtfördereinrichtungen für eine möglichst hohe Förderung notwendig gemacht; der Verfall der Kohlenpreise drängte weiter in diese Richtung. Die Erhöhung der Nutzlast hing dabei weniger von den Fördermaschinen als vielmehr von den Seilen ab, die über die Nutzlast hinaus das Gewicht der Körbe und ihr Eigengewicht zu tragen hatten. Die Einführung von Stahlseilen und deren mit der Teufe zunehmender Querschnitt vergrößerte den Biegedurchmesser der Seile. Daher mußten auch die Seilscheiben größer und die Fördergerüste höher werden. Die massive Architektur zur Ableitung sowohl des Fördergewichts wie auch der seitlichen Zugkräfte von der Fördermaschine her und die Höhe der Malakofftürme der 1850er Jahre bzw. nach 1870 der freistehenden eisernen Fördergerüste trugen dem Rechnung.

Die Zunahme der Zahl und der Teufe der Schächte ging Hand in Hand mit großen Fortschritten im Schachtbau. Zwischen 1850 und 1870 gelangten zwei Verfahren zur Reife, die bis zur Jahrhundertwende im Ruhrgebiet die immer wieder verwendeten Standardteufverfahren blieben. Das aus Belgien stammende Großbohrverfahren Kind-Chaudron erlaubte das Abteufen durch (über 100 m) mächtige Mergelschichten im zusitzenden Wasser mit schließlichem Abdichten der Schachtstöße durch eiserne Tübbinge. Das zweite und für den Ruhrbergbau wichtigere Verfahren beruhte auf der Verwendung von Caissons (Senkkästen) und war in Frankreich entwickelt worden. Es ermöglichte den Vorstoß in größere Teufe und ließ größere Schachtdurchmesser als das Bohrverfahren zu.

Der Bedarf an Steinkohle wuchs seit Mitte des 19. Jahrhunderts durch die neu entstehende Schwerindustrie – durch den auf Koks umgestellten Hochofenbetrieb – und vor allem durch den Eisenbahnbau stark an.

Überkapazitäten, Konsolidierung, Kostenkrise (1871–1905)

Der Ende der 1860er Jahre beginnende Konjunkturaufschwung ist durch die französischen Reparationszahlungen angeheizt worden. Im Ruhrgebiet kam es infolge der spekulativen Steigerung der Kohlenpreise zu einer neuen Welle von Unternehmensgründungen. Gleichzeitig schossen die Lohnkosten in die Höhe. Wegen der langen Dauer von Teuf- und Ausrichtungsarbeiten kamen die neuen Grubenbetriebe ähnlich wie Mitte der 1850er Jahre in den Zusammenbruch der Spekulation und in den Rückgang der Konjunktur seit 1874 hinein in Förderung und verstärkten so die Preiskrise [14]. Der Investitionszyklus war fast genau so lang wie der Konjunkturzyklus gewesen, und der hohe Bedarf an Eisen, Stahl und Dampfmaschinen hatte die Konjunktur noch zusätzlich belebt. Die Bergbauunternehmer reagierten auf die große Depression mit scheinbar widersprüchlicher Flucht nach vorne: die Leistungsfähigkeit der bestehenden Anlagen mußte wachsen. Bei den üblichen Abbauverfahren des Pfeilerbruchbaus erhöhten sich nun aber, wegen der notwendigen Ausdehnung der Grubenbaue, die Betriebskosten stärker, als es der Zunahme der Förderung entsprochen hätte. Doch waren die Bergbauunternehmer eher bereit, diese Kosten und die Gefahr eines weiteren Preisverfalls hinzunehmen, als die wegen der starren Kosten für die Offenhaltung der Lagerstätte (Wasserhaltung, Bewetterung, Streckenpflege) höhere Belastung einer Produktionssenkung oder gar einer Betriebsstillegung zu tragen.

Mit der Ausdehnung des Raumvolumens einer Grube wuchs der Wetterbedarf und mit der Erweiterung des Streckennetzes die Stoßfläche, die dem Wetterstrom Widerstand entgegensetzte. Das zwang zur Erweiterung der Wetterwegquerschnitte und zur Erhöhung der Ventilatorleistungen. Die Belegschaft wuchs infolge der längeren Förderwege, wegen der mit längerer Fahrzeit vor Ort sich verringernden reinen Arbeitszeit und wegen der überproportional vermehrten Auffahrung und Pflege von Strecken schneller als die Fördermenge. Die Verstreuung der Gewinnungsbetriebe erschwerte die Arbeitskontrolle und erhöhte die Kosten für die Betriebsaufsicht. Die umfangreiche Streckenauffahrung in der Kohle und die zahlreichen Pfeilerstrecken schnitten ausgedehnte Flächen in der Lagerstätte an. Aus diesen Oberflächen gasten große Mengen Methan aus. Dies war die wesentliche Ursache für das Ansteigen der Zahl von Schlagwetterexplosionen seit den 1870er Jahren. In welchem Umfang die Betriebskosten pro Tonne Förderkohle gestiegen waren, hat die Konjunkturschwäche Anfang der 1890er Jahre aufgedeckt.

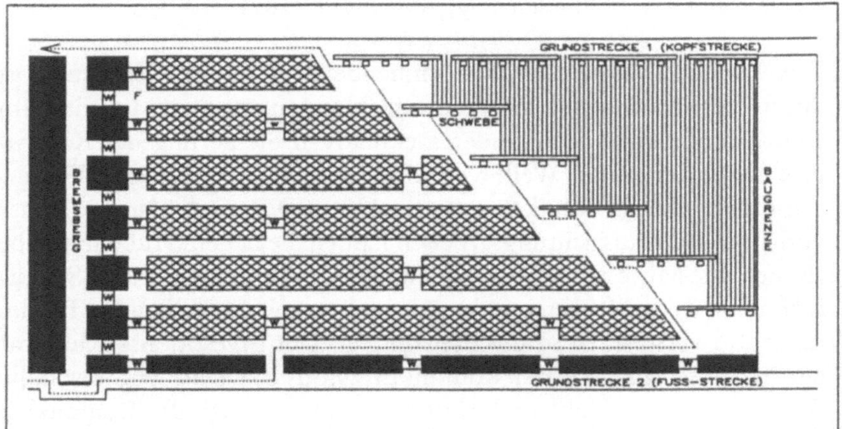

Pfeilerbruchbau (Rückbau) in steiler Lagerung im Ruhrrevier um 1900.
Kreuzschraffur: abzubauende Kohle; senkrecht schraffiert: Bruchfelder im ausgekohlten Raum; schwarz ausgezogen: Sicherheitspfeiler und -dämme.
Der Bremsberg war eine steile Flözstrecke, in der volle Förderwagen leere Förderwagen durch ihr Gewicht heraufzogen und dabei auf die Sohlenstrecke abgebremst wurden. Eine Betriebserweiterung durch Pfeilerbruchbau bedeutete eine unverhältnismäßige Ausdehnung der Grubenbaue, entweder in dem Sohlenniveau oder in der Teufe, weil nur so die Zahl der Pfeiler, d.h. die die Kohle liefernden Betriebe, vergrößert werden konnte.

Auf die anhaltenden Schwankungen der Rentabilität im Ruhrbergbau haben die Unternehmer mit Preisabsprachen und Versuchen zur Quotierung der Förderung reagiert. Die Gründung des Rheinisch-Westfälischen Kohlensyndikats 1893 war nicht nur in wirtschaftlicher Hinsicht ein Einschnitt, insofern sie zur Stabilisierung der Kohlenpreise führte. Die Syndikatsverträge setzten einer hemmungslosen Ausweitung der Förderkapazitäten Grenzen. Die Erhöhung der Produktion war nun nicht länger das Hauptmittel unternehmerischen Erfolges, sondern die Senkung der Gesamtkosten [15].

Die Kombination des reinen Grubenbetriebes mit Betrieben der Verhüttung und Verarbeitung von Eisen versprach wirtschaftliche Vorteile und Sicherung gegen die Konkurrenz: Niedrige Kohlenpreise konnten für die Verbilligung und Erhöhung der Konkurrenzfähigkeit der Eisenverhüttung genutzt werden. Die Hüttenseite verfügte über eine sichere Versorgung, die Bergbauseite über eine Grundauslastung. Das gemeinsame Marktgewicht war größer, die Bankabhängigkeit geringer und das kombinierte Unternehmen konnte flexibler auf Nachfrageschwankungen reagieren. Gleichzeitig verminderten sich die Generalkosten für Vertrieb und Verwaltung.

Innerhalb eines Betriebes oder unter benachbarten Unternehmen ergab sich die Möglichkeit zur Energieverbundwirtschaft, zum einen durch Nutzung der Gicht- und Koksgase für die Dampferzeugung, zum anderen durch Substitution des kalorisch höherwertigen Koksgases im Verkokungsprozeß durch Gichtgas. Die technischen Vorteile der Kombination konnten jedoch nur von finanzstarken Großunternehmen realisiert werden. Für gleichbleibende Koksqualität, die eine Verminderung der Störungen im Hochofenbetrieb erlaubte, waren ausgedehnte Grubenfelder die Voraussetzung, um optimale Kokskohlenmischungen zu erzielen.

Als dritter wichtiger Faktor für die Stabilisierung der Kohlenpreise hat sich die Eisenbahn erwiesen. Im Revier ist das Streckennetz der Nordwanderung des Bergbaus in die Lippezone gefolgt, wo es durch zusätzliche Verbindungen und auf den Hauptabfuhrstrecken durch zweite Gleise verstärkt und der Umschlag durch weitere Rangierbahnhöfe beschleunigt worden ist. Die Auseinandersetzung um die Frachttarife mit den drei wichtigen Eisenbahngesellschaften des Ruhrgebiets hat sich in den 1880er Jahren zu einer der wichtigsten Aufgaben der bergbaulichen Interessenverbände entwickelt.

Die rasche Urbanisierung der Hauptbergbauzone entlang des Hellweges hatte die Belastung der Bergwerke mit Bergschäden erhöht. Deswegen und wegen der hohen Unfallziffern des Bruchbaus drang das Oberbergamt nun auf Bauarten mit Versatz und planmäßigem Ausbau[16]. Den Appellen der Bergbehörde ist freilich solange kein Erfolg beschieden gewesen, wie nicht die Kosten selbst die Bergbaubetriebe zum Übergang zu Versatzbauarten zwangen[17].

Die seit Mitte der 1880er Jahre sinkende Produktivität, die mit Schleppern nicht mehr zu bewältigenden Fördermengen und der vorwiegend von jüngeren Förderleuten getragene Streik des Jahres 1889 haben die vollständige Umstellung des Hauptförderbetriebs auf Pferdetraktion und die Erprobung mechanischer Streckenförderanlagen veranlaßt. Da die Hauerleistung relativ stabil geblieben war, schienen die Ursachen für die Verminderung der Produktivität im Bereich der Förderung zu liegen. Viele Bergwerksdirektionen sahen daher in der Mechanisierung der Hauptförderung die wichtigste Maßnahme zur Kostensenkung im Grubenbetrieb. Die dafür beschafften Fördermittel bestanden aus rollengeführten endlosen Seilen oder Ketten, an denen die Fördergefäße fortbewegt wurden. Als Antrieb dienten Drucklufthaspeln. Doch waren diese Anlagen umstritten, bisweilen wurden sie als Sport technikvernarrter Zechendirektoren verspottet. Eine Ersparnis an Betriebs- und Lohnkosten trat nur dort ein, wo eine wirklich große Fördermenge zu bewältigen war. Auf kleineren Anlagen oder bei schwierigen Gebirgsverhältnissen waren sie eine glatte Fehlinvestition[18].

Die Kapazität der Schachtförderung wurde zum einen durch eine leichtere Bauweise der Körbe gesteigert, vor allem aber durch die Ablösung der Förderart, die auf der gegenläufigen Auf- bzw. Abwicklung des Ober- bzw. Unterseils auf Seilkörben beruhte, durch die Koepe-Förderung (1877), bei der eine Antriebsscheibe durch Reibschluß ein Endlosseil mitnahm, was eine Verzehnfachung der Fahrgeschwindigkeit erlaubte.

In den 1890er Jahren entstanden erhöhte Anforderungen an den Schachtbau. Wegen der schon erwähnten Zunahme von Schlagwetterunfällen war 1888 bergamtlich der Mehrschachtbetrieb angeordnet worden, und auf den Anfang der 1870er Jahre in Betrieb genommenen Schachtanlagen stand das Auffahren der tieferen Sohlen an. Die sogenannten Syndikatsschächte, die nicht aus grubentechnischen Gründen, sondern zur Erhöhung der Verkaufsbeteiligung eines Bergbauunternehmens am Kohlensyndikat abgeteuft wurden, haben nach 1893 den Bedarf an Schachtneubauten weiter erhöht. Ähnlich war es in den westlichen Nachbarrevieren. Dieser Nachfrageschub führte zur Entwicklung eines neuen Schachtteufverfahrens, der Gefrierschachtmethode. Ab 1883 wurde dieses Verfahren im Ruhrgebiet erprobt, in den 1890er Jahren aber wegen anfänglicher Mißerfolge nicht mehr genutzt — vier von sieben in den 1880er Jahren angesetzten Schächte hatten wegen nicht geschlossener Frostmauern aufgegeben werden müssen. Das Verfahren wurde indessen in Frankreich zur betriebssicheren Praxisreife verbessert und kehrte von dort erst nach der Jahrhundertwende in das Ruhrrevier zurück.

Der Kostendruck des langandauernden Preisverfalls seit 1874 hat die Unternehmen des Ruhrbergbaus erneut zum Ausbau der Veredelung motiviert. Zuerst gingen die Zechen im Ruhrgebiet an die Aufbereitung der Rohkohle durch Klassierung nach Stückgrößen und Verbesserung der Reinheit mit Hilfe von Wasch- und Separationsanlagen[19]. Seit den 1880er Jahren ist der Kokereibetrieb ausgedehnt und die Ausbeute an Koksgas mit Hilfe von Regenerativöfen erhöht worden. Zudem wurden Verfahren zur Abscheidung von Nebenprodukten aus dem Koksgas erprobt[20]. Dabei fiel auch Pech an, das für die Brikettierung geeignet war. Damit konnten die Magerkohlenzechen bis dahin kaum marktfähige Sorten wie Feinkohle und Gruß verwerten (ein wichtiger Abnehmer wurden die Eisenbahnen).

Absatzpolitisch herrschte in der Zeit vor dem Ersten Weltkrieg die Arroganz des Monopolisten. Für den gemeinsamen Absatz der Ruhrkohle hatte man das Kohlensyndikat; die Geschäftspolitik dieser Organisation bestand im wesentlichen darin, durch Dumpingpreise sogenannte bestrittene Gebiete zu erobern, Landstriche, in denen man auf die Konkurrenz anderer, insbesondere der britischen Bergbaureviere stieß. Konzepte zum Vertrieb von Primärenergie gab es nicht. Solche

Initiativen überließ man der chemischen Industrie und einzelnen, weiter blickenden Montanunternehmern. Wärme- und energietechnische Projekte und eine intensivere Beschäftigung mit kohlechemischen Möglichkeiten seitens des Kohlesyndikats sind erst Ergebnisse des Druckes der Stabilisierungskrise von 1924/25 gewesen.

Bis 1850 hatte im südlichen Ruhrgebiet die im Rahmen der Mehrgenerationenfamilie betriebene Landwirtschaft die Bergmannsfamilie gegen Unfall und Krankheit gesichert, eine gewisse Altersversorgung bedeutet und den Familienverband dank Landausstattung und Viehhaltung sowohl gegen Arbeitslosigkeit wie gegen Agrar- und Preiskrisen abgepuffert. Wegen der zusätzlichen Belastung der Bergleute durch die Landwirtschaft hatten die Bergbehörden bis zum Ende der Direktionszeit an der achtstündigen Schichtzeit festgehalten[21].

Mit dem Übergreifen des Bergbaus in die Hellwegzone zwischen Dortmund und Duisburg war dort der Bedarf an Bergleuten gewachsen. Es fehlte vor allem an Fachleuten, weil wegen der zunehmenden Ausdehnung der Grubenfelder stärker auf geordnete Aus- und Vorrichtung Wert hatte gelegt und mit der größeren Teufe mehr Sorgfalt auf den Ausbau und die Wetterführung hatte verwendet werden müssen. Die Konkurrenz der Zechen untereinander, die Stadtnähe und die Ausdehnung des Arbeitsmarktes durch den Eisenbahnverkehr (1848 fanden im Revier rund 1,5 Millionen Personenbeförderungen auf den Eisenbahnen statt) hatten die Fluktuation verstärkt[22], so daß die Stadtzechen ihre Belegschaft nur über höhere Löhne hatten halten können. Arbeitsmarkt und Lohngestaltung waren jedoch erst ab 1860 mit dem Freizügigkeitsgesetz den Unternehmern überlassen worden. Bis dahin hatten sie die behördlichen Lohnfestsetzungen dadurch umgangen, daß sie besonders qualifizierten Arbeitern Aufsichtsfunktionen zugeteilt und diese dadurch in höhere Einkommensgruppen befördert hatten. Als der Bergbau Ende der 1850er Jahre in den siedlungsleeren Emscherbruch vorgestoßen war, hatten sich die Zechen vor die Aufgabe der Formung und Bindung einer Stammbelegschaft gestellt gesehen. Dieses Problem hatte nur durch die Errichtung eines zecheneigenen Wohnungsbestandes gelöst werden können. [X-4.4]

Gegen Ende des 19. Jahrhunderts verschärfte sich die Arbeitsmarktsituation für den Bergbau noch einmal. Infolge des raschen Wachstums des Bergbaus, der zunehmenden Konkurrenz zu anderen Industriebranchen und vor allem zum Baugewerbe sowie wegen der Urbanisierung erwiesen sich jetzt selbst in städtischer Umgebung zecheneigene Wohnungen als unverzichtbar, weil wegen der dauernd wachsenden Bevölkerung die Wohnungsmieten erheblich stiegen[23].

Die Mechanisierung des Ruhrkohlenbergbaus

Der Konjunktureinbruch kurz nach der Jahrhundertwende hat den Ruhrbergbau unter akuten Kostendruck gesetzt. Dabei zeigte die Absatzkrise im wesentlichen nur die inneren Probleme der Bergwerksbetriebe auf: Die Ausdehnung der Grubenbaue war nicht zum Stillstand gebracht worden; die Bemühungen zur Konzentration des Untertagebetriebes und zur Kontraktion der Grubenbaue hatten sich als nicht ausreichend erwiesen. Eine geregelte Ausbildung von Hauer-Nachwuchs hat es im Ruhrbergbau bis in die Zeit der Weimarer Republik nicht gegeben. Bei Wiederbelebung der Nachfrage verschärfte sich die Konkurrenz der Zechen um Steiger und gute Bergarbeiter. Die Bergleute wiederum wollten ständige Verlängerungen der Arbeitszeit oder willkürliche Lohnabzüge für angeblich unreine Förderung und die Auslieferung an die Launen des Steigers beim Festsetzen der Gedinge nicht länger hinnehmen. Das zeigt die außerordentliche Verbesserung des gewerkschaftlichen Organisationsgrades in den Jahren nach der Konjunkturkrise [24]. Der große Streik von 1905 warf seine Schatten voraus. Die Bemühungen zur Mechanisierung der Strebförderung, die zwischen 1902 und 1905 auffällig zunahmen, waren insofern auch den Einflüssen des Arbeitsmarktes und der Gewerkschaftsbewegung ausgesetzt.

Voraussetzung für eine Verminderung der Zahl der Kohlenbetriebe waren wachsende Fördermengen pro Gewinnungspunkt. Dieses Ziel konnte nur durch Verlängerung der Kohlenfronten und Verlegung aller betrieblichen Bewegungsvorgänge in den Gewinnungsraum selbst erreicht werden. Dafür aber war, zumindest in der flachen Lagerung, deren Anteil mit der Nordwanderung des Bergbaus zunahm, ein robustes, leistungsfähiges und den geologischen Voraussetzungen des Ruhrreviers angepaßtes Strebfördermittel notwendig.

Ein wichtiges Vorbild waren seit den 1890er Jahren der britische und der US-amerikanische Langfrontstrebbau (longwall mining) gewesen. Der Erfolg dieser Bauart – eine außerordentliche Erhöhung der Förderkapazität des einzelnen Betriebspunktes – beruhte auf der Mechanisierung der Ortsförderung mit dem Conveyor, einer Art Kettenkratzerförderer. Im Ruhrrevier setzte sich jedoch die Schüttelrutsche als brauchbarstes Strebfördermittel für die flache Lagerung in Konkurrenz gegen das Förderband und gegen verschiedene Conveyor-Typen durch. Ihr Vorteil war – wegen des im Ruhrbergbau erforderlichen dichten Ausbaus – die leichtere Umlegbarkeit von einem Feld zwischen zwei Stempelreihen in das nächste.

Bei der Ausgestaltung der Grubengebäude traten weitreichende Kostenminderungen ein, die zudem eine Verbilligung der laufenden Aufwendungen für Streckenunterhaltung und Wetterführung erlaubten. Mit der Verlängerung der Strebfront wuchs die Arbeitsfläche; deshalb konnte die Zahl der Hauer vergrößert werden; die reine Verhiebszeit nahm zum, weil die Kohlenhauer von Förderarbeiten entlastet wurden; dazu kamen der Effekt verbesserter Aufsicht, die Wirkung der Konkurrenz innerhalb der Belegschaft und der gegenseitigen Kontrolle der Arbeiter. Die Schüttelrutsche war deshalb so eine wichtige Innovation, weil nun eine Arbeitsmaschine einen Arbeitsdruck auf die Hauer ausübte [25]. Die Intensivierung der Arbeitsaufsicht durch die Steiger und die größere Arbeitsteilung boten auch den Vorteil, leichter ungelernte Leute verwenden zu können [26]. Im Ergebnis wuchs die Abbaugeschwindigkeit stärker, als es der Zunahme der Belegschaft entsprochen hätte. Die Zunahme der Abbaugeschwindigkeit hatte darüber hinaus einen unerwarteten Synergieeffekt.

Das Herauslösen der Kohle aus dem Schichtenverband des Karbons bewirkt eine Zerlegung des Gebirgsdruckes in Richtungskomponenten. Dabei freiwerdende Scherspannungen verursachen eine Überlagerung horizontal gerichteter Druckwellen, wodurch ein kurzfristig wirksamer, mehrfach über den rechnerisch zu erwartenden lotrechten Auflagedruck hinausgehender Zusatzdruck entsteht, der bei genügend hoher Abbaugeschwindigkeit der Gewinnungsfront vorauseilt und bergmännisch Abbaudruck genannt wird. Er bestimmt neben Faktoren wie der Stellung und Häufigkeit von Schlechten – Rissen in der Flözscheibe – und der Kohlenfestigkeit in besonderem Maße den Gang – die Gewinnbarkeit – der Kohle [27].

Die Kohle wurde durch den Abbaudruck gelockert und gewissermaßen aus dem Nebengestein herausgepreßt. Dieselbe Zahl von Hauern war daher in der Lage, mit gleichbleibenden Arbeitsmitteln und bei gleichem Zeitaufwand eine größere Menge Kohle zu gewinnen. Die zuvor für die Auflockerung der Kohle notwendige Schießarbeit konnte eingeschränkt und damit die Zahl der Schießunfälle vermindert werden. Gleichzeitig verringerte sich die Kohlenstaubbildung, und es fielen mehr Stückkohlen an, für die man höhere Preise erzielte.

Ende 1913 kam etwa die Hälfte der in flacher Lagerung geförderten Kohle aus Langfrontstreben mit Schüttelrutschen, das entsprach 15,6 Prozent der Gesamtförderung [28]. Der Erfolg des flachen Rutschenstrebs hat die Vergrößerung der Bauhöhen im Schrägbau und die Einführung des Gruppenbaus mit Stapelschächten an Stelle der Bremsberge in der steilen Lagerung beschleunigt.

Modell einer Kettenschüttelrutsche aus dem Deutschen Bergbaumuseum Bochum, wie sie um 1910 im Steinkohlenbergbau des Ruhrgebietes viel verwendet wurde. Dies ist die erste Form einer ,,Schüttelrinne'', durch die um 1905 im Ruhrbergbau der wichtige Schritt von einer manuellen Betätigung zum Betrieb durch Druckluft vollzogen wurde. Da die Kettenschüttelrutsche verhältnismäßig große Raumhöhen beanspruchte, konnte sie in niedrigen Flözen nicht eingesetzt werden. Für die geologischen Gegebenheiten im Ruhrgebiet war die zwischen 1910 und 1930 entwickelte Rollenrutsche das am meisten geeignete Fördermittel.

Die Förderung aus einer Vielzahl von Kleinbetrieben war eine diskontinuierliche Förderung, mit der Folge der Verstopfung der Förderwege, wenn große Fördermengen aus ein und demselben Feldesteil eintrafen und dem Fehlen der steckengebliebenen Wagen vor Ort. Dagegen boten die Rutschenstreben die Möglichkeit einer kontinuierlichen, umfangreichen und berechenbaren Förderung. Die Arbeitsergebnisse ließen sich dort recht genau messen und kontrollieren, Abbaufortschritt und Grubenbetrieb besser planen und die Betriebskosten genauer überwachen. Doch bald verstopfte die hohe Förderung aus den einzelnen Betriebspunkten die Abförderwege. Die wachsenden Anforderungen an die Kapazität der Hauptstrecken konnten nur mit Grubenlokomotiven bewältigt werden. Die höchsten Förderleistungen waren mit elektrischen Fahrdrahtlokomotiven zu erzielen. Mit den elektrischen Grubenbahnen drang die Infrastruktur der elektrischen Kraftübertragung nach unter Tage vor. Die Voraussetzung für einen sicheren Betrieb von Grubenbahnen war eine standfeste Ausführung der Förderstrecken. Dies bedeutete das Ende flözgeführter Ausrichtung und erforderte soliden Ausbau, der eine Standzeit über die gesamte Lebensdauer einer Sohle ermöglichte.

Die Erhöhung der Kapazität der Streckenförderung war nur im Zusammenhang mit einer gleichzeitigen Erweiterung der Kapazität der Schachtförderung sinnvoll. Schachtneubauten oder Querschnittserweiterungen alter Schächte kamen dafür nur auf längere Sicht in Betracht. Kurzfristig mußten die Ladevorgänge am Förderkorb beschleunigt, wenigstens teilweise automatisiert und das ganze Förderspiel optimiert werden.

Hatte die Höhe der Förderung unter vorgegebenen geologischen Bedingungen bisher von der Zusammensetzung und Berufserfahrung einer Kameradschaft abgehangen, vom Leistungswillen der Schlepper, vom Verhältnis des Steigers zu „seinen Leuten" und seiner Art der Ausübung der Kontrollfunktion, überhaupt von persönlichen Beziehungen, so brachte der Rutschenstreb eine ganz wesentliche Veränderung: die Schüttelrutsche war die erste Maschine im Grubenbetrieb, welche die Arbeitskontrolle ‚mechanisierte'; lief die Rutsche, mußte sie auch gefüllt werden. Neben den synergetischen Wirkungen in der Gewinnung hat die Strebrutsche vor allem Einfluß auf die vor- und nachgeschalteten Betriebsvorgänge gehabt, Ansprüche an die Beschleunigung des Verhiebs und an die Abfuhr der erhöhten Betriebspunktförderung gestellt.

Der Erste Weltkrieg: Substanzverluste und technische Defizite

Der Erste Weltkrieg hat die Mechanisierungsaktivitäten vorläufig beendet. Alle Bemühungen, welche die Erweiterung und die technische Vervollkommnung der Grubenbetriebe betrafen, gerieten im Förderstreß der Kriegswirtschaft völlig in den Hintergrund[29]. Es hatte jedoch nicht sein Bewenden mit einem Stillstand der technischen Entwicklung. Vielmehr verursachten die Lieferschwierigkeiten für Bergwerksmaschinen einen andauernden Rückgang der Drucklufterzeugung, die Leitungsnetze konnten nicht ausgebaut werden. Es entstanden immer größere Druckverluste, weil einerseits die Querschnitte der alten Leitungen nicht ausreichten und andererseits die aus Papier und ähnlichen Ersatzstoffen hergestellten Flanschenverbindungen der Leitungen undicht waren. Auch die Anschlußschläuche bestanden aus Ersatzstoffen und waren schlecht. Weitere Druckluftschwierigkeiten erwuchsen auch daraus, daß sich bei den Bergleuten mit der Grubendisziplin auch der sorgfältige Umgang mit den Anlagen des Druckluftbetriebes und das Verantwortungsgefühl für den Druckluftverbrauch verminderte. Abhilfe stand nicht in Aussicht, weil wegen des Mangelns an Meßgeräten die Möglichkeit zur Kontrolle der Druckluftwirtschaft schwand[30].

Die Zechenverwaltungen bemühten sich darum, die Förderung trotz der zahlreichen Einberufungen durch stärkere Belegung der Abbaubetriebe hoch zu erhalten. Voraussetzung dafür war die Einschränkung der Arbeiten zur Vorbereitung des Abbaus. Die Bergbehörde stützte dieses Vorgehen durch die Beschränkung der Ausrichtung auf Arbeiten, die auf kurze Sicht eine hohe Förderung erlaubten. Reviere mit hohem Unterhaltungsaufwand wurden abgeworfen und die Gewinnung konzentrierte sich auf die zentralen Bereiche des Grubenfeldes und auf die mächtigeren Flöze. Um den hohen Energiebedarf der Kriegswirtschaft zu decken und auch die Truppentransporte zu gewährleisten, wurde ständig von der Hand in den Mund gelebt: die Vorrichtung neuer Lagerstättenteile blieb hinter dem Abbau zurück und sie bewegte sich fast vollständig in Grubenbauten, die bereits in der Vorkriegszeit aufgefahren worden waren. Am Ende des Krieges befanden sich die Baufelder und Sohlen, die den Abbau der nächstfolgenden Jahre zu tragen hatten, in einem durch Raubbau schwer geschädigten Zustand[31].

Die bevorzugte Zuweisung von Arbeitern an die Fettkohlenzechen hat zur Vernachlässigung der übrigen Kohlengruppen geführt. Die von der Heeresverwaltung geforderte Förderung ging auf Kosten der Unternehmenssubstanz. Für Ausbesserungsarbeiten und substanzschonende Abbauführung fehlten die Zeit und die Kräfte, so daß unter den gegebenen kriegswirtschaftlichen Arbeits- und Materialbedingungen Raubbau getrieben wurde. Die Folge war ein beschleunigtes Absinken der mittleren Förderteufe, und damit erhöhten sich die meisten Kostenfaktoren im Grubenbetrieb. Obwohl beträchtliche Kohlenvorräte geopfert worden sind, trat keine Steigerung der Produktivität ein. Wegen der ungenügenden Auslastung und des sinkenden Wirkungsgrades der verschlissenen Anlagen nahm der Verbrauch der Zechen an eigener Förderkohle zu. Die von Frühjahr 1917 bis Mitte 1918 erzielte Fördersteigerung ging ausschließlich auf den rücksichtslosen Einsatz menschlicher Arbeitskraft zurück.

Die starke Verminderung der für den Abbau aufgeschlossenen Kohlenmenge behinderte die Abbauplanung, minderte die Förderfähigkeit und verringerte die betriebliche Flexibilität. Für die Nachkriegszeit wurden die Zechenverwaltungen dadurch auf höheren Schichtenaufwand in der Vorbereitung der eigentlichen Produktion dienenden

Bereichen und damit auf eine Erhöhung der Aufwendungen für den Zugang zur Lagerstätte festgelegt.

Die irreversible Verschlechterung der Produktionsbedingungen des Steinkohlenbergbaus mußte seine zukünftige Position im Wettbewerb mit anderen Primärenergieträgern sowie die von der Kohle abhängigen inländischen Produktionszweige schwer belasten. Der Krieg hinterließ technologische Defizite und einen betriebswirtschaftlichen Spannungszustand, der nach der Stabilisierung der Rahmenbedingungen seit 1924 beschleunigend auf die zweite, die nun vor allem die Gewinnung berührende, Mechanisierungswelle wirkte.

Inflationszeit: moderne Ausrichtung und Erneuerung der Energieanlagen

Während des Krieges war in den Kohlerevieren eine schwerindustrielle Monostruktur entstanden, die zwar einen wachsenden Kohlenabsatz innerhalb des Reviers garantierte, gleichzeitig aber eine starke Abhängigkeit von Montankonjunkturen mit sich brachte[32]. Die Forderung der Bergarbeiter nach Sozialisierung des Bergbaus hatte die Frage nach dem Handlungsträger der weiteren Gestaltung des Bergbaus auf die Tagesordnung gesetzt. Diese Eigentumsfrage stellte sich auch im Hinblick auf eine mögliche Besetzung von Industriegebieten durch die Siegermächte. Zu den Regelungen des Versailler Vertrages und den politischen Bedrohungen des Bergwerkseigentums traten die spekulativen Aspekte der Inflation, deren Vorteile erst später in der Wiederherstellung der außenwirtschaftlichen Beziehungen und der Finanzierung der Neuausrüstung der deutschen Industrie entdeckt wurden[33].

Unmittelbar nach dem Krieg standen also vielfache Irritationen einer tatkräftigen Beseitigung der durch den Krieg verursachten Substanzverluste und technischen Defizite im Weg. Gleichzeitig aber entwickelte sich – ganz im Gegensatz zum Geschehen auf dem Weltmarkt, das durch die im Krieg geschaffenen Überkapazitäten geprägt war – eine lebhafte Nachfrage nach Steinkohle[34]. Dieser zeitgenössisch als *Kohlenot der Nachkriegszeit* bezeichnete Nachfrageschub ergab sich aus der Scherbewegung zwischen wachsendem Bedarf – die Inflation begünstigte einen Exportboom – und verminderter Bedienung des Marktes: Die äußerste Anspannung der Grubenbetriebe während des Krieges und der damit verbundene Verschleiß der technischen Anlagen mußten sich bemerkbar machen. Auch verringerte sich

Aufruf

an die Arbeiter und Beamten der Bergwerksbetriebe des rheinisch-westfälischen Industriegebietes.

Kameraden!

Die beständig ausbrechenden Konflikte zwischen Belegschaften und Beamten veranlassen uns, diese Worte an Euch zu richten.

Die Sozialisierung des Bergbaues ist für die Bergarbeiter und auch für die überwältigende Mehrheit der Arbeiterklasse Deutschlands beschlossene Sache; sie muß und wird kommen. Sozialisierung aber bedeutet vor allem einträgliches Zusammenarbeiten aller im Bergbau Werktätigen, vom Kumpel bis zum Betriebsleiter.

Solange das Kapital herrschte, haben es die Kapitalisten verstanden, jene, die die Werte schaffen, gegeneinander zu hetzen. Nach dem Willen des profitgierigen Kapitals war der Beamte der Antreiber und der Bedrücker des Bergmannes. Aus dem Bergmann herauszuholen, was irgend herauszuholen war, selbst unter Hintansetzung der Rücksicht auf Leben und Gesundheit, war die Aufgabe der Beamten. Leondrücken und Menschenschinden das wurde vor allem von einem Beamten nach dem Sinne der Kapitalisten verlangt.

Wir wissen wohl! Gar mancher Beamter hat nur widerwillig sich diesem infamen System gebeugt; er mußte nach dem Willen der Ausbeuter handeln, wenn er nicht brotlos werden wollte. Selbst aufs Schonungsloseste ausgebeutet bleibt der Beamte unter dem kapitalistischen System ein Werkzeug der Ausbeutung anderer. Dieses aber ist mit ein Grund, warum das kapitalistische System im Bergbau abgeschafft, die Sozialisierung durchgeführt werden muß.

Viel Haß, Erbitterung und Mißtrauen bedeckt infolge dieses Systems zwischen Bergarbeiter und Beamten. Und das müssen Arbeiter und Beamte zu einem Einvernehmen kommen, soll ist Werk der Sozialisierung durchführbar. Es gilt jetzt, nicht über das Gewesene rechten, es gilt die Grundlagen für ein neues System im Bergbau schaffen.

Bergarbeiter, Kameraden! Ihr wißt genau, daß bei Eurer Arbeit die fachmännische Leitung des Betriebes noch unendlich wichtiger ist, als in jedem anderen Gewerbe. Nur wo tüchtige, gewissenhafte, gebildete und erfahrene Beamte tätig sind, kann den furchtbaren Gefahren für Leben und Gesundheit der Belegschaft begegnet werden. Ohne diese Männer Bergbau treiben wollen, wäre heller Wahnsinn. Ihr müßt um Eurer selbst willen ein ersprießliches Zusammenarbeiten mit den Beamten herbeiführen!

Beamte des Bergbaues! Auch Euch legen wir ans Herz: Sorget für die Solidarität! Seid Euch dessen bewußt, daß fortan nicht mehr das Kapitalinteresse maßgebend sein darf, sondern einzig und allein das Interesse aller im Bergbau Schaffenden und das Interesse der Allgemeinheit. Es gilt vieles gut zu machen, was das alte System verschuldete, es gilt, für Euch eine neue Zukunft schaffen, es gilt das unbedingte Vertrauen der Arbeiter zu gewinnen.

In den sozialisierten Bergwerken muß volles Vertrauen und Einverständnis zwischen Arbeitern und Beamten bestehen. Dies herbeiführen wird eine der Aufgaben sein, die die Proletarier der Handund der Kopfarbeit zu lösen haben. Sie ist zu lösen, denn, sobald das Prinzip der Ausbeutung fortfällt, nur die Arbeit für das Gesamtinteresse gilt, ist es nur eine Frage des guten Willens, die Rechte und Pflichten beider abzugrenzen.

Jetzt stehen wir in der Uebergangszeit vom kapitalistischen zum sozialistischen System. Es muß Kohle weiter gefördert werden, wenn nicht das deutsche Volk zugrunde gehen soll. In dieser Uebergangszeit kann nicht sofort das Verhältnis zwischen Bergarbeiter und Beamten nach Wunsch geändert werden. Es gilt sich zu gedulden und es gilt durch Eintracht und guten Willen die Weiterarbeit zu ermöglichen. Nur die Beherrscher des Kapitals haben ein Interesse daran, das Werk der Sozialisierung zu hintertreiben. Eines der Mittel dazu ist, Zwietracht zu säen zwischen den Proletariern zwischen Beamten und Arbeitern. Sie hetzen und wühlen, um die gemeinsame Arbeit zu stören. Wer sich diesen Wühlereien nachgiebig zeigt, der ist ein Feind des Volkes und verfündigt sich an dem Interesse der Allgemeinheit und wird zur Verantwortung gezogen werden.

Kameraden! Wo irgend Konflikte ausbrechen zwischen Bergarbeitern und Beamten, müssen sie geschlichtet werden.

Euch Bergarbeiter, fordern wir auf, von der willkürlichen und anarchistischen Beseitigung von Beamten abzusehen. Euch, Beamte, fordern wir auf zu einträchtigem Wirken mit den Belegschaften.

Wo irgend Konflikte und Streitigkeiten ausbrechen, sind wir stets bereit, zu vermitteln und bitten Arbeiter wie Beamte, sich vertrauensvoll an uns zu wenden.

Hoch die Solidarität!
Hoch die Sozialisierung des Bergbaues!

Essen, den 10. Januar 1919.

Die Neuner-Kommission

für die Vorbereitung der Sozialisierung des Bergbaues im rheinisch-westfälischen Industriegebiet.

Diesen Aufruf ist durch Anschlag weiteste Verbreitung zu sichern. Die Neuner-Kommission.

Das wichtigste Ergebnis der Kriegswirtschaft war eine strategische Verschlechterung sowohl der geologischen Bedingungen der Kohlegewinnung im Ruhrgebiet als auch der wirtschaftlichen Voraussetzungen durch übermäßigen Verschleiß der technischen Anlagen. Die ,,Kohlennot'' der Nachkriegszeit verdeckte das Ende der Expansion: Verschiebungen zu anderen Primärenergieträgern als Steinkohle waren zur Befriedigung der immensen Energienachfrage in diesen Jahren gewollt, Fortschritte in der Brennstoffökonomie wurden seitens des Steinkohlenbergbaus selbst nachdrücklich unterstützt. Mit Installation leistungsfähiger Netze für die Fernübertragung elektrischer Energie entstand ein Markt für andere Primärenergieträger als die Steinkohle.
In dem abgebildeten ,,Aufruf'' sprachen der Zechenverband — die Arbeitervereinigung des Ruhrbergbaus — und der Ausschuß zur Prüfung der Frage der Arbeitszeit die dringendsten Probleme des Bergbaureviers an und riefen zur schnellen Lösung auf.

wegen der schlechten Ernährung die Leistungsfähigkeit der Bergarbeiter[35]. Die Schichtleistung hatte sich unter anderem durch die Einführung der Siebenstundenschicht vermindert, die Jahresförderquote sank wegen der Schichtausfälle. Dazu kamen die Minderung der deutschen Gesamtförderung um 26 Prozent wegen der Gebietsveränderungen und der Ruhrgebietsförderung um etwa 15 Prozent infolge der Reparationslieferungen[36]. In den Bereichen Verstromung und Hausbrand deckte Braunkohle einen Teil der höheren Nachfrage – wie auch regional schon vor dem Krieg. Die Folge war eine dauerhafte Substitution von Steinkohle, weil jede Umstellung von Feuerungsanlagen auf den niedrigeren Brennwert der Braunkohle eine langfristig wirksame Investition darstellte[37].

In einer Stellungnahme formulierten im Oktober 1919 oder Zechenverband, die Arbeitgebervereinigung des Ruhrbergbaus, und der „Ausschuß zur Prüfung der Frage der Arbeitszeit" des Vereins für die bergbaulichen Interessen, die unmittelbar zu lösenden Aufgaben[38]: In erster Linie müsse die Förderung, vor allem aus den im Krieg vernachlässigten Lagerstättenbereichen, erhöht und die während des Krieges auf das Notdürftigste beschränkten Arbeiten zum Aufschluß der Lagerstätte und zur Vorbereitung des Abbaus nachgeholt werden, wobei die neu herzustellenden Grubenbaue für langfrontartige, mechanisierte Abbauverfahren geeignet sein sollten. Grundlage für die Mechanisierung des Betriebes unter Tage sei die Erneuerung der Energieanlagen.

Sowohl für die Erhöhung der Förderung aus schlechteren Flözpartien, als auch für die nicht unmittelbar produktiven Arbeiten der Lagerstättenerschließung mußte die Belegschaft vergrößert werden. Es war kaum ein Problem, zu diesem Zweck Demobilisierte anzuwerben, sehr schwierig jedoch, diese Neubergleute bei der ungewohnten Arbeit unter Tage zu halten[39]. Um sie langfristig für die Bergarbeit zu interessieren, entwickelten die Bergwerksgesellschaften ein Programm der beruflichen Integration durch eine geregelte Ausbildung und verbesserten das Angebot an Wohnungen und Lebensmitteln.

Die Bergarbeiterschaft des Ruhrreviers vergrößerte sich infolgedessen in kurzer Zeit um etwa 25 Prozent. Die zusätzlichen Leute mußten an ihren Arbeitsplatz befördert werden, was nur durch die Erhöhung der Seilfahrtkapazität bewerkstelligt werden konnte. Denn je länger die Belegschaft für die Anfahrt benötigt hätte, desto geringer wäre die effektive Schichtzeit vor Ort gewesen. Zudem hätte eine Verlängerung der Seilfahrtdauer direkt die Förderkapazität einer Schachtanlage vermindert[40].

Bergarbeiter-Zeitung

Organ des Verbandes der Bergarbeiter Deutschlands

Maßnahmen gegen die Kohlennot.

Die „Kohlennot", ihre Entstehung und die Folgen für breite Bevölkerungsschichten wurden in der Presse lebhaft diskutiert. Diese Berichterstattung stammt aus der „Bergarbeiter-Zeitung" vom 30. August 1919.

Der außerordentliche Aufwand für die Aus- und Vorrichtung, der nun getrieben werden mußte und der einen anhaltenden Rückgang der Produktivität verursachte, stellte einen verspäteten Tribut an die Rücksichtslosigkeit der Betriebsführung während des Krieges dar. Lohnzahlungen in inflationierter Binnenwährung und das große Arbeitskräfteangebot erlaubten es, diese unerläßlichen Arbeiten mit geringstem Kostenaufwand abzuwickeln.

Beim Pfeilerbruchbau hatte die Ausdehnung der Sohlenabstände eine Grenze entweder in technischen Schwierigkeiten oder in den Kosten gefunden, etwa bei der Herstellung der Wetterdurchhiebe im Flöz, wo beim Abhauen die Wasserhebung und beim Aufhauen die Sonderbewetterung ins Geld gegangen waren. Zu große Sohlenabstände hatten im Förderbereich infolge der weiträumigen Verteilung der Abbaubetriebe und bei der Bewetterung wegen der Verzettelung der Wetterströme hohe Kosten verursacht. Stellten die Abbaubetriebe selbst eine durchgehende Wetterverbindung zwischen den das Grubengebäude gliedernden Sohlen und Abteilungsquerschlägen her, dann verkürzten sich die Wetterwege, verminderte sich der Strömungswiderstand; die Abbauförderung mündete direkt in die Hauptstreckenförderung.

Um den Mechanisierungsgrad der Vorkriegszeit wieder zu erreichen, fehlten sowohl vom miserablen Zustand der Grubenbaue als auch von der ungenügenden Energiebereitstellung her die Voraussetzungen. Insbesondere die Kesselanlagen waren völlig überlastet. Die Entwicklung vor Augen, welche die Kesseltechnik während des Krieges in den USA genommen hatte, sollte durch eine Steigerung der Kesseldrücke und der Dampftemperatur sowie durch die Vergrößerung der Heizflächen eine entscheidende Verbesserung des thermischen Wirkungsgrades erzielt werden.

In bezug auf den Grubenbetrieb stellte die Wiederherstellung der Druckluftversorgung die dringendste Aufgabe dar. Unmittelbar nach Kriegsende mußten zuerst einmal die vorhandenen Kompressoren optimiert und die Leitungsverluste beseitigt werden, anschließend galt es, unter Tage Druckluft einzusparen; erst ab 1921 konnten leistungsfähige Turbokompressoren in Betrieb genommen werden; nach unter Tage wurden neue Schachtleitungen eingebaut, in der Grube die Rohrquerschnitte erweitert und das Leitungsnetz ausgedehnt[41]. Die beiden wesentlichen betrieblichen Rekonstruktionsmaßnahmen der Inflationszeit sind also das Auffahren neuer Sohlen im Zuschnitt für Langfront-Bauarten sowie die Modernisierung und Erweiterung der Energieversorgung gewesen.

Die Rationalisierung im Steinkohlenbergbau

Hatten die Maßnahmen der Inflationszeit die Voraussetzungen für eine
flächendeckende Mechanisierung des Grubenbetriebes geschaffen, so
weckte die Stabilisierung des wirtschaftlichen Umfeldes das Interesse
der Zechenverwaltungen an einer spürbaren Verringerung der Selbst-
kosten. Ausgelöst durch die Kohlennot der Nachkriegszeit waren die
Bemühungen zur Einsparung von Energie vorangetrieben worden.
Doch eben diese schier immerwährende Nachfrage hatte den Blick für
die Wirksamkeit der Brennstoffökonomie und die irreversiblen Veränderungen auf dem Sektor der Primärenergie zu Lasten der Steinkohle verstellt. Reparationslieferungen und Transportschwierigkeiten
hatten einen falschen Eindruck vom tatsächlichlichen Kohlenbedarf
vermittelt. Die Stabilisierungskrise, die eine Folge der Umstellung der
Unternehmen auf stabile Finanzen und Märkte war, brachte Anfang
1924 diese Verschiebungen mit unvermuteter Wucht zur Geltung.
    1924 hatten die Unternehmer des Ruhrbergbaus die Bedingungen
wirtschaftlichen Handelns durch die Verträge mit der MICUM (mis-
sion interalliée de contrôle des usines et des mines) und die Rückversi-
cherung in Form der Entschädigungszusagen der Reichsregierung geklärt. Gänzlich kalkulierbar wurde die betriebliche Zukunft für den
Bergbau durch die Annahme des Dawes-Plans (Mai 1924), der die
Reparationen mit der Sanierung der deutschen Währung verkoppelte,
die Reparationsquellen festlegte, die Gesamtbelastung begrenzte und
die Sanktionsmöglichkeiten beschränkte.
    Die Bergbauunternehmer reagierten auf diese Herausforderungen
mit einer raschen Verlagerung der Prioritäten im Grubenbetrieb vom
Bereich der Infrastruktur auf den Bereich der Gewinnung und Förderung sowie mit Lohnsenkungen und radikaler Verminderung der Belegschaften. Die Niederlage der Bergarbeiter im Mai-Streik von 1924
verfestigte die Lohntarife auf dem im Zuge der Währungsreform
definierten, im internationalen Vergleich überaus niedrigen Niveau
und schrieb die Verlägerung der Schichtzeit um eine Stunde fest[42].
    Der Verein für die bergbaulichen Interessen hielt die Grundsätze der
technischen Umgestaltung des Grubenbetriebes in einer Denkschrift
vom Juli 1925 fest[43]: Der Abbau solle auf die besseren Flöze beschränkt, kleinere Gruben zu Verbundbergwerken mit leistungsfähigen Zentralförderschächten zusammengelegt werden, während un-
rentable Betriebsteile oder Schachtanlagen stillzulegen seien[44]. Um
die räumliche Betriebszusammenfassung zu beschleunigen, müsse die
Schichtleistung gesteigert werden. Dies sei nur durch möglichst weit-

Bei den herkömmlichen Arten der söhligen Kohleförderung waren die Förderwagen entweder mit Haspeln an endlosen Ketten oder Seilen, durch Lokomotiven oder durch Pferde schubweise vom Streb zum Schacht gebracht worden. Bänder dagegen transportierten die Kohle in gleichmäßigem Strom. Die Förderbänder wurden durch Druckluftmotoren oder Elektromotoren angetrieben. Bald konnten sich die Muldenbänder aus Gummi gegenüber den Stahlgliederbändern durchsetzen. Sie waren zwar in ihrer Anschaffung teurer, ließen sich aber leicht auflegen, waren wenig reparaturanfällig und hatten eine längere Lebensdauer als die Metallbänder.

gehenden Einsatz des Abbauhammers möglich. Dadurch werde endlich die Fördermenge pro Gewinnungspunkt spürbar vergrößert werden können. Die Rentabilität des reinen Zechenbetriebes müsse durch eine möglichst weitgehende Weiterverarbeitung und Veredelung der Kohle erhöht werden.

Seit 1920 sind verschiedene Modelle des Abbauhammers erprobt worden. Gute Ergebnisse konnten in geringmächtigen Flözen mit gutem Nebengestein, in steil gelagerten Flözen mit fester Kohle und in flach gelagerten, relativ weichen Fettkohleflözen größerer Mächtigkeit erzielt werden. Einer allgemeinen Verwendung des Abbauhammers waren solange Grenzen gesetzt, wie Engpässe in der Dampferzeugung bestanden, die Lieferung neuer Kompressoren ungewiß blieb, Druckluftleitungen nicht erneuert werden konnten und nicht genügend Bergleute an dem neuen Arbeitsmittel ausgebildet waren. Begünstigt durch den Mehrabsatz, den sich die Bergbauunternehmen während des englischen Bergarbeiterstreiks verschafften, stieg der Anteil der mit Abbauhämmern gewonnenen Kohle in nur drei Jahren von etwa einem Drittel (1925) auf rund 90 Prozent der Jahresförderung (1928)[45]. Die Erhöhung des Förderanteils der Abbauhämmer bewirkte einen sprunghaften Produktivitätszuwachs der Hauerarbeit. Die Unternehmer erwarteten daher Ende der zwanziger Jahre „eine sehr große und schnelle Steigerung der absoluten Leistungsfähigkeit der Kohlenhauer vorläufig kaum noch. (. . .) Fortschritte (werden) noch zu erwarten sein (. . .) bei den Nebenarbeiten in der Kohlengewinnung, insbesondere bei der Bergeversatzarbeit"[46].

Problembereiche signalisierten die Stauzonen in der Sohlenförderung: Diese ergaben sich an den Förderknicken, an denen der Förderstrom umgelenkt wurde oder das Fördergefäß gewechselt werden mußte, und aus der ungenügenden Nutzlast der Fördermittel. Ein besonderer Schwachpunkt war die Zwischenförderung zwischen Rutschenaustrag, bzw. dem Stoßfuß beim Schrägbau, und der Übergabe der Kohle in die Hauptförderung. Mit der bei gutem Gebirge eingerichteten Bandförderung konnten jetzt die ersten Betriebserfahrungen gesammelt werden. Die Förderung wurde nun auf einen Stapel — einen mehrere Flöze erschließenden Blindschacht — geleitet und mit genügend Förderkapazität bietenden Kippgefäßen in die Sammelförderung mit Grubenlokomotiven übergeben. Hier lagen in den dreißiger Jahren die Ansätze zur Ausbildung der Stetigförderung.

Die Steigerung der Betriebspunktförderung machte den Versatz — auf den ein Drittel aller Schichten vor Ort entfielen — zu einer entscheidenden Einflußgröße für die Betriebskosten. Dies hatte die Unterschätzung der logistischen Probleme beim Antransport von Versatzbergen durch Störungen und Betriebsunterbrechungen verdeutlicht. Die Empfindlichkeit der Großbetriebe gegenüber Störungen bewirkte, daß der Vorteil des höheren Mechanisierungsgrades nicht die Erfolge brachte, die für die Wettbewerbsfähigkeit erforderlich waren[47].

Neben Veränderungen des Grubenbetriebs traten nichttechnische organisatorische Rationalisierungsmaßnahmen, die genaue Beobachtung, Vermessung und Aufzeichnung der Betriebsabläufe durch Zeitstudien, Untersuchungen zur Elektrifizierung des Untertagebetriebes[48], die Entwicklung bergbetriebswirtschaftlicher Planungsmethoden und die regelmäßige Kontrolle der laufenden Kosten durch planmäßige Betriebsüberwachung. Dies war eine besondere wichtige Aufgabe, weil die Material- und Unterhaltungskosten zwischen 1913 und 1926 doppelt so schnell gestiegen waren wie die Lohn- oder die Holzkosten[49]. Die Kraft- und Energiewirtschaft wurde mit Hilfe von Wärmebilanzen überwacht. Solange der wirtschaftliche Druck die Zechenverwaltungen motivierte, setzten sie die tagtägliche Suche nach den Schwachpunkten des Grubenbetriebes fort, die wichtige Erkenntnisse über den Zusammenhang zwischen Abbaufortschritt und Strebleistung sowie zwischen Stillständen des Strebs und Störungen bei der Zuführung der Versatzberge brachten.

Die mit dem Konzentrationsprozeß einhergehenden Grubenfeldarrondierungen boten Gelegenheit zu rationellem Zuschnitt der Baufelder und zur Konzentration der Verwaltungseinrichtungen. Im technischen Bereich ergaben sich — heute als synergetisch bezeichnete — Effekte. Auf drei Feldern waren diese besonders effektiv: die Zusammenfassung von Aufbereitung, Strom- und Drucklufterzeugung benachbarter Schachtanlagen gestattete eine optimale Auslastung, die Ausbauteile für die Grubenräume konnten standardisiert werden, so daß eine maschinelle Vorbereitung über Tage in Frage kam, und bei den Grubenbahnen konnten Spurweite und Wagenabmessungen vereinheitlicht werden. Wachsender Grubenbesitz in einer Hand erhöhte die Flexibilität gegenüber dem Marktbedarf hinsichtlich der Sorten und Mengen. Zunächst die genaue Bestimmung der Bauwürdigkeit von Lagerstättenteilen und dann die Zusammenlegung oder Schließung unrentabler Schachtanlagen stellten flankierende Maßnahmen zur Verbesserung der Kostenstruktur dar.

Zechenverwaltung, Werkstätten, Holz- und Materiallager wurden auf dem Gelände der Zentralschachtanlage konzentriert und die Außenschächte über Tage von der Kraft- und Maschinenzentrale aus mit Strom und Druckluft versorgt. Bei der Weiterverarbeitung der Rohkohle beschritten die Bergwerksunternehmen neue Wege, um „die Wirtschaftlichkeit des Bergbaus durch Angliederung von Verfahren (zu) steigern, die eine Veredelung oder bessere Ausnutzung der Kohlen bezwecken". Dazu gehörten der Bau von Ferngasleitungen in „bestrittene Gebiete (. . .) um die Einfuhr englischer Steinkohlen zu drosseln"[50] und der Ausbau der kohlechemischen Betriebe. Die Ende der zwanziger Jahre errichteten Großkokereien waren nicht einfach Riesenausgaben älterer Anlagen, sondern vollständige Neukonstruktionen zur „fließenden Ausnutzung von Mannschaft und Maschinen"[51]. Die Verschlechterung der Verkokbarkeit der Kohle mit dem nach der Teufe hin fortschreitenden Abbau zwang immer stärker zur Vermischung verschiedener Kohlensorten. Das war der technische Grund für die Aufgabe der Schachtkokereien und die Errichtung von Zentralkokereien[52].

Von der Weltwirtschaftskrise zur nationalsozialistischen Autarkiepolitik

Die Teilmechanisierung der Gewinnung mit dem Abbauhammer und die mit der höheren Abbaugeschwindigkeit verknüpften synergetischen Effekte sind gegen Ende der zwanziger Jahre die Grundlage für eine durchgreifende Verminderung der Zahl der Betriebspunkte gewesen. Dies war der Grund für das rasche Steigen der Schichtleistung. Die sich in der Weltwirtschaftskrise fortsetzende Zunahme der Produktivität resultierte dagegen wieder aus eher raubbauähnlichen Maßnahmen.

1932, auf dem Höhepunkt der Krise, ist die Förderung unter den Stand von 1906 gefallen. Die Kosten für die Aufhaldung nicht absetzbarer Fördermengen und die dadurch entstehende Kapitalbindung waren 1931 so enorm angewachsen, daß die Bergwerksgesellschaften lieber bereits erschlossene, aber wirtschaftlich zweifelhafte Partien der Lagerstätte fahren ließen. Dabei wurden die förderschwachen Betriebspunkte zuerst abgeworfen. In Abbau blieben die Lagerstättenbereiche, die Anfang der zwanziger Jahre nach modernen Gesichtspunkten – für Langfrontstrebbau und Schrägbau – ausgerichtet worden waren. Infolgedessen hat die Zahl der Betriebspunkte noch einmal kräftig vermindert werden können. Das Gesamtvolumen der betriebenen Grubenbaue verkleinerte sich erheblich und damit vereinfachten sich Wetterführung und Förderung. Die Produktivität wuchs also zu Lasten des Ausnutzungsgrades der Lagerstätte. Im Rahmen dieser Entwicklung sank der Kostenanteil für Streckenauffahrung und -unterhaltung von Ende 1929 bis Juni 1934 von 21 auf 17 Prozent der Gesamtbetriebskosten.

Die Zechenstillegungen (Schwerpunkt 1924/25) und -zusammenlegungen (Schwerpunkt 1929–1932) haben sich auf den Zuschnitt der Gruben ausgewirkt. Zwischen 1924 und 1934 hat sich die durchschnittliche Größe der Grubenfelder versechsfacht [53]. Deshalb konnte in der dreißiger Jahren die Abbauführung, die bisher durch die von Eigentumsverhältnissen bestimmten Grenzen der Baufelder eingeengt worden war, stärker nach geologischen Verhältnissen ausgerichtet werden.

Dies ist eine der Voraussetzungen dafür gewesen, daß die Baulänge, die ein Streb in Baurichtung durch ein Flöz wanderte, und die Bauhöhe (Länge der Abbaufront) der Streben in flacher Lagerung nochmals hat vergrößert werden können. In der zweiten Hälfte der 1930er Jahre sind Bauhöhen von 400 Meter erreicht worden.

Die Entwicklung der Abbauverfahren zu größeren Einheiten hat sich, ebenso wie Erhöhung der Leistungsfähigkeit der Blindschachtförderung, auf den gesamten Zuschnitt des Grubenbetriebs ausgewirkt. Besonders deutlich trat diese Änderung in der annähernden Verdoppelung der Sohlenabstände hervor. Damit wuchs der Kohlenvorrat einer Sohle ganz erheblich; entsprechend sanken die Ausrichtungskosten je Tonne Förderkohle. Eine spürbare Verminderung der Betriebskosten brachte jede Verlängerung der Lebensdauer eines Großabbaubetriebspunktes mit sich. Zu erreichen war diese vor allem durch Verlängerung der Bauflügel, also durch Vergrößerung des Abstandes der Abteilungsquerschläge [54].

Die Betriebszusammenfassung hat die Zechenverwaltungen vor neue Aufgaben gestellt: jede Störung der leistungstragenden Großbetriebe mußte vermieden werden, wenn ihre Vorteile wirklich zum Tragen kommen sollten. Als häufige Störquelle hatte sich die Bergezufuhr erwiesen. Abhilfe brachte die Einführung von Blasversatz. Neben den Schwierigkeiten bei der Beschaffung fremder Grubenberge – auf etwa einem Viertel der Zechen gingen die Haldenbestände zur Neige – drückten vor allem die Kosten; von den Aufwendungen für Löhne entfielen 30 Prozent allein auf den Versatz. Der Bergbauverein hatte deshalb seit 1928 auf die Zulassung des Bruchbaus durch das Oberbergamt hingearbeitet, das sich jedoch Ende 1929 lediglich zum Versuchsbetrieb auf zehn Zechen bereit fand. Erst nach 1935 ist es möglich gewesen, auf den nördlichen Schachtanlagen in nennenswertem Umfang zum Bruchbau ohne jeglichen Teilversatz überzugehen [55].

Im Zuge der Betriebszusammenfassung sind im Ruhrbergbau die Pendelförderer, d.h. die Schlepper-, Pferde- und Abbaulokomotivförderung, zunehmend durch Fließförderer ersetzt worden [56]. In der Abbauförderung wurden in wachsendem Umfang Förderbänder verwendet, um einen reibungslosen Abfluß aus dem Streb zu gewährleisten. Die Einführung der Fahrdraht-Akkumulator-Verbundlokomotive in die Streckenförderung (1935) zielte darauf, Kohlenzüge ohne Wechsel der Bespannung vom Austrag der Abbauförderung bis zum Füllort verkehren zu lassen. Die Konzeption der Zentralschachtanlagen erforderte eine Effektivierung der Schachtförderung [57]. Der Erfolg der Skipförderung in blinden Schächten hat dazu angeregt, auch in den Hauptschächten statt der bisher üblichen Gestellförderung automatisierbare Gefäßförderanlagen zu erproben.

Die Autarkie- und Rüstungspolitik der Nationalsozialisten hat die – als Monostrukturierung bezeichnete – Verengung der industriellen Aktivitäten des Reviers auf den Grundstoffbereich verschärft. Die auf der Steinkohle basierende großtechnische Produktion chemischer Primärstoffe wurde um die Treibstoff- und Schmiermittelerzeugung in den Hydrierwerken erweitert und der Ausstoß der Metallhütten, insbesondere der Aluminiumschmelzwerke erhöht. Bis 1939 wurden sechs Fischer-Tropsch-Anlagen errichtet, deren Kapazität während des Krieges verdoppelt wurde. Zugunsten dieser und anderer Rüstungsaktivitäten setzten die NS-Rüstungsplaner den Kohlepreis so unter Druck, daß Investitionen in den Steinkohlenbergbau von den Gewinnerwartungen her unattraktiv wurden[58]. Dennoch entstand ab 1937 durch die Autarkiewirtschaft des Vierjahresplans eine lawinenartig anschwellende Nachfrage nach Kohle. Die Kohle sollte die Grundlage für die Ersatzstoffproduktion werden. In erster Linie ging es um Benzin und Kautschuk aus Kohle, aber auch um den Aufbau einer kriegstüchtigen Industrie. Mit dem Wirtschaftsaufschwung in den westlichen Nachbarländern war es außerdem zu einer ganz erheblichen Steigerung des Kohlenexports gekommen.

Für die Kriegsvorbereitungen des NS-Staates hat die Förderung nur durch den Rückgriff auf in den zurückliegenden Krisenjahren verschmähte schachtferne, stark gestörte, geringmächtige oder verunreinigte Flözpartien erhöht werden können. Vor allem die Optimierung der Abbauverfahren in der steilen Lagerung, die wegen der schlechteren Mechanisierbarkeit vernachlässigt worden war, wurde nun wieder interessant. Die älteren Zechen im Hellwegbereich zwischen Duisburg und Dortmund verfügten noch über große ausgerichtete Vorräte im Steilen, auch konnte aktuell steigende Nachfrage nur aus den zugänglichen Teilen der Lagerstätte befriedigt werden[59]. Fortschritte sind in diesem Bereich vor allem durch Ausdehnung des Schrägbaus erzielt worden, einer Bauart, die durch schräges Ansetzen des Stoßes im steilen Flöz dem Gewinnungsort ein für die Arbeit der Hauer erträgliches Einfallen gab, jedoch noch so steil gewählt wurde, daß die Kohlen von selbst in Blechrutschen oder in Bremsförderern auf der Bergeböschung aus dem Stoß auf die Fußstrecke hinabrutschten.

Seit 1936 ist die Produktivität des Ruhrbergbaus zurückgegangen. Zum einen hat sich die Wiederaufnahme des Abbaus in ungünstigeren Lagerstättenpartien ausgewirkt; zweitens hat die hohe Auslastung der Förderkapazitäten den Rationalisierungsdruck vermindert; drittens ist eine der rapiden Steigerung der Fördermengen entsprechende Einstellung von gelernten Hauern nicht möglich gewesen, verschlechterte sich ab 1936 das Qualifikationsniveau der Gesamtbelegschaft. Die Konkurrenz der Zechen untereinander und des Bergbaus mit den übrigen Abteilungen der Schwerindustrie um Arbeitskräfte führte zu verdeckten Lohnsteigerungen und einer zunehmenden Fluktuation der Belegschaft.

1939 erreichte die Förderung des Ruhrbergbaus mit etwas über 130 Millionen Tonnen Kohle ihren absoluten Höchststand. Diese Fördersteigerung ist im wesentlichen mit Hilfe der Verlängerung der Schichtzeit im Bergbau um 45 Minuten (Göring-Erlaß vom 2. März 1939) durchgesetzt worden. Bereits im Januar hatte Hugo Stinnes (1897–1970) auf seinen Zechen die Schichtdauer vorübergehend auf neun Stunden verlängert und, wie er betonte, durch die höhere Anlagenauslastung eine Ersparnis an den Betriebskosten erzielt. Darüberhinaus ist versucht worden, die Zahl der Beschäftigten im Ruhrbergbau dadurch zu erhöhen, daß die im Baugewerbe und in der Landwirtschaft tätigen ehemaligen Bergarbeiter zur Rückkehr in den Bergbau aufgefordert wurden. Erfolg hat diese Kampagne nicht gehabt; bis zum August 1939 haben nur knapp 3000 Bergleute „rückgeführt" werden können.

Die Kriegswirtschaft (1939–1945)

Der schon vor dem Krieg spürbare Mangel an Arbeitskräften hatte die Bergbauunternehmen dazu gedrängt, sich um die Verminderung des Schichtaufwandes zu kümmern. Der Förderstreß in der Zeit der Kriegsvorbereitung hatte dabei auf scheinbar kurzfristig zu realisierende Maßnahmen im Bereich der Strebförderung verwiesen. Zwar wurden etwa 90 Prozent der Kohlen von der Strebfront bis zur Hängebank maschinell gefördert, doch lagen hier noch Reserven, weil alleine im Streb die Hälfte der Schichten auf die Ladearbeit verwendet werden mußte. Versuche mit verschiedenen Fördermitteln führten zu dem Ergebnis, daß leistungsfähige Lademaschinen ohne mechanische Gewinnung gar nicht ausgelastet und daher nicht wirtschaftlich betrieben werden konnten. Doch sind Gewinnungs- und Lademaschinen während des Krieges marginale Erscheinungen geblieben.

1948 waren 18 Hobelstreben in Betrieb, die drei Prozent sowie 12 Streben mit schneidender Gewinnung, die weniger als ein Prozent der Gesamtförderung lieferten. Der geringe Förderanteil ist nicht in den Maschinen sondern in der ungenügenden Ausbauentwicklung zu suchen gewesen.

Die Entwicklung dieser Ansätze ist durch die Bedingungen der Kriegswirtschaft, vor allem durch die ungünstige Belegschaftssituation verzögert worden. Bereits vor Kriegsbeginn waren Facharbeiter

in die benachbarten Schwerindustrien abgewandert; 1942 waren 14
Prozent, 1944 bereits 33 Prozent der Belegschaft meist bergfremde
ausländische Arbeiter und Kriegsgefangene, deren anfänglich als hoch
beurteilter Arbeitswillen durch schlechte Ernährung und unwürdige
Behandlung seitens der deutschen Bergarbeiter zerstört wurden [60].

Während im Mai 1945 der industrielle Anlagenbestand nicht entscheidend getroffen war, sah die Situation im Ruhrbergbau anders aus.
Zwar waren auch hier die Schäden an der Produktionskapazität beschränkt [61], doch war die Substanz der Gruben infolge von Raubbau
übermäßig geschädigt. Zum einen war der Abbau auf die mächtigsten
und reinsten Flöze beschränkt worden, weil nur aus diesen mit den
vorhandenen Arbeitskräften die kriegswirtschaftlich geforderten Mengen hatten beschafft werden können. Zum anderen waren die bauwür-
digen, aber während des Krieges nicht verhauenen, durch den wegen
logistischer Schwierigkeiten bei der Bergebeschaffung eingeführten
Abbau ohne Versatz zu Bruch gebaut worden. Zudem fehlte 1945
nach dem Ausscheiden der während des Krieges angelegten Fremd-
und Zwangsarbeiter sowie Kriegsgefangenen ein Drittel der Belegschaft. Die verbliebene inländische Belegschaft war überaltert; so hatte
sich der Anteil der Gruppe der 26- bis 40jährigen Leistungsträger
während des Krieges von 56 (1939) auf 30 Prozent (1946) vermindert.

Finanzierungskrise und letzte Kohlenkonjunktur (1945–1957)

Am 22. Dezember 1945 ist das Bergwerkseigentum im Ruhrgebiet
von der britischen Militärregierung beschlagnahmt worden. Zum einen zielte dies gegen französische und sowjetische Forderungen einer
Internationalisierung des Reviers, zum zweiten hatten insbesondere
britische Fachleute die Ruhrkohle schon früh als Tauschmittel für
die Lebensmittelversorgung des Besatzungsgebietes und als Energiegrundlage für die Wiederbelebung der westeuropäischen Wirtschaft
erkannt, zum dritten hat dafür auch der Gedanke einer stärker an
geologischen Gesichtspunkten orientierten Gliederung der Baufelder
eine Rolle gespielt. Die von der Labour-Regierung ins Auge gefaßte
Sozialisierung und damit die Chance einer frühen Einheitsgesellschaft
scheiterten allerdings nach Gründung der Bizone an der amerikanischen Ablehnung gemeinwirtschaftlicher Konzepte.

Wenn die Sozialisierung auch die Sympathie der Bevölkerungs-
mehrheit hatte, war das wichtigste doch die Kohle selbst, egal in
welcher Eigentumsform sie gefördert wurde. Das beherrschende

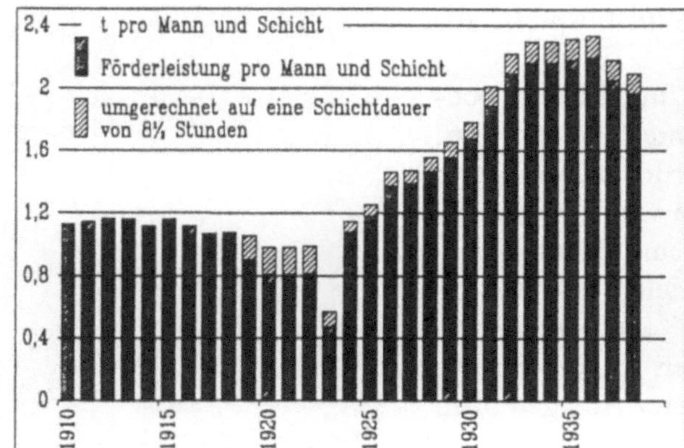

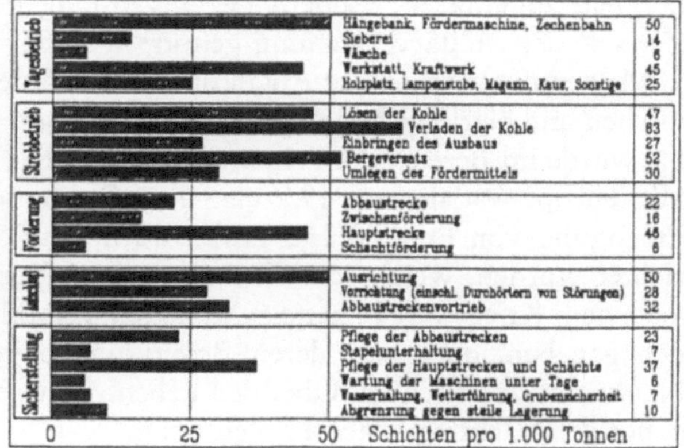

Links: Mann/Schicht-Leistung im Ruhrbergbau von 1910 bis 1938. Schwarz ausgezogen: Mann/Schicht-Leistung der Untertage-belegschaft ohne Berücksichtigung der sich ändernden Dauer einer Schicht; schraffiert: Mann/Schicht-Leistung normiert auf eine Schichtdauer von 8,5 Stunden.

Rechts: Verteilung des Schichtverbrauchs in flacher Lagerung im Jahr 1941.

Thema war die Sicherung der materiellen Lebensbedürfnisse, die Versorgung mit Nahrung und Wohnraum. Solange die Bergarbeiter nur die allgemeinen Lebensmittelrationen erhielten, mußte ihre Leistung wegen physischer Erschöpfung niedrig bleiben. Bis 1949 spielten technische Verbesserungen für die Förderhöhe des Ruhrbergbaus keine Rolle; vielmehr war die niedrige Schichtleistung, die bis Mitte 1947 nur wenig über 50 Prozent der Vorkriegsziffern lag, unmittelbar an den Umfang der Lebensmittelrationen gekoppelt. Neben der begrenzten Leistungsfähigkeit der Bergarbeiter hat die eingeschränkte Transportkapazität der Eisenbahn eine schnellere Zunahme der Kohlenförderung verhindert. Der Kälteeinbruch 1946/47 verursachte eine akute Verkehrskrise, die sich auch auf die Bahn auswirkte. Die Folge war eine Verstopfung der Abfuhrwege[62]. Trotz des unbefriedigten Kohlenbedarfs mußte daher ein Teil der Förderungen aufgehaldet werden.

Der Zwang zu möglichst hohen Förderleistungen in der unmittelbaren Nachkriegszeit hat den Ruhrbergbau weitere Substanz gekostet, weil wiederum mit einer wenig qualifizierten, weil zum großen Teil aus Neubergleuten zusammengesetzten und stark fluktuierenden Belegschaft ohne Neuinvestitionen improvisiert werden mußte. Wie schon während des Krieges wurde weiter auf die besten Flöze zurückgegriffen; die unter diesen Umständen erreichten Leistungsziffern waren eine einzige Selbsttäuschung. Bis zur Neuordnung des Ruhrbergbaus und der Währungsreform sind weiterhin die in früheren Jahren ausgerichteten Lagerstättenpartien geplündert worden. Im Inland haben die Kohlenpreise kaum die Hälfte der Betriebskosten gedeckt, die höheren Erlöse und die Devisen aus dem Export sind nicht dem Ruhrbergbau zugeflossen, sondern gegen Zahlung der Inlandspreise für Zwecke der Militärverwaltung genutzt worden.

Man muß zwischen der Absatzsituation und der finanziellen, technischen und betrieblichen Lage des Ruhrbergbaus unterscheiden. Global wurde im Bereich der Primärenergie jetzt das Erdöl favorisiert. In Westeuropa war aber seit 1936 eine neue Generation von Anlagen zur Erzeugung von Energie und Prozeßwärme auf Steinkohlenbasis errichtet worden, welche die Grundlage der industriellen Produktion nach dem Krieg war. Es hatte zwar hohen Verschleiß und Kriegsschäden gegeben, doch war deren Beseitigung billiger, als ölgefeuerte Neubauten zu errichten. Über den Lebenszyklus dieser Anlagen blieb daher die Nachfrage nach Kohlen hoch.

Die DM-Eröffnungsbilanz der Bergwerksunternehmen des Ruhrgebietes hatten einen Verschuldungsgrad von 16 Prozent ausgewiesen, bis 1951 war dieser auf 36 Prozent gestiegen [63]. Wegen der Kapitalknappheit fehlte das Geld für leistungssteigende Investitionen. Die seit Jahren wirksame Überalterung der Anlagen setzte sich fort. Seit 1939 befand sich der Ruhrbergbau auf dem absteigenden Ast, sind die Fonds für Neuinvestitionen nicht mehr verdient worden. Während des Krieges und der Kohlennot-Phase bis zum Herbst 1947 wurden die Defizite aus der Substanz kompensiert. Seit der Währungsreform bestand Subventionsbedarf. Kredite aus dem European Recovery Program (ERP), steigende Preise während des Koreakrieges brachten eine vorübergehende, aber keine substantielle Entlastung. Bis dahin war die Schichtleistung des Ruhrbergbaus gegenüber den übrigen westeuropäischen Revieren, die bis 1951 die Produktivität der Vorkriegszeit wieder erreichten, um etwa 25 Prozent zurückgeblieben.

Das langwierige Feilschen um die Entflechtung hat den Ruhrbergbau zusätzlich belastet, weil die anhaltende Unsicherheit über Eigentumsverhältnisse und Führungskompetenzen die Investitionen der Altbesitzer zurückgestaut hat. Vermutlich hätte eine „Labour-Sozialisierung" gleich nach dem Krieg die raschere Rückkehr zu einer bergmännisch verantwortlichen Betriebsführung, der Union der festen Hand [64] neben dem Einstreichen späterer Entschädigungen, mit der ein Pferdewechsel auf andere Energieträger und eine industrielle Diversifizierung der Ruhrregion hätte finanziert werden können, eine elegante Trennung von der faktischen Altlast Ruhrbergbau ermöglicht.

Im Korea-Boom – 1951 war schon wieder von Kohlenversorgungskrise die Rede, Kleinstzechen nahmen alte Stollenbaue erneut in Betrieb – sind dem deutschen Kohlenbergbau zum letzten Mal die Mittel für eine Erneuerung der Grubenbetriebe und für Ersatzinvestitionen zugeflossen. Die andauernde Verlustwirtschaft hat bis 1950/51 keine quantitativ wirksamen Veränderungen der Grubentechnik zugelassen. Wohl aber wurde an der Weiterentwicklung der technischen Elemente eines rationelleren Grubenbetriebs weitergearbeitet, wobei die 1941 vom Bergbauverein auf der Grundlage umfangreicher Zeitstudien aufgezeichnete Struktur der Betriebsabläufe die Rationalisierungsreserven und -fristen der einzelnen Arbeitsprozesse verdeutlichte[65].

Grubentechnisch standen in der unmittelbaren Nachkriegszeit drei Komplexe im Vordergrund: die Wiederherstellung der Energieversorgung unter Tage, die Lösung der Ausbauprobleme im Streb (wobei der Übergang zum Stahlausbau durch den Mangel an Holz, das bis 1939 in genügenden Mengen zur Verfügung gestanden hatte, beschleunigt wurde) und – zur kurzfristigen Einsparung von Arbeitskräften – die Effektivierung der Schachtförderung durch Automatisierung, zunächst des Wagenumlaufs, mittelfristig der Gefäßförderung.

Die Mechanisierung der Gewinnung und der Ladearbeit hatte zwei in engem Zusammenhang stehende Voraussetzungen: die Beherrschung des Hangenden des Strebraums und die Optimierung der Versatzverfahren. Infolge des Auskohlung des Flözraums tritt direkt hinter der Kohlenfront eine Druckentlastung ein, während der Druck mit wachsender Entfernung vom Stoß in Richtung auf den verbrochenen Raum hinter dem Streb rasch zunimmt. Deshalb mußte das Hangende in den ersten drei bis vier Feldern hinter dem Abbaustoß möglichst unnachgiebig abgestützt werden, damit dahinter ein scharfer Bruch erfolgt[66]. Im Ruhrbergbau waren zunächst die guten Erfahrungen mit nachgiebigem Streckenausbau schematisch auf den Strebausbau übertragen worden. Waren aber die Strebstempel zu nachgiebig, sank das Hangende der Druckzunahme entsprechend ungleichmäßig ein, wodurch eine wachsende horizontale Schubkraft entstand, die schließlich den Streb zerdrücken konnte, wie es vor allem unter dem besonders starken ersten Setzdruck anlaufender Streben mehrfach geschehen ist. Bis 1948 war die Beherrschung des Hangenden in vielen Streben noch nicht gesichert[67].

Die technische Umgestaltung des Ruhrbergbaus war in der Nachkriegszeit geprägt von der betriebssicheren Vereinigung von Gewinnungsmaschine und Streblader und deren Kombination mit der stempelfreien Abbaufront, zunächst deren Erprobung, seit 1951 der Ausrüstung, so daß der Förderanteil der aus Hobel- oder Schrämstreben stammenden Kohle im westdeutschen Steinkohlenbergbau (Ruhrgebiet, Ibbenbüren und Aachener Revier) Ende der fünfziger Jahre 27

Prozent erreichte[68]. Die wachsende Abbaugeschwindigkeit hat dazu gezwungen, die Leistungen im Abbaustreckenvortrieb mittels Lademaschinen, deren Anteil bis 1960 auf gut ein Drittel der Vortriebsleistungen anwuchs und in der Materialzuführung – Entwicklung der Einschienenhängebahn – zu erhöhen.

Die Energiekrise von 1951 hatte zu einem ganzen Paket von Maßnahmen zugunsten des Steinkohlenbergbaus geführt. So wurden für den Bau von 45 000 Bergarbeiterwohnungen öffentliche und ERP-Mittel zur Verfügung gestellt; die Spitzenverbände der deutschen Wirtschaft mobilisierten eine Umlage unter ihren Mitgliedern, die dem Bergbau für das Abteufen neuer Schachtanlagen über die Industriekreditbank zur Verfügung gestellt wurde; auf die Dauer von zwei Jahren gab es die Möglichkeit zu Sonderabschreibungen. Diese Finanzspritzen bewirkten (bezogen auf 1951) bis 1953 eine Verdoppelung des Anteils des Steinkohlenbergbaus an den Bruttoanlageinvestitionen der Industrie. Energiepolitisch kamen mit diesen Anstrengungen zugunsten der Kohle die wesentlichen Vorgänge für ihren Sturz in die Krise in Gang. Als Konsequenz der kostspieligen Investitionshilfe wurde die Erweiterung der Energiegrundlage über die Steinkohle hinaus gefordert, die sich als unfähig erwiesen hätte, den gesamten Energiebedarf zu decken.

Die Umstellung auf schweres Heizöl – 1951 in der Industrie fast überhaupt noch nicht verwendet – schritt anfangs langsam voran, war aber irreversibel wegen der hohen Investitionen in Raffineriekapazität und von der Verbraucherseite her in neue Feuerungstechnik. Trotz des durch die Auto-Mobilisierung beschleunigten Ausbaus der Raffinerien zeigte man sich an der Ruhr wenig benunruhigt vom Vormarsch des Erdöls. Zum einen waren die Montankonzerne über die Zebras (die gemischten Erdöl-Kohle-Unternehmen) zu 40 Prozent an den neuen Raffinerien beteiligt, zum anderen hatte man nach der Aufhebung der Kohlenpreisbindung durch die Montanunion (1. April 1956) im April und Oktober desselben Jahres die Preise erhöhen können, ohne einen Absatzrückgang zu spüren. Die Konjunktur war günstig, alle Welt wollte Kohle. Das Jahr 1957 zeigte den Steinkohlenbergbau in glänzender Verfassung.

Die Bergbaukrise der sechziger Jahre

Doch schon im Februar 1958 wurden die ersten Feierschichten verfahren, 1959 die Notgemeinschaft Deutscher Kohlenbergbau gegründet.

Die Bergbauunternehmen waren auf die Krise nicht vorbereitet. Unter dem Eindruck des Booms von 1956 war der Ausbau der Förderkapazitäten eingeleitet worden. Als der Absatz im Winter 1957/58 erlahmte, schien wie üblich der in der Stahlindustrie einsetzende Konjunkturrückgang die Ursache zu sein. Diesmal war alles anders.

Der Preis für schweres Heizöl, der 1956 mit 150 DM/t gegenüber 52 DM/t Ruhrkohle noch niemanden hatte beunruhigen müssen, war seit der Aufhebung der Erdölzölle rasant gefallen. 1960 erreichte schweres Heizöl Preisparität mit der Steinkohle – aber Heizöl hatte einen 50 Prozent höheren Brennwert! Gleichzeitig waren seit dem Ende des Suez-Krieges die Schiffs-Frachtraten um 75 Prozent gesunken, so daß US-Importkohle mit 52 DM/t bis zum deutschen Einfuhrhafen gegenüber der Ruhrkohle (61,30 DM/t) konkurrenzfähig geworden war. Darüber hinaus senkten fast alle Kohlenabnehmer laufend ihren spezifischen Energieverbrauch mit Hilfe technischer Verbesserungen. So galt um 1960 beim Stahl statt der Faustregel „eine Tonne Koks für eine Tonne Stahl" bereits eine Relation von 0,7:1. Die letzte Dampflokomotive ist bei der Bundesbahn 1959 abgeliefert worden.

Ende 1958 kam es zu den ersten Entlassungen, begleitet von Krisensitzungen der Unternehmensverbände, der Gewerkschaft und der Bundesregierung. Die Unternehmerseite wähnte sich noch in der Position des unersetzlichen Primärenergielieferanten, der einen Anspruch auf Krisenüberbrückungssubventionen habe, quasi als Ausgleich für die Bereithaltungskosten volkswirtschaftlich wünschenswerter aber betriebswirtschaftlich nicht andauernd rentabler Förderkapazitäten. Auch Bundeswirtschaftsminister Ludwig Erhard (1897–1977) sah keine strukturellen Veränderungen, sondern vermutete lediglich eine Anpassungskrise an den von ihm angesteuerten freien Energiemarkt. Lediglich die IG Bergbau hat die auf die Steinkohle zukommenden Verluste auf dem Markt der Primärenergieträger von vornherein realistisch eingeschätzt und sogleich auf dem Münchner Gewerkschaftstag im Juni 1958 die Gründung einer gemeinwirtschaftlichen Einheitsgesellschaft gefordert.

Anfänglich reichte der Einfluß der Schwerindustrie noch aus, den Bundeswirtschaftsminister auf eine informelle Fördergarantie von 140 Millionen Tonnen Steinkohle pro Jahr festzulegen und durch politischen Druck über Subventionen (Gesetz zur Förderung der Rationalisierung im Steinkohlenbergbau, 1963), Stillegungsprämien und Sozialplanzuschüsse ein betriebswirtschaftliches Desaster zu vermeiden. Gleichzeitig verhinderten die Montanunternehmer, die als größte

Grundbesitzer des Reviers über die Möglichkeit einer wirksamen Bodensperre verfügten, die Ansiedlung neuer Industrieunternehmen, um die eigene Arbeitsmarktposition stabil zu halten. Spektakulärster Fall war die Verhinderung der Ansiedlung eines Ford-Zweigwerkes mit 7000 Arbeitsplätzen in Herten. Die offizielle Rücknahme jeglicher Fördergarantie (1965) dokumentierte den Zeitpunkt, an dem die Erpressungsfähigkeit der Union der festen Hand dahin war, weil der Energieträger Steinkohle seine Monopolstellung verloren hatte. Die Unternehmen des Ruhrbergbaus zogen die Konsequenz und stimmten nach zwei Jahre währenden Verhandlungen – in denen es ihnen gelang, die Immobilien weitgehend aus der Übergabemasse herauszuhalten – der Gründung einer privatwirtschaftlich verfaßten Ruhrkohle AG zu (Gesetz zur Anpassung und Gesundung des deutschen Steinkohlenbergbaus, 1968).

Der Ruhrbergbau hat mit dem Rückzug auf die flache Lagerung, auf die mächtigeren Flöze und in die am wenigsten gestörten Lagerstättenpartien auf die Absatzkrise reagiert. Die rasche Ausdehnung der vollmechanischen Gewinnung, deren Förderanteil sich alleine von 1959 bis 1962 von 27 auf 56 Prozent mehr als verdoppelte, hat allerdings seine Ursachen noch mehr in den Investitionen Ende der fünfziger Jahre gehabt. Voraussetzung dafür ist weniger die weitere Entwicklung der mechanischen Gewinnungs- und Ladearbeit als vor allem die Gestaltung des Ausbaus gewesen. Zunächst hat hier der Schreitausbau mit Reibungsstempeln und die Verwendung hydraulischer Einzelstempel die notwendige stempelfreie Abbaufront und ausreichende Hangendbeherrschung ermöglicht. Im Verlauf der Krise ist der Schreitausbau dann in Verbindung mit vollmechanisiertem Lösen und Laden bis 1966 auf einen Förderanteil von mehr als einem Drittel ausgedehnt worden.

Die Ruhrkohle AG als Abwicklungsgesellschaft

Im Geschäftsjahr 1969, in dem zwar auf Rechnung der Ruhrkohle AG (RAG) aber noch unter der unternehmerischen Führung der Altgesellschaften gewirtschaftet worden ist, stiegen die Verluste auf knapp 200 Millionen DM, Tendenz steigend. Seit 1958 sind kaum noch Schachtteufarbeiten durchgeführt oder neue Sohlen aufgefahren worden. Die Förderung ist aus den besten Flözen gekommen und der Abrahmeffekt, der sich auf stillzulegenden Zechen aus dem Wegfall der Aus- und Vorrichtung, dem Abwerfen nicht mehr benötigter Grubenbaue und aus Materialersparnissen ergab, war vielfach bereits vorweggenommen worden. In der zweijährigen Verhandlungsphase vor der Gründung der RAG sind nur noch die allernotwendigsten Investitionen vorgenommen worden [69]. Nach dem Übergang der unternehmerischen Verantwortung auf den Vorstand der Ruhrkohle AG standen wegen dieser Plünderungen und Investitionsdefizite hohe Verluste an, zu denen noch Sonderbelastungen für die grubenbauliche und technische Vereinheitlichung und weitere Stillegungskosten (Sozialpläne, Altlastensanierung) kamen.

Die technischen Maßnahmen zur Erhöhung der Schichtleistung haben sich ganz wesentlich auf den Strebbetrieb konzentriert. 1970 begann die Einführung des Schildausbaus, angeregt durch ungarische und französische Vorbilder. In einem Zeitraum von zehn Jahren wurden 80 Prozent der Förderung auf diese Ausbauart umgestellt. Die zweite wichtige Veränderung im Streb betraf die Gewinnungsmaschine. Der seit 1965 in mäßigem Umfang eingeführte Doppelwalzenschrämlader erreichte bis 1980 einen Förderanteil von über 50 Prozent. Diese Zunahme hing mit der immer stärkeren Konzentration auf mächtige Flöze über 220 cm Mächtigkeit zusammen, für die der Doppelwalzenschrämlader die beste Lösung darstellt. Von 1960 bis 1981 hat sich die mittlere gebaute Flözmächtigkeit von 142 auf 183 cm erhöht.

Um die Kohle abzubauen, werden heute verschiedene Maschinen und Techniken eingesetzt, zum Beispiel der abgebildete ,,Walzenschrämlader". Diese bis zu 18 Tonnen schweren Maschinen – ihre mit scharfen Messern besetzten Walzen schneiden jeweils einen 80 cm breiten Streifen aus dem Flöz – werfen die Kohle auf das Förderband. Der Streb wird ebenso wie die Strecken gegen den Druck des umliegenden Gebirges gesichert. Früher wurden dazu einzelne Pfeiler aus Holz oder Metall mit der Hand gesetzt. Heute rücken hydraulisch bewegte Stempel – rechts i. d. Abbildung – paarweise vor und drücken gegen das ,,Hangende", d. h. gegen die über dem Flöz liegenden Gesteinsschichten. Man bezeichnet dieses Vorgehen als ,,schreitenden Ausbau".

Gleichzeitig ist die durchschnittliche tägliche Fördermenge auf knapp 1500 Tonnen gestiegen. Diese gewaltige Förderung aus einem Betriebspunkt – wegen des wachsenden Bergeanteils betrug die Rohförderung fast das doppelte – hatte Auswirkungen auf zwei nachgeordnete Bereiche: die Auffahrgeschwindigkeit für Abbaustrecken mußte kräftig erhöht werden; für den mechanischen Betrieb wurde dabei der Seitenkipplader die wichtigste Maschine. Die Bemühungen, alle Arbeitsvorgänge beim Abbaustreckenvortrieb in einer Maschine zusammenzufassen, führten zur Vollschnittmaschine, die seitdem in beträchtlichem Umfang im Streckenvortrieb eingesetzt wird. Zum zweiten mußte die Kohlenabförderung mit der Steigerung der Förderung aus dem einzelnen Gewinnungsbetrieb Schritt halten. Eine der investitionsintensivsten Aufgaben der Ruhrkohle AG war der Ersatz der veralteten Lokomotivförderung durch vollautomatisierte Bandförderung. Seit längerem hatte die Bedeutung der Blindschächte für die Kohlenabfuhr zugenommen. Bei Betriebspunkt-Fördermengen, die früher von ganzen Schachtanlagen erbracht worden waren, mußten die Blindschächte jetzt Hauptschachtdurchmesser erhalten. Sie stellten in den Grubenfeldern der Zentralschachtanlagen so etwas wie Abteilungszechen dar.

Der Erfolg der Ruhrkohle AG bestand weniger in technischen Leistungen oder in einer selbst von Optimisten nicht erwarteten Sanierung des Bergbaubetriebes, sondern im Auffangen des plötzlichen und steilen Absturzes eines ganzen, ein großes Industrierevier prägenden Wirtschaftszweiges. Die wilden Stillegungen der jeweils schwächsten Konzernzechen in den sechziger Jahren wandelten sich im Rahmen der Ruhrkohle AG zu einem berechenbaren Abwicklungsprozeß. Der Minderung des Marktdruckes, die von den Ölkrisen 1973 und 1979 ausging und die Absatzsicherung im Bereich der Verstromung (Drittes Verstromungsgesetz 1974, „Jahrhundertvertrag" 1980 mit 15 Jahren Laufzeit) haben die Wettbewerbsfähigkeit der Steinkohle nicht wieder herstellen können. Stattdessen ist diese durch den Rückgang des Energieverbrauchs ab 1981, die Stahlkrise seit 1982 und das Wachstum der Energieträger Erdgas und Kernenergie weiter eingeschränkt worden.

1990 ist die Förderung des Ruhrbergbaus wegen der abflauenden Stahlkonjunktur und infolge des weiter zurückgehenden Exports erstmals unter 50 Millionen Tonnen gesunken, während sich der Umfang der geplanten Investitionen für 1991 um fast ein Viertel auf etwa mehr als 400 Millionen DM verminderte. Trotz der weiter steigenden Schichtleistung (1990 fast 5 t pro Mann und Schicht der bergmänni-

1988 beschloß der Bundestag die Unterstützung des Kohlebergbaus durch eine Erhöhung der zusätzlich von den Stromkunden zu zahlenden Steinkohlensubvention von 7,25% auf 8,5% der jeweiligen Stromrechnung in letzter Minute vor Ablauf des bestehenden Abkommens. Aber auch diese Regelung löste die Probleme des deutschen Steinkohlenbergbaus im Ruhrgebiet und an der Saar nicht langfristig.

schen Belegschaft) wird die Kohle als Energieträger bald nur noch eine Nebenrolle spielen. Der Importkohlenpreis ist in Amsterdam Mitte 1992 auf 35 Dollar/Tonne gesunken, während der Produktionspreis der Ruhrkohle 280 DM/Tonne betrug. Die den Primärenergieträgermarkt mitgestaltenden Erdölpreise sind durch den Golfkrieg mittelfristig auf ein niedriges Niveau gedrückt worden. Politischer Druck geht von der politisch einflußreichen Interessengruppe Kernenergie aus, die, gestützt auf die wachsende Kritik am Kohlenstoffausstoß der mit fossilen Brennstoffen betrieben Kraftwerke, auf eine Erweiterung ihres Anteils an der Stromerzeugung drängt. Die revierfernen Länder wollen den Kohlepfennig nicht länger bezahlen. Deshalb wird die Steinkohle einen beträchtlichen Teil des jetzt noch durch den Jahrhundertvertrag gesicherten Absatzes an die Elektrizitätswirtschaft verlieren. Auch die Subventions-Kritik der EG Kommission schwächt die Position des deutschen Steinkohlenbergbaus, der ohne öffentliche Subsidien nicht lebensfähig wäre. Ein weiterer Rückgang der Stahlproduktion in der Bundesrepublik Deutschland ist absehbar, der Koksexport an die westeuropäische Stahlindustrie wird bis 1992 auslaufen, so daß auch bei der zweiten großen Abnehmergruppe Absatzverluste drohen. [VIII-5.4]

Wenn der Steinkohlenbergbau künftig noch eine Daseinsberechtigung haben sollte, wird sich diese im wesentlichen nur aus seiner Rolle als nationale Energiereserve ergeben.

Literaturnachweise

1 *Treue*, Wilhelm: Gesellschaft, Wirtschaft und Technik Deutschlands im 19. Jahrhundert. In: Gebhardt: Handbuch der deutschen Geschichte. Bd. 17. München ⁵1981, S. 144–150

2 Süddeutsche Zeitung. 46. Jg., 14. August 1990, S. 3

3 *Larson*, Eric D./ *Ross*, Marc H./*Williams*, Robert H.: Grundstoffindustrie ohne Wachstum: Beginn einer neuen Ära? In: Spektrum der Wissenschaft, August 1986, S. 36–47

4 *Delhaes-Guenther*, Karl von: Kali in Deutschland. Köln–Wien 1974; *Hoffmann*, Dietrich: Die Erdölgewinnung in Norddeutschland. Hamburg 1970. *Oellerich*, Wilhelm/*Czempin*, Georg: Der deutsche Braunkohlenbergbau. Gotha 1927; *Böker*, Hans-Erich: Die Entwicklung der rheinischen Braunkohlenindustrie und ihre Bedeutung für die Hausbrandversorgung des westlichen und südlichen Deutschland. In: Glückauf, 44 (1908); S. 1219 ff; *Kleinebeckel*, Arno: Unternehmen Braunkohle. Köln 1986

5 Die Entwickelung des Niederrheinisch-westfälischen Steinkohlenbergbaus in der zweiten Hälfte des 19. Jahrhunderts. Bd. 10. Berlin 1904, S. 47–48

6 *Holtfrerich*, Carl-Ludwig: Quantitative Geschichte des Ruhrbergbaus. Dortmund 1973, S. 21

7 *Krampe*, Hans-Dieter: Der Staatseinfluß auf den Ruhrkohlenbergbau in der Zeit von 1800 bis 1865. In: Schriften zur Rheinisch-Westfälischen Wirtschaftsgeschichte, NF. Köln 1961, S. 51 und 55 (Betriebsplanaufstellung), S. 90–91

8 *Carnall*, Rudolf von: Die Bergwerke in Preußen und ihre Besteuerung. Berlin 1850, S. 50

9 *Spethmann*, Hans: Historische Bilder vom Essener Bergbau. In: Bergfreiheit, 17, 1952, 6, S. 2–9.

10 *Gador*, Rudi: Die Entwicklung des Straßenbaus in Preußen 1815–1875 unter besonderer Berücksichtigung des Aktienstraßenbaus. Diss. Berlin 1966

11 *Klee*, Wolfgang: Preußische Eisenbahngeschichte, Stuttgart 1982, S. 95–96; *Ditt*, Hildegart/*Schöller*, Peter: Die Entwicklung des Eisenbahnnetzes in Nordwestdeutschland. In: Westfälische Forschungen, 8, 1955, S. 152

12 *Sachs*, Carl: Über Gesteinsbohrmaschinen. Aachen 1865.

13 *Lottner*: Über die Grundsätze, welche beim Abbau der Steinkohlenflöze in Westfalen zu befolgen sind, bei kritischer Würdigung der Abbaumethoden in Frankreich und Belgien. In: ZBHS Jg. 7. (1858/59), S. 281–304

14 *Däbritz*, Walter: Festschrift zum 8. Allgemeinen Bergmannstag. Dortmund 1901

15 *Mariaux*, Franz: Hundert Jahre Harpen. Dortmund 1956, S. 183

16 *Brüggemeier*, Franz-Josef: Leben vor Ort. München 1984, S. 116–121

17 Verteilung der Förderung 1898: Pfeilerbruchbau –58, Stoß/Strebbau mit Versatz –40, verwandte Versatzbauverfahren –2 Prozent. In: Glückauf. Jg. 36, 1900, S. 118

18 Glückauf. Jg. 36 (1900), S. 141

19 *Withake*, Julius: Die rheinisch-westfälische Industrie für Kohlenaufbereitung, ihre Entwicklung und wirtschaftliche Bedeutung. Diss. Würzburg 1920, S. 28

20 *Heydenreich*, Friedrich Anton: Die Deutsche Steinkohlenteerindustrie und ihre wirtschaftlichen Zusammenhänge. Halle 1931

21 *Tenfelde*, Klaus: Sozialgeschichte der Bergarbeiterschaft an der Ruhr. Bonn [2]1981

22 *Hocker*, Nicolaus: Die Großindustrie Rheinlands und Westfalens, ihre Geographie, Geschichte, Produktion und Statistik. Leipzig 1867, S. 201

23 Zur Lebenshaltung der Bergarbeiter im Ruhrrevier. In: Glückauf. Jg. 41 (1905), S. 136–138

24 *Leinau*, Hans: Wirtschaftskunde unter besonderer Berücksichtigung des Bergbaus. Bochum 1921

25 *Jüngst*, Friedrich: Kritik des Schüttelrutschenbetriebes. In: Glückauf. Jg. 46 (1910), S. 865

26 *Forstmann*, Richard: Maschinelle Fördereinrichtungen vor Ort auf rheinisch-westfälischen Gruben. In: Glückauf. Jg. 44 (1908), S. 1285

27 *Burghardt*, Uwe: Die Mechanisierung des Ruhrbergbaus 1905 bis 1930. MS-Diss. Berlin 1991, S. 135–137

28 Glückauf. Jg. 63 (1927), S. 1125

29 Verwaltungsbericht über den Oberbergamtsbezirk Dortmund, 1914–1920, S. 34

30 Glückauf Jg. 56 (1920), S. 997

31 *Burghardt*, Uwe: Substanzverluste im Ruhrbergbau während des Ersten Weltkrieges. In: Der Anschnitt 3, 40 (1988), S. 92–113; *Leinau*, Hans: Bergarbeiter-
ersatz und Ruhrkohlenproduktion im Weltkriege. Essen 1920

32 *Wagenführ*, Rolf: Die industriewirtschaftliche Entwicklung der deutschen und
internationalen Industrieproduktion 1860–1932 (VfK, Sonderheft 31). Berlin
1933, S. 22–23

33 *Meis*, Hans: Die Struktur der deutschen Nachkriegswirtschaft. In: Glückauf
Jg. 66 (1930), S. 1442

34 *Regul*, Rudolf/*Mahnke*, Paul: Die Energiequellen der Welt (VfK, Sonderheft
44). Hamburg 1937, S. 58

35 *Morguet*, Reinhard Matthias: Die Rationalisierung im deutschen Steinkohlenbergbau unter besonderer Berücksichtigung des Ruhrgebietes. MS Diss. Frei-
burg/B 1937, Mainz 1937, S. 25

36 Jahrbuch für den Ruhrkohlenbezirk für das Jahr 1935, Essen 1936, S. 527

37 *Regul*, Rudolf: Die Wettbewerbslage der Steinkohle (VfK, Sonderheft 34).
Berlin 1934, S. 62

38 *Burghardt*, Uwe: Die Rationalisierung im Ruhrbergbau (1924–1929) – Ursachen, Voraussetzungen und Ergebnisse. In: Technikgeschichte. 57 (1990),
S. 15–42

39 *Vossen*, Hans: Die Belegschaftsfrage im Ruhrgebiet. In: Glückauf. Jg. 67
(1931), S. 601

40 *Remmen*, Karl: Höchstleistungen von Kohlenförderanlagen in Schächten verschiedener Teufen und Durchmesser. In: Glückauf. Jg. 66 (1930), S. 1189–
1197, S. 1225–1233; *Dohmen*, Friedrich: Grenzen der Wirtschaftlichkeit und
Zeitgewinn bei der Beförderung der Mannschaft vom Schacht zur Revier-
grenze mit Lokomotivzug. In: Glückauf. Jg. 66 (1930), S. 1137–1141

41 *Reiser*, H.: Betriebserfahrungen aus der Druckluftwirtschaft auf Zechen. In:
Glückauf. Jg. 57 (1921), S. 313–321

42 *Spethmann*, Hans: Der Maistreik 1924 im Ruhrbergbau, ein grundsätzlicher
Arbeitskampf. Essen 1932

43 Denkschrift zur Lage des Ruhrbergbaus. Hrsg. v. Verein für die bergbaulichen
Interessen. Essen 1925, S. 4

44 *Bergmann*, Kurt: Die wirtschaftliche Entwicklung des Ruhrkohlenbergbaus.
MS Diss. Köln 1934, Kettwig 1937, S. 53

45 Glückauf. Jg. 66 (1930), S. 1805

46 *Wedding*, Friedrich Wilhelm: Der Stand der maschinenmäßigen Kohlengewinnung im Ruhrbergbau in den Jahren 1925 und 1926. In: Glückauf. Jg. 63
(1927), S. 1124–1126

47 *Jericho*, K.: Untersuchungen über die Empfindlichkeit der Abbaugroßbetriebe
in flacher Lagerung unter besonderer Berücksichtigung der Bergeversatzwirt-
schaft. In: Glückauf. Jg. 66 (1930), S. 1317–1477

48 *Burghardt*, Uwe: Elektrische Maschinen im Ruhrbergbau (1900–1935). In:
Wessel, Horst A. (Hrsg.) Elektrotechnik – Signale, Aufbruch, Perspektiven.
Berlin 1988, S. 31–45

49 *Wegemann*, Kurt: Planmäßige Bewirtschaftung der Betriebsstoffe im Steinkohlenbergbau. Aachen 1927, S. 4

50 *Pott*, Alfred: Die Aufgaben der AG für Kohleverwertung in Essen. In: Glückauf. Jg. 63 (1927), S. 267–272

51 *Spethmann*, Hans: Das Ruhrgebiet im Wechselspiel von Land, Leuten, Wirtschaft, Technik und Politik. 3 Bde, Bd. 3. Berlin 1938, S. 837–838

52 *Didier*, Friedrich: Die Nordwanderung des Ruhrbergbaues und ihre Auswirkung auf Kokerei und Nebengewinnung. In: Glückauf. Jg. 70 (1934), S. 830–834

53 *Pelzer*, Arnold: Ein halbes Jahrhundert Abbautechnik im westdeutschen Steinkohlenbergbau. Essen 1963, S. 7

54 *Fritsche*, Helmut C.: Die Bergtechnik des Ruhrkohlenbergbaus, ein Rückblick und Ausblick. In: Glückauf. Jg. 76 (1940), S. 77–81

55 *Kroker*, Evelyn: Bruchbau contra Vollversatz – Mechanisierung, Wirtschaftlichkeit und Umweltverträglichkeit im Ruhrbergbau zwischen 1930 und 1950. In: Der Anschnitt. Jg. 42 (1990), S. 191–202

56 *Glebe*, Ernst: Fließförderung im Ruhrkohlenbergbau unter besonderer Berücksichtigung der Wendelrutsche in Blindschächten. In: Glückauf. Jg. 72 (1936), S. 749–752

57 *Herbst*, Friedrich: Der heutige Stand der Gefäß-Schachtförderung im deutschen Bergbau. In: Zeitschrift des VdI. Jg 74 (1930), S. 929–937

58 *Abelshauser*, Werner: Der Ruhrkohlenbergbau seit 1945. München 1984, S. 16

59 *Glebe*, Ernst/*Gremmler*, Ewald: Neuzeitliche Gestaltung des Abbaus steil gelagerter Steinkohlenflöze. In: Glückauf. Jg. 71 (1935), S. 245–298

60 *Herbert*, Ulrich: Fremdarbeiter, Politik und Praxis des Ausländer-Einsatzes in der Kriegswirtschaft des Dritten Reiches. Berlin/Bonn ²1986, S. 229

61 *Abelshauser*, Werner: Neuaufbau oder Wiederaufbau? Zu den wirtschaftlichen und sozialen Ausgangsbedingungen der westlichen Industrie nach dem Zweiten Weltkrieg. In: Technikgeschichte. Jg. 53 (1986), S. 261–276

62 *Heinrichsbauer*, August: Der Ruhrbergbau in Vergangenheit, Gegenwart und Zukunft. Essen 1948, S. 124

63 *Löbbecke*, Wolfgang: Strukturveränderungen des Fremdkapitals im Ruhrbergbau seit der Währungsreform – eine methodologische und bilanztechnische Untersuchung. MS Diss. Bonn 1959/1960, S. 117–118

64 *Reger*, Erich: Union der festen Hand. Berlin 1946

65 *Vogel*, Walter: Die Probleme der Leistungssteigerung im Ruhrbergbau. In: Bergbau-Archiv. Jg. 7 (1946), S. 7–28

66 *Winkhaus*, Hermann: Betriebseindrücke aus dem englischen Steinkohlenbergbau. In: Glückauf. Jg. 64 (1928), S. 1637–1648

67 *Spruth*, Fritz: Strebausbau in Stahl. Essen 1948, S. 14

68 *Pelzer*, Arnold: Ein halbes Jahrhundert Abbautechnik im westdeutschen Steinkohlenbergbau. Essen 1963, S. 76

69 *Abelshauser*, Werner: Der Ruhrkohlenbergbau seit 1945. München 1984, S. 151

Glossar bergbaulicher Fachausdrücke

Querverweise sind kursiv gesetzt.

Abteufen. Herstellung eines Haupt- oder *Blindschachtes.*

abwerfen. Stillegen oder Aufgeben von *Grubenbauen* oder Teilen der Lagerstätte, die für den weiteren Betrieb nicht mehr notwendig oder aus anderen Gründen nicht mehr zu halten sind.

Abwetter (-strom). Verbrauchter, mit Methan, Abgasen von Verbrennungsmotoren und/oder Öl belasteter Abluftstrom nach Verlassen der Abbauräume bis zum Schachtmund (*Ventilator*) des (ausziehenden) *Wetterschachtes.*

auffahren. Herstellen einer söhligen (in der Sohlenebene befindlichen) *Strecke* (in der Kohle oder im Gestein) oder eines *Aufhauens.*

Aufhauen. (1) Von unten her aufgefahrene, ansteigende *Strecke* (zum Ansetzen eines *Strebs*, Anfahren eines Flözes, als *Wetterverbindung*). (2) Das *Auffahren* eines solchen *Grubenbaues.*

Ausgasung. Austritt von Grubengas aus der freigelegten *Kohle* und dessen Übergang in den *Wetterstrom.*

Austrag (aus dem Streb, aus dem Abbau). Übergabe des Förderstroms aus dem Fördermittel des Gewinnungsraums (*Streb*) oder der Abbau*strecke* in das Fördermittel des Hauptförderstroms.

Baufeld. (1) Verritzter, d.h. bergmännisch aufgeschlossener und in Abbau genommener Teil eines *Grubenfeldes.* (2) Eines von mehreren in Abbau genommenen Teilfeldern eines größeren Grubenfeldes.

Bauflügel. Bauabteilung auf einer Seite eines Abteilungs*querschlages* (einer der Unterteilung und der Erschließung der Lagerstätte dienenden *Strecke*), wenn bei geeigneten Lagerungsververhältnissen ein Flöz auf beiden Seiten eines solchen Abteilungsquerschlages in Angriff zu nehmen war.

Bauhöhe. (1) Flache Bauhöhe: im *Einfallen* gemessene Länge eines *Strebs* (Entfernung zwischen Kopf- und Fuß*strecke* in m). (2) *Seigere* Bauhöhe: Lotrechter Höhenunterschied zwischen Kopf- und Fußstrecke eines Strebs. (3) Bezeichnung der aufeinanderfolgenden Bauabschnitte eines Flözes.

Baugrenze. Durch eine große Störung oder andere tektonische Gegebenheiten, durch das Abbauverfahren oder maschinentechnische Bedingungen, aus sicherheitlichen oder wirtschaftlichen Erwägungen festgelegte Grenze eines *Baufeldes.*

Baulänge. Entfernung zwischen Ansatzpunkt und *Baugrenze* des Abbaubetriebes (Längenangabe in Meter).

Beaufschlagen (von Strecken). Beschicken von Förder*strecken* mit Transportgut im Sinne der Lenkung eines Förderstroms.

Bergezufuhr. Siehe *Versatz(-berge).*

Bewetterung. Versorgung der Grube mit Frischwettern (Frischluft). Im Steinkohlenbergbau ist saugende Bewetterung in Verbindung mit aufsteigender *Wetterführung* üblich. Dabei werden die Frischwetter zunächst auf die unterste *Sohle* geführt und steigen dann durch die Abbaubetriebe auf zur Wettersohle. Meist fallen die Wetter durch den Hauptförderschacht ein, weil dieser in der Regel der tiefste Schacht einer Bergwerksanlage ist. Bei blasender Bewetterung müßte der Förderschacht mit einem Grubenlüfter sowie mit Schachtschleusen versehen sein, was den Förderbetrieb behindern und merklich verlangsamen würde.

Blackband. Siehe *Kohleneisenstein.*

Blasversatz. Einblasen von *Versatzbergen* mittels Druckluft.

Blindschacht. Nicht zu Tage führende Schachtverbindung zwischen zwei (selten mehreren) *Sohlen* oder Flöz und Sohle. Je nach Herstellungsmethode hießen solche Blindschächte auch Gesenk oder Aufbruch bzw. *Stapel,* wenn sie eine ganze *Flözgruppe* erschlossen.

Breitauffahren. Beim *Pfeilerbruchbau* breiter als die übrigen Strecken zwischen den Pfeilern aufgefahrener Bau zur Vorrichtung der Kohle (Vorbereitung des Abbaus); auch als Pfeilerstrecke bezeichnet.

Bremsberg (-förderung). Steile Flözstrecke, in der volle Förderwagen (durch ihr Gewicht leere Förderwagen heraufziehend) auf die Sohlenstrecke abgebremst wurden.

Bruchbau. Dieses Bauverfahren sieht das (heute planmäßige) Abbrechenlassen der Dachschichten hinter dem ausgekohlten Raum vor; das Haupthangende senkt sich dann langsam auf diese hereingebrochenen Schichten ab (den Bruchraum hinter dem *Streb*).

Conveyor. Englischer Fachausdruck für Fördermittel, in frühester Ausführung ähnlich einem Kettenkratzförderer. Ein solcher „Blackett Conveyor" bestand aus einer Blechrinne und einer Gelenkkette mit pflugartigen Bügeln, die, elektrisch oder mit Druckluft angetrieben, in der Rinne lief. Dabei nahmen die Bügel die eingefüllte Kohle mit.

Doppelschrämwalzenlader. Integrierte Gewinnungs- und Lademaschine, bei der zwei Schrämwalzen auf den Seitenblechen des Strebladers laufen (Vgl. *Panzerförderer*).

Einfallen. (1) Durch Stauchung und Faltung bewirkte Schrägstellung eines Flözes zur Ebene einer *Sohle,* bestimmt durch den Einfallswinkel zwischen den beiden Ebenen und der Einfallsrichtung. (2) Neigung des gesamten Ruhrkohlengebirges in nordwestlicher Richtung gegenüber einer horizontalen Ebene. Die Richtung des Einfallens wird bergmännisch zur Angabe von Raumpunkten unter Tage benutzt, ebenso wie die rechtwinklig zum Einfallen verlaufende Richtung, die bergmännisch als Streichen bezeichnet wird.

Flözgruppen. Steinkohlenflöze werden nach dem Anteil an flüchtigen Bestandteilen eingeteilt, die aus der asche- und wasserfreien Kohlensubstanz bei der Verkokung freigesetzt werden (die einzelnen Gruppen werden auch als Flözhorizonte bezeichnet). Die hier dargestellte Horizonteinteilung ist 1926 und 1935 auf den Geologenkongressen in Heerlen (NL) international vereinbart, die Festlegung der Leitflöze des Ruhrreviers durch Karl Oberste-Brink und Richard Bärtling (dem für das Ruhrbecken zuständigen Bearbeiter in der Preußischen Geologischen Landesanstalt) 1930 vorgenommen worden.

Förderspiel. Gesamtheit eines Fördervorgangs bei der *Schachtförderung,* von Ladevorgang zu Ladevorgang, einschließlich des dazwischenliegenden Treibens.

Gedinge. Alter Ausdruck für Vertrag. Bergbauliche Form des Akkordvertrages, als Einzel-, Gruppen- *Streb-* oder Kameradschaftsgedinge.

Gefäßförderung. Siehe *Schachtförderung.*

Gefrierschachtverfahren. *Abteufverfahren* zur Herstellung eines Hauptschachtes. In einem Kreis, mindestens zweimal so groß genommen wie der geplante Durchmesser der Schachtscheibe, werden Gefrierbohrlöcher hergestellt und in

Flözgruppen im Ruhrkarbon

Horizont oder Flözgruppe (Bezeichnung)	Leitflöze (Bezeichnung)	Flüchtige Anteile (in %)	Kohleanteil an Horizont (in %)	Horizontmächtigkeit (in m)	Flöze über 0,6 m $\varnothing$	Verwendung (zwischen ca. 1900 und 1930)
Flammkohle Gasflammkohle	Ägir, Bismarck Flöz L	>40 35−40	1,4−2,0	350 bis 1100	± 8	Gas- und Kraftwerke Verschwelung, Chemie
Gaskohle	Zollverein 1 Zollverein 9 Katharina	28−35	2,4−3,5	300 bis 700	±17	Gas- und Kraftwerke Chemie, Industrie Kokskohle (Zuschlag)
Fettkohle	Hugo, Präsident Plaßhofsbank	19−28	2,5−5,0	500 bis 650	±25	Verkokung Industrie
Eßkohle	Finefrau Samsbank	12−16			± 8	Kokskohle (Zuschlag) Hausbrand, Kraftwerke
Magerkohle Anthrazit	Hinnebecke	<12			± 2	Industrie, Brikettierung Hausbrand, Kraftwerke

diese Rohre eingelassen, in denen ein über Tage gekühlter Kälteträger zirkuliert. Das Kühlmittel entzieht seinerseits dem Gebirgskörper Wärme. So wächst mit der Zeit eine Frostmauer, die es erlaubt, in ihrem Inneren wie in trockenem, standfestem Gebirge *abzuteufen.*

Gestellförderung. Siehe *Schachtförderung.*

Gewinnungsfront. Entspricht den Begriffen Kohlen-, Abbau- oder *Streb*front.

Grubenbau. Jede Art eines planmäßig hergestellten bergmännischen Hohlraums unter Tage.

Grubenfeld. Einem Bergbauinteressenten bei Nachweis eines Mineralfundes auf seinen Antrag bei der Bergbehörde hin (*Mutung*) zugewiesenes Oberflächenstück, in dessen Projektion in die Tiefe der Bergbauberechtigte die aufgefundene Lagerstätte abbauen darf.

Grubenklima. Unter Tage sind eine ganze Reihe von Klimafaktoren wirksam, die alle durch die *Wetterführung* beherrscht werden müssen. Die wichtigsten dieser Faktoren sind die Wärmestrahlung des Gebirges, die Luftfeuchtigkeit, Wettergeschwindigkeit und Wettertemperatur.

Hängebank. Übertägiges Gegenstück zum Füllort. Überleitung der *Schachtförderung* in die Stränge der Verarbeitung der Rohkohle. Meist 10 bis 15 Meter über der Erdoberfläche, um die Kohle auf den weiteren Transportwegen unter Wirkung der Schwerkraft nach unten gleiten zu lassen (zum Beispiel Wagenentleerung in Kreiselwippern, Drehgestellen, die den ganzen Förderwagen aufnehmen und um 180 Grad kippen). Bei *Gestellförderung* befindet sich auch der Wagenumlauf im Niveau der Hängebank.

Haspel. Bergmännische Bezeichnung für alle Arten von Zug- und Hubwinden, insbesondere in *Strecken* als Materialfördermittel und auf Blindschächten als Fördermaschine eingesetzt, im Abbau mit Druckluft, im übrigen (nach dem Ersten Weltkrieg) elektrisch angetrieben.

Hauptquerschlag. Förderung, Fahrung, *Wetterstrom* und Materialtransport aufnehmender *Grubenbau*, der annähernd im rechten Winkel zur Flözstellung zunächst zur Erkundung der Lagerstätte aufgefahren, im Grubenbetrieb als Hauptverbindungsstrecke eines *Baufeldes* genutzt wird, in steiler *Lagerung* die Flöze durchörternd, in flacher Lagerung diese durch weitere Grubenbaue erschließend. Bei dieser Anordnung verbindet der Hauptquerschlag die Richtstrecken mit dem Förderschacht.

Hobel (-streb). Integrierte Gewinnungs- und Fördermaschine, bei der das Gewinnungsgerät auf den Seitenwänden des *Strebladers* läuft (typischerweise ein Kettenkratz- oder *Panzerförderer*); beim Reißhakenhobel greift die Stabilisierung des Gewinnungsgerätes unter, beim Gleithobel über den *Streblader*. Der Hobel ist eine Art Schlitten, der auf dem Lader bewegt wird. An dem Schlitten sitzen die Hobelmeißel, mittels derer die Kohle mit (im Vergleich zum *Schrämen*) relativ geringer Schnittiefe abgeschält wird.

Koepe-Förderung. Nach ihrem Erfinder, Heinrich Koepe, Bergwerksdirektor auf der Zeche Hannover, benannte Treibscheibenförderung, die erstmals 1877 auf der Schachtanlage Hannover in Betrieb genommen wurde. Bei dieser Förderart wird das Förderseil durch Reibung an einer Treibscheibe (Koepescheibe) bewegt, im Gegensatz zur Trommelförderung bei der ein Seil ab-, das andere gegenläufig aufgewickelt wird. Zum Ausgleich des zunehmenden Förderseilgewichtes auf der Seite des niedergehenden Förderkorbes und zur Minderung der Gefahr des Seilrutsches wird ein Unterseil (meist ein Flachseil) unter die Körbe oder direkt unter die Oberseile (Förderseile) gehängt. Das Gewicht der bewegten Massen ist gegenüber der Trommelförderung geringer (weil die Treibscheibe leichter ist als die Seiltrommeln, weniger Seilgewicht anfällt). Die Treibscheibe kann in einer Ebene mit den beiden (übereinander angeordneten) Seilscheiben (für Unter- bzw. Oberseil) liegen, so daß die seilverschleißende seitliche Ablenkung des Seiles entfällt.

Kohleneisenstein. Erzeinlagerung oder -begleitung eines Steinkohlenflözes.

Längenfelder. In Westfalen war die Grubenfeldbemessung entlang dem Zutagetreten eines Flözes vor 1821 die übliche Form der Verleihung einer Bergbauberechtigung. Im Bereich der Kleve-Märkischen Bergordnung konnte der erste Finder sich bei mehr als 15 Grad *Einfallen* des Flözes ein Längenfeld, bei flachem Einfallen bis 15 Grad aber ein Geviertfeld verleihen lassen; ein Längenfeld maß maximal 1 260 m mal 15 m, gemessen am Ausbeißenden (zutagetretenden Teil) eine Flözes und verliehen bis ins Tiefste der *Mulde*; die größte Fläche eines Geviertfeldes konnte etwas über zwei Hektar betragen, die Verleihung galt in die unendliche *Teufe*; im Bereich der kurkölnischen Bergordnung gab es nur Längenfelder von höchstens 225 m mal 15 m (längs des Flözaustrittes bis ins Muldentiefste), im Bereich der jülisch-bergischen Bergordnung von 402 mal 17 m (Verfolgung des Flözes bis in die unendliche Teufe).

Lagerung. Bergmännische Einteilung der Flöze nach ihrer Neigung. Es werden unterschieden: die flache Lagerung von 0 bis 20 gon, die geneigte Lagerung von 20 bis 60 gon und die steile Lagerung von 60 bis 100 gon (gon ist die im Bergbau übliche Einheit der Unterteilung des Viertelkreises in Hundertteile statt der Neunzigteile der Einheit „Grad"; 100 gon = 90 Grad).

Langfrontbau. Abbauverfahren, bei dem die Kohle auf großer Länge in Abbau genommen wird. Wichtigste Verfahren dieser Art sind *Strebbau* und *Schrägbau*.

Lichtloch. Hilfsschacht (Bohrloch) beim *Auffahren* von *Strecken* oder Stollen zum Ansetzen zusätzlicher *Örter* (Arbeitspunkte), von denen aus aufeinander zu gearbeitet wird; Ziel ist die Verbesserung der *Bewetterung*, Verkürzung von Fahrwegen oder Verringerung der Auffahrungszeit.

lösen. Bergmännisch für (1) erschließen (Lagerstättenteile) bzw. (2) ableiten (Grubenwasser).

Malakoffturm. Bastionsartiges Förderturmgebäude, wie es zwischen 1850 und 1880 errichtet wurden. Die Bezeichnung leitet sich von einer Festung in Sewastopol ab, die im Krimkrieg (1853–1856) eine Rolle spielte.

Mulde. Durch Auffaltung der Muldenflügel entstandene Senke in den Schichten des Steinkohlengebirges (der Hangfaltung eines Tales entsprechend). Vgl. *Sattel*.

Mutung. Antrag bei der Bergbehörde auf Verleihung einer Bergbauberechtigung in einem bestimmten *Grubenfeld*.

Ort. (vor Ort). (1) Jeder Arbeitsplatzbereich unter Tage. (2) Teil*sohle* in geneigter und steiler *Lagerung* (auch als Zwischenort bezeichnet). (3) Bearbeitete Querfläche am Ende eines in *Auffahrung* befindlichen söhligen oder geneigten *Grubenbaues* (auch Ortsbrust genannt).

Panzerförderer. *Streblader*, in dessen u-förmiger Transportrinne Mitnehmerbügel an einer oder an zwei Ketten laufen; wegen seiner dicken Bleche wird dies *Strebfördermittel* als Panzerförderer bezeichnet.

Pfeilerbruchbau. Abbauverfahren, das im Ruhrrevier in der Zeit der nicht-mechanisierten Gewinnung verbreitet war. Dabei wurden Flözstreifen (Pfeiler), die bei der Zerlegung eines Bauabschnittes durch *Auffahren* von Pfeiler*strecken* bis an die *Baugrenze* entstanden, ohne Wiederverfüllung der ausgekohlten Räume im Rückbau hereingewonnen.

Querschlag. Zwecks Ausrichtung einer Abteilung bzw. zur *Lösung* (Erschließung) eines Flözes oder einer *Flözgruppe* quer zum *Streichen* söhlig aufgefahrene Strecke (vgl. *Hauptquerschlag*).

rauben (von Holz). Endgültiges Wegnehmen des Ausbaus zwecks Wiederverwertung von Ausbauteilen, vor allem von *Stempeln*.

Regenerativofen. Seit 1910 Stand der Kokstechnik bis zur Entwicklung neuer Verbund-Ofentypen nach dem Zweiten Weltkrieg. 1881 hatte die Firma Carl Otto erstmals in das von Coppée (belgischer Koksofen-Pionier) entworfene Konstruktions-Prinzip schmaler Kammern mit Wandbeheizung das System der Wärmerückführung integriert, wobei diese zunächst für ganze Ofen-Batterien konzipiert worden war. Die Firma Koppers hatte 1904 die Wärmerückführung für den Einzelofen und 1910 die Nutzung von eigenem Prozeß- oder von Fremdgas (z. B. Gichtgas aus der Eisenverhüttung) eingeführt.

Reibungsstempel. Zweiteiliger Metall*stempel*, dessen Einzelteile ineinander geschoben werden, wobei Reibungsflächen, zum Beispiel durch konische Formgebung oder Zusammenpressen von Zylindersegmenten, für eine langsame Lastaufnahme sorgen.

Rutschenstreb. Mit einer *Schüttelrutsche* als Strebfördermittel ausgestatteter Gewinnungsbetrieb.

Rutschenaustrag. Siehe *Schüttelrutsche, Austrag.*

Sattel. Durch Auffaltung entstandener (unterirdischer) Höhenzug von Gebirgsschichten). Vgl. *Mulde.*

Schachtförderung. Aus einem Tages- oder *Blindschacht* und den dazugehörigen Einbauten, den erforderlichen Betriebsmitteln (Fördermaschine und -gerüst, Förderkörbe und -seile) sowie den zur Überleitung der Förderung notwendigen Räumen (unter Tage dem Füllort, über Tage der *Hängebank*) zusammengesetzte Anlage und deren Betrieb zur Förderung im *Tiefbau.* Bei der Schachtförderung werden zwei Förderarten unterschieden. Bei der *Gefäßförderung* werden Kohle oder Versatzmaterial in Fördergefäße von großer Höhe gefüllt und darin im Schacht transportiert. So entfällt die Mitförderung der Förderwagen und das einzelne *Förderspiel* kann bedeutend verkürzt werden. Im Ruhrbergbau wurden die ersten Gefäßförderanlagen Ende der 1920er Jahre eingerichtet. Bei der *Gestellförderung* werden auf einem als Förderkorb bezeichneten Gestell Personen (Fahrung) oder in aufgeschobenen Förderwagen Arbeitsmaterial, Kohle und Berge transportiert.

Schiebeweg. Stolleneisenbahnweg, auf dem Schlepper die Kohlenwagen zu Tage förderten.

Schießarbeit. Alle zur Durchführung von Sprengungen notwendigen Arbeiten (Einbringen von Zündern sowie Besatz in die Sprengbohrlöcher und Verlegen der Zündkabel), Vornahme der Sprengung selbst und alle damit verbundenen Sicherungstätigkeiten (nicht jedoch das Herstellen der Sprengbohrlöcher und das Abfördern des ausgesprengten Haufwerks).

Schildausbau. In der Entwicklung von *Strebausbausystemen* den *Schreitausbau* ablösende, nur noch zum Kohlenstoß und zur Fördereinrichtung hin offene Ausbauart. Eine Schildausbaueinheit besteht aus einer oder zwei Kufen, die auf dem Liegenden geführt werden, dem Schild, das die Druckkräfte aus dem Hangenden aufnimmt, einem zweiten, das gegen die im Rücken des Strebs hereinbrechenden Nebengesteinsmassen schützt und Hydraulik*stempeln*, welche die Schilde abstützen. Diese Elemente sind so miteinander gelenkig verbunden, daß ein Schreiten der Ausbaueinheit möglich ist.

Schlagwetter (-explosion). Durch Methananreicherung explosible Gruben*wetter.* Der Bereich der Explosibilität reicht von 5 bis 14 Prozent Methangehalt bei 20 °C Anfangstemperatur. Die Zündfähigkeit des Luft-Methan-Gemisches hängt vom Sauerstoffgehalt der Wetter und von den Druckverhältnissen an der Zündquelle ab. Eine Schlagwetterexplosion breitet sich in Abhängigkeit von der Methankonzentration (am schnellsten zwischen sieben und zehn Prozent Methananteil) sowie Temperatur und Wärmeleitfähigkeit des *Wetterstromes* aus.

Schlechten. Tektonisch (durch Zerrungs- und Setzungsvorgänge des ausgebildeten Karbons) entstandene Risse in der Kohle. Diese Risse stehen meist parallel oder schräg, selten rechtwinkelig zum Einfallen eines Flözes. In ein und demselben Flöz verlaufen sie immer parallel. Die Schlechten sind bei schälender oder Gewinnung mit dem Abbauhammer von entscheidender Bedeutung für den Gang der Kohle, ihre Gewinnbarkeit.

Schrägbau. *Langfront*artiges Abbauverfahren in stark geneigter oder steiler *Lagerung* mit Wiederverfüllung des ausgekohlten Grubenraums (*Vollversatz*).

Schrämen. Herstellung eines parallel zur Flözebene verlaufenden Schlitzes, über dem der Kohlenstoß unter seinem Eigengewicht hereinbrechen soll.

Schrämstreb. Gewinnungspunkt mit maschinellem Schrämbetrieb. Vgl. *Schrämen*.

Schreitausbau. Ausbaugespann zweier gelenkig verbundener, hintereinander gestellter Einheiten von Hydraulik*stempeln* und Stahlkappe (das Dach eines Ausbauraumes abstützendes Tragelement); erster Schritt zur systematischen Mechanisierung der Ausbauarbeit im *Streb*. Mit dem Schreitausbau ergab sich die Möglichkeit der Integration von Gewinnung, Strebförderung und Ausbau. Dieses Konzept wurde mit dem *Schildausbau* weiterverfolgt, der die Entwicklung einer teilautomatischen Strebausrüstung erlaubte.

Schüttelrutsche. Als *Strebfördermittel* wurden Schüttelrutschen in flach gelagerten Flözen bis etwa 15 Grad *Einfallen* eingesetzt, in einem Lagerungsbereich also, wo die Kohlen nicht mehr von selbst rutschten. Es handelte sich bei dieser Einrichtung um eine Eisenblechrinne, die hinter dem Arbeitsstoß angeordnet war und mittels Druckluftmaschinen in hin- und hergehende Bewegung versetzt wurde. Die dicht davor arbeitenden Bergleute schaufelten die hereingewonnenen Kohlen in dieses Fördermittel hinein. Die bis zu 100 m langen Rinnen oder Rutschen waren entweder pendelnd an der Zimmerung aufgehängt, oder sie liefen auf Rollen in Gestellen auf dem Boden des Gewinnungsraums.

Schurfschacht. Vorläufiger, nur zum Auffinden bzw. zur Untersuchung einer Lagerstätte abgeteufter Schacht (heute oft als Großbohrloch).

seiger. Lotrecht, vertikal, senkrecht.

Seitenkipplader. Auf einem Raupenfahrwerk bewegtes, sehr flexibles Ladegerät, dessen Ladeschaufel das abzufördernde Haufwerk seitlich in oder auf ein Fördermittel füllt.

Skip-Förderung. Siehe *Schachtförderung*.

Sohle. (1) Bodenfläche eines *Grubenbaus*, in der Lagerstätte das Liegende. (2) Das Grubengebäude einer Schachtanlage wird vertikal durch Sohlenbildung stockwerkartig gegliedert. War nicht aus geologischen oder wirtschaftlichen Gründen im *Tiefbau* Mehrsohlenförderung einzurichten, dann bündelten die Haupt*strecken* auf der Hauptfördersohle (der Ebene des tiefsten Stockwerks) Förderung, Versorgung und Fahrwege aller oberhalb des Sohlenniveaus gelegenen Betriebe. Beim Stollenbergbau war die tiefste Sohle in der Regel die wasserabführende Stollensohle. Im Tiefbau diente die oberste noch offen gehaltene Sohle als Wettersohle zur Fortleitung der verbrauchten Luft, der *Abwetter*, und gegebenenfalls der Zuführung von Material für den Versatz.

Sonderbewetterung. Versorgung von *Grubenbauen*, die nur mit einer einzigen Verbindung an das System der *Bewetterung* einer Grube angeschlossen sind, mit Frischwettern (Frischluft).

Spülversatz. Einbringen von *Versatzbergen*, die mittels Druckwasser durch Rohrleitungen in den zu versetzenden Raum gepreßt werden.

Standfestigkeit (von Grubenbauen). Fähigkeit von Gesteinsschichten, ohne Zerstörung über einen längeren Zeitraum um einen bergmännischen Hohlraum herum stehen zu bleiben.

Stapel. Eine Gruppe von Flözen erschließender *Blindschacht.*

Stempel. Element zum Abstützen der Grubenbaue aus Stahl (unnachgiebig), Holz (wenig nachgiebig) oder Leichtmetall (stärker nachgiebig). Das untere Ende heißt Stempelfuß, das obere Stempelkopf.

Stoßfuß (beim Schrägbau). Unterer Übergang eines schrägstehenden Abbauraums in die Abbau*strecke*, die ihn mit dem übrigen Grubengebäude verbindet.

Streb (-bau). Ein Streb ist ein langer, schmaler Abbauraum, der rechtwinklig oder quer zu seiner Längsachse wandert. Der Strebbau wird daher zu den langfrontartigen Abbauverfahren gerechnet. Der Streb wird auf der einen Seite von der Abbau- oder Strebfront, auf der anderen vom Versatz- oder Bruchfeld begrenzt und in der Länge durch den Abstand zwischen Kopf- und Fuß*strecke* bestimmt. Die Länge der Strebfront (die *Bauhöhe*) variiert. Sie betrug zunächst etwa 50 m und erreicht heute bis zu 400 m Länge.

Strebfördermittel. In flacher *Lagerung* war die Strebförderung während des ersten Drittels des 20. Jahrhunderts durch die *Schüttelrutsche* geprägt. Die in den 1930er Jahren aufkommenden Kettenkratzförderer (dickwandige Stahlblechrinnen, in denen eine Kette mit Mitnehmerbügeln lief) stellten kein prinzipiell neues, sondern ein hinsichtlich der Betriebssicherheit verbessertes Strebfördermittel dar. Eine grundsätzliche Änderung in diesem Bereich trat erst durch die Integration von Strebförderer und Gewinnungsmaschine ein, als die Seitenwände des Fördermittels (der Lademaschine oder des *Strebladers*) gleichzeitig als Lauffläche für die Gewinnungsmaschine genutzt wurden.

Streblader. Siehe *Strebfördermittel.*

Strebleistung. Leistung pro Strebbelegschaftsmitglied und Schicht in t Kohle.

Strecke. Söhlig oder flach *einfallend* aufgefahrener *Grubenbau* zur Fahrung, Förderung, *Wetterführung* und zum Materialtransport.

Streichen. Richtung der Linie, unter der sich die Ebenen eines Flözes und einer *Sohle* schneiden. Das Streichen verläuft in etwa rechtwinklig zum Einfallen. Die Streichlinie bedeutet für den Bergmann dasselbe, wie eine Höhenlinie für den Landvermesser. Sie bildet mit dem magnetischen Meridian einen Winkel, der im Uhrzeigersinn von Nordrichtung aus gerechnet in Grad angegeben wird. Früher wurde in „Stunde" gemessen, das sind Vierundzwanzigteile des vollen Kreises oder Einheiten von 15 Grad.

Stahlausbau. (1) Streckenausbau in Stahl; seit Mitte des 19. Jahrhunderts wurden die traditionellen Streckenausbauelemente, *Stempel* (die Stützen des Ausbaus) und Kappen (Längsträger zum Unterfangen der Dachschichten), die bis dahin aus Holz gewesen waren, in den Haupt*strecken* durch Stahlprofile ersetzt. Weitergehende Bedeutung erhielten der Stahlgelenkausbau (Moll-Ausbau 1924), insbesondere die ineinander gleitenden, durch Laschen verbundenen Profilbögen (Toussaint-Heintzmann 1931/32), als die Vergrößerung der einzelnen Gewinnungspunkte zu größeren Wetter- und Förderquerschnitten zwang. (2) Strebausbau in Stahl; einzelne Versuche mit Vorpfändkappen, Trägerelementen, die eine Verbreiterung des Raumes zwischen Strebfront und erster Stempelreihe erlauben sollten, wurden bereits im 19. Jahrhundert unternommen, erwiesen sich aber nur unter (selten) günstigen geologischen Voraussetzungen als wirtschaftlich. Erst die Beschleunigung der Abbaugeschwindigkeit, insbesondere mit der Einführung von Gewinnungsmaschinen und deren Vereinigung mit den *Strebfördermitteln* und die

Ausdehnung des systematischen *Bruchbaus* (Notwendigkeit einer nur durch widerstandsfähigen Ausbau zu bewirkenden festen Bruchkante) sowie die damit einhergehende genauere Untersuchung des Gebirgsdrucks – dazu war der Holzmangel nach dem Zweiten Weltkrieg gekommen – warfen das Problem stabileren Ausbaus auch im *Streb* auf.

Sumpf. *Grubenbau* in Schachtnähe und wenig unterhalb der tiefsten *Sohle* zur Sammlung der Grubenwasser. Auf wasserreichen Zechen werden zur Vergrößerung des Fassungsvermögens zusätzlich Sumpfstrecken *aufgefahren*.

Teilversatz. Siehe *Versatz, Versatzbau*.

Teufe. Bergmännisch für Tiefe.

Tiefbau. (1) Zunächst ist als Tiefbau das Vordringen unter das Niveau wasser*lösender* Stollen bezeichnet worden, das eine künstliche *Wasserhaltung* erforderte. (2) Versuche, den Kohlenbergbau in das Gebiet nördlich der Ruhr auszudehnen, haben erst Erfolg gehabt, als es mit Hilfe kräftiger Dampfmaschinen und neuer Schachtteufverfahren möglich war, die das Steinkohlengebirge überlagernde Mergeldecke zu durchstoßen. Auch hätten Wasserhaltung und Förderung der Tiefbauanlagen ohne Dampfmaschinen nicht bewältigt werden können. Fortan ist mit „Tiefbau" dieser vom Stollenbergbau losgelöste Vorstoß unter den Mergel bezeichnet worden. (3) Daneben ist „Tiefbau" die allgemeine Bezeichnung für jede Art von Bergbau, bei dem die Lagerstätte, im Gegensatz zum Tagebau, durch *Grubenbaue* aufgeschlossen werden muß.

tonnlägig. Aus älteren Betriebsformen stammender Ausdruck für geneigte Schächte, in denen das Fördergut gezogen wurde oder glitt.

Tübbing. Stahl- oder Gußeisenausbauteil in Form eines Zylindersegments, vorwiegend für den Schachtausbau in wenig *standfestem*, wasserführendem Gebirge. In Verbindung mit dichtender Hinterfütterung und Verfugung der Segmente mit Blei ergab Tübbingausbau eine Schachtröhre, die völlig gegen *zusitzende* Wasser abschloß.

verbrochener Raum. Siehe *Bruchbau*.

Verhieb. Hereingewinnungsart beim Abbau. Die Richtung des Hereingewinnens der Kohle unterscheidet sich von der Abbaurichtung (Wanderungsrichtung des Abbauraums). Die Verhiebszeit (oder Verhiebsgeschwindigkeit) meint entsprechend die Dauer der Hereingewinnung eines Bauabschnittes und unterscheidet sich begrifflich von der Abbaugeschwindigkeit, mit der ein Abbauraum durch ein Flöz wandert.

Versatz(-berge). Wiederverfüllung ausgekohlter Grubenräume, wodurch den Dachschichten ein neues Auflager geboten wird. Damit soll eine möglichst langsame und geringe Absenkung der Tagesoberfläche erzielt werden, um die Bergschäden niedrig zu halten. (1) Eigenversatz (*Teilversatz, Bruchbau*) mit Bergen (taubem Gestein aus Flözverunreinigungen oder mitgenommenem Nebengestein) aus dem Flözbetrieb selbst. (2) Fremdversatz (Teil- oder *Vollversatz*) mit Fremdbergen (Material, das aus der *Auffahrung* von Gesteinsbetrieben in den Bauen derselben Schachtanlage oder von der Halde, als Sand, Hochofenschlacke oder Bauschutt von über Tage zugeführt wurde).

Versatzbau. Bauarten, bei denen durch den Abbau entstandene Hohlräume mit Bergen verfüllt werden. Im Ruhrbergbau war zunächst unplanmäßiger *Bruchbau* vorherrschend gewesen. Seit den 1890er Jahren verursachten jedoch die Verdichtung von Industrie und Verkehrswegen sowie die Urbanisierung der bergbaulich stark genutzten Hellwegzone immer höhere Aufwendungen zur Regulierung von Bergschäden und verkleinerten das Platzangebot für Bergehalden und erzwangen so den Übergang zu Versatzbauweisen.

Vollschnittmaschine. Beim Streckenvortrieb verwendete Maschine, deren Bohrkopf auf die gesamte bei der *Auffahrung* zu bearbeitende Querschnittsfläche wirkt.

Vollversatz. Siehe *Versatz, Versatzbau.*

Wasserhaltung. Der Sammlung, Reinigung und dem Zutagepumpen der Grubenwasser dienende *Grubenbaue* (*Sumpf*), Maschinenanlagen und Rohrleitungen.

Wetter(-strom). Durch das Grubengebäude (soweit es nicht abgedämmt ist) *streichende* Luft. Je nach zurückgelegtem Weg und Belastungsgrad des Luftstroms werden Frischwetter (eintretender Wetterstrom), matte (stark mit gesundheitsschädlichen Gasen belastete) oder giftige (nicht atembare) Wetter, explosive *Schlagwetter* und ausziehende *Abwetter* unterschieden. Die Volumengeschwindigkeit eines Wetterstroms wird in m³/s gemessen.

Wetterbedarf. Für jede in bezug auf die *Bewetterung* selbständige Schachtanlage muß ein individueller Wetterbedarf gedeckt werden, der sich aus den *grubenklimatischen* Verhältnissen (*Teufe* der Schachtanlage, abgebaute Kohlenarten, Volumen der *Grubenbaue*), aus der Belegschaftsstärke sowie aus den verwendeten Fördermitteln ergibt (Entlastung des Luftstroms durch Druckluft-, Wärmebelastung durch elektrische Maschinen, Abgasbelastung durch Verbrennungsmotoren).

Wetterdurchhieb. Siehe *Wetterwege.*

Wetterführung. Summe der Maßnahmen (Festlegung des *Wetterbedarfs*, der Wettergeschwindigkeit, der *Wetterwege* und der Bereiche der *Sonderbewetterung*) zur Regelung der Luftzufuhr (Lenkung der *Wetterströme*) vom Einziehschacht zu allen belegten Betriebspunkten und dann zum ausziehenden Schacht hin.

Wetterverbindung. Siehe *Wetterwege.*

Wetterwege. Die Luftzirkulation in einer Grube muß (oft unabhängig von Förderung, Fahrung, Berge- und Betriebsmitteltransport) für alle möglichen Betriebssituationen gewährleistet werden. Maxime ist die möglichst kräftige Beaufschlagung der Abbaubetriebe mit möglichst unverbrauchter und kühler Luft. Dafür ist oft eine Verkürzung der Haupt*wetterverbindungen* gegenüber den Transportwegen in der Grube nötig, die durch Wetterdurchhiebe gewährleistet wird (zum Beispiel durch Bohrlöcher, die nur der *Wetterführung* dienen).

Wetterzug. Ebenso wie die Luftmenge spielt die Geschwindigkeit des Luftstroms eine große Rolle für die Klimatisierung einer Grube. Bei der Festlegung der Geschwindigkeit der Teilströme muß neben dem Erfordernis der Abfuhr von Wärme und Grubengas der Querschnitt der *Wetterwege* berücksichtigt werden (zu erhöhter Unfallgefahr führen zu hohe Wettergeschwindigkeiten in Grubenräumen mit geringem Durchmesser wegen der Aufwirbelung von Kohlenstaub als auch zu niedrige Geschwindigkeiten in großen Grubenräumen wegen der unzureichenden Vermischung von Grubengas und *Wetterstrom*).

zusitzen (von Wasser). Zufließen von Wasser in die Grubenbaue.

Eisen, Stahl und Buntmetalle

Ulrich Wengenroth

Eisen am Anfang der Industriellen Revolution

Wie kaum ein anderer Stoff symbolisiert Eisen den Aufbruch in das Industriezeitalter. Es war das Konstruktionsmaterial all jener technischer Neuerungen, von der Dampfmaschine über die Eisenbahn bis zu den vielfältigen Produktionsmaschinen, die so deutlich das Antlitz des 19. Jahrhunderts von dem des 18. Jahrhunderts unterschieden. Eisen war Ausdruck von Fortschritt und Eleganz, es versprach über den engeren militärischen Bereich hinaus Stärke und Selbstbewußtsein. Das Attribut „eisern" wurde zur Auszeichnung für jene, die durch Disziplin und Willenskraft den Aufbau industrieller und damit politischer Macht vorantrieben. „Hölzern" in jeder Beziehung erschien dagegen die vorindustrielle Vergangenheit. „Hölzern" war das alte, altmodische und schwache. Auch die Eisenindustrie selbst wurde erst als große Industrie wahrgenommen, nachdem sie sich aus ihrer hölzernen Vergangenheit, der Abhängigkeit von der Holzkohle, hölzernen Wasserrädern, Blasebälgen und Schmiedehämmern befreit hatte und durch die Verbindung mit der Steinkohle zur „Schwerindustrie", jenem Rückgrat industrieller Stärke, geworden war.

Die Prozeßwärme zur Verhüttung der Erze, zum „Frischen" des Roheisens, d. h. dem „Schmiedbarmachen", und meist auch noch zum Ausschmieden der Eisenwaren wurde in der vorindustriellen Eisenindustrie durch die Verbrennung von Holzkohle erzeugt; auch dann noch, als Steinkohle schon bekannt war und in anderen Gewerbezweigen eingesetzt wurde. Zwei Gründe waren für den zögernden Übergang zur Nutzung der Steinkohle in der Eisenindustrie maßgeblich: Zum einen enthält die Steinkohle – und auch der daraus gewonnene Koks – im Unterschied zur chemisch recht reinen Holzkohle eine ganze Reihe unerwünschter Begleitelemente, die der Qualität des damit erschmolzenen Eisens sehr abträglich sind. Zum zweiten waren die zugänglichen Vorkommen von Steinkohle auf wenige Regionen konzentriert, während es Erze und Holz fast überall in Europa gab.

Zu einer Zeit, in der das von Ochsen oder Pferden gezogene Fuhrwerk noch das wichtigste Transportmittel auf dem Lande war, bedeutete dies, daß Steinkohle außerhalb der Abbaureviere und abseits der damit verbundenen schiffbaren Wasserläufe viel zu teuer für die Eisenhütten war. Selbst die Einfuhr des ersten billig erzeugten Koksroheisens aus England fand noch weit in das 19. Jahrhundert hinein überall dort eine ökonomische Grenze, wo keine leistungsfähigen Massentransportmittel, wie Seeschiffe, Kanalboote oder Eisenbahnen, hinführten. Es bedurfte nicht nur des Aufbaus der modernen, auf Steinkohlebasis produzierenden Schwerindustrie, um die Eisenbahnen zu bauen; es bedurfte auch der Eisenbahnen, um die billigeren Produkte dieser neuen, geographisch hochkonzentrierten Schwerindustrie in die Weite des Landes zu tragen, das sich bislang auf der Basis von Holz-

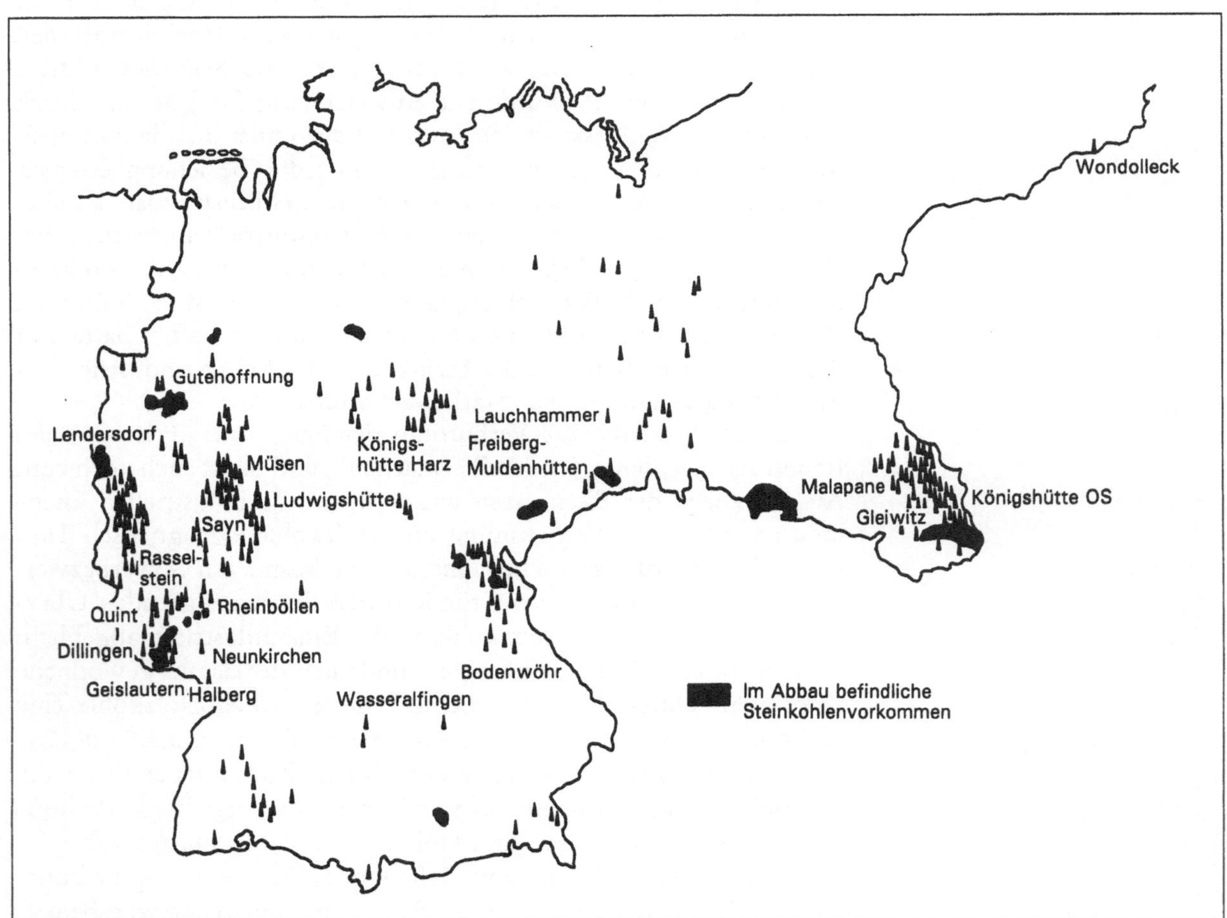

kohle dezentral selbst mit Eisen versorgt hatte. Die Konzentration
der Eisenindustrie, sowohl in großen Unternehmen wie auch geographisch kam mit der Nutzung der Steinkohle. Erst im Verbund mit den
Kohlezechen wurde sie zu einer großen Industrie; und der Übergang
von der Holzkohle zur Steinkohle markiert damit die Epoche der
Industriellen Revolution im Eisenhüttenwesen. [VIII-2.1]

So bestand auch die deutsche Eisenindustrie in vor- und frühindu-
strieller Zeit aus vielen kleinen Betrieben, die gleichmäßig über das
Land verteilt waren und mit Holzkohle und den verschiedensten, oft
armen lokalen Erzen gearbeitet haben [1].

Typisch waren linksrheinisch kleine Hütten mit einem Hochofen,
einem bis zwei Frischfeuern und einem schweren Schmiedehammer
unter einem Dach; rechtsrheinisch war der Hammer dagegen oft von
der Schmelzhütte getrennt. Das ganze hatte 4–10 ständige Arbeitskräfte, ein oder zwei Wasserräder zum Antrieb der Blasebälge und des
Hammers und war ein gemütlicher kleiner Betrieb mit einer Wochen-
leistung in der Größenordnung von 60–200 Ztr. Insgesamt beschäftigte ein Hochofen jedoch weit mehr Menschen mit allerlei Hilfs- und
Nebenarbeiten; bis hin zur Erzeugung der Holzkohle werden Belegschaften von 80 Personen genannt [2].

Es ging dabei oft auch wesentlich darum, das viele Holz in entlegenen Gebieten zu Geld zu machen[3]. Der beschwerliche Abtransport des Holzes über weite Strecken war nicht lohnend, wenn die Transportkosten bald den erzielbaren Holzpreis erreichten. In dieser Situation konnte die Verkohlung des Holzes und dessen Einsatz zur Eisenerzeugung Abhilfe schaffen, da nun nur noch das viel kostbarere Eisen transportiert werden mußte, bei dessen Preis die Transportkosten eine weit geringere Rolle spielten. Kleinere Erzvorkommen gab es fast überall. So fand in vorindustrieller Zeit eine weitgehend dezentrale Eisenversorgung statt, und es ist kein Wunder, daß im späten 18. Jahrhundert die beiden waldreichen Länder Schweden und Rußland zu den größen Eisenproduzenten gehörten und ihr Eisen selbst in das bereits fortgeschrittene England exportierten[4]. Knapp – und das hieß teuer – war das Holz für die Eisenindustrie nur in bereits verdichteten Gewerbelandschaften, wo viele Abnehmer darum konkurrierten.

Die Nutzung von Steinkohle – oder genauer: von Koks – im Hochofen wurde in Deutschland erstmals 1791 in einer staatlichen Hütte in Oberschlesien versucht. Nach dem Vorbild Englands, wo seit den ersten nachweislich erfolgreichen Versuchen zu Beginn des 18. Jahrhunderts bereits über zwei Drittel aller Hochöfen mit dem billigeren Koks betrieben wurden, wollte auch der preußische Fiskus seine Eisenindustrie aus der engen Konkurrenz der vielen Holzverbraucher herausführen und ihr ein nahezu unbegrenztes Wachstumspotential eröffnen. Doch dieser Versuch sollte sich für den Staat wie auch für private Unternehmer noch als langer dorniger Weg erweisen[5].

Im Unterschied zu vielen anderen aus England transferierten Technologien war es beim Kokshochofen mit minutiösem Kopieren nicht getan. Der Grund war die andersartige Zusammensetzung der einheimischen Rohstoffe. Ein in England erprobtes Mischungsverhältnis von Erz, Koks und Kalk brachte in Deutschland ganz andere – und zwar sehr unbefriedigende – Ergebnisse, weil Erz und Koks hier eine andere Zusammensetzung hatten. Da konnten auch mit viel Geld angeworbene ausländische Fachleute zunächst wenig ausrichten, da ihre Kunst nur mit englischen oder belgischen Rohstoffen funktionierte. Das im Prinzip bekannte Verfahren der Erzverhüttung mit Steinkohlenkoks mußte in Deutschland mit den einheimischen Rohstoffen noch einmal nacherfunden werden. Und ehe das zu konkurrenzfähigen Preisen gelang, dauerte es noch einige Jahrzehnte.

Von einem größeren wirtschaftlichen Betrieb kann man erst seit etwa 1840 an der Saar und in Oberschlesien und seit 1850 an der Ruhr sprechen. Ein wesentlicher Anreiz zur Intensivierung der Bemühun-

Ansicht eines Kokshochofens um 1879. Das Foto zeigt einen Bienenkorbofen auf der Kokerei der Zeche Shamrock I/II in Herne um 1879.

gen war neben der Nachfrage des beginnenden Eisenbahnbaus der 1844 eingeführte Schutzzoll auf Roheisen, der im Zollverein das bis dahin dominierende englische und belgische Koksroheisen verteuerte und als echter „Erziehungszoll" den Aufbau einer deutschen Koksroheisenindustrie förderte [6].

Wesentlich schneller gelang dagegen die Übernahme der neuen Weiterverarbeitungstechniken aus England, die meist durch belgische Vermittlung nach Deutschland kamen [7]. Dies waren vor allem das Frischen des Roheisens in steinkohlebefeuerten sogenannten Puddelöfen und die anschließende Formgebung im Walzwerk. Unter Frischen versteht man die Oxidation der unerwünschten Begleitelemente des Roheisens, um es schmiedbar zu machen. Das Roheisen aus dem Hochofen ist spröde und kann nur in Formen gegossen werden (Gußeisen). Der Hauptgrund für die Sprödigkeit ist der hohe Kohlenstoffgehalt von 3 bis 4%. Dieser Kohlenstoffgehalt muß drastisch reduziert werden, um das Eisen schmieden oder walzen zu können.

Das leistungsfähigste Aggregat hierzu war im frühen 19. Jahrhundert der Puddelofen [8]. Dies war ein überdeckter flacher Herdofen, durch den eine besonders starke Flamme geführt wurde, die das Roheisen auf dem Herd einschmolz und allmählich den darin enthaltenen Kohlenstoff verbrannte. Um diesen Prozeß aufrecht zu erhalten,

Puddelofen und Puddelverfahren.

mußte das flüssige Metallbad mit viel Gefühl ständig kräftig durchgerührt werden, bis sich entkohlte Eisenklümpchen bildeten und zu schwammartigen Luppen zusammenwuchsen. Das gefrischte Eisen – wir würden es heute bereits Stahl nennen – konnte im Puddelofen dank der Geschicklichkeit des Puddlers bei Temperaturen entstehen, die unter seinem Schmelzpunkt lagen. Der Schmelzpunkt des Stahls, der um einige hundert Grad über dem des Roheisens liegt, war mit den damaligen Öfen noch nicht zu erreichen. Das Puddeln gehörte zu den anstrengendsten aber auch qualifiziertesten Arbeiten im damaligen Eisenhüttenwesen. Vom Können der Puddler hing die Qualität des erzeugten Eisens ebenso ab wie der Brennstoffverbrauch dieses energieintensiven Verfahrens, das nur auf der Basis billiger Steinkohle – an einigen Orten sogar auch Torf oder Braunkohle – rentabel sein konnte.

Trotz der kaum objektivierbaren Bedingungen der Handarbeit des Puddelns und der notwendigen hohen Kunstfertigkeit der Puddler war der Transfer von technischen Qualifikationen und Betriebsanlagen zur Weiterverarbeitung des Roheisens für die deutschen Unternehmer offensichtlich sehr viel einfacher als die Beherrschung des Hochofenprozesses. Das Puddeln und das technisch weniger anspruchsvolle Walzen, das es zum Beispiel für Fensterblei schon seit Jahrhunderten gegeben hatte, konnten binnen weniger Jahre zwischen 1820 und 1830 in Deutschland erfolgreich eingeführt werden. Und so bestanden die jungen Puddel- und Walzwerke denn auch die erste große Bewährungsprobe der deutschen Eisenwerke im Industriezeitalter, den Beginn des Eisenbahnbaus in den späten 1830er und frühen 1840er Jahren, recht gut. Ihnen fehlte allerdings vorerst noch die Grundlage einer eigenen Roheisenversorgung, so daß sie zunächst überwiegend mit importiertem belgischem und englischem Eisen arbeiten mußten. Erst im Verlaufe der 1850er und 1860er Jahre zogen die Hochofenwerke nach und stellten die deutsche Eisenindustrie allmählich auf ein einheimisches Roheisenfundament. Zentrum dieser Entwicklung wurde schnell das noch junge aber unvergleichlich kohlereiche Ruhrrevier, in dem 1847 der erste Kokshochofen angeblasen wurde, der allerdings 1853 erst befriedigend arbeitete[9].

Die junge Eisenindustrie war im wesentlichen eine Lieferantin des Eisenbahnbaus, des Führungsektors der deutschen Industrialisierung. Ihr Hauptprodukt waren Schienen. Bestimmend für die Dimension eines Eisenwerkes war darum die Produktion des Schienenwalzwerks, das um die Mitte des 19. Jahrhunderts eine ausreichende Größe bei einer Jahreskapazität von etwa 10 000 t hatte[10]. Mit weniger als diesen 10 000 t jährlich hatte ein neues Unternehmen kaum noch Aussicht auf Erfolg. Die Zeiten einer gleichsam handwerklichen familiären Eisenproduktion waren vorbei. Wer nach der Jahrhundertmitte in dieses Geschäft einsteigen wollte, mußte gleich groß beginnen. Die Eisenbahnen haben die Schwerindustrie in neue Dimensionen geführt – und das in jeder Beziehung.

Die Einführung der Massenstahlverfahren

Der enorme Bedarf nach Schienen ließ schnell den störendsten Engpaß der noch jungen Schwerindustrie auf Steinkohlebasis deutlich werden, den Frischprozeß im Puddelofen. Während Eisen in den in ihrem Fassungsvermögen stetig wachsenden Hochöfen in guter Qualität und immer ausreichender Menge erschmolzen und nach dem Frischprozeß in den maschinengetriebenen Walzwerken ebenso zügig in Form gebracht werden konnte, stellte sich die Handarbeit des Puddelns jeder raschen Produktionsausweitung in den Weg. Im Unterschied zur Dimension von Hochofenschächten, Gebläsemaschinen und Dampfantrieben waren die Kraft und Geschicklichkeit der Puddler nicht technisch zu steigern. Ideen und Kapital halfen hier nicht. Eine Produktionsausweitung konnte nur allmählich mit der langwierigen Ausbildung weiterer Fachkräfte erfolgen. Wurde die Ausbildungszeit abgekürzt, dann litt die Qualität der Schienen darunter, denn Puddeln war Gefühlssache und das richtige Gefühl für ein Eisen mußte erst erworben werden. Gerade die mangelhafte Qualität der Schienen aus Puddeleisen war aber deren größte Schwäche. Durch die vielen Schlackeneinschlüsse im Puddeleisen, war dieses nie homogen und neigte daher zur Rißbildung und schließlich zu Brüchen. Schienen aus Puddeleisen waren keine dauerhafte Investition, sie mußten oft schon nach weniger als zehn Jahren ausgetauscht werden. Da man alte Schienen aufarbeiten konnte, führte dies wenigstens nicht in gleichem Maße zu einer weiteren Verengung des Engpasses Puddelofen.

Wie schon bei anderen Arbeitsprozessen im Zuge der Industriellen Revolution gab es auch beim Puddeln viele Versuche, die Handarbeit zu mechanisieren, um den Frischprozeß ebenso unabhängig von den Beschränkungen menschlicher Kraft und Geschicklichkeit zu machen, wie dies beim Erschmelzen des Roheisens und beim Walzen der Schienen bereits gelungen war. Mechanisch bewegte Puddelstangen und rotierende Öfen zum Durchmischen des Eisens waren die beiden häufig beschrittenen Wege, die jedoch zu keiner befriedigenden Lösung führten. Was beim Spinnen, Weben und in der Metallbearbeitung gelungen war, die Übertragung des Werkzeugs aus der Hand des Arbeiters auf einen leistungsfähigeren Mechanismus, scheiterte hier [11].

Die Lösung dieses Problems kam letztlich von unerwarteter Seite und war zunächst auch gar nicht intendiert. Henry Bessemer (1818–1898), ein unabhängiger englischer Erfinder, der sich mit der Verbesserung von Kanonen beschäftigte, hatte in den 1850er Jahren festgestellt, daß nur Kanonen aus Gußstahl für seine neu entwickelten Geschosse widerstandsfähig genug waren. Gegossener Stahl mußte es sein, da die Kanonen unbedingt aus homogenem Material nahtlos gefertigt sein sollten. Gußstahl war jedoch so teuer, daß selbst das Militär vor den Kosten zurückschreckte. Der Grund für den hohen Preis lag in dem aufwendigen Herstellungsverfahren des dafür nötigen flüssigen Stahls. Dazu mußte ein nicht völlig entkohltes und darum besonders hartes Puddeleisen tagelang in kleinen Tiegeln mit maximaler Feuerung geheizt werden, bis sich alle Schlacke an der Oberfläche sammelte und abgegossen werden konnte. Übrig blieb in den Tiegeln der völlig homogene flüssige Stahl, der nun in Formen vergossen wurde. Der Preis des Tiegelstahls war nach dieser aufwendigen Prozedur je nach

Qualität und Marktlage etwa fünf- bis zehnmal so hoch wie der des Puddeleisens [12].

Um seine neu entwickelten Geschosse verwerten zu können, mußte Bessemer also zunächst ein billigeres Verfahren zur Herstellung von flüssigem Stahl finden. Seine geniale Lösung dieser Aufgabe bestand darin, einfach Luft mit hohem Druck durch einen Behälter mit flüssigem Roheisen zu blasen. Der dabei zugeführte Sauerstoff fachte dank der bereits sehr hohen Temperatur des Eisens die Verbrennung der ohnehin unerwünschten Begleitelemente, darunter des Kohlenstoffs, an; das Roheisen wurde „gefrischt". Diese schnelle Verbrennung im flüssigen Eisenbad erhöhte die Temperatur so stark, daß der entstehende Stahl erstmals in flüssiger Form entstand. Nur mit Luft hatte Bessemer die bis dahin höchsten Temperaturen im Eisenhüttenwesen erzeugt und zugleich erhalten, wonach er gesucht hatte: flüssigen Stahl, der in Formen gegossen werden konnte [13].

Zu Bessemers anfänglicher Enttäuschung war bei diesem „Windfrischen", wie es bald genannt wurde, jedoch fast der gesamte Kohlenstoff des Eisens mitverbrannt, so daß der entstandene Stahl nicht hart genug für die eigentlich geplanten Kanonen war. Zwar konnte man dies durch nachträgliche Zugabe von kohlestoffreichem Roheisen beheben, doch gelangten dabei wieder eine Reihe anderer unerwünschter Legierungselemente in den Stahl. Die Herstellung eines erstklassigen Waffenstahls war mit dem Bessemerverfahren also auch nicht einfacher oder billiger geworden.

Dieser teilweise Mißerfolg erwies sich jedoch schnell als ein großes Glück, da sich der Bessemerstahl für die in viel größeren Mengen benötigten Eisenbahnschienen als geradezu ideal erwies. Bessemerschienen hielten ein Vielfaches der Verkehrsbelastung der Puddelschienen aus und kosteten bald nur noch wenig mehr. Die stürmische Nachfrage der Eisenbahnen nach dem neuen Material veranlaßte in den späten sechziger und frühen siebziger Jahren den Aufbau einer modernen Massenstahlproduktion mit hydraulisch bewegten Bessemeranlagen [14].

Eine Bedienungsmannschaft von 10−12 angelernten Arbeitern konnte schon in den 1860er Jahren mit den anfangs üblichen 5 t-Konvertern 40 t Stahl pro Schicht erzeugen; das war gut das Vierfache dessen, was eine gleich große Zahl von Puddlern mit Gehilfen schaffen konnten. In der Folgezeit sollte sich dieses Verhältnis immer stärker zugunsten des neuen Verfahrens verschieben. Der Engpaß des Puddelns war erstmals überwunden und dies schlug sich schnell im ganzen Bild der Industrie nieder. Mit der Maschinisierung der letzten Domäne der Handarbeit wurden die Voraussetzungen für eine moderne, in gigantische Formen wachsende Stahlindustrie geschaffen, deren weit ausgedehnte Betriebsstätten nur noch im übertragenen Sinne „Hütten" genannt werden konnten.

Daß das genial einfache Bessemerverfahren nicht zu einer ebenso universellen Frischmethode wurde, wie es das Puddeln seit dem frühen 19. Jahrhundert war, lag an zwei wesentlichen Einschränkungen: Zum einen konnte in den Bessemerkonvertern nur ein phosphorfreies Roheisen in Stahl umgewandelt werden; zum anderen war dieser Stahl immer etwas härter als Puddeleisen, was bei Eisenbahnschienen sehr erwünscht war, ansonsten aber für die Weiterverarbeitung Probleme brachte.

Der erste Mangel, die Beschränkung auf phosphorfreies Roheisen, konnte durch eine technisch geringfügige, aber ökonomisch sehr folgenreiche Modifikation behoben werden. Es war bekannt, daß bei der Stahlherstellung Phosphor mit Kalk gebunden werden kann, nur vertrug die feuerfeste Ausfütterung der Bessemerkonverter den Kalk nicht. Es mußte also ein feuerfestes Material gesucht werden, das von dem Kalk nicht angegriffen wurde und dennoch den extrem hohen Temperaturen im Konverter standhielt. Dies gelang 1878 Sidney Gilchrist Thomas (1850–1885), nach dem die lange Zeit wirtschaftlich

Die Produktion von Thomas-Stahl mit den Augen eines Malers gesehen. Gemälde „Thomas-Stahlwerk" von G. Voglsamer.

bedeutendste Variante des Windfrischverfahrens dann „Thomasverfahren" genannt wurde. Von überragender Bedeutung wurde das Thomasverfahren vor allem für die Stahlindustrien an Rhein und Ruhr sowie in dem Dreieck Lothringen, Luxemburg und Saarland. Da Lothringen 1871 von Deutschland annektiert worden war und Luxemburg bis zum Ersten Weltkrieg zum deutschen Zollverein gehörte, fand die Thomasstahlproduktion ganz überwiegend im westdeutschen Wirtschaftsraum statt und prägte die Stahlindustrie des Kaiserreichs [15].

Andere große Stahlländer, allen voran die USA und Großbritannien, zeigten sich am Thomasverfahren nicht sehr interessiert. Dies hatte seine Gründe zum einen im Fehlen besonders geeigneter Erze: Das Roheisen für den Thomasprozeß im Konverter mußte einen bestimmten Mindestgehalt an Phosphor haben, der bei den meisten ausländischen Erzvorkommen nicht erreicht wurde. Der zweite, ebenso wichtige Grund war jedoch, daß der Thomasstahl nur von bescheidener Qualität war und für ihn der zweite Mangel des Bessemerstahls, die eingeschränkte Verwendungsfähigkeit, ebenso galt. Thomasstahl war zwar nicht so hart wie Bessemerstahl, er eignete sich vielmehr sehr gut für Draht und geschweißte Rohre, doch war er noch weniger für hohe Beanspruchungen, beispielsweise im Schiff- und Brückenbau, geeignet. Der Grund lag im Frischverfahren: Mit der Gebläseluft gelangte nicht nur der erwünschte Sauerstoff, sondern in viel größeren Mengen auch der nur scheinbar neutrale Stickstoff in das flüssige Eisen. Zwar ging der Stickstoff keine chemische Verbindung ein, doch löste er sich in winzigen Mengen im Stahl und machte ihn dadurch leicht spröde und das hieß: bruchanfällig [16]. Dies galt aufgrund des etwas andersartigen Frischprozesses für den Thomasstahl in noch höherem Maße als für den Bessemerstahl. Mit steigenden Qualitätsansprüchen der stahlverarbeitenden Industrien erwies sich die Stickstoffversprödung des Konverterstahls als ein immer größeres Absatzhindernis.

Dies wurde besonders fühlbar, da es ebenfalls seit den sechziger Jahren des 19. Jahrhunderts ein alternatives Frischverfahren ohne diesen Mangel gab, bei dem der Stahl wie im Konverter flüssig entstand und, was entscheidend ist, nur wenig teurer war. Auch dieses Verfahren kam ursprünglich nicht aus der Stahlindustrie, sondern von einem Außenseiter. Friedrich Siemens (1826–1904), der Bruder des für seine Telegrafenfabrik schon berühmten Werner Siemens (1816–1892), hatte eine Regenerativfeuerung für Glasschmelzöfen entwickelt, bei der ebenfalls sehr hohe Temperaturen erreicht werden mußten. Bei

dieser Technik werden Luft und Gas zunächst in je einem Wärmetau-
scher erhitzt, ehe sie sich über dem Herd entzünden. Sodann werden
die heißen Feuerungsgase nicht direkt in den Kamin, sondern zunächst
über ein zweites Paar von Wärmetauschern geleitet, die sie ihrerseits
erhitzen. Nach einiger Zeit wird die Strömungsrichtung der Gase
umgeschaltet, so daß nun das zweite heiße Wärmetauscherpaar Luft
und Gas erhitzt, während das erste, das mittlerweile abgekühlt war,
wieder aufgeheizt wird. Auf diese Weise schaukelt sich der Ofen durch
die „Regenerativfeuerung" allmählich zu immer höheren Temperaturen auf, die weit über denen lagen, die im Puddelofen erreicht wurden.
Einem weiteren der Siemens-Brüder, Wilhelm (1823–1883), war daher sogleich klar, daß diese Art der Feuerung nicht nur für Glas,
sondern auch für Eisen taugen könnte. Er unternahm darum in Frankreich, unterstützt von einem vierten Siemens-Bruder, Otto (1836–
1871), ausgiebige Schmelzversuche mit dem neuen Ofen; doch es blieb
einem französischen Eisenhüttenmann, Pierre Martin (1824–1915),
vorbehalten, einen funktionierenden Schmelzprozeß hierfür zu entwickeln, der seitdem nach den gemeinsamen Erfindern Siemens-Mar-

*Modell eines Siemens-Martin-
Ofens von 1869. Der Ofen hatte
ein Fassungsvermögen von 5 Tonnen. Das Modell im Deutschen
Museum wurde im Verhältnis
1:10 angefertigt.*

tinverfahren heißt[17]. Durch die hohen Temperaturen bleibt der Stahl im Siemens-Martinofen stets flüssig, so daß die mühsame Puddelarbeit auf dem Herd entbehrlich wurde und die Öfen schnell in „übermenschliche" Dimensionen wachsen konnten, ohne daß die Zahl der Arbeitskräfte mitwachsen mußte. Der Beschäftigungseffekt war ähnlich wie bei den Bessemerwerken.

Was Bessemer mit dem Einblasen von Luft erreicht hatte, schafften nur wenige Jahre später Siemens und Martin durch eine effizientere Feuerung: die endgültige Befreiung der Stahlerzeugung von den Fesseln der Handarbeit. Die Konverterverfahren waren mit Blasezeiten von rund 20 Minuten sehr schnell und billig, während der Siemens-Martinprozeß einige Stunden benötigte und wegen der Kosten der Gasfeuerung in der Regel etwas teurer war. Dafür litt der Siemens-Martinstahl nicht unter der gefürchteten Stickstoffversprödung und ließ sich gerade wegen des langsameren Prozesses mit sehr viel größerer Treffsicherheit in der gewünschten Qualität herstellen. Da die Siemens-Martinöfen im Unterschied zu den Konvertern außerdem hervorragende Schrottverwerter waren, dominierten sie seit dem späten 19. Jahrhundert bis in die 1960er Jahre weltweit in der Stahlerzeugung, während die Konverterverfahren auf mengenmäßig weniger wichtige Produktgruppen und einige Regionen mit besonders geeigneten Erzen, wie eben vor allem der Nordwesten des kontinentalen Europa, beschränkt waren. Dennoch blieb die Entwicklung der Konvertertechnologie das dynamischere Element in der künftigen Gestaltung der Stahlindustrie. Dies galt vor allem für die spektakuläre Verdichtung der Produktionsprozesse, die von der Stahlschienenproduktion ausgehend ein bisher ungekanntes Tempo des Materialdurchsatzes brachten.

„Schnellbetrieb" und Rationalisierung

Als auffälligste Folge des neuen Bessemerprozesses erschien den Eisenhüttenleuten zunächst, daß die vielen schweren Schmiedehämmer aus den Werken verschwanden und statt dessen nur noch gewalzt wurde, was sehr viel schneller ging. Beim Puddeln waren die Hämmer noch nötig, um die schwammartige Luppe zunächst einmal zu verdichten. Je gründlicher diese Schmiedearbeit war und je öfter sie im Zuge der Weiterverarbeitung wiederholt wurde, bei der aus kleinen Eisenstäben allmählich große Blöcke zum Walzen von Schienen zusammengeschweißt wurden, desto besser, sprich homogener, war das Endpro-

Blockwalzstraße der Firma Krupp aus dem Jahr 1913. Die große Kraftmaschine für den Antrieb der Walze ist links zu erkennen. Die gewünschte Form des Stahls wurde mit Walzen unterschiedlichen Profils und unterschiedlicher Stärke — die austauschbar waren — herausgearbeitet.

dukt. Beim flüssig entstehenden Bessemerstahl konnte dieses Ausschmieden wegfallen, denn er war von Anfang an sehr viel homogener als es Puddeleisen je werden konnte. Außerdem wurde der Block für eine Schiene problemlos in einem Zuge gegossen und mußte nicht aus vielen kleinen Stücken zusammengesetzt werden. Die Schmiedearbeit, die die Eisenindustrie seit ihren Anfängen kennzeichnete, verschwand aus den meisten Stahlwerken. Für die Massenprodukte war sie überflüssig geworden. Geschmiedet wurde jetzt nur noch, was eine besondere, durch Walzen nicht erzielbare Form erhalten sollte. Die vielen dampfbetriebenen Schmiedehämmer wurden durch ein einziges Walzgerüst ersetzt, in dem die kompakten Stahlblöcke für das Schienenwalzwerk in eine lange schlanke Form gebracht wurden. Auch dieses Blockwalzwerk kam aus Großbritannien, wo schon anfangs der 1870er Jahre eine Bedienungsmannschaft von zwei Männern und zwei Knaben damit 1000 t Stahl wöchentlich für die Schienenstraßen vorwalzen konnten [18]. Bessemers Verfahren hat also nicht nur den Engpaß der Handarbeit im eigentlichen Frischprozeß überwunden, sondern ebenso in der folgenden Stufe, dem Ausschmieden vor dem Walzen.

Es dauerte freilich ein Jahrzehnt, bis sich die Eisenindustriellen allmählich dazu durchringen konnten, das Ausschmieden von Bessemerstahl tatsächlich aufzugeben. Das neue Material verkaufte sich so gut wegen seiner hervorragenden Qualität und die war bislang immer Folge gründlicher Schmiedearbeit gewesen. Wie so oft bei vereinfachten neuen Produktionsverfahren fiel es den Industriellen und länger noch der Kundschaft schwer zu glauben, daß man mit weniger Aufwand zu einem besseren Resultat kommen kann. So hat Alfred Krupp (1812–1887), nachdem er als letzter in Deutschland 1874 das überflüssige Schmieden im Bessemerwerk abgeschafft hatte, seine Vertreter angewiesen, auf keinen Fall zu verraten, daß auch Kruppscher Qualitätsstahl nur noch gewalzt wird[19].

War diese Art der Beschleunigung des Materialdurchsatzes durch einfaches Weglassen entbehrlich gewordener Verfahrensschritte recht einfach zu bewerkstelligen gewesen, so zeigte der folgende Schritt die enorme Wirkung organisatorischer Optimierung der Betriebsabläufe. Dies macht deutlich, daß technische Innovationen alleine oft nur von begrenzter Wirkung sind, wenn nicht organisatorische Innovationen mit ihnen einhergehen. Über den wirtschaftlichen Erfolg eines neuen Verfahrens entscheidet letztlich die unternehmerische Fähigkeit, sein Potential voll auszuschöpfen. Im Falle der modernen Massenstahlindustrie kamen die entscheidenden Impulse hierzu aus den Vereinigten Staaten.

Durch geringfügige technische Änderungen der Anlagen und geradezu dramatische Umwälzungen der Produktionsorganisation steigerten die Amerikaner in den frühen 1870er Jahren die Produktivität ihrer Stahlwerke – in Tonnen pro Konverter gemessen – in wenigen Jahren auf ein Vielfaches. Die einzelnen Betriebsleiter setzten ihren Ehrgeiz daran, ohne Rücksicht auf vor- und nachgelagerte Stufen aus ihren kompakten „Bessemer-Shops" eine maximale Schichtleistung herauszuholen. Jetzt erst, fünfzehn Jahre nach Bessemers ersten erfolgreichen Versuchen, wurde das ökonomische Potential seiner Erfindung ausgelotet[20].

Der Ansatzpunkt der Amerikaner waren die langen Stillstandzeiten der Konverter zwischen den einzelnen Chargen, d.h. zwischen den einzelnen Prozeßzyklen. Obwohl eine Charge im Konverter nur etwa 20 Minuten dauerte, wurden mit einer Anlage, die zwei Konverter hatte, anfangs nicht mehr als sechs bis acht Chargen täglich gemacht;

eine Nachtschicht fand in der Regel gar nicht statt. Von den zwölf Stunden der Tagschicht stand also jeder der beiden Konverter im Durchschnitt nur 60–80 Minuten im Betrieb. Der Grund für dieses beschauliche Tempo war die hohe Reparaturanfälligkeit der Konverter oder genauer: der Konvertböden, durch die die Luft hineingepreßt wurde. Die von vielen dünnen Luftdüsen durchzogenen Böden hielten das nicht länger als sechs bis acht Chargen aus und mußten dann repariert werden. Der zweite Konverter der Anlage stand die ganze Zeit nur als Reserve bereit. Es wurden in den Bessemerwerken also immer nur ein paar Chargen hintereinander gemacht und dann stand die Anlage viele Stunden still.

Das Flicken der Konverterböden geschah von innen und nahm viele Stunden in Anspruch, zumal die Konverter erst abkühlen und hinterher wieder aufgeheizt werden mußten. In Europa hatte man darum nach widerstandsfähigeren feuerfesten Materialien für die Auskleidung der Konverter gesucht, um die Reparaturintervalle zu verlängern. Die Amerikaner hielten sich damit nicht lange auf. Zu groß war nach dem Ende des Bürgerkrieges der Bedarf der amerikanischen Eisenbahnen an Schienen, von denen bis zu einer Million Tonnen jährlich aus Europa eingeführt werden mußten. Der Bau zusätzlicher Bessemerwerke hätte Jahre gedauert; es ging deshalb darum, möglichst schnell den Ausstoß der vorhandenen Anlagen zu vergrößern, um von diesem riesigen einheimischen Bedarf selbst zu profitieren. Statt die Böden in den Konvertern zu reparieren, gestalteten die Amerikaner sie auswechselbar wie die Deckel von Einmachgläsern. Der zerstörte Boden wurde abgenommen und innerhalb weniger Minuten durch einen neuen ersetzt. Zur Abdichtung zwischen neuem Boden und Konverterwand gab man mit Wasser verrührtes feuerfestes Material in den Spalt, wo es wegen der großen Hitze sogleich trocknete und festbackte. Statt wie bisher zehn Stunden dauerte ein solcher Bodenwechsel keine zwanzig Minuten. Dies war die technische Lösung des Reparaturproblems; und nun galt es, mit den vorhandenen Bedienungsmannschaften statt zwei bis drei Stunden täglich, vierundzwanzig Stunden täglich die Konverter in Betrieb zu halten und Stahl zu produzieren.

Statt des umsichtigen Vorbereitens und Durchführens jeder einzelnen Charge, begann nun, was die Amerikaner „hard driving" und die Deutschen „Schnellbetrieb" nannten: das Einüben einer atemlosen Routine. Der betriebswirtschaftliche Erfolg zeigte sich meist schon nach wenigen Monaten, indem das Doppelte und Dreifache mit den gleichen Anlagen produziert wurde. Aus den sechs Chargen täglich zu

Beginn der siebziger Jahre, waren in den schnellsten amerikanischen Werken vier Jahre später bereits 48 und an Spitzentagen sogar 72 Chargen geworden. Da die Reparaturanfälligkeit ihren Schrecken verloren hatte, wurde nun auch der zweite Konverter ständig in Betrieb genommen und gegen Ende der achtziger Jahre wurde in Chicago im Dauerbetrieb mit zwei Konvertern 120 Chargen pro Tag gemacht. Damit erst waren die Betriebsleiter an der Grenze angekommen, die durch die Dauer des eigentlichen Frischprozesses gesetzt ist.

Um dieses hohe Produktionstempo durchzuhalten, ohne laufend Ausschuß zu produzieren, haben Anfangs der 1880er Jahre einzelne amerikanische Stahlwerke sogar von der Unternehmensseite aus(!) den Achtstundentag eingeführt: Der legendäre Betriebsleiter der Edgar Thomas Works, Captain William Jones (1839–1915) – eine der rüdesten Figuren in dieser ohnehin nicht zartbesaiteten Branche – ging 1881 damit voran und konnte schon nach wenigen Wochen feststellen: „Dies hat sich als ein großer Vorteil für beide Seiten, das Unternehmen und die Arbeiter, erwiesen; die letzteren verdienen jetzt in acht Stunden mehr als vorher in zwölf Stunden: die Männer können härter und gleichmäßiger über acht Stunden arbeiten und haben dann 16 Stunden Pause"[21]. Die konzentrierte, schnellere Arbeit wirkte sich nach Captain Jones nicht nachteilig auf die Qualität des Stahles aus. Es würde im Gegenteil mit der verkürzten Arbeitszeit und dem kontinuierlichen, ununterbrochenen Betrieb alles vorzüglich laufen. Es müsse auch alles vorzüglich laufen, weil sonst das Tempo gar nicht aufrecht erhalten werden könne.

Europäische Beobachter beschrieben den Betrieb in diesen Werken zwar mehr oder weniger als Tollhaus. An den Produkten hatten sie freilich nicht viel auszusetzen. Was sie faszinierte, war, daß die Amerikaner offensichtlich einen Weg gefunden hatten, um über die Beherrschung eines hohen Produktionstempos in der Massenproduktion letztlich auch zu einer konstanten Produktqualität zu kommen. Sie hatten bewiesen, daß schnell produzieren nicht unvereinbar war mit gut produzieren. Und so wurden auch in Europa die Stahlwerke immer schneller betrieben, um ebenso in den Genuß sinkender Produktionskosten zu kommen, denn große Neuinvestitionen waren für den Schnellbetrieb ja nicht notwendig. Die auswechselbaren Konverterböden und einige Verbesserungen der Transportanlagen, um den gestiegenen Materialfluß bewältigen zu können, schlugen nicht sehr zu Buche. Mit dem fast gleich gebliebenen Anlagekapital ließ sich nun erheblich mehr produzieren. Die Freude über diese einfache und billige Kapazitätsausweitung war freilich von kurzer Dauer, denn das

Ergebnis war nicht allgemeine Prosperität, sondern eine Konkurswelle und die schwerste Stahlkrise im 19. Jahrhundert [22].

Die gewünschte Folge des „Schnellbetriebes" war die Vermehrung der Produktion und die gleichzeitige Verbilligung des Stahls. Beides trat ein, allerdings ohne Rücksicht auf die Aufnahmefähigkeit der Märkte. Die Produktionskapazität der Anlagen wuchs viel schneller als der Bedarf. Da die Amerikaner ihren Stahlbedarf bis auf wenige Ausnahmen nun selbst decken konnten, fiel für die europäischen Werke der einst bedeutende Export nach Nordamerika weg. Die Märkte waren binnen weniger Jahre überschwemmt mit Stahl. Anfangs versuchten die einzelnen Werke, ihren Absatz durch starke Preisnachlässe zu stabilisieren – sie konnten ja jetzt nicht nur schneller sondern dadurch auch billiger produzieren. Da das jedoch alle taten, war man schnell wieder in der gleichen Sackgasse vereint. Der Teufelskreis entstand dadurch, daß die niedrigsten Produktionskosten nur bei voller Auslastung der Anlagen zu erreichen waren, dies aber gerade die Überschwemmung der Märkte und damit den Druck auf die Preise verstärkte.

In den 1870er Jahren erfuhr die Schwerindustrie erstmals in ganzer Schärfe das Dilemma, das ihr bis in die Gegenwart erhalten geblieben ist: Immer wieder führten Rationalisierungsanstrengungen und neue, bei Einzelbetrachtung wirtschaftlichere Verfahren zu einer ungewollten Kapazitätsausweitung, die die Aufnahmefähigkeit der Märkte überforderte und dadurch zu schweren Ertragskrisen führte. Dies gilt nicht nur für die hier exemplarisch beschriebene Entwicklung in den Konverterwerken, die am Anfang stand, sondern in ähnlicher Weise auch für die Hochöfen und Walzwerke, bei denen diese Probleme in der jüngeren Vergangenheit verschärft auftraten [23]. So hat in der deutschen Schwerindustrie, trotz gewaltiger Zunahme der produzierten Mengen, die Zahl der Hochöfen, Konverter oder Walzwerke in den letzten 120 Jahren nicht zu- sondern dramatisch abgenommen. Das gleiche gilt für die Zahl der Unternehmen. Die starke Verdichtung der Produktionsprozesse im Stahlwerk führte in der Branche immer wieder zu einem erheblichen Konzentrationsdruck und letztlich zur Stillegung überflüssig gewordener Kapazitäten.

Kartellierung und Schutzzölle

Es ist leicht einzusehen, daß nur die wenigen Konzentrationsgewinner auf Dauer diesen Prozeß begrüßten, während die schwächeren Unternehmen aus dem Markt ausscheiden mußten und ihre Arbeitsplätze verloren gingen. Das forderte aber kollektive Abwehrmaßnahmen der betroffenen Unternehmen und politische Interventionen zugunsten des Erhaltes der Arbeitsplätze heraus. Beides hat denn auch die großen Rationalisierungsschübe in der Stahlindustrie begleitet und dazu beigetragen, daß sie im Laufe der Jahrzehnte zu einer politisch sensiblen Branche wurde, deren Struktur immer stärker von politischen als von betriebswirtschaftlichen Überlegungen bestimmt wurde.

In Deutschland nahm diese Entwicklung, unmittelbar veranlaßt durch die beschriebenen Kapazitätseffekte des „Schnellbetriebes", ihren Anfang. Nach der Beschleunigung des Konvertierbetriebes genügte im damals neugegründeten Kaiserreich die Produktionskapzität von zwei der insgesamt mehr als ein Dutzend Bessemerwerke, um den einheimischen Bedarf zu decken. Für die Branche bedeutete dies, daß entweder alle anderen Werke „einpacken" konnten, wie sich die Direktoren des zweitgrößten Unternehmens ausdrückten[24], oder daß an die Stelle der freien Konkurrenz eine Absprache über die Aufteilung des Marktes trat. Letzteres war der Fall und blieb der Stahlindustrie bis auf wenige Unterbrechungen bis heute erhalten.

Die technische Dynamik der Innovationen und Rationalisierungsschübe überforderte immer wieder die marktwirtschaftliche Anpassungsfähigkeit der Branche und ließ sie zu einer Bastion von Kartellen, Trusts und einer protektionistischen Wirtschaftspolitik werden. Kartellierung und Schutzzölle oder andere Handelshindernisse gegenüber billigen Importen gingen dabei stets Hand in Hand, denn die Drohung, bei freier Konkurrenz bald „einpacken" zu müssen, galt in internationalem Rahmen genauso. Eine eigene Stahlindustrie als Grundlage industrieller und militärischer Autonomie war und ist in den meisten Staaten nur noch durch rigorose Schutzmaßnahmen zu erhalten. Die steigende Leistungsfähigkeit des Massengütertransportes in der Binnen- und Seeschiffahrt verstärkte diesen Druck noch, da sie ehedem isolierte Märkte unmittelbar der Konkurrenz der größten Unternehmen aus Deutschland, England und den USA aussetzte. Seit dem letzten Drittel des 19. Jahrhunderts gab es für Stahl nur noch einen Weltmarkt, auf dem Regierungen und Industrieverbände seitdem ständig mit der Pflege künstlicher Handelshindernisse und den Verhandlungen über deren Höhe beschäftigt sind. Diese Handelshindernisse mußten nicht immer die einfache Form von Zöllen haben; oft waren es nur harmlos erscheinende „technische Bestimmungen" oder die in neuester Zeit von Japan eingegangenen „freiwilligen Exportbeschränkungen"[25]. Auch das lange Zeit offiziell freihändlerische England hat stets Wege gewußt, um sich unliebsame Stahlimporte aus dem Lande oder aus dem Empire herauszuhalten.

Diese Bindung der Produktion in Marktabsprachen, die in der modernen Massenstahlindustrie Deutschlands bei Schienenstahl begann, bald aber auch Roheisen und Walzprodukte umfaßte, hatte natürlich Auswirkungen auf die Struktur der Unternehmen und auch auf den technischen Aufbau der Werke. Da der Absatz in Preisen, Umfang und Zusammensetzung immer stärker reglementiert wurde, die Spielräume für eine Ertragsverbesserung durch geschicktes Operieren am Markt also immer stärker schrumpften, konzentrierten sich die unternehmerischen Energien nun einerseits auf die Suche nach Schlupflöchern in noch offene Marktsegmente, andererseits auf die Minimierung der Produktionskosten für einen von den Kartellquoten vorgegebenen Absatz. Die Aufgabenstellung für die Hütteningenieure hatte sich also in gewisser Weise umgekehrt: Es ging nicht mehr darum, die Kosten für ein einzelnes Produktionsverfahren zu optimieren, wobei die produzierte Menge eine resultierende Größe war, für deren Absatz die Verkaufsabteilung zu sorgen hatte; sondern nun ging es darum, bei vorgegebenen Absatzpreisen und Absatzmengen die Gesamtkosten des Unternehmens für die ganze Produktionspalette zu minimieren. Einzelne Produktionsprozesse wurden jetzt nicht mehr isoliert betrachtet, sondern in ihrer Beziehung zu allen vor-, nach- und nebengelagerten Prozessen im gleichen Unternehmen gesehen und kalkuliert.

Vertikale Integration und Verbundwirtschaft

Dies führte zur Herausbildung der sogenannten Verbundwirtschaft in vertikal integrierten Unternehmen, die in Deutschland in der Zeit von der Jahrhundertwende bis zum Zweiten Weltkrieg am weitesten getrieben wurde. Aber schon die vertikale Integration, also das Zusammenfassen aufeinander folgender Produktionsschritte in einem Unternehmen, als Voraussetzung der Verbundwirtschaft war häufig eine unmittelbare Folge der Kartellierung und der Zölle. Als Roheisen 1879 wieder mit einem Zoll belegt wurde und es bald darauf zu Preisabsprachen der Hochofenwerke kam, wurde es für bislang reine Stahlwerke, wie zum Beispiel Hoesch in Dortmund, die ihr Roheisen gekauft hatten, lohnend und langfristig fürs wirtschaftliche Überleben sogar notwendig, sich eigene Hochöfen zuzulegen, um für das Roheisen die niedrigeren Produktionskosten statt der künstlich hochgehaltenen Marktpreise zu zahlen. Als dann auch noch ein Kohlesyndikat gebildet wurde und viele Hüttenwerke bereits die besten Vorkommen an Hüttenkohle aufgekauft hatten, sah sich Hoesch, um bei unserem Beispiel zu bleiben, nun auch gezwungen, Bergwerke zu erwerben[26].

Auf diese Art wuchsen ehemals spezialisierte Stahlhersteller oder Hochofenwerke zu schwerindustriellen Konglomeraten. Dabei gab es auf der einen Seite zögernde Unternehmer wie Hoesch, der möglichst lange versuchte, sich über den schrumpfenden Markt zu versorgen, und auf der anderen Seite solche wie Alfred Krupp, der besonders gute Rohstoffvorkommen erklärtermaßen gekauft hatte, um sie der Konkurrenz zu entziehen. Zwischen diesen beiden Polen fand sich das Gros der Werke, die die Folgen der von ihnen selbst auf den einzelnen Stufen vorangetriebenen Kartellierung antizipierten und sich durch Zukauf vor- und nachgelagerter Produktionszweige gegen die fortschreitende Verschlechterung der Marktversorgung zu immunisieren suchten. Verbands- und Kartelljuristen trafen bald ebenso weitreichende Entscheidungen über die Zusammensetzung der Unternehmen wie Berg- und Hüttenleute. So wurden nach der Jahrhundertwende in einzelnen Fällen sogar neue Betriebe hinzugekauft, nur um die eigene Kartellquote zu erhöhen. Was dort produziert werden konnte und ob überhaupt produziert werden sollte, spielte bei diesen Entscheidungen keine Rolle[27].

Die vertikale Integration der Stahlindustrie hatte also zunächst einmal keine technischen sondern kaufmännische und juristische Gründe. Wir finden sie darum auch in jenen Ländern am weitesten verbreitet, in denen die Kohle- und Stahlmärkte am stärksten reglementiert waren – an erster Stelle in Deutschland. Waren die aufeinander folgenden Produktionsstufen jedoch einmal in einem Unternehmen zusammengefaßt, so stellte das eine besondere Herausforderung für die Hüttenleute dar. Es trat nun die schon beschriebene Überlegung in den Mittelpunkt, dieses aus kaufmännischen Überlegungen entstandene Konglomerat als ein organisches Ganzes zu betrachten und durch technische Verkopplung der einzelnen Stufen die Kostensenkungen zu erreichen, die durch die Quotierung der Produktionsmengen auf dem bislang üblichen Weg der Produktionsausweitung nicht mehr zu erzielen waren.

Der Grundgedanke der Verbundwirtschaft war, die im Hochofen erzeugte Wärme und die dort entstehenden brennbaren Gase möglichst vollständig im Herstellungsprozeß auszunutzen, um dadurch den Energieverbrauch zu minimieren. Dreh- und Angelpunkt dieser betrieblichen Strategie ist also der Hochofen, in dem die Rohstoffe Koks, Erz, Kalk und Luft auf über 1600 °C erhitzt werden, um Roheisen zu erzeugen. Dabei entsteht neben dem flüssigen Roheisen das Gichtgas, ein heißes brennbares Schwachgas.

In der Verbundwirtschaft werden nun sowohl der Brennwert des Gichtgases wie auch die Hitze von Gas und Roheisen im Verarbeitungsprozeß weitergenutzt. Das Roheisen wird flüssig in die Stahlkonverter oder Siemens-Martin-Öfen überführt – und nicht erneut dafür eingeschmolzen. Den flüssigen Stahl läßt man nur gerade so weit erkalten, daß die noch rotglühenden Blöcke gewalzt werden können. Im Idealfalle genügt die einmal im Hochofen erzeugte Prozeßwärme für den gesamten Verarbeitungsprozeß bis zum fertigen Walzprodukt. Man nannte das dann „Walzen in einer Hitze".

Das sehr staubhaltige Gichtgas wird zunächst gereinigt und dann zu vielfältigen Heizzwecken verbrannt. Ein Gutteil davon wurde schon seit dem zweiten Drittel des 19. Jahrhundert gleich in den Winderhitzern verbraucht, in denen die Gebläseluft auf Temperaturen von anfangs 500 °C und heute über 1600 °C erhitzt wird, wodurch der Koksverbrauch zur Roheisenerzeugung erheblich zurückgeht. Da die Winderhitzer nur etwa 20% des Gichtgases verbrauchten, wurde der Rest zur Feuerung der verschiedensten Öfen und zur Dampferzeugung oder letztlich auch Stromerzeugung genutzt. Der Hochofen lieferte also einen wesentlichen Anteil der in der Weiterverarbeitung benötigten Energie. Dadurch entstand eine starre technische Kopplung vom Hochofen, in einigen Fällen sogar bereits von den Koksöfen, wenn diese mit Gichtgas beheizt wurden, bis zu den Walzwerken[28].

Auch die Schlacke aus dem Hochofen, lange Zeit nur ein lästiges Abfallprodukt, das sich auf immer größer werdenden Halden ansammelte, wird seit vielen Jahrzehnten bereits in unmittelbarer Nähe der Hochofenwerke zu Steinen, Sand und Zement weiterverarbeitet. Sehr viel begehrter noch war die in den Thomaskonvertern entstandene Schlacke, die einen Anteil von 15% bis 18% Phosphorsäure aufwies und damit ein begehrter Dünger in der Landwirtschaft war. Die „Schlackengutschrift" hat bereits seit den 1890er Jahren wesentlich zur Rentabilität des Thomasverfahrens beigetragen, denn der Stahl wurde ja um diese Gutschrift billiger. Am Vorabend des Ersten Weltkrieges erzeugte die deutsche Stahlindustrie bereits über zwei Millionen Tonnen Thomasmehl und war damit zu einem der größten Düngemittelproduzenten der Welt geworden[29]. Dennoch besteht ein wesentlicher Unterschied zwischen der Gas- und Wärmewirtschaft, die eine technische Verklammerung der aufeinander folgenden Prozeßschritte in der Schwerindustrie begründete, und der Schlackenverwertung, die als weitgehend selbständiger Betrieb aus diesem Netz herausführt.

Zwang zur Größe

Die Umsetzung dieser Rationalisierungsstrategie setzt, neben gehörigen organisatorischen Fähigkeiten, freilich voraus, daß die einzelnen Werksabteilungen (Hochöfen, Konverter, Siemens-Martin-Öfen, Walzwerke) aufeinander abgestimmte Mengen produzieren und verarbeiten. Für jede dieser Abteilungen gelten jedoch wieder eigene, individuelle ‚economies of scale‘, so daß sich die Dimension eines vertikal integrierten Stahlwerks als das kleinste gemeinsame Vielfache der je optimalen Komponenten in den einzelnen Verarbeitungsstufen ergibt. Das „Walzen in einer Hitze" mit nur zu 50% ausgelasteten Anlagen macht schließlich keinen Sinn. Daß es eine solches ideales Werk nicht gegeben hat, versteht sich bei den vielen Variablen von selbst; dennoch versuchten die Unternehmen, diesem Ideal möglichst nahe zu kommen und orientierten ihre Erweiterungsinvestitionen daran.

Hierbei ist wieder der Hochofen die entscheidende Größe, da er von der physischen Produktion her bis zum Zweiten Weltkrieg das größte Aggregat in der Schwerindustrie war. Ein einzelner Hochofen hatte jedoch nur wenig Sinn, da Reparaturen und Wartung – obwohl selten – Wochen und Monate in Anspruch nehmen konnten. Zwei Hochöfen galten darum als Minimum, drei als sehr gut und vier (drei in Betrieb und einer in Reparatur bzw. Reserve) als beste Lösung, die durch weitere Hochöfen nicht mehr wesentlich übertroffen werden konnte [30]. Die Jahresproduktion einer jener modernen Minimalkonfiguration (2 Öfen) lag 1920 bei 300 000 t, 1930 bei 500 000 t und 1950 bei 1 Million t. Das optimale Hochofenwerk mit vier Öfen (drei in Betrieb) hätte mit deutlich besserer Konstanz entsprechend 500 000 t, 800 000 t und 1,5 Millionen t geliefert.

In diesen Zahlen spiegelt sich das am Beispiel der Stahlproduktion bereits ausführlicher angesprochene Dilemma der von Generation zu Generation stets wachsenden Produktionskapazität der wichtigsten Aggregate in der Schwerindustrie wider. Wenngleich wegen der Folgen zweier Kriege und großer Grenzverschiebungen ein direkter Vergleich der Produktionsziffern von 1920 (6,4 Millionen t Deutsches Reich) und 1950 (9,4 Millionen t BRD) wenig Sinn hat, kann auch unter der Annahme sehr günstiger Bedingungen ein Bedarfszuwachs auf das Dreifache in dieser Zeit ausgeschlossen werden. Weltweit hat sich die Roheisenproduktion in diesen Jahren etwa verdoppelt, wobei jedoch zu berücksichtigen ist, daß viele neue Standorte hinzugekommen und andere stark ausgebaut worden sind. Das Ergebnis der ständigen Verbesserungen der Hochöfen, auf die hier im einzelnen nicht eingegangen werden kann, war jedenfalls, daß ein Hüttenwerk nach dem Zweiten Weltkrieg, um mit wettbewerbsfähigen Kosten zu produzieren, möglichst nicht weniger als 1 Million Tonnen Jahreskapazität – und dann natürlich auch Absatz – haben sollte.

Auf der Stahlseite waren die Werke zwar etwas flexibler, obwohl die Leistungsfähigkeit einer modernen Vier-Konverter-Anlage 1950 mit etwa 600 000 Jahrestonnen auch nicht sehr weit darunter lag, zumal zur Schrottverwertung nach Möglichkeit noch ein Siemens-Martinwerk angeschlossen sein sollte. Wollte das Unternehmen aber für den damals aussichtsreichsten Markt, die im Aufbau befindliche Automobilindustrie, produzieren, so ergaben sich zusätzliche Zwänge zur Größe durch das dazu erforderliche Breitband-Walzwerk. Breitband sind beispielsweise die dünnen Bleche, die in der Automobilindustrie zur Karosserieherstellung verwandt werden. Um dieses Blech wirtschaftlich in großen Mengen fertigen zu können, waren schon in den Zwanziger Jahren in den USA kontinuierliche Walzwerke mit mehreren hintereinander stehenden und gekoppelten Walzgerüsten entwickelt worden, auf denen das Breitband in langen Bahnen kontinuierlich hergestellt und am Ende der Walzstraße auf sogenannte „coils" aufgewickelt wurde. In Deutschland wurde die erste dieser Breitbandstraßen 1937 in Dinslaken bei den Vereinigten Stahlwerken aufgestellt [31]. Mit der Perfektionierung des technisch sehr anspruchsvollen kontinuierlichen Walzens stieg die Leistungsfähigkeit dieser Anlagen bis in die frühen 1950er Jahre auch auf die magische Zahl von 1 Million Jahrestonnen, die nun von beiden Enden des Produktionsablaufs, Hochofen und Walzwerk die Dimensionen eines modernen und konkurrenzfähigen Stahlwerkes vorgab. Erinnern wir uns an das oben beschriebene kombinierte Hochofen-, Puddel- und Walzwerk aus den frühen Jahren des deutschen Eisenbahnbaus um 1850, so hat sich in einem Jahrhundert die Produktionskapazität eines erfolgversprechenden kombinierten Hüttenwerkes verhundertfacht; und erstmals war auch wieder das Walzwerk zu einer bestimmenden Größe geworden.

Dieser ökonomische Zwang zur Größe bei den verschiedenen Komponenten eines integrierten Hüttenwerkes vertrug sich nun allerdings nicht sehr gut mit dem Wunsch der Unternehmen, durch eine möglichst breite Produktpalette den Absatz zu verstetigen, um nicht so sehr starken Nachfrageschwankungen oder auch Verschiebungen der Kartellquoten bei einzelnen Produkten ausgesetzt zu sein.

Wie die amerikanischen Bessemerwerke demonstriert hatten, ließen sich die niedrigsten Produktionskosten mit der Optimierung der gesamten Anlage und der Produktionsorganisation auf ein einziges Produkt – in diesem Falle Schienen – erreichen. Sobald der amerikanische Eisenbahnbau jedoch um die Jahrhundertwende zum Erliegen kam, wurde dieser betrieblichen Strategie die Grundlage entzogen. Die ehemaligen reinen Schienenhersteller versuchten nun, ihre Kapazitäten durch die Produktion von schweren Stahlprofilen für den Brücken- und Hochhausbau in ähnlicher Weise auszulasten und betrieben in dieser Richtung eine heftige Propaganda. Wenngleich diese Propaganda, wie die amerikanischen Innenstädte seitdem zeigen, auf einen fruchtbaren Boden fiel, so verbrauchte der Bau von Hochhäusern doch nie solche Stahlmassen wie die Eisenbahnen in ihrer Aufbauphase. Die ehemals spezialisierten Stahlwerke mußten also ihre Produktionspalette gehörig ausweiten und dabei meist mit weniger guten Losgrößen arbeiten. Von einer Vollauslastung der Kapazitäten konnte bei diesem wechselhaften Betrieb keine Rede mehr sein und das Produktionstempo der Schienenwerke aus den neunziger Jahren wurde in der amerikanischen Stahlindustrie nie mehr dauerhaft erreicht[32].

Dennoch blieb es natürlich das Bestreben der Hüttenleute, ihre Werke voll auszulasten und für neue Produkte nur Anlagen in optimaler Größe zu bauen. Vereinbar waren beide Strategien: Risikostreuung mit Hilfe einer möglichst breiten Produktpalette und niedrigste Kosten dank Vollauslastung immer leistungsfähiger werdender Anlagen, schließlich nur noch durch den Zusammenschluß mehrerer Werke, die dann ihrerseits spezialisierte Einheiten eines Riesenunternehmens darstellten. Erstes Beispiel und lange Zeit Modell war die „United States Steel Corporation" (USS), die am 1. April 1901 aus zehn, zum Teil schon spezialisierten Stahlunternehmen gebildet wurde. Mit einer Jahreskapazität von 11 Millionen Tonnen Stahl hätte sie in ihrem Gründungsjahr 80% des amerikanischen Bedarfs decken oder die Gesamtproduktion von Deutschland, Großbritannien und Frankreich leisten können[33].

In Deutschland wurde 1926 nach dem Vorbild der USS unter dem wachsenden Druck internationaler Konkurrenz ein ähnlicher Trust, die „Vereinigten Stahlwerke" (VS), gebildet. Die Vereinigten Stahlwerke umfaßten etwa die Hälfte der damaligen deutschen Stahlkapazitäten und strebten durch Spezialisierung der beteiligten Werke ebenfalls die niedrigst möglichen Produktionskosten bei gleichzeitig breiter Risikostreuung an. Die Bildung der Vereinigten Stahlwerke war letztlich das Eingeständnis, daß die vertikal integrierten Unternehmen der deutschen Stahlindustrie, deren einzelne Produktionsstufen durch Kartellabkommen geschützt aber auch begrenzt wurden, dem schärfer gewordenen internationalen Wettbewerb nicht mehr gewachsen waren. Und so war denn auch eine der ersten Handlungen des Vorstandes die Stillegung einer großen Zahl zu kleiner Anlagen und die Konzentration der Produktion auf die leistungsfähigsten Werke im Konzern, die nun besser ausgelastet wurden und damit deutlich billiger produzieren konnten[34].

Allerdings förderte der Zusammenschluß vieler Werke und die privatwirtschaftliche Planung der Produktion nicht durchgängig ein kostenorientiertes Denken. Da Sanktionen über den Markt bei solchen Machtzusammenballungen nur noch sehr abgemildert wirksam wurden, stärkten sie in den Unternehmen das technokratische Denken, das schon beim Aufbau der Verbundwirtschaft in den Vordergrund getreten war. Die „Rationalisierung" der Materialflüsse und Produktionsverfahren führte bei Übereinstimmung der geplanten und der letztlich abgenommenen Mengen zwar zu den erwarteten Kostensenkungen, machte die eng miteinander verkoppelten Werke jedoch anfälliger für Produktionsschwankungen, die bei starken Marktfluktuationen nicht mehr abgefangen werden konnten. Diese besondere Anfälligkeit straff durchgeplanter Produktionsabläufe, in denen aus Gründen der Kostenersparnis kaum noch Zeit- oder Materialpuffer existieren, zeigte sich im Falle der Vereinigten Stahlwerke mit besonderer Deutlichkeit in der Weltwirtschaftskrise, als der stellvertretende Vorstandsvorsitzende Helmuth Poensgen die mangelnde Flexibilität seines Unternehmens lebhaft beklagte: „Wir sind mit der Wissenschaft gefüttert worden und überfüttert mit wissenschaftlichem Rohmaterial, mit wissenschaftlicher Buchführung und wissenschaftlicher Kostenrechnung und wissenschaftliche Anlagen und diesem und jenem. Und wo hat sie uns hingeführt die Wissenschaft? Jetzt können wir unsere Werke nicht mehr im Verbund beschäftigen, weil wir keine Aufträge haben, nun müssen wir 14 Tage lang stillegen und 14 Tage wieder anlassen. Dahin hat uns die Wissenschaft geführt"[35].

Die gute Stahlkonjunktur der dreißiger Jahre, die vor allem auf die Kriegsvorbereitungen der nationalsozialistischen Regierung zurückzuführen ist, ließ diese Probleme wieder in den Hintergrund treten, wenngleich innerhalb der Vereinigten Stahlwerke Pläne für eine Zergliederung des Riesenkonzerns entwickelt wurden, um flexiblere Einheiten zu schaffen, die selbständig und reaktionsschnell am Markt operieren konnten. Zur Bildung dieser neuen Einheiten bzw. Restitution ehemals selbständiger Unternehmen kam es dann allerdings erst unter völlig veränderten Vorzeichen im Rahmen der Neuordnung der westdeutschen Stahlindustrie nach dem Zweiten Weltkrieg.

Neuordnung nach dem Zweiten Weltkrieg

Bei dieser Neuordnung spielte die oben genannte optimale Dimension eines gemischten Hüttenwerkes von wenigstens einer Million Tonnen Jahresproduktion auf dem technischen Stand von 1950 eine wichtige Rolle, auch wenn dafür nicht immer modernste Anlagen zur Verfügung standen, deren Auslastung diese Produktionsmenge verlangt hätte. Doch da die neugebildeten Unternehmen der deutschen Stahlindustrie nach amerikanischer Überzeugung international wettbewerbsfähig sein sollten, ergaben sich nahezu zwangsläufig Unternehmen dieser Größenklasse, abgesehen von einigen spezialisierten Werken, die mit ihren stark eingeschränkten Produktionsprogrammen auch bei einem niedrigeren Ausstoß wirtschaftlich sein konnten [36].

Während es im Zuge der Neuordnung um die Stahlkapazitäten vergleichsweise wenig Auseinandersetzungen gab, wurde das Verlangen der deutschen Unternehmen nach einer Wiederherstellung der vertikalen Integration bis in die Kohle zu einem heftigen Streitpunkt. Nach mehreren Jahrzehnten Kartellwirtschaft fehlte den deutschen Unternehmen offensichtlich das Vertrauen, daß der Koksbezug und der Gasaustausch zwischen Hochofenwerken und Kokereien auch über den Markt zufriedenstellend geregelt werden könne. Die Franzosen, deren Stahlindustrie mangels genügender einheimischer Kokskohlenvorkommen auf den Bezug aus dem Ruhrgebiet angewiesen waren, fürchteten hingegen aus der gleichen Erfahrung vom Bezug billigen Kokses in guter Qualität abgeschnitten zu werden und bestanden auf unabhängigen Bergwerken im Ruhrgebiet, die an jedermann zu gleichen Bedingungen verkauften [37].

Mit der Vereinigung der deutschen, französischen, belgischen, niederländischen, italienischen und luxemburgischen Stahlindustrie unter dem gemeinsamen Dach der Montanunion, einer supranationalen Behörde, die Neuinvestitionen und Marktordnung überwachte, wurden diese Streitpunkte entschärft. Sehr erleichtert wurde die Arbeit der Montanunion allerdings durch das Einsetzen der stabilsten und dauerhaftesten Stahlkonjunktur seit Beginn der Massenstahlproduktion im 19. Jahrhundert. Die hohen Wachstumsraten der westdeutschen wie

auch insgesamt der westeuropäischen Volkswirtschaften schufen einen
noch nie dagewesenen Stahlhunger, der vor allem von neuen stählernen Massenprodukten wie dem privaten Automobil ausgelöst wurde.
Neben dem Wiederaufbau der zerstörten Infrastruktur holte West-
deutschland im Stahlverbrauch in den fünfziger Jahren vieles nach,
was ihm Amerika schon seit den zwanziger Jahren vorgemacht hatte.
Die Hüttenwerke an Rhein und Ruhr wurden beständig ausgebaut,
während die einst so heiß umkämpfte Ruhrkohle durch den Import
billiger amerikanischer Kohle seit den späten 1950er Jahren ihre Attraktivität verlor und von einem Unterpfand deutscher industrieller
Stärke bald zu einer großen Problembranche wurde, aus der sich die
Stahlunternehmen wieder zurückzogen. [VIII-2.1]

Moderne Stahlindustrie

Neben der erfreulichen Konjunktur bahnte sich in den fünfziger Jahren auch endlich ein Durchbruch bei den im Konverter erzielbaren
Stahlqualitäten an. Für die deutsche Stahlindustrie, mit ihrem im internationalen Vergleich immer noch überproportional hohen Anteil

an Thomasstahl, kam dieser technischen Entwicklung eine besondere Bedeutung zu. Seit dem späten 19. Jahrhundert hatten die Stahlwerke, die mit dem Thomasverfahren arbeiteten, nichts unversucht gelassen, um die Qualität ihres Stahls derjenigen des Siemens-Martinstahls anzugleichen, ohne dabei die Kostenvorteile des Windfrischens zu verlieren. Zwar konnte man beide Prozesse kombinieren, indem der Stahl zunächst im Konverter „vorgefrischt" und danach im Siemens-Martinofen in der gewünschten Qualität fertiggestellt wurde; allerdings gingen damit die Kostenvorteile des Windfrischens zum großen Teil wieder verloren. In der Röhrenherstellung war dies gleichwohl ein gängiges Verfahren[38]. Doch letztlich scheiterten alle Versuche, endlich die „Siemens-Martin-Gleichheit" zu erreichen, an dem leidigen Stickstoffproblem. Wie dem beizukommen war, wußten die Eisenhüttenleute schon seit langem: Man mußte einfach statt der gewöhnlichen Luft reinen Sauerstoff in die Konverter blasen; diesen Vorschlag hatte schon Henry Bessemer gemacht. Doch reiner Sauerstoff war so teuer, daß noch für Jahrzehnte nicht daran zu denken war. Die ökonomischen Voraussetzungen für die Verwirklichung dieser Lösung der Qualitätsprobleme des Konverterstahls mußten zunächst von der industriellen Kältetechnik geschaffen werden.

Als dies in den späten 1940er Jahren endlich eingetreten war, zögerten die Stahlwerke keinen Moment. Zunächst wurde die Gebläseluft der Thomaskonverter nur mit Sauerstoff angereichert, wodurch der Stahl schon deutlich weniger Stickstoff aufnahm. Dieser erste Schritt genügte bereits, um Thomasstahl jetzt auch für die Herstellung von tiefgezogenen Karosserieblechen in der Automobilindustrie zu verwenden. Damit war die bis dahin verschlossene Tür zu einem der wichtigsten Stahlverbraucher dank billigem Sauerstoff endlich aufgestoßen.

Die Anreicherung der Gebläseluft blieb jedoch nur ein Übergangsstadium. Nach erfolgreichen Versuchen im Jahr 1949 wurde im November 1952 in Linz das erste Stahlwerk mit einem Sauerstoff-Blaskonverter bei der Vereinigten Österreichischen Eisen- und Stahlwerke AG in Betrieb genommen[39]. Nach den beiden Versuchsorten Linz und Donawitz heißt es seitdem LD-Verfahren und ist heute das mit Abstand wirtschaftlichste und leistungsfähigste Stahlerzeugungsverfahren. Im Unterschied zu den „bodenblasenden" Thomas- und Bessemerkonvertern wird der Sauerstoff beim LD-Konverter von oben auf das flüssige Metall aufgeblasen. Die Qualität des Stahls aus den LD-Konvertern ist der des Siemens-Martinverfahrens sogar noch überlegen. Da durch das Aufblasen von technisch reinem Sauerstoff sehr viel höhere Temperaturen als in den bodenblasenden Konvertern zu erreichen sind, kann der LD-Konverter zudem auch größere Mengen Schrott mit einschmelzen, deren Verwertung zuvor die Domäne der Siemens-Martinwerke war. Mit dem LD-Verfahren hat damit erstmals seit über einhundert Jahren wieder eine Vereinheitlichung der Frischverfahren für die Masse der Stahlproduktion stattgefunden. Andere Verfahren spielen daneben in einer marktwirtschaftlich gesunden Stahlindustrie nur noch eine untergeordnete Rolle. Lediglich für einige Sonderstähle, vor allem aber das reine Einschmelzen von Schrott, werden Elektroöfen eingesetzt.

Mit der neuen Konvertertechnologie des LD-Verfahrens kehrten allerdings die alten Kapazitätsprobleme aus der Anfangszeit des Bessemerverfahrens zurück. Auch beim LD-Verfahren explodierte die Produktionskapazität der Anlagen förmlich innerhalb von 25 Jahren. Im Unterschied zum Bessemerverfahren, bei dem dies vor allem mit dem aus Amerika kommenden „Schnellbetrieb" erreicht wurde, vervielfachte sich die Kapazität der LD-Werke durch die Verzehnfachung des Konverterinhalts von den späten fünfziger bis in die frühen achtziger Jahre. Die erste Konvertergeneration hatte noch 30–50 t Fassungsvermögen und entsprach damit den letzten Thomaskonvertern. Die zweite Konvertergeneration in den sechziger Jahren hatte bereits 100–200 t und in den frühen achtziger Jahren war man dann bereits bei 400 t und mehr angekommen. Die Jahreskapazität eines solchen Konverters beträgt etwa 3 Millionen Tonnen, wobei zu bedenken ist, daß wie bei den Bessemer- und Thomaswerken zur Senkung der Durchschnittskosten und zur Steigerung der Betriebssicherheit zumindest ein zweiter Konverter erforderlich ist[40].

Die Dimension eines integrierten Hüttenwerks mit Hochöfen, Konvertern und Walzwerken mußte vor allem wegen dieser enormen Kapazitätssprünge bei der Konvertertechnologie entsprechend mitwachsen, um die Kostenvorteile auf allen Ebenen nutzen zu können. Hatten Fortschritte bei den Hochöfen und Walzwerken die ökonomisch sinnvolle Mindestkapazität im Laufe der 1950er Jahre von einer auf zwei Millionen Tonnen ansteigen lassen, so waren es durch das LD-Verfahren zehn Jahre später bereits etwa acht Millionen Tonnen, ein Wert, der sich bis zum Ende der achtziger Jahre noch einmal verdoppelte[41].

Die Hochofentechnologie und die Weiterverarbeitung des Stahls machten in dieser Zeit ebenfalls rasche Fortschritte. Bei Neubauten wurden die Hochöfen gerade in diesen Jahren in ganz neuen Dimensionen errichtet. Die Tagesleistung modernster Hochöfen verdoppelte sich von 5 000 t auf 10 000 t [42], wenngleich dieser Sprung nicht ganz problemlos bewältigt wurde. Eine revolutionäre Neuerung, die erhebliche Kostenersparnisse brachte, stellte die Einführung des Stranggießverfahren dar. Dabei wird der Stahl aus den Konvertern nicht mehr in einzelne Kokillen gegossen, in denen er erstarrt, bevor er gewalzt werden kann. Statt dessen wird kontinuierlich ein Stahlstrang gegossen, der über eine gekrümmte Bahn abfließt und sich dabei abkühlt und verfestigt. Dieser Strang kann dann in Blöcke beliebiger Länge geschnitten werden [43]. Den letzten Schritt dieser Entwicklung stellt das sogenannte Dünnbandgießen dar, bei dem flüssiger Stahl in dünner Schicht auf ein Band gegossen wird, wo er sich so weit verfestigt, daß er unmittelbar gewalzt werden kann. Erst damit wurde die Herstellung von Walzstahl zu einem vollends kontinuierlichen Prozeß.

Neue Großhochöfen, Stranggußanlagen und LD-Konverter schufen auf allen Stufen in den siebziger Jahren einen gewaltigen Investitionsbedarf zur Sicherung der Konkurrenzfähigkeit, der die Finanzkraft auch der größten Unternehmen Europas schnell überforderte. Auch bei einem ungebrochenen Wachstum der Stahlnachfrage mit jährlichen Zuwachsraten wie in den fünfziger Jahren wäre die damit verbundene technologisch begründete Produktionsausweitung der Unternehmen bald auf Grenzen gestoßen; doch gerade dieses ungebrochene Wachstum fehlte in den siebziger und frühen achtziger Jahren, als die größten Kapazitätssprünge angezeigt waren. Was auf der Absatzseite wie das Abflachen des Wachstums und ein vorübergehender Rückgang der Stahlnachfrage aussieht, wurde durch dieses Zusammentreffen mit einem enormen Produktivitätsschub bei den modernsten Anlagen zu einer ökonomischen Katastrophe für die Stahlindustrie Europas und Nordamerikas und zur längsten Stahlkrise überhaupt.

Auslöser, wenngleich nicht einzige Ursache der langandauernden Stahlkrise war die kräftige Erhöhung des Ölpreises durch die OPEC im Herbst 1973 [44]. Die unmittelbaren Auswirkungen des Ölpreisschocks auf die Stahlindustrie waren zwar nur begrenzt, zumal sie das bis dato billige Öl, das sie in ihren Hochöfen und Siemens-Martinöfen verbrannte, wieder durch Koks und Koksgas ersetzen konnte. Die allgemeine Rezession, die nun folgte, und die indirekten Wirkungen des teuren Öls trafen jedoch ganz besonders solche Branchen, die sich durch einen hohen Stahlverbrauch auszeichneten: die Automobilindustrie und der Schiffbau sind Beispiele für große Stahlverbraucher, die von beiden Seiten in die Zange genommen wurden. Eine zweite

Ölpreisrunde im Jahr 1979 bremste abermals den Stahlabsatz und drücke die Stahlproduktion in der Bundesrepublik, die 1974 mit 53,2 Millionen Tonnen ihren Höchstwert erreicht hatte, 1982 mit 35,9 Millionen Tonnen wieder auf das Niveau von 1966. Bei diesen Zahlen hätten, wie schon in den 1870er Jahren, zwei große Unternehmen auf dem letzten Stand der Technik für die Deckung des deutschen Bedarfs ausgereicht. Der damalige Marktführer Nippon Steel konnte diese Produktionsmenge problemlos alleine bewältigen.

Marktwirtschaftliche Mechanismen versagten vor den sich auftürmenden Strukturproblemen der Stahlregionen Europas und Nordamerikas, deren Niedergang die jeweiligen Regierungen durch Importbegrenzungen, Kartelle und die verschiedensten offiziellen und inoffiziellen Handelshindernisse abzufangen versuchten. Wollte man nicht Massenarbeitslosigkeit und reihenweise Firmenzusammenbrüche hinnehmen, so mußten auf dem Binnenmarkt die Modernisierung der Anlagen und gleichzeitiger Abbau überflüssiger Kapazitäten durch umfangreiche Sozialprogramme und staatliche Subventionen begleitet werden. In unterschiedlichem Maße galt dies für alle Partnerländer der Montanunion, wobei die Werke an Rhein und Ruhr noch die beste Ausgangsposition hatten. Doch auch in der Bundesrepublik mußten sieben Milliarden DM an Sozialplanmitteln ausgegeben werden, um dann 1989 mit 180000 Beschäftigten genauso viel Rohstahl wie zwanzig Jahre zuvor mit doppelt so vielen Mitarbeitern zu erzeugen. Im Zuge der dazu erforderlichen Anlagenmodernisierung konnten in den achtziger Jahren einige Millionen Jahrestonnen veralteter Kapazitäten abgebaut und die Rentabilität der deutschen Stahlindustrie wieder hergestellt werden [45].

Allerdings haben nicht alle Stahlregionen in gleicher Weise unter der dreizehnjährigen Dauerkrise von 1975 bis 1988 gelitten. Dort, wo elektrischer Strom sehr billig bezogen werden kann, hat sich auf der Basis von Elektroöfen eine eigene Struktur in der Stahlindustrie entwickelt. Diese Werke verarbeiten ausschließlich Schrott und können daher auf die vorgelagerten Stufen der Hochöfen und Konverter verzichten. Da sie ihr Walzprogramm zugleich auf wenige, einfach herzustellende Produktgruppen – meist Profile – beschränken, können sie schon in kleinen Unternehmenseinheiten wirtschaftlich arbeiten. Diese sogenannten Mini-mills stehen in den USA und in Europa vor allem in Norditalien und haben in den letzten beiden Jahrzehnten immer wieder für erhebliche Unruhe auf den Stahlmärkten gesorgt [46]. Besonders in Zeiten einer schwachen Stahlnachfrage haben die Minimills Vorteile, da der Schrottpreis empfindlicher auf ein Nachlassen

Die Kohlezeichnung von G. Voglsamer zeigt den Abstich eines Elektroofens im Edelstahlwerk Krefeld.

der Konjunktur reagiert als die Herstellungskosten von Roheisen, das in den Konvertern eingesetzt wird. Zudem können kleine Werke in der Regel flexibler auf Marktschwankungen reagieren. Mit steigender Auslastung der traditionellen Schwerindustrie, wie wir sie in den letzten Jahren (1988–90) erlebt haben, verschwinden diese Vorteile jedoch wieder und kehren sich in der Hochkonjunktur schließlich sogar um, da der Schrottpreis bei starker Nachfrage meist überproportional steigt. Im Gesamtrahmen der Schwerindustrie können diese reinen Schrottverwerter freilich immer nur eine Nebenrolle spielen, da selbst in Krisenjahren der Schrottanfall nicht im entferntesten für die Deckung des gesamten Stahlbedarfs ausreicht. Andererseits ist ihr Marktanteil groß genug, um die ohnehin ausgeprägte Zyklizität der Preisbewegung in der Stahlindustrie weiter zu verstärken.

Trotz einer deutlichen Besserung der Stahlkonjunktur, die jedoch auch 1990 schon wieder erste Schwächeanzeichen zeigte, ist langfristig nicht mit der Rückkehr großer Wachstumsraten wie nach dem Zweiten Weltkrieg zu rechnen. Dies begründet sich weniger in einer pessimistischen Prognose des gesamtwirtschaftlichen Wachstums als in einer seit einigen Jahrzehnten bereits anhaltenden Verbrauchsverschiebung in der verarbeitenden Industrie vom Stahl zu Kunststoffen und Nichteisen-Metallen. Wie jeder Autofahrer feststellen kann, werden immer mehr Komponenten eines Fahrzeuges, die früher aus Blech waren, heute aus Kunststoff gefertigt. Ähnlich verhält es sich bei vielen anderen dauerhaften Konsum- und Investitionsgütern. Nichteisen-Metalle, allen voran das Aluminium, ersetzen den Stahl meist aus Gewichtsgründen. Dennoch ist Stahl immer noch das mit Abstand begehrteste Ausgangsmaterial der verarbeitenden Industrie. So werden derzeit (1990) weltweit etwa 200 Milliarden $ für Stahl ausgegeben, während es für Kunststoff 100 Milliarden $ und für alle anderen Metalle etwa 50 Milliarden $ sind [47]. Eine Verteidigung dieser Stellung ist auch mittelfristig nur mit Hilfe entschlossener Investitionen in eine verbesserte Produktqualität möglich [48]. Bei einem nicht absehbaren Ende der technischen Dynamik der verschiedenen Stahlerzeugungsverfahren wird sich die Stahlindustrie realistischerweise jedoch auch künftig auf ein langfristig unterproportionales Wachstum bei starker Zyklizität einstellen müssen. Problemlos wird dieser Weg sicher nicht sein.

Nichteisen-Industrie: Buntmetalle

Zu den Gewinnern dieser Verbrauchsverschiebung gehört die Nichteisen-Industrie. In industrieller Zeit hat sie oft im Schatten der Eisenindustrie gestanden, obwohl die Verwendung von Nichteisenmetallen historisch sehr viel weiter zurückreicht als die Verwendung von Eisen. Sieht man einmal von Edelmetallen wie Gold und Silber ab, die erst seit dem Aufkommen der Photographie und der Elektronik in nennenswertem Maße industriell genutzt werden, so waren das Blei und die Legierungen des Kupfers, Bronze und Messing, jahrhundertelang die wichtigsten Metalle der Menschheit neben dem allmählich immer größere Bedeutung gewinnenden Eisen. Doch selbst in der Expansionsphase der Massenstahlindustrie nach der Einführung des Bessemer-, Thomas- und Siemens-Martinverfahrens nahm ihr Verbrauch in ähnlicher Weise zu wie der Eisenverbrauch oder übertraf dessen Zuwachsraten sogar noch. So hat sich im letzten Drittel des 19. Jahrhunderts, als sich der Eisenverbrauch der Welt vervierfachte (auf fast 40 Mill. t), die Bleiproduktion aller Länder ebenso vervierfacht (auf etwa 800 000 t), die des Kupfers verfünffacht (auf gut 450 000 t) und die des Zinns verdreifacht [49]. Die Nichteisenmetalle nahmen an der industriellen Expansion des späten 19. Jahrhunderts also ebenso teil wie das in absoluten Zahlen natürlich eindeutig dominierende Eisen. Vor allem ihr höherer Preis und ihre geringere Festigkeit standen einer Verwendung als ebenso universelles Konstruktionsmaterial, wie der aus dem Eisen gefrischte Stahl, entgegen. Wo es jedoch auf Korrosionsfestigkeit, leichte Verformbarkeit, ästhetisch befriedigendes Aussehen und – seit den 1880er Jahren von schnell wachsender Bedeutung – elektrische Leitfähigkeit ankam, fanden sie ihre Märkte und rechtfertigten ihren höheren Preis.

Von jeher wurde die Vielfalt der Buntmetalle genutzt, um leicht zu verarbeitende und gleichwohl für spezielle Einsatzzwecke besonders geeignete Werkstoffe zu erhalten. Bronze fand wegen ihrer leichten Vergießbarkeit weite Verbreitung, nicht zuletzt im Militär, das bis ins letzte Drittel des 19. Jahrhunderts Bronzekanonen bevorzugte[50].

Eine völlige Veränderung der Eßkultur wie auch von Teilen der Land- und Viehwirtschaft brachte um die Mitte des 19. Jahrhunderts die weite Verbreitung von Weißblech, verzinntem Eisenblech, das überwiegend in Südwales hergestellt und in den USA für Konservendosen verwendet wurde[51].

Weißmetall, eine Legierung aus Blei, Zinn, Kupfer und Antimon diente im Kaiserreich bei den zweieinhalb Millionen Achslagern der Eisenbahnwaggons als Lagermetall. Die Optimierung solch bewährter Legierungen fand dann bereits in den chemischen Labors des Zwanzigsten Jahrhunderts statt und dokumentierte endgültig den Bruch mit den empirischen Methoden des industriellen Aufbruchs. So wurde aus dem „Weißmetall 80", um bei unserem Beispiel zu bleiben, nach aufwendigen Forschungsarbeiten bis 1925 ein Bahnmetall, das neben Feinblei 0,7% Calcium, 0,6% Natrium und 0,04% Lithium enthielt[52].

Wie das Eisen konnten auch die meisten gebräuchlichen Buntmetalle hüttenmännisch durch die Reduktion ihrer Oxide mit Hilfe von Kohlenstoff unter atmosphärischem Druck gewonnen werden, so beispielsweise Blei, Zink, Zinn und Kupfer in Schachtöfen, die kleinen Hochöfen ähneln, durch Verhüttung mit Holzkohle bzw. Koks. Das Ergebnis dieses Prozesses war wiederum analog wie beim Roheisen ein Rohmetall, das noch von den unerwünschten Begleitelementen befreit werden mußte. Diesen zweiten Schritt, beim Eisen das „Frischen", nennt man bei den NE-Metallen „Raffinieren". Die daran anschließende Formgebung durch Gießen und Walzen verlief wiederum in weitgehend ähnlichen Bahnen, wobei die weicheren Buntmetalle mit ihren niedrigeren Schmelzpunkten in der Regel geringere Anforderungen an die Verformungstechnik stellten.

Besonders die Weiterverarbeitung des Kupfers zeigt zum Teil große Ähnlichkeiten mit der des Roheisens, wie etwa die Herdflammöfen für die Kupferraffination, die Siemens-Martinöfen sehr ähnlich sehen und ebenso Dimensionen von mehreren hundert Tonnen Fassungsvermögen erreichen. Auch die Konvertertechnologie wurde, ausgehend vom Bessemerkonverter, von den Kupferhütten übernommen. Allerdings ist das Produkt der Konverter hier noch ein Rohkupfer. In der Formgebung war es dann die Kupferindustrie, die voranging, indem sie schon vor dem Zweiten Weltkrieg das Stranggußverfahren einführte, das sich erst in den 1970er Jahren beim Stahl durchsetzen konnte.

Auf die enorme verfahrenstechnische Vielfalt der NE-Industrie kann hier nicht eingegangen werden. Doch ein Charakteristikum dieser Branche muß besonders gegenüber der Stahlindustrie hervorgehoben werden: die große Bedeutung der Elektrizität für die Gewinnung und nicht nur für die Weiterverarbeitung der Metalle. Trat die Elektrizität in der Stahlindustrie erst beim Umschmelzen von Schrott und Stahl in Elektroöfen und dann vor allem bei der Weiterverarbeitung im Walzwerk in großem Umfang in Erscheinung, so spielt sie bei den NE-Metallen in der Gewinnung bereits eine große Rolle, vor allem in Form der Elektrolyse, bei der die Grenzen zwischen Elektrizität und Chemie verschwimmen.

Entscheidend wurde die Elektrolyse für das Entstehen der Aluminiumindustrie und für ihren Aufstieg zur wirtschaftlich wohl bedeutendsten NE-Industrie. Aluminium, das in „vorelektrischer" Zeit eine extrem teure Kuriosität war, wurde allein durch die Verfügbarkeit preiswerten elektrischen Stroms binnen weniger Jahre zu einem Konstruktionsmaterial. So sollen am Hofe Napoleons III. (1808–1873), der ein besonderes Interesse an dem damals noch seltenen Metall hatte, nur auserlesene Gäste ein Eßbesteck aus Aluminium erhalten haben, während sich der gewöhnliche Adel mit goldenem und silbernem Besteck begnügen mußte [53].

Der hohe Preis des Aluminium lag nicht darin begründet, daß es ein seltenes Metall ist, wie etwa Gold oder Silber. Das Hauptproblem war, daß es nicht hüttenmännisch gewonnen werden konnte, da es eine viel höhere Affinität zu Sauerstoff als die meisten seiner Begleitelemente hat. Letztere müssen zunächst in einem aufwendigen chemischen Prozeß aus dem Erz, dem Bauxit, entfernt werden, ehe aus dem gereinigten Aluminiumoxid dann auf elektrolytischem Weg das Aluminium gewonnen werden kann. Hierzu werden gewaltige Gleichströme benötigt, die von 4000 Ampère um die Jahrhundertwende über 30–40000 Ampère am Vorabend des Zweiten Weltkrieges auf heute über

300 000 Ampère angestiegen sind[54]. Pro kg Aluminium werden je nach Ofentyp 10 bis 20 kWh verbraucht. Industrielle Aluminiumproduktion ist damit in erster Linie eine Frage der Stromkosten. Entsprechend begann sie historisch mit dem Bau großer Kraftwerke und der Kooperation von Elektro- und Chemieunternehmen, wie etwa die von der AEG mitgegründete „Aluminium-Industrie AG" in Neuhausen am Hochrhein, für die 1898 die damals größte Wasserkraftzentrale Europas bei Rheinfelden gebaut wurde[55]. [VIII-5.3]

Das Massenprodukt Aluminium ist eine Frucht der Elektrifizierung. Daß es zu einem der wichtigsten Metalle überhaupt wurde, verdankt es jedoch neben seinem niedrigen Preis einigen besonders begehrten Eigenschaften. Diese wurden 1906 durch die Entdeckung des deutschen Metallurgen Alfred Wilm (1869–1937) noch entscheidend erweitert, wonach Aluminium durch die Legierung mit geringen Mengen von Magnesium, Kupfer und Silizium und eine besondere Wärmebehandlung erfolgreich gehärtet werden kann. Die Luftschiffe des Grafen Zeppelin (1837–1917) bewiesen im Ersten Weltkrieg zuerst die Leistungsfähigkeit dieses „Duraluminium". Heute existieren eine ganze Reihe wärmebehandelter Aluminiumlegierungen, die, bezogen auf das Gewicht, fester als Stahl sind und gerade aus diesem Grunde zum Beispiel in hochbelasteten Flugzeugzellen und selbst in Flugzeugantrieben verwendet werden.

Das geringe Gewicht war also nur einer der Vorteile des neuen Werkstoffs. Andere sind, trotz seiner großen Affinität zum Sauerstoff, seine große Korrosionsbeständigkeit und seine gute elektrische Leitfähigkeit. Erstere macht Aluminium zu einem besonders geeigneten Material für alle dem Wetter stark ausgesetzten Konstruktionen von Hallengerüsten bis zu Flugzeugen. Seine elektrische Leitfähigkeit liegt zwar nur bei etwa 50% derer von Kupfer, bezogen auf das Gewicht und den Preis ist es damit jedoch das wirtschaftlichere Metall. Dies verschaffte ihm einen immer größeren Anteil an den Stromkabeln der Verbundnetze bis hin zu den elektrischen Hausanschlüssen. Die fehlende Stabilität gibt den Freileitungen ein billiger Kern aus Stahl[56].

Es findet also bei den Metallen nicht nur eine Verbrauchsverschiebung vom Stahl zu den NE-Metallen statt, sondern auch innerhalb dieser Gruppe ist es zu großen Verschiebungen gekommen, bei denen die „neuen" Metalle, die auf elektrochemischem Wege gewonnen werden, „alte" Buntmetalle aus vielen Anwendungsbereichen verdrängen. Insgesamt besteht jedoch ein Trend zu immer komplexeren Legierungen und Verbindungen, die immer genauer den spezifischen Einsatzbedingungen im Endprodukt entsprechen. Dies gilt für Stahl genauso wie für die NE-Metalle, so daß die historisch gewachsene, strenge Scheidung zwischen diesen beiden Bereichen allmählich obsolet wird. Die Legierungen des Eisens mit NE-Metallen sind kaum noch zu zählen und bei vielen „Stählen" liegt der Eisenanteil mittlerweile deutlich unter 50%. Moderne Produkte werden immer weniger nach den vorgegebenen Eigenschaften von Stahl oder Aluminium oder Kupfer entworfen, sondern stellen an die metallerzeugende Industrie selbst zunehmend Anforderungen nach bestimmten Werkstoffeigenschaften.

War in der Vergangenheit die Gewinnung der Metalle aus den Erzen das Metier der hier vorgestellten Industriebranchen, so ist vor allem in jüngster Vergangenheit die Erzeugung metallischer „Kunststoffe" immer deutlicher als ebenso charakteristisches Merkmal hinzugetreten. Ihren industriellen Anfang hatte diese Entwicklung bei der Suche nach Alternativen zur Edisonschen Kohlefadenlampe, die um die Jahrhundertwende stark unter der Konkurrenz verbesserter Gasleuchten litt[57]. Nur hochschmelzende Metalle versprachen hier einen Ausweg, der schließlich über die Zwischenstation Osmium zum Wolfram (OS-RAM) mit seinem Schmelzpunkt bei 3422°C führte. An eine hüttenmännische Verarbeitung war bei diesen Temperaturen nicht mehr zu denken. Zur Herstellung der Glühfäden wurde Wolfram als Pulver in Stangen gepreßt und dann in einer reinen Wasserstoffatmosphäre gesintert[58]. Noch vor dem Ersten Weltkrieg wurde das zuvor so seltene Metall zu einem dominierenden Material in der Elektroindustrie, die jährlich viele Millionen Glühbirnen damit produzierte.

Doch auch die traditionelle Schwerindustrie wandte sich diesem neuen Metall und der Sintertechnik zu. Krupp entwickelte in den Zwanziger Jahren ein Hartmetall auf der Basis von Wolframkarbid und Kobalt, das wegen seiner großen Härte und Hitzebeständigkeit ein ideales Schneidwerkzeug für Stahl war. Es kam unter dem Namen WIDIA (WIe DIAmant) auf den Markt.

Bei diesen neuen Verbindungen tritt die traditionelle Verwendung der Metalle als Konstruktionsmaterial in den Hintergrund, während ihre besonderen physikalischen und chemischen Eigenschaften gesucht werden. So wurde großindustriell erzeugtes Aluminium im Hüttenwesen schon früh wegen seiner großen Affinität zum Sauerstoff zur Verbesserung der Stahlqualität eingesetzt. Es galt als „Arzneimittel, um nachzuhelfen, wenn andere Mittel versagen"[59].

Einen traurigen Höhepunkt hat diese Entwicklung beim Magnesium erreicht, das lange Zeit wie Aluminium elektrolytisch gewonnen wurde, ehe kurz vor dem Zweiten Weltkrieg die Reduktion des Magnesiumoxids durch Kohle in industriellem Maßstab möglich wurde. Dabei entsteht Magnesiumdampf. In Kalifornien wurde noch während des Krieges ein Verfahren entwickelt, bei dem der Dampf durch einen Ölschleier kondensiert wird. Wenngleich das Ziel dieses Prozesses zunächst nur das Metall war, wurde das verheerende Potential dieser Öl-Magnesium-Mischung schnell erkannt. Unter dem Handelsnamen Napalm war sie bei den Militärs in aller Welt bald heiß begehrt[60].

Literaturnachweise

1 *Zorn*, Wolfgang: Gewerbe und Handel 1648–1800. In: Aubin, Hermann/ Zorn, Wolfgang: Handbuch der deutschen Wirtschafts- und Sozialgeschichte. Bd. 1. Stuttgart 1971, S. 544–545

2 *Borries*, Kara von: Das Puddelverfahren in Rheinland und Westfalen volkswirtschaftlich betrachtet. Diss. Bonn/Düsseldorf 1929, S. 13; *Troitzsch*, Ulrich: Innovation, Organisation und Wissenschaft beim Aufbau von Hüttenwerken im Ruhrgebiet 1850–1870 (Vortragsreihe der Gesellschaft für Westfälische Wirtschaftsgeschichte e.V., Heft 22). Dortmund 1977, S. 30

3 *Fremdling*, Rainer: Technologischer Wandel und internationaler Handel im 18. und 19. Jahrhundert. Die Eisenindustrien in Großbritannien, Belgien, Frankreich und Deutschland. Berlin 1986, S. 164–165; *Protokolle* über die Vernehmung der Sachverständigen durch die Eisen-Enquête-Kommission. Berlin 1878, S. 493 und 670

4 *Birch*, Alan: The Economic History of the British Iron and Steel Industry. 1784–1879. London 1967, S. 18

5 *Beck*, Ludwig: Die Geschichte des Eisens in technischer und kulturgeschichtlicher Beziehung. Dritte Abteilung. Das 18. Jahrhundert. Braunschweig 1897, S. 930–934; *Fuchs*, Konrad: Vom Dirigismus zum Liberalismus. Die Entwicklung Oberschlesiens als preußisches Berg- und Hüttenrevier. Wiesbaden 1970, S. 65–68

6 Vgl. 3, S. 307 ff.

7 *Troitzsch*, Ulrich: Belgien als Vermittler technischer Neuerungen beim Aufbau der eisenschaffenden Industrie im Ruhrgebiet um 1850. In: Technikgeschichte. Jg. 39 (1972), S. 142–158

8 *Paulinyi*, Akos: Das Puddeln. Ein Kapitel aus der Geschichte des Eisens in der Industriellen Revolution. München 1987

9 *Behrens*, Hedwig: Der erste Kokshochofen des rheinisch-westfälischen Industriegebietes auf der Friedrich Wilhelmshütte in Mülheim an der Ruhr. In: Rheinische Vierteljahrsblätter. Jg. 25 (1960), S. 121–128

10 *Harrison*, J.K.: The Production of Malleable Iron in North East England and the Rise and Collapse of the Puddling Process in the Cleveland District. In:

Hempstead, C.A. (Hrsg.): Cleveland Iron and Steel, Background and 19th Century History. (The British Steel Corporation) 1979, S. 128–131

11 Vgl. 8, S. 129–153

12 *Osann*, Bernhard: Lehrbuch der Eisenhüttenkunde. Bd. 2. Erzeugung und Eigenschaften des schmiedbaren Eisens. Leipzig [2]1926, S. 521 ff; *Fairbairn*, William: Iron – its History, Properties, & Processes of Manufacture. Edinburgh [3]1896, S. 156

13 *Wengenroth*, Ulrich: Unternehmensstrategien und technischer Fortschritt. Die deutsche und die britische Stahlindustrie 1865–1895. Göttingen 1986, S. 30–35

14 Vgl. 13 S. 44–46

15 *Wengenroth*, Ulrich: Deutscher Stahl – Bad and Cheap, Glanz und Elend des Thomasstahls vor dem Ersten Weltkrieg. In: Technikgeschichte. Jg. 54 (1987), S. 197–208

16 *Tholander*, H.: Über Stickstoffgehalt im Flußeisen und darauf begründete Vergleichungen zwischen Bessemer- und Herdflußeisen. In: Stahl und Eisen. Jg. 9 (1889), S. 115–121

17 *Beck*, Ludwig: Zum fünfzigjährigen Jubiläum des Regenerativofens. In: Stahl und Eisen. Jg. 26, 1907, S. 1421–1427; *Jeans*, J.S.: Steel, Its History, Manufacture, Properties and Uses. London 1880, S. 90

18 Vgl. 13, S. 94

19 Vgl. 13, S. 94

20 *Wengenroth*, Ulrich: Technologietransfer als multilateraler Austauschprozeß. Die Entstehung der modernen Stahlwerkskonzeption im späten 19. Jahrhundert. In: Technikgeschichte. Jg. 50 (1983), S. 224–237; Vgl. 13, S. 76–89

21 Zitiert nach *Hogan*, William T.: Economic History of the Iron and Steel Industry in the United States. Bd. 1. Lexington/Mass. 1971, S. 220

22 Vgl. 13, S. 59–72

23 *Toncourt*, Manfred: Technik und Architektur der Hochöfen 1770–1970. In: Buschmann, Walter (Hrsg.): Eisen und Stahl, Texte und Bilder zu einem Leitsektor menschlicher Arbeit und dessen Überlieferung. Essen 1989, S. 39–63

24 Die Direktoren der Dortmunder Union, Hansemann und Russell. Zitiert nach: Vgl. 13, S. 142

25 *van der Ven*, Hans/*Grunert*, Thomas: The Politics of Transatlantic Steel Trade. In: Meny, Yves/Wright, Vincent (Hrsg.): The Politics of Steel: Western Europe and the Steel Industry in the Crisis Years (1974–1984). Berlin 1987, S. 137–185

26 *Feldkirchen*, Wilfried: Die Eisen- und Stahlindustrie des Ruhrgebiets 1879–1914. Wachstum, Finanzierung und Struktur ihrer Großunternehmen. Wiesbaden 1982, S. 131–133, S. 141–142

27 *Feldkirchen*, Wilfried: Kapitalbeschaffung in der Eisen- und Stahlindustrie des Ruhrgebiets 1879–1914. In: Zeitschrift für Unternehmensgeschichte. Jg. 25 (1980), S. 43, Anm. 17 und 18

28 *Verein Deutscher Eisenhüttenleute* (Hrsg.): Gemeinfaßliche Darstellung des Eisenhüttenwesens. Düsseldorf [14]1937, S. 25

29 *Müller*, Hans-Heinrich/*Klemm*, Volker: Die Entwicklung der Produktivkräfte in der Landwirtschaft. In: Berthold, Rudolf et al. (Hrsg.): Produktivkräfte in Deutschland 1870 bis 1917/18. Berlin 1985, S. 189 f.

30 *Pratten*, C./*Dean*, R.M.: The Economies of Large-Scale Production in British Industry. Cambridge 1965, S. 65–67

31 *Treue*, Wilhelm/*Uebbing*, Helmut: Die Feuer verlöschen nie. August Thyssen-Hütte 1926–1966. Düsseldorf 1969, S. 92–94

32 *Warren*, Kenneth: The American Steel Industry 1850–1970. Oxford 1973, S. 101 f.

33 Vgl. 32, S. 125–132

34 Vgl. 31, S. 14–26

35 Nach A. Sohn-Rethel. Interview von M. Greffrath mit A. Sohn-Rethel. In: Greffrath, Matthias (Hrsg.): Die Zerstörung einer Zukunft. Reinbek 1979, S. 256

36 Die Neuordnung der Eisen- und Stahlindustrie im Gebiet der Bundesrepublik Deutschland. Ein Bericht der Stahltreuhändervereinigung. München 1954, S. 261–280

37 *Hennig*, Helmut: Entflechtung und Neuordnung der westdeutschen Montanindustrie unter besonderer Berücksichtigung der Verbundwirtschaft zwischen Kohle und Eisen. Bern 1952, S. 208–214

38 *Wessel*, Horst A.: Kontinuität im Wandel. 100 Jahre Mannesmann 1890–1990. Düsseldorf 1990, S. 194

39 *Köstler*, Hans Jörg: Das steirische Eisenhüttenwesen von den Anfängen des Floßofenbetriebes im 16. Jahrhundert bis zur Gegenwart. In: Roth, Paul W. (Hrsg.): Erz und Eisen in der Grünen Mark, Beiträge zum steirischen Eisenwesen. Graz 1984, S. 109–155

40 *Schaal*, Peter: Ursachenkomplex der internationalen Stahlkrise und mögliche wirtschaftspolitische Strategien zu ihrer Überwindung. In: Schinzinger, Francesca/Zapp, Immo (Hrsg.): Die Stahlkrise in der Europäischen Gemeinschaft. St. Katharinen 1985, S. 32 f

41 *Cockerill*, Anthony: The Steel Industry. International Comparisons of Industrial Structure and Performance. Cambridge 1974, S. 70–73, S. 89–92

42 Vgl. 23, S. 63

43 Vgl. 40, S. 33, S. 55

44 *Meny*, Yves/*Wright*, Vincent: State and Steel in Western Europe. In: Meny, Yves/Wright, Vincent (Hrsg.): The Politics of Steel: Western Europe and the Steel Industry in the Crisis Years (1974–1984). Berlin 1987, S. 1

45 *Jaspert*, Werner: Stahl zwischen Hoffen und Bangen. Eine Branche am Ende einer 13jährigen Krisenphase. In: Südd. Zeitung, Nr. 227 (3.10.) 1989, S. 32

46 *Barnett*, Donald F./*Schorsch*, Louis: Steel: Upheaval in a Basic Industry. Cambridge/Mass. 1983, S. 88; *Eisenhammer*, John/*Rhodes*, Martin: The Politics of the Public Sector Steel in Italy: From the "Economic Miracle" to the Crisis of the Eightees. In: Vgl. 44 (1986), S. 452 f.

47 Vgl. 45

48 *Hess*, George W./*McManus*, George J.: Where Steel's Placing It's Capital Dollars. In: Iron Age. September 1989, S. 27 ff.

49 *Daumas*, Maurice: L'extraction des métaux. In: Daumas, Maurice (Hrsg.): Les techniques de la civilisation industrielle. Transformation, Communication, Facteur humain (Histoire Générale des techniques. Bd. 5). Paris 1979, S. 21

50 *Messerschmidt*, Manfred: Die politische Geschichte der preußisch-deutschen Armee. In: Deutsche Militärgeschichte 1648–1939. Bd. IV, Teil 1, Abschnitt G (Wirtschaft, Transportwesen, Rüstung). München 1983, S. 358

51 *Warren*, Kenneth: The British Iron and Steel Sheet Industry since 1840. London 1970, S. 45–85

52 *Henglein*, Ernst/*Hoffmann*, R.A.: Chemetall. Ein Beitrag zur Technik- und Industriegeschichte in Texten, Bildern und Dokumenten. Frankfurt a.M. 1985, S. 45–46

53 *Beltran*, Alain/*Griset*, Pascal: Histoire des techniques aux XIXe et XXe siècles. Paris 1990, S. 63

54 *Mohr*, Christoph: Leichtmetall aus der High-Tech-Schmelze. In: VDI Nachrichten Nr. 24, 12.6.1992

55 50 Jahre AEG (als Manuskript gedruckt). Berlin 1956, S. 138, S. 297

56 *Higgins*, Raymond A.: Engineering Metallurgy. Part 1, Applied Physical Metallurgy. London ⁴1973, S. 341

57 *Braun*, Hans-Joachim: Gas oder Elektrizität? Zur Konkurrenz zweier Beleuchtungssysteme, 1880 bis 1914. In: Technikgeschichte 47 (1980), S. 1–19

58 *Darling*, A.S.: Non-Ferrous Metals. In: Ian McNeil (Hrsg.): An Encyclopedia of the History of Technology. London 1990, S. 133

59 *Osann*, Bernhard: Lehrbuch der Eisenhüttenkunde, Bd. 2. Erzeugung und Eigenschaften des schmiedbaren Eisens. Leipzig 1921, S. 173

60 Vgl. 58, S. 121

Chemische Industrie

Gottfried Plumpe

*Wirtschaftliche Entwicklung und Unternehmensstrukturen
in der chemischen Industrie*

Eine hochentwickelte chemische Industrie ist grundlegender Bestandteil aller modernen Volkswirtschaften. Sie gehört zu den größten Industriesektoren. Ihr Anteil an der Industrieproduktion in den acht größten westlichen Industrieländern lag 1987 bei etwa 17 Prozent. Chemische Erzeugnisse sind als Vor-, Zwischen- oder Endprodukte in vielen Bereichen unverzichtbar. Die Bandbreite ihrer Verwendung reicht von medizinisch-pharmazeutischen Wirkstoffen über Pflanzenschutz- und Düngemittel, nahezu universelle Werkstoffe, Schutz- und Farbmittel, die Foto-, Druck- und Diagnosetechnik bis hin zu Kosmetika und Reinigungsmitteln.

Die Industrialisierung der Chemie führte in der zweiten Hälfte des 19. Jahrhunderts zu einem stürmischen Wachstum der Branche, vor allem in den großen Industrieländern, also Großbritannien, den USA und Frankreich. Von 1875 bis 1913 stieg der Produktionswert der Chemie weltweit von rund 750 Millionen auf 2,5 Milliarden US-Dollar. Das entspricht einer jährlichen Wachstumsrate von über drei Prozent. In der Zeit zwischen den beiden Weltkriegen setzte sich dieses Wachstum fort. 1936 erreichte der Produktionswert weltweit etwa fünf Milliarden Dollar und lag damit doppelt so hoch wie 1913. In der gleichen Zeit stieg die Zahl der Beschäftigten in der Weltchemie von rund einer auf zwei Millionen Arbeiter und Angestellte. [III-3.5]

Aufgrund der im folgenden skizzierten technischen Entwicklungen vor allem in der Petrochemie, der Kunststoff- und der Faserchemie aber auch der Weiterentwicklung der verschiedenen Basisproduktionen beschleunigte sich das Wachstum der Chemie nach dem Zweiten Weltkrieg enorm. Lediglich die großen Erdölpreiskrisen in den 70er Jahren führten zu einer leichten Abschwächung der Dynamik, die sich dann aber in den 80er Jahren weiter fortsetzte. 1991 erreichte der Umsatz der Chemie weltweit fast zwei Billionen DM. Mit einem Anteil von knapp 22 Prozent sind die USA vor Japan mit etwa 14 Prozent Anteil, den Staaten der ehemaligen Sowjetunion mit zehn

Länder	gegenwärtige Zahl der Beschäftigten in der Chemischen Industrie
Vereinigte Staaten	1 000 000
BR Deutschland	575 000
Japan	400 000
Großbritannien	346 000

Bundesrepublik Deutschland

Jahr	Zahl der Beschäftigten
1950	300 000
1970	642 000
1983	549 000
1988	575 000
1991	594 000

Die beiden Tabellen zeigen die Zahl der Beschäftigten in der chemischen Industrie in verschiedenen Ländern und die Zahl der Beschäftigten der chemischen Betriebe in Deutschland von 1950 bis 1991.

und der Bundesrepublik Deutschland mit knapp acht Prozent das größte Chemieland. Mit über einer Million Beschäftigten liegt die US-Chemie auch nach diesem Kriterium unter den OECD-Staaten an der Spitze, gefolgt von der Bundesrepublik Deutschland mit 575 000 Beschäftigten, Japan mit knapp 400 000 und Großbritannien mit etwa 346 000 Chemie-Beschäftigten. Die Dynamik wird auch hier deutlich, wenn man die Entwicklung über mehrere Jahrzehnte betrachtet. So hatte die bundesdeutsche Chemie 1950 knapp 300 000 Beschäftigte. Die Zahl stieg nahezu kontinuierlich und erreichte Anfang der 70er Jahre mit 642 000 einen Höchststand. Infolge der Anpassungskrisen sank sie darauf bis 1983 auf 549 000, um danach bis 1988 wieder um 26 000 auf 575 000 zuzunehmen und 1991 schließlich die Zahl von 594 000 zu erreichen.

Die Unternehmensstruktur der chemischen Industrie in den hochentwickelten Ländern ist alles in allem sehr ähnlich. Einer relativ kleinen Zahl großer, stark diversifizierter Unternehmen mit einem internationalen Aktionsradius steht eine ebenfalls kleine Zahl mittlerer Unternehmen und eine große Zahl kleiner Unternehmen gegenüber. Daher ist der Konzentrationsgrad der chemischen Industrie, im Gegensatz zu dem vorherrschenden Eindruck, der von den großen Konzernen bestimmt wird, im Vergleich zu anderen Branchen eher gering. Die Struktur der chemischen Industrie ist darüber hinaus – abstrakt betrachtet – historisch relativ stabil. Die fünf größten Chemiekonzerne der Welt von heute belegten in leicht veränderter Zusammensetzung bereits vor dem Ersten Weltkrieg dieselben Plätze dieser Rangliste.

Der größte Chemie-Konzern der Welt war 1913 die britische Firma Brunner, Mond & Co., die 1926 an der Bildung der Imperial Chemical Industries (ICI) teilnahm. Die ICI belegte 1991 mit einem Umsatz von 23 Milliarden Dollar Rang vier. Es folgte damals der belgische Solvay-Konzern, der auch heute noch – wenn auch nicht unter den ersten zehn – weltweit zu den führenden Unternehmensgruppen gehört. Danach kamen die großen deutschen Farbstoffunternehmen, die 1913 zusammen mit den Schweizer Firmen den Weltfarbstoffmarkt beherrschten. Sie schlossen sich im Ersten Weltkrieg zu einer großen Interessengemeinschaft der deutschen Teerfabriken zusammen, weil sie der Ansicht waren, nur gemeinsam ihre durch den Krieg verlorene Marktstellung wiedergewinnen zu können, die bei den Farbstoffen immerhin zu mehr als 80 Prozent vom Export abhängig gewesen war. Aus dieser Gruppe entstand 1925 die I.G. Farbenindustrie AG, der bis 1945 größte und am meisten diversifizierte Chemiekonzern der Welt. Zu Beginn der 50er Jahre entstanden aus dem westdeutschen Rest der I.G. Farben – der etwa 45 Prozent des gesamten Anlagenbestandes der I.G. umfaßte – zwölf sogenannte Nachfolgegesellschaften. Aufgrund ihres großen technologischen Potentials, einer lange Zeit einmaligen Forschungsintensität und einer früh entwickelten Internationalisierungsstrategie, wuchsen die drei großen westdeutschen Chemiekonzerne BASF, Hoechst und Bayer rascher als ihre Konkurrenten in den USA, Großbritannien, Frankreich, Italien und Japan und belegten 1991 Rang eins, zwei und drei in der Welt mit Umsätzen zwischen 29 (BASF) und 25 (Bayer) Milliarden US-Dollar.

Auf Rang fünf liegt zur Zeit der amerikanische Konzern Du Pont, der sich im und nach dem Ersten Weltkrieg von einem reinen Sprengstoffunternehmen zu einem breit diversifizierten Chemiekonzern entwickelt hat. Der Chemie-Umsatz von Du Pont betrug 1991 rund 23 Milliarden Dollar. Auf dem sechsten Rang folgte das amerikanische Unternehmen Dow Chemical, das aus einem Magnesiumbetrieb in Michigan hervorgegangen ist. Dow erzielte 1991 einen Umsatz von 19 Milliarden Dollar. Die große Bedeutung der Petrochemie und die Diversifikation der Erdölindustrie in die Chemie spiegelt der siebte Rang wider, den der Ölkonzern Shell in der Chemie mit einem Umsatz von fast 12 Millarden Dollar 1988 erzielte. Rang acht bekleidet der internationale Schweizer Konzern Ciba-Geigy, dessen Entwicklung stark derjenigen der deutschen Konzerne ähnelt. Von 1918 bis 1968 gehörte die Firma Ciba neben den Firmen Sandoz und I.R. Geigy der sogenannten Schweizer Interessengemeinschaft an, die aus ähnlichen Motiven wie die deutsche gebildet worden war. Später fusionierte Ciba mit Geigy zu dem heutigen Konzern. 1991 erwirtschaftete das Unternehmen knapp 14 Milliarden Dollar Umsatz. Auf Rang neun folgt schließlich der italienische Montedison-Konzern, der mittlerweile von dem neuen italienischen Unternehmen Enimont von diesem Platz abgelöst wurde, an dessen Bildung Montedison und die staatliche

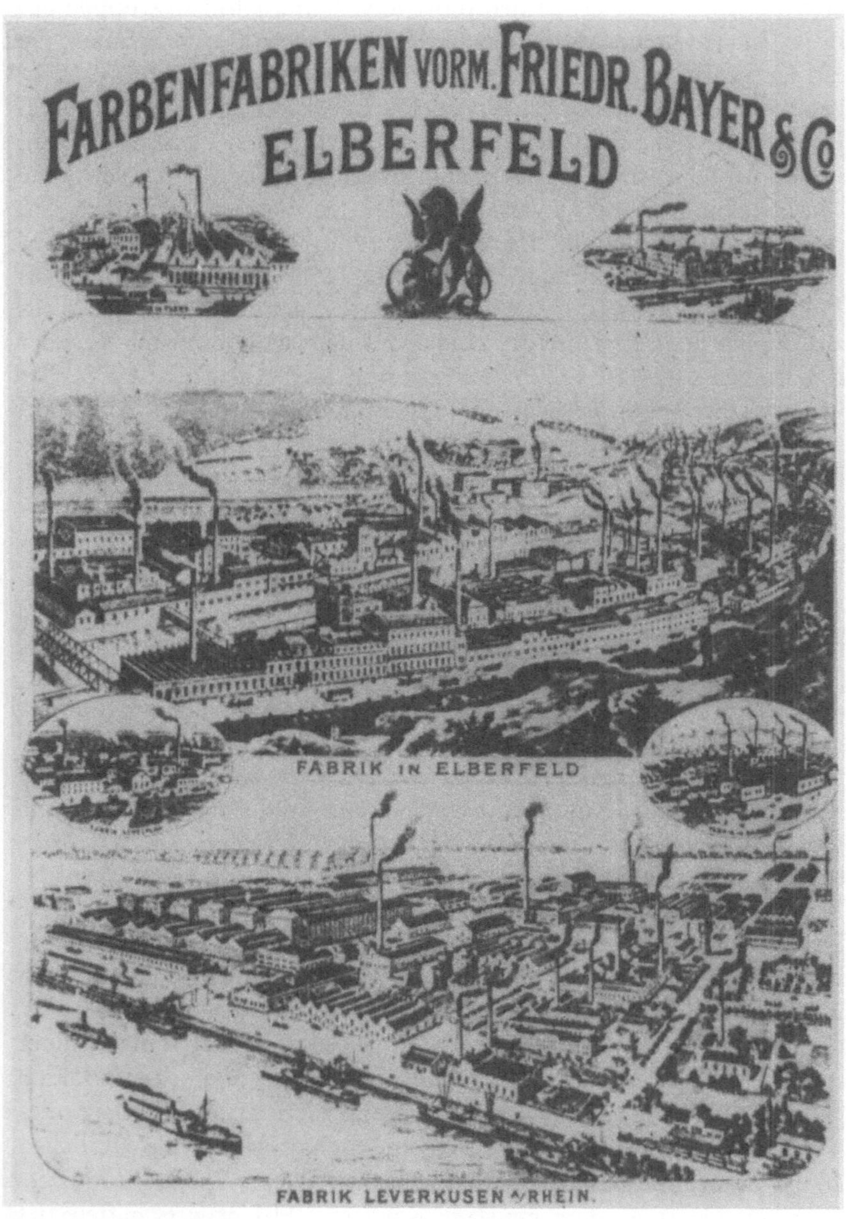

Die Farbenfabriken der Bayer AG – vormals Friedrich Bayer & Co – um 1900. Zum 75jährigen Firmenjubiläum wurde dieses Werbebild der Firma aus den Gründerjahren in der Festschrift von 1938 wiedergegeben.

Enichem beteiligt sind. Rang zehn belegt die staatliche französische Rhône-Poulenc. Der Umsatz beider Konzerne liegt bei jeweils rund 11 Milliarden Dollar. [IV-7]

Die Standortstruktur der Unternehmen läßt sich in erster Linie von der Rohstoff- und Energiebindung der Werke erklären. So liegt etwa in der westdeutschen Chemie der Kostenanteil der Roh- und Halbprodukte sowie der Betriebsstoffe bei über einem Drittel. Mit einem jährlichen Stromverbrauch von knapp 45 Milliarden Kilowattstunden ist die Chemie der mit Abstand größte Verbraucher in der westdeutschen Wirtschaft. Ihr Anteil liegt bei über 25 Prozent, während ihr Umsatzanteil „nur" elf Prozent erreicht. Einen relativ geringen Einfluß hat dagegen bei der sehr kapitalintensiven Produktion in der Regel der Faktor Arbeit. So sind viele große Chemiewerke in Gebieten entstanden, die seinerzeit abgelegen waren. Erst im Laufe der Zeit haben sich um die Standorte urbane Zentren entwickelt. Beispiele dafür sind etwa Leverkusen (Bayer) oder Ludwigshafen (BASF) in Deutschland. In anderen Fällen, vor allem bei Kleinbetrieben oder Werken, die aufgrund ihrer Produkte nahe bei Verbrauchszentren liegen, war dies jedoch anders, so daß sich diese Entwicklung nicht verallgemeinern läßt.

Auf jeden Fall benötigen große Chemiebetriebe eine enge Anbindung an eine ausreichende Wasserversorgung, so daß die meisten an großen Flüssen liegen. Die Rheinschiene, wo von Basel bis Leverkusen vier der zehn größten Chemiekonzerne der Welt ihren Sitz und ihre größten Werke haben, belegt dies auf eindrucksvolle Weise. Große Wasserstraßen dienen nicht nur zur Wasserversorgung, sondern darüber hinaus auch als günstige Transportwege. Außerdem wurden sie über lange Zeit als problemlose Entsorgungsmöglichkeit für Abwässer und Abfälle mißbraucht. Die mit der Produktion stark gestiegene Belastung der Gewässer und ein zunehmendes Umweltbewußtsein, sowohl in den Unternehmen als auch in der Öffentlichkeit, hat jedoch dazu geführt, daß diese Entsorgungsmöglichkeit nicht mehr, oder doch nur sehr eingeschränkt genutzt werden kann.

Generell hat der Umweltschutz als Entwicklungs- und Standortfaktor der Chemie weltweit stark an Bedeutung gewonnen. Das gilt für alle Bereiche von der Produktion über die Entsorgung der Abfälle bis hin zur Verwendung der Produkte. Das hat zur Folge, daß rund ein Zehntel aller Sachanlage-Investitionen in der westdeutschen Chemie dem Umweltschutz dienen. Die Belastung der Umwelt durch die Chemie ist daher trotz steigender Produktion in den letzten Jahren deutlich zurückgegangen. Es ist ein heute allgemein akzeptierter

Grundsatz in den entwickelten Ländern, daß weitere Fortschritte im Umweltschutz und bei der Sicherheit der Anlagen und Verfahren eine notwendige Bedingung für die Zukunft der Chemie als Wachstumsindustrie sind.

Ein weiteres Charakteristikum der chemischen Industrie ist ihre nach wie vor weit überdurchschnittliche Forschungsintensität. So entfielen etwa 1991 in der Bundesreublik Deutschland mehr als 20 Prozent der gesamten Forschungs- und Entwicklungsaufwendungen des verarbeitenden Gewerbes auf die Chemie. Bezogen auf den Umsatz der Branche beträgt die Forschungsquote mehr als sechs Prozent. Nicht zuletzt auf diesen hohen Aufwendungen, die auch für die Entwicklung in der Vergangenheit kennzeichnend waren, beruht das große Innovationspotential der Chemie. [IV-7.3]

Die Luftaufnahme vom Bayerwerk Leverkusen macht die heutigen Ausmaße dieser Produktionsstätte für chemische Erzeugnisse unterschiedlichster Art, der Pflanzenschutzanlage und der wissenschaftlichen Laboratorien deutlich.

Historische Entwicklung

Wenden wir uns nun der historischen Entwicklung der chemischen Industrie im einzelnen zu. Dabei beginnen wir mit den anorganischen Grundprodukten, die nach wie vor eine Basis der chemischen Produktion sind und auch historisch am Anfang der industriellen Chemie standen. Beschränkt auf die drei größten Produktgruppen Schwefelsäure, Chlor-Alkalien und Stickstoff wird die Entwicklung der Technik dieser Produkte und einiger Derivate skizziert. Es folgt eine Beschreibung der organischen Grundprodukte. Daran anschließend werden einige organische Endprodukte aus den Bereichen Farbstoffe, Arzneimittel, Fasern und Kunststoffe beschrieben. Zunächst jedoch einige Überlegungen zu den Grundlagen und Begriffen der chemischen Industrie.

Grundlagen

Chemie ist die Technik der Stoffumwandlung, während mechanische Technik Umformung ohne Veränderung der stofflichen Zusammensetzung bedeutet. Das Grundprinzip aller chemischen Verfahren besteht darin, Stoffe aus ihren natürlichen Vorkommen zu gewinnen, um sie als Reaktionspartner zur Herstellung neuer Verbindungen oder als Endprodukte zu verwenden[1]. Chemische Verfahren werden seit Menschengedenken eingesetzt. Ihre Industrialisierung begann vor rund 200 Jahren und ging einher mit der Entwicklung der Chemie zu einer modernen Naturwissenschaft[2]. Am Beginn stand 1774 die Entdeckung des Sauerstoffs durch Joseph Priestley (1733–1804) und vor allem die Erklärung des Verbrennens als einen Oxidationsvorgang von 1789 durch Antoine Laurent Lavoisier (1743–1794). Bereits 1785 hatte Lavoisier das Gesetz von der Erhaltung der Masse entdeckt. Damit, mit dem Gesetze der konstanten und multiplen Proportionen, das Louis J. Proust (1754–1826) und John Dalton (1766–1844) 1808 formulierten, und dem Gesetz der ganzzahligen Volumenverhältnisse, das Joseph Louis Gay-Lussac (1778–1850) im selben Jahr veröffentlichte, verfügte die chemische Forschung zu Beginn des 19. Jahrhunderts über grundlegende Einsichten in die Natur chemischer Vorgänge. [III-3.5]
    Ebensowichtig wie die Aufdeckung dieser Grundgesetze war die systematische Erforschung und Bestimmung der chemischen Elemente sowie ihre Klassifizierung aufgrund ihrer Eigenschaften. Sehr

bald erkannte man den Zusammenhang zwischen diesen Eigenschaften und dem Atomgewicht der Elemente (Döbereiner, 1816). Schon 1868/69 gelang den Chemikern Lothar Meyer (1830–1895) und Dimitri Iwanowitsch Mendelejew (1834–1907) unabhängig voneinander die Aufstellung eines Periodensystems der Elemente, das auf diesem Prinzip aufbaute.

Eine Basis für das Verständnis chemischer Prozesse schaffte die Erforschung der Natur der chemischen Verbindung. Auch wenn erst mit der modernen Atomtheorie von Niels Bohr (1885–1962), Werner Heisenberg (1901–1976), Wolfgang Pauli (1900–1958) und anderen in den 1920er Jahren die Voraussetzung für eine theoretisch fundierte Erklärung entstand, gab es schon seit Mitte des 19. Jahrhunderts sehr fruchtbare Hypothesen. Große Bedeutung hatte die von Stanislav Cannizzaro (1826–1910) begründete Lehre der Wertigkeiten, aus der chemische Reaktionen bzw. das Entstehen bestimmter Verbindungen abgeleitet werden konnten (1858). [III-3.5]

Hinzu kamen Arbeiten über die Struktur chemischer Verbindungen. So hat die Entdeckung der Vierwertigkeit des Kohlenstoffatoms durch Percey Faraday Frankland (1858–1946) und Hermann Kolbe (1818–1884) und die darauf fußende Strukturanalyse der Kohlenwasserstoffe bahnbrechende Bedeutung für die organische Chemie und damit auch für die organisch-chemische Technik. 1865 erkannte Friedrich August v. Stradonitz Kekulé (1828–1890) die Ringstruktur des Benzols. Dieser wissenschaftliche Erfolg war ein Grundstein für die Entwicklung der organischen Technik, ohne den die Farbstoff- oder Arzneimittelsynthesen kaum denkbar gewesen wären. Sehr wichtig waren auch die Erkenntnisse über den Zusammenhang zwischen der Struktur chemischer Verbindungen und ihren physikalischen Eigenschaften.

Die Umsetzung der Grundlagenforschungen in die technische Praxis erfolgte in der Hauptsache über die Ausbildung und den Einsatz von Chemikern, die in der Industrie arbeiteten. Deshalb spielte und spielt die Universitätschemie nicht nur eine Schlüsselrolle für die Grundlagenforschung, sondern auch für die industrielle Entwicklung. Allerdings fand diese Umsetzung in den Industrieländern in einem sehr unterschiedlichen Ausmaß statt. Ohne Frage führend war lange Zeit Deutschland, wo die meisten akademisch gebildeten Chemiker als Techniker in die Industrie gingen. Der Schwerpunkt lag hier im Bereich der organischen Chemie, die sich mehr als alle andere Sektoren als „science based" bezeichnen läßt[3].

Die chemische Industrie ist jedoch keineswegs allein aus der Chemie als Wissenschaft entstanden. Ein anderes Fundament bildete ihre handwerkliche Tradition aus den Frühphasen der Industrialisierung. Aufgrund von Erfahrungen und systematischer Beobachtung der Eigenschaften bestimmter Stoffe und Verbindungen wurden lange vor der naturwissenschaftlichen Zeit chemische Verfahren in großem Umfang eingesetzt. Das reichte von den verschiedenen Zweigen der Metallurgie und Hüttentechnik über die Glasherstellung bis hin zur Gewinnung von Schwefelsäure und Chlor nach dem Bleikammer-Verfahren bzw. durch die Oxidation von Salzsäure mit Kaliumpermanganat oder Braunstein und zur Soda-Produktion nach dem Leblanc'schen Verfahren[4]. [III-3.5]

Damit stellt sich die Frage, worin der Unterschied zwischen industrieller und vorindustrieller Technik in der Chemie besteht. Wenn man den Begriff der Industrie, der auch wirtschaftliche und soziale Faktoren beinhaltet, auf seinen technischen Kern reduziert, dann ergibt sich die Antwort aus der Prozeßgestaltung bei den Verfahren. Die wiederum hat zwei grundlegende Komponenten: den Chemismus der Reaktionen einschließlich seiner physikalischen Bedingungen und die apparative Gestaltung der Anlagen, in denen produziert wird. Als Kriterium für industrielle Technik läßt sich daraus eine Definition ableiten. Als industriell können in der Chemie Verfahren bezeichnet werden, die auf einer theoretisch fundierten Prozeßführung beruhen und apparativ so ausgestaltet sind, daß handwerkliche Eingriffe dabei keine wesentliche Rolle spielen. Diese Definition ist jedoch nicht mehr als ein theoretisches Modell. In der tatsächlichen Entwicklung spielen nicht scharfe Trennlinien, sondern evolutionäre Übergänge eine entscheidende Rolle, die kumulativ zur Herausbildung industrieller Verfahren führten.

Anorganische Grundprodukte

Ein gutes Beispiel für den Übergang der chemischen Technik von vorindustriellen zu industriellen Verfahren ist die Entwicklung der *Schwefelsäureproduktion*[5]. Schwefelsäure (H_2SO_4) ist eines der wichtigsten Grundprodukte der chemischen Industrie und war lange Zeit der Gradmesser für ihre Entwicklung. In zahlreichen Verfahren, nicht nur der chemischen Industrie, wird sie eingesetzt: von der Düngemittelherstellung über die Metallurgie, die Herstellung von Farbstoffen und Arzneimitteln bis hin zur Mineralölverarbeitung. Als Rohstoff für die Schwefelsäuregewinnung braucht man Schwefel, der elementar oder in vielfältigen mineralischen Verbindungen, zum Beispiel Pyrit (FeS_2), vorkommt. Vereinfacht ausgedrückt, bestehen alle Verfahren darin, daß man aus den natürlichen Vorkommen gasförmiges Schwefeldioxid gewinnt, katalytisch oxidiert und das gasförmige Schwefeltrioxid mit Wasser zur Schwefelsäure umsetzt.

Schon im Mittelalter kannte man die H_2SO_4-Herstellung durch Verbrennen von Schwefel und Salpeter. Die neuzeitliche Großproduktion basierte lange Zeit auf dem 1746 eingeführten Bleikammerverfahren [6]. Allerdings war dieses Verfahren zunächst alles andere als industriell. Weder verstand man den Chemismus der ablaufenden Reaktionen, noch waren die eingesetzten Apparate besonders entwickelt, so daß Handarbeit und auf Erfahrung beruhende „Kochrezepte" das Verfahren kennzeichneten. Es bestand darin, ein Gemenge von Schwefel, Salpeter und feuchtem Ton in einem Ofen zu verbrennen und die dabei entstehenden Gase in eine Bleikammer zu leiten, in der das Schwefeldioxid unter katalytischer Einwirkung von Stickoxiden zu Schwefeltrioxid oxidierte und sich mit Wasserdampf zur Säure umsetzte. [III-3.5]

In mehr als einhundert Jahren ist durch ständige Verbesserungen aus diesem einfachen Verfahren eine industrielle Technik entstanden. Entscheidend für die „Industrialisierung" des Bleikammerverfahrens war seine Ausgestaltung zu einem geschlossenen apparativen Kreislauf. Durch Zusatzerfindungen und Verbesserungen in jeder Stufe des Verfahrens ist aus dem ursprünglich handwerklichen Prozeß bis zum Beginn des 20. Jahrhunderts eine hochentwickelte industrielle Technik geworden.

Zu dieser Zeit fand die Schwefelsäureproduktion nach dem Bleikammer- oder Stickoxidverfahren in einem weitgehend geschlossenen Kreislauf statt, der aus fünf Stufen bestand. Die ursprünglich sehr kleinen Bleikammern – die erste von Roebuck hatte nicht einmal 6 m³ Inhalt – waren erheblich vergrößert oder durch Türme ersetzt worden. An Stelle der einfachen Handöfen zur Gewinnung des Schwefeldioxids aus Pyrit oder Naturschwefel waren zunächst Etagenöfen, dann Drehrohr- oder Wirbelschichtöfen getreten, die bei einer besseren Energieausnutzung ein Vielfaches an Gasleistung brachten. Statt des elementaren Schwefels setzte man meistens Pyrit ein, dessen Wirtschaftlichkeit durch die Verwertung der Abbrände, wie beispielsweise Kupfer, erheblich verbessert worden war.

Ein wichtiger Fortschritt war die sorgfältige Reinigung der „Röstgase" von Staub und anderen Verunreinigungen. Anfang des 20. Jahr-

Schwefelsäure war bereits aus der alchimistischen Literatur des Mittelalters bekannt. Erste sichere Berichte über die Herstellung des „göttlichen Wassers" stammen aus der Zeit um 1300. Als Ausgangsmaterial dienten verwitterte Rückstände des Vitriolschiefers, die mit Wasser ausgelaugt wurden. Die dabei anfallende Lauge wurde nach der Filtration eingedampft. Als fester Rückstand entsteht roher Vitriolstein. Bei starkem Erhitzen in tönernen Retorten zerfällt dieser in festes Eisenoxid, Aluminiumoxid und gasförmiges Schwefeltrioxid; aus dem letzten Anteil gewinnt man schließlich durch Einleiten in reines Wasser Schwefelsäure. Der Holzschnitt aus dem 16. Jahrhundert zeigt einen Schritt dieses recht umständlichen Verfahrens zur Gewinnung von Schwefelsäure.

hunderts benutzte man dazu Flug-Staubkammern, die dann von elektrischen Verfahren mit einer wesentlich höheren Reinigungsleistung abgelöst wurden. Sehr günstig auf die Wirtschaftlichkeit der Produktion wirkte sich die Nutzung der Wärme aus, die in den Röstgasen enthalten ist. Diese Wärme ist für den Verlauf der Schwefelsäurebildung störend, so daß Röstgase gekühlt werden mußten. Dabei ging viel Wärmeenergie verloren, die man dann bei der Konzentration der Schwefelsäure am Ende des Verfahrens wieder neu herstellen mußte.

Eine geniale Lösung dieses Problems brachte der von dem Engländer Glover um 1860 eingeführte Gegenstromreaktor, der „Glover-Turm". In diesem Turm wird die stickstoffhaltige (nitrose) Schwefelsäure, die am Ende des Kammerprozesses austritt, zum Kühlen der Röstgase von etwa 400 auf 100 Grad Celcius benutzt. Dabei wird gleichzeitig die Schwefelsäure konzentriert und von Nitrose befreit. Damit wurde das Bleikammerverfahren zu einem geschlossenen Kreislauf, nachdem Gay-Lussac bereits 1827 vorgeschlagen hatte, die stickstoffhaltige Schwefelsäure am Ende des Prozesses wiederzugewinnen, die bis dahin ungenutzt entwich und eine große Umweltbelastung darstellte. Diese Emissionen, aber auch der giftige und schwermetallhaltige Staub der Röstöfen, haben die Umgebung der frühindustriellen Schwefelsäureanlagen stark beeinträchtigt. [VI]

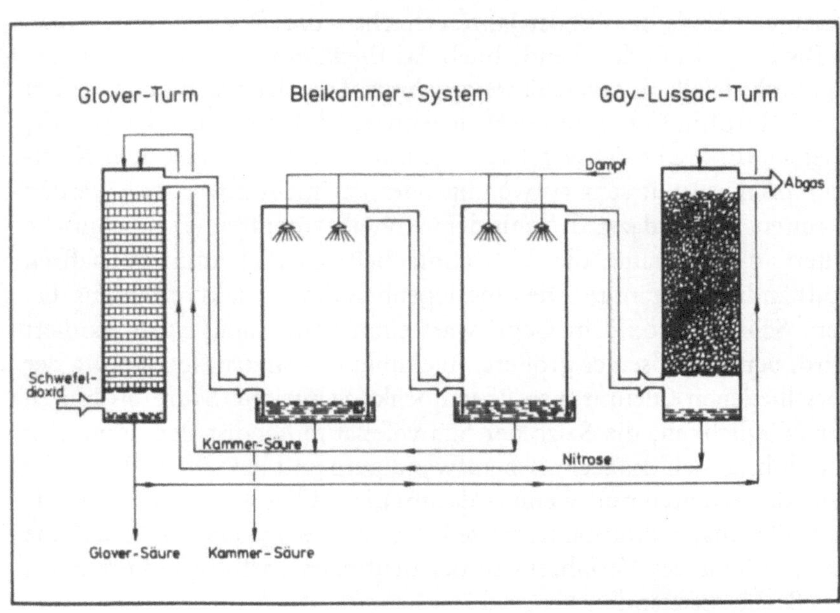

Schema einer Bleikammeranlage zur Herstellung von Schwefelsäure (nach Osteroth): Heißes Schwefeldioxidgas aus den Röstöfen tritt in den Glover-Turm ein und strömt der Schwefelsäure, die Nitrosegase enthält, entgegen. Die nitrosen Gase entweichen dabei und werden zusammen mit Schwefeldioxid in das Bleikammersystem geführt, in das Wasserdampf eingeblasen wird. Hier findet die Umsetzung zu Schwefelsäure statt. Die Abgase aus dem Bleikammersystem strömen zum Gay-Lussac-Turm und werden hier mit Glover-Säure ausgewaschen. Die Schwefelsäure aus dem Glover-Turm nimmt dabei nitrose Gase auf und wird im Kreislauf wieder zurück zum Glover-Turm geführt.

Gay-Lussac ging es jedoch weniger um Umweltschutz als darum, wertvolle Stickoxide rationell zu verwenden, die man als Katalysator für das Verfahren benötigte und die damals aus dem knappen und teuren Chilesalpeter gewonnen werden mußten. Durch Bindung an Schwefelsäure konnte man in dem „Gay-Lussac-Turm" die Nitrose binden und dann im Glover-Turm wieder austreiben.

Die Beherrschung der Reaktionen und ihre Verknüpfungen zu einem Kreislauf ist nur eine Vorbedingung zur „Industrialisierung" des Bleikammerverfahrens. Die andere besteht darin, die Chemie-Apparate und die erforderlichen Maschinen zu konstruieren, die für den Kreislauf unentbehrlich sind. Dazu bedarf es Maschinen, Pumpen, Ventile, Meß- und Regeltechniken sowie spezieller Werkstoffe, die hitze- und gleichzeitig säurebeständig sind. All das zeigt, daß die Industrialisierung der Chemie nicht als isolierter Vorgang gesehen werden kann, sondern als ein Prozeß, der eng mit der Entwicklung anderer Industriezweige verknüpft ist.

Umgekehrt ist die Industrialisierung ohne eine leistungsfähige Schwefelsäureindustrie kaum denkbar. Auf der Basis des entwickelten Bleikammerverfahrens entfaltet sich die Schwefelsäureindustrie und mit ihr auch die moderne Chemieindustrie. Das führende Land war dabei, wie in den meisten anderen Branchen auch, Großbritannien. Mitte der 1860er Jahre produzierte das Vereinigte Königreich bereits rund 380 000 t Schwefelsäure, eine Größenordnung, die im Deutschen Reich erst Ende der 1880er Jahre erreicht wurde [7].

Bis zur Jahrhundertwende blieb das Bleikammerverfahren das einzige industrielle Schwefelsäureverfahren. Erst der wachsende Bedarf der Farbstoffindustrie an hochkonzentrierter Säure und Oleum (SO_3 oder in 100%iger Schwefelsäure gelöstes SO_3), die nach dem Kammerverfahren nur sehr aufwendig oder gar nicht gewonnen werden konnten, führte dazu, daß mit dem Kontaktverfahren eine technische Alternative entstand, die dann allmählich das Bleikammerverfahren vollständig verdrängte. Die Überlegenheit des Kontaktverfahrens, bei dem Schwefeldioxid in Gegenwart eines Platinkatalysators oxidiert wird, beruht auf seiner größeren Flexibilität: von der Gewinnung der verschiedenen Oleumtypen über hochkonzentrierte Säure bis hin zu der Möglichkeit, die Salze der Schwefelsäure herzustellen. Zunächst aber lohnte sich das technisch aufwendigere und deshalb auch teurere Kontaktverfahren nur, wenn es darum ging, Oleum für die Farbstoff- oder Pharmaproduktion herzustellen. Daher ist es kein Zufall, daß die Entwicklung des Verfahrens in der deutschen Farbstoffindustrie, bei der BASF, stattfand.

1897 gelang Rudolf Knietsch bei der BASF die technische Durchführung des Kontaktverfahrens, das schon bald von den anderen
großen Farbstoffunternehmen übernommen wurde. Aber noch in den
1930er Jahren wurde selbst in Deutschland, das zu dieser Zeit die
fortgeschrittenste chemische Technik besaß, etwa die Hälfte der
Schwefelsäure mit dem Stickoxid-Verfahren hergestellt. Erst nach
dem Zweiten Weltkrieg ist es weitgehend verschwunden.

Hauptsächlich aus Gründen des Umweltschutzes entwickelte die
Bayer AG Anfang der 1960er Jahre ein Doppelkontaktverfahren, das
eine nahezu 100%ige Umsetzung des Schwefeldioxids ermöglicht und
damit zu einer wesentlichen Verminderung der nach wie vor großen
Stickoxidemissionen führte[8].

Aufgrund ihrer engen Verbindung mit anderen Produktionslinien
war und ist die Schwefelsäureproduktion in den meisten Fällen in
einen größeren Unternehmensverband eingegliedert. Reine Schwefel-
säurewerke gab es zwar auch, die Anlagen gehörten jedoch in der
Regel zu diversifizierten Großbetrieben. Infolge der skizzierten technischen Entwicklung, aber vor allem weil der Bedarf in einer rasch

*Moderne Schwefelsäure-Fabrik bei
der Firma Bayer in Leverkusen.*

wachsenden Industrie stetig zunahm, verzeichnete die Schwefelsäureproduktion über viele Jahrzehnte ein nahezu stetiges Wachstum. 1880 betrug die Weltproduktion (bezogen auf Monohydrat) 1,4 Millionen Tonnen, 1913 über sieben Millionen Tonnen und erreichte in der Zeit zwischen den Weltkriegen 1937 ein Volumen von fast 16 Millionen Tonnen.

1987 wurden jährlich etwa 150 Millionen Tonnen Schwefelsäure produziert. Auch wenn die Technik mittlerweile überall verfügbar ist und Anlagen gewissermaßen von der Stange gekauft werden können, sind die Standorte nach wie vor auf die großen Industrieländer konzentriert. Allein auf die drei größten westlichen Chemieländer USA, Japan und die Bundesrepublik Deutschland entfallen fast 36% der Gesamtmenge. Mit einem Anteil von knapp 19% bzw. 6% gehören auch die UdSSR und China zu den großen Produktionsstandorten.

Neben der Entwicklung eines großtechnischen Schwefelsäureverfahrens steht die Herstellung von *Alkalien*, insbesondere von *Natriumcarbonat, Soda* (Na_2CO_3), am Beginn der modernen industriellen Chemie. Soda wird zur Herstellung von Glas und Seife benötigt und vor allem in der Textilindustrie beim Waschen, Walken, Färben und Appretieren. Außerdem diente Soda als Ausgangsprodukt für Ätznatron ($NaOH$), das man zur Produktion von Natriumsalzen, als Aufschlußmittel für Zellstoff, in der Kunstseidenindustrie, für Waschmittel, Farbstoffe und viele andere Verwendungen benutzt. [III-3.5]

Das Textilgewerbe war die Basis des Industrialisierungsprozesses und bis zum Beginn des 20. Jahrhunderts die größte Industrie überhaupt. Ihre Entwicklung ist schwerlich vorstellbar ohne die Vorleistungen der Chemie, die von Bleich- und Waschmitteln über Appreturen bis hin zu den synthetischen Farbstoffen für das Wachstum der Textilindustrie unverzichtbare Vorprodukte liefert. Ihre Stellung entspricht der heutigen Bedeutung der Kraftfahrzeugindustrie, ebenfalls eine dynamische Wachstumsbranche, die ohne die Vorleistungen der Chemie kaum existieren könnte.

Die natürlichen Sodaquellen, etwa die Natursoda aus den Natronseen in Ägypten oder die aus Pflanzenasche gewonnene Soda, reichten bei weitem nicht aus, den riesigen Bedarf der Textilindustrie zu befriedigen. Auch der Einsatz der alternativ verwendeten Pottasche hatte enge Grenzen. Daher versuchte die staatliche Wirtschaftsförderung in Frankreich bereits in der Mitte des 18. Jahrhunderts, durch besondere Anreize die Entwicklung von Syntheseverfahren zu fördern. Ende des 18. Jahrhunderts gelang es Nicolaus Leblanc (1742–1806), ein Verfahren zu erarbeiten, auf dem die industrielle Sodaproduktion bis weit in die zweite Hälfte des 19. Jahrhunderts beruhte. Dabei handelte es sich um einen mehrstufigen, stark mit Vor- und Nebenproduktlinien vernetzten Prozeß, der unter anderem die Verfügbarkeit eines leistungsfähigen Schwefelsäureverfahrens voraussetzte. Abgesehen von der Schwefelsäure benötigt das Leblanc-Verfahren als Rohstoffe Kochsalz (Natriumchlorid, NaCl), Kalkstein (Kalziumcarbonat, $CaCO_3$) und Koks. [III-3.5]

Im ersten Verfahrensschritt werden in einem Sulfat-Ofen bei hoher Temperatur aus Natriumchlorid und Schwefelsäure Natriumsulfat (Na_2SO_4) gewonnen, wobei als Nebenprodukt Salzsäure (HCl) entsteht. Im zweiten Schritt wird das Natriumsulfat mit Koks zu Natriumsulfid reduziert, und das Sulfid mit Kalkstein zu der Rohsoda umgesetzt. Hierbei gibt es als Nebenprodukte Kohlendioxid (CO_2) und Calciumsulfid (CaS). Durch Auslaugen mit Wasser wird anschließend die Rohsoda von diesen Nebenprodukten und anderen Verunreinigungen getrennt. Danach wird die Sodalauge in Pfannen eingedampft, und schließlich entsteht aus dem dabei erhaltenen Kristallbrei durch Kalzinieren die reine Soda. Durch Lösen in Wasser und weiteres Kristallisieren kann der Reinheitsgrad noch erhöht werden. Ebenso wie das Bleikammerverfahren erforderte der Leblanc-Prozeß die Entwicklung geeigneter Apparate, wie säurefeste Sulfatöfen, Glüh-, Eindampf- und Kalzinieröfen. Allerdings ließ sich das Verfahren nicht in einem geschlossenen Kreislauf durchführen und blieb daher nach dem oben skizzierten Begriff von Industrie vorindustriell. Dennoch diente es als Basis einer großen Produktion.

Entscheidend für die Wirtschaftlichkeit war neben der ökonomischen Prozeßführung vor allem die Nutzung der großen Nebenprodukte Salzsäure und Calciumsulfid. Das einfache Ablassen der Salzsäuredämpfe stellte eine erhebliche Umweltgefährdung dar. Zunächst versuchte man, durch sehr hohe Schornsteine die Emissionen möglichst weiträumig zu verteilen und damit zu entschärfen. Die wachsende Umweltbelastung führte schließlich aber zu einem der ersten Umweltgesetze in der Geschichte der Industrie, dem Alkali Act von 1863 in Großbritannien. Es verpflichtete die Produzenten, mindestens 95% der entstehenden Salzsäure umweltgerecht zu entsorgen[10]. Das gelang durch Kondensation der Dämpfe und das Auswaschen der Reste in speziellen Gaswäschern, wie sie bereits seit 1836 zur Verfügung standen.

Es ist charakteristisch für chemische Verfahren, daß für die dabei gewonnene Salzsäure wirtschaftliche Verwendungsmöglichkeiten gefunden wurden. Durch Oxidation mit Manganoxid, nach einem 1866 in England vorgeschlagenen Verfahren, gewann man Chlor aus der Salzsäure. Auch durch katalytische Oxidation mit dem Sauerstoff der Luft gelang es, aus der Salzsäure Chlor zu gewinnen. Auf diese Weise wurde der Leblanc Prozeß für lange Zeit die Grundlage der industriellen Chlorproduktion. Zwar entstand mit dem Ammoniak-Soda-Verfahren von Ernest Solvay (1838–1922) in den 1860er Jahren eine überlegene technische Alternative, die gute Nutzung der Nebenprodukte, vor allem die Verbindung mit der Chlorgewinnung, sicherte dem Leblanc-Soda-Verfahren jedoch bis zum Anfang des 20. Jahrhunderts die Existenz. Erst die Durchsetzung der elektrochemischen Chloralkaliengewinnung entzog dem Leblanc-Verfahren die Grundlage.

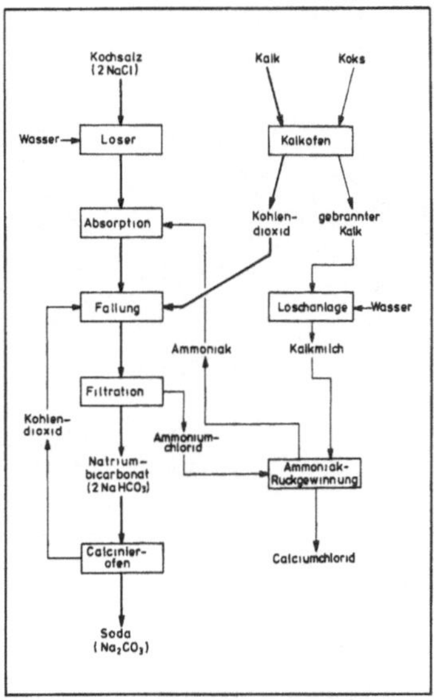

Die Möglichkeit, Soda, alternativ zu dem Leblanc-Verfahren, aus Kochsalz und Ammoniak herzustellen, war den Chemikern schon lange vor der industriellen Umsetzung theoretisch bekannt. Aber erst Anfang der 1860er Jahre gelang es Ernest Solvay, den Prozeß in technische Dimensionen zu übersetzen. Solvay ging es in erster Linie um die Verwertung des Ammoniaks, das bei der Gaserzeugung in den Kokereien anfällt. Sein Verfahren beruht darauf, konzentrierte Kochsalzlösung mit gasförmigem Ammoniak zu sättigen und dann Natriumbicarbonat durch Einleiten von Kohlendioxidgas auszufällen. Anschließend wird das Rohbicarbonat von der Mutterlauge durch Filtern getrennt und durch Kalzinieren reine Soda gewonnen.

Als Rohstoffe für das Ammoniak-Soda-Verfahren dienen konzentrierte Kochsalzlösung, also Wasser und Salz, sowie Kalkstein. Das Kohlendioxid erhielt man durch Brennen des Kalksteins mit Koks. Das Ammoniakgas verbleibt nach dem Ausfiltern des Rohbicarbonats in der Lauge und kann daraus wiedergewonnen werden, so daß beim Ammoniak im wesentlichen nur die Betriebsverluste ersetzt werden müssen. Hinzu kommt Koks für das Kalkbrennen, Kohle für die Kalzinieröfen und nicht zuletzt Wasser zur Gewinnung der Sole, als Kühlmittel und für die Dampferzeugung[11].

Für die Entwicklung der modernen Chemieindustrie hat das Solvay-Verfahren eine Schlüsselrolle gespielt, und noch heute ist es die Basis der Sodaproduktion. Durch eine geschickte Unternehmensstrategie ist es Ernest Solvay gelungen, sein Verfahren weltweit auszunutzen. 1863 gründete er in Belgien die Solvay & Cie., die noch heute zu den großen internationalen Unternehmen der chemischen Industrie zählt. In der Folgezeit gründete Solvay ausländische Tochtergesellschaften, darunter die Solvay Process Company (1881) in den USA, die Deutsche Solvay-Werke AG in Bernburg (1885) und vergab Lizenzen, unter anderem an Brunner, Mond & Co. in England und den

Ebenso wie beim Leblanc-Prozeß zur Gewinnung von Soda dient beim Herstellungsverfahren von Ammoniak-Soda nach den Überlegungen von Solvay das Kochsalz als Ausgangsprodukt. Leitet man in eine mit Ammoniakgas gesättigte wäßrige Kochsalzlösung Kohlendioxid ein, so fällt schwerlösliches Natriumcarbonat aus, das abfiltriert wird und beim anschließenden Erhitzen zu Soda zerfällt. Das notwendige Kohlendioxid bekommt man durch Brennen von Kalkstein. Bei dieser Reaktion bildet sich gleichzeitig Ammoniumchlorid, d.h. das Ammoniaksalz der Salzsäure, das gelöst im Filtrat zurückbleibt. Um Ammoniak zurückgewinnen und erneut im Kreislauf einsetzen zu können, stellt man aus dem gebrannten Kalk Kalkmilch her, die aus dem Ammoniumchlorid Ammoniak freizusetzen vermag, während das Calciumchlorid in der Lösung verbleibt. Dieses läßt sich dann allerdings nur zum geringen Teil wirtschaftlich nutzen und geht zum beträchtlichen Teil in das Abwasser.

Aussiger Verein in Österreich-Ungarn. Zwar konnte sich die Leblanc-Soda-Industrie noch eine Zeitlang behaupten, sie wurde jedoch in jeder Beziehung von der Ammoniak-Soda-Industrie überflügelt, die Anfang des 20. Jahrhunderts weltweit den größten Zweig der chemischen Industrie bildete [12]. Wie eng die Soda-Industrie mit der allgemeinen industriellen Entwicklung verknüpft war, zeigt unter anderem ihr dynamisches Wachstum im letzten Viertel des 19. Jahrhunderts, als ihre Produktion innerhalb von nur 25 Jahren von 555000 Tonnen im Jahr auf über 1,7 Millionen Tonnen expandierte.

Eine wesentliche Änderung der technischen Strukturen der Chlor-Alkalie-Industrie brachte die Entwicklung der Elektrochemie [13], deren naturwissenschaftliche Grundlagen vom Beginn des 19. Jahrhunderts stammen. Die technische Entwicklung wurde jedoch erst möglich, nachdem die Elektrotechnik leistungsfähige Stromerzeugungsverfahren bereitgestellt hatte. Das erlaubte unter anderem die Nutzung elektrischer Energie zur Zerlegung chemischer Verbindungen mit Hilfe der Elektrolyse. Diese beruht darauf, daß bei Anlegen eines Gleichstroms die elektropositiven Ionen eines Elektrolyts, wie zum Beispiel einer Natriumchloridschmelze, zum negativen Pol – der Kathode – und die negativen Ionen zum Pluspol – der Anode – wandern. So läßt sich Natriumchlorid in Chlorgas und Natriumhydroxid (Ätznatron) zerlegen. Das funktioniert aber nur, wenn man verhindert, daß sich die unterschiedlich geladenen Ionen in der Elektrolyseflüssigkeit wieder zum Chlorid zusammenschließen.

Die entscheidende Basis-Innovation zur Lösung dieses Problems war 1890 die Diaphragma-Zelle aus Zement von Ignaz Stroof, worauf die Chemische Fabrik Griesheim Elektron ihre Alkali-Chlorid-Elektrolyse aufbaute. Diesem ersten Durchbruch folgten weitere verbesserte Diaphragma-Zellen, auf die hier im einzelnen nicht eingegangen werden kann. Eine Alternative zu diesen Diaphragma-Zellen stellte die Quecksilberzelle dar. Hier wird das positive Natriummetall mit Quecksilber amalgamiert, das man in den Kathodenraum der Zelle einströmen läßt. Durch Zersetzung im Gegenstrom mit Wasser wird anschließend aus dem Amalgam Natronlauge, Wasserstoff und Quecksilber gewonnen, das wieder in der Zelle eingesetzt werden kann. Auf der anderen Seite wird das Chlor entnommen. Durchgesetzt hat sich die Quecksilberzelle jedoch erst nach zahlreichen Verfahrensverbesserungen und nach der Optimierung der eingesetzten Apparate in den 1920er Jahren.

Der Vorteil des Amalgam-Verfahrens liegt hauptsächlich in der Reinheit der Produkte Natronlauge und Chlor. Ein wesentlicher

Grund für seine Durchsetzung lag daher in der Nachfrage nach reiner
Natronlauge, vor allem durch die schnell expandierende Kunstseidenindustrie, auf die noch eingegangen wird. Es erfordert allerdings eine
höhere Stromspannung und besitzt mit möglichen Quecksilberemis-
sionen ein relativ hohes Gefährdungspotential für die Umwelt, das
durch entsprechende Aufwendungen minimiert werden muß. Nicht
zuletzt deshalb ist schließlich mit dem Membranverfahren eine Alternative entwickelt worden, die den Vorteil großer Produktreinheit mit
einem geringeren Energieverbrauch verbindet und den Einsatz der
„Risiko-Stoffe" Quecksilber und Asbest überflüssig macht. Das Prinzip besteht darin, Membranen aus speziellen Kunststoffen einzusetzen,
die zwar die Ionen, nicht aber die Flüssigkeit durchlassen [14].

Aufgrund seiner großen Bedeutung für viele Bereiche der modernen chemischen Technik hat Chlor die Schwefelsäure als Gradmesser
für den Produktions- und Entwicklungsstand der chemischen Industrie abgelöst. Die Verteilung der Chlorproduktion auf die wichtigsten
Länder entspricht der ihrer jeweiligen Bedeutung als Chemiestandort.
Der größte Teil des Chlors dient zur Produktion organischer Chlor-
verbindungen für die verschiedensten Zwecke: von Lösungsmitteln
über Massenkunststoffe wie Polyvinylchlorid und Pflanzenschutzprodukte bis hin zu Medikamenten. Nach wie vor wird Chlor als Bleich-
mittel für Zellstoff und als Desinfektionsmittel zur Wasserbehandlung

Moderne Anlage zur Chlorelektro-
lyse bei der Firma Bayer in Lever-
kusen.

genutzt. 1987 wurden weltweit etwa 36 Millionen Tonnen Chlor nach den verschiedenen Elektrolyseverfahren hergestellt.

Da bei der Verbrennung chlor-organischer Verbindungen giftige Produkte entstehen können, gehören entsprechend sorgfältige Entsorgungstechniken zu einer modernen Chlorchemie. Insbesondere die Beseitigung von chlorhaltigen Lösungsmitteln wird in der Regel in aufwendigen Sondermüll-Verbrennungsanlagen geleistet, so daß mögliche Umweltgefährdungen minimiert werden. Lange Zeit galt die Verbrennung auf hoher See als Stand der Technik, die allerdings in der letzten Zeit nicht mehr akzeptiert wird, weil sie zu einer bedenklichen Belastung der Meere führt. Trotz der Entsorgungsmöglichkeiten ist die sogenannte „Chlorchemie" nicht unumstritten. In der chemischen Industrie werden daher weitere Anstrengungen unternommen, den Einsatz einerseits durch Entwicklung chlorfreier Lösungsmittel einzuschränken und dort, wo sie unentbehrlich sind, möglichst geschlossene Produktionskreisläufe einzurichten, bei denen keine chlororganischen Verbindungen als unerwünschte Abfallprodukte entstehen. Umweltbelastungen oder gar die Gefährdung von Menschen durch die Produktion oder die Verwendung von Chlor ist daher in einer modernen, hochentwickelten Chemie weitgehend ausgeschlossen[15].

Stickstoff gehört zu den wichtigsten Grundstoffen der chemischen Industrie. In der Natur kommt er in technisch unerschöpfbarer Menge in der Luft vor, die zu 78 Volumenprozent aus Stickstoff besteht. Außerdem tritt er in mineralischen Verbindungen als Natronsalpeter ($NaNO_3$, Chilesalpeter) und Kalisalpeter (KNO_3) auf sowie als Fäulnisprodukt in Ammoniak (NH_3). Organische Stickstoffverbindungen wie die Proteine und Proteide sind Grundbausteine des Lebens[16].

Die Anfänge der Stickstoffchemie gehen zurück auf die Entdeckung Justus Liebigs (1803–1873), daß das Wachstum der Pflanzen unter anderem von ihrer Ernährung mit Stickstoff abhängig ist. Da die natürliche Stickstoffanreicherung im Boden etwa durch Fäulnis oder stickstoffbildende Pflanzen relativ langsam verläuft, kann das Pflanzenwachstum und damit die Ertragskraft der Nutzflächen durch mineralische Stickstoffverbindungen ganz erheblich beschleunigt werden. Die Rohstoffbasis für Stickstoffdünger war zunächst der Chilesalpeter, der von europäischen und nordamerikanischen Unternehmen gefördert und im Lande aufbereitet, in die Industrieländer transportiert und dort zu Düngemitteln, Salpetersäure und Nitrid verarbeitet wurde. Eine andere Stickstoffquelle bildete die Ammoniakproduktion der Kokereien. Durch Umsetzung mit Schwefelsäure läßt sich aus dem

Ammoniak Ammonsulfat $(NH_4)_2SO_4$ herstellen, das als Düngemittel eingesetzt werden kann, und die katalytische Oxidation von Ammoniak liefert Nitrate. [III-3.5]

Der größte Teil des Stickstoffs dient zur Düngemittelherstellung. Stickstoff ist aber auch für die Herstellung von synthetischen Farbstoffen, Medikamenten, Kunststoffen und Explosivstoffen unentbehrlich. Damit ist er wie Chlor und Schwefelsäure ein Schlüsselprodukt der chemischen Industrie. Für die technischen Stickstoffe brauchte man bis zum Beginn des 20. Jahrhunderts ebenfalls Chilesalpeter und Ammoniak bzw. die daraus gewonnenen Nitriermittel wie die Salpetersäure (HNO_3) oder Natriumnitrit als Ausgangsprodukte. Diese Rohstoffbasis war begrenzt. Außerdem hatte Chile, d.h. ein verhältnismäßig abgelegenes südamerikanisches Land, praktisch ein Monopol, das von den wenigen Anbietern zur Durchsetzung hoher Preise genutzt wurde. Etwa zwei Drittel der 300000 t Stickstoff, die um 1900 weltweit verbraucht wurden, stammten aus Chile. Der Rest kam aus den Kokereien der Industrieländer, hauptsächlich England, USA, Deutschland und Frankreich [17].

Daher war es nicht verwunderlich, daß die Möglichkeit zur Gewinnung des Luftstickstoffs nicht nur den Ehrgeiz von Wissenschaftlern, sondern auch von Politikern und Industriellen anspornte. Das erste Verfahren, mit dem dies gelang, war das elektrothermische Calciumcyanamid-Verfahren von Adolf Frank (1834–1916) und Heinrich Caro (1904) [18]. Seine Grundlage ist die von Karl Linde (1842–1934) entwickelte Technik der Luftzerlegung bei tiefen Temperaturen, bei der unter anderem flüssiger Stickstoff gewonnen wird. Frank-Caro produzierten in einem Lichtbogenofen aus Kalk und Kohle Calciumcarbid, das in „Azotierungsöfen" mit dem Linde-Stickstoff zu Calciumcyanamid $(CaCN_2)$ verbunden wird. Da das Verfahren sehr energieaufwendig ist, hängt seine Wirtschaftlichkeit von der Verfügbarkeit preiswerter Elektrizität ab. Besonders günstige Standorte waren daher Wasserläufe, die sich zur Anlage von Wasserkraftwerken eigneten, wie etwa die europäischen Alpen, Norwegen oder bestimmte Regionen in Nordamerika. Die industrielle Durchsetzung des Verfahrens begann 1905 mit ersten Anlagen in Italien und Deutschland, und sehr rasch folgte die Verbreitung in den USA.

Trotz der erfolgreichen Einführung des Frank-Caro-Verfahrens ging die Suche nach technischen Lösungen zur Stickstoffgewinnung weiter. Der nächste – etwa gleichzeitige – Erfolg war das Lichtbogenverfahren von Christian Birkeland (1867–1917) und Eyde, das in Zusammenarbeit mit Schönherr technisch ausgearbeitet wurde. Es beruht darauf, daß sich bei sehr hohen Temperaturen, wie sie im Lichtbogen elektrisch erzeugt werden können, der Luftstickstoff oxidieren läßt. Wegen seines hohen Energieverbrauchs hat sich das Lichtbogenverfahren selbst an den besonders begünstigten Standorten, wie an norwegischen oder nordamerikanischen Wasserfällen, aus wirtschaftlichen Gründen nicht behaupten können. Für seine Anwendung gründeten norwegische Industrielle zusammen mit der schwedischen Wallenberg-Gruppe und der Interessengemeinschaft aus BASF, Farbenfabriken Bayer und Agfa die Norsk Hydro AS, die noch heute weltweit zu den Marktführern in der Stickstoffindustrie zählt.

Der innovative Durchbruch in der Stickstoffindustrie kam 1913 mit dem Ammoniaksynthese-Verfahren von Fritz Haber (1868−1934) und Carl Bosch (1874−1940). Der weitaus größte Teil des Stickstoffs wird heute mit Hilfe dieser Technik gewonnen, die 1909 von Haber im Labor und 1910/12 von Bosch bei der BASF technisch entwickelt worden ist. Aufgrund der thermokinetischen Bedingungen, unter denen Stickstoff mit Wasserstoff zum Ammoniak hydriert werden kann, war es erforderlich, für die Synthese Anlagen zu entwickeln, die extremen Anforderungen an Druck- und Temperaturbeständigkeit genügten. Dies gelang mit einem Doppelkontaktofen, der innen aus wasserstoffresistentem Weicheisen besteht, das von einem Druckbehälter aus Stahl umgeben ist. Neben diesem apparativen Teil war die Suche nach technisch brauchbaren Katalysatoren entscheidend, denn nur bei Einsatz eines Katalysators kann mit beherrschbaren und wirtschaftlich sinnvollen Druck- und Temperaturverhältnissen gearbeitet werden. In Tausenden von Versuchen fand Alwin Mittasch (1869− 1953) schließlich sogenannte Mischkatalysatoren aus Eisen und oxidischen, nicht reduzierbaren Verbindungen wie Aluminiumoxid, Kaliumoxid, Silicium oder Calciumoxid. Damit gelang es bei rund 200 Atmosphären Druck und etwa 550 Grad Celsius, Ammoniak durch Hydrierung von Stickstoff zu synthetisieren. Die erste großtechnische Anlage nahm im Herbst 1913 den Betrieb auf[19]. [III-3.5; III-3.7]

Den Wasserstoff für die Ammoniaksynthese stellte man aus sogenanntem Synthesegas her, das durch Koksvergasung in Gegenwart von Wasserdampf in speziellen Generatoren produziert wurde. Dieses Synthesegas besteht je nach Technik und eingesetztem Rohstoff überwiegend aus Kohlenmonoxid und -dioxid, Wasserstoff und Stickstoff. Es enthält aber auch Methan, Schwefelwasserstoff und freien Sauerstoff. Da in der Synthese nur Stickstoff und Wasserstoff vorhanden sein dürfen, muß das Gas nicht nur komprimiert, sondern vor allem von den unerwünschten Bestandteilen getrennt werden. Zunächst wird das Gas komprimiert und dann entschwefelt. Danach wird Kohlenmonoxid im CO-Konverter katalytisch zu CO_2 umgesetzt, das in mehreren Schritten sorgfältig aus dem Gas entfernt wird. Nach der weiteren Kompression auf den erforderlichen Druck und einer katalytischen Feinstreinigung geht dann das reine Wasserstoff-Stickstoffgemisch in dem genau eingestellten Mischungsverhältnis von 76 zu 24 in den Hochdruckreaktor. Die gründliche Reinigung des Synthesegases ist erforderlich, weil die unerwünschten Begleiter den Katalysator vergiften, wenn sie nicht entfernt werden. Das aus dem Reaktor kommende flüssige Ammoniak wird gekühlt und entspannt und schließlich in Vorratsbehältern eingelagert.

Zu dem ursprünglichen Haber-Bosch-Verfahren, das 1910/12 von der BASF entwickelt wurde, sind im Laufe der Zeit Variationen entwickelt worden, die im Prinzip jedoch genauso arbeiten. Im Zweiten Weltkrieg wäre es ohne das Haber-Bosch-Verfahren zu erheblichem Munitionsmangel gekommen und später war es aus der Versorgung der Landwirtschaft mit ausreichenden Düngemitteln nicht wegzudenken.

Durch leistungsfähigere Anlagen konnte im Laufe der Zeit die Leistung der Syntheseanlagen ganz erheblich gesteigert werden. Statt der ursprünglichen Tagesleistung von 85 Tonnen wird heute mit Kapazitäten von 1500 Tagestonnen gearbeitet. Auch die Rohstoffbasis hat sich verändert. Bis Mitte des 20. Jahrhunderts stammten etwa 90% des Wasserstoffes für die Ammoniaksynthese aus Kohlevergasung. Heute arbeitet man überwiegend mit Erdgas oder Erdöl bzw. Erdölderivaten wie Naphta, das in Steam-Reformern zu Wasserstoff und Kohlenmonoxid verarbeitet wird. Da diese Rohstoffe Schwefel enthalten, müssen sie bereits vor dem Reformer entschwefelt werden. Die folgenden Schritte entsprechen dem skizzierten Synthese-Verfahren auf der Grundlage von Generatorgas [20].

Die rasche Diffusion der Ammoniak-Synthesetechnik in den Industrieländern, die etwa Ende der 1920er Jahre abgeschlossen war, führte dazu, daß Stickstoff innerhalb weniger Jahre von einem relativ knappen Natur- zu einem preiswerten Industrierohstoff wurde [21]. 1920, als die Diffusion des Syntheseverfahrens begann, betrug die Weltstickstoffproduktion rund 900000 t. Nach Abschluß der Diffusionsphase am Ende der 20er Jahre waren es etwa 2 Millionen Tonnen. 1950 erreichte die Produktion 4 Millionen Tonnen, um danach mit einer jährlichen Rate von fast 10 Prozent bis 1980 auf mehr als 74 Mio. t außerordentlich dynamisch weiterzuwachsen. Rein quantitativ betrachtet, scheint sich der Weltmarkt seitdem in einer Sättigungszone zu bewegen, so daß weitere hohe Wachstumsraten kaum noch zu erwarten sind. So nahm etwa die Stickstoffproduktion bis 1990 trotz eines weltweiten Booms in der chemischen Industrie „nur" um 0,3 Prozent pro Jahr auf knapp 90 Millionen Tonnen zu.

Das Wachstum der Ammoniaksyntheseindustrie löste nicht nur das Problem der Versorgung mit Stickstoffdüngemitteln, sondern bildete auch eine Basis für nachgelagerte Techniken in der Chemie, insbesondere in der Kunststoff- und Kunstfaserindustrie, der wir uns später zuwenden. Entscheidend für die Bewertung der Technik ist jedoch fraglos die Tatsache, daß die Nahrungsmittelversorgung einer rasch wachsenden Menschheit dank der leichten Verfügbarkeit hochwertiger Stickstoffdünger im Prinzip sichergestellt werden kann. Der zivilisatorische Nutzen liegt mithin ohne weiteres auf der Hand. Demgegenüber ist der Nachteil der teilweise auftretenden Überdüngung der Böden und die damit verbundene Belastung des Wassers und der Agrarprodukte mit Nitraten zwar nicht bedeutungslos, jedoch zweitrangig. Außerdem ist dieses Problem durch einen effizienteren Umgang mit Stickstoffdüngemitteln durchaus lösbar, während die Lebensmittelversorgung von über sechs Milliarden Menschen ohne industrielle Stickstoffproduktion nicht zu gewährleisten wäre. [VI-4.4]

Organische Grundprodukte

Die Anfänge der industriellen organischen Chemie sind eng mit der Steinkohle verbunden, sie ist größtenteils *Kohlechemie*, und bis weit in das 20. Jahrhundert blieb die Steinkohle ihre Grundlage. Sie begann in der zweiten Hälfte des 19. Jahrhunderts mit der Gewinnung aromatischer Grundprodukte für die Farbstoffindustrie und die Arzneimittelproduktion. Als „Aromaten" bezeichnet man *Kohlenwasserstoffverbindungen*, in denen der ringförmige Benzolkern bzw. davon abgeleitete Verbindungen vorkommen. In den 1920er und 30er Jahren folgte die Entwicklung aliphatischer Grundchemikalien – also von Kohlenwasserstoffverbindungen, die im Gegensatz zum Benzol nicht ring- sondern kettenförmig angeordnet sind – für die Herstellung von Kunststoffen. Erst in der zweiten Hälfte unseres Jahrhunderts wurde die Kohle von petrochemischen Rohstoffen, Öl und Erdgas verdrängt. Heute liegt ihr Anteil als Chemierohstoff bei etwa 10 Prozent[22].

Für die Gewinnung organischer Grundprodukte, das heißt der grundlegenden Kohlenwasserstoffverbindungen, die man für die or-

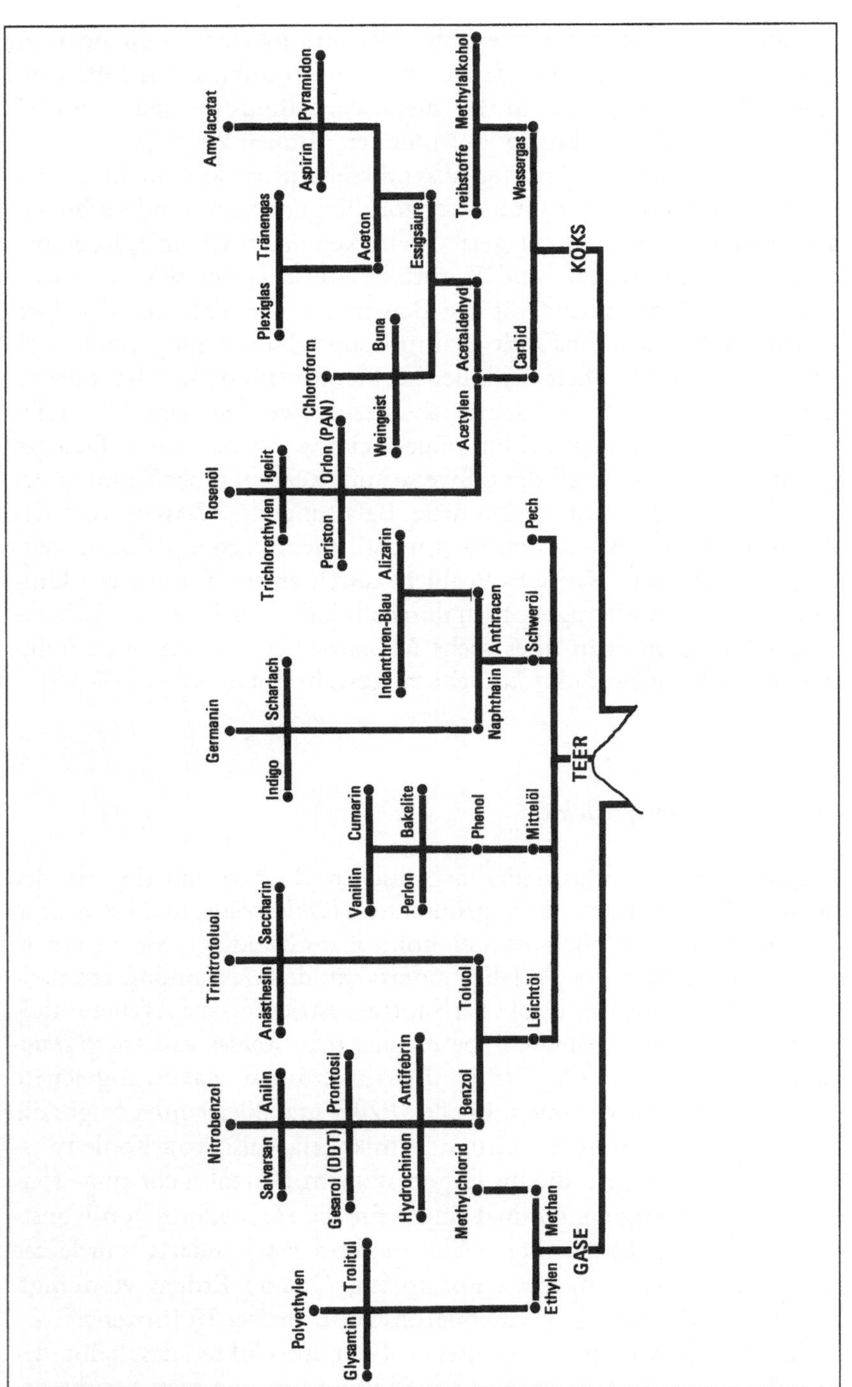

Steinkohle-Stammbaum.

ganische Technik – wie Benzol, Toluol, Phenol oder Anthracen – aus der Kohle benötigt, gibt es grundsätzlich drei Verfahren: die Entgasung in Kokereien, die Vergasung zu Synthesegas und die Hydrierung zu gasförmigen oder flüssigen Kohlenwasserstoffen[23]. Der historische Ausgangspunkt war die Kohle-Entgasung. Unter Luftabschluß erhält man im Kokereiofen den Koks, Gas sowie Kohlenwasserstoffe, die kondensiert werden können. So wird mit einem Kühler zunächst der Teer kondensiert und in einer anschließenden Wäsche mit Schwefelsäure Ammonsulfat gewonnen. Durch weiteres Kühlen wird das Benzol entnommen und danach Schwefelwasserstoff entfernt. Am Ende dieses Prozesses bekommt man Kokereigas, das hauptsächlich Wasserstoff, Methan, Stickstoff und die Kohlenoxide enthält. Den Koks brauchte man für die Hüttenwerke, das Gas diente für Heiz- und Beleuchtungszwecke, das Benzol als Brennstoff oder Ausgangsprodukt für die Chemie und das Ammoniak zur Gewinnung von Düngemitteln oder für die Sodaproduktion. Den Steinkohlenteer hatte man dagegen als Rohstoff lange Zeit vernachlässigt.

Das änderte sich mit dem Aufkommen der Farbstoffindustrie, die aus den Derivaten des Teers ihre Zwischenprodukte herstellte. Durch fraktionierende Destillation des Teers gelangt man zu vier Teerölfraktionen mit unterschiedlichen Siedetemperaturen und Pech als Reststoff. Aus dem bis 180 Grad siedenden Leichtöl werden durch Auswaschen mit Schwefelsäure die aromatischen Verbindungen, die ein Stickstoffatom enthalten (Stickstoff-Heterozyklen), gewonnen, wie Pyridin, Picolin und Pyrrol.

Durch Waschen mit Ätznatron werden aus dem Mittelöl, das im Bereich von 180 bis 230 Grad siedet, Aromaten wie Phenol, Kresol oder Xylenole hergestellt. Schweröl mit dem Siedebereich von 230 bis 270 Grad liefert Verbindungen wie das Naphtalin, Chinolin und Indole. Das Anthracenöl, das über 270 Grad siedet, dient vor allem zur Produktion von Anthracen, das für die Farbstoffindustrie eine große Bedeutung hat.

Die Technik der Destillation ist nicht besonders kompliziert, und die Gewinnung der Teerderivate lag weitgehend in den Händen der sogenannten Teerverwertungsindustrie. Allerdings konnten die Ausbeuten, die Effizienz, aber auch die Reinheit der Produkte im Laufe der Zeit durch Verfahrens- und Anlagenoptimierung, die hier nicht im einzelnen beschrieben werden müssen, beträchtlich gesteigert werden. Wie die unterschiedliche Entwicklung der Teerverwertungsindustrie in den verschiedenen Industrieländern zeigt, waren diese Verbesserungen im wesentlichen von der Nachfrage nach solchen weiterentwikkelten Produkten abhängig. So hatte Deutschland mit seiner relativ starken Farbstoff- und Pharmaindustrie die qualitativ am höchsten entwickelte Teerverwertung, während England und die USA, aber auch das zaristische Rußland trotz einer verhältnismäßig großen Kohle- und Koksproduktion keine besonders hochstehende Teerverwertung besaßen.

Außer der Farbstoffindustrie zählt die Holzverarbeitung, Dachpappenindustrie, die pharmazeutische Industrie, sowie der Straßen- und Eisenbahnbau zu den wichtigsten Abnehmern der Teerderivate. Noch heute spielt die Kohle-Entgasung und die Gewinnung aromatischer Grundprodukte aus dem Steinkohlenteer eine wichtige Rolle. Bei der Gewinnung der meisten Kohlenwasserstoffe ist die Kohle gegenüber Erdgas und Erdöl mittlerweile jedoch völlig in den Hintergrund getreten. Grundprodukte wie Ethylen, Propylen usw. und deren Derivate werden heute kaum noch durch Kohle-Entgasung gewonnen.

Neben der Entgasung ist auch die Kohlevergasung ein grundlegendes Verfahren zur Gewinnung organischer Chemieprodukte. Es führt vor allem zum Synthesegas, einem Gemisch, das je nach Verfahrensgestaltung in der Hauptsache aus Kohlenoxiden und Wasserstoff besteht. Die Bedeutung von Synthesegas für die Ammoniaksynthese wurde bereits erwähnt. Mit der Methanolsynthese aus Synthesegas hat die BASF zu Beginn der 20er Jahre ein grundlegendes Syntheseverfahren für die organische Chemie erschlossen, das auf der Kohleverwertung aufbaut. Dahinter stand eine Forschungs- und Entwicklungsstrategie, deren Ziel es war, mit Hilfe der katalytischen Hochdruckhydrierung alle gewünschten Kohlenwasserstoffe zu gewinnen [24].

Methanol (CH_3-OH) ist eines der wichtigsten organischen Grundprodukte, von dem heute weltweit über 10 Millionen Tonnen synthetisch hergestellt werden. Es dient als Löse- und Extrahiermittel, zur Methylierung organischer Verbindungen und über Formaldehyd, das durch katalytische Oxy-Dehydrierung aus Methanol entsteht, als Ausgangsprodukt für eine ganze Reihe organischer Produkte von Kunststoffen bis zu Klebstoffen. Bis zum Beginn der 1920er Jahre wurde Methanol ausschließlich als Folgeprodukt der Holzverkohlung gewonnen. Anfang 1924 gelang es Matthias Pier (1882–1965) mit Hilfe eines Zinkchromat-Katalysators unter hohem Druck und bei hohen Temperaturen – etwa 600 at und 1000 Grad Celcius – aus dem Kohlenmonoxid und dem Wasserstoff des Synthesegases Methanol zu synthetisieren. Die dazu eingesetzten Hochdruckreaktoren glichen denen für die Ammoniaksynthese. Aufgrund der erheblich günstigeren Kosten gegenüber dem Natur-Methanol-Verfahren der Holzverkohlungsindustrie setzte sich das synthetische Methanol weltweit rasch durch. Zunächst diffundierte das Verfahren in den großen Industriestaaten Deutschland, USA, Großbritannien und Frankreich, indem die großen Chemiekonzerne wie I.G. Farben, Du Pont, ICI und Kuhlmann das BASF-Verfahren übernahmen oder eigene Alternativen entwickelten. Diese erste Diffusionsphase fand bereits am Ende der 1920er Jahre ihren Abschluß. Bis heute haben sich die Prinzipien der technischen Methanolsynthese kaum geändert. Das am meisten eingesetzte Verfahren ist jetzt das Mitte der 1960er Jahre von der ICI entwickelte Niederdruck-Verfahren, das mit Kupfer-, Zinn- oder Aluminiumoxiden als Katalysator arbeitet. Allerdings dient heute auch hier nicht mehr Stein- oder Braunkohle als Rohstoffbasis, sondern meistens Erdöl oder Erdgas.

Über das Synthesegas und die Kohlehydrierung bildete Kohle eine Zeitlang sogar die Basis zur Gewinnung von Olefinen, Treib- und Schmierstoffen, die jetzt ebenfalls ganz überwiegend aus Erdöl gewonnen werden[26]. Anfang unseres Jahrhunderts hatte Fritz Bergius (1884–1949) grundlegende Forschungen zur Kohlehydrierung betrieben, aber erst die I.G. Farbenindustrie schaffte es, die Kohle-Hydrierung in großtechnischem Maßstab durchzuführen. Die dazu erforderlichen Forschungs- und Entwicklungsarbeiten waren die aufwendigsten und teuersten, die es bis dahin in der chemischen Industrie für ein einzelnes Projekt überhaupt gegeben hatte[27].

Das 1932 einsatzbereite I.G.-Verfahren bestand im wesentlichen aus zwei Stufen, einer „Sumpfphase", in der gebrochene und gemahlene Braunkohle mit einer Katalysatormasse vermischt und mit Schweröl angefeuchtet wird. Diese Masse wird in einem Hochdruckreaktor unter hohen Temperaturen mit Wasserstoff aus der Synthesegasproduktion hydriert. Dabei entstehen flüssige Kohlenwasserstoffe, die sich zu 39 Prozent aus bis zu 325 Grad siedenden Fraktionen zusammensetzen und zu 61 Prozent aus Schweröl. In der zweiten Stufe werden die bis zu 325 °C siedenden Kohlenwasserstoffe der Sumpfphase in der Gasphase weiterhydriert. Dabei entstehen relativ gleichförmige Treibstoffe, die nach der Reinigung vom Schwefelwasserstoff als Motorenbrennstoffe einsetzbar sind. Als Nebenprodukte erhält man außerdem Hydriergase, die als Rohstoffe oder Endprodukte, wie im Falle der Treibgase Butan und Propan, eingesetzt werden. Eine interessante Entwicklung stellte das von der I.G. Farben gemeinsam mit Standard Oil entwickelte Lichtbogenverfahren zur Gewinnung von Acetylen dar, wofür sich unter anderem auch Hydriergase verwenden ließen.

Durch Verfahrensmodifikationen gelang es, außer Braunkohle auch
Steinkohle als Rohstoff für die Hydrierung zu verwenden.

Diese Verfahren waren Mitte der 1930er Jahre so weit, daß in
Deutschland, Großbritannien, Italien, Frankreich, Japan und einigen
anderen Ländern eine Kohle-Hydrier-Industrie aufgebaut werden
konnte[28]. Die Druckhydrierung, zu der es noch eine Reihe von
Varianten gibt, hat sich jedoch nicht als wirtschaftlich sinnvoller Weg
zur Gewinnung flüssiger Kohlenwasserstoffe erwiesen, weil sich diese
Grundprodukte aus Erdöl viel leichter und – bis heute jedenfalls – auch
billiger herstellen lassen. Dennoch war das Hydrierverfahren, technisch gesehen, eine wichtige Innovation, bei der eine ganze Reihe von
Verfahren entwickelt wurde, die auch in der Petrochemie ihre Bedeutung haben, wie etwa die Druck-Wasserstoff-Dehydrierung (DHD-
Verfahren) zur Gewinnung von Aromaten aus den Olefinen. Nur
unter extremen wirtschaftspolitischen Bedingungen, insbesondere in
der Autarkiepolitik des Dritten Reiches, ist die Kohlehydrierung bisher in großem Umfang genutzt worden.

Eine andere Möglichkeit, Olefine aus Kohle zu gewinnen, ist das
Fischer-Tropsch-Verfahren[29]. Dabei handelt es sich um eine Synthese
höherer Kohlenwasserstoffe aus Kohlenoxid und Wasserstoff, die von
Kokereigasen oder Synthesegas ausgeht. Es wurde in Deutschland in
den 30er Jahren von der Ruhrchemie technisch ausgearbeitet und
ebenso wie das Hydrierverfahren im Dritten Reich zur Gewinnung
von Treibstoff genutzt. Entscheidend war auch hier die Entwicklung
geeigneter Katalysatoren. [VIII-2.1]

Eine sehr wichtige Weiterentwicklung auf diesem Gebiet sind die
Oxo-Synthesen, bei den durch katalytische Oxidation von Paraffinen
der Fischer-Tropsch-Synthese höhere Alkohole entstehen, die zum
Beispiel für Waschmittel gebraucht werden[30].

Eine sehr interessante Entwicklung, die nicht zuletzt für den deutschen Sonderweg in der modernen Chemie sehr charakteristisch ist,
weist die *Acetylenchemie* auf. Ein Sonderweg war sie insofern, als in
Deutschland versucht wurde, über das Acetylen an Grundprodukte
heranzukommen, die im Prinzip viel leichter und preisgünstiger aus
Erdöl gewonnen werden können, das in Deutschland jedoch nur sehr
begrenzt zur Verfügung stand. Die historische Bedeutung der Acetylenchemie für Deutschland lag vor allem darin, daß sie hier die Grundlage für die moderne Kunststoffchemie bildete, zum Beispiel für die
Produktion von synthetischem Kautschuk. Auch wenn ihr Stellenwert heute nicht mehr so groß ist, weil die aliphatischen Grundpro-

Schema der Mineralöl-Nieder-druck-Synthese nach Fischer-Tropsch.

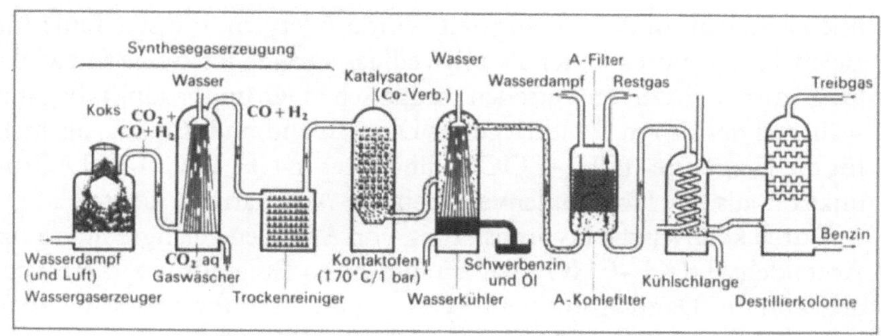

dukte ganz überwiegend aus Erdöl und Erdgas hergestellt werden, lohnt es sich doch, auf ihre Entwicklung kurz einzugehen.

Acetylen (C_2H_2) gewinnt man aus Calciumcarbid[31]. Das Verfahren zur Produktion von Calciumcarbid wurde gegen Ende des 19. Jahrhunderts in den USA und Deutschland technisch entwickelt. Durch Umsetzen mit Wasserdampf ist Acetylen relativ einfach aus Carbid zugänglich. Aus dem sehr reaktionsfähigen Acetylen lassen sich viele Zwischenprodukte und Lösungsmittel der organischen Che-

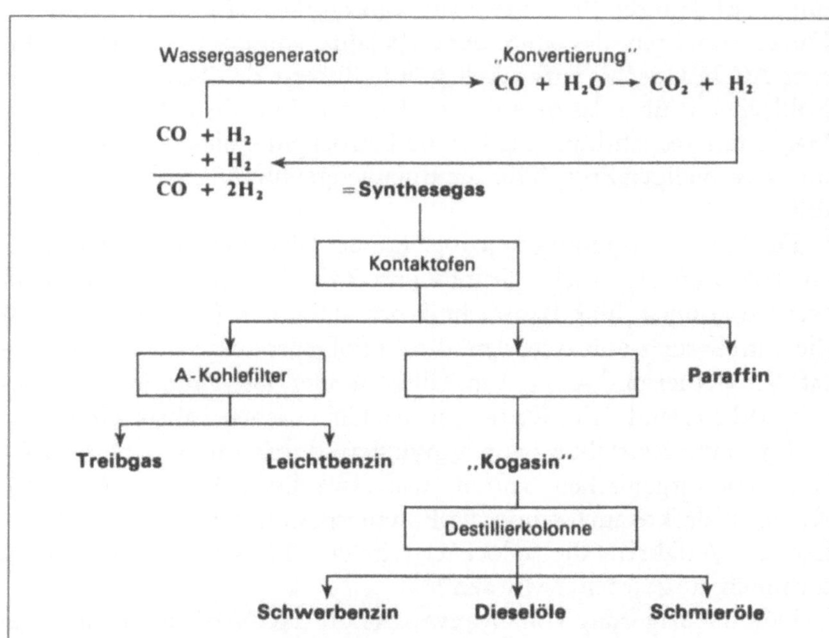

Übersicht über die technischen Arbeitsstufen des Fischer-Tropsch-Verfahrens.

mie herstellen. In der Anfangszeit wurde Acetylen in erster Linie für Beleuchtungszwecke oder als Schweißgas verwendet. Seine Entwicklung zum nahezu universellen organischen Grundprodukt begann während des Ersten Weltkrieges in Deutschland und Kanada, als man für die Essigsäure- (CH_3-COOH) und Aceton- (H_3C-CO-CH_3) Produktion aus der Holzkohlenverarbeitung Alternativen suchte[32].

Durch katalytische Hydratisierung von Acetylen gelangte man zum Acetaldehyd (CH_3-CHO), das katalytisch zu Essigsäure oxidiert werden konnte. Damit gab es ein Syntheseverfahren für dieses wichtige organische Grundprodukt, das bis dahin aus der Holzverkohlungsindustrie stammte. Im Jahr 1917 begannen die Farbwerke Hoechst mit der Produktion von synthetischem Aceton durch Umlagerung von Essigsäure in Gegenwart eines Cercarbonatkontaktes. Heute wird Aceton, nach wie vor eines der wichtigsten Grundprodukte der organischen Chemie, überwiegend auf petrochemischer Basis hergestellt: durch Direktoxidation von Propen, durch Dehydrierung von Isopropanol oder als Nebenprodukt bei der Phenolgewinnung[33].

Neben der Essigsäure-Oxidation aus Acetaldehyd spielte die Hydratisierung des Acetylens eine entscheidende Rolle bei der Entwicklung der Kautschuksynthese. Denn das Acetaldehyd ist das erste Produkt des sogenannten Vierstufen-Verfahrens zur Butadien-Gewinnung, auf dem die Butadien-Kautschuksynthese (BUNA) beruhte[34]. Dieses Verfahren, das Mitte der 20er Jahre von der I.G. Farbenindustrie AG in Hoechst entwickelt wurde, lieferte den Schlüssel von der Kohlechemie über das Acetylen zur Kautschuksynthese. In der zweiten Hälfte unseres Jahrhunderts hat die Petrochemie diesen aufwendigen und kostspieligen Prozeß für die Butadiengewinnung vollständig verdrängt.

Die Wasseranlagerung ist jedoch nur ein Weg von vielen, mit denen aus Acetylen organische Grund- und Zwischenprodukte hergestellt werden können. Eine Basistechnik der modernen Polymerchemie ist die Vinylierung von Acetylen, die zu Folgeprodukten wie Vinylacetat, Vinylether und -ester, Vinylalkohol oder Vinylchlorid führt. Bereits 1912 erfand Fritz Klatte bei der Chemischen Fabrik Griesheim Elektron die Herstellung von Vinylestern durch katalytische Anlagerung von organischen Säuren, wie etwa Essigsäure, an Acetylen. Klatte entdeckte auch schon die Polymerisation von Vinyl zu Kunststoffen, Verfahren, die jedoch erst in den 1920er und 30er Jahren technisch ausgearbeitet wurden[35].

Durch Anlagerung von Cyanwasserstoff (HCN/Blausäure) an Acetylen in der flüssigen Phase, ein Verfahren, das Ende der 1930er Jahre

Peter Kurz (geb. 1909) und Otto Bayer (1902–1982) in Leverkusen entwickelten, gelang es – ausgehend vom Acetylen – auch Acrylnitril ($CH_2 = CH - CN$) herzustellen. Acrylnitril ist ein wichtiges Ausgangsprodukt für die Chemiefaserproduktion (Polyacrylnitrilfaser), das heute zum größten Teil nach einem Mitte der 1950er Jahre von der Standard Oil of Ohio entwickelten Verfahren durch Oxidation von Propen in Gegenwart von Ammoniak hergestellt wird (Sohio-Verfahren)[36].

Berühmt geworden ist die sogenannte Reppe-Chemie, die bisweilen unkorrekterweise sogar als Synonym für Acetylen-Chemie überhaupt verstanden wird[37]. Walter Reppe (1892–1969) erforschte im I.G. Farbenwerk Ludwigshafen eine ganze Reihe von Acetylenreaktionen, wie die Carbonylierung von Acetylen durch Kohlenoxid, die Alkoholanlagerung zum Vinylether oder die Ethinylierung mit Aldehyden.

Heute werden weltweit mehr als 90 Prozent der organischen Grundprodukte aus *petrochemischen Rohstoffen* gewonnen. Als Basis dient in der Regel Rohbenzin (Naphta), das in Raffinerien zum Beispiel durch fraktionierende Destillation aus Erdöl hergestellt wird, oder Synthesegas, das in Reformern mit Wasserdampf (Steam-Reforming) oder durch Oxidation entsteht. Die weitere Verwendung des Synthesegases zur Produktion von Methanol oder Ammoniak geschieht dann, wie bereits beschrieben. Naphta wird in Crackern gespalten. Mit den verschiedenen Crackverfahren erhält man in der Hauptsache Ethylen ($H_2C = CH_2$), Propylen ($H_3C - CH = CH_2$) und Buten, aber auch Methan, Ethan, Wasserstoff und andere Verbindungen. Aus dem Pyrolysebenzin des Erdöl-Crackens werden auch aromatische Verbindungen, vor allem Benzol und Toluol sowie mit deutlich geringeren Anteilen Xylole und Styrol, gewonnen[38].

Damit ist das Crack-Verfahren eine Basisinnovation der modernen Petrochemie. Es begann 1912 in den USA mit dem Thermo-Cracker. Besondere Bedeutung hatte das in den 30er Jahren von Eugene Houdry entwickelte katalytische Cracken. Die Durchsetzung petrochemischer Verfahren und ihre Nutzung zur Gewinnung organischer Grundprodukte fand daraufhin zuerst in den 30er und 40er Jahren in den USA statt, die über reiche Erdöl- und Erdgaslagerstätten verfügen. Etwa 20 Jahre später, in den 50er Jahren, setzte die Diffusion in Europa ein, in den meisten Fällen getragen von Unternehmen der Erdölindustrie, in vielen Fällen allerdings auch in Joint-Ventures mit der chemischen Industrie, die der größte Verarbeiter der petrochemischen Grundstoffe ist[39]. Im wesentlichen auf diesen Grundprodukten baut heute eine breit diversifizierte organische chemische Technik auf, mit Produkten vom einfachen Massenkunststoff über Fasern und Pflanzenschutzprodukte bis hin zum Medikament.

Organische Produkte

Eine Schlüsselindustrie für die Entwicklung der modernen Chemie, deren Bedeutung kaum überschätzt werden kann, ist die *Farbstoffherstellung* gewesen. In kaum einem anderen Bereich gibt es eine ähnlich komplexe Chemie mit einem so hohen Verknüpfungsgrad mit vorgelagerten Techniken. Vor allem durch ihre Verbindung zur Technik der organischen Zwischenprodukte, auf denen die Farbstoffsynthesen aufbauen, hat sie das rasche Wachstum der Chemieindustrie auch in anderen Sektoren, zum Beispiel der Arzneimittelproduktion, der Photochemie und der Polymerchemie, beeinflußt. Welche Rolle die Farbstoffchemie für die Entwicklung der modernen Chemieindustrie gespielt hat, wird nicht zuletzt daraus ersichtlich, daß sich von den zehn größten Chemieunternehmen der Welt immerhin vier aus der Farbstoffindustrie entwickelt haben: die 1863 gegründeten Unternehmen Hoechst und Bayer, die 1870 entstandene BASF und die Ciba-Geigy, die – schon im 18. Jahrhundert begründet – 1859 die Herstellung synthetischer Farbstoffe aufnahm [40].
Organische Farbstoffe dienen überwiegend zum Färben von Textilien, und weil die Textilindustrie ihrerseits eine Basisindustrie der Industrialisierung war, besaß die Farbstoffindustrie von Anfang an einen relativ großen Markt. Hinzu kommt, daß Farbstoffe als Vorprodukte keinen großen Kostenfaktor bildeten, aber für die Vermarktung der Textilien erhebliche Bedeutung hatten. Die ersten Farbstoffsynthesen Mitte des 19. Jahrhunderts durch William Henry Perkin (1838–1907) 1856 in England – er erfand das Mauvein – und Emanuel Verguin (geb. 1800) – Erfinder des Fuchsins – 1859 in Frankreich – um nur die bekanntesten Pioniere zu nennen – erfolgten mehr oder weniger zufällig. Perkin hatte nicht einmal die Absicht, einen Farbstoff zu gewinnen. Dementsprechend gering blieben die Wachstumschancen der ersten Farbstoffunternehmen, die mit der Nachahmung dieser Erfindungen begannen. Das änderte sich dann allerdings grundlegend, nachdem die ersten geplanten Synthesen gelangen und vor allem nachdem grundlegende Farbstoffzwischenprodukte systematisch erschlossen worden waren.

Die erste fundierte Synthese gelang 1869 Carl Graebe (1841–1927) und Carl Theodor Liebermann (1842–1914) mit dem Alizarin, einem Naturfarbstoff, dessen Struktur sie aufdeckten und den sie, ausgehend von dem aromatischen Grundprodukt Anthracen, herstellten. Mit der Diffusion des Alizarinverfahrens, das einen roten Farbstoff liefert, begann eine erste Wachstumsphase der Farbstoffindustrie, insbesondere in Deutschland und der Schweiz, aber auch in Frankreich und Großbritannien.

Noch größere Bedeutung als diese Erfindung hatte die Entdeckung des Basisverfahrens für die Azo-Farbstoffe im Jahre 1858 durch J. Peter Gries (1829–1888). Er fand das Verfahren durch Diazotierung, das heißt eine Reaktion, bei der Moleküle entstehen, die durch zwei Stickstoffatome charakterisiert sind. Durch Kuppeln mit aromatischen Grundstoffen – wie zum Beispiel Phenolen – gelang es, auf dieser Basis die sogenannten Azo-Farbstoffe herzustellen. Aufgrund der außerordentlich großen Variationsmöglichkeiten, die dieses Basisverfahren erlaubt, stand der Farbstoffindustrie ein immenses Entwicklungsreservoir für neue Produkte zur Verfügung. Die Diffusion der Azo-Farbstofftechnik, die am Ende der 1870er Jahre fast ausschließlich in der deutschen und schweizerischen Industrie stattfand, begründete einen Boom, der bis zum Ersten Weltkrieg andauerte und durch weitere Erfindungen verstärkt wurde.

Ende der 1890er Jahre wurde das Gebiet der Schwefelfarbstoffe erschlossen. Besondere Bedeutung und zwar sowohl aus wirtschaftlichen als auch technischen Gründen hatte die Entwicklung der Indigosynthese bei der BASF und Hoechst, ebenfalls in den 1890er Jahren. Die wirtschaftliche Bedeutung ergab sich aus der Tatsache, daß Indigo einer der am meisten eingesetzten Farbstoffe war und technisch wichtige Rückkoppelungseffekte bis hin zur anorganischen Chemie der Schwefelsäure und des Chlors (Kontaktverfahren, Chlorverflüssigung) auslöste[41]. Auch die Anthrachinonfarbstoffe, zu denen das bereits erwähnte Alizarin gehört, wurden in den 1890er Jahren entscheidend weiterentwickelt. René Bohn (1862–1922) bei der BASF und Robert E. Schmidt (1864–1938) bei Bayer gelang es, aus den Anthrachinonen sehr licht- und waschechte Farbstoffe herzustellen, die unter der Bezeichnung Indanthrene vermarktet wurden. Neben den hier erwähnten Farbstoffklassen der Azo-, Schwefel-, Anthrachinon- und Indigoidfarbstoffe gibt es zahlreiche andere, wie die Triphenylmethanfarbstoffe, die Polymethine oder Phthalocyaninfarbstoffe, um nur noch einige besonders wichtige zu erwähnen[42].

Die Entwicklung der Farbstoffindustrie, die auf diesen Erfindungen aufbaute, läßt sich bis heute in vier Phasen gliedern. Die erste vom Ende der 1880er Jahre bis zum Ersten Weltkrieg, dominiert von den großen deutschen und in geringem Maße von den Schweizer Firmen, war die eigentliche Innovationsperiode. In dieser Zeit wuchs die Produktion auf etwa 160 000 Jahrestonnen. In der zweiten Phase entstanden in den anderen großen Industrieländern, insbesondere in den USA, Großbritannien und Frankreich, aber auch in Japan und Italien, eigenständige Farbstoffindustrien, was zu einer teilweisen Verdrängung der deutschen Firmen führte. Ihr Anteil an der Weltproduktion sank von etwa 90 Prozent auf gut ein Viertel. Technische Neuentwicklungen hingen in dieser Zeit vor allem mit dem Aufkommen der Kunstseidenindustrie zusammen, da Kunstseide andere Farbstoffe und Färbetechniken erfordert als die bis dahin vorherrschenden Naturfasern. Das Produktionsvolumen stieg bis 1937 auf 244000 t im Jahr an.

Die dritte Phase begann nach dem Zweiten Weltkrieg und war geprägt von dem Erfolg der synthetischen Chemiefasern in der Textilwirtschaft, die wiederum neuartige Farbstoffe verlangte. Besonders wichtige technische Entwicklungen dieser Zeit waren die sogenannten Reaktivfarbstoffe, die im Gegensatz zu anderen eine echte chemische Bindung mit der zu färbenden Faser eingehen. Die ersten Reaktivfarbstoffe – erfunden von Chemikern der britischen ICI – setzten sich Mitte der 1950er Jahre durch. Auf dieser Basis kam es noch einmal zu einem äußerst dynamischen Wachstum der Farbstoffindustrie in den 50er und 60er Jahren, das sein Ende durch Marktsättigung Mitte der 70er Jahre fand. Es folgte als vierte Phase eine Restrukturierungszeit, die bis heute andauert [43]. Diese ist dadurch gekennzeichnet, daß die Zahl der Anbieter deutlich abnimmt, neue Verfahrenstechniken auf der Grundlage moderner elektronischer Prozeßleittechnik eingesetzt werden und daß der Umweltschutz eine wachsende Rolle spielt. 1987 lag die weltweite Produktionsmenge organischer Farbstoffe bei etwa 730 000 Jahrestonnen.

Die Geschichte der modernen *Arzneimittelherstellung* ist, wie bereits angedeutet, sehr eng mit der Farbstofftechnik verbunden gewesen. Die ersten synthetischen Heilmittel entstanden auf der Grundlage von Farbstoff-Zwischenprodukten. Im Laufe der Zeit hat sich die Pharmaindustrie von dieser Basis jedoch gelöst und ist ein selbständiger Industriezweig geworden. Allerdings gibt es noch heute zahlreiche große Chemieunternehmen, deren Diversifikation in den Pharmabereich aus dieser historischen Verbindung gewachsen ist. Herausragende Beispiele sind Hoechst und Bayer. Außerdem gab es eine ganze

Reihe von Unternehmen, die aus Apotheken oder Naturarzneiherstellern hervorgegangen sind, wie etwa in Deutschland Merck und Schering [44]. [IV-7]

Das erste synthetische Arzneimittel war das 1884 von Kalle & Co. produzierte Antipyrin, ein Fiebermittel, das ebenso wie das 1893 von Hoechst entwickelte Pyramidon ein Pyrazolonderivat ist [45]. Die enge Verbindung von Farbstoff- und Arzneimittelsynthese wird besonders deutlich bei dem ersten Medikament von Bayer, dem Phenacetin (para-Acetphenitidin), das aus para-Nitrophenol, einem Zwischenprodukt der Azo-Farbstoffproduktion, durch Ethylierung, Reduktion und anschließende Acetylierung mit Essigsäureanhydrid gewonnen wurde [46]. Neben den Schmerz- und Fiebermitteln aus Pyrazolon- und Anilinderivaten spielen Salicylsäureverbindungen eine große Rolle. Besonders berühmt geworden ist die Acetylsalicylsäure (ASS), die 1898 von dem Bayer-Chemiker Felix Hoffmann (1868–1946) erfunden wurde und von Bayer unter dem Namen Aspirin vermarktet wird. [47] [IV-7]

Wenn man die Auswirkungen auf die allgemeine Gesundheit als Beurteilungskriterium nimmt, dann haben nicht die Schmerz- und Fiebermittel, sondern Medikamente zur Bekämpfung von Infektions- und Tropenkrankheiten und nicht zuletzt Impfstoffe größere Bedeutung. Sie haben unter anderem zu einer deutlichen Verbesserung der Lebenserwartung geführt, weil sie sehr häufig auftretende Krankheiten und damit die Sterblichkeitsentwicklung beeinflußt haben. [IV-7]

Diese kurzen Vorbemerkungen sind erforderlich, um die technische Entwicklung der Arzneimittelindustrie, die hier kursorisch beschrieben wird, in ihrer Bedeutung deutlich zu machen und um die vorgenommene Auswahl der Antiinfektiva als Beispiel zu begründen. Die Chemotherapie beruht auf den Arbeiten von Forschern wie Louis Pasteur (1822–1895), Robert Koch (1843–1910) und Paul Ehrlich (1854–1915). Auch hier gab es eine sehr enge Verbindung zur Farbstofftechnik, die schon dadurch erkennbar wird, daß das Anfärben von Bakterien zur Identifikation den ersten Schritt zu ihrer gezielten Zerstörung darstellte. Auch die Entdeckung der Sulfonamide durch den Bayer-Forscher Gerhard Domagk (1895–1964) im Jahre 1932 ging von Farbstoffen aus [48].

Am Beginn steht die Entwicklung von Medikamenten gegen die Syphilis durch Ehrlich und Sahatschiro Haja (1873–1938) in Zusammenarbeit mit Hoechst. 1910 kommt das Salvarsan, eine aromatische Arsenverbindung, auf den Markt. In den 20er und 30er Jahren gelang Bayer die Entwicklung einer Reihe von Chinolinderivaten – Plasmochin, Atebrin, Resorchin – zur Malariaprophylaxe [49]. Mit der Entdekkung der therapeutischen Wirkung der Sulfonamide durch Domagk begann die Entwicklung synthetischer Antiinfektiva, die dann durch die Penicilline eine breite Basis erhielten. Grundlegend für die Entwicklung der Antibiotica-Herstellung war Alexander Flemmings (1881–1951) Entdeckung des Penicillins im Jahre 1928. Die industrielle Produktion von Penicillinen begann 1943 in den USA. Es wurde zunächst durch biotechnische Verfahren aus Schimmelpilzen (Penicillium Chrysogenum) gewonnen. Nach der Entdeckung des Enzyms Penicillinase begann die halbsynthetische Produktion. Zumindest quantitativ die größte Bedeutung haben heute die Cephalosporine, mit einem Weltmarktanteil von rund 50 Prozent aller Antibiotica. Dabei handelt es sich um halbsynthetische Wirkstoffe. In der zweiten Hälfte der 1940er Jahre wurde eine Reihe weiterer Antibiotika gefunden, die ebenfalls mit Hilfe biotechnischer Verfahren aus Naturstoffen hergestellt werden [50]. Daneben gibt es jedoch auch eine ganze Reihe vollsynthetischer Antiinfektiva, die ausschließlich mit Hilfe chemischer Synthesen gewonnen werden. [IV-7]

Die Antiinfektiva bilden einen bedeutenden Teil des Weltmarktes für pharmazeutische Produkte. Allein die Antibiotika haben weltweit ein Marktvolumen von rund elf Milliarden US-Dollar (1987). Davon enfällt etwa die Hälfte auf Cephalosporine, 15 Prozent auf Penicilline und rund sieben Prozent auf die vollsynthetischen Quinolone. Die größten Firmen auf diesem Markt sind die amerikanischen Pharmaunternehmen Eli Lilly, Bristol Myers und Pfizer, das britische Unternehmen Beecham, das 1989 mit dem US-Pharmakonzern SmithKline fusioniert hat. Außerdem gehören Bayer und die japanische Firma Shinogi zu den großen Anbietern auf diesem Markt. [IV-7]

Zu den Zweigen der chemischen Industrie, die im 20. Jahrhundert am schnellsten wuchsen, gehört die *Chemiefaserherstellung*. 1988 wurden weltweit 18,6 Millionen Tonnen produziert, darunter mit einem Anteil von rund 82 Prozent vollsynthetische Fasern, vorwiegend auf der Basis polymerer Ausgangsprodukte wie Polyester, Polyamiden und Polyacrylnitril. Die restlichen 18 Prozent verteilen sich auf halbsynthetische Fasern, wobei der größte Teil auf Viscose entfällt. Wie dynamisch das Wachstum der Chemiefaserindustrie gewesen ist, wird deutlich, wenn man bedenkt, daß die Weltproduktion im Jahr 1900 etwa 900 Tonnen betrug, dann bis Ende der 1930er Jahre auf der Grundlage halbsynthetischer Verfahren auf rund 900 000 t anstieg und 1950 ein Volumen von 1,6 Millionen Tonnen erreichte, wovon damals erst gut 4 Prozent synthetische Fasern waren [51].

Wie schon diese Zahlen andeuten, läßt sich die Entwicklung der Chemiefasertechnik in zwei Perioden teilen: Die erste reicht von der Erfindung der Kunstseide aus Nitrocellulose durch Hilaire de Chardonnet (1839–1924) und Joseph W. Swan (1828–1914) in den 1880er Jahren bis zur wirtschaftlichen Verbreitung der Kunstseidenindustrie in den 20er und 30er Jahren. Die zweite Periode beginnt mit der Erfindung der ersten vollsynthetischen Fasern in den 30er Jahren.

Bei der Kunstseide handelt es sich um zellulosische Fasern, also Produkte, die aus natürlichen Rohstoffen gewonnen werden. Ausgangsprodukt ist Zellulose aus Baumwolle (Linters) oder Holz, die mit Hilfe chemischer Verfahren aufgeschlossen und in flüssige Verbindungen überführt wird, die sich zu Fäden oder Fasern „verspinnen" lassen. Chardonnet stellte aus Baumwollinters mit Schwefel- und Salpetersäure Nitrozellulose her, die er in einem Gemisch aus Äther und Alkohol löste und verspann. Wegen ihrer hohen Feuergefährlichkeit eignete sich die Nitratseide allerdings nicht als Textilrohstoff. Sie spielte nur eine geringe Rolle und verschwand bereits in den 1930er Jahren wieder.

Weitaus wichtiger und bis heute von großer Bedeutung ist das Viscose-Verfahren der Engländer Charles F. Cross (1855–1935) und Edward J. Bevan (1856–1921) von 1891. Sie lösten Zellstoff in Natronlauge und Schwefelkohlenstoff und erhielten eine viscose Flüssigkeit, die sich zu Kunstseidefäden verspinnen läßt. Auf diesem Verfahren beruhte in der Hauptsache die Verbreitung der Chemiefaserindustrie in den 20er Jahren. Hinzu kam das Kupferoxidammoniak-Verfahren von Johann Urban (1863–1940) und Max Fremery (1854–1952). 1897 in Deutschland entwickelt, begründet es die sogenannte Glanzstoffindustrie. Anfang des 20. Jahrhunderts erfanden die Gebrüder Dreyfus, in Frankreich, und Arthur E. Eichengrün (1867–1949) 1905 bei Bayer das Acetylcellulose-Verfahren [52].

Die Diffusion der Kunstseidetechnik fand zunächst fast ausschließlich in den großen Industrieländern statt. Pionierländer waren Frankreich, Deutschland und Großbritannien, auf die 1913 zusammen fast drei Viertel der Weltproduktion entfielen. In der Zeit zwischen den beiden Weltkriegen wuchs die Rayon-Industrie, wie die Kunstseidenindustrie international heißt, in den USA, Italien und Japan am raschesten.

Während in dieser ersten Periode spezielle Kunstseide-Unternehmen dominierten, wie etwa die Gillet-Bernheim-Gruppe in Frankreich, Courtaulds in Großbritannien oder die Vereinigte Glanzstoff in Deutschland, und die großen diversifizierten Chemieunternehmen,

oftmals als Lizenznehmer dieser Firmen, eine untergeordnete Rolle
spielten, brachte die Entwicklung der Synthesefasern eine veränderte
Struktur. Hierbei traten die großen internationalen Chemieunternehmen, vor allem Du Pont, die I.G. Farben und die ICI in den Vordergrund. Das lag daran, daß bei den Synthesefasern die chemische Technik ausschlaggebend war, insbesondere die Monomerengewinnung
und die Polymerisationsverfahren [53]. Die erste vollsynthetische Faser
wurde 1934 bei der I.G. Farben in Wolfen erfunden, indem Polyvinylchlorid nachchloriert und damit löslich und verspinnbar gemacht
wurde. Die damit gewonnene Pe–Ce–Faser eignete sich aufgrund ihres
geringen Schmelzpunktes jedoch nicht als Textilfaser, sondern nur als
technische Faser. Ihre hohe Chemikalienbeständigkeit verschaffte ihr
hier beispielsweise als Filterfaser Einsatzmöglichkeiten.

Der Durchbruch in den viel größeren und letztlich ausschlagge-
benden Textilbereichen brachte die 1935 von Wallace H. Carothers
(1896–1937) entwickelte Polyamidfaser, die unter dem Namen Nylon
berühmt wurde. Durch Polykondensation von Adipinsäure und
Hexamethylendiamin (HDA) – Verbindungen mit einer Kette von
jeweils sechs Kohlenstoffatomen –, gelangte Carothers zu dem Polyamid 66. Etwa zur gleichen Zeit fand Paul Schlack (1897–1987) bei

Gruppe Kunststoff (Ausgangssubstanzen) Handelsbez. (Wz) (Beispiele)	Verwendung
Polymerisate Polyäthylen (Äthylen) Lupolen, Hostalen G, Vestolen	zur Herstellung von Folien, Spritzgußteilen (Haushaltsgegenständen u. a.), Flaschen, Röhren, Kabelummantelungen; niedermolekulares Polyäthylen als Rohstoff für Bohnermassen, Schuhcremes, Druckfarbenmassen
Polypropylen (Propylen) Hostalen PP, Propathene, Novolen	zur Herstellung von Folien, Spritzgußteilen, Autobatteriekästen, Rohren, Scharnieren usw.; als Faserrohstoff
Polyisobutylen (Isobutylen) Oppanol B	niedermolekulares Polyisobutylen (Öl) und höhermolekulares Polyisobutylen (teigartig): Weich- und Klebrigmacher, für Klebstoffe, für Dichtungsmassen, Isolieröle usw.; hochmolekulares Polyisobutylen (kautschukartig); für Folien, Isoliermaterialien usw.
Polystyrol (Styrol) Trolitul, Vestyron, Styropor (verschäumt)	zur Herstellung von Haushaltsgegenständen, Kraftfahrzeugzubehörteilen, Spielwaren, Radio- und Telephonapparatgehäusen, Isolatoren, Spulen, Relais usw.; verschäumt als Verpackungsmaterial
Polyvinylchlorid, PVC (Vinylchlorid) Hostalit, Vestolit, Pe-Ce-Faser (nachchloriert)	zur Herstellung von Rohren, Folien, Profilen, Platten, Schläuchen, Kabelmassen; als Lederaustauschstoff; nachchloriert als Faserrohstoff, Lackrohstoff, zur Herstellung von Klebstoffen
Polytetrafluoräthylen (Tetrafluoräthylen) Teflon, Hostaflon TF, Fluon	zur Herstellung von Dichtungen, Fittings, von Spezialdüsen, korrosions- und temperaturbeständigen Rohren; zum Beschichten von Metallpfannen, -kochtöpfen
Polymethacrylsäureester (Methacrylsäureester) Plexiglas, Plexigum	zur Herstellung von Sicherheitsglas (für Autos, Schutzbrillen, Uhrgläser), von medizin. Artikeln, Prothesen usw.; als Lackrohstoff
Polyacrylnitril (Acrylnitril) Dralon, Orlon	als wichtiger Faserrohstoff; Mischpolymerisate des Acrylnitrils (z. B. mit Butadien und Styrol) als synthet. Kautschuk, für Klebstoffe
Polyoximethylen (Formaldehyd) Ultraform	zur Herstellung von Installationsartikeln, Getriebeteilen, funktionellen Bauteilen in Maschinen, im Automobilbau anstelle von Metallteilen
Polyadditionsverbindungen Polyurethan (Diisocyanate und mehrwertige Alkohole) Vulkollan, Durethan U, Perlon U	normale bis harte Typen; zur Herstellung von Konstruktionselementen im Maschinen- und Fahrzeugbau, für Rohrleitungen, Dichtungen usw.; weichere Typen: als Isoliermaterial für elektr. Teile, Druckrollen; zur Herstellung von Borsten, Bändern, Fasern, von elast. Schaumstoffen für Polster; starre Schaumstoffe als Isoliermaterial in der Bautechnik
Polykondensate Polyamide (z. B. Hexamethylendiamin und Adipinsäure) Nylon 66, Ultramid (c-Caprolactam) Perlon, Nylon 6	als wichtige Faserrohstoffe; zur Herstellung techn. Teile im Apparate- und Fahrzeugbau, von Folien, Haushaltsgegenständen, Kunststoffdrähten
Polyester (z. B. Terephthalsäure und Äthylenglykol) Trevira, Terylene, Diolen	als wichtige Faserrohstoffe; vernetzte Polyester u. a.; zur Herstellung von Lacken und Anstrichstoffen
Polycarbonate (phenol. Komponenten und Kohlensäureester) Makrolon	zur Herstellung von medizin. Geräten, Haushalts- u. a. Gebrauchsgegenständen, techn. Formteilen mit hoher Beanspruchbarkeit, Folien, Tafeln, Rohren usw.
Abgewandelte Naturprodukte Zelluloseester (z. B. Acetylzellulose) (Zellstoff und Essigsäureanhydrid)	zur Herstellung von Fasern („Acetatfasern"), Folien und Filmen, Lacken u. a.
Zelluloseäther (z. B. Methylzellulose) (Alkalizellulose und Methylchlorid)	als Verdickungsmittel (an Stelle von Stärke, Dextrin u. a.) in Klebstoffen, Lacken, Anstrichstoffen, Druckpasten, Textilhilfsmitteln, Pharmazeutika

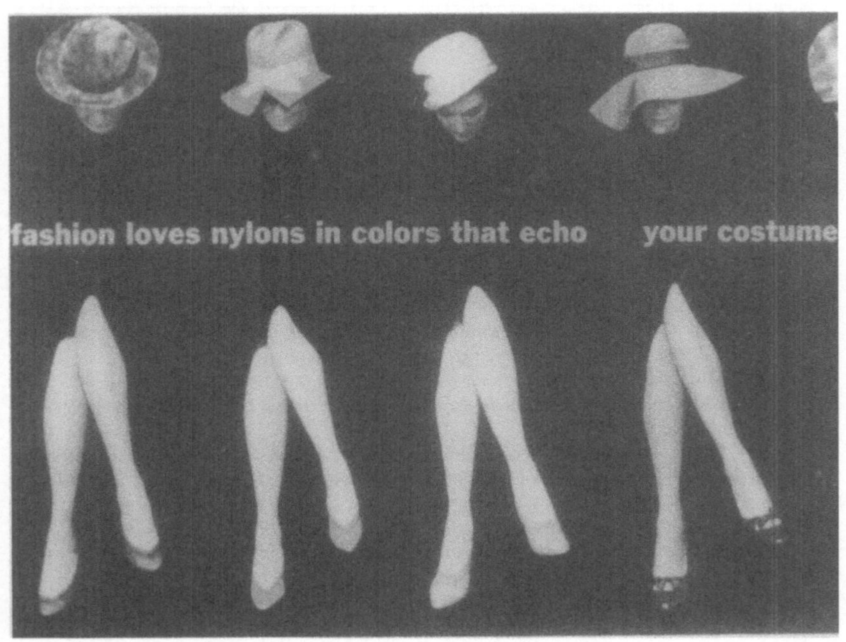

Das 1935 von Wallace Hume Carothers (1896–1937) erfundene Nylon wurde im Zweiten Weltkrieg als Ersatz für Fallschirmseide verwendet. Als Material für Damenstrümpfe, für die ,,Nylons", fand es rasanten Absatz.

der I.G. Farben einen Weg, Faser-Polyamid aus Caprolactam herzustellen, einem ringförmigen Kohlenwasserstoff, der sich durch Aufspaltung des Rings polymerisieren läßt. Da das Monomer nur eine Kette mit sechs C-Atomen enthält, erhielt das Produkt die Bezeichnung Polyamid 6. Von der I.G. wurde es unter dem Namen Perlon vertrieben[55].

Beide Verfahren erfordern ein erhebliches chemisch-technisches Know-how. Daher entstanden sie nicht zufällig in den großen Chemiekonzernen I.G. Farben und Du Pont, die auch über die entsprechenden Erfahrungen verfügten. Die großtechnische Produktion der Polyamidfaser startete zu Beginn der 40er Jahre vor allem in den USA, in bescheidenerem Umfang aber auch in Europa. 1991 wurden weltweit 3,7 Millionen Tonnen Polyamidfaser produziert. Das entspricht einem Anteil an der gesamten Synthesefaserproduktion von 24 Prozent. Von der Gesamtproduktion der synthetischen Fasern von 16,2 Millionen Tonnen im gleichen Jahr entfielen 9 Millionen Tonnen auf die Produktion von Polyester, 3,7 Millionen Tonnen auf Polyamid und 2,4 Millionen Tonnen auf Polyacryl.

Die beiden anderen großen Chemiefasertypen Polyester und Polyacrylnitril wurden zu Beginn der 1940er Jahre entwickelt. Die heute

(1988) quantitativ wichtigste Faser ist die Polyesterfaser, mit einem Produktionsanteil von 53 Prozent. Bereits Carothers hatte versucht, aus Polyester Fasern herzustellen, war dabei jedoch erfolglos geblieben. Dies gelang 1941 den Engländern John R. Whinfield, und James T. Dickinson, die – ausgehend von Terephtalsäure und Äthylenglycol – Polyethylenterephtalat herstellten, das sich hervorragend zur Faserproduktion eignet. Das Pionierunternehmen der Polyesterfaser war die ICI, die durch Vergabe von Lizenzen an andere große Unternehmen in Europa und in den USA zur Diffusion dieser Technik beitrug[56].

Die kleinste der drei großen ist die Polyacrylnitril-Faser. Ihr Anteil an der Weltproduktion betrug 1988 rund 17 Prozent. Polyacrylnitril (PAN) war schon seit den 20er Jahren bekannt, und Acrylnitril diente vor allem als Co-Polymerisat für die Kautschuksynthese. (Poly-Butadien-Acrylnitril.) Da das PAN sich nicht in den damals bekannten Lösemitteln lösen ließ, eignete es sich allerdings nicht als Faserrohstoff. Diese Schwierigkeit konnte mit der Entdeckung eines geeigneten Lösemittels im Jahre 1941 durch Herbert Rhein (1899–1955) bei der I.G. Farben überwunden werden. Rein setzte Dimethylformamid ($HCON(CH_3)_2$) ein und erhielt dadurch eine gut verspinnbare Lösung[57]. Alle modernen Faser-Verfahren gehen von petrochemischen Grundprodukten aus.

Nachdem die grundlegenden Innovationen schon in den 40er Jahren bereitstanden, durch den Krieg aber retardiert worden waren, diffundierte die moderne Chemiefasertechnik in den 50er und 60er Jahren in den großen Industriestaaten. Heute ist sie eine überall verfügbare Technik. Entsprechende Anlagen können, ebenso wie die Ausgangsprodukte, praktisch „von der Stange" gekauft werden. Die neuere Entwicklung in den großen Unternehmen der Industriestaaten geht daher weg von den „Massenfasern" zu höherwertigen technischen Fasern mit neuen Eigenschaften, wie den Kohlenstoff-Fasern oder Verbundwerkstoff-Fasern.

Ähnlich wie die Entwicklung der Faserchemie läßt sich die *Kunststofftechnik* in zwei Phasen gliedern: die erste auf der Grundlage halbsynthetischer Produkte und die zweite, in der die modernen hochpolymeren Werkstoffe entstanden und verbreitet wurden. Das Grundprinzip der modernen Kunststoffchemie besteht darin, Verbindungen zu synthetisieren, die sich aufgrund ihrer hohen Reaktionsfähigkeit unter Druck, unter Einwirkung von Katalysatoren und anderen Techniken zu großen Molekülen aneinanderlagern, die aus sehr vielen Einzelmolekülen bestehen. Diese Makromoleküle heißen Polymere, die Ausgangspunkte Monomere. Dementsprechend nennt man die Bildung der Polymere Polymerisation und die Produkte Polymerwerkstoffe.

Bei den Kunststoffen der ersten Phase handelte es sich im wesentlichen um Produkte aus Zellulose, Eiweiß und Naturkautschuk. Der erste Kunststoff war 1869 das Zelluloid der Gebrüder Hyatt, das aus Nitrozellulose und Kampfer entstand und zum Beispiel für Billardkugeln oder als Filmträger für Kinofilme Verwendung fand. Ein anderer früher Kunststoff war das Galathit aus Kasein und Formaldehyd, das in Deutschland Kunsthorn hieß. Der erste synthetische Kunststoff wurde 1907 von Leo Bakeland in den USA erfunden und nach ihm Bakelit benannt [58].

Genauso wie bei den Chemiefasern setzten sich die Kunststoffe als weltweit genutzte Massenprodukte erst auf der Grundlage vollsynthetischer Polymere durch, die auf petrochemischen Ausgangsstoffen aufbauen, vor allem Ethylen, Propylen und Buten. Mengenmäßig am bedeutendsten sind heute die verschiedenen Polyethylen-Kunststoffe (PE), Polypropylen (PP) und Polyvinylchlorid (PVC). Daneben spielen Polyurethane (PU) und Polycarbonate (PC) eine wichtige Rolle. Einen besonderen Bereich bilden die kautschukähnlichen, elastischen Kunststoffe [59].

Durch ihre vielfältigen Eigenschaften, die von der chemischen Zusammensetzung und der Mikrostruktur abhängen, lassen sich mit den verschiedensten Verarbeitungstechniken vom Strangpressen (Extrudieren) über Formpressen, Verschäumen und Verblasen die unterschiedlichsten Werkstücke und Formen aus den modernen Kunststoffen herstellen. Ihre Verwendung ist nahezu universell und reicht vom Autositz über Bau- und Dämmstoffe, Folien, Elektroisolierungen und Gehäuse bis zum Lackrohstoff. Die moderne industrielle Zivilisation ist ohne ihren Einsatz kaum noch denkbar. Allerdings ergeben sich mit dem exponentiellen Wachstum der Kunststofferzeugung und Verarbeitung auch Probleme, die noch nicht gelöst sind, vor allem das der Kunststoffabfälle. Bei einer Größenordnung von mehreren Millionen Tonnen im Jahr ist dies ein Umweltproblem, das gelöst werden muß, zum Beispiel durch den Einsatz verbrauchter Kunststoffe als Energieträger in Kraftwerken oder durch Wiedergewinnung und Aufbereitung. [VI-4.6]

Am Anfang der modernen Kunststofftechnik, als Ende der 1940er Jahre die Produktion weltweit die Millionen-Tonnen-Grenze überschritt, hat das kaum jemand vorausgesehen. Insbesondere die breite

Basis der genannten petrochemischen Grundprodukte ermöglichte einen Kunststoffboom, der bis heute anhält und aller Voraussicht nach noch weiter andauern wird. Bisher wurde er nur kurzfristig durch die großen Ölpreiskrisen in den siebziger und achtziger Jahren aufgehalten. Die Basisinnovationen dieser Entwicklung fanden hauptsächlich in den 1930er und 50er Jahren statt.

Die ersten großen vollsynthetischen Kunststoffe waren der Synthesekautschuk und das PVC. Die Forschungen zur Entwicklung des Synthesekautschuks[60] wurden ausgelöst durch die Motorisierung, die eine rasch expandierende Nachfrage nach Reifenmaterial auslöste, der die Naturkautschukgewinnung in den Tropen nicht folgen konnte. Bereits 1906 begann die chemische Industrie, angelockt durch das relativ hohe Preisniveau und den großen Markt, mit Forschungs- und Entwicklungsarbeiten auf diesem Gebiet. 1912 gelang es Bayer, das erste Syntheseprodukt herzustellen, ein Wärmepolymerisat aus Dimethylbutadien, das technisch allerdings nicht ausgereift war und nur in der Mangelsituation des Ersten Weltkrieges eines gewisse Rolle spielte.

Der Durchbruch kam ein gutes Jahrzehnt später, Ende der 20er und Anfang der 30er Jahre, als Resultat der konzentrierten Forschungs- und Entwicklungsarbeit der drei großen I.G. Farben-Werke Leverkusen, Ludwigshafen und Hoechst. Man fand heraus, daß die katalytische Polymerisation von Butadien mit Styrol, Acrylnitril oder allein mit Natrium als Katalysator zu brauchbaren elastischen Werkstoffen führt. Etwa gleichzeitig entwickelte Du Pont in den USA den Chlor-Kautschuk auf der Basis von Chlor-Butadien, das ursprünglich durch Salzsäureaddition an Monovinylacetylen (MVA) hergestellt wurde. Als Ausgangsmaterial setzte man in Deutschland Karbid-Acetylen und bei den Chemischen Werken Hüls GmbH Lichtbogen-Acetylen ein, das in dem bereits skizzierten Vier-Stufen-Verfahren zum Butadien verarbeitet wurde. Auf dieser Basis wurden im Zweiten Weltkrieg in Deutschland und nach einem modifizierten Verfahren in den USA und Kanada einige hunderttausend Tonnen Synthesekautschuk produziert, vor allem Butadien-Styrol-Typen[61]. Nach weiteren Verbesserungen ist diese Technik bis heute die Basis der Synthesekautschukindustrie, die jährlich mehrere Millionen Tonnen des elastischen Werkstoffs produziert. Anfang der 1980er Jahre (1983) waren es 8,3 Millionen Tonnen. Der Anteil des Styrol-Butadien-Kautschuks liegt sowohl in den USA als auch in Westeuropa deutlich über 50 Prozent aller Kautschuktypen. Es folgen Polybutadien und Chloropren-Kautschuk. Das benötigte Butadien, aber auch die anderen Polymerisationskomponenten werden heute aus Erdölderivaten gewonnen[62].

Wie bereits beschrieben, hatte Fritz Klatte schon 1912 die Polymerisation von Vinylchlorid entdeckt. Die Entwicklung zu einem technischen Polymerwerkstoff erfolgte zu Beginn der 30er Jahre in der I.G.
Farben, nachdem es bis dahin nicht gelungen war, aus dem PVC eine
plastische Masse herzustellen. Erst als man in der I.G. Bitterfeld erkannte, daß die Nachbehandlung mit Chlor zu einem brauchbaren
Kunststoff führt, begann die großtechnische Herstellung von PVC.
Auch mit Hilfe von sogenannten Weichmachern wird eine gute Ver-
arbeitbarkeit des PVC erreicht, das sich als relativ preiswerter Massenkunststoff mit zahlreichen guten Eigenschaften wie hohe Chemikalienbeständigkeit, gute elektrische Eigenschaften usw. auszeichnet.
Heute wird PVC in allen Industrieländern produziert [63].

Das gleiche gilt für Polyethylen (PE), das 1935 von Chemikern der
ICI erfunden worden ist. Sie erkannten, daß sich Ethylen unter hohem
Druck, hohen Temperaturen und geringer Sauerstoffzuführung polymerisieren läßt und einen wertvollen Werkstoff liefert. Durch Lizenz-
vergabe wurde das Verfahren in den 40er und 50er Jahren zunächst in
Europa und den USA verbreitet [64]. Eine bedeutende Zusatzinnova-
tion gelang 1953 Karl Ziegler (1884−1973) in der Bundesrepublik
Deutschland mit der Entdeckung, daß sich Ethylen katalytisch zu
wesentlich milderen Bedingungen polymerisieren läßt und ein Produkt liefert, das auch andere Eigenschaften als das Hochdruckpoly-
ethylen hat [65]. Ziegler und der italienische Chemiker Giuilio Natta
(1903−1979) fanden auch Katalysatoren für die Polymerisation von
Propylen, das ebenfalls in großen Mengen beim Naphta-Cracken anfällt. Auch Polypropylen ist heute ein weit verbreiteter Poly-Olefin-
Kunststoff [66].

Die Erschließung des Polystyrol-Kunststoffs zu Beginn der 1930er
Jahre in der I.G. Ludwigshafen beruhte vor allem auf der Entwicklung
eines leistungsfähigen Verfahrens für das Ausgangsprodukt, das monomere Styrol, im Jahre 1929. Vorprodukt für Styrol ist Benzol, das
katalytisch mit Ethylen alkyliert wird. Das so hergestellte Ethylbenzol
wurde katalytisch zum Styrol dehydriert. Da man in Deutschland zu
dieser Zeit keine petrochemische Ethylenerzeugung hatte, stammte
das dazu benötigte Ethylen aus Gärungssprit (Ethylalkohol), aus dem
katalytisch Wasser abgespalten wurde [67]. Auch hier steht mit der
Petrochemie eine wesentlich bessere Rohstoffbasis zur Verfügung.
Der größte Teil der Styrols wurde in den 30er Jahren für die Kautschuksynthese gebraucht, aber ein beträchtlicher Teil ging auch in die
Polymerisation, die zunächst diskontinuierlich in Kesseln und dann
kontinuierlich in Rohrschlangen erfolgte. Nach weiteren Verbesserun-

gen auch bei der Monomerengewinnung, begann Ende der 30er Jahre die Großproduktion, die sich dann nach dem Zweiten Weltkrieg weltweit durchsetzte.

Einen sehr hochwertigen und nahezu universellen Kunststoff hat das 1937 von Otto Bayer in Leverkusen erfundene Polyadditionsverfahren von Isocyanaten und Polyolen zu den Polyurethanen erschlossen. Bayer suchte zunächst einen neuen Faserrohstoff, erkannte aber sehr bald, daß sich aus den Polyurethanen zahlreiche Kunststofftypen – von Duroplasten über elastische Werkstoffe, harte und weiche Schaumstoffe bis hin zu Lackrohstoffen – herstellen lassen. Die großtechnische Umsetzung dieser Erfindung begann, nach bescheidenen Anfängen in den 40er Jahren, in den 50er und 60er Jahren [68].

Die letzte der großen Kunststoffklassen, die Polycarbonate, wurden 1953 von dem Bayer-Chemiker Hermann Schnell (geb. 1916) erfunden. Er ging von dem bis dahin verworfenen Gedanken aus, Kohlensäureester als Monomere für die Kunststoffgewinnung einzusetzen. Ausgehend von Phenol und Aceton erhält man Bisphenol A, das zusammen mit Diphenylcarbonat in der Hitze zum Polycarbonat polymerisiert. Die Vorteile dieses Werkstoffs liegen darin, daß er bruch- und schlagfest sowie durchsichtig ist. Die Großproduktion begann in Deutschland 1958 [69]. Mittlerweile ist das Verfahren weltweit verbreitet. Größte Anbieter sind General Electric (Plastics Division), Bayer und Dow Chemical.

Die neuere Entwicklung in der Kunststofftechnik ist zum einen durch hochwertige neue Typen wie etwa Polyphenylensulfid und Kunststoffe mit besonderen Mikro-Strukturen (Flüssig-Kristall-Polymere) gekennzeichnet und auf der anderen Seite durch die Entwicklung vielfältiger Mischungen verschiedener Monomere, den sogenannten Blends, mit denen sich auch besonders hochwertige Werkstoffeigenschaften erzielen lassen. Die Polymerchemie steht damit an der Schwelle einer neuen Innovationsphase, die für die Zukunft der Chemiewerkstoffe ohne Frage eine sehr große Bedeutung haben wird.

Literaturnachweise

1 *Keim*, W./*Behr*, A./*Schmitt*, G.: Grundlagen der industriellen Chemie. Frankfurt a.M. 1981; *Henglein*, F.A.: Grundriß der chemischen Technik. Weinheim 1959.
2 *Strube*, Irene/*Stolz*, R./*Remane*, H.: Geschichte der Chemie. Berlin 1986; *Mason*, Steffen F.: Geschichte der Naturwissenschaft. Stuttgart 1974, S. 530 ff., S. 609 ff

 3 *Haber*, L.F.: The Chemical Industry during the Nineteenth Century. Oxford
    1969; *Hohenberg*, P.M.: Chemicals in Western Europe 1850–1914. An Eco-
    nomic Study of Technical Change. Chicago 1967.
 4 Vgl. 2, S. 42 ff; Vgl. 3, S. 1 ff.
 5 *Saenger*, H.H./*Siecke*, W./*Winnacker*, Karl: Der Schwefel und seine organi-
    schen Verbindungen. In: Winnacker, Karl/Weingaertner, Ernst (Hrsg.): Che-
    mische Technologie. Anorganische Technologie. München 1950; *Lunge*, G.:
    Handbuch der Soda-Industrie und ihrer Nebenzweige für Theorie und Praxis,
    2 Bde. Braunschweig 1879; Vgl. 1 (Henglein), S. 299 ff.
 6 Vgl. 1 (Henglein) S. 299 f.
 7 *Mitchell*, B.R.: European Historical Statistics 1750–1970. London 1975
 8 *Bücher*, Werner/*Schliebs*, R./*Winkler*, G./*Büchel*, K.-H.: Industrielle Anorga-
    nische Chemie, Weinheim [2]1986, S. 122 ff.; *Verg*, E./*Plumpe*, Gottfried/*Schult-
    heis*, K.-H.: Meilensteine – 125 Jahre Bayer 1863–1988. Leverkusen 1988, S. 402
 9 *Schenk*, P.: Das Kochsalz und die Alkalien. In: Winnacker, Karl/Weingaertner,
    Ernst: Chemische Technologie: Anorganische Technologie; Vgl. 3 (Haber)
10 *Welsch*, Fritz: Geschichte der chemischen Industrie. Berlin 1981, S. 35
11 Vgl. 1 (Henglein), S. 385 ff; Vgl. 9 (Schenk), S. 407 ff.
12 Vgl. 3 (Haber), S. 87 ff. Reader, W.J.: Imperial Chemical Industries. A His-
    tory, Vol. 1. London 1970, S. 90 ff.; *Haynes*, Williams: The American Chemi-
    cal Industry, Vol. 1. New York 1945
13 Vgl. 3 (Haber) S. 212 f. *Winnacker*, Karl: Das Chlor und seine anorganischen
    Verbindungen. In: Winnacker Karl/*Weingärtner* Ernst (Hrsg.): Chemische
    Technologie: Anorganische Technologie. München 1950, S. 437 ff. Bücher
    et al., Anorganische Chemie, S. 157 ff.
14 Vgl. 8 (Bücher u.a.) Anorganische Chemie, S. 167 ff.
15 *Held*, H. (Hrsg.): Chemiepolitik. Gespräch über eine Kontroverse. Beiträge
    und Ergebnisse einer Tagung der Evangelischen Akademie Tutzing. Wein-
    heim 1988.
16 *Rumscheidt*, C./*Saenger*, H.H./*Winnacker*, Karl: Der Stickstoff und seine an-
    organischen Verbindungen. In: Winnacker Karl/Weingärtner, Ernst (Hrsg.):
    Chemische Technologie: Anorganische Technologie 2. München 1950,
    S. 156 ff.; Neumüller, O.-A.: Römpps Chemie Lexikon: Artikel „Stickstoff".
    Stuttgart [8]1987, S. 3884 ff.
17 *Lachmann-Mosse*, R.: Die Stickstoffindustrie und ihre internationale Kartellie-
    rung. Zürich 1940; *Plumpe*, Gottfried: Die I.G. Farbenindustrie AG. Habil.-
    Schrift. Bielefeld 1987, S. 213 ff.
18 *Ritter*, F.: Carbid, Kalkstickstoff und Siliciumcarbid. In: Winnacker, Karl/
    Weingaertner, Ernst (Hrsg.): Chemische Technologie: Anorganische Techno-
    logie 2, München 1950, S. 247 ff.
19 *Appl*, M.: A brief history of ammonia production from the early days to the
    present. London 1976; *Appl*, M.: The Haber-Bosch Process and the Develop-
    ment of Chemical Engineering. In: Furter, W.F. (Hrsg.): A Century of Chemi-
    cal Engineering. 1982; *Mittasch*, A.: Geschichte der Ammoniaksynthese.
    Weinheim 1951.
20 Vgl. 8 (Bücher u.a.): S. 31 ff.
21 Vgl. 17 (Plumpe), S. 229 ff

22 *Weissermel*, Karl/*Arpe*, Hans-Jürgen: Industrielle organische Chemie. Weinheim 1978.

23 *Damm*, P.: Die Veredlung der Steinkohlen. In: Winnacker, Karl/Weingaertner, Ernst (Hrsg.) Chemische Technologie: Organische Technologie 1. München 1952.

24 Vgl. 17 (Plumpe) S. 260 ff.

25 Vgl. 22, S. 30 ff. *Giesen*, J.: Die Methanol- und Isobutylölsynthese. In: Winnacker, Karl/Weingaertner, Ernst (Hrsg.): Chemische Technologie: Organische Technologie 1. München 1950, S. 419 ff.

26 *Krönig*, W.: Herstellung von synthetischen Treibstoffen durch Dehydrierung. In: Winnacker, Karl/Weingaertner, Ernst (Hrsg.): Chemische Technologie: Organische Technologie 1. München 1950, S. 357 ff.

27 Vgl. 17 (Plumpe), S. 272 ff.

28 Vgl. 17 (Plumpe), S. 288 ff.

29 *Martin*, F./*Weingaertner*, Ernst: Die Fischer-Tropsch-Synthese. In: Winnacker, Karl/Weingaertner, Ernst (Hrsg.): Chemische Technologie: Organische Technologie 1. München 1950, S. 776 ff.

30 Vgl. 22, S. 127 ff.

31 *Nicodemus*, O.: Die alipathischen Chemikalien und Zwischenprodukte. In: Winnacker, Karl/Weingaertner, Ernst (Hrsg.): Chemische Technologie: Organische Technologie 1. München 1950, S. 611f; *Steinberger*, F. K: Die Acetylen-Chemie in Hoechst. Hoechst 1946

32 Vgl. 31 (Steinberger), S. 15 ff

33 Vgl. 22, S. 262 ff.

34 *Plumpe*, Gottfried: Industrie, technischer Fortschritt und Staat. Die Kautschuksynthese in Deutschland 1906–1944/45. In: Geschichte und Gesellschaft, Jg. 1983; Vgl. 31 (Steinberger) S. 73 ff

35 Vgl. 31 (Nicodemus) S. 630

36 Vgl. 31, S. 635 f; Vgl. 22, S. 283 ff.

37 *Reppe*, Ernst: Chemie und Technik der Acetylen-Druck-Reaktionen. Weinheim 1951; Vgl. 31 (Nicodemus), S. 636 ff.

38 Vgl. 22, S. 8 ff; Vgl. 1 (Keun u.a.), S. 35 ff.

39 *Spitz*, Peter H.: Petrochemicals. The Rise of an Industry. New York 1988.

40 *Hagge*, W./*Holzach*, K.: Die organischen Farbstoffe. In: Winnacker, Karl/Küchler: Chemische Technologie: Organische Technologie 2. München 1952; *Beer*, J.J.: The Emergence of the German Dye Industry. In: Urbana/Ill. 1959; *Bürgin*, A.: Geschichte des Geigy-Unternehmens von 1758 bis 1958. Basel 1958; Vgl. 3 (Haber), S. 80 ff, S. 128 ff. Vgl. 8 (Plumpe u.a.)

41 *Nagel*, A.V.: Fuchsin, Alizarin, Indigo. Ludwigshafen 1970, S. 30 ff.

42 *Rys*, Paul/*Zollinger*, Heinrich: Farbstoffchemie. Weinheim 1982; Vgl. 40 (Hagge/Holzach), S. 1 ff.

43 *Wingate*, P.J.: The Colorful Du Pont Company. Wilmington 1982.

44 *Erhart*, G.: Die Arzneimittel. In: Winnacker, Karl/Küchler (Hrsg.): Chemische Technologie. Organische Technologie 2. München 1952, S. 958 ff

45 *Bockmühl*, M.: Antipyretica und Analgetica der Pyrazolonreihe. In: Medizin und Chemie. Abhandlungen der Medizinisch-chemischen Forschungsstätten der I.G. Farbenindustrie AG. Leverkusen 1935

46 Vgl. 8 (Plumpe u.a.), S. 90 ff.
47 Vgl. 8 (Plumpe u.a.), S. 134 ff.
48 Vgl. 8 (Plumpe u.a.), S. 272 ff.
49 Bayer AG: Vom Germanin zum Acylureidopenicillin. Leverkusen 1980
50 Vgl. 44, S. 1004 ff.; Vgl. (1) Henglein, S. 604 ff.
51 *Hartmann*, A.: Die Chemiefaserstoffe. In: Winnacker, Karl/Küchler (Hrsg.):
    Chemische Technologie: Organische Technologie 2. München 1952, S. 492 ff,
    Bauer, R.: Das Jahrhundert der Chemiefasern. München 1960
52 Vgl. 1 (Henglein), S. 685 ff.
53 Vgl. 17 (Plumpe), S. 314 ff.
54 Vgl. 1 (Henglein) S. 693
55 Vgl. 51, S. 507 f.; Vgl. 17, S. 696
56 *Reader*, ICI. Bd. 2, S. 381 ff.
57 Vgl. 51, S. 515 ff.
58 Vgl. 17 (Plumpe), S. 352 ff.; Vgl. 1 (Henglein), S. 650 f.
59 *Bier*, G./*Schnell*, H. und Mitarbeiter: Die Kunststoffe. In: Winnacker, Karl/
    Küchler (Hrsg.): Chemische Technologie. Organische Technologie 2. Mün-
    chen 1952, S. 264 ff.
60 Vgl. 34 (Plumpe)
61 *Herbert*, Y./*Bission*, A.: Synthetic Rubber. A. Project that had to succeed.
    Westport 1965
62 Vgl. 22, S. 67 ff.
63 *Hölscher*, F.: Kautschuk, Kunststoffe, Fasern. Ludwigshafen 1972, S. 35 ff.;
    Vgl. 1 (Keim), S. 370 ff; Vgl. 59, S. 321 ff.
64 Reader, ICI, Bd. 2., S. 349 ff.
65 Vgl. 59, S. 315 ff.
66 Vgl. 59, S. 318 f.; Vgl. 1 (Keim), S. 364
67 Vgl. 63, S. 43 ff.
68 Vgl. 17 (Plumpe), S. 284 ff
69 Vgl. 17 (Plumpe), S. 326 ff.

VERARBEITUNG UND MONTAGE

Die Entwicklung der Fertigungstechnik

Volker Benad-Wagenhoff
Akos Paulinyi
Jürgen Ruby

Die strategische Rolle des Maschinenbaus im Industrialisierungsprozeß

Der bis heute andauernde Industrialisierungsprozeß begann in der zweiten Hälfte des 18. Jahrhunderts mit der Industriellen Revolution in Großbritannien [1]. Diese griff in den ersten Jahrzehnten des 19. Jahrhunderts auf den Europäischen Kontinent und auf Nordamerika über. Die von ihr erfaßten Gesellschaften veränderten sich in ihrem sozialen, ökonomischen, politischen und kulturellen Gefüge radikal. In den Agrargesellschaften hatte es im besten Falle langsames Wirtschaftswachstum gegeben, meist aber Stagnation und immer wieder Mangelkrisen. Die neuentstehende Ökonomie der kapitalistischen Industriegesellschaften dagegen war von Anbeginn expansiv und wachstumsorientiert, ihre Krisen entstehen aus Überproduktion.

Den technischen Kern der Industriellen Revolution und der neuen Wirtschaftsweise bildete eine einschneidende Rationalisierung der Produktion durch eine andere Art von Technik, die bis dahin nur punktuell Anwendung gefunden hatte. Diese „Maschinen-Werkzeug-Technik" – wie wir sie im Gegensatz zur vorindustriellen „Hand-Werkzeug-Technik" nennen [2] – wurde von Unternehmern eingeführt, die angesichts aufnahmefähiger Märkte nach Möglichkeiten suchten, die Produktion zu steigern. Sie drang in immer neue Wirtschaftsbereiche ein und veränderte nachhaltig Produktionsmethoden und Arbeitsorganisation.

Die Herstellung aller Arten von Maschinen gewann dabei zentrale Bedeutung und veränderte zugleich ihr Erscheinungsbild. Aus dem vorindustriellen, auf Handarbeit gestützten Bau von Maschinen – überwiegend aus Holz und aus geringen Mengen Metall – wurde eine Branche, die Gußeisen, Schmiedeeisen und später auch Stahl verarbeitete und dabei in erheblichem Umfang selbst Maschinen benutzte.

In der vorindustriellen Zeit waren die in Handarbeit hergestellten Maschinen und Geräte für die verschiedensten Verwendungszwecke überwiegend aus Holz und nur zu geringem Teil aus Metall. Die Abbildung zeigt eine Wippendrehbank aus der Zeit vor 1800, die Schnur führt zu einem Pedal für den Fußantrieb.
Die Drehbank oder Drechselbank gehört zu den Geräten, über die wir bereits aus Berichten der Antike wissen.

Dieser industrielle Maschinenbau hatte für den Fortgang des Industrialisierungsprozesses eine strategische Funktion: nur weil es ihm gelang, selbst zur maschinellen Bearbeitung überzugehen, konnte er alle anderen Gewerbezweige mit Maschinerie versorgen. Zudem hing jede weitere Rationalisierung einmal industrialisierter Arbeitsprozesse von seiner Leistungsfähigkeit ab.

Wegen dieser Schlüsselstellung, und weil er wie jeder andere auf Gewinnerwirtschaftung ausgerichtete Industriezweig seine Produktionsprozesse ständig rationalisieren muß, haben wir den Maschinenbau ausgewählt, die Entwicklung von Produktionsmitteln und -methoden darzustellen. Im ersten Drittel unseres Beitrages wird die Bedeutung der Formveränderung von stofflichen Gegenständen im System der Technik rekapituliert und die Entstehung der ersten metallbearbeitenden Maschinen für den industriellen Maschinenbau aus massenhafter Nachfrage nach Textilmaschinen beschrieben. Der mittlere Teil befaßt sich mit dem Produktionsprozeß des Maschinenbaus und mit Entstehung und Ausbreitung der gängigsten Werkzeugmaschinen bis zum Anfang des 20. Jahrhunderts. Im letzten Drittel werden Beschleunigung und Automatisierung der Fertigungsprozesse als wesentliche Rationalisierungsstrategien der Metallbearbeitung bis in die Gegenwart verfolgt.

Die Formveränderung von Stoffen im System der Technik

Unsere heutige Fertigungstechnik ist auf die maschinelle Formveränderung von verschiedenen Werkstoffen, vornehmlich Metallen und Kunststoffen, ausgerichtet. Sie hat ihren Ursprung in der industriellen Revolution in Großbritannien etwa zwischen 1750 und 1850. In dieser Epoche kam es in der Technik zu so bedeutungsvollen und zahlreichen Änderungen, daß sich schließlich der Gesamtcharakter des technischen Systems grundlegend verändert hat. Jedes technische System umfaßt alle Artefakte (künstlichen Gegenstände) und Verfahren, ihr Entwerfen, ihre Herstellung und ihre Verwendung durch zweckgerichtete Handlungen des Menschen. Sein allgemeiner Zweck ist die Zustandsänderung von Stoff, Energie und Information. Die für den Umbruch zu einem neuen technischen System entscheidenden technischen Neuerungen fanden in der Produktionstechnik [3] und hier vorrangig in der Stofftechnik statt, deren Ziel die Gewinnung von Stoffen und ihre Verarbeitung ist. [I-1.1]

Die Verarbeitung der aus der Natur gewonnenen Stoffe wird vom Menschen durch technische Handlungen der Stoffumwandlung und der Stofformung, d. h. der Formveränderung von Stoffen, vollzogen. In der Stoffumwandlung geht es um chemische bzw. biochemische technische Verfahren, durch die Stoffe bestimmter physikalisch-chemischer Eigenschaften – wie Eisenerz, Kalk, Kohlen- und Sauerstoff – in einen oder mehrere Stoffe anderer physikalisch-chemischer Eigenschaften, zum Beispiel Eisen, genauer eine Eisen-Kohlenstoff-Legierung, Gichtgase und Schlacke, umgewandelt werden. Insgesamt produziert der Mensch mit den Techniken der Stoffumwandlung entweder neue, in der Natur nur selten oder überhaupt nicht vorhandene Stoffe oder bereitet die aus der Natur gewonnenen Stoffe auf. Das geschieht beispielsweise durch Trocknen des Holzes, Rösten des Erzes usw. Sowohl die aus der Natur wie auch die durch Stoffumwandlung gewonnenen Stoffe werden meistens durch die Stofformung weiterverarbeitet. Zu dieser gehören alle technischen Handlungen, durch die der Mensch mit unterschiedlichen Hilfsmitteln und Methoden aus einem oder mehreren Werkstoffen eine von der Ausgangsform verschiedene, geometrisch bestimmte Endform herbeiführt. Die Stofformung umfaßt also ein viel weiteres Feld, als es die heutige, im wesentlichen auf die Herstellung von Zwischen- und Endprodukten des Maschinenbaus eingeengte Definition der Fertigungsverfahren [4] vermuten läßt. Diese Definition ist das Ergebnis einer über zweihundertjährigen Diversifizierung der Stofformung und der seit dem Anfang des 20. Jahrhunderts zunehmenden Spezialisierung der Ingenieurwissenschaften. Wir verstehen dagegen unter Stofformung im Sinne der mechanischen Technologie des 19. Jahrhunderts die formverändernde Bearbeitung nicht nur der festen Werkstoffe – Metall, Holz, Stein, Ton, Glas usw. –, sondern auch der Faserstoffe, wie Wolle, Baumwolle, Seide usw., und schließen Vorgänge des Zerkleinerns – Mahlen, Stampfen usw. – mit ein [5].

Alle technischen Artefakte sind Produkte der Stofformung. Die tragende Rolle der Stofformung in allen technischen Systemen von der Menschwerdung bis heute ist nicht nur darin begründet, daß dieses Teilsystem der Technik die Mehrzahl aller technischen Handlungen umfaßt. Es geht auch darum, daß Ideen auf anderen Gebieten der Technik nur durch die mannigfaltigen und heute kaum noch übersehbaren Techniken der Stofformung zu Vorrichtungen der Stoffumwandlung, zu Energieumformern und -umwandlern und zu technischen Systemen der Informationsverarbeitung und -vermittlung gemacht werden können.

Die Stofformung war und ist also das tragende Teilsystem jeder Technik und seit dem Entdecken der Metallurgie waren auch alle wesentlichen Stofformungsverfahren vorhanden. Man kann sie in vier Gruppen systematisieren: das Urformen (zum Beispiel Formguß von Metallen), das Umformen (Schmieden, Walzen, Biegen usw.), das Trennen (beispielsweise Drehen, Hobeln, Sägen, Schneiden usw.) und das Fügen oder Verbinden (Verkeilen, Nageln, Verschrauben, Kleben, Spinnen, Weben usw.).

Die vielfältigen alten und modernen Verfahren der Formveränderung von Stoffen haben alle eine grundsätzliche Gemeinsamkeit. Wir haben immer ein Wirkpaar, das aus Werkstoff und Wirkstoff besteht. Gelegentlich haben sie keine feste Form; beim Gießen etwa ist der metallische Werkstoff anfangs noch flüssig; beim Explosivumformen drücken Explosionsgase eine Blechplatte in eine feste Form. Meist jedoch besteht das Wirkpaar aus festen Körpern, aus Werkstück und Werkzeug. Soll die geometrische Form des Werkstückes verändert werden, dann muß es zwischen den beiden zu einer Relativbewegung, d.h. zu einer vorausgeplanten und genau bestimmten Änderung der gegenseitigen Position von Werkstoff und Werkzeug kommen, ganz unabhängig davon, wie das Werkzeug auf das Werkstück einwirkt.

Dafür müssen Energie und Informationen bereitgestellt und auf das Wirkpaar übertragen werden. Für die Realisierung der Relativbewegung müssen also gewisse Funktionen erfüllt werden:

1. Das Halten und Führen des Werkzeuges;
2. das Halten und Führen des Werkstückes;
3. Bereitstellung und Übertragung von Energie (Antrieb) und
4. von Informationen für den Handlungsvorgang (Steuerung);
5. Kontrolle des Handlungsvorganges (Messen) und
6. Transport (Positionierung) des Werkstückes innerhalb des Handlungsvorganges[6].

Diese Funktionen können wahrgenommen werden: entweder nur vom Menschen, zum Teil vom Menschen und zum Teil von technischen Vorrichtungen oder ausschließlich von technischen Vorrichtungen.

Der Trend im über Jahrtausende währenden Prozeß der Technisierung in der Stofformung ist gekennzeichnet durch die Übertragung einzelner Funktionen vom Menschen auf technische Vorrichtungen. Dabei gibt es eine Übertragung zweier Funktionen, die sehr deutlich zwei technologisch grundverschiedene Arbeitsweisen der Stofformung markiert: die Übertragung der Funktionen 1 und 2, d. h. des Haltens und Führens sowohl des Werkstückes als auch des Werkzeuges vom Menschen auf eine technische Vorrichtung. Dadurch wird die Relativbewegung zwischen Werkzeug und Werkstück im unmittelbaren Handlungsvorgang nicht mehr vom Menschen, sondern durch die vom Menschen geschaffene technische Vorrichtung, durch die Maschine der Formveränderung bestimmt. Die Technik der Stofformung verändert sich aus einer Hand-Werkzeug-Technik in eine Maschinen-Werkzeug-Technik. Im langfristigen Prozeß der Technisierung beginnt damit die Maschinisierung der Stofformung.

In der Epoche der Hand-Werkzeug-Technik wurde die überwältigende Mehrheit der stofformenden technischen Handlungen mit Hand-Werkzeugen durchgeführt. Die technische Entwicklung in der Stofformung war zum einen geprägt durch die Optimierung und Diversifizierung von Hand-Werkzeugen, zum anderen durch deren Mechanisierung. Beispiele dafür sind die Handdrehbank, das Spinnrad, der Trittwebstuhl oder das Hammerwerk. Maschinen für die Formveränderung von Stoffen wurden nur punktuell eingesetzt, zum Beispiel Getreidemühlen, Seidenzwirnmaschinen, Walzwerke, Sägegatter, Bohrwerke für Holz und Metall usw. Das tragende, den Charakter des gesamten technischen Systems bestimmende Element blieb jedoch die Hand-Werkzeug-Technik. Mit ihr haben die Handwerker

Mit dieser Zeichnung von 1841 demonstriert James Nasmyth den für den Fortgang der Industrialisierung so grundlegenden Wechsel von der ,,Hand-Werkzeug-Technik'' zu einer ,,Maschinen-Werkzeug-Technik'': An der aus Holz gebauten (linken) Drehbank bearbeitet der Dreher das Werkstück mit einem Handdrehmeißel, der auf einer Stütze aufliegt. An der rechts abgebildeten Drehmaschine erzeugt der Dreher die Vorschubbewegung durch Drehen einer Handkurbel. Deren Rotation wird über eine Gewindespindel und eine am Werkzeugschlitten befestigte Mutter in eine Längsbewegung übersetzt.

alle technischen Artefakte und, bis auf kleine Ausnahmen, auch alle Teile von Mechanismen und Maschinen gefertigt. Erst unter den sozialökonomischen Bedingungen, die sich in Großbritannien herausgebildet hatten, kam es seit den 1770er Jahren zu einem massenhaften Einsatz von Maschinen der Formveränderung von Stoffen. Das geschah in technisch und gesamtökonomisch gewichtigen Sparten und war der Beginn eines fortwährenden und − wie es scheint − unumkehrbaren Prozesses der Maschinisierung technischer Handlungen. In dieser Epoche der Industriellen Revolution in England vollzog sich der Übergang vom System der Hand-Werkzeug-Technik zum System der Maschinen-Werkzeug-Technik; dies war eine so fundamentale Veränderung, daß wir sie als technische Revolution einschätzen[7]. In Gang gesetzt wurde dieser Prozeß mit der alten Hand-Werkzeug-Technik − ein klarer Beweis, daß die Möglichkeiten dieser Technik und des handwerklichen Könnens mit dem Herstellen herkömmlicher Artefakte nicht ausgeschöpft waren.

Der Ursprung der industriellen Fertigungstechnik in der Massenproduktion von Textilmaschinenteilen

Zu einem seit der Industriellen Revolution andauernden Prozeß der Maschinisierung konnte der Umbruch von der Hand-Werkzeug-Technik zur Maschinen-Werkzeug-Technik nur dadurch werden, daß die Herstellung von Maschinen selbst, genauer gesagt, die Herstellung ihrer Teile aus Holz und zunehmend aus Eisen und anderen Metallen allmählich durch Maschinen der Formveränderung vollzogen wurde. Erst die Entwicklung dieser Werkzeugmaschinen – etwa zwischen 1790 und 1840 – schuf den technologischen Grundstein moderner Fertigungstechnik. Sie stand an der Wiege des Maschinenbaus, der als Produzent von Investitionsgütern zum strategisch bedeutungsvollsten Sektor für die gesamte technische und ökonomische Entwicklung geworden ist. Wegen der epochalen Bedeutung der Herausbildung der Maschinen-Werkzeug-Technik im Zuge der Industriellen Revolution und dort vor allem in Verbindung mit deren Leitsektor in England, der Textilindustrie, soll im Folgenden etwas ausführlicher auf die Umstände und Abläufe dieses Entstehungsprozesses industrieller Fertigungstechnik im weiteren Sinne eingegangen werden.

Die Herausforderung zur Entwicklung von Werkzeugmaschinen, sowohl der Holz- als auch der Metallbearbeitung, kam vorrangig aus jenen Fertigungsgebieten, in denen eine Nachfrage nach gleichförmigen, genormten Maschinenteilen in großen Stückzahlen entstanden war. Unter diesen standen an erster Stelle die Teilefertigung für Arbeitsmaschinen der Textilindustrie sowie einige Sparten der Feinmechanik und der Holzbearbeitung. Der Bau der Dampfmaschine, des wichtigsten Energieumwandlers für die Deckung des zunehmenden Energiebedarfes vorerst im Kohle- und Erzbergbau und allmählich auch in den maschinisierten Fertigungsprozessen der Stoffverarbeitung, hat bis ins erste Jahrzehnt des 19. Jahrhunderts außer den Zylinderbohrmaschinen keine Neuentwicklungen von Werkzeugmaschinen hervorgebracht.

Der erste massenhafte Einsatz von Arbeitsmaschinen der Stofformung fand im englischen Textilgewerbe statt. Das Bemühen um die Überwindung des sich im 18. Jahrhundert bei steigender Wolltuch- und Wirkwarenproduktion und wachsender Baumwollverarbeitung ständig verschärfenden Garnmangels zeitigte schon in den 1730er bzw. 1740er Jahren die ersten konstruktiven Lösungen für eine Spinnmaschine bzw. für Walzenkarden. Der Durchbruch zur Maschinenspinnerei der Baumwolle – und nicht der Wolle, für die die Lösung zuerst

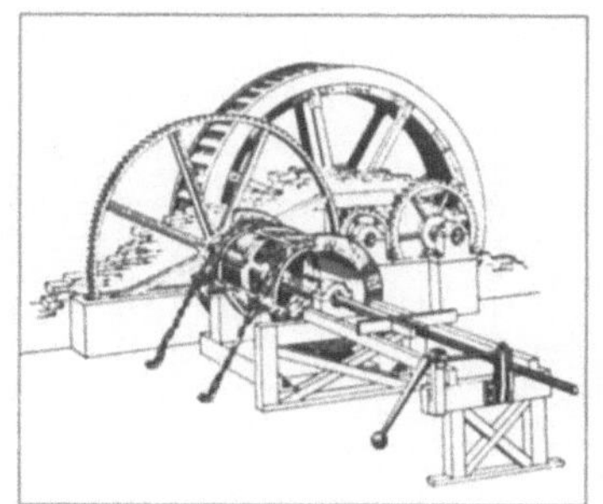

Mit seiner 1775 konstruierten Zylinderbohrmaschine erreichte John Wilkinson eine wesentlich größere Bearbeitungsgenauigkeit, da er die Bohrstange nicht einseitig lagerte, wie es bisher üblich war, sondern auf beiden Seiten aufliegen ließ.

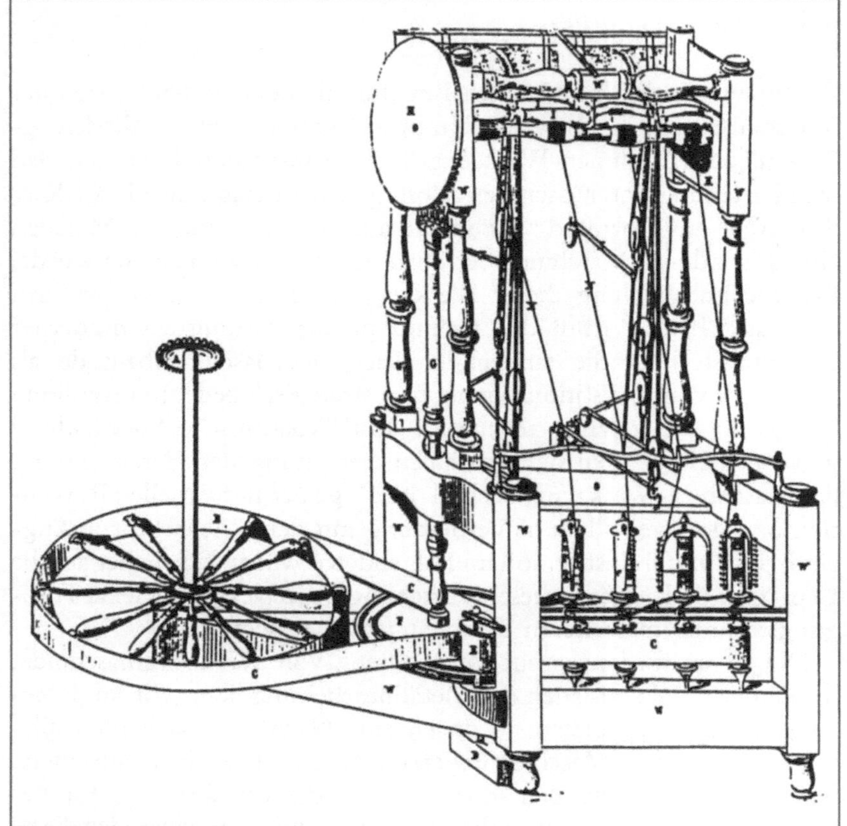

Richard Arkwright reichte in einer Patentschrift 1769 die Pläne für die Konstruktion einer Spinnmaschine ein. Der Kupferstich zeigt die Gesamtansicht dieser Maschine.

gesucht wurde – erfolgte jedoch erst in den 1770er Jahren mit der „Waterframe" von Richard Arkwright (1732–1792) und mit der von Hand angetriebenen „Jenny" von James Hargreaves (1720–1778). Binnen vierzig Jahren seit Inbetriebnahme der ersten Arkwrightschen Spinnerei auf Wasserradantrieb in Cromford (1771) wurden für alle Arbeitsgänge – von der Auflockerung der Baumwolle über das Kardieren, das Strecken und Doublieren der Faserbänder bis hin zum Vor- und Feinspinnen – Maschinen entwickelt. Seit 1780 gab es neben der nur für das Spinnen von Kettengarnen geeigneten Waterframe die sogenannte „Mule"-Maschine von Samuel Crompton (1753–1827) als Universalspinnmaschine für alle Garnarten und -feinheiten. Ab 1780 wurden allmählich alle Spinnereimaschinen auch für die Ver-

Spinnsaal mit halbautomatischen Mule-Maschinen aus der Zeit um 1830. Die rechte Maschine ist am Ende des Auszuges, der Spinner bereitet das manuelle Einfahren und Aufwinden vor. Bei der linken Maschine ist das Aufwinden gerade beendet, eine Knüpferin beseitigt Fadenbrüche. Die schematische Zeichnung b verdeutlicht die maximale Raumausnutzung bei einer versetzten Anordnung der Maschinen.

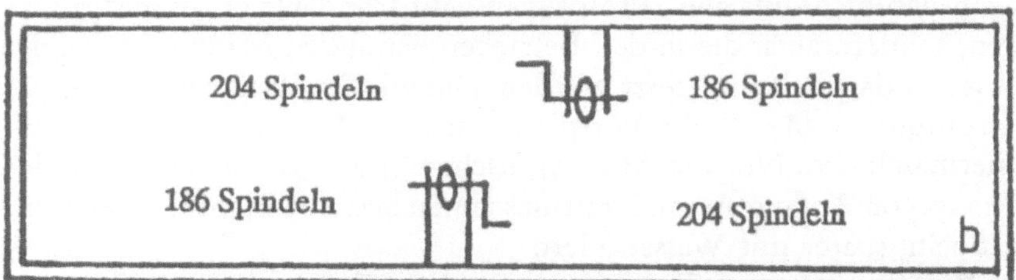

arbeitung von Wolle adaptiert. Um 1790, als noch fast alle Spinnereifabriken mit Wasserradantrieb ausgestattet waren, sollen Spinnmaschinen mit insgesamt 2,4 Millionen Spindeln in Betrieb gewesen sein; 1810 waren es 4,7 Millionen Maschinenspindeln. Zu diesem Zeitpunkt war die Baumwollspinnerei längst die führende Sparte der gesamten Textilindustrie. Die den Markt beherrschenden Spinnfabriken waren Betriebe der Massenfertigung, in denen die Fertigungsplätze in der Reihenfolge der Verarbeitungsschritte – zum Beispiel Vorkrempeln, Feinkrempeln, Strecken und Doublieren, Vorspinnen und Feinspinnen – aufgestellt waren. Man nennt das „aufgabengerichtete"[8] oder „gegenstandsspezifische" Anordnung. Jeder Schritt wurde mit einer oder mehreren parallelen Einzweckmaschinen ausgeführt, es entstand ein nach Art und Feinheit genormtes Massenprodukt[10].

Wir wollen hier die Maschinisierung der Verarbeitung von Faserstoffen zu Garnen, Geweben und Wirkwaren und ihre Auswirkungen auf die gesamte Volkswirtschaft und Gesellschaft nicht weiter verfolgen. Im Mittelpunkt unseres Interesses steht vielmehr die Frage, welche Auswirkungen dieser mit der Hand-Werkzeug-Technik eingeleitete Übergang zum massenhaften und unumkehrbaren Einsatz von Arbeitsmaschinen für die Entstehung der Maschinen-Werkzeug-Technik in der Formveränderung von Holz und Metall gehabt hat. Unser Interesse gilt also deshalb der Herstellung von Textilmaschinen, weil an ihrer in einem sehr kurzen Zeitraum von 30−40 Jahren erfolgten und gut belegten konstruktiven Weiterentwicklung abzulesen ist, daß die Fertigkeiten und Arbeitsmittel des traditionellen Mühlenbauers und Uhrmachers nicht nur mit neuen Fertigkeiten, sondern vor allem mit neuen Arbeitsmitteln angereichert werden mußten, um die technischen Einrichtungen von Maschinenspinnereien in der Qualität und Quantität erzeugen zu können, die dann für die Zeit um 1810 bezeugt sind.

Ein gemeinsames Merkmal aller Maschinen der Baumwollspinnerei war, daß nicht nur alle „Prototypen" auf Handantrieb ausgelegt waren, sondern auch die in den Betrieben benutzten Maschinen vorerst mit Handantrieb eingesetzt wurden. Das gilt für Hargreaves „Jenny", Cromptons „Mule", die Vorspinnmaschine „Billy" und für die Kardiermaschinen. Nur die Arkwrigthschen Spinnmaschinen sind in der Praxis von Anfang an mit Kraftmaschinen betrieben worden − erst mit Göpeln, später mit Wasserrädern.

Was den Bau von Textilmaschinen betrifft, waren die ersten zwei Jahrzehnte bis etwa 1790, in denen der Durchbruch zur Maschinenspinnerei erfolgte, dadurch gekennzeichnet, daß es keinen für den Verkauf betriebenen Textilmaschinenbau gab. Damals war die wichtigste Spinnmaschine für Baumwollfabriken die „Waterframe" von Arkwright. Er selbst hat keine Maschinen geliefert, sondern nur Lizenzen (£ 7000 für 1000 Spindeln) verkauft[11]. Der einzig mögliche Weg zur Ausstattung mit Maschinen war also der Eigenbau in den Spinnereien, und dieser Weg konnte um so leichter eingeschlagen werden, als für die Fertigung der Maschinenteile vorerst die von traditionellen, überall verfügbaren Handwerkern beherrschten Techniken der Stoffformung ausreichend waren. Die wichtigsten Bestandteile der „Waterframe" in der für die 1770er bis 1790er Jahre belegten Bauweise waren das Gestell, das Antriebssystem, die Spindeln, Spindelflügel und Spulen, die Streckwalzen mit dem Andruckregelungssystem und das Getriebe der Streckwerke. Das Gestell der Maschine und die Elemente der Kraftübertragung, einschließlich der Welle für das Getriebe der Streckwerke, waren aus Holz, ebenso die ersten Streckzylinder, die Garnspulen, die Flügel und die Antriebsspulen der Spindeln. Diese Teile waren entweder einfache Zimmermanns- bzw. Tischlerarbeit und wurden aus dem Vollen gehobelt und gedrechselt, oder sie waren, wie die Bauteile der Kraftübertragung (Kammräder, Wellen, Riemenscheiben), gängige Produkte der Mühlenbauer, deren Berufsbezeichnung „mill-wright" ein Synonym für die ersten Maschinenbauer war. Die Metallteile waren zum einen Spezialprodukte aus dem Umkreis der Eisenbearbeitung, wie zum Beispiel die Spindeln und Spindelnäpfchen, ab etwa 1773 auch die Spindelflügel, zum anderen einfache Schmiedearbeiten, beispielsweise Eisenhebel für den Mechanismus der Druckregelung der Streckzylinder oder Eisenplatten, in denen die Spindeln und die Zapfen der Streckzylinder gelagert waren. Die höchsten konstruktiven und fertigungstechnischen Ansprüche stellte das aus Messingzahnrädern gefertigte Getriebe für die Streckwerke. Die Berechnung und Ausführung dieses als „clockwork" bezeichneten Getriebes war die Aufgabe von Uhrmachern („clockmaker"), die die Zahnräder aus Messing mit von Hand angetriebenen Schneidemaschinen gefertigt haben. Die Belastbarkeit dieses Getriebes setzte konstruktiven Neuerungen enge Grenzen: es reichte nur für den Antrieb einer Vierergruppe von Streckwerken; bei der Erhöhung der Spindelzahl einer Maschine zum Beispiel auf 24 mußten entsprechend mehr, also insgesamt sechs Einzelgetriebe, eingebaut werden.

Zimmerleute, Tischler, Schmiede, Dreher und Uhrmacher waren mithin die Fachkräfte der Maschinenbau-Werkstätten in den großen Spinnfabriken, für deren Antriebssysteme – meistens Wasserräder und die entsprechenden Transmissionen – der schon erwähnte „mill-wright" Sorge trug. Viele der schon in den 1780er Jahren standardisierten Maschinenteile, wie Spindeln, Spindelnäpfchen, Flügel, Streckzylinder (z.T. aus Metall), Zahnräder für das Streckwerkgetriebe, Kupplungen und Wellen für Kardiermaschinen, bezogen die Spinnereien von Zulieferern [12]. Deshalb ist es anzunehmen, daß in den eigenen Werkstätten der Schwerpunkt in der Herstellung der Holzteile, in Schmiedearbeiten, beim Streckwerk im Überziehen der Druckzylinder mit Tuch und Leder sowie im Riffeln der unteren Zylinder, in der Passungsarbeit an den einzelnen Teilen, im Zusammenbau der Maschinen und in Reparaturen lag.

Die Verbreitung der bis dahin auf die Zahnradschneidmaschinen beschränkten Maschinen-Werkzeug-Technik im Textilmaschinenbau stand im Zusammenhang mit dem partiellen Ersatz der Werkstoffe

Holz und Buntmetall durch Gußeisen und schmiedbares Eisen. Die ersten Belege dafür stammen aus den 1790er Jahren; um die Jahrhundertwende hat sich dann dieser Prozeß, der vor allem von dem Bemühen um die Optimierung der „Mule", der „Waterframe" und der Kardiermaschinen getragen war, beschleunigt. Hatte Cromptons erste, 1779 konstruierte „Mule" noch hölzerne Streckwerke und hölzerne Schnurscheiben für die Antriebe, so wurden die Mulemaschinen nach 1790 mit Zahnradgetrieben und Streckzylindern aus Metall und gußeisernen Laufrädern des Spindelwagens gebaut. Gleichzeitig erfolgte die Umstellung auf einen partiellen Antrieb der Spindeln, Streckwerke und Ausfuhr des Spindelwagens durch Kraftmaschinen. Um 1800 waren Mulemaschinen mit 200 bis 400 Spindeln keine Ausnahme mehr.

In derselben Zeit kam ein neuer Typ der Arkwrightschen Flügelspinnmaschine, die „throstle" (Drosselmaschine) mit veränderten Antriebssystemen der Streckwerke und der Spindeln, auf den Markt. Das Messinggetriebe wurde durch ein gußeisernes Zahnradgetriebe ersetzt. Die Veränderungen der Getriebe und ihre höhere Belastbarkeit boten die Möglichkeit, die Spindelzahl pro Maschine zu erhöhen. Bisher hatte man für je vier Spindeln und Streckwerke je ein Getriebe benötigt; nun konnte das neue Getriebe gekoppelte Streckzylinder für 24 und mehr Spindeln antreiben [13]. Um dies zu realisieren, mußten die Gestelle nicht nur länger, sondern auch fester gebaut werden; es bot sich wiederum an, das Holz durch Gußeisen zu ersetzen. Im ersten Jahrzehnt des 19. Jahrhunderts wurden schon Drosselmaschinen mit 66 bis 122 Spindeln gebaut. Gleichzeitig haben die Techniker der Spinnereien auch andere Maschinen, insbesondere die Kardiermaschinen, perfektioniert, immer mehr hölzerne Teile durch Eisenteile ersetzt und Maschinen für die bis dahin von Hand erledigte Reinigung und Auflockerung der Baumwolle entwickelt. Die größeren Maschinen erhöhten wiederum den Energiebedarf, damit entstanden höhere Anforderungen an das Transmissionssystem, in dem die bis dahin üblichen hölzernen Wellen schon um 1810 durch eiserne ersetzt wurden [14].

Dieser Schub an Verbesserungsinnovationen in den 1790er Jahren, deren gemeinsames Merkmal die Verwendung von Guß- und Schmiedeeisen für Maschinenteile war, und die gleichzeitig steigende Produktion von Maschinen – 1810 waren wie gesagt 4,7 Millionen Maschinenspindeln in Betrieb – wäre ohne wesentliche Veränderungen in der Fertigungstechnik der Maschinenteile nicht möglich gewesen. Neben dem auch weiterhin fortbestehenden Eigenbau von Maschinen in den Textilfabriken mehren sich in den 1790er Jahren auf Textilmaschinen spezialisierte Unternehmen, und in beiden Arten dieser frühen Maschinenbauanstalten „war es dem Maschinenbauer die Mühe wert, komplizierte Werkzeuge und Maschinen zu entwickeln, mit denen die Fertigung der Teile ausgeführt wurde"[15].

Bei der Umstellung auf den Werkstoff Eisen ergaben sich mehrere fertigungstechnische Probleme. Die Fertigung gußeiserner Rohlinge für Gestell und andere tragende Teile, Ringe für Kardiertrommeln oder Zahnräder dürfte wohl angesichts des Entwicklungsstandes der englischen Eisengießerei weder quantitative noch qualitative Schwierigkeiten bereitet haben. Das Problem war die spanende Bearbeitung sowohl von Zahnrädern als auch von anderen in großen Stückzahlen gebrauchten Funktionsteilen, insbesondere von Spindeln und von Streckzylindern, sowie die Deckung des Massenbedarfes an Kardierbeschlägen.

Für die Zahnradfertigung wurden offensichtlich die von den Uhrmachern bekannten „Räderschneidmaschinen", eine spezielle Art Profilfräsmaschinen, konstruktiv so weiterentwickelt, daß sie die beim Spanen von Gußeisen auftretenden größeren Kräfte aufnehmen konnten. Die wenigen überlieferten Inventare von Textilmaschinenbau-Werkstätten aus der Zeit zwischen 1795 und 1812 bezeugen, daß solche „cutting-engines" zur Grundausstattung gehörten[16].

Über die Produktion von Spindeln wissen wir sehr wenig. Sie wurden aus Schmiedeeisen oder Stahl gefertigt, mußten vollkommen rund und hauptsächlich für die Mulemaschinen gut poliert sein. Bei schmeideeisernen Spindeln sollte der untere, als Lagerzapfen dienende Teil gehärtet sein. Demnach mußten die Spindelrohlinge spanend bearbeitet werden. Laut John Kennedy (1769–1855), vor 1800 einer der größten Textilmaschinenbauer und Spinnereifabrikanten in Manchester, waren die ersten Zulieferer von Spindeln für alle Typen von Spinnereimaschinen die Wollkamm-Macher[17]. Die Anfrage eines Spinnereibesitzers bei Boulton & Watt wegen der Lieferung einer guten Drehbank mit einem Spitzenabstand von 18 Zoll (ca. 50 cm) für das Abdrehen von Eisen im Mindestquerschnitt „eines großen Gänsefederstieles", sowie die in allen Werkstätten von Textilfabriken zur Grundausstattung gehörenden Drehbänke, lassen darauf schließen, daß die Endbearbeitung (Schlichten, Polieren) der Spindeln vor Ort stattfand. Dies war zwar auch auf Drehbänken mit Handauflage möglich, aber vermutlich wurden dafür schon vor 1812 – als in dem Inventar einer Maschinenspinnerei zum ersten Mal eine „slide-lathe" im Wert von £ 69 erwähnt wird – Supportdrehbänke eingesetzt. Der Wert entspricht dem etwa Vierfachen einer Handdrehbank oder dem

Preis einer Mulemaschine mit 196 Spindeln von den prominenten
Maschinenbauern Dobson & Barlow[18]. Zu diesem Zeitpunkt gab es
allerdings schon Unternehmen, die sich angesichts des stetig steigenden Bedarfes auf die Fertigung von Spindeln, Spindellager und Spin-
delflügeln spezialisierten.

Ein noch schwierigeres Problem dürfte wohl die Fertigung der
Streckwerke gewesen sein. Zum einen war es die Menge, zum anderen
die Anforderungen an die Präzision. Außer der Jenny arbeiteten alle
Maschinen der Vor- und Feinspinnerei mit Streckwerken, und für jede
Spindel war ein Streckwerk mit meistens drei Zylinderpaaren notwendig. Bei dem geschätzten Zuwachs von etwa 2,3 Millionen Ma-
schinenspindeln zwischen 1789 und 1810 bedeutete dies einen Neube-
darf von etwa 13,8 Millionen Streckzylindern, d.h. etwa 650 000 pro
Jahr. Eine Hälfte davon waren die unteren, geriffelten Zylinder, jeder
etwa 40 mm lang und von einem Durchmesser von 25 bis 38 mm. Die
Zahl der längsachsig, später schraubenförmig eingehobelten Riffel
(Furchen) pro Zylinder bewegte sich je nach Durchmesser zwischen
45 und 55. Für Mulemaschinen wurden seit den 1790ern aus einem
Stück 6 Riffelzylinder (entspricht: einem Kopf) gefertigt. Die oberen
Druckzylinder waren glatt und mit Leder oder mit Tuch und Leder
überzogen. Wie schon erwähnt, wurden die unteren Riffelzylinder seit
den 1790er Jahren aus Metall, z. T. noch aus Messing, aber überwiegend aus Gußeisen oder schmiedbarem Eisen und die oberen Druckzylinder entweder aus Messing oder aus Holz gefertigt.

Die fertigungstechnische Aufgabe war bei beiden Sorten ein präzi-
ses Runddrehen auf der Drehbank, und bei den unteren Zylindern das
Riffeln und die Bearbeitung der Vierkantsteckverbindung an den zwei
Enden eines Kopfes. Angesichts der großen Stückzahlen ist zu vermuten, daß für diese spanende Formveränderung von genormten und
austauschbaren Teilen, mit vorläufig freilich noch großen Toleranzen,
alsbald Maschinen, die von Rees nur erwähnten „curious machines",
entwickelt worden sind. Für das Abdrehen reichten auch Support-
drehmaschinen mit Vorschub des Drehstahls über die Handkurbel, es
ist jedoch anzunehmen, daß dafür alsbald Zugspindeldrehmaschinen
eingesetzt wurden. Für das Riffeln wird eine sogenannte Riffelmaschine („fluting engine") schon 1795 als bekannt erwähnt und danach
fehlt sie in keinem Inventar der Textilmaschinenbauanstalten[19]. Erst
das französische Fachschriftum der 1820er Jahre brachte von ihr genaue Zeichnungen; sie bestätigen die Aussage von John Rennie (1761—
1821), nach der die Riffelmaschine der Vorgänger der Tischhobelmaschinen für die spanende Bearbeitung planer Flächen war[20]. Sie war

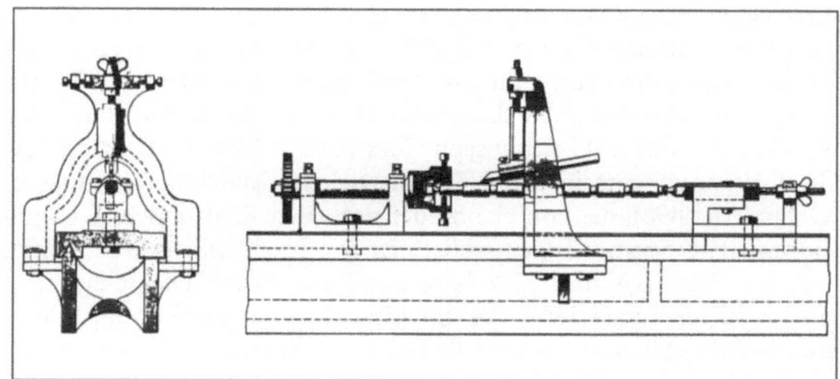

Riffelmaschine um 1820. Mit diesen speziellen Hobelmaschinen wurden die gegossenen und abgedrehten Riffelwalzen für Spinnmaschinen bearbeitet. Ein in einen Portalschlitten eingespannter Meißel stieß die notwendige Zahl von Rillen in das Werkstück, das aus einem Satz von sechs Walzen („head" = Kopf) bestand.

eine Einzweck-Hobelmaschine mit einem drehbankartigen Aufbau. Das Werkstück, ein „Kopf" mit sechs Streckzylindern, wurde zwischen dem Spannfutter des Spindelstockes und der Pinole des Reitstockes eingespannt, die beide auf einem beweglichen Tisch montiert waren. Mit dem in einem feststehenden Werkzeugträger-Portal eingespannten Meißel wurden die Rillen nacheinander, immer auf allen sechs Zylindern, gehobelt. Eine Teilscheibe gewährleistete die gleichförmige Verteilung der Rillen auf dem Umfang aller Zylinder eines Kopfes. Für das Bearbeiten des Vierkantzapfens des Kopfes wurde ebenfalls eine Spezialmaschine entwickelt, in der das vertikal eingespannte Werkstück mit einem rotierenden Werkzeug, einer Art Stirnfräser, gespant wurde. Die Vierkanthülse am anderen Ende wurde zuerst auf der Drehbank ausgebohrt und im zweiten Arbeitsschritt mit einer Spezialeinrichtung auf den zum Vierkantzapfen passenden Querschnitt gebracht. Bei entsprechend präziser Fertigung der Steckverbindungen waren die geriffelten Köpfe austauschbar.

Ein weiterer Artikel, den die maschinelle Garnspinnerei in genormten Maßen und großen Mengen erforderte, waren die Kardierbeschläge für die Trommeln und Deckel der Kardiermaschinen. Die bis in die 1780er Jahre von Hand ausgeführte Kardenfertigung, dazu gehört das Abschälen, Zuschneiden und Durchstechen des Leders, Zuschneiden des Drahtes und Biegen zu Häkchen mit zwei Spitzen sowie deren Einsetzen in das Leder, ist angesichts des hohen Bedarfes für die Kardiermaschinen alsbald an die Grenzen ihrer Kapazität gelangt. Allein für die Trommel brauchte man 11 Blätter Kardenbelag, die je einen Quadratfuß groß waren und 60 000 Spitzen trugen. Das ent-

sprach einer Fläche von insgesamt 1,022 m² mit etwa 660 000 Spitzen.
Zuerst wurden drei einfache Maschinen entwickelt, und zwar jeweils
für das Schälen des Leders, für das Durchstechen des Leders und für das
Biegen der Häkchen, die dann von Hand in das Leder eingesetzt
wurden. Im Jahre 1811 ließ Joseph Chessborogh Dyer (1780–1871) in
Großbritannien eine in den USA entwickelte Maschine patentieren
(GB Patent 3498), die von Hand oder von einer Kraftmaschine ange-
trieben alle Operationen, einschließlich des Zuschneidens des Drahtes
und des Einsetzens der Häkchen, ausführte. Nach Daten aus den
1820er Jahren setzte jeder der 80 Maschinen in Dyers Fabrik pro
Stunde 7800 Häkchen, also 15 600 Spitzen, d. h. in ca. 3,8 Stunden ein
Kardenblatt von einem Quadratfuß.

Obwohl die Quellenlage für fertigungstechnische Probleme des
Spinnereimaschinenbaus bis etwa 1815 sehr dürftig ist, bleibt kein
Zweifel daran, daß die ständig steigende Nachfrage nach Maschinen
aus Metall- und Eisenteilen spätestens seit den 1790er Jahren „eine

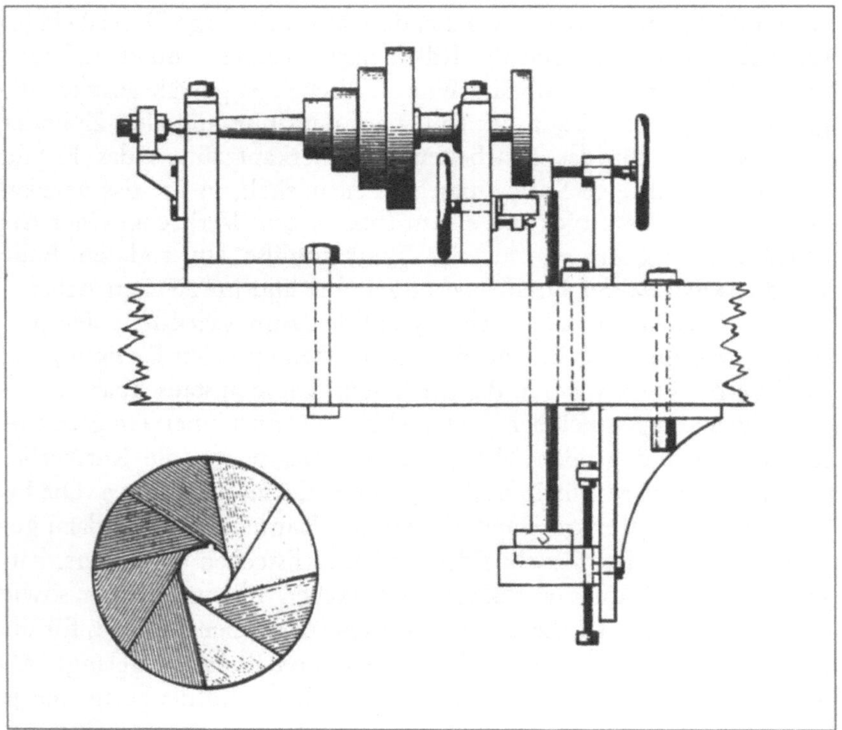

Sehr frühes Beispiel einer Fräs-
maschine (um 1820).

Revolution in den Werkzeugmaschinen, mit denen sie gefertigt wurden, verursacht hat. Verbesserungen der Konstruktion von Werkzeugmaschinen halfen, bessere Maschinen für die Spinnerei zu entwerfen, die Konstruktion von Werkzeugmaschinen und von Spinnereimaschinen waren also komplementär"[21].

Führende Textilmaschinenbauer wie Dobson & Barlow oder J. Kennedy ließen Kundenwünschen keinen großen Spielraum, sie boten standardisierte Maschinen mit verschiedener Spindelzahl an. Die wichtigsten Funktionsteile wie Spindeln, Streckwerke und Antriebsysteme, bei deren Fertigung enge Toleranzen eingehalten werden mußten, waren genormte und austauschbare Massenprodukte, die z. T. mit Einzweck-Werkzeugmaschinen produziert worden sind. Bei der Entwicklung dieser Zahnradschneide- und Riffelmaschinen sowie der Fräsmaschinen für Vierkantzapfen konnten sich die Maschinenbauer der ersten Stunde an konstruktive Lösungen aus der Feinmechanik (Uhrmacherei), der Kunstdreherei und der Schlosserei anlehnen, mußten jedoch die Konstruktionen den Anforderungen des Werkstoffes Eisen anpassen. Spindelabstände waren auch genormt, dies erlaubte die aus Gußeisen oder Holz gefertigten tragenden Teile – wie Gestell, Träger der Spindeln und der Streckwerke – ebenfalls zu standardisieren und auf Lager zu halten, Gußmodelle mehrfach zu verwenden usw.

Fertigungsprobleme beim Bau von Dampfmaschinen

Die Produktion von Dampfmaschinen und ihrer Teile war um 1800 von diesem Stadium noch weit entfernt. Bis etwa 1790 hatten Boulton & Watt ausschließlich den Zusammenbau der Ventilsteuerung in einer eigenen Werkstatt betrieben. Auch in ihrer 1795 gegründeten Maschinenfabrik in Soho bei Birmingham blieben sie bei der Einzelfertigung. Die vor 1800 in Betrieb genommenen 490 Wattschen Dampfmaschinen mit insgesamt etwa 13 288 PS verteilten sich auf 25 Gruppen nach der Leistung und variierten außerdem nicht nur nach dem Maschinentyp (einfach- oder doppeltwirkend, mit oder ohne Kreisbewegung), sondern auch in den konstruktiven Lösungen einzelner Funktionsteile, wie der Ventilsteuerung. Diese vom Bestreben nach Optimierung der Funktionsteile und vom Verwendungszweck diktierte Variabilität gilt auch für die in der neuen Maschinenfabrik von 1797/8 bis 1800/1 gebauten 45 Dampfmaschinen[22]. Unter diesen Umständen blieb den Zulieferern der wichtigsten Teile wie Zylinder, Kolben, Kolbenstange,

Stopfbüchsen, Teile der Ventilsteuerung, des Kondensators oder der Pumpe keine andere Wahl als die Einzelfertigung.

Welche fertigungstechnische Aufgaben waren nun bei der Produktion der Dampfmaschinenteile zu bewältigen? Abgesehen von dem bis 1800 aus Holz gefertigten Balancier waren die meisten Teile der Dampfmaschinen aus Gußeisen (70%), gefolgt von Schmiedeeisen (25%) und Buntmetall (5%). Fast alle diese Teile mußten spanend bearbeitet werden: Drehen, Bohren, Feilen, Schaben, Polieren oder Geschwindeschneiden mußten sowohl die Zulieferer wie auch die Monteure beherrschen. Der größte Teil dieser Tätigkeiten wurde noch um 1800 mit Hand-Werkzeugen verrichtet und die Maschinen-Werkzeug-Technik stand nur für das Aufbohren der gegossenen Zylinder zur Verfügung. Hier konnte man auf die vielfältigen Erfahrungen mit horizontalen oder vertikalen Kanonenbohrwerken aufbauen. Nach dem Versuch John Smeatons (1724−1792), das Durchbiegen der Bohrstange unter dem Gewicht des Bohrkopfes und damit das Verlaufen der Bohrung zu vermindern, hatte um 1776 John Wilkinson (1728−1808), der Hauptlieferant von Zylindern für James Watt (1736−1819) bis 1795, eine Zylinderbohrmaschine entwickelt, mit der die Abweichungen des Zylinderdurchmessers von mindestens 1,4% auf ca. 0,1% reduziert werden konnten.

Die bislang bekannten Tatsachen über die Teilefertigung, über die Probleme mit den Dichtungen zwischen Kolben und Zylindern, Kolbenstangen und Stopfbuchsen und über die Betriebseinrichtung, sowie Arbeitsorganisation in der neuen Maschinenbauanstalt zu Soho um 1800 [23], lassen den Schluß zu, daß die spanende Formveränderung aller anderen Maschinenteile noch durch Drehen auf Handdrehbänken, ohne Werkzeugschlitten, durchgeführt wurde (beispielsweise an Kolben und Kolbenstange, Zylinderdeckel und Wellzapfen) −, bzw. durch Meißeln, Feilen und Schaben mit Handwerkzeugen. In Soho gab es 1775 in der Werkstatt für die Steuerungen nur eine Drehbank, 1777 wurde zwar eine zweite für das Abdrehen der schmiedeeisernen Kolbenstangen angeschafft, aber die Mißerfolge bei der Dreharbeit führten dazu, daß so gut wie alle Kolbenstangen auch weiterhin von Zulieferern bezogen wurden. Für die vielen Bohrarbeiten standen nur Bohrvorrichtungen mit Handantrieb zur Verfügung. Boulton, der sich um die Belange der Fertigung kümmerte, beklagte bis in die 1780er Jahre die mangelnde Maßgenauigkeit der gelieferten kleineren Gußeisenteile (Stopfbüchsen, Zahnstangen und Zahnradsegmente für die Steuerung), die sehr viel Nacharbeiten mit Meißel und Feile verursachte. Es wäre sicherlich kein Problem gewesen, eine Zahnradschneidmaschine anzuschaffen; das bestehende Vermarktungssystem über Lizenzen bot jedoch offensichtlich keinen Anreiz, in die eigene Teilefertigung zu investieren.

Die neue, „auf der grünen Wiese" gebaute Maschinenbauanstalt in Soho, die ab 1797 komplette Dampfmaschinen lieferte, zeichnete sich durch eine wohldurchdachte Anordnung der einzelnen, für Maschinenbaubetriebe des 19. Jahrhunderts typischen Werkstätten – Gießerei und Modelltischlerei, Schmiede, Zylinderbohrerei, mehrere Drehereien und Montagewerkstätten – aus. Die für 1801 vorliegenden Daten lassen auf eine Ausstattung der Drehereien und Montagewerkstätten mit etwa 6 Drehbänken, einer Drechselbank und mit 4 Bohrmaschinen schließen. Unter den Drehbänken wird eine „special lathe" für das Abdrehen der Kolbenstangen erwähnt, vielleicht war dies eine Drehmaschine mit Kreuzsupport. Aufgrund der strengen Spezialisierung einzelner Arbeiter auf bestimmte Fertigungsschritte und des Bemühens der Firmenleitung, diese Spezialisierung dadurch fortzupflanzen, daß die Väter ihre Söhne für dieselben Tätigkeiten ausbildeten, kann man darauf schließen, daß die Dreharbeiten noch auf Handdrehbänken ausgeführt worden sind.

Unser Überblick über den Stand der Fertigungstechnik im Textil- und im Dampfmaschinenbau läßt den Schluß zu, daß der Weg zur neuen Maschinen-Werkzeug-Technik für die Metall- und Holzbearbeitung nicht über die Universaldrehmaschine, sondern über Einzweck-Werkzeugmaschinen angetreten wurde. Bei der Fertigung von Maschinenteilen im Dampfmaschinenbau bis etwa 1800 war es die Zylinderbohrmaschine. Wie diese waren auch die im Textilmaschinenbau entwickelten Werkzeugmaschinen Einzweckmaschinen, allerdings sind hier die Maschinenbauer ein gutes Stück weiter auf dem Weg zur Maschinisierung der Stofformung vorangeschritten. Dafür scheinen zwei Gründe ausschlaggebend gewesen sein. Zum einen entstand bei den Textilmaschinen zum erstenmal ein Bedarf an genormten Teilen aus Eisen oder Stahl in großen Stückzahlen, der die Entwicklung von Maschinen erst rentabel machte. Zum anderen ermöglichten die kleinen Abmessungen dieser Teile eine Anknüpfung an jene konstruktive Lösungen, die für die maschinelle Bearbeitung von Buntmetall und z. T. auch von Stahl in der Uhrmacherei und Kunstdreherei schon vorhanden waren. Was wir über den Bau der frühen Textilmaschinen in Erfahrung bringen konnten, widerlegt auch die häufig vertretene Meinung, die maschinelle Massenproduktion von genormten Teilen und mit ihr die Fräsmaschine seien erst in den USA bei der Herstellung von Handfeuerwaffen entstanden.

Unsere Schlußfolgerungen zur Entstehung der modernen, industriellen Fertigungstechnik werden auch durch andere, allgemein bekannte Tatsachen über das Entstehen von Maschinen für die Formveränderung von Eisen und Holz bestätigt. Nur drei Beispiele sollen hier erwähnt werden. Das eine ist die Entwicklung von Spezialwerkzeugen und mechanischen Vorrichtungen, einschließlich eines Kreuzsupportes, durch den „Feinmechaniker" Joseph Bramah (1748–1814), den Lehrmeister von Henry Maudslay (1771–1831). Bramah stand bei seinem 1784 patentierten Sicherheitsschloß ebenfalls vor dem Problem, maßgenaue Eisenteile kleiner Abmessung in großen Stückzahlen produzieren zu müssen[24]. Das zweite Beispiel ist die berühmte, von Maudslay um 1797 entwickelte „screw-cutting lathe", eine Schraubendrehmaschine mit Leitspindel und Kreuzsupport.

Auch sie entstand als Einzweckmaschine, die gewählte konstruktive Lösung hat jedoch die Tür zur Universaldrehmaschine, die neben allen anderen Maschinenbauern auch der Dampfmaschinenbau dringend benötigte, aufgestoßen. Hierbei ging es Maudslay nicht um eine Massenfertigung von Teilen, sondern um die beliebig wiederholbare und maßgenaue, maschinelle Fertigung von Gewindespindeln, eines Grundelementes jeder spanenden Werkzeugmaschine. Das dritte Beispiel ist der von Samuel Bentham (1757–1831) und Marc Isambard Brunel (1769–1849) entworfene und von Maudslay fertigungstechnisch realisierte Satz von Einzweckmaschinen für die Massenproduktion von Flaschenzugblöcken, die in den Schiffswerften der Kriegsmarine in Portsmouth um 1807 in Betrieb genommene berühmte „block-making machinery"[25].

Die Bearbeitungsfolge im Maschinenbau

Mit dem Abschluß dieser ersten, vor allem von den Bedürfnissen der Textilindustrie und – zu einem geringeren Teil – denen des Dampfmaschinenbaus bestimmten Phase des allgemeinen Maschinenbaus, hatte sich in den Werkstätten und Fabriken eine weitgehend einheitliche Bearbeitungsfolge herausgebildet. Wesentlich geprägt war sie vor allem von dem oben beschriebenen unaufhaltsamen Vordringen der technischen Eisenwerkstoffe. Das Gußeisen übernahm die Rolle des Holzes, das in immer geringerem Umfang als normaler Konstruktionswerkstoff verwendet wurde. Für hochbeanspruchte Teile blieb das Schmiedeeisen in Gebrauch. Härtbarer Stahl wurde in erste Linie als Schneidwerkstoff eingesetzt, nur in Ausnahmefällen verwendete man ihn für Maschinenteile. Gegen Ende des 19. Jahrhunderts wurde das Schmiedeeisen zunehmend vom Flußstahl, d. h. einfachem „Maschinenstahl" und höherlegierten Konstruktionsstählen verdrängt. Buntmetalle eigneten sich für wenig beanspruchte Teile wie Armaturen und Feinmechanik und – wegen ihrer guten Gleiteigenschaften – für Gleitlagerungen. [VIII-3.2]

Die industrielle Maschinenbau verarbeitet also in erster Linie Metalle. Seine Produkte bestehen – im Gegensatz zu denen benachbarter Bereiche der Metallbearbeitung, wie zum Beispiel Kleineisenindustrie oder Eisenkonstruktionsbau – aus vielen verschiedenen, genau ineinander passenden Teilen von eher komplizierter Gestalt. Diese Eigenschaften prägen den Produktionsablauf im Maschinenbau; sie definieren den technischen Rahmen, innerhalb dessen das ökonomische Interesse an kostengünstiger Prozeßgestaltung wirksam werden kann.

Wegen der großen Zahl verschiedener Einzelteile besteht der Produktionsprozeß aus vielen parallelen Strängen, die bei der Montage des Endproduktes zusammenlaufen. Jeder Strang wiederum setzt sich aus einer Folge von zahlreichen Bearbeitungsschritten zusammen, weil die meisten Teile sich in Form und Werkstoffeigenschaften so weitgehend vom Ausgangsmaterial unterscheiden, daß ihre Endgestalt nicht in einem Zug erreicht werden kann. Die Gliederung des Maschinenbaubetriebes ergibt sich aus der notwendigen Abfolge dieser Bearbeitungsschritte. Dabei kann man drei Hauptabschnitte unterscheiden, nämlich die Herstellung der Rohteile, die der Fertigteile und den Zusammenbau zum Endprodukt.

In der Rohteilefertigung wird die geometrische Gestalt der Teile durch Urformen (Gießen) oder Umformen (Schmieden) grob angenähert. Diese Verfahren erlauben zwar in einem oder wenigen Bearbeitungsdurchgängen eine weitreichende Gestaltänderung des Ausgangsmaterials, arbeiten aber – gemessen am angestrebten Endzustand – mit geringer Genauigkeit. Deshalb müssen Schmiede- und Gußteile mit Materialzugabe hergestellt und nachbearbeitet werden.

Letzteres geschieht in der Fertigteileherstellung. Mit den hier angewandten Verfahren – ganz überwiegend Spanen als eine Unterart des Trennens, in geringem Umfang nichtspanende Trennverfahren – erreicht man mittlere, mit den feineren sogar hohe Genauigkeit. Dafür ist ihre Gestaltänderungskapazität deutlich geringer: das Abspanen großer Werkstoffmengen ist sehr arbeitsaufwendig, vor allem, wenn es von Hand erledigt wird.

Beim Zusammenbau werden die Einzelteile im Idealfall nur noch durch die verschiedenen Verfahren des Fügens montiert. Aus Grün-

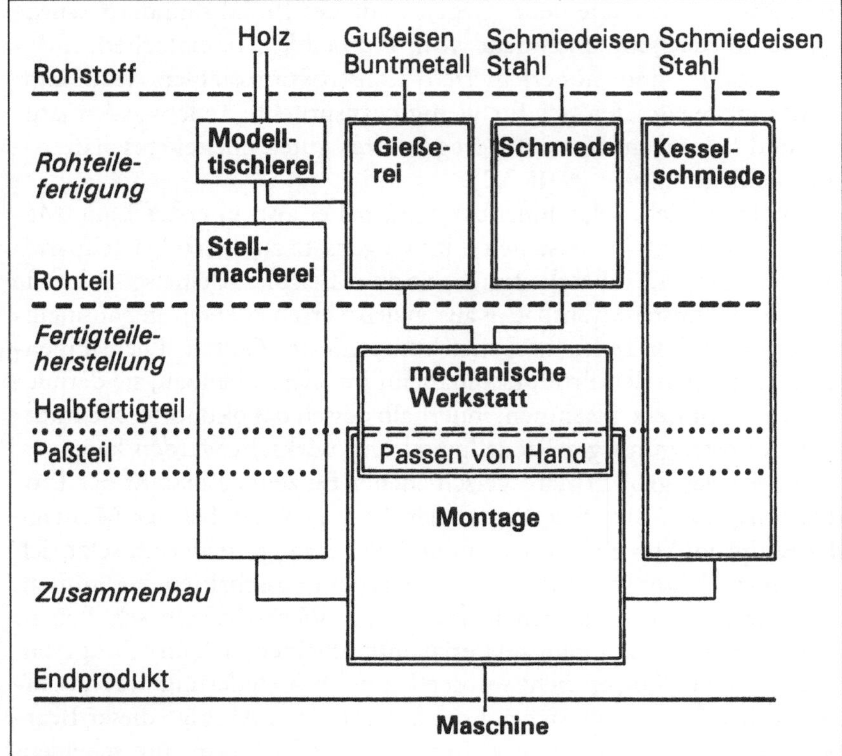

Schematische Zeichnung von der Grobgliederung und den Abteilungen eines Maschinenbaubetriebes.

den, die unten näher zu erläutern sind, mußte allerdings bis zum Beginn des 20. Jahrhunderts von Hand spanend nachbearbeitet werden, bis die Teile paßten.

Diese dreiteilige Grobstruktur ist technologisch begründet; sie findet sich schon vor der Industrialisierung in allen Gewerbezweigen, die komplexe Produkte aus Metallteilen herstellen. Vom späten 18. bis ins 20. Jahrhundert ist sie für Maschinenbaubetriebe typisch, unabhängig vom Umfang des Maschineneinsatzes. Sie spiegelt sich wieder in der Abfolge der einzelnen Betriebsabteilungen, auch wenn sie manchmal modifiziert wird – etwa bei kleinen Betrieben, die ihre Gußteile von außerhalb beziehen, oder bei Produkten, die Sonderabteilungen wie Kesselschmiede und Stellmacherei erfordern. Die Entstehung und weitere Entwicklung der industriellen Fertigungstechnik äußert sich deshalb nicht in der Veränderung dieser Grobstruktur, sondern in anderen Merkmalen, vor allem in der in Schüben stattfindenden Maschinisierung der Metallbearbeitung. Die Schwerpunkte dieser Maschinisierung werden deutlich, wenn wir nun kurz die Abfolge der Fertigungsschritte in den einzelnen Abteilungen betrachten.

Die *Gießerei* lieferte Rohteile aus Gußeisen. Im 18. und frühen 19. Jahrhundert goß man oft noch direkt aus dem Hochofen. Der Guß zweiter Schmelzung, d. h. das nochmalige Einschmelzen des für den Guß benötigten Roheisens, setzte sich aber durch, denn er erlaubte eine bessere Qualitätssteuerung und die Trennung der Eisengießerei vom Hüttenwerk. Neben dem Gießereiflammofen verbreitete sich dafür seit etwa 1800, ausgehend von Großbritannien, der Kupolofen. Die Öfen beschickte man mit Gießereiroheisen, Gußschrott, Brennstoff und Zuschlägen. Das flüssige Eisen wurde in mit Lehm ausgeschmierten schmiedeeisernen Pfannen zu den Formen gebracht und dort vergossen.

Der Bau dieser *Formen* aus Sand, für manche Zwecke auch aus Lehm, war die wichtigste und zugleich schwierigste Arbeit in der Gießerei. Sie entschied darüber, ob der Guß gelang. Von den Rohlingen der Maschinenteile waren in der Modelltischlerei hölzerne Gußmodelle angefertigt worden. Man benutzte sie, um mit Hilfe des Sandes in mehrteiligen Formkästen oder, bei großen Stücken, in der Formgrube im Hallenboden die Hohlräume abzuformen, in die das flüssige Metall einfließen sollte. Für Innenräume im Werkstück mußten Kerne hergestellt und in die Form eingelegt werden. Der Former schnitt und stach außerdem Zulauf- und Abluftkanäle in die Form. Zu alldem gehörte neben großer Erfahrung mit dem Verhalten des flüssigen Metalls auch Fingerspitzengefühl, um die Form nicht zu beschädigen, denn der Formsand wurde nur festgestampft.

Darüber hinaus gab es in der Gießerei viele Nebenarbeiten: außer den häufigen Transportoperationen waren das die Beschickung und Reparatur der Öfen, das Ausschmieren der Gießpfannen, die Sandaufbereitung, die Kernmacherei, das Ausschlagen der Gußstücke aus den Formen und das Putzen, bei dem überflüssige Grate, Einlauf-, Verteil- und Abluftkanäle abgetrennt und die Teile von anhaftendem Sand gereinigt wurden; all das erledigten Hilfsarbeiter.

Arbeitsmaschinen spielten in der Gießerei bis zum Ende des 19. Jahrhunderts kaum eine Rolle: die für die Fertigung wesentlichste Tätigkeit, der Bau der Formen, war reine Handarbeit. Lediglich beim Einformen kleiner, einfacher Massenteile und für gegossene Zahnräder, wie sie damals oft noch ohne weitere spanende Bearbeitung benutzt wurden, verwendete man nach 1870 zunehmend Formmaschinen, bei denen eine Formplatte mechanisch in den Sand gepreßt und herausgehoben wurde. Vor allem dieses Ausheben der Modelle, bei dem Ungeschicklichkeiten leicht zu Beschädigungen an den Formen führten, wurde dadurch sicherer. Für die Mehrzahl der Gußteile kam das maschinelle Einformen aber nicht in Frage, weil sie zu groß oder zu kompliziert waren und in zu geringen Stückzahlen gebraucht wurden. Die qualifizierte Handarbeit der Former dominierte deshalb in den Gießereien bis ins 20. Jahrhundert.

Rohlinge für schmiedeeiserne Maschinenteile stellte man in der Schmiede her. Stabeisen aus dem Hüttenwerk wurde im Schmiedefeuer oder in Öfen bis zur Glut erhitzt, bei der es sich leicht plastisch formen ließ. Vor dem Aufkommen der Flußstahlerzeugung in der zweiten Hälfte des 19. Jahrhunderts mußten größere Teile aus Einzelstäben zusammengeschmiedet werden. Dieses „Feuerverschweißen" geschah von Hand am Amboß, bei größeren Stücken halfen dem Schmied ein oder zwei Zuschläger. Seit Anfang der 1840er Jahre verbreitete sich für große Stücke der Dampfhammer, bei dem das Werkstück aber nach wie vor von Hand geführt wurde.

Außer solchen Umformarbeiten nahm man in der Schmiede Wärmebehandlungen vor, mit denen man die Eigenschaften der Werkstoffe dauerhaft veränderte: vor allem wurden Werkzeuge und Maschinenteile aus Stahl, zum Beispiel Schneiden an Drehmeißel oder Lagerflächen an Drehbankspindeln, durch Erhitzen und plötzliches Abkühlen gehärtet.

Überall dort, wo aus Blechen Tragwerke, wie Brücken, Kräne, Lokomotivrahmen oder Behälter – Dampfkessel, Waggonkästen, Schiffsrümpfe – zusammengenietet wurden, gab es *Eisenkonstruktionswerkstätten* und *Kesselschmieden* als spezielle Betriebsabteilungen, in denen Roh- und Fertigteileherstellung und Montage ineinander übergingen.

Die Bleche wurden zugeschnitten und an den Kanten gerade gemeißelt. Nach 1850 hobelte man die Kanten maschinell. Durchbrüche mußten ausgebohrt und -gestoßen werden. An den Rändern bohrte oder stanzte man die Nietlöcher ein. Gewölbte Bleche bog man kalt auf der Biegemaschine. Zum Nieten heftete man sie mit einigen wenigen Schrauben überlappend aneinander und rieb die Löcher mit der Reibahle passend, bis sie fluchteten. Manchmal wurden die Löcher in aneinanderstoßenden Blechen statt dessen auch gemeinsam gebohrt.

Die in einer Art Nageleisen vorgefertigten Nieten hatten nur an einem Ende einen Kopf. Man erhitzte sie auf Schmiedetemperatur, steckte sie von innen durch die Löcher und schlug ihr außen überstehendes Ende mit Hammer und Döpper (einem halbkugelförmigem Gesenk) rund. Wenn sie abkühlten, zogen sie die Bleche stramm gegeneinander. Damit waren die Nähte aber noch nicht dicht; man mußte sie zusätzlich verstemmen: die auf dem Nachbarblech aufliegenden Kanten und manchmal auch die Ränder der Nietenköpfe wurden mit Stemmeißeln so verformt, daß sich die Fugen schlossen. Bei Rohrkesseln zog man Dampf- oder Rauchrohre in die Bohrungen der Lochböden ein und walzte sie dort mit einem Spezialwerkzeug fest, damit sie dicht saßen.

Zur weiteren Bearbeitung kamen die Guß- und Schmiederohteile dann in die „Mechanische Werkstatt" oder „*Dreherei*", wie sie oft nach den wichtigsten Verfahren genannt wurde. Zuerst wurden mit Farbe, Reißnadel, Zirkel und Körner Markierungen für die nachfolgende spanende Vorbearbeitung angerissen. Dann spante man auf Dreh-, Hobel- und Bohrmaschinen, nach 1870 zunehmend auch auf Fräsmaschinen soviel Material ab, daß die endgültige Teilegestalt fast erreicht war. Die letzte Genauigkeit ließ sich aber mit Maschinen damals noch nicht erreichen – außer mit Schleifmaschinen, die aber vor 1900 noch keine größere Bedeutung für die Produktion erlangten. Erst in der Montage, beim Anpassen der Teile aneinander, erreichte man mit Handarbeitsverfahren wie Feilen, Schmirgeln und Schaben die endgültige Teilegestalt.

Neben diesen metallverarbeitenden Abteilungen gab es in den meisten Maschinenbaubetrieben auch holzverarbeitende. Die *Modellschreinerei* baute für das Einformen in der Gießerei die Holzmodelle. Ausgesuchte, auf Kreis- und Bandsägen grob zugeschnittene Holzstücke leimte man so zusammen, daß sich das Modell später nicht verziehen konnte; glatte Oberflächen, runde Kanten und Übergänge wurden von Hand ausgearbeitet. Zum Schluß wurde das Modell gestrichen, nach Gebrauch bewahrte man es bis zur eventuellen Wiederverwendung im Modellager auf. In Betrieben, die Produkte mit hölzernen Komponenten herstellten (zum Beispiel Waggonaufbauten, Dreschmaschinengehäuse, Waschmaschinenbehälter), gab es Stellmachereien. Schließlich brauchte man Tischlerarbeit einfacherer Art auch für die Verpackung der fertigen Maschinen in Transportgestelle oder Kisten.

Das Endprodukt, die funktionsfähige Maschine, entstand im *Montagesaal*. Dort fügte man die Einzelteile durch Ineinanderstecken, Verschrauben, Zusammenspannen usw. zur fertigen Maschine. Wegen der ungenauen maschinellen Bearbeitung verquickte sich das Zusammenbauen der Einzelteile mit ihrer spanenden Endbearbeitung: sie wurden durch probeweises Fügen und Nachbearbeiten „gepaßt", bis sie einwandfrei miteinander funktionierten. Dabei mußte Schmiermittel zugegeben werden. Die fertige Maschine ließ man probeweise laufen, dann wurde sie mit Farbe gestrichen, für den Versand demontiert und verpackt.

In diesem Produktionsprozeß ergänzten sich Hand- und Maschinenarbeit. Beide waren unverzichtbar: in der Rohteilefertigung wurden kaum Maschinen benutzt; sie spielten ihre wesentliche Rolle bei der spanenden Vorbearbeitung. Dort ersetzten sie das Abspanen großer Materialmengen, das von Hand nicht hätte bewältigt werden können. Die Endbearbeitung blieb dagegen bis zum Ende des 19. Jahrhunderts Handarbeit. Maschinelle Bearbeitung bildet sich in der Fertigungstechnik immer dann heraus, wenn massenhaft gleiche oder ähnliche Teile benötigt werden, und fast immer beim Spanen, wo es um genauere Formgebung von Rohteilen geht. Die Maschinisierung der Metallbearbeitung folgt dabei großen Nachfrageschüben, die jeweils spezielle Fertigungsaufgaben mit sich bringen; für diese werden dann Werkzeugmaschinen entworfen und gebaut. Häufig erweisen sie sich dann auch für andere Fertigungsaufgaben als brauchbar und werden, obwohl zunächst als Sondermaschine konzipiert, universell eingesetzt. Mit deren weiterer Entwicklung im 19. Jahrhundert wollen wir uns im Folgenden beschäftigen.

Die Entwicklung der Werkzeugmaschinen im 19. Jahrhundert

Massenfertigung und wiederholbare Fertigung sind im Kern miteinander verwandt: letztere ist nur eine über die Zeit gedehnte Variante der ersteren. Jede Werkzeugmaschine enthält – in den Grenzen ihrer Fertigungsgenauigkeit – das Potential zur wiederholten Herstellung der gleichen Teileoberfläche, weil sie, wie Charles Babbage (1792–1871) 1833 treffend bemerkt hat, nach dem Prinzip des Kopierens arbeitet[26]. Ob sie dann in der Lage ist, innerhalb kurzer Zeit eine große Masse gleicher Teile auszuwerfen, hängt von ihrer Ausgestaltung im einzelnen ab.

Die Herausbildung der maschinellen Metallbearbeitung im Maschinenbau verläuft in mehreren Phasen und in parallelen, voneinander relativ unabhängigen Strängen. Die erste, bereits ausführlicher dargestellte Etappe zwischen 1775 und 1830 wird geprägt von den Nachfrageschüben des Textil-, Dampf- und Werkzeugmaschinenbaus sowie des allgemeinen Maschinenbaus; die zweite zwischen 1830 und 1865/70 von Eisenbahnmaschinenbau und Blechverarbeitung. Beide vollziehen sich im wesentlichen in Großbritannien. Gleichlaufend entwickelt sich nach 1820 in den USA die Massenfertigung kleiner Teile, zuerst für Handfeuerwaffen, dann für Nähmaschinen und anderes mehr.

Die erste Etappe schloß die oben beschriebenen Ursprünge im Dampfmaschinenbau, vor allem aber im Textilmaschinenbau mit ein. Unter den Teilen, die im Textil- und Dampfmaschinenbau Verwendung fanden, wurden einige auch an allen anderen Maschinen gebraucht, wie Zahnräder, Muttern und Schrauben. Darüber hinaus mußten für fast alle Maschinen zylindrische Löcher gebohrt und Bolzen und Wellen gedreht werden. Für derartige Fertigungsaufgaben im allgemeinen Maschinenbau entstanden seit etwa 1800 Bauformen von spanenden Werkzeugmaschinen, die seitdem zur Grundausstattung der Werkstätten gehörten: Die sich aus Maudslay's „screw-cutting machine" entwickelnde Universaldrehmaschine, die Senkrechtbohrmaschine, Zahnrad- und Mutternfräsmaschinen, sowie Schraubenschneidmaschinen.

Ein weiterer wichtiger Nachfragebereich war der Werkzeugmaschinenbau selbst mit der Anforderung, Bewegungsgewinde mit Meßeigenschaften, d. h. mit gleichmäßiger, genau auf den Zoll bezogener Steigung und plane Führungsflächen für geradlinige Schlittenbewegungen herzustellen. Die Gewinde ließen sich auf den mit Leitspindeln ausgestalteten Universaldrehmaschinen fertigen. Für die Führungsprismen wurden nach 1810 die ersten Tischhobelmaschinen entwickelt.

Für viele konstruktive Details an den frühen britischen Werkzeugmaschinen war die bereits erwähnte „block-making machinery" ein wichtiges Vorbild. Die Modelle, die Maudslay für diese Maschinenserie angefertigt hatte, waren, ebenso wie die Beschreibungen in Rees' Encyclopädie, seinen Berufsgenossen zugänglich und wurden als Anregung benutzt. Maudslay selbst hat mit seinem Assistenten James Nasmyth (1808–1890) das Admiralty Museum besucht, um ihm diese Modelle zu zeigen[27].

Bis um 1830 waren damit Werkzeugmaschinen für alle grundlegenden spanenden Fertigungsaufgaben des Maschinenbaus entstanden: für Außenzylinder und -kegel, ebene Flächen, Außen- und Innengewinde, Flankenprofil und Zahnteilung der Zahnräder. Damit war die Basis für einen industriellen, d. h. auf Maschinenarbeit basierenden Maschinenbau vorhanden. Eine wichtige, bis ins 20. Jahrhundert gül-

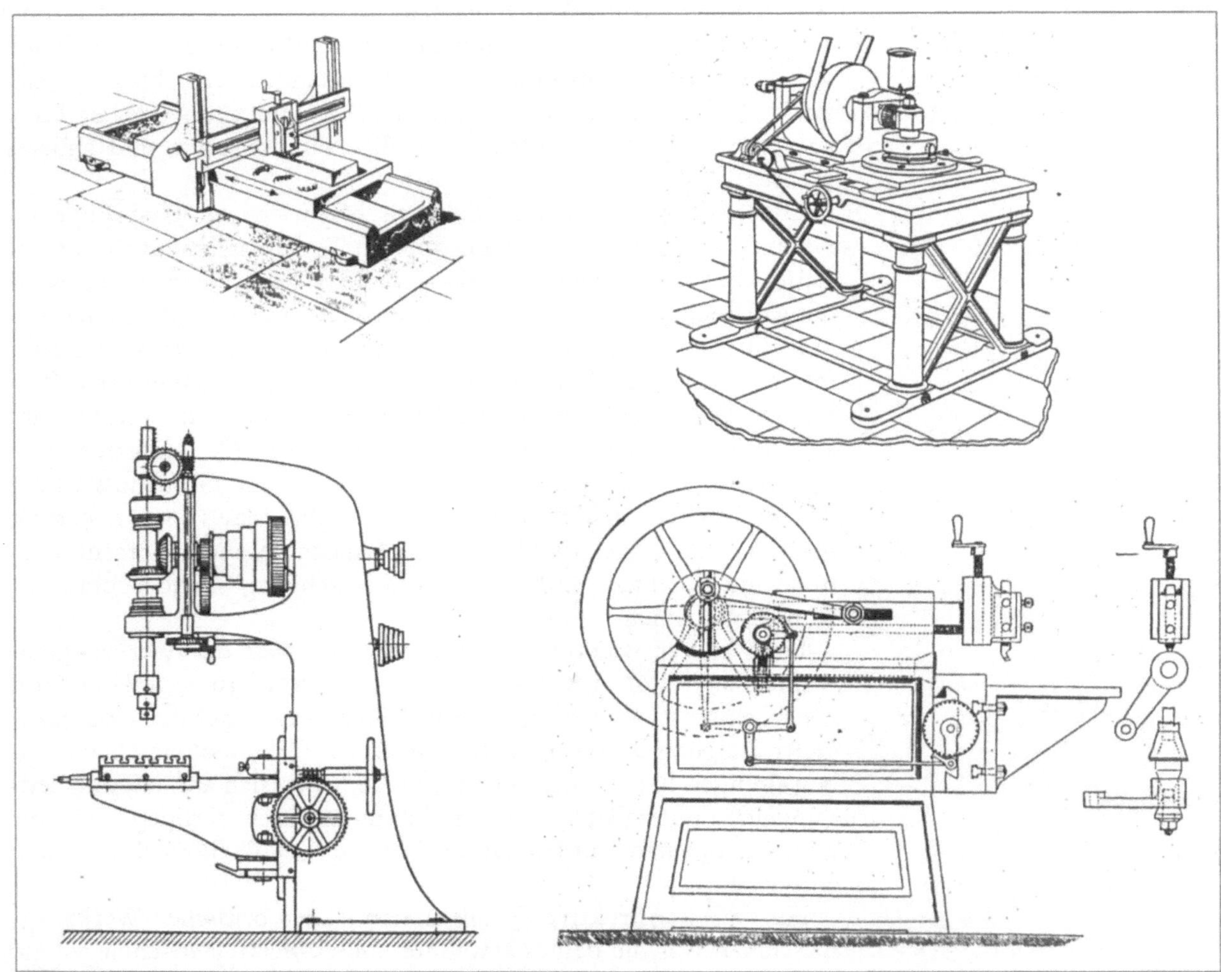

tige Besonderheit ist hier allerdings ausdrücklich zu wiederholen: der Maschinenbau blieb abhängig von qualifizierter Handarbeit, denn die maschinelle Bearbeitung war nicht genau genug, um montagefähige Teile zu liefern. Maschinenschlosser mußten die Teile fertig feilen, schmirgeln und schaben. Die Vorbearbeitung auf den Werkzeugmaschinen entlastete aber trotzdem die Handarbeit ganz enorm vom langwierigen Abspanen großer Werkstoffmengen; ohne sie wäre der Bau von Maschinen im großen Umfang gar nicht möglich gewesen.

Prinzipzeichnung der verbreitetsten Form der Hobelmaschine (links oben) von James Nasmyth, um 1891. Der Tisch mit dem aufgespannten Werkstück bewegt sich durch das Werkzeugträgerportal hin und her. Es wird nur im Vorlauf abgespant, beim Rücklauf findet kein Schnitt statt. Um die un-

produktiven Zeitspannen möglichst kurz zu halten, beschleunigte man den Rücklauf so, daß seine Geschwindigkeit zwei- bis dreimal so groß war wie die des Vorlaufes.

Die Senkrechtbohrmaschine vom Whitworth-Typ (links unten) wurde 1862 auf der Londoner Weltausstellung gezeigt. Charakteristisch für diesen Maschinentyp ist die oben im Gestell gelagerte Antriebsscheibe und die Gegenstufenscheibe auf dem Deckenvorgelege. Der Werkzeugtisch läßt sich auf der um zwei lotrechte Zapfen schwenkbaren Konsole längs verschieben; beide zusammen können an der Gestellfront vertikal eingestellt werden.

James Nasmyth hatte 1829 die Mutternfräsmaschine (rechts oben) konstruiert, um das bis dahin übliche manuelle Feilen von Sechskantmuttern maschinell ausführen zu können. Das Werkstück wurde von einem senkrechten Aufspanndorn mit Teilmechanismus gehalten, die Bearbeitung durch Stirnfräser ausgeführt.

Die 1836 von Nasmyth gebaute Waagerecht-Stoßmaschine (rechts unten) läßt sich sehr vielfältig einsetzen; sie wurde unter dem Namen „Nasmyth's steam arm" bekannt und war sehr verbreitet. Der Antrieb erfolgte über einen Kurbeltrieb, der die vom Transmissionsriemen gelieferte Drehbewegung in eine oszillierende Längsbewegung umsetzte. Die Tischanordnung und die Schlittenbewegung sind bereits ähnlich wie bei den modernen Maschinen.

In den dreißiger Jahren begann eine neue Phase in der Entwicklung grundlegender neuer Werkzeugmaschinentypen. Als Nachfragebereich stand nun der Eisenbahnmaschinenbau im Vordergrund. Neben die schon gängigen Fertigungsaufgaben beim Bau des mobilen Dampfmotors traten neue bei der Herstellung von Triebwerksteilen, zum Beispiel Hebel, Treib- und Kuppelstangen, Steuerkulissen, Kurbelwellen und Radsätzen (Reifen, Räder, Achsen). Außerdem erforderte die Herstellung von genieteten Rahmen und Kesseln aus Walzblechen spezielle Methoden der Blechverarbeitung, die sich aber nicht nur durch den Lokomotivbau ausbreiteten, sondern auch durch den Brükkenbau und den beginnenden Bau eiserner Schiffsrümpfe.

Viele der für die speziellen Aufgaben aus dem Eisenbahnmaschinenbau entwickelten Werkzeugmaschinen gehörten bis weit ins 20. Jahrhundert zum festen Bestand der Maschinenfabriken: so z. B. Nasmyth's Waagerechtstoßmaschine, die sich für kleinere Planflächen an Hebelschäften, Nutensteinen, Keilen usw. und für Rundhobelarbeiten eignete. In Deutschland nannte man sie oft „Feilmaschine", weil sie alle möglichen Arbeiten übernahm, die bis dahin mit der Feile am Schraubstock erledigt wurden. Die zuerst von Richard Roberts (1789–1864) nach dem Vorbild einer Holz-Stemmaschine aus der „blockmaking-machinery" von Maudslay gebaute Senkrechtstoßmaschine war der typische Fall einer Sondermaschine für Keilnuten in Radnaben, die sich als universell anwendbare Standardmaschine des Maschinenbaus erwies. Hinzu kamen noch die Langlochbohrmaschine für Keilnuten in Wellen, die Radialbohrmaschine für schwere Werkstücke mit vielen Bohrungen und die Karuselldrehmaschine.

Neben diesen allgemein genutzten Bauformen entstehen, wiederum vor allem für den Eisenbahnbau, vielerlei branchengebundene Sondermaschinen, wie Drehmaschinen für Waggonachsen, Radsätze oder Puffer oder Felgenbohrmaschinen. Spezielle Blechbearbeitungsmaschinen sind die umformenden bzw. spanlos trennenden Nietmaschinen, Blechbiegemaschinen, Blechscheren und Stanzmaschinen. Auch die in den 1860er Jahren aufkommende Blechkantenhobelmaschine gehört in diesen Zusammenhang; bei ihr handelt es sich um eine Sonderkonstruktion zum Geradehobeln der Seitenkanten an gewalzten Blechen. Schließlich wäre, der Vollständigkeit halber, noch der von Nasmyth mitentwickelte und seit 1843 hergestellte Dampfhammer zu nennen, der streng genommen nur ein teilmaschinisiertes Werkzeug ist, aber ein für die Umformtechnik damals sehr wichtiges.

Die vorher schon gebräuchlichen Maschinen wurden natürlich in diesem Zeitraum weiterentwickelt. In den 1840er Jahren gingen die britischen Werkzeugmaschinenbauer von den bis dahin üblichen verrippten und durchbrochenen Gestellformen zu geschlossenen Hohlgußkörpern über, die viel biegesteifer sind. Vor allem die Konstruktionen von Joseph Whitworth (1803–1887) wurden überall auf dem Kontinent und auch in den USA als Vorbild genommen und nachgebaut. In Deutschland gelang es den besten Firmen bis in die 60er Jahre, den britischen Vorsprung wettzumachen. Hier konzentrierte sich der Werkzeugmaschinenbau in Chemnitz, wichtige Betriebe entstanden aber auch in Berlin, Karlsruhe, Offenbach/M, Göppingen, Dortmund und anderswo.

Neben der von Großbritannien dominierten Entwicklung gab es einen wichtigen Parallelstrang, der in den USA vorangetrieben wurde. Er basierte vor allem auf der Massenfertigung kleiner Teile, zuerst für Gewehrschlösser, seit etwa 1850 dann auch für den Nähmaschinenbau, später dann für Büromaschinen und Fahrräder. Die in diesen Randbereichen des Maschinenbaus entstandenen Werkzeugmaschinen gewannen nach und nach für die gesamte Branche Bedeutung.

An erster Stelle ist hier die Hand-Revolverdrehmaschine zu nennen, mit der kleine Drehteile – zum Beispiel Schrauben – von der Stange gedreht wurden. Die Werkzeuge für die aufeinanderfolgenden Arbeitsgänge saßen auf einem gemeinsamen Trägersystem (dem Revolver) und wurden nacheinander in Arbeitsposition geschaltet. Das langwierige Ein- und Ausspannen der Werkzeuge fiel weg. Diese Maschinen mußten zwar von Fachkräften eingerichtet werden, konnten dann aber von Angelernten bedient werden. In den 1870er Jahren wurden sie zu Drehautomaten weiterentwickelt. Gleichzeitig tauchten die Schnellbohrmaschinen für kleine Bohrdurchmesser an Massenteilen auf. Bereits Ende der 1840er Jahre war mit dem „Lincoln Miller" die erste Fräsmaschine für plane und profilierte Flächen entstanden, die größere Verbreitung fand. Diese Bauformen entstanden speziell für die Massenfertigung und blieben auch auf sie beschränkt.

Im Bereich der amerikanischen Massenproduktion entstanden außerdem Bauformen, die im Laufe der zweiten Jahrhunderthälfte auch für die im allgemeinen Maschinenbau übliche Fertigung kleiner Stückzahlen an Bedeutung gewannen: Dies waren in erster Linie die Universalfräsmaschine und die Universal-Rundschleifmaschine von Brown & Sharpe. Beide verbreiteten sich nur langsam, waren aber für die Durchsetzung maschinengenauer Teilefertigung von großer Bedeutung.

Außer diesen Eigenentwicklungen baute man in den USA noch „amerikanische" Varianten der britischen Grundtypen, zum Beispiel bei den Senkrechtbohrmaschinen seit etwa 1870 die „amerikanische Säulenbohrmaschine".

Sie wurde zum Standardtyp des europäischen Werkzeugmaschinenbaus und fand vor allem im 20. Jahrhundert große Verbreitung, weil sie sich ökonomischer betreiben ließ als die britischen Ständerbohrmaschinen.

Der Einfluß des amerikanischen Werkzeugmaschinenbaus auf den europäischen setzte nach der Mitte des 19. Jahrhunderts ein. Vor allem Firmen, die im Bereich von Handfeuerwaffen und Nähmaschinen aktiv waren, bauten häufig amerikanische Werkzeugmaschinen für den Eigengebrauch nach und produzierten sie dann auch für den Markt. Auf diese Weise entstand in Deutschland neben dem englisch beeinflußten Zweig des Werkgzeugmaschinenbaus, der vor allem in Chemnitz konzentriert war, ein „amerikanischer" Werkzeugmaschinenbau, wie er in beispelhafter Weise von der Firma Loewe in Berlin vertreten wurde.

Zusammenfassend läßt sich feststellen, daß bis 1850 fast alle wichtigen Werkzeugmaschinen entstanden waren. Von den fünf maschinellen Verfahren *Drehen, Hobeln/Stoßen, Bohren, Fräsen* und *Schleifen* waren die ersten drei im 19. Jahrhundert die wichtigsten. Sie deckten fast alle Fertigungsaufgaben ab. Das Fräsen spielte dagegen eine, wenn auch wichtige, Nebenrolle, weil leistungsfähige gefräste Teile bis zur Einführung von Universalfräs- und -schleifmaschinen schwierig herzustellen und instandzuhalten waren. Mit der Verbesserung der Fräswerkzeuge nahm das Verfahren seit etwa 1870 jedoch langsam an Bedeutung zu und verdrängte bis in die 1890er Jahre teilweise das Hobeln und Stoßen.

Das Schleifen beschränkte sich anfangs fast ausschließlich auf das Schärfen stählerner Werkzeuge von Hand; dafür und für die Massenfertigung kleiner, gehärteter Teile entstanden seit etwa 1850 Präzisionsschleifmaschinen. Problematisch blieb aber die geringe Spanleistung. Zum gleichberechtigten Produktionsverfahren wurde es deshalb noch nicht; bis zum Ende des 19. Jahrhunderts diente es nur dem Scharfschleifen und der geringfügigen Korrektur an gehärteten Stahlteilen.

Die gängigen maschinellen Verfahren waren im 19. Jahrhundert zu ungenau, um Teile zu liefern, die ohne Nachbearbeitung zusammengebaut werden konnten. Die präzise Fertigbearbeitung erfolgte darum weiter von Hand: Feilen und Glattschmirgeln von Drehteilen in der Bank, Schmirgeln oder Schaben von gehobelten Planflächen, Ausreiben von Bohrungen mit der Handreibahle. Nur zwei der verfügbaren

Verfahren, nämlich Schleifen und Reiben, wären dank ihrer feindosierbaren Spanabnahme überhaupt in der Lage gewesen, maschinenfertige Teile zu liefern. Dafür fehlten aber damals noch die geeigneten Maschinen.

Mit der Einführung der spanenden Werkzeugmaschinen war folglich im Maschinenbau ein Gleichgewicht zwischen qualifizierter Handarbeit und kaum geringer qualifizierter Maschinenarbeit entstanden. Bei der Vorbearbeitung auf der Maschine wurden größere Spanmengen abgenommen (Schruppen und Schlichten). Nur geometrisch komplizierte Teile, für die noch keine maschinellen Verfahren zur Verfügung standen, wurden in „Bankarbeit", mit Meißel und Feile am Schraubstock, gefertigt. Bei der Nachbearbeitung von Hand tastete man sich durch geringe Spanabnahme an die endgültige Paßform der Teile heran. Ohne Handarbeit konnten keine funktionsfähigen Maschinen gebaut werden, ohne Maschinenarbeit wäre das nicht in der erforderlichen Menge möglich gewesen. Beide Bearbeitungsweisen waren für den Industrialisierungsprozeß unverzichtbar. Wie neuere Untersuchungen zeigen, gilt das auch für die Anfänge des Austauschbaus und der Massenproduktion in den Vereinigten Staaten. Entgegen älteren, in der Technikgeschichte gängigen Ansichten, waren auch die dort entwickelten Fräsmaschinen nicht genau genug, um maschinenfertige Teile zu liefern [28].

Der Umbruch in der Fertigungstechnik des Maschinenbaus seit 1895

Dieses Gleichgewicht von Hand- und Maschinenarbeit begann sich um die Wende zum 20. Jahrhundert zu verschieben. Die Handarbeit beim genauen Zusammenpassen der Maschinenteile wurde durch Fertigbearbeitung auf Maschinen ersetzt. Die Gründe dafür lagen in der seit etwa 1890 rapide ansteigenden Maschinennachfrage, die mit den herkömmlichen Fertigungsmethoden nicht mehr zu befriedigen war. Während die maschinelle Vorbearbeitung ohne weiteres hätte gesteigert werden können, fehlte es an qualifizierten Maschinenschlossern, um die dabei anfallende Paßarbeit von Hand zu bewältigen. Eine ganz ähnliche Situation wie einhundert Jahre zuvor trat ein und wurde wiederum durch Maschinisierung gelöst. Zuerst gelang dies bei den Rundpassungen, also bei ineinandergefügten Wellen und Bohrungen. Sie stellen quantitativ den größten Anteil der Passungen im Maschinenbau und konnten seit etwa 1900 auf Grund von Verbesserungen beim Rundschleifen, beim Herstellen genauer Bohrungen und bei den Meßmethoden maschinell gefertigt werden.

Damals hatte die Entwicklung von Schleifscheiben einen Stand erreicht, der es erlaubte, leistungsfähige, große Scheiben für starke Spanabnahme herzustellen. Die mit dem Schleifmittel vermengte Grundmasse wurde in den USA seit 1877 bei hohen Temperaturen zur Scheibe gebrannt („keramische Bindung"). Seit Mitte der 90er Jahre produzierte man künstliche Schleifmittel (Elektrokorund und Siliziumkarbonat). 1901 hat Charles Norton (1851–1942), der ehemalige Chefkonstrukteur von Brown & Sharpe, die relativ schwache, weich gebaute Rundschleifmaschine völlig neu durchkonstruiert, so daß eine schwere, leistungsfähige Produktionsmaschine entstand. Mit ihr konnte man Wellen kostengünstig genau schleifen und sparte dabei noch das Schlichten auf der Drehmaschine [29].

Bohrungen hatte man bis dahin nur auf der Drehbank maschinell aufreiben können; das war umständlich und nur bei geeigneten Werkstücken möglich gewesen. Nun verwendete man einerseits Großrevolverdrehmaschinen, auf denen man zentrale Paßbohrungen in rotationssymmetrische Teile wie Riemenscheiben oder Zahnräder in einer Aufspannung fertigstellen konnte. Außerdem baute man jetzt die Gestelle der Bohrmaschinen so starr, daß sich diese nun auch zum Fertigreiben einsetzen ließen.

Ein weiteres wichtiges Element bei der Maschinisierung der Paßarbeit war das verbesserte betriebliche Meßwesen. Bei den älteren Meßmethoden mit groben Strichmaßstäben und Tasterzirkeln hatte man Schwierigkeiten, ein Nennmaß ausreichend genau am Werkstück zu realisieren. Die Ungenauigkeiten und Übertragungsfehler führten dazu, daß Abweichungen von einem Viertel Millimeter durchaus üblich waren. Man hatte also bei getrennter Herstellung zweier Paßteile, zum Beispiel Welle und Bohrung, mit Maßdifferenzen von mehreren Zehntel Millimetern zu rechnen, während die erforderlichen Passungsspiele bei wenigen Hundertsteln lagen. Das Problem wurde durch einen Trick gelöst: bei der Genaubearbeitung verzichtete man auf die Maßstäbe und benutzte die fertige Bohrung als Prüfmittel, indem man die Welle nach Gefühl in sie einpaßte. Das änderte sich seit Ende der 1890er Jahre: erstens benutzte man nun verstärkt Feinmeßmittel wie etwa Meßschrauben, um tatsächlich erreichte Teilemaße zu messen. Zweitens integrierte man solche Feinmeßmittel in die Werkzeugmaschinen, um die noch abzuspanende Materialdicke genau einstellen zu können. Vor allem aber verwendete man drittens Grenzlehren, um bei getrennter Fertigung von Paßteilen zu prüfen, ob die

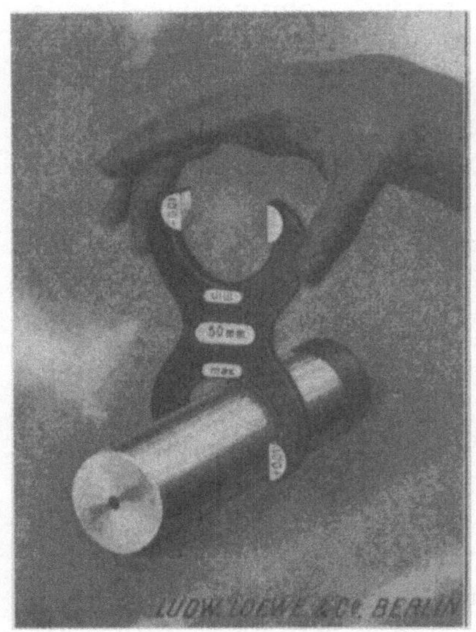
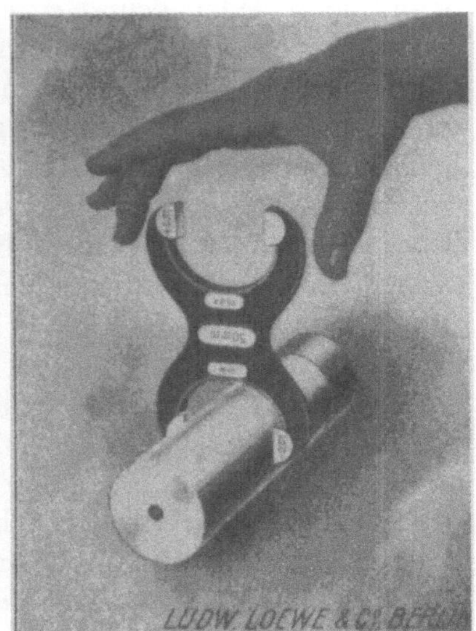

Ein wichtiges Element bei der Einführung maschinell durchgeführter Paßarbeiten war ein verbessertes betriebliches Meßwesen. Die älteren Methoden mit groben Strichmaßstäben und Tasterzirkeln reichten nicht mehr aus. Seit der Jahrhundertwende änderte sich das: Man benutzte verstärkt Feinmeßmittel – zum Beispiel Meßschrauben – und integrierte diese in die Werkzeugmaschinen. Vor allem aber verwendete man Grenzlehren (Abbildung: Grenzrachenlehre), um bei getrennter Fertigung von Paßteilen deren exakte Übereinstimmung zu prüfen.

Maße zwischen genau festgelegten Grenzen blieben. Die Größe solcher Maß-„Toleranzen" und des sich bei ihrer Kombination ergebenden Passungsspiels hing vom Verwendungszweck der jeweiligen Passung ab. Ausgehend von den im Maschinenbau benötigten Passungsarten (ruhende und bewegte Sitze mit unterschiedlichem Spiel) stellte man deshalb Grenzlehren- und Passungssysteme auf. Bei der Zwischen- und Endrevision der Teile verbreiteten sich neben Revisionsgrenzlehren Fühlhebelinstrumente. Dieser stark gewachsene Bestand an Fertigungsmeßmitteln mußte natürlich laufend überprüft und nachjustiert werden, weil er im Gebrauch dem Verschleiß unterlag. Dafür richteten die Betriebe von der Werkstatt abgeschirmte, wissenschaftlich ausgebaute Meßlabors ein, in denen die von dem Schweden Carl Edward Johansson (1864–1943) seit 1896 entwickelten und sich seit 1905 verbreitenden Endmaßnormale eine zentrale Rolle bei der Anbindung ans internationale Maßsystem spielten[30].

Die Beschleunigung der Bearbeitungsprozesse

Waren im 19. Jahrhundert die wichtigsten Arten von Bearbeitungmaschinen und Fertigungsverfahren entstanden, so konzentrierte sich im 20. Jahrhundert das Bedürfnis noch stärker auf die Beschleunigung

und Automatisierung der Fertigungsprozesse. Die beiden wichtigsten
Strategien, die dazu verfolgt wurden, waren zum einen die Verkürzung der reinen Bearbeitungs- bzw. Schnittzeiten und zum zweiten
die schnelleren – nach Möglichkeiten automatischen – Wechsel von
einem Bearbeitungsschritt zum nächsten oder besser noch die Zusammenfassung mehrerer Bearbeitungsschritte in einen einzigen Maschi-
nenprozeß.

Die Verkürzung der einzelnen Bearbeitungszeiten war in der Praxis
meist gleichbedeutend mit dem schnelleren Abspanen des überflüssi-
gen Materials bis zur endgültigen Form. Dies konnte nur durch eine
größere Härte und Standfestigkeit der eingesetzten Werkzeugstähle
und Schleifmittel geschehen.

Die ersten Versuche zur Verbesserung der Werkzeugstähle reichen
zwar bis zum Beginn des 19. Jahrhunderts zurück; eine radikale Veränderung der Abspanleistungen wurde in dieser Zeit jedoch noch
nicht erreicht, da die damaligen Werkzeugstähle keine nennenswert
höheren Belastungen und Geschwindigkeiten zuließen. Die Schnittgeschwindigkeiten waren gering, und Abspanleistungen von 5 kg/h galten als zufriedenstellend. Erst der Taylor-White-Schnellarbeitsstahl,
den in den Jahren 1898–1900 der Amerikaner Frederick Winslow
Taylor (1856–1915), der kurz darauf als Begründer der „wissenschaftlichen Betriebsführung" (Taylorismus) berühmt wurde, zusammen
mit dem Hüttenchemiker Maunsel White entwickelt hatte, führte zu
einer wesentlichen Steigerung der Spanleistungen. Mit diesem Stahl,
der 2% bis 3,8% Chrom und 8% bis 8,5% Wolfram enthielt, wurde
eine gegenüber den bisher verwendeten Kohlenstoffstählen drei- bis
viermal höhere Schnittgeschwindigkeit möglich[31]. [VIII-3.2]
Der erste Schnellarbeitsstahl eignete sich aufgrund seiner Sprödigkeit nur zur Schruppbearbeitung von weichen Werkstücken. Bei der
Feinbearbeitung versagte er, obwohl man sich auch hier eine Lei-
stungssteigerung erhoffte. Im Jahre 1906 erschien dann ein neuer
Schnellarbeitsstahl von Taylor und White, bei dem die Härte und
Zähigkeit wesentlich gesteigert werden konnte. Jetzt war auch eine
Feinbearbeitung (Schlichten) mit dem Schnellarbeitsstahl möglich.
Drehmeißel, Bohrer, Fräser und andere Werkzeuge wurden aus die-
sem Material hergestellt. Der Schnellarbeitsstahl konnte nun auch auf
Maschinen für die Massenfertigung, wie Revolverdrehmaschinen und
Drehautomaten, eingesetzt werden. Dabei wurde aber nicht die hohe
Schnittgeschwindigkeit genutzt, sondern eine Verlängerung der
Standzeiten der Werkzeuge erreicht. Die Maschinen konnten bei
gleichbleibendem Tempo mit dem neuen Stahl länger ununterbro-

chen in Betrieb bleiben, bis durch dessen Verschleiß ein zeitraubender Werkzeugwechsel nötig wurde.

In den folgenden Jahren wurden die Werkzeugstähle weiter verbessert. 1907 kam in Amerika unter dem Namen Stellit eine Chrom-Kobalt-Wolfram-Gußlegierung auf den Markt, mit der noch höhere Leistungen erzielt werden konnten [32]. Aufgrund der Sprödigkeit dieser gegossenen Werkzeugstähle verwendete man sie wegen der härteren Werkstoffe in Deutschland jedoch wenig. Mit diesen neuen Stählen waren um 1910 Spanleistungen von über 250 kg/h möglich geworden, also etwa das fünfzigfache dessen, was am Ende des 19. Jahrhunderts als guter Wert galt [33].

Diese Leistungssteigerung infolge der Verwendung des Schnellarbeitsstahles führte zu Veränderungen in der Wirtschaftlichkeit und damit auch der Bearbeitungstechnik. Während bis zur Einführung des Schnellarbeitsstahles die Werkstücke relativ genau gegossen bzw. geschmiedet wurden, um ein langwieriges Abtragen des überschüssigen Materials zu vermeiden, ermöglichte die Anwendung des ersten Schnellarbeitsstahles die Schruppbearbeitung (d. h. das Abtragen grober Späne) bei Kosteneinsparung. Statt wie bisher die Paß- und Gleitflächen der sorgfältig hergestellten Rohlinge zu bearbeiten, wurden die Maschinenteile nach der Einführung des Schnellarbeitsstahles nur noch roh gegossen oder geschmiedet und dann aus dem vollen Material gearbeitet. Die Kosten für das Rohmaterial und das Abspanen mit dem neuen Werkzeugstahl waren im Vergleich zu den Aufwendungen für das maßgenaue Schmieden und Gießen so niedrig, daß die Firmen es sich nun leisten konnten, bei großen Werkstücken bis zu 60% des Rohgewichts abzudrehen [34].

Mit der Einführung des Schnellarbeitsstahles bildeten sich somit neue Richtlinien in der Metallbearbeitung heraus:

1. Schruppen als Ersatz für das Schmieden
2. Vorschruppen zur Einsparung von Frachtkosten beim Versand von Halbfertigprodukten
3. Herausschälen der Massenteile aus dem Vollen
4. Schruppen auf der Drehmaschine – Schlichten (Feinbearbeitung) auf der Schleifmaschine

Da das Gießen der Werkstücke nur noch in rohen Abmessungen erfolgte, vereinfachten sich die Gußformen; teure Modelle und hohe Formerlöhne wurden eingespart und die Ausschußgefahr verringerte sich. Dieser Prozeß der Einsparung von Kosten durch Schruppbearbeitung mit dem Schnellarbeitsstahl währte jedoch nur bis etwa zum Ende des Ersten Weltkrieges. Die angespannte Ertragssituation und

Steigerungen bei den Rohstoffpreisen nach dem Krieg standen diesem hohen Materialaufwand entgegen. Das genaue Gießen und Schmieden für die Serienfertigung mußte schließlich doch wieder eingeführt werden und hat sich bis in die Gegenwart behauptet[35].

In den 20er Jahren machte die Entwicklung der Schneidwerkstoffe weitere Fortschritte. Die Stellite wurden nun durch Wolframkarbide abgelöst. Mit diesen Hartmetallen, die zuerst von Krupp unter dem Namen WIDIA (WIe DIAmant) auf dem Markt angeboten wurden, konnte die Schnittgeschwindigkeit auf das 5- bis 10fache derer der Schnellarbeitsstähle gesteigert werden[36]. Entsprechend erhöhten sich auch die Standzeiten der Werkzeuge weiter. [VIII-3.2]

So wurden beispielsweise beim Überdrehen einer Riemenscheibe (Durchmesser 120 mm, Breite 103 mm) mit den verschiedenen Werkzeugen bis zur Abnutzung der Schneide die in der Tabelle gezeigten Werte erreicht[37].

Entwicklung der Arbeitsfähigkeit verschiedener Schneidstoffe (z. B. Standzeit, Losgröße, Schnittgeschwindigkeit)

Werkzeugstahl	Zeit (min)	Anzahl der Scheiben	Spangewicht (kg)	Schnittgeschwindigkeit (m/min)
Kohlenstoffstahl	66	4	2,1	7
Schnellstahl	66	11	6	18
Stellit	87	40	21,5	30
Widia	468	215	118	30

Trotz dieser Unterschiede wurden die alten Werkzeugstähle keineswegs völlig aufgegeben, da sie für bestimmte Zwecke durchaus noch technische Vorteile boten. So war die Verwendung der einzelnen Schneidwerkzeuge von der jeweiligen Beanspruchung abhängig. Kohlenstoffstähle wurden für sehr feine Schneiden ohne große Beanspruchung, vor allem für Gewindebohrer genutzt. Schnellstahl bis etwa 12% Wolfram für den Einsatz in der normalen Fertigung, Hochleistungsschnellstahl (15−22% W und 5−10% Co) für Reihen- und Massenfertigung und die Hartmetalle für Dauerbeanspruchung bei der Massenfertigung, wobei die letzteren stets die teuersten Werkzeuge waren[38]. Ende der 30er Jahre des 20. Jahrhunderts kamen dann

Schneidkeramiken auf den Markt, die wiederum eine Leistungssteigerung ermöglichten und die sich neben den Hartmetall-Werkzeugen bis zur Gegenwart behauptet haben. Für spezielle Aufgaben, vor allem für sehr feine Oberflächen, werden ebenfalls seit den 1930er Jahren die sehr teuren Diamantwerkzeuge genutzt [39].

Die Entwicklung von derartig hochwertigen Werkzeugen war nötig geworden, weil die Anforderungen an die Bearbeitung aufgrund der verwendeten Stähle mit hohen Festigkeiten vor allem im Automobilbau in den 1920er Jahren stark gestiegen waren. Die Kraftfahrzeugindustrie verlangte Stähle hoher Bruchfestigkeit zum Beispiel für Achsschenkelbolzen, um trotz der schlechten Straßen höhere Fahrzeuggeschwindigkeiten möglich zu machen. Diese hochfesten Stähle konnten jedoch in der Serien- und aufkommenden Massenfertigung der Kraftfahrzeugindustrie nur mit hochwertigen Werkzeugen rationell bearbeitet werden.

Zur Gewichtsreduzierung der Automobilmotoren kamen zunehmend Leichtmetalle, wie Aluminiumlegierungen für die Kolben, zum Einsatz, für deren Bearbeitung wesentlich höhere Schnittgeschwindigkeiten gefordert wurden [40]. Die Werkzeugmaschinen mußten diesen hohen Geschwindigkeiten und den daraus resultierenden Belastungen angepaßt werden. Neben der Konstruktion von sehr steifen Gestellen und der Verwendung von Kugel- und Rollenlagern für die Hauptspindel war die dynamische Auswuchtung aller sich schnell drehenden Teile und eine sichere Schmierung der Führungsbahnen und Getriebeteile nötig.

Bereits kurz nach der Jahrhundertwende hatte die Nutzung des Schnellarbeitsstahles in der Fertigung neuartige Probleme für den Werkzeugmaschinenbau gebracht. Die möglichen höheren Schnittgeschwindigkeiten verlangten die Steigerung der Spindeldrehzahlen. Zwar erreichte man mit der Einführung von verbesserten Transmissionen, Rädergetrieben und elektrischem Einzelantrieb die Geschwindigkeitserhöhung der Werkzeugmaschinen, stellte aber gleichzeitig fest, daß die Maschinen diesen Belastungen im Dauerbetrieb nicht mehr gewachsen waren. Die Maschinen verschlissen schon in den Versuchswerkstätten binnen weniger Wochen [41].

Vor 1900 hatte die Antriebsleistung schwerer Drehmaschinen noch maximal 3–5 PS betragen; infolge der Anwendung des Schnellarbeitsstahles erhöhte sie sich innerhalb eines Jahrzehnts bis auf maximal 90 PS [47]. Zur Beherrschung der hohen Geschwindigkeiten und Kräfte waren systematische Untersuchungen der einzelnen Werkzeugmaschinenarten nötig. An die Stelle der Empirie trat nun ingenieurwis-

Steigerung der Schnittgeschwindig-
keiten beim Drehen durch die Wei-
terentwicklung der Schneidestoffe
seit 1875.

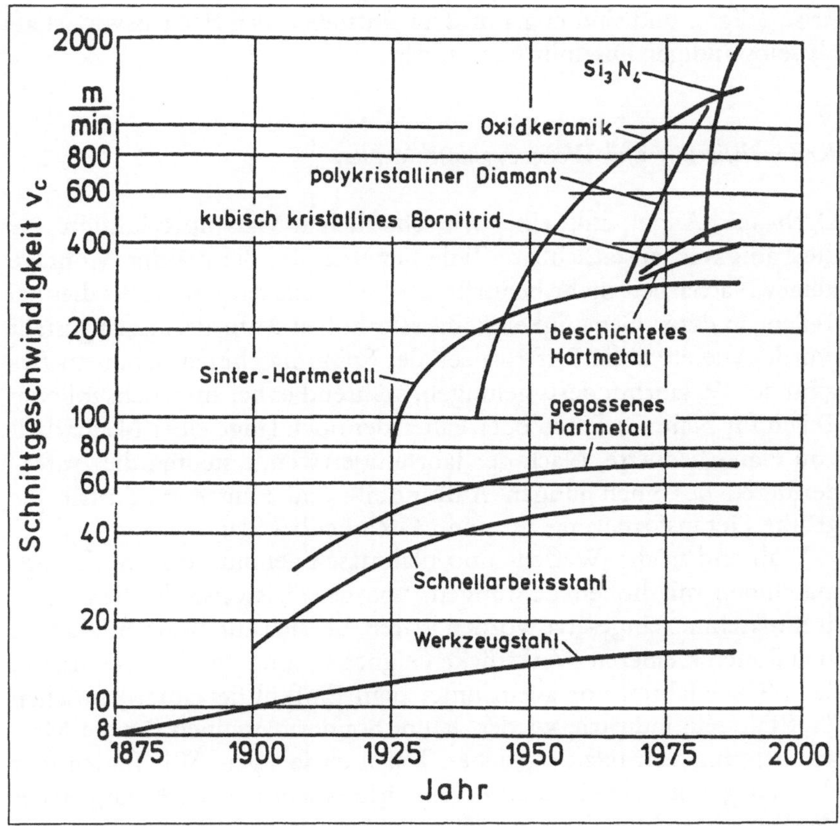

senschaftliche Forschung mit langen Meß- und Versuchsreihen. Nach
der Jahrhundertwende entstanden hierfür neue Institute speziell für
Werkzeugmaschinen und Fertigungstechnik. 1904 wurde an der Technischen Hochschule in Charlottenburg der erste Lehrstuhl für Werkzeugmaschinen in Deutschland unter Georg Schlesinger (1874–1959)
gegründet, 1906 folgte Aachen unter Adolf Wallichs (1869–1959) und
1908 Hannover unter Friedrich Schwerd (1872–1953)[43]. Diese fertigungstechnischen Institute sahen, im Unterschied zu manchen anderen Forschungsinstituten an Universitäten und Hochschulen, ihr ober-
stes Ziel erklärtermaßen in der Steigerung der Wirtschaftlichkeit der
Produktion. Sie wurden zu einer der wichtigsten Quellen der Rationa-
lisierungsbewegung, die die deutsche Wirtschaft vor allem zwischen
der Jahrhundertwende und der 1929 beginnenden Weltwirtschafts-

krise prägte, und sind eng mit dem Entstehen der Betriebswirtschaft
als selbständiger Disziplin verbunden.

Rationalisierung und Werkzeugmaschinenbau

Dreh- und Angelpunkt einer wirtschaftlichen Massenproduktion war
die Fähigkeit, austauschbare Teile herzustellen, die bei der Montage
keiner Nacharbeit mehr bedurften. Wie bereits dargestellt, ist dies bei
Teilen, an deren Genauigkeit keine sehr hohen Anforderungen gestellt
wurde, wie etwa die Riffelwalzen der Spinnmaschinen, schon zu Beginn des 19. Jahrhunderts gelungen, während es bei anspruchsvolleren
Teilen für Nähmaschinen oder Fahrräder noch lange einer Nacharbeit
von Hand bedurfte. Nach der Jahrhundertwende stellten die Anforderungen der noch jungen Automobil- und Flugzeugindustrie die
größte Herausforderung für den Maschinenbau dar.
    Während in der Waffen- und Nähmaschinenindustrie Werkzeug-
maschinen mit hohen Leistungen, wie beispielsweise die Revolver-
drehmaschine, eingesetzt worden waren, die sich zur Bearbeitung von
vielfältigen kleineren Werkstücken eigneten, ging die Entwicklung in
den 1920er Jahren vor allem unter dem Einfluß der amerikanischen
Kraftfahrzeugindustrie wieder dahin, Sondermaschinen für die Massenfertigung von relativ gleichen Teilen zu fertigen. Wir finden hier
also eine gewisse Ähnlichkeit zu den oben beschriebenen Anfängen des
Werkzeugmaschinenbaus zur Zeit der Industriellen Revolution.
    Tiefziehpressen für die Karosserieteilefertigung, Kurbelwellendreh-
und Kurbelwellenläppmaschinen sowie Zylinderblockfräswerke sind
nur einige Beispiele von Sondermaschinen, die ausschließlich für die
Automobilfertigung entwickelt wurden[44]. Diese Sondermaschinen
erreichten bei großen Serien im Vergleich zu den Universalmaschinen
eine wesentlich höhere Stundenleistung. Zur Bearbeitung der Zapfen
einer Kurbelwelle erhöhte sich gegen Ende der 1930er Jahre zum
Beispiel die Leistung einer Vielstahldrehmaschine, bei der Hartmetall-
Werkzeuge verwendet wurden, im Vergleich zu einer mit Schnellar-
beitsstählen ausgerüsteten Universaldrehmaschine, auf das Zehnfache[45]. Die Bearbeitungszeit pro Stück betrug weniger als eine Minute.
    Ihre größere Wirtschaftlichkeit erreichten diese Maschinen aller-
dings immer nur bei sehr großen Serien gleichbleibender Produkte.
Für kleine oder auch mittlere Serien waren sie dagegen in der Regel
viel zu teuer, um sich amortisieren zu können. Unter dem Eindruck

der Weltwirtschaftskrise warnte darum Georg Schlesinger, der das damals bedeutendste fertigungstechnische Institut in Deutschland leitete, im Jahr 1932 vor einer weiteren Verbreitung dieser Sondermaschinen und forderte statt dessen die Ausstattung der Universalmaschine mit Steuer- und Aufspanneinrichtungen, damit diese vorübergehend als Einzweckmaschine genutzt werden konnte.

Da seine grundsätzlichen Überlegungen zur Krisenanfälligkeit der Massenproduktion ihre Aktualität bis auf den heutigen Tag bewahrt haben, seien sie hier etwas ausführlicher zitiert: „Nur wer die Arbeitsbedingungen genau kennt und dauernd auf genügend Absatz rechnen darf, wird zur Sondermaschine greifen, deren Konstruktion dem Werkzeugmaschinenmann heute nirgends in der Welt mehr Schwierigkeiten macht. Ihre hohe Rentabilität haben die Amerikaner durch Einrichtung der Fließstraßenfabrikation mit Kette, Band oder sonst einem Transportmittel bewiesen. Aber wer macht heute noch 45 Kurbelwellen in der Stunde je Maschine, das sind 360 am Tag? Die Hochproduktion auch des Automobils hat infolge des leider ungezügelten Wettbewerbes aller Industrievölker der Erde und solcher, die es werden wollen, längst ihren Höhepunkt überschritten, und nirgends so wie in diesem Industriezweig fordert die Fehlleitung des Kapitals schwerste Opfer. Es mutet sonderbar an, daß die Falschorganisation der Weltindustrie nun auch die Russen dazu treibt, gigantische Neueinrichtungen zu schaffen für alle die Zwecke, für die in der ganzen Welt bereits ungezählte Fabriken stilliegen und aus Beschäftigungsmangel täglich stillgelegt werden müssen.

Darum ist der Weg aus letzter Zeit wohl der richtige, die Universalmaschine so zu bauen, daß sie durch bestimmte, dem jeweiligen Zweck angepaßte Steuer- und Aufspanneinrichtungen vorübergehend zu einer Einzweckmaschine wird. Es ist der Mittelweg zwischen der hochleistungsfähigen, völlig einseitigen, nicht umstellbaren Sondermaschine und der wenig leistungsfähigen Universalmaschine; er sollte weiter ausgebaut werden" [46].

Seine Prognose erwies sich damals zwar als verfrüht, da der Aufschwung der deutschen Automobilindustrie erst nach der Weltwirtschaftkrise stattfand und von den Nationalsozialisten durch große Investitionen und fiskalische Mittel stark gefördert wurde. Das grundsätzliche Problem, das durch den Widerspruch zwischen den Imperativen der Massenproduktion einerseits und der vom Markt geforderten Flexibilität andererseits entsteht, hat er jedoch klar gesehen.

Die Rationalisierung im Kraftfahrzeugbau, verbunden mit der Massenproduktion, führte auch in der deutschen Automobilindustrie, wie zuvor schon in der amerikanischen, zur Typenbeschränkung und Normung, im Werkzeugmaschinenbau dagegen zu dem genau entgegengesetzten Effekt, der Typenerweiterung. Eine große Zahl hochdifferenzierter Mehrzweck- und Sondermaschinen wurden zur rationellen Bearbeitung der normierten Massenteile benötigt. Die Massenproduktion der Automobile setzte damit die Einzelanfertigung der Bearbeitungsmaschinen voraus.

Um die Preise dieser Werkzeugmaschinen, die jeweils nur in kleinsten Serien von 5 bis 20 Stück hergestellt wurden, nicht zu stark ansteigen zu lassen, versuchten die Herstellerfirmen bereits in den 1920er Jahren Teile und Baugruppen so zu normieren, daß sie nach Kundenwünschen zu je individuellen Spezialmaschinen zusammengesetzt werden konnten. Das Baukastensystem für Fräsmaschinen der Firma Wanderer, Chemnitz, zeigt die Abbildung unten [47].

Die Automatisierung der Bearbeitung

In letzter Konsequenz strebten die Unternehmen in der Massenproduktion die Automatisierung der Bearbeitungsprozesse an. War es erst einmal gelungen, eine Maschine für die Produktion eines einzigen Teils zu optimieren bzw. herzurichten, so lag es nahe, die in kurzen

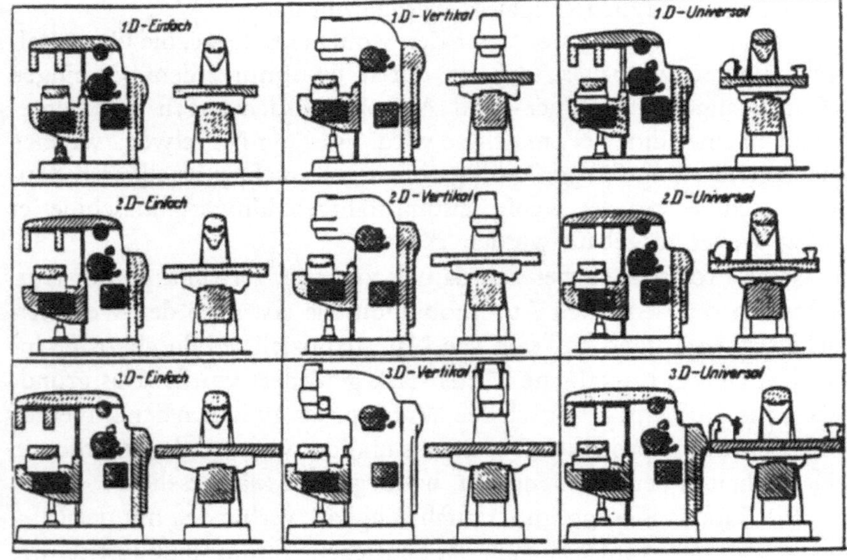

Baukastensystem beim Bau von Fräsmaschinen der Firma Wanderer. Die in gleicher Weise schraffierten Teile stimmen bei den verschiedenen Maschinentypen überein.

In den Jahren nach 1870 nahm die Massenfertigung von Werkzeugmaschinen sehr zu. Es kam jetzt eine neue Art von Werkzeugmaschinen auf, die vollkommen automatisch — entsprechend dem einstellbaren Programm — auch kleinere Bauteile fertigen konnten. Christopher M. Spencer (1833–1922) konnte 1873 die erste dieser Maschinen vorführen. Dabei handelte es sich im wesentlichen um eine Revolverdrehbank, bei der Kurvenscheiben die Hebel steuerten, welche die Werkstücke nachschoben, die Werkzeuge weiterbewegten oder auch wechselten. Spencer war einer der Gründer der Hartford Machine Screw Company, und er baute seine „Hartford-Werkzeugautomaten" zunächst, um Nähmaschinenteile herzustellen. Diese Automaten produzierten kleine Wellen, Bolzen und Gewindeteile in Massenanfertigung.

Abständen immer wiederkehrende gleichbleibende Steuerung des Bearbeitungsablaufs einem Mechanismus zu übertragen. Dieser Mechanismus mußte freilich für jedes neue Teil neu geschaffen oder doch zumindest neu eingerichtet werden. Die Arbeitsvorbereitung wurde dadurch aufwendiger und ihre Kosten lohnten sich, ähnlich wie diejenigen für eine Sondermaschine, nur, wenn sie auf eine genügend große Anzahl von Teilen verteilt werden konnten. Automatisierung setzte also ebenfalls Massenproduktion voraus und stand einer flexiblen Fertigung lange Zeit im Wege.

Am Beispiel der Drehautomaten soll im Folgenden die Automatisierung für die Massenproduktion dargestellt werden. Drehautomaten wurden bereits im letzten Drittel des 19. Jahrhunderts in den USA in die Produktion eingeführt. Der hohe Bedarf der amerikanischen Industrie an Massenteilen infolge des großen Binnenmarktes förderte die Entwicklung dieser Maschinen, die von wenig qualifizierten, also angelernten Arbeitskräften bedient werden sollten.

Die Übertragung der Steuerfunktionen vom Menschen auf die Maschine kennzeichnet den Übergang von der Drehmaschine zum Drehautomaten. Alle wesentlichen Informationen für die Bearbeitung, die der Mensch in seinem Gehirn gespeichert hat, werden einem Mechanismus, etwa der Steuerwelle, übertragen. Der Automat übernimmt vollkommen selbständig die Bearbeitung des Werkstückes. Der Mensch greift nicht mehr in den unmittelbaren Bearbeitungsprozeß ein, sondern der Automat vollführt die Arbeitsfunktionen nach einem Programm, das vom Menschen erstellt und auf die Steuerwelle übertragen wurde.

1873 schuf Christopher Miner Spencer (1833–1922) eine derartige selbsttätige Maschine zur Herstellung von Schrauben (U.S.-Pat. 143306), die sich als entwicklungsfähig erwies und weite Verbreitung fand[48]. Es hatte zwar schon vorher Versuche gegeben, Automaten zu verwenden, doch hatten diese aufgrund verschiedener Beschränkungen kaum Einfluß auf die weitere Entwicklung von Drehautomaten. Dabei handelte es sich vor allem um Automaten zur Herstellung von Holzschrauben, bei denen es nicht auf eine hohe Genauigkeit ankam.

Der zweite wichtige Schritt war 1880 der Revolverdrehautomat von Spencer (U.S.-Pat. 232255)[49]. Mit diesem Automaten war es jetzt möglich, nicht nur Schrauben, sondern viele kleinere Teile von unterschiedlicher Gestalt zu fertigen. Besonders die Waffen- und Nähmaschinenindustrie, aber auch die Armaturen- und die aufkommende Schreibmaschinenindustrie setzten diese Maschine in der Produktion ein.

Alle wesentlichen frühen Automatentypen – ausgenommen spezielle Langdrehautomaten für die Uhrenfertigung in der Schweiz – wurden in den USA entwickelt und in der Waffen-, Schrauben-, Nähmaschinen-, Fahrrad-, Kraftfahrzeug-, Schreibmaschinen-, Armaturen-, und Elektroindustrie genutzt. In Deutschland war es zunächst vor allem die Fahrradindustrie – 1896 lag die Jahresproduktion bei etwa 200 000 Fahrrädern[50], in den USA waren es dagegen schon eine Million[51] –, die geeignete Maschinen für die Herstellung der über 150 Einzelteile eines Fahrrades benötigte. Davon waren allein 60 bis 76 völlig gleiche Speichennippel, die sich für eine automatisierte Massenfertigung besonders anboten. Radnaben, Achsen, Bolzen und Rollen für Ketten, Lagerkegel und -tassen, Schrauben und Muttern waren ebenfalls einfache Teile, die sich auf Drehautomaten im Vergleich zu Universaldrehmaschinen und auch zu Revolverdrehmaschinen wesentlich kostengünstiger und schneller herstellen ließen.

Die erhebliche Leistungssteigerung verdeutlicht die Tabelle.

Ein weiteres Beispiel war die Uhrenherstellung. Die Schwarzwälder Uhrenindustrie setzte um 1910 Drehautomaten amerikanischer und deutscher Bauart ein. Zur Bearbeitung von Uhrenwellen verwen-

Leistungsfähigkeit der jeweiligen Maschinen bei der Herstellung von Fahrradnaben [52]

Maschinenart	Anzahl (Stück/h)
Revolverdrehmaschine	5
Einspindeldrehautomat	10
Vierspindeldrehautomat	24

dete die Uhrenfabrik der Gebrüder Junghans in Schramberg Drehautomaten eigener Konstruktion [53]. 66 Automaten bearbeiteten täglich 120 000 Wellen. Andere Uhrenteile, wie Schrauben, Stifte, Scheibchen usw., wurden in einer Zweigfabrik in Rottenburg a. Neckar von über 100 Revolverdrehautomaten der amerikanischen Firma Brown & Sharpe gefertigt. Der Ausstoß betrug 500 000 Stück pro Tag [54]. Auch die elektrotechnische Fabrik von Robert Bosch in Stuttgart setzte seit 1904 Drehautomaten in der Produktion ein. Zur Herstellung von Zündvorrichtungen und Bosch-Ölern schaltete man weitestgehend die Handarbeit aus. Viele Einzelteile wurden auf amerikanischen Drehautomaten bearbeitet [55].

An diesen Beispielen wird deutlich, daß bereits um 1910 die Verwendung von Drehautomaten in Industriezweigen mit Massenproduktion weit fortgeschritten war. Je nach Art und Gestalt der Werkstücke erhöhte sich der Ausstoß der Teile im Vergleich zur Drehmaschine auf das 5–50fache [56]. Etwa bis zur Jahrhundertwende arbeiteten alle Drehautomaten als Stangenautomaten; d.h. das Material für das Werkstück wurde in Form einer Stange durch die Arbeitsspindel gesteckt. Später kam die Materialzufuhr durch Magazine hinzu. Damit wurde es möglich, auch Futterteile automatisch zu bearbeiten. Eine weitere Verkürzung der Bearbeitungszeit und eine Erhöhung des Ausstoßes und der Genauigkeit war dann mit diesen Einspindeldrehautomaten nicht mehr möglich.

Der Bedarf an massenhaft herzustellenden Teilen für den nach der Jahrhundertwende hinzukommenden Kraftfahrzeugbau leitete die Entwicklung der im Vergleich zu den Einspindeldrehautomaten mehrfach leistungsfähigeren Mehrspindeldrehautomaten ein, bei denen, im Gegensatz zu den Einspindeldrehautomaten, immer mehrere Werkzeuge gleichzeitig im Einsatz sind. Die zur Bearbeitung der Werkstücke notwendige Arbeitsfolge wurde auf verschiedene Stationen der gleichen Bearbeitungsmaschinen verteilt und gleichzeitig ausgeführt. Die

Verbreitung dieser Mehrspindelautomaten ging ebenfalls von den USA aus. Ihre damals entwickelten Grundtypen sind die konstruktiven Vorläufer der heutigen Mehrspindeldrehautomaten für die rationelle Massenfertigung. Diese mechanisch gesteuerten Mehrspindeldrehautomaten haben nicht an Bedeutung verloren und werden nach wie vor für die Massenproduktion von Schrauben, Wälzlagerringen, Fahrzeug-, Motoren- und Getriebeteilen, in der Waffentechnik und in anderen Bereichen eingesetzt.

Neben den schon relativ zeitig genutzten Drehautomaten wurden, wiederum ausgehend von den USA, aus dem Bedürfnis der Massenfabrikation im Automobilbau in den 20er Jahren des 20. Jahrhunderts Sondermaschinen[57] mit Werkstückmagazinen versehen und ebenfalls als Automaten ausgeführt. Ein bekannteres Beispiel ist die spitzenlose Schleifmaschine, die im Vergleich zur herkömmlichen Rundschleifmaschine einen vier- bis sechsfach höheren Ausstoß je Zeiteinheit bei hoher Genauigkeit erreichte[58]. Mit einer solchen Maschine wurden zum Beispiel Kolbenbolzen bearbeitet.

Bis in die 50er Jahre des 20. Jahrhunderts war es mit mechanischen, hydraulischen und elektrischen Steuerungen an Werkzeugmaschinen bereits möglich gewesen, eine Vielzahl von Arbeitsoperationen bei den einzelnen Fertigungsverfahren zu automatisieren. Vor allem die Probleme der uniformen Massenproduktion einfacher Teile hatten auf diesem Wege weitgehend gelöst werden können. Zur Bearbeitung komplizierterer Teile waren in den 20er Jahren in den USA Kopiersteuerungen auf den Markt gekommen, die im folgenden Jahrzehnt auch in Europa verbreitet wurden[59]. Diese elektrisch fühlergesteuerten Maschinen, meist Fräs- oder Drehmaschinen, tasteten ein Modell ab und reproduzierten es selbsttätig. Dadurch wurde in Teilbereichen der Produktion die Geschicklichkeit hochqualifizierter Facharbeiter auch bei komplexen Formen ersetzt. Diese Kopiersteuerungen waren bereits bei Serien von 10 Werkstücken wirtschaftlich einsetzbar, doch waren sie für die Massenproduktion zu langsam, obwohl der Bearbeitungsgang automatisiert war.

Numerische Steuerung in der Bearbeitung

Einen Durchbruch in der Steuerungstechnik brachten erst die numerisch gesteuerten (NC-) Werkzeugmaschinen, die in den 50er und 60er Jahren des 20. Jahrhunderts entwickelt wurden und ebenfalls wie die

Kopiersteuerungen vorerst für die Bearbeitung komplizierter Teile in kleinen Serien und weniger für die Massenfertigung gedacht waren. Der Vorteil der numerischen Steuerungen lag hierbei vor allem in den kurzen Umrüstzeiten beim Wechsel auf neue Serien. 1948 stellte der Amerikaner John T. Parsons der U.S.-Air Force den Prototyp einer numerisch gesteuerten Fräsmaschine zur dreidimensionalen Bearbeitung von Flügelsektionen für Hochgeschwindigkeitsflugzeuge vor[60]. Die Steuerung erfolgte durch einen IBM-Rechner mit Lochkarten-Steuerungssystem. Mit enormen finanziellen Mitteln finanzierte die Air Force in den folgenden Jahren das dann vom MIT (Massachusetts Institute of Technology) entwickelte rechnergestützte Programmiersystem APT (Automatically Programmed Tools) und seine Umsetzung in die Praxis. Das Ziel der Air Force war es, den gesamten Fertigungsablauf aus der Abhängigkeit von qualifizierten Facharbeitern zu lösen und die vollständige Kontrolle der Fertigung dem Management zu übertragen. Dies richtete sich nicht nur gegen die innerbetrieblich starke Position der Facharbeiter und die Gefahr von Arbeitskämpfen, die gerade in Zeiten besonderer Rüstungsanstrengungen eine doppelte Gefahr für die Auftraggeber darstellen, sondern sollte ebenso die bei menschlicher Arbeit unvermeidlichen Schwankungen der Bearbeitungsgenauigkeit und der Bearbeitungszeit ausschalten. Einmal programmiert, würde die NC-Maschine jederzeit und bei jedem Arbeiter den unverändert gleichen Bearbeitungsablauf vollziehen[62]. Höhere Auslastung des Maschinenparks, gleichbleibend gute Qualität und bessere Kontrolle des Fertigungsprozesses waren die Versprechungen der frühen NC-Technik.

Die erste serienmäßige NC-Maschine wurde 1954 von der Firma Bendix hergestellt. Bis in die 1970er Jahre blieb in den USA die Nutzung von numerisch gesteuerten Werkzeugmaschinen jedoch fast ausschließlich auf Großunternehmen beschränkt. So gab es 1971 in 95% der dortigen mittleren und kleinen Unternehmen des Maschinenbaus noch keine NC-Maschine[62].

Nach einer anfänglichen Euphorie traten bald schon die Schwächen der NC-Technik zutage. Die neuen Maschinen waren sehr teuer und wenig flexibel. Improvisierte schnelle Lösungen in der Werkstatt, bisher die Domäne der Facharbeiter, waren nicht mehr möglich. Gleichwohl brauchten die Maschinen wegen der Anfälligkeit ihrer komplexeren und damit störungsanfälligeren Elektronik und Elektromechanik eine ständige Beaufsichtigung. Die Vorstellung von der menschenleeren computergesteuerten Fertigungshalle blieb eine Illusion. Und wenngleich auf der Hannovermesse 1960 neben amerikanischen Firmen auch schon einige europäische Werkzeugmaschinenhersteller erste NC-Maschinen präsentierten[63], dominierten in der Fertigung bis etwa zur Mitte der 1970er Jahre doch weiterhin die konventionellen Werkzeugmaschinen.

Die Erfahrung mit der Computertechnologie und der Mikroelektronik und das Sinken der Preise für die Steuerungstechnik führten ab 1975 zur breiten Anwendung der am Arbeitsplatz programmierbaren CNC-Maschinen (Computerized Numerical Control) in der Fertigung. Diese Maschinen erhielten im Unterschied zu den zentral gesteuerten NC-Maschinen einen eigenen Microcomputer als Schalt- und Rechenzentrale. Damit kehrten Flexibilität und Vielfalt, zugleich aber auch eine hohe Facharbeiterqualifikation, wieder in die Werkstätten zurück. Daß dieser Weg für die hohen und vielseitigen Anforderungen moderner Industrien letztlich doch in den meisten Fällen geeigneter erschien als die schwerfällige zentrale Fertigungssteuerung der NC-Technik, bewiesen die Absatzzahlen der Werkzeugmaschinenhersteller. Während die Produktion der NC-Maschinen in Deutschland in der zweiten Hälfte der siebziger Jahre drastisch fiel, stieg diejenige der CNC-Maschinen im gleichen Zeitraum steil an und erreichte 1982 mit über 5500 Maschinen schon mehr als das Zwanzigfache derer der NC-Maschinen (223 Stück nach 985 im Jahre 1974)[64].

Im Zuge dieses Umstrukturierungsprozesses verloren die USA durch das Festhalten an der starren NC-Technologie ihre seit Jahrzehnten führende Rolle im Werkzeugmaschinenbau. Der Schwerpunkt der Entwicklung verlagerte sich jetzt nach Japan und in die Bundesrepublik[65].

Allein in der Bundesrepublik hatten gegen Ende der 1980er Jahre etwa 45% der Betriebe der Investitionsgüterindustrie CNC-Maschinen im Einsatz und im Maschinenbau waren es sogar 62%[66]. Gleichzeitig mit der CNC-Technik kamen gegen Ende der 1970er Jahre auch die technisch verwandten Industrieroboter zum Einsatz, auf die weiter unten näher eingegangen wird. [VIII-4.6]

In der gegenwärtigen Krise der Werkzeugmaschinenindustrie kommt es zu einer Ernüchterung gegenüber dem Einsatz von CNC-gesteuerten Flexiblen Fertigungssystemen. Viele Hersteller hatten zu sehr auf komplexe Systeme gesetzt, die theoretisch zwar optimale Automatisierungslösungen boten, jedoch gerade aufgrund ihrer Flexibilität zu teuer und zu kompliziert wurden. Störungen wie Stromausfälle führten betriebswirtschaftlich zu hohen finanziellen Verlusten, die bei der Verwendung von einfachen Werkzeugmaschinen nicht aufgetreten wären.

Es hat sich gezeigt, daß vor allem bei der Bearbeitung von kleinen Serien der Einsatz von komplizierten Flexiblen Fertigungssystemen unsinnig ist und die einfachen, von den Bedienern wieder direkt beeinflußbaren Maschinen hier viel besser geeignet sind. Gleichzeitig damit wird Entscheidungsfähigkeit und das Erfahrungswissen der Facharbeiter wieder stärker genutzt.

Für Industriezweige, deren Produkte aus mittleren Serien bestehen – und dies gilt auch für weite Bereiche der flexibel gewordenen Automobilindustrie –, ist die kurzfristige Umrüstung von Universalmaschinen, die Schlesinger 1932 forderte, heute mit den CNC-gesteuerten Flexiblen Fertigungssystemen verwirklicht worden. Der Werkzeugmaschinenbau selbst zählt dazu. Die Stärke des deutschen Werkzeugmaschinenbaus im Vergleich zum ebenso erfolgreichen japanischen besteht in der großen Flexibilität und der damit verbundenen Anpassung an Kundenwünsche, während in Japan versucht wird, auch Werkzeugmaschinen massenhaft und damit billig zu produzieren. Vermutlich ist die Zeit der uniformen Produkte in den traditionellen Industriezweigen der Massenproduktion vorüber; und es werden künftig wohl vorwiegend solche Unternehmen bestehen können, bei denen eine wirtschaftliche Fertigung auch in *mittleren* Serien gelingt.

Dies soll jedoch nicht heißen, daß die klassische Massenproduktion austauschbarer Komponenten und Teile bereits der Vergangenheit angehört und keine technische Weiterentwicklung mehr erfährt. Vielmehr wird gegenwärtig versucht, auch dort, wie zum Beispiel bei der Herstellung von Teilen auf Mehrspindeldrehautomaten, die zur Zeit noch mechanischen Steuerungen durch CNC-Steuerungen zu ersetzen. Dabei zeigt sich jedoch, daß die seit über einhundert Jahren ständig weiterentwickelte mechanische Steuerung mittlerweile eine Leistungsfähigkeit erreicht hat, wie sie von numerischen Steuerungen, solange es in erster Linie um das Produktionstempo geht, kaum erreicht werden kann. Da CNC-Mehrspindeldrehautomaten z. Zt. außerdem immer noch um das 5- bis 6fache teurer sind als die mechanisch gesteuerten Mehrspindeldrehautomaten, bleibt also vorerst abzuwarten, ob in den nächsten Jahren die Computertechnik auch diesen Bereich der Massenfertigung erfaßt oder ob die „alte" Technik hier noch für einige Jahre Bestand hat. Eine hohe, stets wiederholbare Genauigkeit bei möglichst geringen Kosten ist schließlich das übergeordnete Ziel aller Bearbeitungsverfahren und nicht die technische Brillanz der eingesetzten Maschinen.

Schon im Laufe des 19. Jahrhunderts hatten sich die Mittel und Methoden der Fertigungstechnik soweit entwickelt, daß die maschinenfertige Herstellung paßgenauer, austauschbarer Teile möglich war und zunehmend auch praktiziert wurde. Dieser Austauschbau hat sich im 20. Jahrhundert weit verbreitet. Sein ökonomischer Vorteil besteht darin, daß er es erlaubt, den Fertigungsablauf insgesamt kostengünstiger zu gestalten. Damit sind wir bei der Organisation des Fertigungsprozesses angelangt, einer Fragestellung, die sich auf der Ebene der einzelnen Verfahrensschritte und der dafür angewandten Werkzeuge und Maschinen nur bedingt beantworten läßt. Sie macht es vielmehr erforderlich, die Gesamtstruktur des Fertigungsprozesses zu betrachten. Das wird im folgenden Beitrag unternommen.

Literaturnachweise

1 *Benad-Wagenhoff*, Volker: Die Industrielle Revolution des 18. und 19. Jahrhunderts als epochale technische Umwälzung. In: Technikgeschichte 57 (1990), S. 329–344

2 *Paulinyi*, Akos: Revolution and Technology. In: Porter, Roy/Teich, Mikulas (Hrsg.): Revolution in History. Cambridge 1986, S. 261–289

3 *Dolezalek*, Carl Martin: Die industrielle Produktion in der Sicht des Ingenieurs. In: Technische Rundschau. (1965) Nr. 35, S. 2 ff.

4 S. DIN 8580, Juni 1974 und Juli 1985

5 *Karmarsch*, Karl/*Fischer*, Hermann: Handbuch der Mechanischen Technologie. Leipzig [6]1891, Bd. 2, S. 1 f.

6 *Dolezalek*, Carl Martin/*Ropohl*, Günter: Ansätze zu einer produktionswissenschaftlichen Systematik der industriellen Fertigung. In: VDI-Zeitschrift 109 (1967), S. 715 f.

7 *Paulinyi*, Akos: Revolution and Technology. In: Porter, Roy/Teich, Mikulas (Hrsg.): Revolution in History. Cambridge 1986, S. 261–289; Paulinyi, Akos: Das Wesen der technischen Neuerungen in der Industriellen Revolution. Der Marxsche Ansatz im Lichte einer technologischen Analyse. In: Pirker, Theo (Hrsg.): Technik und Industrielle Revolution. Opladen 1987, S. 136–46

8 Vgl. 6, S. 717 f.

9 *Meissner*, Erwin/*Schenkel*, Hans: Technologie des Maschinenbaus. Berlin [10]1978, S. 41 ff.

10 *Paulinyi*, Akos: Massenproduktion und Rationalisierung. In: Technikgeschichte 56 (1989), S. 173–181

11 *Wadsworth*, Alfred P./*Mann*, Julia de Lacy: The Cotton Trade and Industrial Lancashire 1600–1780. Manchester 1931, S. 489 f.; *Hills*, Richard L.: Power in the Industrial Revolution. Manchester 1970, S. 234

12 Vgl. 11 (Hills), S. 235 ff.

13 *Paulinyi*, Akos: Industrielle Revolution. Reinbek 1989, S. 48 ff.

14 *Buchanan*, Robertson: Practical Essays on Mill Work and other Machinery. London 1823, S. 252

15 *Rees*, Abraham (Hrsg.): Cyclopaedia, or Universal Dictionary of the Arts,

Sciences and Literature. Bd. 22. Artikel „Manufacture of Cotton". London 1819

16 Vgl. 15; Vgl. 11 (Hills), S. 242 ff.

17 *Kennedy*, John: A Brief Memoir of Samuel Crompton. In: Memoirs of the Manchester Literary and Philosophical Society, S.S. vol. 5 (1830), S. 234

18 Vgl. 11 (Hills) S. 244; Samuel Crompton – the inventor of the spinning mule. Bolton 1927, S. 59

19 Vgl. 11 (Hills), S. 244

20 *Buchanan*, Robertson: Practical Essays on Millwork and other Machinery. London ³1841, S. XLI (Vorwort)

21 Vgl. 11 (Hills) S. 241

22 *Tunzelmann*, G. N. von: Steam Power and British Industrialization to 1860. Oxford 1978, S. 102; *Dickinson*, H. W./*Jenkins*, Rhys: James Watt und die Steam Engine. Ashbourne ²1981, S. 272

23 Vgl. 22 (Dickinson), S. 173–233, S. 256–279; *Roll*, Eric: An Early Experiment in Industrial Organization being a History of the Firm of Boulton & Watt, 1775–1805. London 1930, S. 166–188, S. 291–299

24 *McNail*, Ian: Joseph Bramah. A Century of Invention, 1749–1851. Newton Abbot 1968, S. 36 ff.

25 *Cooper*, C.C.: The Production Line at Portsmouth Block Mill. In: Industrial Archaeology Review 6 (1981/82), S. 28 ff.; *Gilbert*, K. R.: The Portsmouth Block-making Machinery. London 1965

26 *Babbage*, Charles: On the Economy of Machinery and Manufactures. London ⁴1835, S. 69 ff.

27 *Smiles*, Samuel (Hrsg.): James Nasmyth, Engineer – An Autobiography. London 1883, S. 134 f.

28 *Gordon*, Robert B.: Who Turned the Mechanical Ideal into Mechanical Reality? In: Technology and Culture 29 (1988), S. 744–778; *Gordon*, Robert B.: Simeon North, John Hall, and Mechanized Manufacturing. In: Technology and Culture 30 (1989), S. 179–188

29 *Woodbury*, Robert S.: History of the Grinding Machine – A Historical Study in Tools and Precision Production. Cambridge/Mass. 1959, S. 73 ff, S. 97 ff.

30 *Althin*, Torsten K.W.: C.E. Johannsson 1864–1943 – The Master of Measurement. Stockholm 1948

31 *Taylor*, Frederik/*Wallichs*, Adolf: Über Dreharbeit und Werkzeugstähle. Autorisierte deutsche Ausgabe der Schrift: „On the art of cutting metals" von Frederick W. Taylor. Berlin 1908, S. 6 f.

32 *Matthes*, Karl P.: Werkzeugmaschinen für Metallbearbeitung. Bd 2. Berlin 1955, S. 15

33 *Hülle*, Friedrich W.: Schnellstahl und Schnellbetrieb im Werkzeugmaschinenbau. Berlin 1909, S. 1 f.

34 *Hegele*, Anton: Die Drehbank, S. 106

35 *Reindl*, Joseph: Spanabhebende Werkzeuge. Berlin 1925, S. 7

36 *Wittmann*, Karl: Die Entwicklung der Drehbank bis zum Jahre 1939. Düsseldorf 1960, S. 116

37 *Lauke*, Herbert L.: Die Leistungsabstimmung bei Fließarbeit. München/Berlin 1928, S. 72

38 *Schlesinger*, Georg: Technische Vollendung und höchste Wirtschaftlichkeit im Fabrikbetrieb. Berlin 1932, S. 5

39 *Opitz*, Herwart: Der Werkzeugmaschinenbau – eine Synthese aus wissenschaftlicher Forschung und praktischer Erfahrung. In: Industrieanzeiger. 89 (1967) 6, S. 85–90, S. 86

40 Vgl. 38, S. 31

41 Lud. Loewe & Co. Aktiengesellschaft Berlin, 1869–1929. Festschrift. Berlin 1930, S. 145

42 Vgl. 33, S. 7

43 *Matthes*, Karl: Werkzeugmaschinen für Metallbearbeitung, Bd. 1. Berlin 1954, S. 65

44 Vgl. 38, S. 36

45 *Hegner*, Kurt: Die Werkzeugmaschine. In: Zeitschrift des Vereins Deutscher Ingenieure 83 (1939) 25, S. 747

46 Vgl. 38, S. 35–37

47 Vgl. 38, S. 35

48 *Kienzle*, Herbert: Die Arbeitsweise der selbsttätigen Drehbank. Berlin 1913, S. 2

49 *Jäger*, Helmut: Von den Anfängen des Drehautomatenbaus. In: Werkstatttechnik 54 (1964), S. 419

50 *Rauck*, Max J.B./*Volke*, Gert/*Paturi*, Felix R.: Mit dem Rad durch zwei Jahrhunderte. Aarau/Stuttgart 1988, S. 99

51 *Hounshell*, David: From the American System to Mass Production. 1800–1932. Baltimore/London 1948, S. 192

52 Gildemeister & Comp. A.G., Werkzeugmaschinenfabrik Bielefeld. In: Werkstatttechnik 6 (1912) November, S. 607

53 *Widmaier*, Alfred: Die Uhrenfabrik der Gebrüder Junghans A.-G., Schramberg. In: Zeitschrift des Vereins Deutscher Ingenieure 56 (1912) 24, S. 956–962, S. 961

54 Vgl. 53, S. 962

55 *Widmaier*, Alfred: Die elektrotechnische Fabrik von Robert Bosch in Stuttgart. In: Zeitschrift des Vereins Deutscher Ingenieure 56 (1912) 25, S. 986–995, S. 994. *Homburg*, Heidrun: Anfänge des Taylorsystems in Deutschland vor dem Ersten Weltkrieg. In: Geschichte und Gesellschaft 4 (1978) 2, S. 183

56 *Fischer*, Hermann: Über Stahl- und Werkstückwechsel bei Drehbänken. In: Werkstattstechnik 6 (1912), S. 421

57 *Schlesinger*, Georg: Der Daseinskampf der deutschen Automobilindustrie. Berlin 1925, S. 12 f.

58 *Hanfland*, Curt: Die wirtschaftliche Fertigung von Motoren und Kraftwagen. Berlin 1927, S. 302

59 *Finkelnburg*, Hans: Entwicklungsgeschichte der Werkzeugmaschinen. In: Mechanik und Maschinenbau 2 (1951) 15, S. 4

60 *Noble*, David F.: Forces of Production. New York 1984, S. 101 f.

61 *Kief*, Hans B.: NC-Handbuch '81. Michelstadt 1981, S. 17 f.

62 *Paulinyi*, Akos: Die Entwicklung der NC-Maschinen und das Liegenlassen der Record-Playback-Steuerung im Maschinenbau der USA. In: ZATU-Mate-

rial zum Kolloquium Technikgeschichte und Gestaltungsmöglichkeiten vom 31.5.1990 in Nürnberg, S. 57

63 *Allwang*, Karl: Werkzeugmaschinen. München 1989, S. 78; *Spur*, Günter: Die Einführung der rechnergeführten Fertigung im deutschen Werkzeugmaschinenbau. Kurzfassung eines Vortrages auf der technikgeschichtlichen Jahrestagung 1991 in Düsseldorf, S. 1 f.

64 Statistiken des VDMA, nach *Kern*, Horst/*Schumann*, Michael: Das Ende der Arbeitsteilung? München 1984, S. 143

65 Vgl. 62, S. 57

66 *Hirsch-Kreinsen*, Hartmut: Der „Glaubenskrieg" um die Werkstattprogrammierung. In: ZATU-Material zum Kolloquium Technikgeschichte und Gestaltungsmöglichkeiten vom 31.5.1990 in Nürnberg, S. 60

Fertigungsorganisation im Maschinenbau

Volker Benad-Wagenhoff

Im vorangehenden Beitrag wurde gezeigt, daß es im Maschinenbau eine technologisch begründete Grobgliederug des Fertigungsablaufes in Rohteilefertigung (Gießerei und Schmiede), Fertigteileherstellung (spanende Bearbeitung) und Montage gibt. Sie ist vom Grad der Maschinisierung, von der Arbeitszerlegung in den verschiedenen Abteilungen und von der Fertigungsorganisation im einzelnen relativ unabhängig. Diese Faktoren, die sozusagen die Feingliederung ausmachen, bestimmen aber wesentlich die Produktivität und die Kostenökonomie der Fertigung. Wenn man einen „fließenden" Produktionsablauf erreicht, bringt das erhebliche wirtschaftliche Vorteile. Deshalb wurde kontinuierlicher Betrieb in den meisten Industriezweigen schon früh angestrebt und im Zuge der fortschreitenden Industrialisierung zunehmend auch realisiert. Für den Maschinenbau gelang das wegen seiner technologischen Besonderheiten allerdings nur in abgeschwächter und modifizierter Form. Hier soll nachgezeichnet werden, in welchem Umfang und in welchen Zeiträumen sich der „Fließbetrieb" in dieser Branche durchsetzte.

In Industriezweigen, die mit der Formveränderung eines einfachen, homogenen Werkstoffes in ein „endloses" Produkt befaßt waren, gelang es schon früh, den Produktionsablauf auf weiten Strecken kontinuierlich zu gestalten. Die Spinnerei wurde seit den 1770er Jahren schrittweise in einen vom Ballenöffnen bis zum fertigen Garn kaum unterbrochenen Ablauf umgewandelt. Das traditionelle Handschöpfen einzelner Papierbögen wandelte sich mit den ersten funktionsfähigen Langsieb-Papiermaschinen schon bald nach 1800 in die kontinuierliche Erzeugung eines „endlosen" Papierbandes, das man nachträglich in Bögen zerschnitt. Auch bei Stoffumwandlungsprozessen, die Schüttgüter oder flüssige Substanzen verarbeiteten, ging man früh vom chargenweisen, diskontinuierlichen Betrieb zum Fließbetrieb über. Bei all diesen Werkstoffen leuchtet der Begriff „kontinuierlicher Betrieb" unmittelbar ein; ihn für die Herstellung von separaten Produkten, von Stückgütern, zu benutzen, klingt dagegen widersprüch-

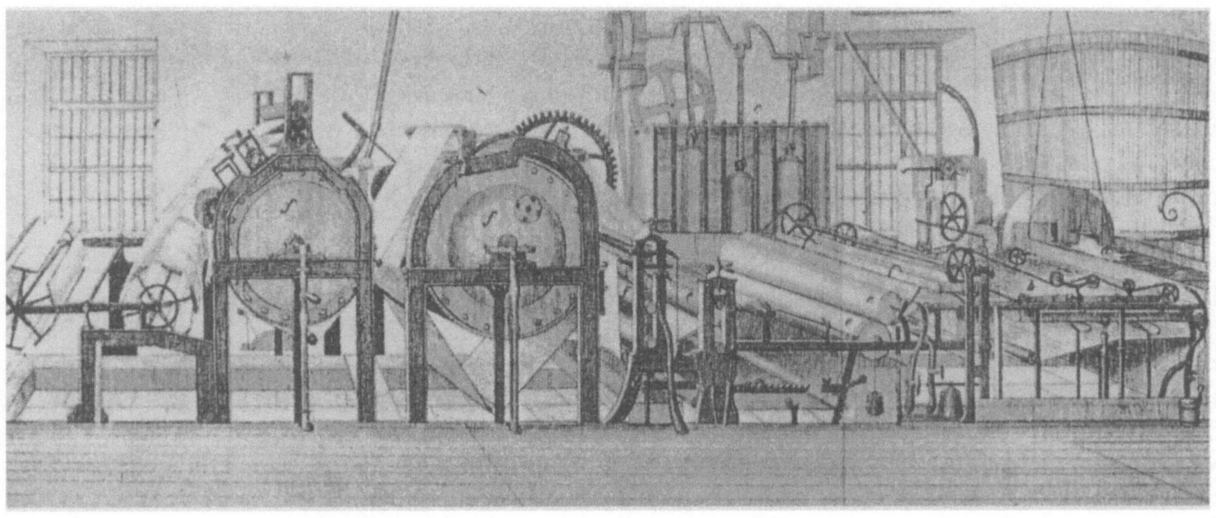

lich. Es hat aber einen Sinn, wenn man darunter versteht, daß alle Elemente des unmittelbaren Fertigungsprozesses pausenlos in Tätigkeit sind, benutzt werden, bzw. der Veränderung unterliegen. Idealtypisch formuliert bedeutet das [1]:

1. Alle Werkstücke sind ständig in Bearbeitung oder in einer notwendigen Transportoperation zwischen den Fertigungsplätzen, das sind zum Beispiel Baustellen, Werkbänke, oder Maschinen, begriffen.

2. An allen Fertigungsplätzen sind die dort eingesetzten Arbeitskräfte ständig mit notwendigen Arbeitsverrichtungen beschäftigt.

3. An allen Fertigungsplätzen befinden sich die ihnen zugeordneten Arbeitsmittel ständig in Benutzung.

Der ökonomische Anreiz für diese Betriebsweise liegt darin, daß alle Teile des investierten Kapitals so weitgehend wie möglich ausgenutzt werden: das in Arbeitsmitteln (Einrichtungen, Geräte und Maschinen) gebundene, ebenso wie das in Form von Arbeitsgegenständen (Werkstoffe, Hilfsstoffe, Werkstücke) durchlaufende und schließlich das in Gestalt von Lohnarbeit angelegte Kapital.

Die Realisierung des kontinuierlichen Betriebes stößt allerdings auf mehr oder weniger große Schwierigkeiten. Sie verlangt eine exakte Abstimmung aller aufeinanderfolgenden Handlungsschritte. Das läßt sich mit erträglichem Aufwand verwirklichen, wenn einfache Stückgüter – beispielsweise Nägel, Stecknadeln oder Holzschrauben – in großer Zahl innerhalb eines einzigen Fertigungsstranges hergestellt werden. Verzweigte Fertigungsstrukturen erzeugen viel größere Probleme. Das oft als Ausgangspunkt der Fließfertigung herangezogene Beispiel der Chicagoer Schlachthöfe[2] ist dabei noch ein relativ einfacher Fall: dort entstanden nämlich aus einem komplexen Ausgangsprodukt, dem Schlachttier, in einem sich baumartig in viele einzelne Stränge verzweigenden Prozeß wiederum nur einfache Stückgüter, nämlich Konserven, Würste usw. Eine Störung in einem Zweig dieses Prozesses berührt nur dessen nachgeschaltete, nicht aber ihm benachbarte Stränge. Ungleich schwieriger zu organisieren sind dagegen flußartig zusammenlaufende Produktionsprozesse, bei denen unterschiedliche Teile in entsprechend vielen Einzelsträngen so rechtzeitig herzustellen sind, daß man sie ohne Unterbrechung zu einem komplexen Stückgut zusammensetzen kann. Stockt nur in einem der „Zuflüsse" die Produktion, dann kommt alles zum Stillstand, weil ein Teil des komplexen Endproduktes fehlt. Genau das trifft auf den Maschinenbau zu. Der kontinuierliche Betrieb wird zwar auch hier angestrebt, hat sich aber in seinen reinsten Formen, als Linien- oder gar als Fließfertigung, nur selten, und dann nur in einigen wenigen Abschnitten des Produktionsprozesses realisieren lassen. Typisch bleibt auch im 20. Jahrhundert eine Vermischung des Fließprinzips mit anderen Arten der Fertigungsorganisation.

Fertigungsprinzipien: Werkstatt-, Linien-, Fließfertigung

Die Veränderungen in der komplexen Fertigungsorganisation des Maschinenbaus lassen sich als mosaikartige Verdrängung diskontinuierlicher Fertigungsprinzipien durch kontinuierliche beschreiben. Fertigungsprinzipien[3] sind idealtypische Muster der räumlichen und zeitlichen Anordnung von Bearbeitungsvorgängen. Im Maschinenbau gibt es davon vier, nämlich Punkt-, Werkstatt-, Linien- und Fließfertigung. Welche jeweils angewendet wird, hängt im wesentlichen von der zu produzierenden Stückzahl, aber auch von der Transportierbarkeit der Werkstücke ab.

Bei der *Punktfertigung* werden alle Arbeitsgänge an demselben Fertigungsplatz, d.h. an der Maschine oder Werkbank ausgeführt. Sie eignet sich besonders für Einzelstücke und Kleinserien und wird häufig in kleinen Werkstätten angewandt. Aber auch bei der Montage von großen Maschinen, die an einem festen Platz errichtet werden, handelt es sich zumindest partiell um Punktfertigung.

Möglichkeiten der Fertigungsorganisation, schematisch.

a) Bei der Punktfertigung *werden an einem einzigen Fertigungsplatz die verschiedenen Verarbeitungsschritte (1–4) in ununterbrochener zeitlicher Folge am gleichen Werkstück (A) ausgeführt. Erst wenn das Werkstück fertiggestellt ist, wird ein anderes begonnen.*

b) Bei der Werkstattfertigung *werden die Fertigungsplätze verfahrensorientiert zu Werkstätten für Schmiedearbeiten, Schlosserarbeiten, Drehen, Bohren, Hobeln usw. zusammengefaßt. Einzelne Werkstücke (A) oder Lose gleicher Werkstücke (B_{1-4}) laufen dann je nach Bearbeitungsfolge von Werkstatt zu Werkstatt. Sie werden dabei auf den Maschinen bearbeitet, die sich für den aktuellen Arbeitsschritt eignen und gerade frei sind.*

c) Bei der Linienfertigung *ordnet man die Fertigungsplätze gegenstandsspezifisch an, d. h. in der Folge der Bearbeitungsschritte, denen das Werkstück unterzogen werden soll. Gleiche Werkstücke (B_{1-4}, B'_{1-4}, B''_{1-4}, B'''_{1-4}) laufen losweise von Platz zu Platz und bleiben dort jeweils so lange, bis das ganze Los bearbeitet ist. Dann werden sie weitergegeben, und das nächste Los wird bearbeitet.*

d) Die Fließfertigung *ist eine spezielle Form der Linienfertigung, bei der die Zwischenlagerung der Werkstücke wegfällt. An allen Fertigungsplätzen befinden sich immer alle Werkstücke in Arbeit und werden dann alle auf einmal, im Gleichtakt, weitergegeben.*

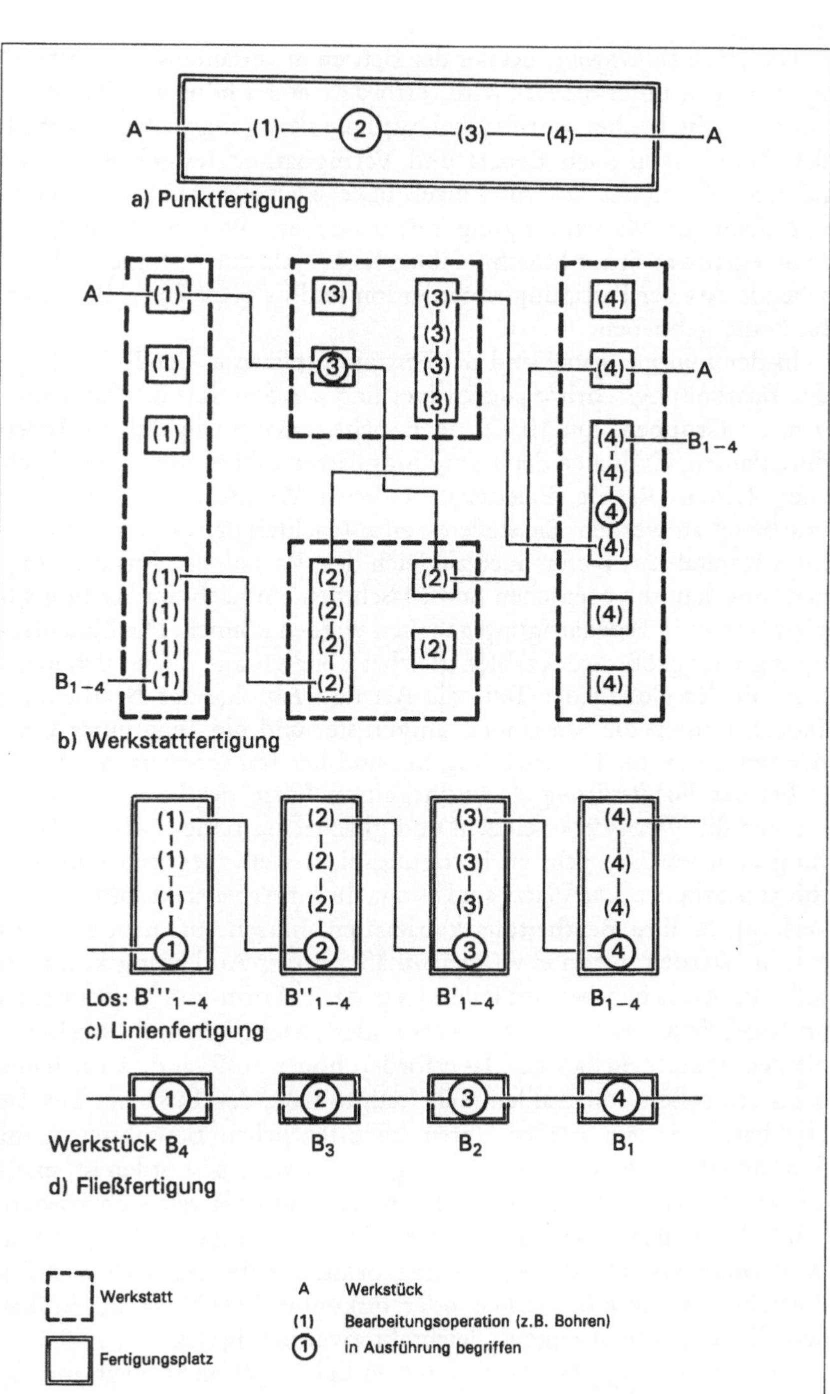

Die *Werkstattfertigung*, bei der der Betrieb in verfahrensspezialisierte [4] Abteilungen untergliedert wird, erfordert einen höheren Transportaufwand. Sie ist aber sehr flexibel, weil die Fertigungsplätze innerhalb der Abteilungen nach Bedarf und Verfügbarkeit festgelegt werden können. Sie eignet sich für Einzelstücke, kleine und mittlere Serien und auch für Massenfertigung mit losweisem Werkstückdurchlauf. Deswegen war sie im Maschinenbau des 19. Jahrhunderts die vorherrschende Art der Fertigungsorganisation und ist es in vielen Betrieben bis heute geblieben.

In der *Linienfertigung* sind die Fertigungsplätze in der Reihenfolge der Bearbeitungsschritte angeordnet und werden von den zu Losen, d. h. zu Gruppen von 10, 20 oder mehr, zusammengefaßten Teilen durchlaufen. Zwischen den Fertigungsplätzen gibt es also immer Speicher (Kisten, Regale, Paletten), in denen Werkstücke ruhen, ohne bearbeitet zu werden. Sie stellen – zum Nachteil des Unternehmers – totes Kapital dar, bieten aber zugleich den Vorteil, als Vorrat zu dienen, mit dem die Menschen und Maschinen am nächsten Fertigungsplatz immer in Beschäftigung gehalten werden können. Die Linienfertigung setzt große Stückzahlen gleicher Teile voraus. Wenn sich nämlich mit der Gestalt der Teile die Art und Abfolge der Bearbeitung ändert, müssen die Maschinen umgerüstet und die Teile unter Umständen gegen die Fließrichtung hin und her transportiert werden.

Bei der *Fließfertigung* als entwickeltster Form der Linienfertigung werden die Werkstücke einzeln und gleichzeitig ohne Zwischenlagerung zum jeweils nächsten Fertigungsplatz weitergegeben und dort sofort bearbeitet. Die Plätze sind also in ihrem Arbeitstakt miteinander verkoppelt. Ihre Bearbeitungskapazitäten müssen aufeinander abgestimmt werden, wenn es zu gleichmäßig hoher Auslastung kommen soll. Die Zwischenspeicher fallen weg, das in Form von Werkstücken umlaufende Kapital wird stark vermindert, Menschen und Maschinen bleiben immer beschäftigt. Das erfordert hohen Aufwand, der sich nur bei sehr großen Stückzahlen rechtfertigt. Trotz der Tatsache, daß das Fließband seit den 1920er Jahren im öffentlichen Bewußtsein zum Synonym für diese Art der Fertigungsorganisation geworden ist, spielt die Art des Transportes zwischen den Fertigungsplätzen – ob Förderband, Rollenbahn, schienengeführte Transportwagen oder gar nur Weitergabe von Hand – eine untergeordnete Rolle. Auch die Art des Fortschreitens (kontinuierlich oder diskontinuierlich) ist gegenüber dem Zwang zum strengen Gleichtakt zweitrangig. [X-5.1; X-5.3]

Diese Fertigungsprinzipien treten in der Regel nicht allein und in reiner Form auf, sondern miteinander vermischt. Vor allem Linien-

und Fließfertigung lassen sich im Maschinenbau kaum durchgängig, sondern nur abschnittsweise realisieren. Mindestens am Anfang und am Ende solcher Abschnitte sind Werkstücklager erforderlich geblieben, um die Auslastung der Fließlinien zu sichern; Fließfertigung ohne Zwischenspeicher bleibt ein Ideal, dessen Verwirklichung betriebsökonomisch oft gar nicht sinnvoll ist.

Massenproduktion, Austauschbau und Fließfertigung im Maschinenbau

„Flüssig" organisierte Produktionsabläufe hängen auch unterhalb der idealen Fließfertigung davon ab, daß große Stückzahlen gleicher Teile produziert werden, weil sich nur dann der Aufwand bei der Umsetzung kontinuierlicher Fertigungsprinzipien auszahlt. Im Maschinenbau mit seinen aus genau passenden Teilen zusammengesetzten Produkten ist darüber hinaus die Austauschbarkeit der Teile eine grundlegende Voraussetzung kontinuierlicher Fertigungsprozesse. Nur wenn die Teile gleiche mechanische Eigenschaften und gleiche Materialzugaben haben, lassen sie sich fließend, ohne Stockungen, bearbeiten. Nur wenn sie maßgenau zur Montage kommen, läßt sich der Zusammenbau einfach und ohne Unterbrechungen durch Nachbearbeitung bewerkstelligen. Der Zusammenhang von Fließfertigung, Massenproduktion und Austauschbarkeit muß folglich immer im Blick bleiben.

Wie sah nun die Ausgangssituation für die Entwicklung der Fertigungsorganisation aus? Im allgemeinen Maschinenbau des 19. Jahrhunderts praktizierte man Einzelfertigung mit maschineller Vorbearbeitung der Teile und Paßarbeit von Hand. Der Grund lag in der Marktsituation: Maschinen wurden in der Regel als Einzelprodukte nachgefragt, deren Konstruktion sehr stark von speziellen Kundenwünschen beeinflußt war. Die Betriebe waren deshalb nach dem Werkstattprinzip organisiert[5]. Zu der eher technologisch bedingten Abtrennung von Gießerei und Schmiede kam zumindest bei größeren Betrieben die Einteilung der mechanischen Werkstatt in Dreherei, Bohrerei, Hoblerei, Fräserei und gelegentlich weitere Spezialabteilungen. Die Werkstücke liefen in der Reihenfolge ihrer Bearbeitungsschritte von Abteilung zu Abteilung und wurden dort auf den Maschinen bearbeitet, die gerade frei waren; auch baugleiche Teile konnten so ganz verschiedene Wege durch den Betrieb nehmen.

Selbst dort, wo mehrere konstruktiv gleiche Maschinen gebaut wurden, zum Beispiel fünf Lokomotiven eines Typs, handelte es sich nur scheinbar um eine echte Serie. In Wirklichkeit waren solche baugleichen Maschinen Individuen, deren Teile sich nicht untereinander austauschen ließen. Dahinter standen Meßprobleme: die Werkstätten verwendeten bei der Übertragung der festgelegten Maße auf die Werkstücke Zollstöcke und Stahlmaßstäbe, die nur sehr ungenau an das herrschende Zoll- oder Meter-Maßsystem angebunden waren. Hinzu kamen Abweichungen beim Ablesen und Übertragen, so daß zwei nominell gleiche Maße leicht um einen halben Millimeter voneinander differieren konnten. Deshalb war es unmöglich, Paßflächen wie etwa Welle und Lagerbohrung getrennt voneinander herzustellen. Man mußte sie vielmehr gemeinsam fertigen, indem man die glatt und rund geriebene Bohrung als Prüfnormal für die Welle benutzte und diese in der Drehmaschine solange abfeilte, bis sie in die Bohrung paßte. Das richtige Passungsspiel, das je nach Funktion des Passungssitzes zwischen einem und mehreren Hundertsteln eines Millimeters liegen mußte, beurteilte der Arbeiter nach Gefühl. Das verlangte Sensibilität und Erfahrung, über die aber jeder gute Montageschlosser verfügte. Die Notwendigkeit, in der Endphase, bei der Feinbearbeitung, gemeinsam zu fertigen, verhinderte eine flüssigere Organisation des Fertigungsprozesses. Außerdem bildete die Paßarbeit eine Barriere gegen die Steigerung der Produktion, solange sie von Hand erledigt werden mußte. Für maschinelle Genaufertigung fehlten vor 1900 noch wirksame Schleifmaschinen. Auch die Meßprobleme wurden erst um die Wende zum 20. Jahrhundert gelöst.

Eingebettet in diese Einzelfertigung nach dem Werkstattprinzip gab es aber punktuell die oben beschriebene Massenfertigung von „Normteilen": Muttern und Schrauben wurden überall in großer Zahl gebraucht, Zahnräder wurden gegossen und eventuell nachgefräst. Man fertigte sie an Sondermaschinen und legte größere Mengen auf Lager, um immer genug Vorrat zu haben. Solche Teile waren ohne weiteres untereinander austauschbar, weil bei ihnen nur geringe oder gar keine Paßgenauigkeit verlangt wurde.

Nach dem Vorbild der Fertigungsorganisation in den Spinnereien galten Linienanordnung der Maschinen und ein möglichst kontinuierlicher Betrieb auch im Maschinenbau schon in der Mitte des 19. Jahrhunderts als Ideal[6]. Sie ließen sich aber wegen der vorherrschenden Einzelfertigung und der anderen aufgeführten Probleme nicht realisieren. Bei Neugründungen von Maschinenfabriken „auf der grünen Wiese" konnte man wenigstens die Werkstattabteilungen „in Linie" anordnen, um Transportwege zu sparen. Ein Beispiel dafür ist die 1836 gegründete „Bridgewater Foundry" von James Nasmyth in Patricroft bei Manchester, in der Werkzeugmaschinen und Lokomotiven gebaut

Werkstattfertigung bei der Firma Joh. Zimmermann in Chemnitz, 1864.
Der Plan zeigt deutlich die Gliederung nach dem Werkstattprinzip. Die Schmiede liegt separat rechts neben dem Haupttor bei G, die Gießerei im oberen Schenkel des großen, spitzwinkligen Gebäudes, die Stoß- und Hobelwerkstatt an dessen Spitze, daran anschließend im unteren Schenkel die Bohr- und Fräswerkstatt und schließlich, beim Kesselhaus beginnend zum technischen Büro hin, die Dreherei. Der Hof dient als Lager- und Verkehrsraum: Bei H lagern Gußteile, bei K Roheisen, bei P Kohle, bei L Koks. Eingehende Rohstoffe und fertige Maschinen, die den Betrieb verlassen, laufen über die Waage zwischen Magazin und Schmiede.

wurden. Hier lagen alle Abteilungen, ausgehend von der Gießerei am nördlichen Ende des langgestreckten Hallenkomplexes, „in einer Linie, und so angeordnet, daß der größte Teil der Werkstücke, wenn er von einem Ende des Betriebes zum anderen durchläuft, nach und nach jeweils die Bearbeitungsoperation erhält, die auf die vorangehende folgen muß, so daß wenig Hin- und Hertransport (. . .) nötig ist"[7]. Längs durch das Innere der Hallen und an ihren beiden Außenseiten entlang lief je ein Eisenbahngleis zum Anliefern von Rohstoffen, zum Bewegen schwerer Werkstücke und zum Weitertransport der im Bau befindlichen Lokomotiven. Auch wenn das noch keine Linienfertigung und erst recht kein Fließbetrieb war, so ergaben sich doch durch den relativ glatten Werkstückfluß verminderte Produktionskosten.

Solche günstigen Bedingungen waren aber Ausnahmen. Viele Betriebe fingen klein an und mußten sich dann beim Wachsen in vorgegebene Platzverhältnisse einfügen; das verhinderte eine systematische

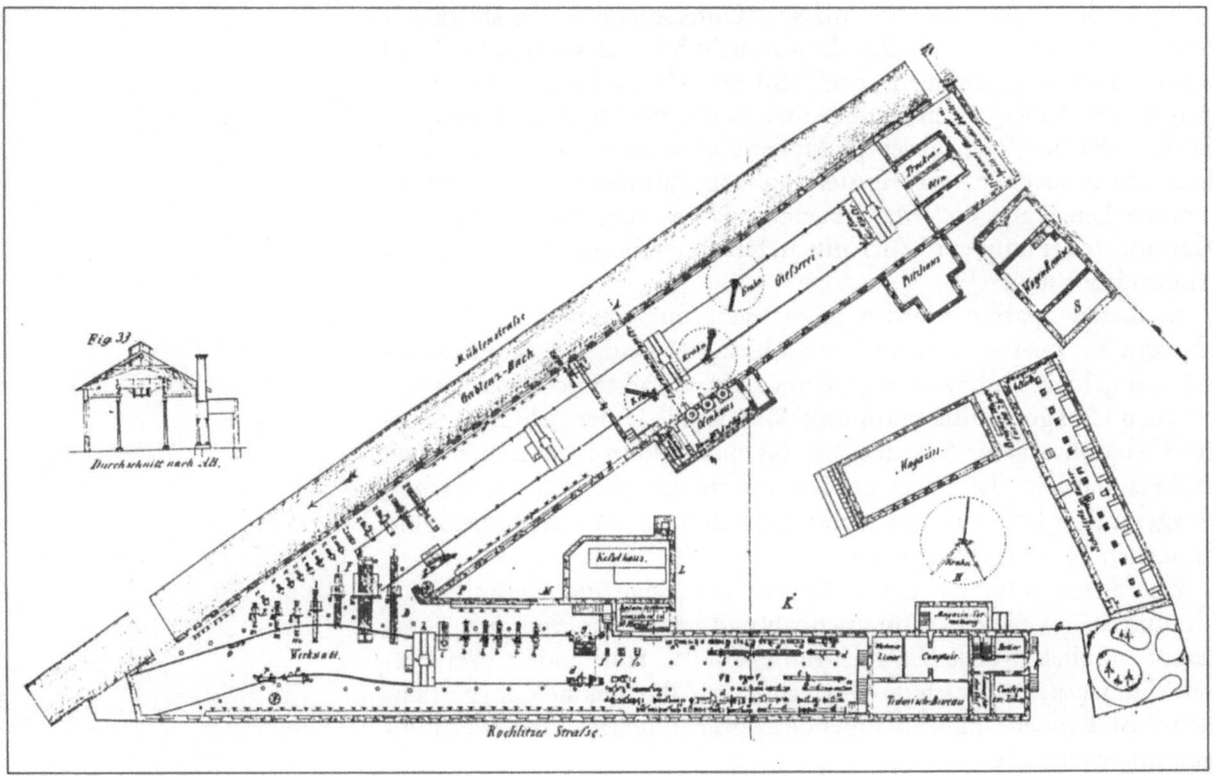

Anordnung mit günstigem Materialfluß. Ein typischer Fall ist die Chemnitzer Werkzeugmaschinenfabrik Joh. Zimmermann, von der wir eine Beschreibung aus dem Jahre 1864 besitzen [8]. Dort bildete das Gelände ein spitzwinkliges Dreieck zwischen Bach und Straße. Die Betriebsgebäude lagen bis auf ein Magazin am Rande, der dadurch entstandene zentrale Hof diente wie üblich als Lagerplatz für Kohle, Roheisen, unbearbeitete Gußstücke usw. Der Materialfluß lief hier teils durch die Hallen, teils kreuz und quer über den Hof, der sozusagen die „Drehscheibe" des Betriebs bildete.

Die Bereiche der Metallbearbeitung, in denen sich im 19. Jahrhundert Massenproduktion, Austauschbau und Fließfertigung entwickelten, lagen anfangs nur in der Nachbarschaft und später dann in den Randzonen des Maschinenbaus. Austauschbarkeit strebte man bereits in der ersten Hälfte des 18. Jahrhunderts in Frankreich für die Einzelteile von Musketenschlössern an, um deren Reparaturfähigkeit zu erhöhen. Ob dahinter allein ökonomische Motive standen oder auch ideologische Ordnungs- und Wertvorstellungen, kann hier nicht geklärt werden. Tatsache ist, daß die Realisierung dieses Ideals etwa 100 Jahre brauchte und ohne die massive Unterstützung von staatlicher Seite wohl noch viel mehr Zeit beansprucht hätte. Zwischen 1820 und 1840 wurde sie jedenfalls in den USA erreicht und wenig später auf den in den 1850er Jahren beginnenden Nähmaschinenbau übertragen; in den 80er und 90er Jahren praktizierte man dann Formen des Austauschbaus auch bei der Herstellung von Fahrrädern [9]. Ansätze im eigentlichen, „großen" Maschinenbau gab es vor 1900 im Bau von Gasmotoren, Pumpen und Kleinmaschinen und bei der Fertigung von Transmissionsteilen [10].

In diesen Sparten wurden nicht mehr nur einfache Stückgüter, sondern komplette, wenn auch meist kleinere, weniger komplexe Maschinen gebaut, und zwar in größerer Zahl, aus austauschbaren Einzelteilen, und in getrennter Fertigung. Wie neuere Untersuchungen zeigten [11], beruhte dieser Austauschbau bis in die 1880er Jahre immer noch auf Handarbeit: die Teile wurden maschinell, meist durch Fräsen, vorgearbeitet und getrennt, unter Verwendung von Schablonen und einfachen Lehren, fertiggefeilt.

Mit diesen Schablonen und Lehren löste man die Meßprobleme zumindest soweit, daß Austauschbau und getrennte Fertigung überhaupt möglich wurden. Dabei gab es im 19. Jahrhundert drei Entwicklungsstufen, die sich durch wachsende Allgemeinheit des betrieblichen Meßwesens und zunehmende Begrenzung der Maßabweichungen unterscheiden.

Die ältere beruhte auf einem funktionsfähigen Urmodell der zu bauenden Maschine. Es diente als Fabriknormal. Nach den Einzelteilen des Modells wurden Speziallehren hergestellt, die man dann in der getrennten Teilefertigung als Prüfmittel verwendete und immer wieder an den Teilen des Modells überprüfen konnte [12]. Die Abweichung des tatsächlichen Teilemaßes vom in der Lehre verkörperten Sollmaß mußte wie bei der gemeinsamen Einzelfertigung von Paßteilen gefühlsmäßig beurteilt werden, sie hing also weiterhin von Geschick und Sorgfalt des Arbeiters ab. Außerdem handelte es sich um einen rein betriebsinternen Austauschbau, dessen Lehrensystem ganz und gar auf den Produktionsgang des speziellen Produkts zugeschnitten war und sich nur dafür verwenden ließ. Die Anbindung ans übergeordnete gesellschaftliche Maßsystem war angesichts des Bezuges auf das Urmodell nebensächlich.

Joseph Whitworth (1803–1887) stellte 1862 auf der zweiten Londoner Weltausstellung Sätze von Normalkalibern aus. Das waren Lehrringe und genau in sie passende Lehrdorne aus gehärtetem, geschliffenen Stahl, die gewöhnlich zwischen 1/10″ und 2″ gestuft waren. Sie dienten als Maßverkörperungen zum Abgreifen von Außenmaßen und als Prüfmittel in der getrennten Fertigung austauschbarer Teile [13]. Damit standen allgemeine, überbetriebliche Normale und Prüfmittel zur Verfügung, die ans geltende Maßsystem angebunden und nicht mehr nur auf einen speziellen Herstellungsgang zugeschnitten waren. Allerdings entschied auch hier das subjektive Urteil des Arbeiters darüber, wie dicht das gefertigte Teilemaß am Lehrenmaß lag: er mußte eine Bohrung zum Beispiel locker zum Dorn arbeiten, wenn viel Spiel gebraucht wurde, oder stramm passend, wenn ein enger Sitz verlangt war.

Seit den 1870er Jahren verkaufte Whitworth zusätzlich zu den Normalkalibersätzen auch eine Meßmaschine für die Werkstatt. Zusammen mit den Normalkalibern diente sie zur Herstellung und Prüfung sogenannter Differenzkaliber, die als Fabrikationslehren benutzt wurden. Sie waren entsprechend dem verlangten Passungsspiel um geringe Zollbruchteile stärker als die Normalkaliber, so daß die Arbeiter den Passungssitz einigermaßen exakt trafen, wenn sie die im Beispiel herangezogene Bohrung stramm passend zum Differenzkaliberdorn arbeiteten, die Welle stramm passend zum Normalkaliberring oder zu einem am Normaldorn eingestellten Tasterzirkel. Trotz dieser Einschränkung des menschlichen Beurteilungsspielraumes blieb das Ergebnis aber von der Sorgfalt der Arbeiter abhängig.

Die Universalität der Kalibersätze begünstigte das Eindringen der Austauschbarkeit in den allgemeinen Maschinenbau. Dort war sie nicht unbedingt auf Serienfertigung gerichtet, sondern auf die Nachlieferung von passenden Ersatzteilen und auf getrennte Fertigung auch im Einzelbau. Insgesamt war das aber ein langsamer Prozeß, weil die Lehrensätze und die nun erforderlichen genauen Bohrwerkzeuge (Reibahlen) teuer waren. Vor allem aber blieb die Subjektivität der Messung bis zum Ende des 19. Jahrhunderts der entscheidende Nachteil der Lehrensysteme in der getrennten Fertigung. Zusammen mit der Endbearbeitung von Hand, die wegen der geringen Fertigungsgenauigkeit der Maschinen noch immer notwendig war, machte sie die austauschbare Massenfertigung zur Ausnahmeerscheinung und den fließenden Betrieb so gut wie unmöglich. Die Fertigungsplätze konnte man zwar nach dem Linienprinzip anordnen, Fließfertigung war aber höchstens in der Montage möglich. In der Roh- und Fertigteileherstellung nämlich machten die Schwankungsbreite von Werkstoffeigenschaften und Materialzugaben, die subjektiven Meßmethoden und die Verbreitung der Handarbeit die bei der Fließfertigung notwendige strenge Vertaktung unmöglich. Als normal für die austauschbare Massenfertigung des 19. Jahrhunderts muß deshalb der losweise Teiledurchlauf angesehen werden.

Zur partiellen Durchsetzung der Linien- oder gar der Fließfertigung kam es im Maschinenbau erst im 20. Jahrhundert. Im Alltagsbewußtsein repräsentiert das Montagefließband seit der Zwischenkriegszeit diese Veränderungen. Das greift aber zu kurz, weil das Fließprinzip als Rationalisierungsform nicht nur auf den Zusammenbau, sondern auch auf die Roh- und Fertigteileherstellung zielte. Dort standen seine Durchsetzung aber vor viel größeren Schwierigkeiten, weil es nicht nur um Montage in Handarbeit, sondern um Bearbeitung auf Maschinen ging; Kapazitätsunterschiede an einzelnen Montageplätzen lassen sich relativ leicht durch Umsetzung von Handarbeitern ausgleichen, an maschinellen Fertigungsplätzen nur durch zusätzliche Maschinen. Außerdem kommt es gar nicht auf das Transportmittel an, mit dem der Fließbetrieb realisiert wird.

Mit dem kurz vor 1900 einsetzenden Umbruch der Fertigungstechnik entstanden wesentliche Voraussetzungen für eine Serien- und Massenfertigung auch von komplexeren Maschinen in Zweigen des allgemeinen Maschinenbaus, beispielsweise von Motoren und Werkzeugmaschinen. Die Austauschbarkeit ließ sich nun zum erheblichen Teil durch die viel schnellere maschinelle Fertigbearbeitung durch Schleifen und Reiben erreichen. Die Verwendung von doppelten Lehren, die die Maßabweichungen objektiv nach oben und unten begrenzten (Toleranz- oder Grenzlehren), beschleunigte gemeinsam mit anderen

Mitteln die Meßvorgänge. All das trug zu einer glatteren, flüssigeren Gestaltung der Produktionsabläufe bei.

Die Ausbreitung von Fertigungsabschnitten innerhalb des Maschinenbaus, die wirklich nach dem Fließprinzip organisiert waren, erforderte aber viel mehr als nur eng tolerierte Maße an Fertigteilen [14]. Auf allen Stufen des Herstellungsprozesses mußten die Teile so gleichartig beschaffen sein, daß sich möglichst kurze Taktzeiten einhalten ließen.

Das bedeutete:

1. Alle fürs Einspannen der Teile wichtigen Maße, ob an den Rohlingen oder nach teilweiser spanender Bearbeitung, hatten sich in engen Toleranzen zu halten.

2. Dasselbe galt für die Materialzugaben, von denen die Bearbeitungszeiten an den einzelnen Fertigungsplätzen abhingen.

3. Die mechanischen Eigenschaften, vor allem die Zerspanbarkeit des Werkstoffes, durften kaum Schwankungen unterliegen, weil auch das die Taktzeichen direkt beeinflußt hätte.

4. Darüber hinaus mußten bei einer Reihe von Produkten auch andere physikalische Eigenschaften konstant gehalten werden, zum Beispiel die Elastizität bei Federn oder die magnetischen Eigenschaften bei Teilen für elektrische Apparate.

Das Grenzlehren- und Passungssystem, das um 1900 im Zuge der Maschinisierung der Paßarbeit entstanden war, wurde also auf die verschiedenen Stufen der Vorbearbeitung ausgedehnt und durch Toleranzfestlegungen ergänzt, die sich nicht auf Längenmaße bezogen. Ausreichend große Stückzahlen vorausgesetzt, wurde es damit möglich, zumindest einzelne Abschnitte im Produktionsprozeß des Maschinenbaus nach dem Linienprinzip aufzubauen und den Fließbetrieb aufzunehmen. In den Betrieben, die in dieser Richtung am weitesten fortgeschritten waren, hatte man um 1925 einen Stand erreicht, den das Beispiel illustriert. In dieser amerikanischen Werkzeugmaschinenfabrik war die spanende Fertigung durchgehend in einzelne Fließstränge unterteilt, die über ausgleichende Zwischenlager mit der Montage verknüpft waren. Dort wurde in Punktfertigung von Baugruppen montiert und an die vorbeifließende Endmontage weitergegeben. Im Gegensatz zu Nasmyth's Bridgewater Foundry und zur Firma Zimmermann war hier weitgehend Fließbetrieb verwirklicht, dessen Ökonomie allerdings immer noch durch das „tote Kapital" von Zwischenlagern gesichert werden mußte.

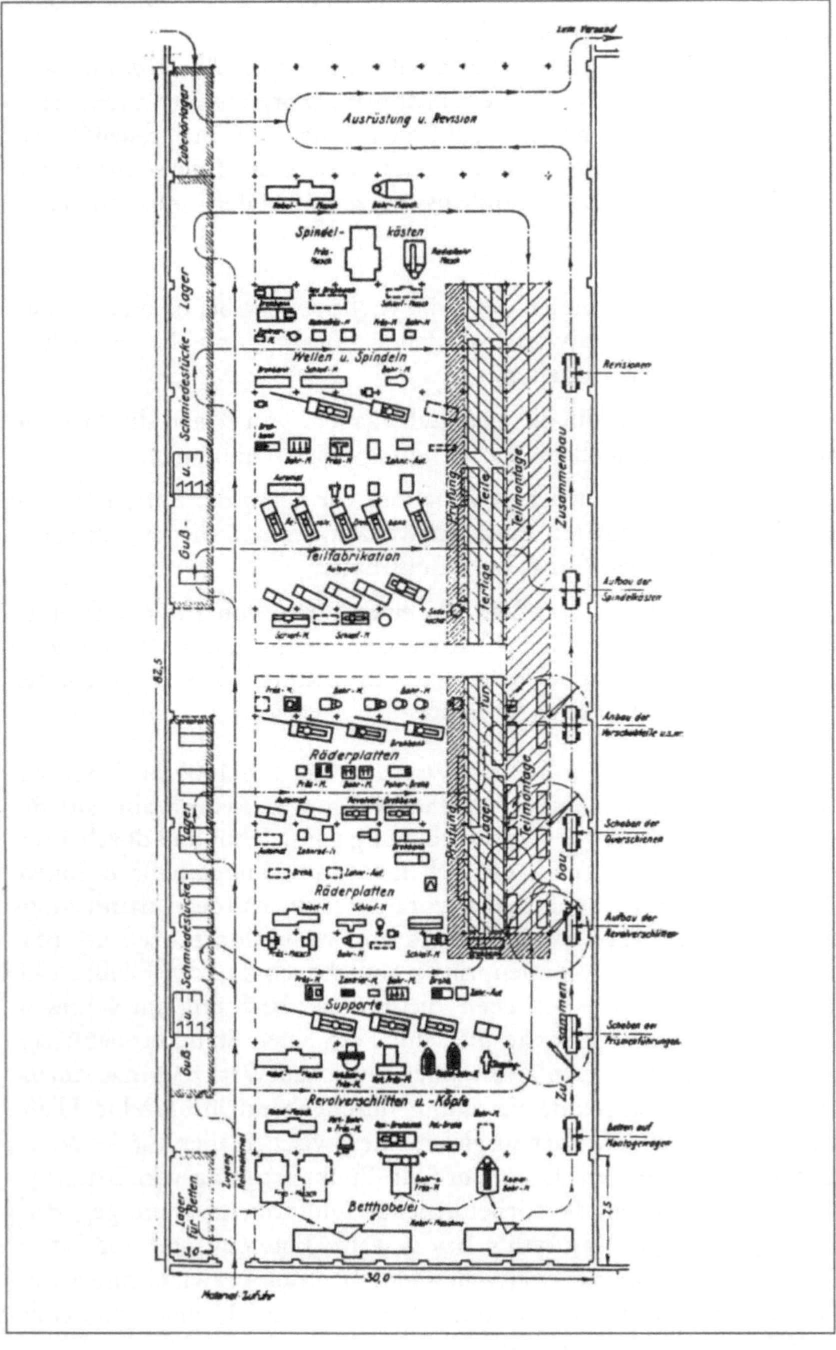

*Partieller Fließbetrieb mit
Zwischenlagern bei der Firma
Jones & Lamson, 1925: Grundriß
der Werkzeugmaschinenfabrik.
Der Grundriß der langgestreckten
Halle zeigt am linken Rand die
Lager für Gußstücke und Walz-
material, davor liegt der Gang für
die Materialzufuhr. Am rechten
Rand zieht sich das Montageband
hin. Das Maschinenbett, auf dem
alles andere aufgebaut wird, läuft
vom Lager am Halleneingang über
die Fräsmaschine, Hobelmaschine,
Bohr- und Fräsmaschine und Ra-
dialbohrmaschine auf eine zweite
Hobelmaschine, wird dann auf den
Montagewagen gesetzt und zum
Schaben der Führungen gebracht.
Die übrigen Stränge für die Teilefertigung sind nach Baugruppen
gegliedert und befinden sich in
Zwischenlagern am Montageband.*

Viele Maschinenbaubetriebe haben aber bis heute Organisationsformen beibehalten, die weniger streng dem Ideal des Fließbetriebes folgen – Werkstattfertigung, Linienfertigung mit losweisem Durchlauf – weil sie damit flexibler und kostengünstiger produzieren können.

Literaturnachweise

1 *Mäckbach*, Frank: Was ist Fließarbeit? In: Kienzle, Otto/Mäckbach, Frank (Hrsg.): Fließarbeit – Beiträge zu ihrer Einführung. Berlin 1926, S. 2–15; *Dolezalek*, Carl Martin/*Ropohl*, Günter: Ansätze zu einer produktionswissenschaftlichen Systematik der industriellen Fertigung. In: VDI-Zeitschrift 109 (1967), S. 717 ff.

2 *Kienzle*, Otto: Grundplan der Fließarbeit. In: Kienzle, Otto/Mäckbach, Frank (Hrsg.): Fließarbeit – Beiträge zu ihrer Einführung. Berlin 1926, S. 16

3 Vgl. 1 (Dolezalek), S. 636–640, S. 715–721

4 *Meissner*, Erwin/*Schenkel*, Hans: Technologie des Maschinenbaus. Berlin [10]1978, S. 41 ff.

5 *Schmidt*, Robert: Die Werkzeug-Maschinenfabrik und Eisengießerei von Joh. Zimmermann in Chemnitz. In: Dinglers Polytechnisches Journal 173 (1864), S. 9–12 und Tafel 1; *Göhre*, Paul: Drei Monate als Fabrikarbeiter und Handwerksbursche. Leipzig 1891, S. 41–52

6 *Wiebe*, Friedrich Karl Hermann: Handbuch der Maschinenkunde. Bd. 1: Die Maschinen-Baumaterialien und deren Bearbeitung. 2. Abtlg.: Von der Bearbeitung der Materialien im Maschinenbau. Stuttgart 1858, S. 644

7 Zit. n. *Cantrell*, J.A.: James Nasmyth and the Bridgewater Foundry – a study of entrepreneurship in the early engineering industry. Manchester 1984, S. 64 (Übersetzung vom Verf.).

8 *Schmidt*, Robert: Die Werkzeug-Maschinenfabrik und Eisengießerei von Joh. Zimmermann in Chemnitz. In: Dinglers Polytechnisches Journal 173 (1864), S. 9–12 und Tafel 1.

9 *Hounshell*, David: From the American System to Mass Production, 1800–1932. Baltimore/London 1984

10 *Specht*, K.: Die Massenfabrikation im Maschinenbau. In: Verhandlungen des Vereins zur Beförderung des Gewerbefleißes 72 (1893), S. 30 ff.

11 *Gordon*, Robert B.: Who Turned the Mechanical Ideal into Mechanical Reality? In: Technology and Culture 29 (1988), S. 744–778; *Gordon*, Robert B.: Simeon North, John Hall, and Mechanized Manufacturing. In: Technology and Culture 30 (1989), S. 179–188

12 Loewe-Geschäftsbericht von 1869. In: Wegeleben, Fritz: Die Rationalisierung im deutschen Werkzeugmaschinenbau. Berlin 1924, S. 161 ff.; *Hounshell*, David: From the American System to Mass Production, 1800–1932. Baltimore/London 1984, S. 29; *Gordon*, Robert B.: Who Turned the Mechanical Ideal into Mechanical Reality? In: Technology and Culture 29 (1988), S. 773

13 *Goodeve*, T.M./*Shelley*, C.P.B.: Die Messmaschine von Whitworth nebst einer Beschreibung seiner Richtplatten, Lehren und sonstigen Meßapparate. Jena 1879, S. 48 ff.

14 *Kienzle*, Otto: Voraussetzungen für den Austauschbau in der Fließarbeit. In: Kienzle, Otto/Mäckbach, Frank (Hrsg.): Fließarbeit – Beiträge zu ihrer Einführung. Berlin 1926, S. 70–81

Montage –
Engpaß in der Automatisierung von Produktionssystemen

Michael Mende

Der Wunsch nach Entbehrlichkeit manueller Montage

Mit den sprunghaft erweiterten Möglichkeiten der Mikroelektronik scheint sich seit den frühen 1980er Jahren endlich das Tor zur vollautomatischen Produktion auch im Maschinen- und Fahrzeugbau zu öffnen. Ein langgehegter Wunsch kann nun in Erfüllung gehen. Die neue „Zauberformel" heißt Computerintegrated Manufacturing, kurz CIM. Sie verspricht, die alte Idealvorstellung der Betriebswirtschaft nach lückenloser Dokumentation zu vollständiger Kontrolle des gesamten Produktionsablaufs vom Auftragseingang bis zur Auslieferung technisch perfekt zu verwirklichen. Die vollautomatische Fabrik mit einem ununterbrochenen, weil von der Notwendigkeit unmittelbar korrigierender Eingriffe befreiten Materialfluß wird nun als zumindest absehbare, wenn nicht mancherorts bereits erreichte Realität vorgestellt. Vorwiegend über Prozeßrechner gesteuerte Kraftwerke und Hochöfen, durch Stranggießanlagen gekoppelte Stahl- und Walzwerke im kontinuierlichen Fertigungsfluß sowie die Linearität von Produktionsabläufen in der chemischen Industrie hatten hier als Vorbilder vor Augen gestanden.

CIM, so schrieb ein namhafter Werkzeugmaschinenhersteller in seinen Werbebroschüren Mitte der 1980er Jahre, werde als „eine alle Bereiche umfassende integrierte Fertigung (. . .) die industrielle Produktion bis zur Jahrtausendwende grundlegend verändern." Im „anzustrebende(n) Idealzustand", so hieß es weiter, erlaube CIM „die durchgängige Herstellung der Produkte vom Auftrag bis zur Auslieferung unter Einbeziehung von Entwicklung, Konstruktion und Zulieferanten" in einem „reibungslosen Material- und Informationsfluß"[1]. Durch auf diese Weise stark verkürzte Zeiten für Planung und Konstruktion sowie den Materialdurchlauf in der Teilefertigung und Montage könnte der Lagerbestand auf ein Minimum reduziert werden und flexibel auf kurzfristige Marktveränderungen durch wechselnde Kundenwünsche reagieren. Während die mit Rechnerunterstützung konstruierten Teile auf rechnergesteuerten Werkzeugmaschinen gefertigt würden, soll ihre Montage zu Baugruppen und selbst zu Endprodukten von freiprogrammierbaren, über Sensoren ebenfalls an die Rechnersteuerung gekoppelten Handhabungsautomaten, den Industrierobotern, übernommen werden.

Anders als die Produktion von Farben, Kunststoffen oder auch Textilien, kennzeichnen die mechanische Produktion des Maschinen- und Fahrzeugbaus, des Schiffbaus oder der Herstellung von Elektrogeräten bis zur Endmontage parallel zueinander geführte, jedoch zu unterschiedlichen Zeitpunkten einsetzende Abläufe, die zudem meist sehr unterschiedlich lange Zeiträume beanspruchen. Indem alle im Zuge der Teilefertigung und Montage anfallenden Daten zum allmählichen Entstehen des Produkts vollständig erfaßt und auf die Prozeßrechner zurückgeführt werden, mit denen die Vielfalt von Werkzeugmaschinen und Industrierobotern, Hochregallagern und den sie miteinander verbindenden Fördermitteln gesteuert werden kann, wird ein integriertes und zugleich flexibles Fertigungssystem angestrebt. Die für komplexe und technologisch anspruchsvolle Produkte – in zudem meist geringer Losgröße – charakteristischen Unterbrechungen des Fertigungsflusses in Gestalt von vergleichsweise zeitaufwendiger Einrichtung oder Umrüstung der Fertigungsmittel sollen abgebaut und den Werten „einfach" strukturierter „Massenprodukte" angenähert werden. Letztlich wird sogar die „mannlose Fabrik" entworfen, die in „Geisterschichten" rund um die Uhr zu betreiben sei, ohne daß bis hin zur Endmontage noch mit Störungen zu rechnen wäre. Die Sensorik an Werkzeugmaschinen, Handhabungsgeräten oder Fördermitteln würde vielmehr dafür sorgen, daß Abweichungen vom gespeicherten Programm sogleich vom Rechner erkannt und in Echtzeit korrigiert werden.

Roboter – Die frei programmierbaren Monteure

In der Studie „Produktion 2000", die die Audi-NSU 1979 vorlegte, wird als „gewichtiger Vorteil japanischer Automobilhersteller" hervorgehoben, „daß sie über ein äußerst perfekt abgestimmtes Materialanlieferungssystem ohne Vorratshaltung verfügen"[2]. Zumindest an dieser Stelle seien sie von der Kapitalbindung entlastet. Entsprechend ist ihre Fertigungstiefe bereits in den 1970er Jahren stark reduziert

,,Fließende" Endmontage von Automobilen bei der Hanomag gegen Ende der 1920er Jahre. Nachdem die Fahrgestelle vor allem mit Motor, Lenkung und Getriebe versehen und über ein ,,Band" aus aufgeständerten Stahlprofilen herangerollt worden waren, wurden ihnen hier die in der Sattlerei komplettierten Karosserien aufgesetzt, die man mit fahrbaren Paletten auf Schienen hierher geschoben hatte.

gewesen. Zwischen 60% und 80% der in japanischen Automobilfabriken montierten Teile stammte aus Zulieferbetrieben. Anders als zu dieser Zeit in Europa und auch in den Vereinigten Staaten waren die japanischen Automobilfabriken schon im wesentlichen bloße Montagewerke, die auf einer tiefgestaffelten Zulieferindustrie von wenigen hundert Vertragspartnern beruhen, hinter denen wiederum allerdings – beispielsweise bei Toyota – angeblich insgesamt nahezu 20 000 weitere Zulieferer bis hin zu Kleinstbetrieben im Format der Heimindustrie stehen.

Für die in starkem Maße auf die Endmontage zurückgezogenen Automobilwerke ist die Schar der Zulieferfirmen in die Rolle von Konjunkturpuffern und Lagerhäusern versetzt. Sie hängt somit weitgehend von deren Auftragserteilung, deren Qualitätsanforderungen und Preisvorstellungen ab. Den sechs westdeutschen Automobilfirmen sind inzwischen etwa 30 000 Zulieferer zugeordnet, darunter gut zweitausend ,,von Bedeutung", die Bremsen, Kolben oder Batterien als unmittelbar einbaufähige Teile bereitstellen. Als ,,Hausteile" stammen lediglich Motor und Getriebe, das Fahrwerk mit den Achsteilen, die Karosserie und die Sitze sowie einzelne Guß- und Schmiedeteile aus der Eigenfertigung der Automobilfirmen [3].

Die in der japanischen Automobilindustrie inzwischen erreichten Dimensionen sind ziemlich neuen Datums. Zu Beginn der 1960er Jahre wurden von ihr lediglich 165 000 Personenwagen ausgeliefert, ein Jahrzehnt später jedoch 3,1 Millionen und diese Zahl sollte bis 1980 nochmals mehr als verdoppelt werden [4]. Entsprechend eruptiv verlief die japanische Exportoffensive. Sie wirkte wie ein Schock. Wie einst zu Ford nach Nordamerika pilgerten nun nach Japan die Vertreter der Automobilbranche – und nicht nur sie allein –, um das neue Vorbild hoher Produktivität bei niedrigen Kosten kennenzulernen und anschließend nach Europa übertragen zu können.

Galten einst die Transferstraße in der Fertigung und das Fließband in der Montage als Sinnbilder der Massenproduktion im Automobilbau, so rückten nun die flexiblen Fertigungszellen mit ihren über Rechner gesteuerten und untereinander verbundenen Werkzeugmaschinen, sowie die Industrieroboter an deren Stelle. In der Produktion des „Micra" bei Nissan erledigten Roboter 1984 mehr als 90% aller im Zusammenbau der Rohkarosserie anfallenden Arbeiten. Fast ausschließlich besorgten sie die Lackierung. Die Endmontage allerdings, zu der Einbau von Motor und Getriebe ebenso gehören wie von Achsen und anderen Teilen der Bodengruppe und der Einbau des Fahrwerks, wurde zu diesem Zeitpunkt auch hier noch größtenteils von Hand vorgenommen. Das Bremsöl und die Kühlflüssigkeit wurde gleichfalls nicht von Robotern eingefüllt, die Scheinwerfer nicht von ihnen eingestellt. Knapp die Hälfte dieser Arbeiten war allerdings schon zur Übernahme durch Montageroboter vorgesehen, unter anderem, um die Umrüstung der Endmontage auf andere Fahrzeugtypen zu beschleunigen und damit zu verbilligen, denn noch mußten beispielsweise die Sitze eines plötzlich in der Montagelinie auftretenden anderen Fahrzeugtyps durch herbeieilende Springer eingebaut werden. „Diesen schnellen Wechsel von Wagen zu Wagen auf einen anderen Typ müssen die Roboter erst noch lernen", wurde in einem zeitgenössischen Zeitungsbericht geklagt und außerdem, daß „biegeschlaffe" Teile wie Kabelbäume und Kühlschläuche sich wohl auch weiterhin kaum durch Roboter handhaben ließen [5]. In ihrer besonderen Typenvielfalt erforderten sie immer noch die manuelle Montage und zuvor einigen Aufwand an innerbetrieblichem Transport und Zwischenlagerung, bis sie am Montageplatz bereitliegen.

Da nicht alle Roboter so einfach zu programmieren sind wie die noch über die Mitte der 1980er Jahre hinaus dominierenden einfachen

Schweißroboter bei der „mann-losen" Rohmontage von Karosse-rien im Rüsselsheimer Opelwerk, 1992.

Handhabungssysteme oder Roboter zum Punktschweißen oder Aufspritzen der Lackierung, haben sie in der Montage, zumal in der Endmontage, nur verhältnismäßig zögernd Eingang gefunden. Zwar war die Zahl der in der westdeutschen Automobilindustrie eingesetzten Montageroboter, die zunächst vor allem die Räder ergriffen, auf die Achsschenkel setzten und verschraubten, von gerade 125 zum Jahreswechsel 1982/83 auf immerhin fast die zehnfache Anzahl im Jahre 1986 gebracht und bis 1988 nochmals verdreifacht worden. Jedoch war ihr Einsatz im wesentlichen auf den Automobilbau und die Elektronikindustrie beschränkt, wo Leiterplatten zuverlässig in hoher Stückzahl mit kleinsten Bauelementen zu bestücken sind und den Produkten zugleich überdurchschnittlich kurze Fristen für den Verbleib im Vertriebsprogramm gesetzt werden.

Der Zugang von Montagerobotern stagniert offenkundig inzwischen sogar unterhalb des Niveaus, das etwa 1986/87 erreicht worden war. Der Verwirklichung der alten „Traumvorstellung vom Roboter", der nunmehr von „Mikroprozessoren (. . .) befähigt" sei, „präzise, koordiniert und kontrolliert zu arbeiten, (. . .) – unermüdlich, Tag und Nacht"[6], stehen weiterhin nicht nur die sehr hohen Beschaffungskosten vor allem auch ihrer Peripherie entgegen, die 1985 mit gut einhunderttausend Mark allein für die Zuführung, Arretierung und für die Greifer zu Buche schlugen, sondern mehr noch die mangelnde „Robotergerechtigkeit" der zu montierenden Baugruppen. So verwundert es nicht, wenn gegen Ende der 1980er Jahre zwar bis zu 70% des Karosserierohbaus mit Robotern für das Punkt- und Bahnschweißen automatisiert werden konnten, hingegen erst 25% der Vormontage anderer Baugruppen wie Elektrik und Armaturenbrett, Lenkung oder Motor, Kupplung und Getriebe. In noch geringerem Maße ist die Endmontage automatisiert, zu der das Einsetzen der Fensterscheiben oder der Einbau von Sitzen gehören. „Roboter", die „per Knopfdruck oder Leitrechner auf ein anderes Programm umgestellt, (. . .) sofort das nächste Pkw-Modell in Top-Qualität herstellen"[7] können, sind inzwischen technisch möglich. Angesichts der Vielfalt und Komplexität der Aufgabenstellung sind sie allerdings nur dann wirtschaftlich, wenn insgesamt in sehr hohen Stückzahlen gefertigt, die Kosten für die Lagerhaltung auf die Zulieferer abgewälzt werden können, die sich zu exaktester just-in-time Versorgung verpflichten müssen. So betragen die Lagerzeiten bei westdeutschen Automobilfirmen oft nur noch einige Stunden. Mehrfach sind deshalb über Tag Reifen, Räder, Radios, Scheibenwaschanlagen oder Fensterscheiben „einsatzsynchron" an die Montagelinien zu bringen.

Dennoch wird über eine weiterhin zu große Vielfalt an Produkttypen und deren Varianten geklagt, über das Vorhandensein großvolumiger, massiver Bauteile von schwer zu definierender Geometrie. Überhaupt wird die „Montagegerechtigkeit" in der Gestaltung der meisten Bauteile vermißt, die die Montagevorgänge angesichts noch weitgehend mangelnder sensorischer Fähigkeiten für die Montageroboter vereinfachen könnte. Nicht von ungefähr wird derzeit die „Automatisierung der Montage (. . .) von der Wirtschaftlichkeit her noch über viele Jahre als ein äußerst kritisches Gebiet gesehen", weil die auf der Koordination von Auge und tastempfindlicher Hand beruhende Bewegungsgeschicklichkeit „nur mit hohem Kostenaufwand zu ersetzen"[8] ist. So fordern Sensoren für die Rückmeldung von Drehmomenten beim Schrauben extrem kurze Schaltzeiten, um Schäden eventuell abwenden zu können. Die automatische Montage in geringen Losgrößen mit zudem wechselnden Teilespektren erfordert neben externen Sensoren auch geeignete Werkzeuge, die diese unterschiedlich beschaffenen Teile zu greifen vermögen. Hier müssen Kraft und Öffnungzeit des Greifwerkzeugs sowie die Positionierkontrolle vom Programm aus geregelt sein, um auf werkzeugspezifische Adapter verzichten zu dürfen. Ein zusätzliches Problem stellt die über längere Zeiträume zuverlässig stabile Wiederholgenauigkeit dar, in der die

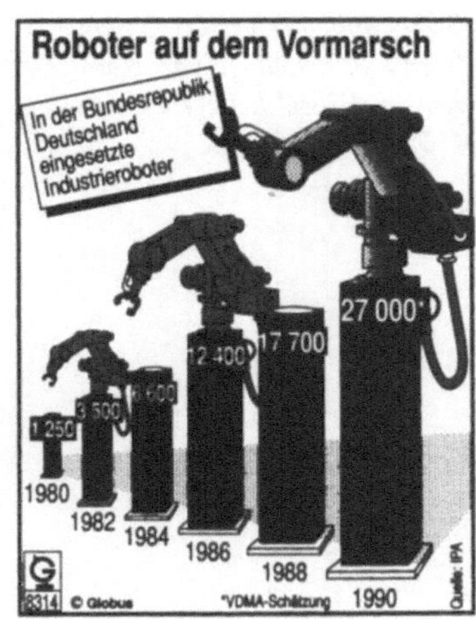

Während der 1980er Jahre verkündeten Grafiken wie diese geradezu stereotyp eine ständig wachsende Zahl von Robotern „in der Industrie". In bezug auf die Zahl der Roboter ließ sich kein Einwand erheben; indes blieben die Schweißstraßen der Rohmontage von Automobilkarosserien ihr Haupteinsatzfeld. Hier jedoch zeichnete sich allmählich eine Sättigung des Bedarfs ab, die auch nicht in jedem Fall vom breiteren, weil vielfältigen Bereich der Werkstückhandhabung kompensiert zu werden vermag.

Bewegungen des Roboters zu erfolgen haben. Angesichts einer augenscheinlich wachsenden Rücksichtnahme auf eventuell besondere Kundenwünsche bei gleichzeitig auch in der Automobilindustrie rascher aufeinanderfolgenden Intervallen des Modellwechsels, wird die den Montagerobotern gerechte Konstruktion zur entscheidenden Voraussetzung, den inzwischen bis zur Hälfte der gesamten Produktionskosten akkumulierten Montageaufwand in Grenzen zu halten. Das Ziel einer solchen, letztlich nur auf Prozeßrechnern mit der Möglichkeit zu dreidimensionaler Darstellung realisierbaren Konstruktion ist in erster Linie die jederzeit gewährleistete Zugänglichkeit der Montagestellen für die einzubauenden Teile, für Spann- und Haltevorrichtungen sowie den Roboterarm mit seinem Greif- oder Fügewerkzeug. Neben der so gesicherten Kollisionsfreiheit sind die Verbindungsgerechtigkeit und Handhabungsgerechtigkeit, die Fügegerechtigkeit und nicht zuletzt die Montagegerechtigkeit selbst die Anforderungen, die bereits in der Konstruktion einzulösen sind [9].

Ist unter der „Verbindungsgerechtigkeit" die Verminderung der Zahl an Fügestellen zu verstehen, so bedeutet die „Handhabungsgerechtigkeit", daß die Teile möglichst planparallele Bezugsflächen aufweisen, damit sie sich eindeutig ordnen sowie sicher greifen und positionieren lassen. „Fügegerechtigkeit" wiederum soll über möglichst kurze und geradlinige Fügebewegungen in zudem nur einer, am besten vertikaler Richtung erreicht werden. Positionierhilfen wie etwa Stege oder Senken in der Oberfläche des aufnehmenden Bauteils unterstützen die „Fügegerechtigkeit", während „Montagegerechtigkeit" vor allem dadurch zu erzielen gesucht wird, daß Anzahl und mehr noch Vielfalt der Bauteile auf ein Minimum reduziert werden. Sie ist aber auch dadurch zu erreichen, daß zügig in aufeinander abgestimmten Intervallen montiert werden kann, ohne Unterbrechungen durch allzu lange Abkühlvorgänge oder unkalkulierbare Materialspannungen berücksichtigen zu müssen.

Anders als in der Feinmechanik, etwa bei Uhren, Zählern oder auch in der Herstellung von Nähmaschinen, wo bis dahin mitunter mehrere hundert Teile umfassende Schaltgetriebe durch einige wenige mikroelektronische Bauelemente ersetzt werden konnten, wirft die Montage von Automobilen weit mehr Probleme auf, die mit Robotern nicht ohne weiteres zu lösen sind. Hierbei liegen die Schwierigkeiten nicht so sehr darin, die Bewegungen der Roboter mit hinreichender Genauigkeit im Programmspeicher zu erfassen, als vielmehr darin, zugleich die Anforderungen von Wiederholgenauigkeit und Flexibilität miteinander zu vereinbaren. Schweißnahtsuchsysteme erlauben zwar den Schweißrobotern, sich auf unterschiedliche Blechstärken einzustellen oder dem wechselnden Verlauf der Schweißnähte zu folgen. Schweißroboter eignen sich indes nicht dazu, beispielsweise zuvor die Grate oder anschließend die Nähte überzuschleifen. Gegenüber der hierbei auftretenden Beanspruchung durch Druck und Gegendruck von Werkzeug und Werkstück bieten sie keine ausreichende Steifigkeit. Um solcherlei Reaktionskräfte über die Programmierung auszugleichen, müßte in den meisten Fällen ein wirtschaftlich kaum zu vertretender Aufwand an Sensoren und entsprechender Software getrieben werden. Zudem weisen sensorabhängige Steuerungen derzeit meist noch zu lange Abfrageintervalle und Reaktionszeiten auf. Kunststoffteile sprechen nicht auf induktive Näherungssensoren an. Optische Sensoren werden häufig durch Oberflächenreflexe oder Schwankungen in den Lichtverhältnissen an der Montagestelle getäuscht. Ähnliche Schwierigkeiten stellen sich der vollautomatischen, aber flexiblen Montage mit Robotern in der kontinuierlichen Werkstückerkennung entgegen, wenn Abweichungen auszugleichen sind, die aus der Nachgiebigkeit oder Elastizität der miteinander zu verbindenden Teile oder gar dem vorzeitigen Verschleiß des Fügewerkzeugs resultieren. Je größer oder geometrisch komplizierter das Werkstück ist und je gravierender die Kräfte sind, mit denen beim Handhaben und beim Fügen zu rechnen ist, desto weniger kommt der Roboter als Montagegerät in Frage.

Die Voraussetzung zum Einsatz von Robotern in großer Zahl als flexible Elemente von Montagelinien ist neben einer insgesamt sehr hohen Stückzahl, daß zum einen so wenig Fügestellen und zum anderen so wenig verschiedende Fügeverfahren wie möglich vorkommen, und hierbei wiederum nur nach Möglichkeit solche, die mit einfachen Bewegungen auskommen wie das Punktschweißen, das Schrauben oder das Einpressen. Eine weitere Voraussetzung liegt in der Aufteilbarkeit des Montageprozesses in möglichst einfach strukturierte Stufen der Vormontage einzelner Baugruppen bis hin zur Endmontage. Bei der Karosseriemontage werden dazu möglichst große und biegesteife Preßteile aus Blech und Kunststoffen angestrebt, die sich zu Seitenteilen und Türen, Vorderwagen, Bodengruppe und Dach automatisch in Spannvorrichtungen einpassen und verschweißen lassen. So wird seit 1981 die robotergerecht konstruierte Karosserie des Mini-Metro von British Leyland aus 26 in Preßwerken vorgefertigten Blechteilen für Traggerippe und Außenhaut zu vier Baugruppen vormontiert, ehe sie in die Endmontage gelangt, um mit den Baugruppen von Motor und Getriebe, Lenkung, Federbeinen und Achsen vereint zu werden[10]. Hier verläuft die Montage offenkundig so wiederholgenau, daß lediglich eine elektronische Toleranzkontrolle stattfinden muß, nachdem die Karosserie mit dem Dach versehen worden ist und nur noch höchstens zwei Karosserien von gut eintausend am Tag einer gründlichen, sich auf 124 Punkte beziehenden Stichprobe auf ihre Maßhaltigkeit unterworfen zu werden brauchen. Die Vielfalt an Variationen ist von der Karosserie aus allerdings nicht gerade breit. Zwar ist sie nach dem Baukastenprinzip konzipiert, doch beschränken sich die Variationen vornehmlich auf die Heckpartie.

Eingeholte Visionen: Transferstraßen und Fließbänder

Durch die berühmt gewordene Installation von Montagestraßen mit Robotern in der Halle 54 des Wolfsburger Volkswagenwerks beim Wechsel von der ersten zur zweiten Generation des „Golf" konnte der Anteil der „mechanisierten Fertigung" um ein Fünftel erweitert werden. Dem stehen jedoch immer noch zu zwei Fünfteln Operationen gegenüber, die manuell, unterstützt nur durch elektrisch oder mit Druckluft betriebene Werkzeuge, auszuführen sind. 1987 gab es in der gesamten Bundesrepublik rund 71 000 „komplette Montagelinien", an denen 430 000 Beschäftigte zu tun hatten. Vier Fünftel von ihnen waren „rein manuell" tätig. Demgegenüber befinden sich die Montageroboter immer noch in einer Minderheit, die überdies auf wenige Produktionszweige konzentriert ist. Im Automobilbau hat sich die Einführung der dort besonders stark verbreiteten und – wie beispielsweise vom Volkswagenwerk in größerer Stückzahl selbst hergestellten – Punktschweißroboter zumindest in der Bundesrepublik über einen Zeitraum von immerhin fünfzehn Jahren hingezogen. Hatte bereits 1972 Daimler-Benz erstmalig einige Roboter zum Punktschweißen eingesetzt, so war es an den Bändern der Karosseriemontage im Rüsselsheimer Opelwerk bis 1987 allein mit manuell geführten Zangen vorgenommen worden[11].

Wie etwa im Jahrzehnt zwischen 1975 und 1985 besonders die Montagewerke der japanischen Automobilindustrie zu Pilgerstätten geworden sind, waren es in den 1920er Jahren vor allem die Fordwerke, aus denen die „Amerikaner" als „Lehre von Detroit" den „Gedanke(n) der Fließarbeit, also einer Beschleunigung der Fertigung" „in die Welt" trugen. Allerdings war den Fertigungstechnikern unter den Amerikafahrern klar, „daß die Rationalisierung in der Fertigung weit mehr wirtschaftliche Vorteile zu bringen vermag, als im

Fließband in der Vormontage von Dachholmen für den Wagenkasten bei Ford Mitte der 1920er Jahre. Nach Erledigung der Montageoperationen zog eine elektrisch angetriebene Förderkette das Teil zur jeweils nächsten Bearbeitungsstation. Die am hölzernen Dachholm anzubringenden Beschlagteile wurden zusammen mit den erforderlichen Verbindungselementen aus Kästen entnommen, die zwischen die Förderketten dieses Fließbandes eingehängt waren.

Zusammenbau"[12]. Denn obgleich in der amerikanischen Automobilindustrie bereits in der ersten Hälfte der 1920er Jahre Haltevorrichtungen mit Anschlägen zum genauen Positionieren der Teile des die Karosserie tragenden hölzernen Skeletts vorhanden waren und sogar von Spannvorrichtungen zum Schweißen selbsttragender Blechkarosserien ohne ein solches Skelett berichtet wurde, sollte noch jahrzehntelang auf allen Stufen des Karosseriebaus die Handarbeit dominieren. Bewegliche Montageböcke auf Schienen ebenso wie elektrisch angetriebene Stetigförderer, mit denen Türen oder gar ganze Karosserien zu ihren Montagestationen gebracht wurden, Rollgänge, auf denen sich Zylinderblöcke und Getriebegehäuse verschieben ließen, um Schritt für Schritt zum Triebwerk komplettiert zu werden, oder Fallmagazine, die unter der Hallendecke entlanggeführt wurden, um laufend bereifte Räder zur Verfügung zu halten, verdrängten mehr und mehr die bis dahin üblichen Ablagetische. Die „Fließarbeit" trat in diesen Fällen zwar an die Stelle der traditionellen „Platzarbeit", eine Mechanisierung der Montage war damit jedoch nicht verbunden, lediglich eine des Transports zwischen den Werkstätten der Teilefertigung und der Montage sowie zwischen deren einzelnen Stationen. Auf diese Weise sollte die Montage ständig mit Teilen versorgt und von den montierten Baugruppen oder Endprodukten entlastet werden. Mit der dadurch erhofften Kontinuität der Montageflüsse war die Absicht verbunden, einen Engpaß zu beseitigen, der daran hinderte, den Produktionsablauf zu beschleunigen und zu entsprechenden Steigerungen in der Stückzahl zu gelangen.

Der Verwirklichung dieser Absicht standen vorerst allerdings mehrere Momente entgegen. Zu ihnen zählten der Mangel an montagegerechten Konstruktionen, die noch umfangreiche Verwendung von Hölzern, die noch nicht ausreichende Wiederholgenauigkeit in der Vorfertigung, die es zunächst nur in wenigen Fällen erlaubte, Teile ohne vorhergehende manuelle Paßarbeit miteinander zu verbinden, und schließlich die weit verbreiteten Erwartungen von Auftraggebern oder Käufern, Sonderwünsche erfüllt zu bekommen. Im deutschen Automobilbau der 1920er Jahre haben sich solche Erwartungen unmittelbarer und nachhaltiger ausgewirkt als im Automobilbau der Vereinigten Staaten. Sie betrafen den Karosseriebau indes mehr als den Bau von Motoren und Fahrgestellen [13].

Die in den 1920er Jahren immer wieder vorgetragene Forderung nach „montagegerechter Konstruktion" war im einzelnen darauf gerichtet, die Anzahl der Teile möglichst zu verringern, sie in ihrer Geometrie zu vereinfachen und überhaupt gleichmäßiger zu gestalten. Dies sollte nicht erst die Montage erleichtern, sondern bereits die Vorfertigung zur Montagegerechtigkeit führen. Hier lag der Kern aller Bemühungen darin, ohne die den idealen Montagefluß unterbrechenden, weil größtenteils manuell auszuführenden Paßarbeiten auszukommen. Das setzte ein hohes Maß an Wiederholgenauigkeit bei den Bearbeitungsvorgängen auf den Werkzeugmaschinen ebenso voraus wie den Verzicht auf unnötig enge Toleranzen, aber beispielsweise auch die Verwendung von jeweils besonderen Meßvorrichtungen mit zudem höherer Genauigkeit anstelle der traditionellen Universalmittel Zollstock oder Schublehre, um die Wiederholgenauigkeit kontinuierlich zu prüfen und zu sichern.

Zwar wurden in der ersten Hälfte der 1920er Jahre auch in den Werken Henry Fords die Traggerippe für die Automobilkarosserien noch aus Holz hergestellt und auch hier fiel der Karosseriebau nicht ganz so fließend aus, wie es die Legende gehabt haben möchte [14]. Die Karosserien wurden zu jener Zeit jeweils erst ein paar Tage vor ihrer Auslieferung an den Kunden in einer der über die Vereinigten Staaten verstreuten Montagewerkstätten zusammengesetzt. Dort standen die Teile indes immer in ausreichendem Umfang bereit. Dies setzte neben einer für die kontinuierliche Belieferung notwendigen Transportkapazität voraus, daß die Teile weitgehend „montagegerecht" konstruiert und vorgefertigt worden waren. So war die Karosserie des aufwendigeren „Sedan" noch aus 126 verschiedenen Teilen zusammengesetzt, die des einfacheren, jedoch häufiger produzierten „Touring" aus lediglich 38 verschiedenen Teilen. Die auf den mächtigen Pressen vorgeformten Blechteile für die Außenhaut und das Armaturenbrett waren ebenso paßgerecht vorgefertigt wie die Holzteile, für die eigene Forste unterhalten wurden. Vorfertigung und Vormontage wurden zum überwiegenden Teil auf Sondermaschinen, beispielsweise zum Bohren oder Fräsen mit mehreren Werkzeugen gleichzeitig in einem Arbeitsgang, oder speziellen Spannvorrichtungen vorgenommen, in die die Teile paßgerecht zueinander eingelegt und dann miteinander verleimt oder verschraubt werden konnten. Rasch abbindende Leime verkürzten die Zeit, in der das Traggerippe in der Spannvorrichtung verbleiben mußte. Die Anzahl der Ständer und Riegel wurde außerdem auf das notwendige Minimum zu reduzieren gesucht. Geometrisch kompliziert ausfallende Teile wie die geschweiften Rahmen der Türen, wurden auf Kopierfräsmaschinen bearbeitet, ehe sie ihre Blechverkleidung erhielten. Die für die Montage hinreichende Steifigkeit und damit Formbeständigkeit der Blechteile wurde erreicht, indem sie zusätzlich zu ihrer auf den Preßwerken eingeformten Wölbung teilweise noch umbördelt oder gesickt wurden. Sie mußten während der Montage somit nicht mehr eigens angepaßt und nachgehämmert werden. Damit entfiel letztlich auch die Notwendigkeit, vor der Lackierung Ziehspachtel aufzutragen und anschließend mit dem Schleifklotz zu überarbeiten, um Unebenheiten auszugleichen.

Die Karosseriemontage erhielt auf diese Weise ein höheres Maß an Stetigkeit und wurde beschleunigt. Zugleich traten jedoch mehr und mehr die Schranken hervor, die das Holz als gewachsener Rohstoff den Rationalisierungsabsichten entgegenstellte. Abweichungen in Struktur und Abmessung, in Form, Festigkeit und Feuchtigkeit wurden zwar mit viel technischem Aufwand ausgeglichen, doch wuchsen auch die Schwierigkeiten, jederzeit in ausreichender Menge die geeigneten Hölzer zu beschaffen oder längerfristig zu lagern. Diese Schwierigkeiten wirkten sich um so prekärer aus, als erst hohe Stückzahlen den Einsatz der schweren Preßwerke mit ihren zum Teil großflächigen Gesenken oder die Vielzahl der Montagevorrichtungen wirtschaftlich zu tragen vermochten. Andererseits war ohne sie kaum an eine Reihenmontage zu denken, geschweige denn an eine Fließmontage.

Waren vor dem Ersten Weltkrieg in Deutschland Aufträge auf tausende von Karosserien gleicher Bauart nicht die Regel, sondern wurden „fast stets verschiedenen Wünschen der einzelnen Besteller Rechnung tragend, handwerksmäßig oder höchstens in ganz kleinen Reihen erzeugt"[15], so änderte sich dies spätestens nach Ende der Inflation zumindest im Kleinwagenbau. In der zweiten Hälfte der 1920er Jahre wurde diese Tendenz, die zugleich den Übergang zur Ganzstahlkarosserie bedeutete, mit der Einrichtung umfangreicher Preßwerke vor allem bei Opel und der amerikanischen Karosseriebaufirma Ambi-Budd in Berlin verstärkt. Hier wurden nicht nur ganze Seitenteile und Dächer aus einer Blechtafel gepreßt, sondern auch die Längsträger, Pfosten und anderen Teile des Traggerippes. Während zunächst noch einzelne Eckverbindungen von Pfosten, Längs- und Querträgern genietet wurden, ging man ebenso wie Ford dazu über, sie stumpf miteinander zu verschweißen, bevor man dann in weiteren Montageschritten daranging, die Blechteile der Außenhaut – die beiden Seitenteile, Rückteil, Dach sowie das Spritzblech mit Armaturenbrett und Windlauf – mit der Punktschweißzange zu befestigen. Die Montage der Rohkarosserie konnte, zumal die Stückzahlen mittlerweile auf mehrere tausend im Jahr gesteigert worden waren, unter diesen Voraussetzungen im Zeittakt auf elektrisch angetriebenen Fließbändern montiert werden. Bis zur Lackierung, die in Deutschland auch Ende der 1920er Jahre immer noch mehrere Spritzgänge umfaßte, der nicht allein ein sorgfältiges Spachteln vorauszugehen, sondern auch ein ebenfalls nur manuell zu erledigendes Schleifen und Polieren zu folgen hatte, war damit die Montage von Karosserien auf eine annähernd gleiche Geschwindigkeit gebracht worden wie die der Fahrgestelle und Antriebsaggregate aus Motor, Kupplung und Getriebe.

Bis zur Einführung selbsttragender Ganzstahlkarosserien – in Deutschland erstmalig bei Opel 1935 und 1938 bei Ambi-Budd für den Typ „Autobahn" von Hanomag, in den Vereinigten Staaten erst in den Nachkriegsjahren bis etwa 1960 – war das Fahrgestell eine eigene Baugruppe mit entsprechend separatem Montagefluß[16]. Aufgrund seiner weniger problematischen Vorfertigung konnte das Fahrgestell, ebenso wie die Antriebsgruppe, auch in deutschen Automobilwerken zum Teil bereits vor dem Ersten Weltkrieg in Reihe montiert werden. Böcke aus Stahlrohr oder Stahlprofilen, die mit Spannvorrichtungen versehen, auf Schienen von einer Montagestation zur nächsten weitergeschoben werden konnten, lösten die einfachen, stationären Montageböcke aus Holz ab, zu denen die einzelnen Teile des späteren Fahrgestells nacheinander hinzutragen waren. Wäre dies vielleicht noch für die Montage des Rahmens aus Stahlprofilen für die Längs- und Querträger hinzunehmen gewesen, stellte die „Platzmontage" von Achsen und Rädern, Lenkung und Bremsanlage ein ausgesprochenes Hindernis dar, sobald die Produktion größerer Serien anvisiert wurde. Mit dem aus einem Blech gepreßten Boden der selbsttragenden Karosserien entfiel die Rahmenmontage. Die Funktionen des Rahmens sind seither konstruktiv in die Karosserie integriert. Das Vorbild der Eisenbahnwaggons, bei denen weiterhin der unten offene Wagenkasten auf den Rahmen gesetzt wurde, ist damit verlassen.

Auch wenn die Fließbänder für die Montage von Fahrgestellen und Karosserien in vielen Fällen noch in den 1920er Jahren mit elektrischen Antrieben versehen und die Montage selbst in einfache, jeweils einzelnen Montagearbeitern zugewiesene Operationen mitunter nur weniger Handgriffe unterteilt und zeitlich getaktet wurde, war damit noch nicht die Transferstraße erreicht. Auf ihr wurde das Werkstück nicht allein zwangsläufig oder über einen Motorantrieb für einen Kettenzug, rollende Paletten, Tische oder Böcke von Arbeitsstation zu Arbeitsstation befördert, sondern zudem automatisch bearbeitet und vormontiert. Für die Fordwerke wurde bereits ab 1921 in Milwaukee eine Transferstraße unterhalten, an der mit 180 Arbeitern täglich mehr als siebentausend Automobilrahmen montiert zu werden vermochten. Wurden hierbei anfangs die Teile dadurch miteinander verbunden, daß pneumatische Werkzeuge Nieten in zuvor automatisch gestanzte Löcher schossen, so erübrigte sich bald der Vorgang des Stanzens, indem die Teile automatisch miteinander verschweißt wurden. Die Kapazität dieser Anlage ließ sich dadurch auf bis zu zehntausend Rahmen am Tag steigern. Allerdings übertraf sie damit offenkundig bei weitem die Absorbtionsmöglichkeiten der folgenden Montagelinien, wenn berichtet wird, daß die Rahmen anschließend zunächst in einem Hochregallager unterzubringen waren, in dem sie in Stapeln bis zu vierzig Stück übereinander zwischenlagerten.

An dieser relativ frühen „Transferstraße" dürfte das Vernieten beziehungsweise das Verschweißen in einem Arbeitsgang vorgenommen worden sein, d. h. nachdem die Teile von Arbeitern in die Vorrichtung eingelegt und gespannt worden waren, traten alle Nietpistolen beziehungsweise Schweißzangen gleichzeitig in Aktion, ehe dann der fertigmontierte Rahmen wiederum von Arbeitern aus der Vorrichtung herausgenommen und weitergegeben wurde. Anders als bei den Transferstraßen, die seit den späten 1930er und 1940er Jahren nach und nach Eingang in die Fertigung und Montage von Zündkerzen, Kugellagern, Armaturen und Zylinderköpfen fanden[17], wurde hier lediglich eine Operation automatisch ausgeführt. Auf einer Montagestraße für Zylinderköpfe hingegen wurden nacheinander automatisch die

Stehbolzen eingepreßt, die Dichtungspaste eingebracht, die Verschlußdeckel eingestoßen und ein Verschlußstopfen eingeschraubt. Schließlich wurde die Dichtigkeit der Öl- und Wasserräume geprüft, bevor der Zylinderkopf die Transferstraße verließ. Die Werkzeuge wurden dabei ebenso automatisch zugestellt wie das Werkstück von Arbeitsgang zu Arbeitsgang weitergereicht, positioniert und gespannt wurde. Sie wurden über das Werkstück ausgelöst, indem es an den jeweiligen Schalter traf, oder aber zum Beispiel über Kurvenscheiben als mechanischen Speichern eines Steuerprogramms.

Hindernisse: Große und komplizierte Werkstücke in geringer Zahl

Solange die Transferstraßen von mechanischen Programmspeichern aus gesteuert wurden, blieben sie ziemlich starr und eigneten sich allein für sehr hohe Stückzahlen und zudem nur für Werkstücke, die in ihren Abmessungen nicht allzu groß ausfielen. Sie hatten einfach strukturiert und nicht allzu massig zu sein, denn ein wesentliches Problem stellte immer wieder der rasche Verschleiß an den mechanischen Tastern, Kurvenscheiben und anderen Schalt- oder Steuerorganen dar, der nicht unerheblichen Wartungsaufwand erforderte. Bei engen Toleranzen und schweren Stücken mußte manchmal bereits nach wenigen Stunden zum Austausch verschleißanfälliger Teile geschritten werden. Die Umstellung auf Lochstreifen als Programmspeicher oder elektromagnetische Schalter, beispielsweise für die hydraulischen oder pneumatisch angetriebenen Einrichtungen, mit denen die Werkstücke ergriffen und zum Montagewerkzeug positioniert wurden, verminderte zwar die Verschleißanfälligkeit, änderte indes wenig daran, daß Transferstraßen weiterhin Inseln im weiten Meer der manuell betriebenen Montage bleiben mußten. Ausnahmen waren hier eigentlich nur Bereiche der Elektrotechnik, etwa die Herstellung von Glühlampen und Schaltern, weniger die Automobilindustrie. Transferstraßen mit integrierter Vormontage fielen mit ihren Produktionsraten sogar aus dem Rahmen, den die in der Automobilindustrie erreichte Geschwindigkeit des Fertigungs- und Montageflusses vorgegeben hatte. Nicht von ungefähr waren Transferstraßen dann auch meist außerhalb der Automobilwerke zu finden. Sie markieren vielmehr einen weiteren Schritt in der Trennung von Zulieferern und Montagewerken. Außer den bereits erwähnten Zylinderköpfen oder auch den Rädern sind es in erster Linie Teile der Autoelektrik, die auf Transferstraßen nicht nur einfach vorgefertigt, sondern auch wenigstens zu Untergruppen vormontiert werden. Konzipiert als austauschbare Einheitsteile, die Aufnahme bei unterschiedlichen Automobilfirmen finden, haben diese Produkte am Beginn von Massenproduktion nach dem Fließprinzip gestanden. Bald jedoch haben die Automobilfirmen selbst auf die Eigenfertigung solcher Teile verzichtet, um sie Spezialfirmen anzuvertrauen, die sie dann – schließlich mitunter auf Transferstraßen – sehr viel kostengünstiger haben herstellen können.

Im Vergleich zum Automobilbau ist eine derartige Entwicklung für den Bau von Lokomotiven und Eisenbahnwagen erst relativ spät und eher nur ansatzweise zu realisieren gewesen. Konstruktionsbedingt war die Montage von Dampflokomotiven immer jeglichem Versuch ihrer Mechanisierung so gut wie versperrt geblieben[18], während für Lokomotiven mit elektrischem oder Dieselantrieb ebenso wie für Eisenbahnwagen bereits in den 1920er Jahren die Fließmontage erwogen und in einzelnen Abschnitten, zum Beispiel mit Spannvorrichtungen zum Schweißen von Rahmen für das Fahrgestell, auch schon in die Wirklichkeit umgesetzt wurde.

Auf solchen Spannvorrichtungen, die aus einer Lage von I-Trägern bestanden, auf denen im rechten Winkel zu ihnen schmale Streifen aus starkem Blech ruhten, wurden seit Beginn der 1930er Jahre Rahmen für die Drehgestelle von Straßenbahnwagen oder auch die hohlen, in der Kastenbauweise konzipierten Brückenträger geschweißt, die dann auf den Drehgestellen liegend, den Wagenkasten zu tragen hatten[19]. Hierbei wurden allerdings sowohl die Bleche von Hand positioniert und mit den Spannzeugen fixiert, die in den als Führungsnuten fungierenden Zwischenräumen der Blechstreifen zu verschieben waren, als auch manuell geschweißt. In der Vertikalen wurde wieder zu den bewährten Holzklötzen gegriffen, um das Werkstück in seiner Lage zu sichern. Der Rationalisierungseffekt lag – wie bereits 1915, als die Siemens-Schuckertwerke in Nürnberg damit begonnen hatten, über Lichtbogenschweißung hergestellte Scheinwerfergehäuse statt der bis dahin üblichen gußeisernen zu liefern – darin, daß der Aufwand für den Modellbau und die Formerei, die Gießerei und die anschließend eventuell notwendige mechanische Bearbeitung entfallen konnte. Im Rahmenbau für Straßenbahnen und Eisenbahnlokomotiven mit elektrischem oder Dieselmotorantrieb konnte nach dem Übergang allein zur geschweißten Blechkonstruktion zudem noch manches Schmiedestück entfallen. Montagetechnisch wurden auf diese Weise meist nur die Nieter durch die Schweißer ersetzt. Deren Tätigkeit war dann allerdings kaum weiter zu rationalisieren. Mit Spannvorrichtungen in der eben beschriebenen Art oder einfachen Traggestellen war meist der Gipfel an technischer Zusatzausstattung erreicht und so verwundert es kaum, wenn allgemein Klage über den Mangel an Schweißvorrichtungen, mehr aber noch über den Mangel an Gelegenheiten geführt wurde, diese gegebenenfalls auch einsetzen zu können.

In den Jahren vor dem Ersten Weltkrieg und noch bis weit in die 1930er Jahre hinein wurden im Eisenbahnwaggonbau in der Regel zunächst der Rahmen des Fahrgestells und der Wagenkasten parallel zueinander montiert, um dann gewissermaßen in der Endmontage miteinander verschraubt oder vernietet zu werden. Der Rahmen des Fahrgestells fungierte somit gleichsam als Fundament des Wagenkastens. Er war aus Zugstreben, Diagonalstreben und Längsträgern zusammengesetzt, die zunächst miteinander über Knotenbleche „gehef-

Montage des Fahrgestells einer Dampflokomotive in den Henschel-Werken Ende der 1930er Jahre. Verschrauben der „Pendelbleche", auf denen der Langkessel ruhen sollte, mit den Barrenrahmen. Hierzu wurde zunächst vorgebohrt, anschließend wurden die Teile ausgerichtet und provisorisch fixiert, daraufhin wurde nachgebohrt und ausgerieben, ehe schließlich die endgültige Montage vorgenommen wurde.

tet", das heißt verschraubt wurden, ehe sie dann nochmals vermessen, gegebenenfalls korrigierend ausgerichtet und schließlich miteinander vernietet wurden. Wie auch beim Aufbau des Wagenkastens, spielte sich der Montagevorgang im wesentlichen als Platzarbeit auf Böcken aus Vierkanthölzern, zum Teil schon auf eisernen Spindelböcken ab, bei denen die Höhenverstellung in der notwendigen Genauigkeit einfacher und somit schneller vorgenommen werden konnte. Gegenüber der Montage von Fahrgestellrahmen fiel die Montage sowohl der gedeckten Güterwagen als auch der Personenwagen schon deshalb aufwendiger aus, weil Teile aus Holz mit Stahlprofilen und Blechen zu verbinden waren und abschließend der gesamte Wagenkasten über mehrere Stufen abgedichtet und imprägniert, gespachtelt und mehrfach gestrichen werden mußte. Die Stahlprofile des tragenden Gerippes wurden im allgemeinen miteinander vernietet, die Holzteile ebenso wie die Bleche der Verkleidung bei den Personenwagen mit einer Vielzahl von Schrauben befestigt[20].

Unter diesen Umständen war eine „Fließarbeit", wie sie im Laufe der 1920er Jahre mehrfach auch für den Waggonbau als „Fertigung in räumlich geordneten Sonderfertigungen von vorgeschriebener gleicher Fertigungsdauer" herbeigesehnt wurde, kaum denkbar. Dabei war bei den Güterwagen die „Mannigfaltigkeit" der anfallenden Arbeiten

Montage einer Diesellokomotive der Baureihe V 16101 bei Krauss-Maffei im Jahre 1935. Die beiden Führerstände und der Motor sind bereits eingebaut.

noch sehr viel geringer als bei den Personenwagen, deren Stückzahl zudem weit unter derjenigen der Güterwagen lag. Auch wenn bis Ende der 1930er Jahre das Holz zumindest aus dem Personenwaggonbau schon aus Gründen der mit steigender Reisegeschwindigkeit erforderten höheren Festigkeit und windschnittigeren Außenform nahezu verdrängt werden konnte und zudem das Schweißen als vorherrschende Verbindungstechnologie das Nieten ersetzt hatte, gelangte man höchstens zur Reihenmontage. Zwar lehnte sich die Konstruktion vor allem der Schnellzugwaggons inzwischen stark an das Vorbild des Automobilbaus oder sogar des Flugzeugbaus an, indem auf einem Stahlrahmen aus liegenden I-Profilträgern stumpf eine tragende Windschürze und die Profilstützen des Traggerippes aufgeschweißt wurden. Dach und Bodenwanne wurden aus Blech geformt und mit ebenfalls aus Blech gepreßten Lochträgern ausgesteift. Auf diese Weise entstand eine geschlossene, verwindungssteife Röhre, ähnlich einem Flugzeugrumpf, bei der Holz auch als Fußboden nichts mehr zu suchen hatte und Wellblech weichen mußte[21].

Anders als dann beim Flugzeugbau während des Zweiten Weltkrieges, fehlte es zumindest dem Reisezugwaggonbau immer an der dazu wirtschaftlich erforderlichen hohen Stückzahl, um zu einer gleichmäßig abgetakteten Fließmontage auf zudem elektrisch angetriebenem Förderband überzugehen. Heute ist der Waggonbau zwar durch die Verwendung von Kunststoffpreßteilen für den Innenausbau oder gar den Einbau in hohem Maße aus Kunststoff fertig vorgeformter Module wie beispielsweise für Toiletten und Waschräume nochmals stark beschleunigt. Die Fließbänder der Personenkraftwagenmontage, ihr Tempo oder gar Roboter sind hier nicht anzutreffen. Wirtschaftlich ergäben sie auch wenig Sinn.

Vereinzelt sind Roboter seit Anfang der 1980er Jahre im amerikanischen Flugzeugbau eingesetzt, um in die Aluminiumbleche der Außenhaut Bohrungen zur Aufnahme der Senkniete einzubringen und sie anschließend mit Laschen oder tragenden Profilen zu vernieten. Augenscheinlich haben die Roboter jedoch nur in einzelnen Bereichen der Vormontage Eingang gefunden, die von eventuellen Sonderwünschen einzelner Besteller weitgehend freizuhalten sind und dadurch ihre Austauschbarkeit als Grundelemente des Flugzeugs als Baukastensystems behalten. Allerdings bezieht sich die Automatisierung der Montage durch Roboter im Flugzeugbau vorerst immer noch auf nur wenige Teile oder Bauuntergruppen. Angesichts etwa einer halben Million Nietvorgänge oder 90 000 verschiedenen Teilen eines modernen größeren Verkehrsflugzeuges wirkt der Robotereinsatz hier für die

Montage eher peripher[22]. Wurde zu Beginn der 1980er Jahre für ein Flugzeug vom Typ des Airbus noch eine durchschnittliche Produktionszeit von zwei Jahren zwischen der Aufnahme der Teilefertigung und der Auslieferung angenommen und dementsprechend nur eine Produktionsrate von fünf bis sechs Flugzeugen im Monat erreicht, so wird daraus einerseits ein für die Montage denkbares Rationalisierungspotential deutlich, andererseits aber auch die Schwierigkeit, zumindest in den höheren Stufen der Montage zu Verfahrensweisen überzugehen, die im Automobilbau inzwischen allgemein verbreitet sind. Selbst in den Vereinigten Staaten sind zwar sehr viel größere Produktionsraten zwischen zwanzig und dreißig Flugzeugen im Monat anzutreffen, gelten jedoch als bereits „extreme Großserie" und lassen ebenfalls letztlich nur die Möglichkeit offen, die Montage dadurch zu beschleunigen, daß eine hohe Zahl von Baugruppen parallel zueinander an verschiedenen Orten vormontiert wird.

Indem man die Vormontage auf einzelne Werke konzentrierte, wird der umfassende Einsatz besonderer Vorrichtungen wirtschaftlich vertretbar, in denen ohne Unterbrechung mehrere Teile des Rumpfes, der Tragflächen oder der Seitenruder jeweils gleichzeitig zusammenzusetzen sind. Dies setzt allerdings wiederum entweder ein Riesenwerk voraus, in dem die Vielzahl der Teile in stetem Fluß aus der Vorfertigung in die Vormontage und von dort schließlich in die Endmontage gelangt, oder aber eine ebenso ausgefeilte wie gesicherte Logistik mit Großtransportern. So werden die etwa vierzig Baugruppen des Airbuses von den über mehrere Länder Europas verstreuten Herstellern mit einem besonderen Großraumflugzeug zur Endmontage nach Toulouse gebracht.

Die Verteilung der Vormontage einzelner Baugruppen wie Tragflächen, Rümpfe oder Leitwerke auf verschiedene Werke fand sich bereits im Flugzeugbau der 1930er Jahre, um der schon damals hohen Zahl von allein gut 6000 verschiedenen Blechteilen Herr zu werden. Mit etwa viertausend Stück lag die bis Ende 1939 für die Ju 52 erreichte Produktionsrate zwar unter derjenigen, die in der Zwischenzeit im Automobilbau gängig geworden war[23]. Dafür lagen die Forderungen nach Genauigkeit in der Verarbeitung und dementsprechend in der Qualitätssicherung um so höher, obgleich erst verhältnismäßig niedrige Reisegeschwindigkeiten und für die vorgesehene geringe Flughöhe noch keine Druckkabine zu berücksichtigen war. Die Verteilung der Vormontage auf verschiedene Werke, beispielsweise die Erteilung eines Auftrags über 450 Rumpfenden 1933/34 an die kurz zuvor eingerichtete Flugzeugwerft von Blohm & Voss, erlaubte, „Fließarbeits-

Verschweißen von zugeschnittenen und vorgeformten Blechen zu Teilen eines Schiffsrumpfes in der Schiffbauhalle auf der Warnow-Werft in Warnemünde.

straßen mit ruckweiser Förderung" einzuführen[24]. Die Baugruppen der Ju 52 wurden auf Gerüsten montiert, die entsprechend der Kontur des betreffenden Flugzeugteils – etwa des Tragflügels – ausgelegt, mit entsprechenden Spannvorrichtungen ausgestattet und auf Schienen verschiebbar waren, anstatt fest im Boden verankert zu sein. Mit ihren elektrisch oder durch Druckluft angetriebenen Werkzeugen gelangten die Monteure von Gerüsten aus an die Montagestellen, die herangefahren und dann fixiert wurden. Auch die Baugerüste für die Endmontage im Dessauer Werk liefen als fahrbarer Helgen auf Schienen. Anders als bei den Fließbändern der Automobilindustrie blieb ihr elektrischer Antrieb auch unter den Ausnahmebedingungen des Zweiten Weltkriegs Planung[25].

Wenn auch von mehreren Flugzeugen – wie der Me 109 oder der Fw 190 – mehrere zehntausend Stück und damit weit mehr als von der Ju 52 und der DC 3 als den beiden legendären Verkehrsflugzeugen der 1930er und 1940er Jahre mit der bislang höchsten Produktionsrate ihrer Gattung gebaut wurden, so unterschied sich die Montageweise nicht grundlegend. Die zur Herstellung dieser beiden Jagdflugzeuge benötigte Zeit wurde einerseits verkürzt durch die vergleichsweise einfachere Konstruktion und den geringeren Aufwand in der Ausrüstung und andererseits durch den stark erhöhten Einsatz von Arbeitskräften, die überdies Tagesschichten bis zu zwölf Stunden aufgezwungen bekamen. Beschleunigt wurde die Montage dieser Jagdflugzeuge in der Vormontage der Untergruppen durch Fließbänder mit Wendetischen oder „Attrappen", an denen die Teile von vornherein in ihrer endgültigen Lage und damit unmittelbar einbaufähig zusammenzusetzen waren, sowie in der Rumpfmontage mit dem Übergang von der Fachwerkbauweise mit ihren Spanten und Stringern zur Schalenbauweise in zudem einzelnen Sektionen.

Geschweißte Sektionen: Die Beschleunigung des Schiffbaus

Im deutschen Schiffbau hielt die Sektionsbauweise ebenfalls erst in den beiden letzten Kriegsjahren Einzug. Dem amerikanischen Vorbild der auf diese Weise beschleunigt hergestellten Frachtschiffe der „Liberty"-Klasse folgend, wurden spätestens ab 1943 Planungen aufgenommen und gegen Ende des Krieges noch in die Tat umgesetzt, um in kürzester Zeit vor allem Tausende von Unterseebooten „aus den Helgen zu stampfen"[26]. Statt erst nach elf Monaten sollte jedes Unterseeboot nun schon nach zweieinhalb Monaten fertiggestellt sein und auslaufen können. Hierzu sollten, auf mehrere Betriebe des Stahlbaus sowie des Maschinen- und Fahrzeugbaus im Binnenland verteilt, zunächst die jeweils acht Sektionen des Rumpfes im Rohbau vormontiert werden. Anschließend wurden sie auf dem Schienenweg zu inzwischen spezialisierten Werften gebracht, um mit Rohrleitungen, Antriebsmaschine, Steuerungsgeräten und dergleichen mehr ausgerüstet zu werden, um dann von dort aus in einen zentralen Bunker zur Endmontage zu gelangen. Die radikale Verkürzung der Bauzeit wurde, wiederum über den bedenkenlosen Einsatz einer großen Anzahl von Gefangenen und Verschleppten hinaus, dadurch erhofft, daß die Montage der Sektionen in mehreren Strängen parallel zueinander und im abgestimmten Zeittakt erfolgten sollte. Die Montage war zudem zügiger durchzuführen, weil zum einen nur noch Bleche miteinander verschweißt wurden, um die verwindungssteife Röhre des Schiffskörpers zu erzielen, und zum anderen die sperrigen Ausrüstungsteile – wie der Antrieb mit Dieselmotor, Generator, Antriebswelle und Getriebe – fertig vormontiert in die noch vorn und hinten offenen Sektionen eingebaut werden konnten. Bis dahin waren sie, oft in Teile zerlegt, nur umständlich durch besondere Luken in den bereits geschlossenen Schiffsrumpf zu verbringen, in dessen Enge sie dann zusammengebaut werden mußten.

Mit Ausnahme etwa des Baus von Landungsbooten oder vergleichbar einfach strukturierten Schiffskörpern in hoher Stückzahl, fand die Sektionsbauweise in breitem Maße erst in den 1960er Jahren wieder Eingang in den Schiffbau[27]. Vor allem der Bau von Großtankern und Schiffen des neuartigen Typs zum Transport von Stückgut in international genormten Großcontainern lud dazu ein. Die Nachfrage einer Vielzahl solcher Schiffe in vergleichsweise kurzer Frist ebnete der Sektionsbauweise und damit zugleich dem Baukastensystem als Konstruktionsprinzip den Weg in die Werften. Hierbei werden für jedes Schiff nur einmal lediglich die Bug- und Hecksektion mit der Antriebsmaschine, der Ruderanlage und der Brücke gebaut, während die Mittelsektionen für die Laderäume in der gewünschten Anzahl nach Möglichkeit völlig baugleich bereitgestellt werden. Nur die Hecksektion und die Bugsektion mit dem mächtigen, vorgesetzten Wulst weisen noch eine in sich gekrümmte Außenhaut auf, deren Bleche auf besonderen Aufständerfeldern mit im Durchschnitt ungefähr 500 Auflagerpunkten miteinander verschweißt werden. Die Auflagerpunkte sind dazu in ihrer Höhe verstellbar. Die Mittelsektionen weisen demgegenüber nur im Übergang vom flachen Schiffsboden zu den Seitenwänden die, zudem nur in einer Ebene gleichmäßig gekrümmten Bleche für den Kimmgang auf. Die Paneele der Mittelsektionen, das heißt die Bleche mit aufgesetzten Stringern, die zusammen mit den aussteifenden Spanten dann jeweils eine Paneeleinheit bilden, sind bereits in der „Frühzeit" der Sektionsbauweise auf Schweißautomaten zusammengebaut worden.

Die Umstellung auf die Sektionsbauweise erforderte nicht nur eine erhebliche Umstrukturierung des gewohnten Werftbetriebs, sondern außerdem erhebliche Investitionen mit anschließend beträchtlich zu Buche schlagendem Kapitaldienst. Zeichneten sich bis dahin die Werften durch eine besondere Fertigungstiefe aus, von der nur die elektrischen Installationen, die Propeller oder große Schmiedestücke wie der Rudersteven Ausnahmen bildeten[28], so verblieben den Werften – vor allem in den Vereinigten Staaten – lediglich die Blechkonstruktionen, während alles andere von außerhalb zugeliefert wurde. Auf den Werften selbst wurden in den 1960er und frühen 1970er Jahren große Brennhallen errichtet, in denen die Bleche auf automatisch, entweder durch Lochstreifen oder optisch über Fotozellen gesteuerten Brennstraßen zugeschnitten wurden. Das Optikbüro oder die Programmierabteilung ersetzte die traditionellen Schnürböden. Von nun an wurden nicht mehr großformatige Schablonen und Straklatten angefertigt, um die von der Konstruktion festgelegte Form auf Profile und Bleche unmittelbar übertragen zu können, sondern man benutzte entweder verkleinerte Zeichnungen für die optische Brennsteuerung oder es wurden die weniger empfindlichen Lochstreifen bereitgestellt. Wurden in der Paneelhalle zunächst die großflächigen Bauteile wie Böden, Schotte, Decks oder Seitenwände vorgefertigt, so versteifte man sie in der Trägerbauhalle zum Teil und montierte sie zu Flächensektionen und danach zu Volumensektionen vor. In dieser Form gelangten sie auf die kleinen Helgen zur weiteren Montage und Ausrüstung, ehe sie dann auf dem großen Helgen oder im Baudock zum eigentlichen Schiffskörper zusammengefügt wurden[29]. Um witterungsunabhängig arbeiten zu können, waren Schiffbauhallen zu errichten, deren Abmessungen von Mal zu Mal wuchsen und schließlich auch die Baudocks für die Endmontage selbst größerer Schiffe mit einer Wasserverdrängung von mehreren tausend Tonnen überdeckten. Gegenüber dem Schiffbau auf Helgen bietet der Schiffbau im Trockendock den Vorteil, das Schiff vollständig ausgerüstet zu Wasser lassen zu können, ohne die Gefahr einzugehen, dadurch während des Stapellaufs die Stabilität des Schiffs zu beeinträchtigen und schließlich sein Kentern zu riskieren.

Der Wechsel von der traditionellen Spantenbauweise zur Sektionsbauweise wäre nicht vorzunehmen gewesen, hätten nicht die verschiedenen Verfahren des Schweißens, zunächst das Autogenschweißen, dann mehr und mehr auch das Lichtbogenschweißen, zuvor das Nieten als das den Eisen- und Stahlschiffbau noch bis in die beginnenden 1950er Jahre tragende Fügeverfahren abgelöst. Heute beansprucht das Schweißen immerhin fast ein Drittel aller auf den Werften anfallenden Arbeiten. Zwar wurden bereits vor 1914 einzelne Maschinenteile oder auch mitunter Kessel autogen geschweißt, jedoch dauerte es einige Zeit, ehe aufgrund hinreichender Erfahrung allzu große Erwärmungszonen ausgeschlossen und damit das Risiko gebannt zu werden vermochte, daß Materialspannungen anschließend zu Verwerfungen und Schrumpfung der geschweißten Arbeitsstücke führten oder gar Rißbildung auftrat. Während des Ersten Weltkriegs hielt das Lichtbogenschweißen auf den Werften Einzug. Indes wurden erst ab den 1920er Jahren auch größere Partien des Schiffskörpers – beispielsweise Teile der Aufbauten oder die Beplattung von Schotts oder der unteren Decks – mit dem Schweißaggregat anstelle des Niethammers vorgenommen. Im Laufe der 1930er Jahre traute man sich an die Hauptlängsverbindungen heran, ehe dann in den 1940er Jahren vor allem in den Vereinigten Staaten damit begonnen wurde, auch größere Schiffskörper vollständig zusammenzuschweißen und auf das Nieten zu verzichten.

Geschweißte Konstruktionen sind nicht allein in sehr viel kürzerer Zeit herzustellen als solche, die auf Nietverbindungen beruhen, sondern sie bieten eine Reihe weiterer Vorteile. Da sie weder durch die Masse der Niete, noch die Masse der für die Nietverbindungen erforderlichen Überlappungen oder Laschen belastet werden, sind sie leichter. Die über Schweißverbindungen hergestellte Außenhaut des Schiffskörpers ist außerdem glatter und bietet bei höheren Fahrgeschwindigkeiten weniger Widerstand im Wasser. Sie ist überdies von vornherein wasserdicht, während Nietverbindungen noch einzeln verstemmt werden müssen – was den Montageprozeß wiederum in die Länge gezogen hat und jede Automatisierung unmöglich machte.

Auch unter den Bedingungen der Spantenbauweise, die ihren Ursprung bereits im Holzschiffbau gehabt hat, ist die Montage des Schiffsrumpfes im Grunde nach dem Fließprinzip organisiert gewesen. Vom Lagerplatz für Bleche und Profilstähle über die Plattenbearbeitungs- und die Spantenhalle bis zum Helgen oder Baudock verlief ein steter, linearer Materialfluß. Nacheinander folgten auf die Kiellegung die Bodenwrangen mit den Spantenansätzen, die Spanten, ihnen die Schotte und diesen wiederum die Bleche der Außenhaut. War der fertige Rumpf zu Wasser gelassen, schloß sich am Ausrüstungskai die Montage der Aufbauten und Deckshäuser sowie der Einbau der Maschinenanlage an, zu der bei Dampfantrieb die Kessel hinzukamen. Allerdings lief dieser Montagefluß gewissermaßen unilinear, Schritt für Schritt ab [30]. Demgegenüber liegt ein beschleunigendes Moment der Sektionsbauweise in der Parallelität mehrerer gleichzeitig vorzunehmender Montageschritte, die dann erst unter dem 600 t-Kran auf dem Helgen oder im Baudock zur Endmontage zusammen- „fließen".

Montage: Engpaß mit produktspezifischen Unterschieden

Vor allem die Automobilindustrie erlebte nach Einführung besonderer Schweißvorrichtungen und der ersten Schweißroboter eine spektakuläre Verkürzung der Montagezeiten. In vergleichbarer Weise wirkten sich Transferstraßen aus, die beispielsweise bei BMW zwischen 1957 und 1978 die Zylinderkopfbearbeitung von 445 auf nur noch 9 Minuten verkürzten. Im selben Zeitraum konnte die Zeit für die Herstellung einer Tür, die in den 1950er Jahren noch bei zwei Stunden lag, auf bloße 7 Minuten und die Zeit für die gesamte Fertigung und Montage von 587 auf lediglich 89 Stunden verkürzt werden. Trotzdem stellten die beiden Industriesoziologen Horst Kern und Michael Schumann in ihrer Studie von 1984 gegenüber der zweiten Hälfte der 1960er Jahre zumindest für den Werkzeugmaschinenbau „wenig Neues in der Montage"[31] fest. Zwar ist auch im Werkzeugmaschinenbau mit seinen meist nur mittleren Betriebsgrößen von einigen Hundert Beschäftigten inzwischen die Fertigungstiefe zurückgenommen worden. Im Zuge der Einführung elektronischer Steuerungen und des elektrischen Einzelantriebs – nicht nur bei der jeweiligen Werkzeugmaschine, sondern ebenso bei mehreren ihrer Funktionselemente, sowie in Zusammenhang mit der Konzipierung von Werkzeugmaschinen als Baukastensysteme mit daraus resultierendem Zukauf einbaufertiger Module, entfiel ein beachtlicher Teil des Montageaufwandes. Dennoch sind weiterhin Montageschlosser damit befaßt, mechanische Teile anzupassen, auszurichten und dann erst manuell miteinander in Verbindung zu bringen. Höhere Drehzahlen zum Erreichen kürzerer Schnitt- und Zustellzeiten stellen höhere Genauigkeitsanforderungen bei zugleich engeren Toleranzen. Andererseits wird, so stellen Horst Kern und Michael Schumann heraus, die zu Fertigung und Montage verfügbare Zeit unter verschärftem Termin- und Kostendruck noch verdichtet, während gerade die „Sperrigkeit des Montagebereichs" dadurch zugenommen habe, daß die Maschinen individueller auszufallen haben und nicht allein deshalb, trotz konstruktiver Vereinfachung über Baukastensysteme, eher komplexer geworden sind. Auch wenn über eine Vormontage einzelner Baugruppen – Spindelkästen oder Systemen der Zustellhydraulik in flexiblen Vorrichtungen – Zeit gewonnen werden kann, würden die wachsenden Ansprüche der Kunden diesen Vorsprung sogleich wieder aufheben. Denn inzwischen wird allgemein erwartet, daß die Maschinen nicht bloß im Betrieb des Kunden aufgestellt und eingefahren werden, sondern außerdem auch noch alle anfallenden Gewährleistungsarbeiten und eventuell die Fehlerdiagnose durch die Montage des Lieferbetriebs zu leisten sind. [X-5.1]

Damit erhält die Qualitätssicherung nochmals erhöhtes Gewicht. Die Garantie, daß alle Teile des Produktes, sei es eine Werkzeugmaschine oder ein Eisenbahnwagen, ein Schiff oder ein Auto, ordnungsgemäß und über seine vorgesehene Betriebsdauer zuverlässig funktionieren, bleibt neben Termintreue und Kostengünstigkeit entscheidender Faktor in der Kundenwerbung des Lieferanten. Bei der Produktentstehung ruht die Verantwortung zu großen Teilen letztlich auf der

Montage, mit der die Qualitätssicherung vielfach verwoben ist. Die Aufmerksamkeit der Monteure ist in gleicher Weise gefordert wie ihre manuelle Geschicklichkeit, die deshalb meist mehr sein muß als eine habitualisierte Sensomotorik aus der Routine sinnlicher Erfahrung. Unter den Bedingungen geringer Losgrößen, häufig wechselnder Eigenheiten des Erzeugnisses sowie gesteigerter Anforderungen an die Genauigkeit in Positionierung und Bearbeitung, bleibt die Sensomotorik der Hand indes häufig unersetzbar oder doch zumindest kostengünstiger als jeder Versuch, sie auf technische Mittel wie etwa ein Handhabungsgerät zu übertragen.

So ist es nicht verwunderlich, wenn gerade im oft nur in kleinerem oder mittlerem Maßstab betriebenen Maschinenbau die Montagearbeiten nicht allein fast zwei Fünftel aller anfallenden Arbeiten ausmachen, sondern sie zu mehr als zwei Dritteln überdies immer noch mit der Hand auszuführen sind[32]. Entsprechend gering bleibt die Aussicht, hier Arbeitskräfte durch Einsatz von Robotern einsparen und die Montagegeschwindigkeit über die Grenze hinaus steigern zu können, die der menschlichen Sensomotorik gesetzt sind. Die Präzision der Roboterbewegungen ist bei höherer Belastung weiterhin gefährdet, Störanfälligkeit ist die Folge. Zudem verfügen die Roboter über eine Bewegungsfreiheit und Flexibilität, die sie zwar zum Einsatz im Punktschweißen oder Farbauftrag geeignet sein läßt, nicht jedoch in gleichem Maße für anspruchsvolle Montageoperationen. Aber selbst der Roboter zum Punktschweißen muß Einsatzbedingungen vorfinden, die sein mehrfaches Erscheinen ermöglichen, es erlauben, den größten Teil aller anfallenden Arbeiten zu übernehmen, die bis dahin in diesem Bereich beschäftigten Arbeitskräfte weitgehend zu ersetzen und dadurch zu vertretbaren Kostenrelationen zu gelangen.

Viel Zeit wird auch in der Montage damit verbracht, die vorgefertigten Teile zu ergreifen, zu positionieren und gegebenenfalls zu spannen oder die Werkzeuge bereitzulegen und zu wechseln. Je kleiner die Serie, desto größer ist der hierzu beanspruchte Zeitraum. In der Automobilindustrie, beispielsweise im zu Beginn der 1970er Jahre berühmt gewordenen Kalmarer Werk von Volvo mit seinen für die Gruppenarbeit ausgelegten Montageinseln, vermittelten gleislose, automatisch gesteuerte Flurförderfahrzeuge die Teilezulieferung. Mitunter trugen sie nicht allein Ablagepaletten, sondern Gestelle mit Spannvorrichtungen, die sich kippen oder schwenken ließen, um möglichst einfache und kurze Fügebewegungen der Monteure zu gestatten[33]. Die für die Montage aufzuwendende Zeit ist mit solchen Mitteln zwar zu verkürzen, eignet sich indes eher nur für Serien in Losgrößen, die im Automobilbau anzutreffen sind, nicht jedoch im allgemeinen Maschinenbau. In seiner derzeitigen Struktur wäre er überdies nur in den wenigsten Fällen in der Lage, den Einsatz solcher Fördermittel zu tragen, es sei denn, er lieferte Großabnehmern wie eben der Automobilindustrie zu.

In vergleichbarer Weise zeigen sich Hindernisse gegenüber dem Einsatz von Sonderwerkzeugen, etwa vielspindeligen Schraubern mit Druckluftantrieb zum Befestigen von Autorädern in einem Arbeitsgang. Selbst der Verwendung von Teilen, die aufgrund ihrer Einfachheit und konstruktiven Integration zu größeren Flächen oder Volumen geeignet wären, den Montagevorgang abzukürzen, scheitert bisweilen an mangelnder Akzeptanz seitens der Kunden. Dies gilt ebenfalls für die Verwendung bestimmter Fügeverfahren. Es dauerte praktisch mehr als Jahrzehnte, bis die Nietkolonnen aus den Werkstätten des Stahlbaus, des Kesselbaus und von den Werften verschwunden waren, keine langen Reihen von Bohrungen in die Bleche gesenkt, keine Niete mehr vorgewärmt und abschließend, wenn auch nicht mehr mit dem Handhammer, so doch weiterhin von Hand mit dem pneumatischen Werkzeug verstemmt werden mußten. Diese Zeit wurde weniger dazu benötigt, die Schweißverfahren zur Betriebsreife zu bringen, als vielmehr dazu, argwöhnische Kunden davon zu überzeugen, daß auch geschweißte Brücken, Kessel oder Schiffskörper der gewohnten Beanspruchung gewachsen und zuverlässig dicht sein können.

Literaturnachweise

1 Gildemeister *Projecta* GmbH: Strategien für Fabriklogistik. Bielefeld 1988, S. 2
2 *Spira*, Johann Christian: Die traditionelle Fertigung überdenken. Japaner in der Materialflußtechnik voraus/Wie Audi für die Zukunft plant. In: Frankfurter Allgemeine Zeitung vom 11.VII.1979, S. 28
3 *Merkur*, Wolf: Die Einkaufsmacht der deutschen Automobilhersteller ist groß. Lager- und Kapitalkosten werden abgewälzt/Nur starke Zulieferer sind in Preisverhandlungen ebenbürtig. In: Frankfurter Allgemeine Zeitung vom 7.I.1987, S. 14; *Merkur*, Wolf: Der Wettbewerb zwischen den Autozulieferern wird härter. Hersteller schränken Eigenfertigung ein/Konzentration auf einige wenige Lieferanten. In: Frankfurter Allgemeine Zeitung vom 10.VIII.1988, S. 10; *Odrich*, Peter: Zuletzt klebt der Roboter die Heckscheibe ein. Nissan automatisiert die Auto-Endmontage. In: Frankfurter Allgemeine Zeitung vom 8.XI.1984, S. 16
4 *Eckermann*, Erik: Vom Dampfwagen zum Auto. Motorisierung des Verkehrs. Reinbek 1981, S. 183f.

5 Vgl. 3 (Odrich); *Walther*, J.: Industrieroboter montiert den Kabelbaum. In: VDI-Nachrichten vom 9.VIII.1985, S. 15; *Sturz*, W.: Maschinell statt manuell. Roboter als Werkzeugmaschine noch wenig verbreitet. In: VDI-Nachrichten vom 22.XI.1985, S. 22

6 *Hefty*, Georg Paul: Gefahr für die Männer am laufenden Band. Wie entrinnt man den Tücken der „Humanisierung" in der Autoindustrie? In: Frankfurter Allgemeine Zeitung vom 22.III.1986, S. 7

7 *Jörn*, Fritz: Der ferne Host plant schon zehn Tage im voraus. Eine ganze Hierarchie wacht über Sonderwünsche der Kunden und rationale Autoherstellung. In: Frankfurter Allgemeine Zeitung vom 8.VIII.1989, S.T1/T2

8 *Pyper*, Michael: Fingerfertigkeit bisher nur schwer zu ersetzen. Produktvielfalt und Komplexität behindern Automatisierung der arbeitsintensiven Montage. In: VDI-Nachrichten vom 25.VIII.1989, S. 22

9 Vgl. 8; *Witte*, K.W.: Wege zur automatischen Montage. Minderung der Zahl unterschiedlicher Bauteile führt zur Wirtschaftlichkeit. In: VDI-Nachrichten vom 16.III.1984, S. 4

10 *FJD.*: Computer helfen den Briten beim Automobilbau. Alle 42 s ist eine Rohkarosserie fertig – 28 Industrieroboter ersetzen 100 Arbeitskräfte. In: VDI-Nachrichten vom 22.V.1981, S. 6

11 *k*: Roboter sind Endstufe der Mechanisierung. In: VDI-Nachrichten vom 18.III.1983, S. 11; *Schirmbeck*, Peter (Hrsg.): „Morgen kommst Du nach Amerika". Erinnerungen an die Arbeit bei Opel 1917–1987. Berlin und Bonn 1988, S. 17f.

12 *Mäckbach*, Frank/*Kienzle*, Otto (Hrsg.): Fliessarbeit. Beiträge zu ihrer Einführung. Berlin 1926, S.V., S. 181

13 *Erhardt*, Paul G.: So entsteht ein Auto. Frankfurt 1930; *Kroth*, Karl August: Das Werk Opel (Berlin 1927) (Industriebibliothek 21); *Kugler*, Anita: Arbeitsorganisation und Produktionstechnologie der Adam Opel Werke (von 1900–1929). Berlin 1985; *Kugler*, Anita: Von der Werkstatt zum Fließband. Etappen der frühen Automobilproduktion in Deutschland. In: Geschichte und Gesellschaft. Jg. 13 (1987), Nr. 3, S. 304–339

14 *Deventer*, John H. van: Ford Principles and Practices at River Rouge. XII – The Manufacture of Ford Car Bodies. In: Industrial Management. Jg. 66 (1923), Nr. 8, S. 85–95; *Deventer*, John H. van: Ford Principles and Practices at River Rouge. XIII – Manufacturing and Assembling Body Parts. In: Industrial Management. Jg. 66 (1923), Nr. 9, S. 151–159

15 *Brand*, H.: Reihenbau von Kraftwagen-Karosserien. In: Zeitschrift des VDI. Jg. 72 (1928), Nr. 44, S. 1585

16 *Strassl*, Hans: Karosserie. Aufgabe, Entwurf, Gestaltung, Konstruktive Herstellung. München 1984, S. 16

17 Rationalisierungskuratorium der Deutschen Wirtschaft (Hrsg.): Automatisierung. Stand und Auswirkungen in der Bundesrepublik Deutschland. München 1957, S. 59ff.

18 *Mende*, Michael: Zwischen Auftragserteilung und Auslieferung: Die Herstellung von zwölf Garratt-Lokomotiven bei der HANOMAG in den Jahren 1927/28. In: Görg, Horst Dieter (Hrsg.): Volldampf Richtung Industriemuseum. Hannover 1988, S. 15–29; *Mende*, Michael: Massenfertigung in der

Einzelfertigung. Der Dampflokomotivenbau bei der HANOMAG. In: Technikgeschichte. Jg. 56 (1989), Nr. 3, S. 219–236

19 Verwendung geschweißter Blechkörper und Erfahrungen mit solchen im Arbeitsgebiet des N.W./12. Betriebstechnische Konferenz 1928. Siemens Archiv München, 64 Lc 511, S. 2f.; Fahrzeug- und Schiffbau. Bildsammlung zum Elektroschweißen 1932–1939 im Rahmen- und Kesselbau. Siemens Archiv München, 56 Lh 174

20 *Jahn*, J.: Die Herstellung der Wagen. In: Stockert, Ludwig Ritter von (Hrsg.): Handbuch des Eisenbahnmaschinenwesens. Fahrbetriebsmittel. Berlin 1908, S. 224–250

21 *Wiens*, G.: Entwicklung und Fortschritt im Personenwagenbau der Deutschen Reichsbahn. In: Glasers Annalen. Jg. 62 (1939), Nr. 6, S. 139–152

22 *Melchior*, K./*Schraft*, R.D./*Schweizer*, M.: Roboter im amerikanischen Flugzeugbau. In: VDI-Nachrichten vom 13.III.1981, S. 4

23 *Braun*, Hans Joachim: Fertigungsprozesse im deutschen Flugzeugbau 1926–1945. In: Technikgeschichte. Jg. 57 (1990), Nr. 2, S. 115

24 Vgl. 23, S. 114; *Pohlmann*, Hermann: Blohm & Voss Hamburg, Hamburger Flugzeugbau GmbH. Chronik eines Flugzeugwerkes 1932–1945. Stuttgart 1979, S. 12 und 202ff.

25 Vgl. 23, S. 124

26 *Johr*, Barbara/*Roder*, Hartmut: Der Bunker. Ein Beispiel nationalsozialistischen Wahns. Bremen-Farge 1943–45. Bremen 1989, S. 12

27 *Franzius*, Hansjörg/*Rittmann*, Klaus: Stand von Mechanisierung und Automatisierung in der Montage amerikanischer Industriebetriebe. Berlin, Köln und Frankfurt 1972 (Betriebstechnische Reihe RKW-REFA); *Strobusch*, Erwin: Deutscher Seeschiffbau im 19. und 20. Jahrhundert. Bremerhaven 1975 (Führer des Deutschen Schiffahrtsmuseums 2), S. 66; *Kukuck*, Peter u.a.: Spanten und Sektionen. Werften und Schiffbau in Bremen und der Unterweserregion im 20. Jahrhundert. Bremen 1986, S. 94f.

28 *Meier*, Bruno: Wie ein Ozeandampfer entsteht. Leipzig 1908; *Peters*, Dirk J.: Der Seeschiffbau in Bremerhaven von der Stadtgründung bis zum Ersten Weltkrieg. Bremerhaven 1987 (Veröffentlichungen des Stadtarchivs Bremerhaven 7), S. 121; *Cattaruzza*, Marina: Arbeiter und Unternehmer auf den Werften des Kaiserreichs. Stuttgart 1988 (Veröffentlichungen des Instituts für Europäische Geschichte 127), S. 54–70

29 Vgl. 27 (Kukuck), S. 96f.

30 Vgl. 28 (Meier)

31 *Kern*, Horst/*Schumann*, Michael: Das Ende der Arbeitsteilung? Rationalisierung in der industriellen Produktion. München 1984, S. 181ff.

32 *Haustein*, Heinz Dieter: Automation und Innovation. Der Weg zur flexiblen Betriebsweise. Berlin 1989, S. 62, 92f., S. 99

33 *Frampton*, Kenneth: The Volvo Case/Il caso di Volvo. In: Lotus international Nr. 12. Mailand 1976, S. 16–42

ENERGIE, VERKEHR, INFRASTRUKTUR

Frühindustrielle Antriebstechnik – Wind- und Wasserkraft

Michael Mende

Bewertungsmaßstäbe im Wandel

Im Gefolge der „Ölkrisen" in den 1970er Jahren sind in einer Reihe von Ländern wie der Schweiz und Österreich, den Vereinigten Staaten und West-Deutschland die heimischen Wasserkräfte selbst kleinster Potentiale unter 100 Kilowatt gewissermaßen „wiederentdeckt" worden. In diesen – aber auch in anderen Ländern – hat es in der Zwischenzeit systematische Untersuchungen zu den traditionellen Standorten gewerblicher Wasserkraftnutzung, den Möglichkeiten ihres Ausbaus, zumindest jedoch ihrer Reaktivierung von sowohl privater Seite als auch von seiten öffentlicher Elektrizitätsversorgung gegeben. Auf die Wasserkraft gegründete Betriebe wie zum Beispiel Getreidemühlen mittlerer Tagesleistung um 100 t, die als selbständige Gewerbebetriebe nicht mehr bestehen können, werden als Kleinkraftwerke im öffentlichen Netz weitergeführt.

Seit jüngster Zeit erlebt die Windkraft angesichts der Debatte um Risiken und Akzeptanz der Kernenergienutzung und des Ausbaus von Kraftwerken auf der Basis fossiler Brennstoffe ebenfalls eine Art Renaissance. Nach dänischem Vorbild sind in Schleswig-Holstein und Niedersachsen „Windparks" eingerichtet worden, ebenso in den Niederlanden, Schweden, Rußland, vor allem in Kalifornien. Die kommerziellen Erfolge dänischer Hersteller in Kalifornien veranlaßten mittlerweile Bund und Länder nicht nur dazu, Mittel zur Einrichtung größerer Windkraftanlagen zu vergeben, sondern auch zur Förderung einheimischer Hersteller einzusetzen.

In beiden Fällen ist die binnen weniger Jahre entstandene öffentliche wie private Aufmerksamkeit Ergebnis eines Umdenkens. Wind- und Wasserkräfte erfreuen sich als „alternative" oder auch nur „additive", auf jeden Fall jedoch regenerierbare Formen der Energie nun allgemeiner Wertschätzung, nachdem sie bis dahin mehr und mehr als zu vernachlässigende Größen an den äußersten Rand der Energiebilanzen gerückt worden waren. Bezogen auf den Westen der Bundesrepublik

Die Unstrutmühle in Artern mit dem Blick auf das große, jedoch 1972 abgebrochene Wasserrad.

ist der Anteil der Wasserkraft an der Elektrizitätsversorgung mit etwa 5% in der Tat gering und derjenige der Windkraft scheint mit weit unter 1% geradezu so gut wie nicht existent. Allerdings vernachlässigen die an solchen Verhältnissen gebildeten Maßstäbe einige lokale Besonderheiten von Bedarf und Potential. Nicht immer und überall muß unbedingt der Maßstab der Großkraftwerke mit Maschinenleistungen gelten, die den Gigawattbereich erreicht haben. Die Geringschätzung gegenüber der Wind- und Wasserkraft, die in den 1970er Jahren ihren Höhepunkt und zugleich ihr allmähliches Ende fand, war unter anderem auch das Ergebnis einer an immer neuen Größenrekorden orientierten Vorstellung von technischem Fortschritt in der Energieversorgung. Ebenso war sie das Ergebnis einer Vorstellung, die die Industrialisierung des 19. Jahrhunderts ausschließlich mit der Dampfmaschine verknüpft hatte. Galt die Dampfmaschine als auslösendes Moment und anschließend als Träger der „industriellen Revolution", so Wind- und Wasserkraft in Gestalt von Windmühlen und Wasserrädern als die gleichsam typischen Vertreter einer vorindustriellen Technik.

Umfang der Wind- und Wasserkraftnutzung im 19. Jahrhundert

Mit dieser Vorstellung werden gleich mehrere Momente in der Entwicklung von Wind- und Wasserkraftnutzung übersehen. Ebenso wie die Windkraftanlagen erreichen die Wasserräder erst im Laufe des 19. Jahrhunderts den Höhepunkt ihrer konstruktiv-technischen Entfaltung und ihrer quantitativen Verbreitung. In Deutschland liegt dieser Höhepunkt größtenteils erst in den 1880er Jahren. Wind- und Wasserkraftanlagen fungieren demzufolge weniger als Fossile einer von der Dampfmaschine zu Grabe getragenen Epoche, sondern vielmehr als evolutionäre Brücke für die Industrialisierung selbst. Systematisch werden sie dem steigenden Leistungsbedarf angepaßt, und es wird der Wirkungsgrad erhöht, indem beispielsweise Erkenntnisse der Hydromechanik ebenso in konstruktive Verbesserungen einfließen wie die Möglichkeiten, vermehrt Gußeisen, Blech und gewalzte Profile zu verwenden. Andererseits gelangen zunächst vor allem die Windmühlen, dann aber zunehmend auch die Wasserräder an ihre Grenzen. Wie der Blick auf die Entwicklung und den zunehmenden Einsatz der verschiedenen Arten von Wasserturbinen insbesondere in der zweiten Hälfte des 19. Jahrhunderts zeigt, liegen diese Grenzen nicht primär bei den Wind- und Wasserkraftanlagen selbst, sondern mehr in der Natur ihres jeweiligen Standortes. Nach der Mitte des 19. Jahrhunderts entschied – zusammen mit der Entwicklung des Marktes und der durchschnittlichen Betriebsgröße im jeweiligen Wirtschaftszweig – die Nähe zur Kohle darüber, ob der betreffende Standort zumindest auf der Basis von Wind- oder Wasserkraft hat gehalten werden können, ausgebaut wurde oder aber aufgegeben werden mußte[1]. Wie in einer Nische haben sich vor diesem Hintergrund in Einzelfällen, zum Beispiel in der ländlichen Getreidemüllerei die traditionellen Typen der Wind- und Wassermühle noch bis in die 1950er Jahre in Betrieb halten lassen, ehe auch sie im Zuge forcierten Lastkraftwagenverkehrs auf einem Netz von inzwischen gut ausgebauter Landstraßen von ihren lokalen Märkten gedrängt worden sind.

Unmittelbarer als die Wasserkraftnutzung ist die Nutzbarkeit der Windkraft von örtlichen Gegebenheiten bestimmt. Potentiale von Gefällestufen und von entsprechenden Wasserströmen lassen sich ebenso wie die Möglichkeit der Wasserspeicherung häufiger finden als Gegenden, in denen der Wind über weite Teile des Jahres weder allzu schwach noch allzu stark weht, ohne auf Hindernisse im Gelände zu stoßen. Die Ebenen auf mediterranen Inseln wie Kreta und Mallorca sind demzufolge dicht mit Windkraftanlagen für Salinen, für die Getreidemüllerei und vor allem seit Mitte des 19. Jahrhunderts für die Bewässerung besetzt worden. Eine noch intensivere Nutzung erfuhr die Windkraft in Dänemark, in Norddeutschland und in den beiden holländischen Provinzen der Niederlande, wo Windmühlen in einer breiten Vielfalt von Gewerben verbreitet gewesen sind: als Schöpfwerke im Zuge der Landgewinnung, als Säge- und Getreidemühlen oder in der Papier- und Farbenherstellung. So sind bereits weit vor dem Beginn der Industrialisierung Landschaften durch die Wind- oder Wasserkraftnutzung geprägt worden, die oft erst in der zweiten Hälfte des 19. Jahrhunderts in „Dampfkraftlandschaften" haben verwandelt werden können, nachdem im wesentlichen die Steinkohle als Feuerungsmaterial auf Grund inzwischen verfügbarer Transportkapazitäten erfolgreich zu konkurrieren vermochte.

Als typische „Kohlenländer" mit bereits in der ersten Hälfte des 19. Jahrhunderts hohem Anteil von Dampfmaschinenantrieben galten England und Belgien, während die Schweiz und Italien, bis weit in die zweite Hälfte des 19. Jahrhunderts auch Frankreich und die Vereinigten Staaten, zu den „Wasserkraftländern" zählen. Deutschland ist in dieser Hinsicht ein „gemischtes", weil nicht eindeutig zuzuordnendes Gebiet gewesen[2]. Während die Wasserkraft im Süden von Bayern, Baden und Württemberg, am Harz oder in Teilen Sachsens, im südlichen Westfalen und im bergischen Land industrielle Betriebe zu tragen vermochte, kamen die expandierenden Industriezweige in den Ballungsgebieten wie an der Ruhr oder in Berlin schon sehr bald nicht mehr umhin, auf Dampfmaschinen zurückzugreifen. 1895, unmittelbar vor Einsetzen der Elektrifizierung in großem Stil, die seinerzeit bezeichnenderweise als „eine neue Ära steigender Wertschätzung" für die Wasserkraft erwartet wurde, gelangte die reichsweite Gewerbezählung – vor dem Hintergrund der inzwischen die Szene beherrschenden Großbetriebe des Steinkohlenbergbaus, der Eisen- und Stahlindustrie, der Textilindustrie und des Maschinenbaus – zu einem für die Zeitgenossen überraschenden Ergebnis: Von den gut 150 000 Betrieben, die Antriebsmaschinen im Einsatz hatten, nutzten noch gut 18 000 den Wind als Kraftquelle und 54 000 über Räder oder Turbinen die Wasserkraft, während ungefähr 59 000 Betriebe bereits über eine Dampfmaschine verfügten. Dieses Bild täuscht allerdings über die erheblichen Unterschiede hinweg, die im Hinblick auf die Größe der Betriebe und die Leistungsfähigkeit der von ihnen verwendeten Antriebsmaschinen bestanden. [VIII-5.3]

Die gesamte, für die damaligen Windmühlen angenommene Leistung belief sich auf gerade 25 000 PS. Allerdings könnte sie faktisch auch das Doppelte dieses Betrages ausgemacht haben, wären anstatt einer Leistung von jeweils lediglich einer Pferdestärke für Bockwindmühlen zwischen 3 bis 5 PS, oder je Holländerwindmühle statt lediglich 3 bis zu 10 PS angenommen worden. Demgegenüber waren in den Wasserkraftmaschinen insgesamt 630 000 PS und in den Dampfmaschinen am Ende des 19. Jahrhunderts gut 2,7 Millionen PS verfügbar[3]. Das statistische Leistungsverhältnis, das 1895 zwischen Windmühlen, Wasserkraftmaschinen und Dampfmaschinen bei 2:25:109 gelegen hatte, wurde bis 1925 nur zu ungunsten der Windmühlen verschoben, als es bei 2:42:140 lag. Diese Verschiebung spiegelt weniger eine gravierende Abnahme der Zahl von Windmühlen, als vielmehr die starke Zunahme der in den zwischenzeitlich installierten Wasser- und Dampfturbinen von Elektrizitätswerken installierten Leistung. 1925 standen allerdings den knapp 21 000 Wasserturbinen im damaligen Deutschen Reich immer noch gut 37 000 Wasserräder gegenüber, deren statistische Gesamtleistung jedoch weniger als ein Sechstel derjenigen ausmachte, die die Wasserturbinen aufzubieten hatten[4].

Am Ende des 19. Jahrhunderts wurde die Windkraft ausschließlich von der Getreidemüllerei genutzt, sei es zur Herstellung von Futteroder Backschrot, von Mehl, Graupen oder Grütze. Ausnahmen bildeten in Deutschland nur ostfriesische Städte wie Emden oder Leer und Orte in Schleswig-Holstein wie Kappeln, in denen windgetriebene Sägemühlen zu finden waren, eine Anzahl windgetriebener Kreidemühlen an den Brüchen von Söhlde östlich von Hildesheim, während beispielsweise die große, 1812–14 aufgestellte Turmholländer-Windmühle der Papierfabrik Schoeller bei Osnabrück bereits schon einige Jahre vorher eine Dampfmaschine aufgenommen hatte. An den deutschen Küsten konnte sich die Windkraftnutzung noch bis in die Zeit zwischen den beiden Weltkriegen eine wichtige, oft sogar noch beherrschende Rolle in der Segelschiffahrt zwischen den kleineren Häfen bewahren.

Nach der Aufhebung des Mahlzwangs – in Preußen 1810 – sind eine Vielzahl neuer Windmühlen aufgestellt worden. Wurden in Preußen 1846 erst 12 000 Windmühlen gezählt, so waren bis zum Beginn der 1860er Jahre etwa dreitausend hinzugekommen, vor allem in den Provinzen Ost- und Westpreußen, Schlesien, Brandenburg, Sachsen, und Posen. Den Höhepunkt ihrer Verbreitung erreichten die Windmühlen zu Beginn der 1880er Jahre. Bis dahin hatten sich nicht allein typische Wind- oder Wassermühlenlandschaften herausgebildet, sondern auch Landschaften, in denen entweder die ältere und einfacher

konstruierte hölzerne Bockwindmühle vorherrschte, oder aber die
aufwendigere, dafür jedoch leistungsfähigere Holländerwindmühle in
ihren verschiedenen Ausprägungen das Feld bestimmte[5]. Während
für die Landschaft am Niederrhein, in Ostfriesland, Schleswig-Holstein oder Vorpommern die Holländerwindmühlen charakteristisch
sind, waren es vor allem im Nordzipfel Sachsens um Leipzig, in der
preußischen Provinz Sachsen, in Niederschlesien östlich der Oder und
im südlichen Posen die Bockwindmühlen, die ihre Umgebung präg-
ten. Hier waren einzelne Orte von mehr als vierzig Bockwindmühlen
umstellt[6].

Im Unterschied zu den Windmühlen sind Wassermühlen – oder
genauer: Wassertriebwerke – nicht auf die Getreidemüllerei beschränkt geblieben, auch wenn hier der Schwerpunkt der Nutzung auf
der kleinen Wasserkraft mit installierten Leistungen unter 100 kW
gelegen hat. So waren noch 1925 mehr als die Hälfte aller Wasserräder
und ein Drittel aller Wasserturbinen dazu eingesetzt worden, Getreide
zu vermahlen. Ein weiterer Schwerpunkt der Wasserkraftnutzung lag
bei den Sägewerken, die, vor allem auf dem Lande, vielfach mit
Getreidemühlen kombiniert gewesen sind. Indes sind auch die Papier-
herstellung und die Textilindustrie, insbesondere die alle Produktionsstufen umfassenden „Vollbetriebe" der Tuchindustrie und die süddeutschen Baumwollspinnereien, der Metallerzbergbau des Harzes
und des Erzgebirges oder schließlich die Betriebe der Eisenverarbeitung in der Mark, im Bergischen Land oder im Siegerland noch in
starkem Maße auf die Wasserkraft abgestellt geblieben. In den 1870er

Jahren betrug der Anteil der Wasserkraft an der Gesamtleistung der Antriebsmaschinen in der Baumwollspinnerei etwa ein Drittel – in Baden, Bayern und Sachsen jeweils etwa die Hälfte –, in der Papierindustrie mehr als die Hälfte, im Metallerzbergbau ein Fünftel, etwas mehr in der Wollindustrie – wobei er im Bereich der Kammgarnspinnerei höher als im Bereich der Streichgarnspinnerei lag [7]. [VI-4.3]

Energetische Wegbereiter der Industrialisierung

Überall dort, wo in einem begrenzten Zeitraum größere Stoffmengen zu zerkleinern oder zu fördern waren oder wo die dazu notwendigen Kräfte das Vermögen einzelner Menschen überstiegen und zudem ebenso gleichmäßig wie ununterbrochen eingesetzt werden sollten, sind bereits weit vor dem 18. und 19. Jahrhundert Wind- und Wasserkräfte genutzt worden. In römischen Militärlagern des heutigen Südfrankreichs, Tunesiens oder Jordaniens sind zum Teil umfangreiche Relikte wassergetriebener Getreidemühlen freigelegt worden, die vermutlich in das dritte und vierte Jahrhundert unserer Zeitrechnung datiert werden können. Möglicherweise noch früheren Ursprungs sind die Schöpfräder, die zur Bewässerung von Feldern und Gärten, aber auch zur Wasserversorgung von Städten in den Talauen größerer Flüsse gedient haben und in einzelnen Fällen noch in China, im Irak und in Syrien, in Spanien und in Portugal zu finden sind. [8] [IX-3.5]

Bis zum Ende des Mittelalters hatte insbesondere die Wasserkraft Eingang in eine Vielzahl technischer Anwendungen und Gewerbe gefunden. Mit Wasserkraft – gelegentlich auch mit Windkraft, deren Domäne allerdings die Schiffahrt bleiben sollte – wurden außerhalb der Getreidemüllerei als dem wichtigsten Anwendungsgebiet, die Walken für Wollgewebe und Leder, Sägen, Pumpen zur Wasserversorgung der Städte und zur Wasserhaltung im Bergbau, Gebläse, Poch- und Hammerwerke in der Eisenindustrie und die Stampfwerke der Öl- und der Papiermühlen angetrieben. So verwundert es nicht, wenn die Standorte mit Möglichkeiten zu intensiver Wasserkraftnutzung zu Keimzellen der Industrialisierung wurden, sei es nun in der Verarbeitung von Baumwolle oder der Roheisengewinnung. [VI-4.3]

Die Mechanisierung einer Vielzahl von Arbeitsverfahren hat überwiegend auf der Wind- und mehr noch auf der Wasserkraft beruht. Dies ist in einem doppelten Sinn zu verstehen. Zum einen sind Wind- und Wasserkräfte, abgesehen von der Muskelkraft der Menschen oder der als Zugmittel und in Göpelwerken eingesetzten Tiere, die einzige

Großes oberschlächtiges Wasserrad für das Pochwerk im Goldbergwerk São João d'el Rey in Brasilien in den 1880er Jahren.

Möglichkeit gewesen, Maschinen oder andere mechanische Vorrichtungen in Bewegung zu setzen. Zum anderen sind Wind- und Wasserkraftanwendungen bedeutsame Quellen gewesen, aus denen Erfahrungen für den Maschinenbau geschöpft werden konnten. Aufgrund dieser Erfahrungen konnten sich Wasserkraftantriebe zu den energetischen Wegbereitern der Industrialisierung in England entwickeln und sich bis zum Ausgang des 18. Jahrhunderts ihre führende Rolle selbst in den Leitsektoren der Baumwollspinnerei und dem Eisenhüttenwesen bewahren [9]. Erst als der Kraftbedarf die Grenzen überschritt, bis zu denen das am traditionellen Standort vorhandene Potential mittels verbesserter und zudem ausdifferenzierter neuer Wasserräder auszubeuten war, standen entweder nur die Standortverlagerung oder der Übergang zum Antrieb durch Dampfmaschinen als Auswege zur Wahl [10].

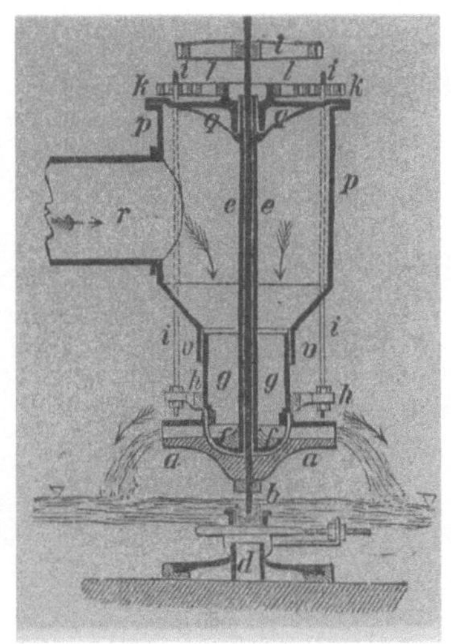

Gegen Ende der 1830er Jahre hatten in Großbritannien Wasserkraftantriebe den Dampfmaschinen bereits vielerorts den Platz räumen müssen. Anders als in den Vereinigten Staaten, in Frankreich oder auch in Deutschland war die Dampfmaschine hier inzwischen in nahezu allen Gewerbezweigen zum dominierenden Antriebsmittel aufgestiegen. So entfiel auf Dampfmaschinen drei Viertel der Antriebsleistung in der britischen Baumwollindustrie und ein ebenso großer Anteil in der britischen Textilindustrie insgesamt, während die Antriebsleistung der Textilindustrie in den Vereinigten Staaten nur zu 13% von Dampfmaschinen gestellt wurde. In den Vereinigten Staaten lag zu jener Zeit der Schwerpunkt des Dampfmaschineneinsatzes in der Nahrungsmittelindustrie, wo dennoch zwei Drittel der statistischen Gesamtleistung auf die Wasserkraft entfielen. Bezogen auf die statistische Gesamtleistung aller Industriezweige, lösten in den Vereinigten Staaten die Dampfmaschinen erst um 1870 die Wasserkraftmaschinen in ihrer dominierenden Position ab [11]. Noch später fand dieser Führungswechsel in der französischen Industrie statt. Ende der 1860er Jahre betrug das Verhältnis von Dampf- und Wasserkraftmaschinen hier noch ein Drittel zu zwei Dritteln bezogen auf die installierte Gesamtleistung, wobei allerdings der hohe Anteil der Wasserkraft in der Getreidemüllerei verdeckte, daß inzwischen in den industriellen Leitsektoren des Bergbaus, der Eisen- und Textilindustrie sowie des Maschinenbaus dieses Verhältnis genau umgekehrt worden war [12].

Wind- und Wasserkraft hatten zwar im Laufe des 19. Jahrhunderts ihre bis dahin dominierende Stellung an den Dampfmaschinenantrieb weitgehend abgeben müssen. Jedoch wurde gegen Ende des 19. Jahrhunderts von Wind- und Wassermühlen, Wasserturbinen und Segel-

Schematische Schnittzeichnung der Fourneyron-Turbine für die Spinnerei in St. Blasien im Schwarzwald um 1834. Die Turbine in St. Blasien ist ein Beispiel für eine Hochdruckturbine. „Man begreift hierunter Fourneyron-Turbinen für so hohe Wassergefälle (über 5 bis 6 Meter), wobei es unzweckmäßig wäre, das Wasser in oben offenen Gerinnen dem Leitcurvenschachte zuzuführen." Über ein Druckrohr r wird das Triebwasser in den mit dem Deckel q geschlossenen Turbinenschacht geleitet. Am unteren Ende dieses Schachtes findet sich innen das feststehende Leitrad f, dessen Schaufeln im Verhältnis zu denen des Laufrades a, des eigentlichen Turbinenrades, gegenläufig gekrümmt sind, um dem Wasserstrom Drallrichtung und vermehrten Druck zu verleihen. Das Wasser verläßt die Turbine, deren Welle b in einem Hüllrohr e durch den Schacht geführt wird, unter normalem Luftdruck. Der Wasserdruck wird in Rückstoß umgesetzt und das Laufrad in hohe Umlaufgeschwindigkeit gebracht. Mit einem verschiebbarem Schützenzylinder g kann der Wasserstrom reguliert oder ganz abgesperrt werden. Die Fourneyron-Turbine ist das Vorbild für die meisten der ihr folgenden Typen von Überdruck- beziehungsweise Reaktionsturbinen geworden.

Fourneyron hatte bereits viele Turbinen erfolgreich gebaut und in Betrieb genommen, ohne daß eine mathematische Theorie dafür gefunden war; erst 1838 schuf Poncelet die „Théorie des effets mécaniques de la turbine Fourneyron".

schiffen, absolut gesehen, eine weitaus höhere Gesamtleistung repräsentiert als zu Beginn. Indem die technischen Mittel der Wind- und Wasserkraftnutzung kontinuierlich verbessert und dem steigenden Kraftbedarf angepaßt wurden, konnte ihr Bedeutungsverlust nicht nur in Grenzen gehalten, sondern auch eine gute Ausgangsposition insbesondere für die Wasserkraft geschaffen werden, bei der Elektrifizierung in einer Reihe von Ländern mehr als bloß eine Pionierrolle zu übernehmen. In der Schweiz, in Skandinavien, in Italien und Teilen der USA blieb sie sogar über Jahrzehnte die eigentliche Grundlage der Elektrizitätswirtschaft. Eine Voraussetzung dazu bildete die Entwicklung von Wasserturbinen, die praktisch gegen Ende der 1820er Jahre in Frankreich, bald dann in den Vereinigten Staaten und Deutschland eingesetzt hatte, in eingeschränktem Maße aber auch die gleichzeitige Entwicklung leistungsfähigerer Wind- und Wasserräder [12].

Diese Entwicklung basierte auf systematischen Versuchen, die mit Nachdruck seit den 1740er Jahren in Frankreich und in England betrieben worden waren. Sie entsprang einem intellektuellen Interesse an Problemen der Mechanik, an der Wirksamkeit von Stoß und Gravitation, aber auch dem Bedarf an Klärung praktischer Probleme, etwa des Problems, die an gefällearmen, aber wasserreichen Flüssen gelegenen Wasserhebekünste von Paris, Marly oder London in ihrer Leistungsfähigkeit wesentlich zu verbessern. Besondere Bedeutung haben die seit 1751 von John Smeaton (1724–1792) durchgeführten Versuche erlangt, die 1759 veröffentlicht wurden und aus denen sich eine Reihe verbesserter Konstruktionen für Windmühlenflügel und Wasserräder sowie deren Speicher und Zuleitungskanäle ergaben. Ein Ergebnis der Versuche von John Smeaton war, daß je nach gegebener Fallhöhe und Wassermenge, geforderter Belastbarkeit und Drehzahl entsprechende Wasserradtypen ausgebildet wurden [14]. Sie unterschieden sich in ihren Abmessungen und in der Formgebung ihrer Schaufeln oder Zellen erheblich voneinander. Durch eine differenzierte Konstruktion der Schützen – als dem Absperrorgan zwischen Zuleitungsgerinne und Wasserrad unmittelbar am Beaufschlagungspunkt – aber auch der Gerinne selbst, versuchte man den Wirkungsgrad zu steigern. Neben den in der Mitte des 18. Jahrhunderts verbreiteten einfachen Formen von ober- und unterschlächtigen Rädern kamen mittel- und rückschlächtige Typen auf. Unterschlächtige Räder erfuhren eine Differenzierung, um größere Wassermengen bei selbst geringen und zudem schwankenden Fallhöhen nutzen zu können.

Auf diese Weise gelang es nicht nur, die Wasserräder zu den bis weit in das 19. Jahrhundert hinein dominierenden Antriebsmaschinen und damit zum Wegbereiter und erstem energetischen Träger der Industrialisierung werden zu lassen, sondern man konnte zugleich die konstruktiven Möglichkeiten nutzen, die mit dem sukzessive in größeren Mengen und zu sinkenden Preisen verfügbaren Guß- und Schmiedeeisen angeboten wurden. Die Verdrängung des Holzes durch Gußeisen für die Radnabe, teilweise auch für die Schaufeln, Radkränze oder Schaufelstiele, durch Profileisen für die Radwelle und die Radarme, Drahtverspannungen anstelle der Radarme, oder schließlich Eisenblech anstelle des Holzes vor allem für die Schaufeln beziehungsweise den Zellenkranz, ist wiederum von England und Schottland ausgegangen. Gelang es dadurch die durchschnittliche Leistung eines Wasserrades von etwa 10 PS im Jahre 1830 auf ungefähr 30 PS im Jahre 1880 zu steigern, so vermochte die Verwendung von Eisenteilen für das zwischen Wasserrad und Arbeitsmaschinen vermittelnde Getriebe die dort bis dahin hohen Reibungsverluste zu reduzieren. Nach Mitte des 19. Jahrhunderts sorgten Seiltransmissionen über Entfernungen von mitunter mehreren hundert Metern wie in Schaffhausen oder im Zürcher Oberland zusammen mit den Riementransmissionen in Fabrik- und Werkstattgebäuden zusätzlich dafür, daß der Gewinn an Wirkungsgrad ohne große Abstriche bis zu den Arbeitsmaschinen gelangte.

Windmühlen haben – mit Ausnahme in Holland – kaum die Bedeutung erlangt, die Wassermühlen für den Verlauf der Industrialisierung gehabt haben. Dennoch erfuhren auch sie nicht nur eine Vielzahl entscheidender Verbesserungen, sondern insbesondere in Holland seit Mitte des 17. Jahrhunderts eine Vielfalt an Bauformen, die den jeweiligen Verwendungszwecken als Schöpf-, Säge- oder Papiermühle ebenso gut angepaßt waren wie den dortigen Windverhältnissen. Die Flügelruten bekamen eine strömungsgünstigere Formgebung. Anstelle des gesamten Mühlengebäudes brauchte meist nur noch die auf einem Rollenlager ruhende Kappe in den Wind gedreht zu werden. Seit Mitte des 18. Jahrhunderts wurde aus England die Windrosette eingeführt, um die Kappe in den Wind gleichsam einzuregulieren, und ungefähr dreißig Jahre später finden sich erste Nachweise „selbstregulierender" Jalousieflügel [15]. Voraussetzung dafür war mehr und mehr die Verwendung von Eisen als Werkstoff an Stelle verschiedener, traditionell verwendeter Hölzer.

Allerdings blieb Holz nicht nur für die Bockwindmühle der wichtigste Werkstoff. Auf seine Eigenschaften blieb der Windmühlenbau weitgehend auch insgesamt abgestellt. Holzkonstruktionen scheinen zwar im Vergleich zu den späteren Profilstahl- und Blechkonstruktionen schwerfällig und materialaufwendig, waren jedoch aus einer nach Jahrhunderten zählenden Erfahrung gegen die Zerstörung durch Sturm weitgehend gesichert. Die Erfahrungen mit Konstruktion und Werkstoff hatten sich nicht allein im Bau der Windmühlen bewährt, sondern auch in deren Betrieb. Die konstruktive Stagnation wirkte sich erst von dem Zeitpunkt an negativ aus, als mit Motoren eine kontinuierlich verfügbare, zudem in ihrer Anschaffung und ihrem Betrieb kostengünstigere Alternative zum traditionellen Windantrieb bereitstanden, und zum anderen, als die Tendenz zur wirtschaftlichen Konzentration mehr und mehr auch die ländlichen Getreidemühlen erfaßte. Beides, das Angebot von Diesel- und Elektromotoren und die Alternative, entweder den Betrieb ganz aufzugeben oder aber wesentlich zu erweitern, datiert indes – von wenigen Ausnahmen abgesehen – erst in die 1920er, wenn nicht gar die 1950er Jahre [16].

Die insbesondere in den Vereinigten Staaten seit Mitte des 19. Jahrhunderts entwickelten und seit ihrer repräsentativen Vorstellung auf der Weltausstellung von Philadelphia 1876 verstärkt auch in Europa eingesetzten Windräder aus Blechteilen mit gußeiserner oder – bei kleineren Anlagen – schmiedeeiserner Welle, konnten die traditionellen Bauformen der Windmühle kaum aus der Getreidemüllerei verdrängen. Ihr Anwendungsfeld sollten vielmehr die Pumpenantriebe werden, beispielsweise zur Wiesenbewässerung oder Wasserversorgung des Weideviehs, zur Wasserversorgung von Gütern, Dörfern oder Bahnhöfen oder schließlich zur Entwässerung von Poldern bei der Landgewinnung [17].

Natürliche und wirtschaftliche Grenzen

Mit Blechschaufeln versehene und auf Stahlgittergerüsten montierte Windräder erfuhren zwar gegen Ende des 19. Jahrhunderts und seit etwa 1910 verstärkt aufgrund von Erfahrungen aus dem Flugzeugbau eine Reihe von Verbesserungen. Die Hoffnungen, die in den Jahren während und kurz nach dem 1. Weltkrieg, gegen Ende der 1930er und zu Beginn der 1940er Jahre daraufhin in die „Windelektrizität" gesetzt worden waren, sollten indes kaum in Erfüllung gehen. Etwa fünfzig Jahre nachdem die Zahl der Windmühlen mit knapp 19 000 während der 1880er Jahre in Deutschland ihren Höhepunkt erreicht hatte, war sie auf ein Viertel dieses Bestandes zurückgefallen. Im Unterschied zur Wasserkraft war die Nutzung der Windkraft in nahezu allen Fällen ersatzlos aufgegeben worden. Nur an wenigen Orten waren Windkraftanlagen, die einzelne Güter, Dörfer oder gar Städte mit Elektrizität zum Antrieb von Elektromotoren oder zur Beleuchtung versorgten, an die Stelle der Windmühlen getreten. Über die bedeutendste Anlage dieser Art verfügte in den 1930er Jahren Odense. Mit elf Windrädern zu jeweils höchstens 30 kW hat sie schon damals nur einen Bruchteil des Energiebedarfs decken können. Zwischen 200 m und 300 m hohe „Windtürme", die mit jeweils mehreren Windrädern versehen die in diesen Höhen vorhandenen Windgeschwindigkeiten nutzen und in eine weitaus größere Leistung bis zu insgesamt 5 MW umsetzten sollten, sind im Stadium utopischer Entwürfe geblieben. Diesen Plänen mangelte es nicht allein an zuverlässiger technischer Beherrschbarkeit der zu erwartenden Belastungen in Extremsituationen, sondern angesichts des Aufwands und der dennoch verbleibenden Risiken an wirtschaftlicher Attraktivität [18].

Die Entwürfe gigantischer Windtürme beruhten auf dem Umstand, daß die Leistung von Windrädern mit der Windgeschwindigkeit rasch zunimmt. Vermag ein Windrad bei einer Windgeschwindigkeit von 3 m/sek beispielsweise 1 PS zu leisten, so könnte es „theoretisch" bei einer zehnfachen Windgeschwindigkeit auf eine mehr als tausendfache Leistung gebracht werden. In Höhen zwischen 10 m und 20 m, in denen sich die meisten Flügelwellen von Windmühlen und Windrädern befunden haben, ist allerdings nur an wenigen Tagen mit Windgeschwindigkeiten von mehr als 10 m/sek zu rechnen. Windräder für den Generatorbetrieb wurden deshalb in der Regel für Durchschnittsgeschwindigkeiten von 4–5 m/sek ausgelegt, so daß eine Verfügbarkeit für ungefähr drei Viertel des Jahres zu erwarten war [18]. Die verbleibende Stillstandszeit mußte entweder über Akkumulatoren oder aber Reserveantriebe, meist Sauggas- oder Dieselmotoren überbrückt werden.

Weil die Mehrzahl der Fließgewässer nicht das ganze Jahr über einen gleichbleibenden Wasserstrom aufweist, waren auch viele Wasserkraftbetriebe gezwungen, einen Teil ihres aufgrund von Erweiterung entstandenen Mehrbedarfs anderweitig abzudecken. Vor allem für Trockenperioden mußten Reserven bereitstehen. Dazu gab es in Mitteleuropa bereits vor dem 18. Jahrhundert eine Reihe berühmter Beispiele, im Bergbau das Wasserwirtschaftssystem des Harzes mit seinen Teichen und Kunstgräben oder in der Eisenverarbeitung die Komplexe von Hammerwerken, Drahtzügen und Schleifkotten in der Grafschaft Mark, im Bergischen Land oder in Sheffield. Allerdings ist die Kleineisenindustrie im Unterschied zur kontinuierlich arbeitenden und deshalb auch durch einen ununterbrochenen Bedarf an Antriebs-

Mit Windkraft betriebenes Elektrizitätswerk Skamby auf Fünen im Jahr 1940. Es hatte eine Leistung von 2000 kW. Gegründet wurde die Anlage 1908 noch mit dieselmotorischem Antrieb.

energie gekennzeichneten Baumwollspinnerei, ebenso wie zur Roheisenindustrie mit ihren Gebläsemaschinen, durch einen unterbrochenen, oft nur kurzzeitigen Bedarf bestimmt. Die Hämmer, Schleifsteine und Drahtzüge sind über Tag häufig nur kurz in Bewegung gewesen. Das begrenzte Wasserkraftpotential reichte somit für eine Vielzahl einander abwechselnd anzutreibender Werkzeuge. Die meist sehr dicht aufeinanderfolgenden Wassertriebwerke der Kleineisenindustrie mit ihren Ketten von Speicherteichen vermochten deshalb auch bis in die ersten Jahrzehnte dieses Jahrhunderts zu überleben[20]. Die Nutzung der Wasserkraft blieb – in diesem wie in vergleichbaren Fällen – nicht nur deshalb bis weit in unser Jahrhundert unangefochten, weil die vorhandenen Potentiale der Organisation der Fertigungsabläufe entsprachen, sondern auch deshalb, weil die Dampfmaschine hier meist unwirtschaftlich gewesen wäre. Während Wasserräder und Wasserturbinen in kürzester Frist auf ihre volle Drehzahl und Leistung gebracht werden können, verlangt die Dampfmaschine dazu einen ständig beheizten Kessel. Dampfmaschinen wurden daher überall dort bevorzugt, wo eine Leistung ununterbrochen und auf einem hohen Niveau gefordert und die Wärme des Dampfes zudem für den Fertigungsprozeß von Bedeutung gewesen ist.

Sofern Staumarken nicht höhergelegt werden durften oder Flächen zur Anlage weiterer Wasserspeicher nicht mehr zur Verfügung standen, sahen sich die Betriebe gezwungen, von der traditionellen Wasserkraft abzugehen und zur Dampfmaschine zu greifen, wollten sie ihren Standort halten und sich erweitern. Mit der traditionellen Wasserkraftnutzung verbundene, jedoch kaum erweiterungsfähige Standorte in engen Tallagen oder die Konkurrenz von Wasserversorgung und Schiffahrt setzte in England einer Ausdehnung des Wasserkraftbetriebes bereits während der zweiten Hälfte des 18. Jahrhunderts schnell eine Grenze. Sie wurde zwar immer wieder durch Maßnahmen nach dem Vorbild von Einrichtungen zur Versorgung mit Triebwasser im Bergbau oder der Kleineisenindustrie zu überwinden versucht. Letztlich jedoch haben auch die aufwendigsten Aquädukte, Tunnel und Talsperren, deren hohe Staumauern die Bewunderung der Zeitgenossen erregten, nur den Zeitpunkt um einige Jahrzehnte hinauszuschieben vermocht, zu dem von der Wasserkraft auf die Dampfmaschine übergewechselt werden mußte[20]. Dagegen erlaubte die sehr viel umfangreichere Speicherfähigkeit von Gebirgsseen und ausgedehnten Wäldern in den Neuenglandstaaten, die Wasserkraft während des 19. Jahrhunderts im großen Stil für die Baumwollindustrie zu nutzen und in die Anfänge der Elektrifizierung hinüberzuführen[21].

In vergleichbarer Weise haben viele der kleinen Wassermühlen bis in die 1950er Jahre hinein als lokale Elektrizitätswerke fungieren können. Von ihnen ist um die Jahrhundertwende in vielen Fällen die Elektrifizierung nicht nur einzelner Dörfer, sondern auch kleinerer Städte ausgegangen. Meist handelte es sich hier um Gleichstromnetze mit Akkumulatoren zum Abfangen der Belastungsspitzen[23]. Allerdings steckten die Benutzung elektrischer Motoren und besonders vom elektrischen Heizgeräten diesen „Zentralen" bereits gegen Ende der 1920er Jahre deutliche Grenzen. Versuchte man zunächst noch, sich mit Dieselmotoren als Reservemaschinen weiter zu helfen, sorgten spätestens in den 1950er Jahren spürbare Kostensenkungen beim Dieselöl und günstige Tarife seitens regionaler Energieversorgungsunternehmen dafür, daß Wasserkraftanlagen mit Leistungen von weniger als einem Megawatt aus dem Netz genommen und die Wasserkraft ebenso wie schon zuvor die Windkraft in ihrem Ansehen entwertet wurde.

Literaturnachweise

1 *Hills*, Richard L.: Power in the Industrial Revolution. New York 1970, S. 89– 115; *Tunzelmann*, G.N. von: Steam Power and British Industrialization to 1860. Oxford 1978; *Shaw*, John: Water Power in Scotland, 1550–1870. Edinburgh 1984; *Hunter*, Louis C.: Waterpower. A History of Industrial Power in the United States. Charlottesville, VA 1979; *Wilson*, Paul N.: Water Power and the Industrial Revolution. In: Water Power. Jg. 6 (1954), Nr. 8, S. 309– 316; *Musson*, A.E.: Industrial Motive Power in the United Kingdom. In: The Economic History Review. Jg. 29 (1976), S. 415–439; *Gordon*, Robert B.: Cost and Use of Water Power during Industrialization in New England and Great Britain: A Geological Interpretation. In: The Economic History Review. Jg. 36 (1983), S. 240–259

2 *Kromer*, Carl Th.: Die außerdeutschen Verhältnisse der europäischen Elektrizitätswirtschaft. In: Aufbau und Entwicklungsmöglichkeiten der europäischen Elektrizitätswirtschaft. Berlin 1928, S. 261–308

3 *Krümmel*, O.: Die geographische Verbreitung der Wind- und Wassermotoren im Deutschen Reiche. Nach der Gewerbezählung vom 14. Juni 1895 dargestellt. In: Petermanns Geographische Mitteilungen. Jg. 49 (1903), Nr. 8, S. 169

4 *Deutscher Wasserwirtschafts- und Wasserkraftverband* (Hrsg.): Water Power Exploitation in Germany. Berlin 1930, S. 36f

5 *Viebahn*, Georg von (Hrsg.): Statistik des zollvereinten und nördlichen Deutschland. Dritter und letzter Teil. Thierzucht, Gewerbe, Politische Organisation. Berlin 1868, S. 757; *Gewerbestatistik* nach der allgemeinen Berufszählung vom 5. Juni 1882. 2. Theil, Gewerbestatistik der Staaten und größeren Verwaltungsbezirke. 2. Abschnitt: Betriebsumfang, Motorenbenutzung,

Hausindustrie und Besitzverhältnisse der Gewerbebetriebe mit Mitinhabern, Gehülfen oder Motoren. Berlin 1886 (Statistik des Deutschen Reichs, Neue Folge 7), S. 782 ff. und S. 794 ff.; Vgl. 3, S. 170 f.

6 Vgl. 3, S. 172 f.; *Tacke*, Eberhard: Zur Karte: Die Verteilung der Wind- und Wassermühlen in Niedersachsen und angrenzenden Gebieten um 1900. In: Neues Archiv für Niedersachsen. Jg. 17 (1968), Nr. 3, S. 244–247; *Rivals*, Claude: Energies traditionelles: L'eau et le vent dans la France méridionale. Particularités architecturales et technologiques. In: L'Archéologie industrielle en France. Nr. 15. Paris 1987, S. 47–52

7 *Engel*, Ernst: Die deutsche Industrie 1875 und 1861. Berlin 1880

8 *Wikander*, Örjan: Vattenmöllor och möllare i det Romerska Riket. Lund 1980; *Wikander*, Örjan: Water-Mills in Ancient Rome. In: Opuscula Romana. Jg. 12, 1979, Nr. 2 S. 13–36; *Veiga de Oliveira*, Ernesto, u.a.: Tecnologia tradicional portuguesa. Sistemas de moagem. Lissabon 1983 (Etnologia 2), S. 69 ff., S. 80 ff.; *González Tascón*, Ignacio: Fábricas hidraulicas españolas. Madrid 1987, S. 13–34

9 Vgl. 1 (Wilson); *Tann*, Jennifer: The Textile Millwright in the Early Industrial Revolution. In: Textile History. Jg. 5 (1974), S. 80–89; *Reynolds*, Terry S.: Scientific Influences on Technology: The Case of the Overshot Waterwheel, 1752–1754. In: Technology and Culture. Jg. 20 (1979), Nr. 2, S. 270–295; *Layton*, Edwin T.: Scientific Technology, 1845–1900: The Hydraulic Turbine and the Origins of American Industrial Research. In: Technology and Culture. Jg. 20 (1979), Nr. 1, S. 64–89

10 Vgl. 1 (Wilson), S. 315; Vgl. 1 (Musson), S. 424 ff., S. 434 ff.; Vgl. 1 (Shaw) S. 490 f.

11 Vgl. 1 (Hunter), S. 343

12 *Fohlen*, Claude: France 1700–1914. In: Cipolla, Carlo M. (Hrsg.): The Emergence of Industrial Societies – 1. London 1970 (The Fontana Economic History of Europe 4.1), S. 49 ff.

13 *Reynolds*, Terry S.: Stronger than a Hundred Men. The History of the Vertical Water Wheel. Baltimore/London 1983; *Wilson*, Paul N.: Early Water Turbines in the United Kingdom. In: The Newcomen Society. Transactions. Jg. 31 (1961), S. 219–241; *Wilson*, Paul N: Water Turbines. London 1974 (A Science Museum Booklet); *Smith*, Norman: Vom Wasserrad zur Wasserturbine. In: Spektrum der Wissenschaft. 1980, Nr. 2, S. 85–91; *Meystre*, Noël: De la Roue à eau à la turbine hydraulique. In: Böhlau, Bruno (Hrsg.): L'Histoire de la protection contre les crues et de l'utilisation des forces hydrauliques en Suisse. Basel 1983 (Exposés au 9e Salon international et Journées d'information de la protection du milieu vital), S. 10.10; *Neumann*, Friedrich: Die Windmotoren. Weimar 1881(2) (Neuer Schauplatz der Künste und Handwerke 263)

14 *Wilson*, Paul N.: The Waterwheels of John Smeaton. In: The Newcomen Society. Transactions. Jg. 30 (1957), S. 25–48; *Rowland*, K.T.: Eighteenth Century Inventions. Newton Abbot 1974, S. 40; *Skempton*, A.W. (Hrsg.): John Smeaton. London 1981, S. 61; Vgl. 13 (Reynolds), S. 218 ff.

15 Vgl. 8 (Veiga de Oliveira), S. 242 ff.; *Sipman*, Anton: Molenbouw. Het staande werk van de bovenkruiers. Zutphen 1975, S. 92–106; *Reynolds*, John: Windmills and Watermills. London 1974(2), S. 69–114

16 *Bedal*, Konrad, u.a.: Mühlen und Müller in Franken. München/ Bad Winds-
   heim 1984 (Schriften und Kataloge des Fränkischen Freilichtmuseums 6),
   S. 91, S. 123; *Kleeberg*, Wilhelm: Niedersächsische Mühlengeschichte. Hannover 1978(2)
17 Vgl. 13 (Neumann); *Scheuer*, Jos.: Wasserkraft und Windkraft. In: Miethe, A.
   (Hrsg.): Die Gewinnung des technischen Kraftbedarfs und der elektrischen
   Energie. Braunschweig 1912 (Die Technik im Zwanzigsten Jahrhundert 3),
   S. 241 f.; *Hammel*, Ludwig: Die Ausnutzung der Windkräfte, unter besonderer
   Berücksichtigung der ländlichen Gemeinde-Wasser- und Elektrizitäts-Versorgung. Berlin 1924(3), S. 108
18 *Schieber*, Walther: Energiequelle Windkraft. Berlin o.J. (1944), S. 31 ff., S. 83,
   S. 87
19 *Liebe*, Gottfried: Wind-Elektrizität, ihre Erzeugung und Verwendung für
   ländliche Verhältnisse. Berlin 1915 (Thaer Bibliothek 114), S. 37 f., S. 65 ff.;
   Vgl. 17 (Hammel), S. 90
20 *Siegert*, Toni: Elektrizität in Ostbayern. Die Oberpfalz von den Anfängen bis
   1945. Theuern 1985 (Bergbau- und Industriemuseum Ostbayern Theuern 6),
   S. 52, S. 58 ff.; *Siegert*, Toni: Elektrizität in Ostbayern. Niederbayern von den
   Anfängen bis 1945. Die dezentrale Stromversorgung. Theuern 1988 (Berg-
   bau- und Industriemuseum Ostbayern 9), S. 73 f., S. 80 f.
21 Vgl. 1 (Shaw), S. 194, S. 431 ff.; Vgl. 1 (Musson), S. 417; *Allison*, Archibald:
   The Water Wheels of Sheffield. In: Engineering. Jg. 165 (1948), Nr. 4, S. 165–
   168
22 *Gordon*, Robert B.: Hydrological Science and the Development of Waterpower for Manufacturing. In: Technology and Culture. Jg. 26 (1985), Nr. 2,
   S. 204–235; Vgl. 1 (Gordon); Vgl. 1 (Shaw), S. 481
23 *Schmitt*, Gerhard: Kraftquellen und Wirtschaft im Kreise Schwelm. Eine wirt-
   schafts-historische Studie. Schwelm 1925 (Wirtschafts- und sozialwiss. Dissertation Univ. Köln); *Lange*, Gisela: Die ländlichen Gewerbe in der Grafschaft
   Mark am Vorabend der Industrialisierung. Köln 1976 (Schriften zur rheinisch-
   westfälischen Wirtschaftsgeschichte 29), S. 69 f.; *Wiethege*, Dieter: Die Geschichte der Hammerwerke im Hellenbeckertal. Ennepetal 1979, S. 26–33;
   Vgl. 21 (Allison), S. 168; *Allison*, Archibald: Water Power as the Foundation
   of Sheffield's Industries. In: The Newcomen Society. Transactions. Jg. 27
   (1952), S. 221–224; *Barraclough*, K.C.: Sheffield Steel. Buxton 1976 (Historic
   Industrial Scenes), S. 79 f. und S. 85

Vom Holz zur Kohle –
Prozeßwärme und Dampfkraft

Michael Mende

Das wichtigste Rohmaterial für den Fabrikbetrieb

Brennholz – zu dem vorwiegend Reisig, Stubben oder Bruchholz
dienen – hat in den Ländern Westeuropas Mitte der 1980er Jahre nur
noch mit weniger als einem Prozent zum Primärenergieaufkommen
beigetragen. Auch übersetzt in einen Weltmaßstab, sind es lediglich
4% gewesen. Zur Hälfte seiner Gesamtmenge wurde Brennholz aller
Art in den Ländern Asiens verfeuert und zum Aufgebot an Primärenergie in den Ländern Afrikas trug es zu mehr als 50% bei[1]. In
einzelnen Ländern Afrikas dürfte der Anteil des Brennholzes noch
höher gelegen haben, berücksichtigt man den Eigenverbrauch an

Köhler in den Apenninen.

Steinkohle in Südafrika oder den an Erdöl und Erdgas in Nordafrika. Nicht von ungefähr erscheint die hohe Bedeutung des Brennholzes ebenso als Ausweis der Naturalwirtschaft, zumindest der infrastrukturellen und industriellen Rückständigkeit wie die riesigen Heere der siebzig Millionen Ochsen Indiens oder der fünfzig Millionen Wasserbüffel Chinas, die in diesen beiden Ländern noch am Ende der 1970er Jahre geduldig ihren Dienst als Zugtiere verrichtet hatten[2]. Demgegenüber beruht der überdurchschnittlich hohe Anteil, den das Holz am Primärenergieaufkommen Brasiliens hat, darauf, daß hier in großem, eben industriellem Maßstab schnellwachsende Hölzer wie Eukalyptus zu Holzkohle verarbeitet und in der Roheisenerzeugung eingesetzt werden. Aus der Roheisenerzeugung europäischer Länder dagegen ist die Holzkohle seit Beginn der 1960er Jahre verschwunden. In Deutschland spielt sie nur in der Raffination von Rohkupfer eine Rolle, außerdem in der Herstellung von Schwarzpulver und anderen Chemikalien sowie als Aktivkohle in der Herstellung von Filtern.

„Das wichtigste Rohmaterial für den Fabrikbetrieb ist die Steinkohle, der die heutige Industrie die große Ausdehnung verdankt, weil kein anderer Rohstoff so reich an Heiz- und Leuchtkraft ist, Licht und Wärme aber zu den ersten Grundbedingungen der Fabriktätigkeit gehören", stellte Georg von Viebahn nach der umfänglichen Gewerbezählung im dritten und letzten Teil seiner „Statistik des zollvereinten und nördlichen Deutschlands" 1868 fest[3]. [VIII-3.1]

Der Heizwert der Steinkohle, der zwischen etwa 25 MJ/kg bei der Wealdenkohle, 29 MJ/kg beim Koks und nahezu 36 MJ/kg bei Magerkohle und Anthrazit liegen kann, wird von dem des Erdöls und Erdgases weit überboten. Für das Erdöl fand sich jedoch zu Viebahns Zeiten erst marginale, indes rasch zunehmende Verwendung vor allem in Petroleumlampen, für das Erdgas hatte man noch gar keine Verwendung. Der Heizwert des Brennholzes beträgt durchschnittlich nur die Hälfte desjenigen des Steinkohlenkokses. Dies hat zur Folge, daß im Wechsel zum Steinkohleneinsatz nicht allein die Hälfte der Brennstoffmenge eingespart werden kann, sondern in gleicher Weise die notwendige Transportkapazität, deren Inanspruchnahme überall dort, wohin nicht geflößt oder zumindest weitgehend mit dem Schiff angeliefert werden konnte, erhebliche Kosten verursachte. Kostete ein Klafter Brennholz einschließlich Hauerlohn im Wald des bayerischen Hochgebirges bisweilen um 1860 nur 48 Kreuzer, so war er in Unterfranken oder der Pfalz oft mit 26 fl (1 fl = 60 Kreuzer) zu bezahlen[4]. Der Transport von Reisig oder Stubben verbot sich angesichts ihrer Sperrigkeit bei solchen Relationen von selbst. Ihre Verwendung als

Brennholz blieb demzufolge auf den nächsten Umkreis ihrer Sammel- und Einschlagsorte beschränkt.

Je mehr und je kostengünstiger die Kohle zunächst mit dem Schiff und dann vor allem mit der Eisenbahn anzuliefern war, desto rascher wurde Holz aus der Wärmeerzeugung, insbesondere zu gewerblichen Zwecken, herausgedrängt. „Wie die Steigerung der Transportfähigkeit der Kohle die Steigerung des Kohlenverbrauchs und damit einen gewaltigen Aufschwung des Bergbaues ermöglicht, so beeinflußt nunmehr mit dem Durchdringen des mechanischen Großbetriebs das Vorkommen der Kohle, bzw. die Kohlenfracht als eine Hauptursache den Standort der großen Industrien", heißt es um die Jahrhundertwende rückblickend in den Studien zur „Verkehrsentwicklung in Deutschland 1800–1900" von Walter Lotz[5]. Die Kohlevorkommen schufen gleichermaßen die Voraussetzung, Produktion und Transport zu verbilligen, in Schottland Fabriken zu unterhalten, die aus südländischen Orangen und deutschem Zucker Marmelade herstellten oder in Nordwestdeutschland Kammgarnspinnereien anzulegen, die in großem Stil Importwolle verarbeiteten und dazu die billige Importkohle aus England unter ihren Dampfkesseln verfeuerten. Waren die großen Kammgarnspinnereien im wesentlichen Gründungen der 1870er und 1880er Jahre, so hatte der Import von schottischem, mit Steinkohlenkoks erblasenem Roheisen und englischer Kohle etwa ein halbes Jahrhundert zuvor hier zur Gründung mehrerer Eisengießereien, der Import englischer Baumwollgarne zur Gründung einiger großer Baumwollwebereien geführt.

Die billige, weil in verhältnismäßig großen Mengen verfügbare Steinkohle bildete das Kapital, das die industrielle Führungsposition Großbritanniens bis in dieses Jahrhundert hinein abzusichern vermochte. Die Spitze seiner Kohlenförderung erreichte Großbritannien sogar erst kurz vor Ausbruch des Ersten Weltkrieges. Bis in die Gegenwart blieb es das Land mit der höchsten Förderquote in Westeuropa. Inzwischen jedoch ist die „Kohlenkrise" auch über Großbritannien hinweggegangen. Noch Mitte der 1960er Jahre hatte der Anteil der Steinkohle zwei Drittel des gesamten Energiebedarfs gedeckt[6]. Auch wenn einige britische Gruben immer noch aufgrund besonders günstiger Förderbedingungen kostendeckend arbeiten können und nicht subventioniert zu werden brauchen, hat das Erdöl hier ebenso wie in Deutschland, Belgien oder Frankreich die Steinkohle vom ersten Platz unter den Energielieferanten verdrängt. Gegenüber der Steinkohle ist Erdöl weniger arbeits- und kapitalitensiv zu fördern, für die verschiedenen Verwendungszwecke aufzubereiten und zu verteilen. Indem es

besser differenzierbar und technisch bequemer zu handhaben ist, läßt
es sich einem schwankenden Bedarf leichter anpassen. Dies gilt auch
für die Produkte, die in den Spaltprozessen der Raffinerien anfallen.
Deckte Steinkohle in den europäischen Ländern während der 1920er
Jahre den Energiebedarf noch zu mehr als vier Fünfteln, während
Erdöl lediglich einen Anteil von zunächst weniger als fünf Prozent
hatte, so wurde diese Vormachtstellung der Steinkohle seit den 1930er
Jahren zunächst langsam und seit den 1950er Jahren in immer schnelle-
rem Tempo abgebaut. Bis zur ersten „Ölkrise" am Beginn der 1970er
Jahre hatte im Durchschnitt der europäischen Länder die Steinkohle
ihre Spitzenstellung an das Erdöl abgeben müssen, das nun zu nahezu
zwei Dritteln den inzwischen außerdem erheblich gesteigerten Ener-
giehunger stillte, der durch die Massenmotorisierung hervorgerufen
worden war. [VIII-3.1]

Von der Lokalität zur Ubiquität

Für die Wende vom 18. zum 19. Jahrhundert wird die Weltkohlenför-
derung auf ungefähr zwölf Millionen Tonnen geschätzt, von denen
allein fünf Sechstel aus Großbritannien gestammt haben dürften, dessen Förderung für die Zeit von einem Jahrhundert zuvor jährlich
bereits drei Millionen Tonnen betragen haben soll[7]. Zu Beginn der
1860er Jahre war die Weltsteinkohlenförderung auf etwa 135 Millionen Tonnen gesteigert worden, an der britische Gruben zu mehr als
der Hälfte partizipierten. Diente die Kohle in Großbritannien um 1700
noch zu fast der Hälfte ihrer Fördermenge dem Hausbrand[8], so lag
dessen Anteil hundert Jahre später nur noch bei einem Drittel und war
bis zur Mitte des 19. Jahrhunderts auf ungefähr ein Fünftel abgesun-
ken. Mehr als ein Drittel der Fördermenge wurde jetzt in den Öfen der
Glashütten und Ziegeleien, unter den Kesseln von Seifensiedereien,
Brauereien oder Zuckerraffinerien verfeuert, in den Retorten der Gaswerke eingesetzt, um Leuchtgas zu gewinnen, nicht zuletzt jedoch,
um die Kessel für die Dampfmaschinen zu heizen. Ein Viertel der
Kohlenförderung beanspruchte die Eisenindustrie, etwa 7% gingen in
den Export und den Rest verbrauchten die Kohlenbergwerke selber.
Gegenüber dem Beginn des Jahrhunderts war deren Anteil leicht und
der Anteil des Exports um die Hälfte gesunken, während die Eisenindustrie ihren Anteil verdoppelt hatte[9].
  Die Verwendung von Steinkohlen wird zwar schon aus dem England des 9. Jahrhunderts berichtet und um 1200 fand Kohlenabbau

Verteilung von Kohlevorkommen und Standorten der Metallindustrie in England, Wales und Süd-Schottland 1901.

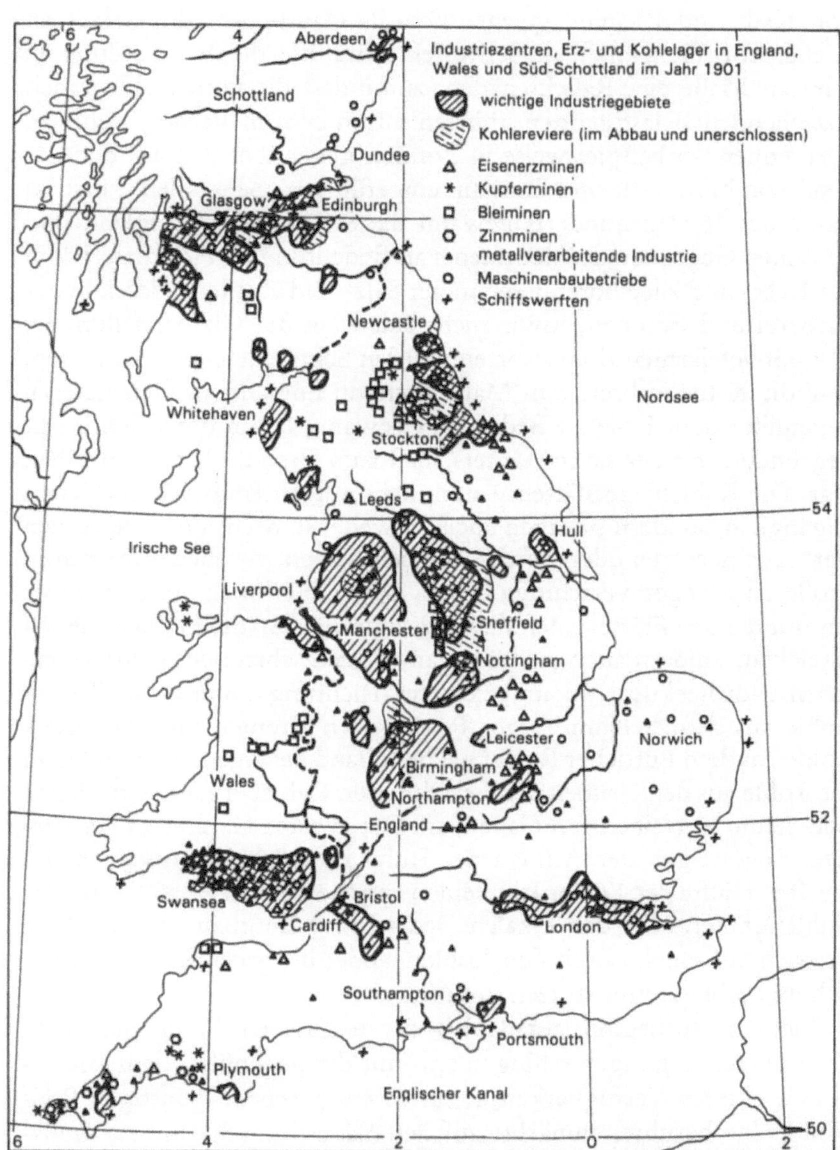

vor allem im Nordosten, am Tyne, Wear und Firth of Forth statt. Jedoch handelte es sich dabei – ähnlich wie zu etwa derselben Zeit bei Zwickau, Dortmund, Aachen oder im limburgischen Kerkrade – eher um Kohlengräberei als um Bergbau. Die Kohle diente zum Brennen von Kalk und Ziegeln, gelegentlich als Hausbrand. Ihr Gehalt an Asche, vor allem aber an Schwefel, schränkte die Verwendung in starkem Maße ein. Rauchschäden, zumindest die vom Kohlenrauch ausgehenden Belästigungen, führten mitunter zum Verbot, Kohle zu verbrennen, so beispielsweise in London gegenüber den aus der Gegend von Newcastle und Durham eingeführten „Seekohlen". Erst im Laufe des 16. Jahrhunderts gewann die Steinkohle in England und einzelnen Gegenden des Kontinents an Bedeutung als Heizmaterial: in der Kalk- und Ziegelbrennerei, in der Salz- und Zuckersiederei, in der Färberei und Brauerei, sowie nicht zuletzt in der Glasherstellung [10]. Mit schwefelarmen Kohlensorten wurden Schmiedefeuer unterhalten. Daß die Kohle in breiterem Maße zuerst in England als Heizmaterial gegenüber dem Holz an Bedeutung gewann, lag in der Leichtigkeit begründet, mit der sie im Unterschied zum Brennholz zu vertreiben war. Die Kohlenlagerstätten waren nicht nur umfangreich und leicht zugänglich, sondern sie lagen auch entweder in nächster Nähe zu den Verbrauchszentren oder waren nahe bei Plätzen, von denen sie sich in größeren Mengen verschiffen ließen. Über die Nordsee und die in sie einmündenden Flüsse ließen sich nicht nur viele Städte Englands leicht erreichen, sondern auch die Häfen an der deutschen oder niederländischen Nordseeküste. In umgekehrter Richtung konnte die Weser-Kohle aus dem Schaumburger Revier nach Bremen und die Maas-Kohle aus dem Lütticher Revier nach Holland gelangen, während man die Kohle aus den Gruben des benachbarten Calenberg, die von Weser oder Leine zu weit entfernt lagen, am Ort selbst in Glashütten verwertete. Ebenso gab der Ausbau der Ruhr zum Schiffahrtsweg in der zweiten Hälfte der 1770er Jahre einen entscheidenden Anstoß, von der Kohlengräberei für den lokalen Bedarf zum Bergbau überzugehen, der sich auf einen durch den Kohlenhandel bis nach Holland ausgedehnten Absatzraum stützen konnte.

Die von Anbeginn gerade bei der englischen Kohle günstigen Transportbedingungen schlugen sich mit der gegenüber dem Brennholz leichteren Verfügbarkeit in einem entsprechend günstigen Preis nieder. Sie beruhten zunächst auf der Nähe der Schächte zu Transportmöglichkeiten per Schiff oder Boot, außerdem aber auch darauf, daß sich zum Abtransport des Brennholzes von den Einschlag- und Sammelplätzen in den Wäldern nur ausnahmsweise die Anlage von Schienenwegen gelohnt hätte, die spätestens seit Mitte des 18. Jahrhunderts mehr und mehr Schachtanlagen mit Verladestationen an Flüssen, Kanälen oder in Seehäfen verbanden [11]. So wurde gegen Ende des 17. Jahrhunderts bereits ungefähr ein Drittel der britischen Schiffs-

Gebiete der Kohleförderung in Europa 1870 und 1965.

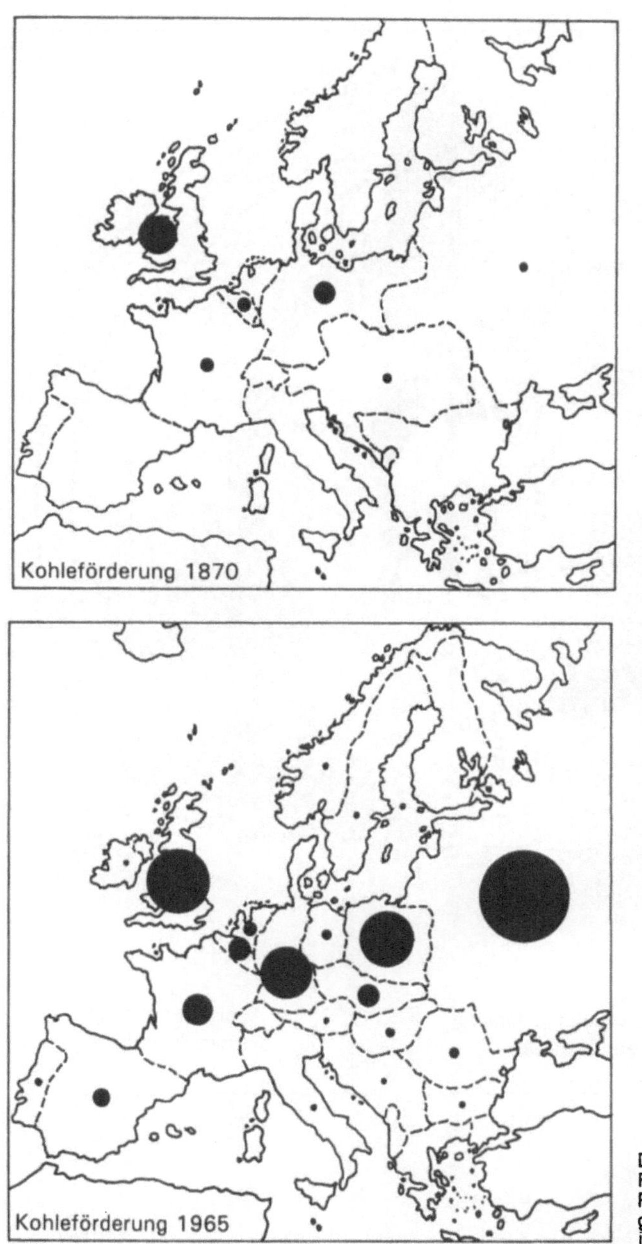

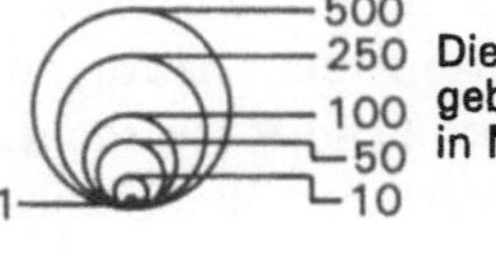

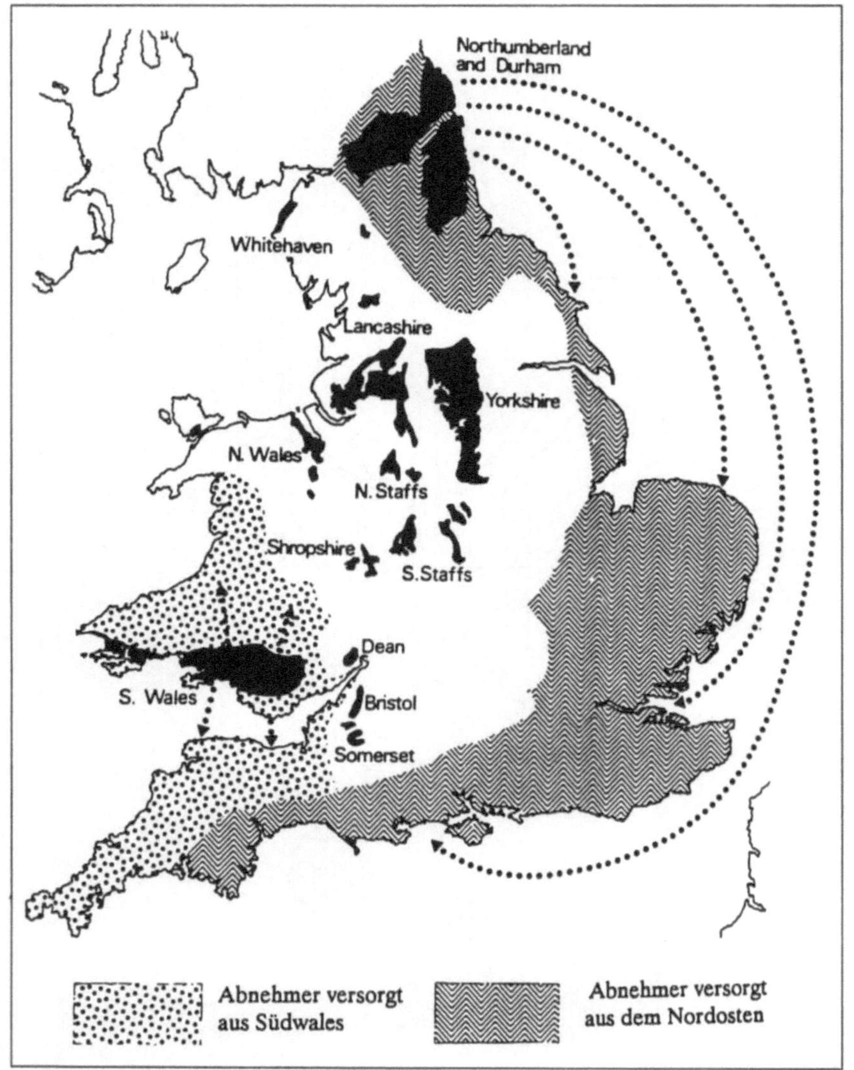

Kohleförderung und Kohleversorgung in Großbritannien von 1750 bis 1800.

tonnage zu Kohlentransporten eingesetzt[12]. Die enge Verknüpfung von Kohlenbergbau auf der einen und Salzgewinnung, Herstellung von Ziegeln oder Kalk auf der anderen Seite, führte zudem häufig zu einer hohen Auslastung der Schiffe durch umfangreiche Rückfracht. Die Verbindung der Schächte mit den Verbraucherzentren über Schie-

Absatz der Kohleförderung in Großbritannien 1800 – 1913			
	1800	1840	1869	1913
Eisen	10-15	25	30	11
Bergbau		3	6,5	8,5
Verkehr		1,5	5	6
Gas(Strom)		1,5	6	8
Produktion		32,5	26	22,5
Haushalt	50-60	31,5	17	13,5
Export	2	5	9	32,5
Produktion in Mill.t.	11	40	110	287

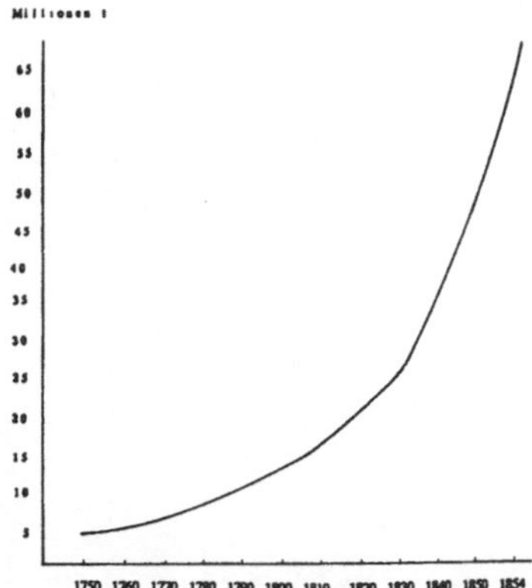

Entwicklung der Kohleförderung in Großbritannien von 1750 bis 1850.

nenwege und Kanäle sicherte schließlich auch in Deutschland, Belgien und Frankreich den Kohlenabsatz. [VIII-3.1]

Gesteigert wurde der Kohlenabsatz dadurch, daß immer mehr Verwendungsmöglichkeiten erschlossen wurden. Wesentliche Voraussetzung dazu war die Entwicklung geeigneter Öfen und der Kokereitechnik. So wurden nicht nur nach und nach Öfen gebaut, in denen sich Steinkohle gefahrlos und ohne Belästigung durch Rauch oder Geruch zum Heizen von Innenräumen oder zum Kochen verbrennen ließ, sondern auch Öfen, in denen das Brenn- oder Schmelzgut der unmittelbaren Einwirkung durch die Kohle, ihren Rauch, ihren Ruß oder ihre Asche entzogen wurde[13]. Zu ihnen gehörten die Öfen mit abgedeckten Häfen oder Tiegeln in der Glasindustrie und der Eisengießerei. Die Entwicklung der Kokereitechnik wiederum bahnte über den Koks auch der Steinkohle den Weg in die Roheisenproduktion, die in England in der zweiten Hälfte des 18. und in Schottland in den ersten Jahrzehnten des 19. Jahrhunderts zu bis dahin unbekannten Dimensionen führte[14]. Die Länder des europäischen Kontinents und die Vereinigten Staaten folgten damit einige Jahrzehnte später. Hier wurde die Holzkohle im Laufe der zweiten Hälfte des 19. Jahrhunderts aus dem Hochofenprozeß fast verdrängt. Einer der wichtigsten Impulse dazu ging von der Eisenbahn mit ihrem enormen Bedarf an Schienen aus, der mit den Mitteln der traditionellen, auf Holzkohle und Wasserkraft beruhenden Eisenhüttentechnik schließlich nicht mehr zu erfüllen war. In zweifacher Hinsicht hatte die Eisenbahn als ein Transportsystem die Kohlenachfrage gesteigert: hinsichtlich des in der Roheisenproduktion benötigten Steinkohlenkokses und hinsichtlich der Rohkohle, die in den Puddelöfen zur Erzeugung von schweiß- und schmiedbarem Eisen eingesetzt und schließlich in den Feuerbüchsen der Lokomotiven verheizt wurde[15].

Die Bedeutung des Holzes als Energieträger wird in der Regel unterschätzt

Gleichwohl nahm der Hunger des Steinkohlenbergbaus und des Eisenbahnbaus nach Holz immer größere Dimensionen an. Der Bergbau verlangte in steigendem Maße nach Grubenhölzern, die im Falle Englands vor allem aus Skandinavien und Rußland einzuführen waren, und die Eisenbahn verbrauchte enorme Mengen für die Schwellen ihrer Gleise und die Masten ihrer Telegrafenleitungen. Überdies sorgte die Eisenbahn, indem sie die Transportfähigkeit verbesserte, für die „gewaltige Steigerung der Absatzfähigkeit der Nutzhölzer, sowohl der Bauhölzer wie der für die Tischlerei in Betracht kommenden Hölzer, (. . .) ferner die für Holzschliff- und Zellulosefabriken erforderlichen Hölzer"[16]. In diesem Zusammenhang wurden die Wälder intensiver genutzt. Nachdem bereits im Zuge der Gemeinheitsteilungen und der Ablösung tradierter Berechtigungen zur Viehweide oder zum Holzsammeln während der ersten Hälfte des 19. Jahrhunderts in Deutschland dazu übergegangen wurde, die Wälder vorzugsweise als Holzlieferanten zu benutzen, folgte mit dem Abbau vergleichsweise schnell wachsender Nadelhölzer die Verkürzung der Umtriebszeiten und eine entsprechende Steigerung der Einschlagsquoten. Gegenüber dem Ende der 1840er Jahre wurde in Deutschlands Wäldern Ende der 1880er Jahre fast die dreifache Menge an Nutzholz eingeschlagen, um dann bis zur Mitte der 1930er Jahre nochmals auf 34,4 Millionen Festmeter verdoppelt zu werden[17]. Hiervon wurden im Durchschnitt jährlich 1,3 Millionen Festmeter zu Eisenbahnschwellen verarbeitet und allein 5,3 Millionen Festmeter verschwanden alljährlich als Grubenholz in die Steinkohlebergwerke[18].

Unterdessen war zwar der jährliche Einschlag von Brennholz, der zu Beginn der 1860er Jahre allein in Preußen bei mehr als 20 Millionen Festmetern gelegen hatte und sich in ganz Deutschland am Ende der 1880er Jahre auf 33,5 Millionen Festmeter belaufen sollte, um gut sechs Millionen Festmeter vermindert worden. „Die Bedeutung des Holzes als Energieträger" wurde jedoch „in der Regel unterschätzt. Wenn auch die Verwendung von Holz für Hausbrand und Industriefeuerung im Verhältnis zur Kohle stark zurückgegangen ist", bemerkte das Statistische Reichsamt zu Beginn der 1930er Jahre, „so stellt das Holz trotzdem auch heute noch einen sehr beachtlichen Faktor unserer Brennstoffwirtschaft dar"[19]. Er entsprach in seinem Heizwert ungefähr einem Viertel der Steinkohle, die damals im Hausbrand verfeuert wurde. Seine Bedeutung sollte erst seit dem Ende der 1940er Jahre, dann allerdings rapide abnehmen.

Eine neue Elementarkraft

In den späten 1920er Jahren wurden in Deutschland etwa 150 Millionen Tonnen Steinkohle und 166 Millionen Tonnen Braunkohle gefördert, deren Heizwert, ausgedrückt in Tonnen der „Normalkohle", allerdings bei der Steinkohle nur 86% und bei der Braunkohle sogar nur weniger als ein Fünftel der Fördermenge ausmachte. Ein gutes Sechstel dieses Heizwertes ging in den Hausbrand, ein knappes Viertel

in die Kesselanlagen der Industrie und 4,3% in die der Elektrizitätswerke, während 8,4% von den Dampflokomotiven und gut 3% von
den Dampfschiffen beansprucht wurden[20]. In der Industrie, die 1925
über mehr als 100 000 Dampfmaschinen mit einer Gesamtleistung von
18 Millionen PS verfügte, ragten der Steinkohlenbergbau und die
Eisenhütten, gefolgt mit einigem Abstand vom Maschinen- und Fahrzeugbau sowie der Textilindustrie als Sektoren heraus, auf die fast die
Hälfte dieser Gesamtleistung konzentriert war. Dampfschiffe stellten
zu jener Zeit mehr als vier Fünftel der Gesamttonnage, allerdings nur
knapp die Hälfte aller Schiffe. Zwei Fünftel der deutschen Handels-
schiffe fuhren damals noch unter Segeln. Bei der Eisenbahn spielten
Elektrolokomotiven oder gar solche mit Dieselantrieb erst eine marginale Rolle. Insbesondere der Güterverkehr wurde fast ausschließlich
mit Dampflokomotiven abgewickelt[21].

Der Dampfmaschinenantrieb war damit sowohl hinsichtlich seiner
technischen Reife als auch hinsichtlich seiner Ausdehnung und seiner
wirtschaftlichen Bedeutung auf einem Höhepunkt angelangt. Anders
als noch zu Beginn der 1860er Jahre waren die Dampfmaschinen
inzwischen gleichmäßiger über Regionen und Sektoren verteilt. Damals hatte Preußen in seinen Grenzen den weitaus größten Teil aller
Dampfmaschinen versammelt, wobei das Rheinland und Westfalen
sowie die Provinzen Sachsen und Brandenburg mit einigem Abstand
hervorragten. Außerhalb Preußens hatte der Einsatz von Dampfmaschinen erst in Sachsen und in Braunschweig größere Bedeutung erhalten, wo er zunächst auf die Zuckerfabriken beschränkt bleiben
sollte. Sektorale Schwerpunkte des Dampfmaschineneinsatzes waren
in allen Regionen außerhalb Braunschweigs und der preußischen Provinz Sachsen mit ihren Zuckerfabriken in weitem Abstand der Steinkohlenbergbau und die Eisenhütten gewesen. In Sachsen und im preußischen Rheinland und Brandenburg folgten die Textilbetriebe, insbesondere die Spinnereien, in Sachsen, dem preußischen Westfalen und
Schlesien kam schließlich noch den dampfgetriebenen Getreidemühlen einige Bedeutung zu[22].

Hinsichtlich der Gesamtleistung seiner Dampfmaschinen war
Deutschland Großbritannien in den Jahren nach der Reichsgründung
noch weit unterlegen; ein halbes Jahrhundert später hatte es Großbritannien überflügelt, obgleich dessen Dampfmaschinen mit einer gegenüber der Jahrhundertwende doppelten Gesamtleistung aufwarten
konnten. In dieser Rechnung sind nicht die Dampflokomotiven und
Dampfschiffe enthalten, die nochmals erhebliche Leistungskapazitäten
auf sich vereinigten und den Abstand zwischen beiden Ländern zu-

mindest bis in die Jahre kurz vor dem Beginn des Ersten Weltkriegs –
mit wenn auch abnehmender Tendenz – erweitert haben dürften. In
Deutschland waren 1875 bereits Dampfschiffe mit zusammen mehr
als 100 000 PS vorhanden gewesen, von denen sich die Hälfte auf
den Heimathafen Bremen konzentrierte. Steinkohlenbergwerke und
Eisenhütten verfügten zu diesem Zeitpunkt über Dampfmaschinen,
deren Leistungsfähigkeit die der Dampfschiffe mit 75, beziehungsweise gut 70% übertraf. Sonst war eine – um ein gutes Viertel –
höhere Leistungskapazität nur noch in den Dampfmaschinen zu finden, die in den Betrieben der Textilindustrie aufgestellt worden waren. Der Vorsprung Großbritanniens im Einsatz von Dampfmaschinen lag vor allem in der Textilindustrie, insbesondere wiederum der
Baumwollverarbeitung begründet. Allein die gesamte Dampfmaschi-
nenleistung, über die die britische Baumwollindustrie 1870 gebot,
betrug das Fünffache derjenigen ihres deutschen Pendants. Der Abstand im Leistungsbedarf deutscher und britischer Steinkohlenbergwerke oder Eisenhütten war weniger weit. Bei den Steinkohlenberg-
werken belief er sich zwar noch auf knapp das Dreifache, bei den

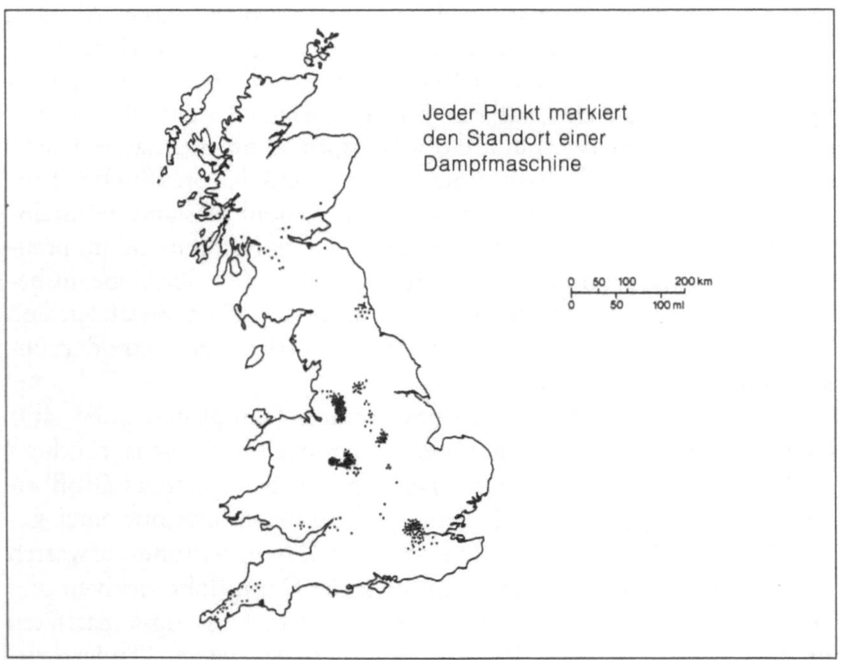

*Verbreitung der Dampfmaschinen
von Boulton & Watt in Großbritannien von 1775 bis 1800.*

Manuelles Entladen von Eisenbahnwagen über den Kohle- und Erzbunkern der Friedrich-Alfred-Hütte in Rheinhausen 1907.

Eisenhüttenwerken jedoch nur noch auf ein Viertel des Umfangs, der in Großbritannien erreicht worden war[23].

In bezug auf Großbritannien hat sich die landläufige Vorstellung halten können, mit der Dampfmaschine sei das Tor aufgestoßen worden, durch das dann der direkte Weg zur Fabrik als industriellem Großbetrieb geführt habe. Diese Vorstellung trifft indes nicht einmal die Entwicklung in der britischen Baumwollindustrie. Zwar war die Baumwollspinnerei in Lancashire Mitte der 1830er Jahre bereits das Feld, auf dem sich in besonderem Maße der Dampfmaschineneinsatz konzentriert und die Zeitgenossen zu staunender Bewunderung hingerissen hatte. Indes stand der Sprung zur Dampfmaschinenverwendung im wirklich großen Stil erst noch bevor. Er sollte vor allem im Laufe der 1860er Jahre stattfinden und mit einer Verzehnfachung der Antriebsleistung enden. Das „Jahrhundert der Dampfmaschine" erlebte seinen – zumindest quantitativen – Höhepunkt erst, nachdem es zu mehr als zwei Dritteln vergangen war, und dies in nur einigen wenigen Sektoren wie regionalen Zentren. So blieben beispielsweise Frankreich und die Vereinigten Staaten bis in die 1870er Jahre weitgehend Länder, in denen die Wasserkraft über die Dampfmaschinen dominierte. Erst zwischen 1890 und 1910, nachdem die Wirtschaftlichkeit von Dampfkesseln und Dampfmaschinen nochmals verbes-

sert worden war und zusammen mit dem inzwischen verdichteten
Eisenbahnnetz die Alternative gegenüber dem Wasserkraftantrieb zu
bieten vermochte, wurde der Einsatz von Dampfmaschinen vervielfacht[24].

Hochdruck und Schnelläufigkeit

Vervielfacht wurde dabei nicht nur die Anzahl der Dampfmaschinen, sondern mehr noch ihre Einheitsleistung. Betrug die statistische
Durchschnittsleistung preußischer Dampfmaschinen Mitte der 1880er
Jahre erst 30 PS, so war sie bis 1904 auf 55 PS angehoben worden[25].
Die Steigerung der Einheitsleistung wiederum beruhte auf einem gesteigerten Kesseldruck und dieser wiederum auf einer höheren Temperatur des Dampfes. Mit höherem Dampfdruck ließ sich über die Zahl
der Kolbenhübe die Drehzahl erhöhen und dadurch die Wirtschaftlichkeit verbessern, denn „(. . .) bei höherer Drehzahl erhält man mehr
Pferdestärken für den selben Preis"[26]. Zwar war bereits gegen Ende
der 1850er Jahre die durchschnittliche Drehzahl gegenüber den „Feu-
ermaschinen" Newcomenscher Bauart um mehr als das Zehnfache
und gegenüber den Dampfmaschinen Wattscher Bauart mit ihren
ungefähr zwanzig Hüben je Minute auf mehr als das Fünffache gesteigert worden.[27]. Dennoch ließ sich allenfalls bei den Dampflokomotiven mit ihren Röhrenkesseln von wirklichen „Hochdruckmaschinen"
oder gar „Schnelläufern" reden.
   Dem Wunsch, schnellaufende Dampfmaschinen auch mit Leistungen herzustellen, die beispielsweise zum zentralen Antrieb von Baumwollspinnereien gefordert wurden, standen indes verschiedene Hindernisse im Wege. Sie lagen bei den Werkstoffen, die zum Kesselbau
vorhanden waren, bei den verfügbaren Steuerungen und Schmierstoffen. Bis zum Ende der 1850er Jahre mußte man auf Schmierstoffe
zurückgreifen, die aus Pflanzenölen oder tierischen Fetten gewonnen
wurden und sich für den Schnellauf schon deshalb nicht eigneten, weil
sie dann leicht verbrannten. Die Erhöhung des Dampfdruckes war bis
in die 1860er Jahre hinein, als die Verfahren zur Herstellung von
Massenstahl aufgekommen waren und hinreichende Verbreitung gefunden hatten, entweder immer wieder an nicht allzu stark belastbaren
und in ihrer Qualität überdies nicht genügend zuverlässigen Werkstoffen, oder aber deren unvertretbar hohen Preisen gescheitert. So kam
Gußeisen kaum in Betracht, obschon immer wieder versucht wurde,
es für die Siederohre der Kessel zu verwenden, um das teure Kupfer-

oder Messingblech zu ersetzen, aus dem die Hochdruckkessel der Dampflokomotiven hergestellt wurden. Schweißeisen erwies sich als zu weich und nicht homogen genug, um hochgespanntem Dampf zu widerstehen. Von den ersten Gußstahlblechen wurde noch Ende der 1850er Jahre berichtet, daß beim Dauerbetrieb unter hoher Temperatur sogar ein Festigkeitsverlust durch allmähliche Entkohlung zu verzeichnen gewesen wäre[28]. Die Ausdehnung der Heizfläche, notwendige Voraussetzung, um den Dampfdruck zu steigern, war nur über die Vervielfachung der Siederohre – wie beim insbesondere in Frankreich bevorzugten Walzen- oder Wasserrohrkessel – oder über die Verwendung gewellten Blechs für die Flammrohre zu erzielen, die gewissermaßen das Herz der Kessel der in England bevorzugten Bauart darstellten. Gewellte Flammrohre aus Siemens-Martin-Stahl statt Schweißeisen fanden, wenigstens in Deutschland erst ab etwa 1880 Verbreitung. Von da an wurde dazu übergegangen, die Flammrohre zu schweißen, anstatt sie ausschließlich zu nieten. Die Schüsse, das heißt die einzelnen Abschnitte des Kesselmantels, und die Trommeln der Schräg- beziehungsweise Steilrohrkessel, die von der Jahrhundertwende an gebaut wurden, wurden ebenfalls seit Beginn der 1880er Jahre mehr und mehr maschinell genietet.

Zusätzlich zur erweiterten Heizfläche wurde die Wärmeökonomie dadurch gesteigert, daß das Kesselspeisewasser in „Economisern" über den Abdampf vorgewärmt und der Betriebsdampf vor Eintritt in den Zylinder nochmals „überhitzt" wurde. Bis zur Jahrhundertwende führten diese Verbesserungen, zu denen noch die der Feuerung in Gestalt der Schräg- und Stufenroste sowie schließlich mechanisierter Wanderroste hinzuzurechnen wären, zu Dampfdrücken bis 11 bar. Gegenüber der Mitte des 19. Jahrhunderts hat dies eine Verfünffachung des Dampfdruckes bedeutet[29]. Auf diese Weise reichte allmählich ein Dampfkessel, um eine Dampfmaschine zu versorgen, während vordem große Dampfmaschinen bis zu sechs Kessel erfordert hatten[30].

Mit den grundlegenden Verbesserungen in Konstruktion und Betriebseigenschaften der Kessel hatte eine ebenso gründliche Verbesserung der Dampfmaschine selbst einherzugehen. Vor allem hatten alle Stöße und Trägheitsmomente vermieden zu werden, die die Laufruhe hätten beeinträchtigen können. Hierzu mußte technisch zuverlässig der günstigste Zeitpunkt festgelegt werden, zu dem der Dampf in den Zylinder eintreten und wieder austreten sollte. Um Wärmeverluste zu vermeiden, wurden die Öffnungen für den Einlaß und den Austritt des Dampfes am Zylinder strikt voneinander getrennt. Vor allem wurden schneller und zugleich sanfter reagierende Steuerungen und Regler entwickelt. Dem Amerikaner George H. Corliss gelangen bereits Ende der 1840er Jahre Drehzahlen bis 300 Umdrehungen in der Minute bei Dampfeinsparungen bis zu 50%, indem er den Regulator über eine Klinkensteuerung unmittelbar mit den Zylinderventilen verband. Diese Expansionsregelung erlaubte anders als bei Maschinen Wattscher Bauart, den Frischdampf mit vollem Druck aus dem Kessel in den Zylinder einströmen zu lassen. In Europa fanden Dampfmaschinen mit Corliss-Steuerung und liegendem Zylinder erst ab 1857 Eingang[31].

Der Durchbruch zu einer Steuerung, die der Schnelläufigkeit entsprach, gelang zu Beginn der 1860er Jahre den beiden Amerikanern Charles T. Porter und John Allen. Porter war 1858 ein Regulator patentiert worden, der mit einem von Fliehkräften freien Gegengewicht arbeitete, so daß nur geringe Trägheitsmomente wirksam wurden. John Allen hatte eine Kulissensteuerung entwickelt, über die der Einlaßschieber am Zylinder geschlossen wurde. In Verbindung mit dem Regulator von Porter war die Expansion besser als zuvor wirksam und die Zylinderdurchmesser ließen sich entsprechend verringern. Das Verhältnis von Leistung und Platzbedarf der Dampfmaschinen wurde günstiger. Forderten Dampfmaschinen im Durchschnitt um 1800 nach 3,7 m²/PS und ein Zylindervolumen von 250 l/PS, so war um 1840 dieses Verhältnis auf 0,73 m², beziehungsweise 18,5 l/PS verbessert worden. Zwischen 1860 und 1880 wurde der Platzbedarf ebenso wie der Zylinderinhalt nochmals drastisch auf 0,07 m² beziehungsweise 3,3 l/PS gesenkt[32].

Mit der Schiebersteuerung blieben immer noch gewisse Trägheitsmomente und Verluste verbunden. Diesem Problem begegnete die Entwicklung von Dampfmaschinen mit Rohrventilen, die in erster Linie bei der Schweizer Firma Sulzer durch den aus England stammenden Konstrukteur Charles E. Brown begonnen wurde. Die Ventilsteuerungen kamen mit einer geringen Zahl bewegter Teile aus, die zudem eine geringere Masse aufwiesen. Überdies wurden sie weniger stark bewegt. Dadurch vermochten sie schneller und zugleich sanfter auf den Regulator anzusprechen. Der Füllungsgrad ließ sich noch genauer einstellen. Bis zur Jahrhundertwende war die Ventilsteuerung zu hoher Betriebsreife gebracht und für die unterschiedlichsten Einsatzbedingungen ausdifferenziert worden. Durch den konstruktiven Ausgleich der in Bewegung versetzten Massen wurde den Dampfmaschinen trotz gestiegener Drehzahl ein hohes Maß an Laufruhe gesichert.

Verdrängung der Kolbendampfmaschinen durch Dampfturbinen

Die Dynamomaschinen, die Thomas A. Edison (1847–1931) 1882 in seinem ersten Blockkraftwerk in der New Yorker Pearlstreet aufstellen ließ, wurden durch drei Porter-Allen Dampfmaschinen angetrieben. Ebenso wurden die Zentralstationen, die seit etwa Mitte der 1890er Jahre ganze Städte mit Elektrizität versorgten, bis zum Ende des ersten Jahrzehnts dieses Jahrhunderts mit Kolbendampfmaschinen ausgerüstet. Meist handelte es sich dabei um Verbundmaschinen mit Mehrfachexpansion, bei denen der Dampf stufenweise über mehrere nach- oder nebeneinander angeordnete Zylinder entspannt und auf diese Weise so weit wie möglich genutzt wurde. Bis in die Zeit unmittelbar vor dem Ersten Weltkrieg wurden damit zwar Einheitsleistungen von mehreren tausend Pferdestärken erzielt, jedoch mit erheblichen Problemen erkauft. Ein Hauptproblem bestand in den wachsenden Abmessungen der Maschinen, die nicht nur einen dementsprechend wachsenden Platzbedarf anmeldeten, sondern auch Massen in Bewegung setzten, die technisch kaum noch zu beherrschen waren. Der mit den Überlandnetzen eingeführte Drehstrombetrieb führte die Kolbendampfmaschinen endgültig an ihre technischen Grenzen.

Den Ausweg haben die Dampfturbinen gewiesen, Strömungsmaschinen, deren Wirkung darauf beruht, daß der Druck des aus dem Kessel kommenden Dampfes durch Volumenänderung in Geschwindigkeit umgewandelt wird. Bei den „Aktions-" oder „Gleichdruckturbinen" findet diese Umwandlung vor Eintritt des Dampfstrahls in das Laufrad am Ausgang einer Düse statt, bei den „Reaktions-" oder Überdruckturbinen hingegen erst im Laufrad. Die in den ersten Jahren der Entwicklung von Dampfturbinen extrem hohen Drehzahlen von bis zu 18 000 U/min bei der vom Engländer Charles Parsons 1884 vorgestellten Überdruckturbine wurden bis zum Ende der 1890er Jahre dadurch herabgesetzt, daß die Zahl der Laufräder und der Expansionsstufen heraufgesetzt wurde. Dadurch ließ sich die Leistung der Dampfturbinen noch vor der Jahrhundertwende auf gut 10 000 PS oder 7,5 MW steigern. Die mit den Dampfturbinen bald erreichbaren Einheitsleistungen stellten allerdings ganz neuartige Forderungen an den Kesselbau. Die Dampferzeuger hatten nicht allein über entsprechend wachsende Heizflächen zu verfügen, um die nun verlangten Dampfmengen bereitzuhalten, sondern damit einhergehend auch zunehmend höhere Temperaturen und Drücke zu ertragen. Lag der Druck in Kraftwerkskesseln um 1900 noch ungefähr bei gut 10 bar, so wurde er bis zum Beginn der 1920er Jahre verdoppelt und bis zur

Mitte der 1930er Jahre auf bereits weit über 50 bar gesteigert[33]. Währenddessen stieg die durchschnittliche Kesseltemperatur von 350 °C auf 530 °C.

Im Prinzip wurde zunächst am Schrägrohrkessel festgehalten. Flammrohrkessel waren bereits zuvor ausgeschieden. Die Feuerung der Schrägrohrkessel wurde allerdings mehr und mehr durch Wanderroste mit automatischer Beschickung verbessert, bei denen die Kohle nicht mehr manuell eingeschaufelt werden mußte, sondern aus dem Kohlebunker durch Fallrohre direkt auf die Roste gelangte. Seit den 1920er Jahren wurde die stückige Kohle zudem durch Kohlenstaub ersetzt, der sich einblasen und leichter dosieren ließ. Da der Kohlenstaub indes einen Mindestweg im Feuerraum braucht, um auszubrennen, mußte man vom Schrägrohrkessel zum Steilrohrkessel übergehen und diesen zunehmend höher bauen. Um zu verhindern, daß die Aschebestandteile der Kohle schmolzen und an den Wänden des Feuerraums backten, wurde es notwendig, einen „Kühlschirm" von Speisewasserrohren unter die Flächen der Siederohre zu legen. Indem die Rohre dieses Kühlschirms immer enger gelegt werden mußten, wurden sie seit etwa Ende der 1940er Jahre schließlich mit den Siederohren zu einer einzigen Verdampferheizfläche vereint, die die Wärme als Strahlung aus dem Feuerraum aufzunehmen vermag[34]. Seitdem bestimmen Strahlungskessel den Kesselbau für Dampfkraftwerke mit Feuerung durch fossile Brennstoffe. Dadurch, daß ihre Leistung zwischen etwa 1950 und 1970 um ungefähr das Zehnfache auf bis zu

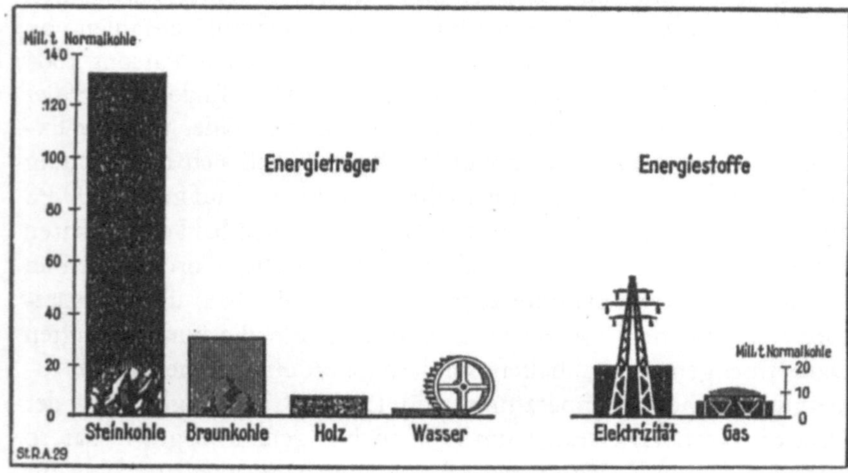

Gewinnung von Energieträgern und Energiestoffen in Deutschland 1925.

1000 t Dampf in der Stunde gesteigert werden konnte, wurden sie dem Dampfbedarf der Turbogeneratoren angenähert und schließlich mit ihnen jeweils zu Kraftwerksblöcken gekoppelt.

Literaturnachweise

1 Holz – Brennstoff der Armen. Anteil des Brennholzes am Energieverbrauch. Globus Graphik 7742. In: Hannoversche Allgemeine Zeitung vom 19.IV.1989, S. 5; *Radkau*, Joachim/*Schäfer*, Ingrid: Holz. Ein Naturstoff in der Technikgeschichte. Reinbek 1987, S. 264f.
2 *Flad-Schnorrenberg*, Beatrice: Energieforschung am Zugochsen. Die Bedeutung der Arbeitstiere für die Länder der dritten Welt wird unterschätzt. In: Frankfurter Allgemeine Zeitung vom 2.V.1979, S. N 1
3 *Viebahn*, Georg von: Statistik des zollvereinten und nördlichen Deutschlands. Dritter und letzter Theil: Thierzucht, Gewerbe, Politische Organisation. Berlin 1868, S. 753
4 *Viebahn*, Georg von: Statistik des zollvereinten und nördlichen Deutschlands. Zweiter Theil: Bevölkerung, Bergbau, Bodenkultur. Berlin 1862, S. 684
5 *Lotz*, Walther: Verkehrsentwicklung in Deutschland 1800–1900. Leipzig ²1906, S. 136
6 *Brondel*, Georges: The Sources of Energy, 1920–1970. In: Cipolla, Carlo M. (Hrsg.): The Fontana Economic History of Europe. Band 5.1, The Twentieth Century – 1. London 1976, S. 225, S. 233
7 *Lohrisch*, Lothar (Bearb.): Steinkohle (Westdeutsche Wirtschaftsmonographien 1). Köln 1953, S. 33
8 *Minchington*, Walter: The Energy Basis of the British Industrial Revolution. In: Bayerl, Günter (Hrsg.): Wind- und Wasserkraft. Die Nutzung regenerierbarer Energiequellen in der Geschichte. Düsseldorf 1989, S. 343
9 Vgl. 8
10 *Berg*, Maxine: The Age of Manufacturers, 1700–1820. London 1985, S. 35; *Cossons*, Neil: The BP Book of Industrial Archeology. Newton Abbot 1975, S. 124; Vgl. 7, S. 32f.; *Sieferle*, Rolf Peter: Der unterirdische Wald. Energiekrise und industrielle Revolution. München 1982, S. 110, 113, 115, 122
11 Vgl. 10 (Sieferle), S. 160f.
12 Vgl. 10 (Sieferle), S. 142
13 Vgl. 10 (Sieferle), S. 123
14 Vgl. 10 (Berg), S. 36
15 *Paulinyi*, Akos: Industrielle Revolution. Vom Ursprung der modernen Technik. Reinbek 1989, S. 123ff., S. 180ff.
16 Vgl. 5, S. 135; Vgl. 4, S. 682
17 *Hoffmann*, Walther G.: Das Wachstum der deutschen Wirtschaft seit der Mitte des 19. Jahrhunderts. Berlin/Heidelberg/New York 1965, S. 327
18 Vgl. 17, S. 374
19 *Statistisches Reichsamt* (Hrsg.): Deutsche Wirtschaftskunde. Berlin 1930, S. 127
20 Vgl. 19, S. 129

21 Vgl. 19, S. 230
22 Vgl. 3, S. 1035 f.
23 *Engel*, Ernst: Die deutsche Industrie 1875 und 1861. Berlin 1880; *Musson*, A.E.: Industrial Motive Power in the United Kingdom, 1800–70. In: The Economic History Review. Jg. 29 (1976), S. 437
24 *Fohlen*, Claude: France, 1700–1914. In: Cipolla, Carlo M. (Hrsg.): The Fontana Economic History of Europe. Band 4.1, The Emergence of Industrial Societies – 1. London 1973, S. 48 ff.; *Atack*, Jeremy/*Bateman*, Fred/*Weiss*, Thomas: The Regional Diffusion of the Steam Engine in American Manufacturing. In: The Journal of Economic History. Jg. 40 (1980), Nr. 2, S. 300 und 302 ff.
25 *Mauel*, Kurt: Die Bedeutung der Dampfturbine für die Entwicklung der elektrischen Energieerzeugung. In: Technikgeschichte. Jg. 42 (1975), Nr. 3, S. 232
26 *Mayr*, Otto: Von Charles Talbot Porter zu Johann Friedrich Radinger: Die Anfänge der schnellaufenden Dampfmaschine und der Maschinendynamik. In: Technikgeschichte. Jg. 40 (1973), Nr. 1, S. 3
27 Vgl. 26, S. 1
28 *Prechtl*, Johann Joseph: Dampfkessel. In: Prechtl, Johann Joseph (Hrsg.): Technologische Encyklopädie. Dritter Band. Stuttgart 1831, S. 524; *Böttcher*, Th.: Dampfkessel. In: Karmarsch, Karl (Hrsg.): Supplemente zu J. J. R.v. Prechtl's Technologischer Encyklopädie. Bd. 2. Stuttgart 1859, S. 301 *Welkner*, G.: Dampfwagen. In: Karmarsch, Karl (Hrsg.): Supplemente zu J. J. Prechtl's Technologischer Encyklopädie. Bd. 2. Stuttgart 1859, S. 493
29 *Wagenbreth*, Otfried/*Wächtler*, Eberhard (Hrsg.): Dampfmaschinen. Die Kolbendampfmaschine als historische Erscheinung und technisches Denkmal. Leipzig 1986, S. 52 ff.; *Eckoldt*, Carl: Kraftmaschinen I. München 1983, S. 86
30 *Briggs*, Asa: The Power of Steam. London 1982, S. 164
31 Vgl. 29 (Eckoldt), S. 66
32 Vgl. 29 (Wagenbreth/Wächtler), S. 68
33 Vgl. 30, S. 168
34 *Baumer*, Hellmut: Vom Walzenkessel zum Großdampferzeuger – ein Stück Geschichte des Dampfkesselbaues. In: Österreichische Ingenieurzeitschrift. Jg. 22 (1979), Nr. 10, S. 367 f.

Elektroenergie

Ulrich Wengenroth

Die vielfältigen Erscheinungen der Elektrizität – vom Magnetismus und der Reibungselektrizität über den Blitz bis zur Elektrolyse – faszinierten die Naturwissenschaftler des 18. und 19. Jahrhunderts. Die Elektrizitätslehre stieg zur „Königin der Physik" auf und drängte selbst das große Interesse an der Mechanik und der Thermodynamik zeitweise in den Hintergrund. An eine ähnliche wirtschaftliche Nutzung der wissenschaftlichen Kenntnisse wie im Falle dieser beiden anderen Disziplinen war freilich lange nicht zu denken. Galvanische Elemente und elektromagnetische Maschinen mit Permanentmagneten lieferten zwar für die verschiedensten Anwendungen von der Elektrolyse über Telegrafen und Beleuchtung bis zu den ersten Motoren Strom, doch waren die Kosten so hoch, daß sie nur in außergewöhnlichen Fällen tragbar waren, wie zum Beispiel bei Leuchttürmen und ersten Galvanisieranstalten zum Versilbern oder Vergolden von Eßbestecken [1].

Der entscheidende Schritt zur breiten industriellen Nutzung der Elektrizität war die gleichzeitige und unabhängige Entdeckung des dynamoelektrischen Prinzips im Jahre 1866 durch Werner Siemens (1816–1892), Charles Wheatstone (1802–1875) und Samuel Alfred Varley (1892–1921). Von diesen drei Entdeckern wurde der unternehmerisch denkende und handelnde Werner Siemens für die folgenden Entwicklungsschritte zur Umsetzung des gefundenen Prinzips bestimmend. Siemens hatte von Anfang an ein klares wirtschaftliches Ziel, nämlich „Magnetelektrizität (. . .) billig" [2] erzeugen zu können. Zwar ging es ihm dabei zunächst nur um einen Ersatz für die unzuverlässigen und teuren Batteriesätze der Telegrafenleitungen, die seine Firma errichtete. Doch Siemens blieb nicht bei der Erreichung dieses Zieles stehen, sondern lotete sogleich die Verwertungsmöglichkeiten des von ihm gefundenen und in eine funktionierende Maschine umgesetzten technischen Potentials aus. In einem Brief an seinen Bruder Wilhelm in England hielt er als Konsequenz seiner Entdeckung fest, nun könnten auch „kleine elektromagnetische Maschinen, die ihre Kraft von großen erhalten (. . .) möglich und nützlich werden" [3].

Die Dynamomaschine war im Geiste also bereits umgedreht und arbeitete als Motor. Und nur wenige Monate später, im Frühjahr

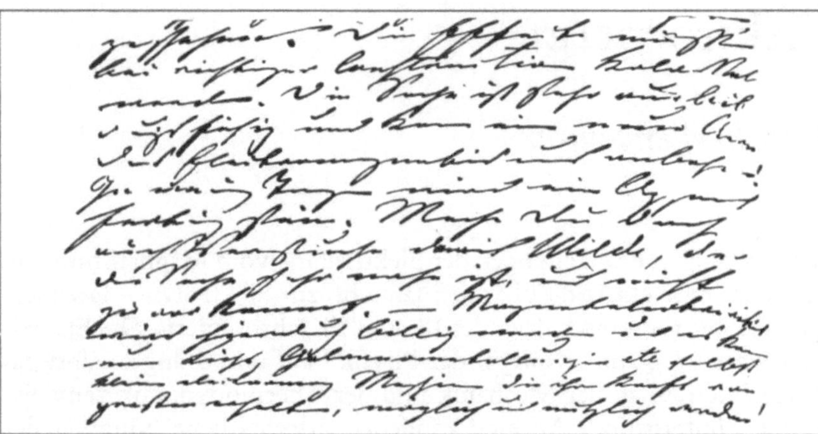

1867, äußerte sich Werner Siemens – wieder in einem Brief an Wilhelm – schon recht optimistisch über die Wirtschaftlichkeit der Kombination Dynamo–Motor: „Ich sehe keinen Grund ein", schrieb er,
„warum eine elektromagnetische Maschine dieser Art nicht beinahe
dieselbe Kraft geben sollte, welche eine dynamoelektrische ganz gleiche zur Drehung braucht"[4]. Mit „beinahe dieselbe Kraft" war zugleich der Wirkungsgrad der elektrischen Kraftübertragung als Kernproblem identifiziert. Und diese Sorge um den Wirkungsgrad beherrschte in der Folge die Diskussion der jeweiligen Vor- und Nachteile der verschiedenen Motorentypen, von der Dampfmaschine über
Verbrennungsmotoren bis zum Elektromotor. Allerdings vergingen
gut zwei Jahrzehnte, bis brauchbare Elektromotoren in größerer Zahl
auf den Markt kamen. Sehr viel wichtiger für die Verbreitung der
Dynamomaschine erwies sich ihr Einsatz als Stromquelle für die elektrische Beleuchtung.

Hier setzte das seit vielen Jahren eingeführte Gaslicht die Bedingungen für jeden Konkurrenten. Die schon von Leuchttürmen bekannten
Bogenlampen fanden zwar durch den billigeren Strom der neuen
Generatoren sogleich eine weite Verbreitung als Straßenbeleuchtung
und in den großen Fabrikationshallen der Industrie, doch für den
normalen Gebrauch in geschlossenen Räumen waren die gleißenden
Lichtbögen viel zu hell. Wollte die junge Elektroindustrie Eingang in
den riesigen Markt des häuslichen Lichtbedarfs finden, so mußte ein
vergleichsweise schwaches elektrisches Licht gefunden werden, das
zudem nicht wesentlich teurer als ein Gaslicht sein durfte. Daß der
Weg dorthin über einen zum Glühen gebrachten Widerstand führen

würde, war bald klar; doch wie diese „Glühlampe" genau beschaffen sein müsse, beschäftigte Erfinder in Europa und Nordamerika für viele Jahre.

Der letztlich erfolgreichste unter ihnen war Thomas Alva Edison (1847–1931), der eines der ersten privaten Forschungslabors unterhielt, in dem er mit mehreren Angestellten systematisch technische Problemstellungen seiner Zeit anging, wobei er sich auf das Gebiet der Elektrotechnik konzentrierte. Ein erster größerer Erfolg gelang ihm dort 1877 mit dem Phonographen zur Tonaufzeichnung; danach wandte er sich der elektrischen Beleuchtung zu. Edison hatte sich nicht wie viele andere nur die Aufgabe gestellt, eine funktionstüchtige Glühlampe zu entwickeln, sondern betrieb von Anfang an das, was wir heute Systemforschung nennen würden. Er beschäftigte sich mit allen Komponenten eines künftigen elektrischen Beleuchtungssystems und formulierte ein unternehmerisches Ziel: Er wollte elektrisches Licht in New York zu dem gleichen Preis anbieten, der dort für Gaslicht gezahlt wurde, und er wollte dafür gleichermaßen die technischen und organistorischen Voraussetzungen schaffen [5].

Auf dem Weg zu diesem Ziel entwickelte er nicht nur eine funktionssichere und billige Glühlampe, für deren Kohlefaserwendel er im Laufe der Jahre 6000 Pflanzenfasern auf ihre Eignung untersucht hatte, sondern er baute auch erstmals Stromgeneratoren, deren Wirkungsgrad die bis dahin für unüberwindlich gehaltene Grenze von 50%

Edisons Ausstellungsraum auf der internationalen Elektrizitäts-Ausstellung in Paris 1881. Bei dieser Ausstellung sah Emil Rathenau das erstemal eine Glühbirne und faßte den Entschluß, diese Entdeckung in einem Großunternehmen weiter auszubauen.

überschritt und die somit erheblich wirtschaftlicher als ihre Vorgänger
waren [6]. Zugleich versicherte sich Edison der politischen, rechtlichen
und vor allem finanziellen Unterstützung seines Projektes in den Fi-
nanzkreisen New Yorks und begann mit dem Aufbau eines ganzen
Firmengeflechts zur Wahrung seiner Interessen. 1881 demonstrierte er
mit einem Versuchskraftwerk in den USA und auf der Weltausstellung in Paris der Öffentlichkeit die Vorzüge seiner Beleuchtungsan-
lage und baute seine erste kommerzielle Kraftstation in Manhattan.

Das „Edison-System", die Zusammenfassung und Gestaltung aller
technischen, organisatorischen und finanziellen Voraussetzungen für
den Bau und den Betrieb eines Elektrizitätswerkes für elektrische Beleuchtung, wurde für die weitere unternehmerische Entwicklung der
elektrotechnischen Industrie vorbildlich. Durch die Gründung von
Tochtergesellschaften und die Vergabe von Lizenzen prägte Edison die
erste Expansionsphase dieser neuen Industrie in den achtziger Jahren.
Sein erfolgreichster Lizenznehmer in Europa wurde ein Berliner Ingenieur, dessen Maschinenbaufabrik in der Gründerkrise in Konkurs
gegangen war und der nun nach neuen Betätigungsfeldern suchte:
Emil Rathenau (1838–1915) [7].

Rathenau, der sich selbst kaum um technische Details kümmerte,
erfaßte wohl als erster, welches riesige wirtschaftliche Potential in der
Elektrifizierung der Industriegesellschaften lag. Er perfektionierte das
„Edison-System" zum „Unternehmergeschäft", nämlich der Schaffung der eigenen Märkte durch die Elektroindustrie, und er baute mit
der AEG auf diese Art eines der größten Unternehmen der Branche
vor dem Ersten Weltkrieg auf. Rathenau sah in der Elektrizität von
Anfang an nicht nur eine zusätzliche Energiequelle, sondern entschiedener als alle anderen *die* allgemeine Energieform der industriellen
Gesellschaft. Der künftige Strombedarf erschien ihm folglich als nahezu grenzenlos; und nur vor dem Hintergrund dieser optimistischen
Analyse wird Rathenaus rigoroses Angebotsdenken verständlich.

Angesichts der skeptischen Zeitgenossen galt es nun aber nicht nur,
Großkraftwerke für billigsten Strom zu konzipieren, sondern auch
durch den Bau von Elektrizitätswerken deren Wirtschaftlichkeit unter
Beweis zu stellen. Da den Kommunen und Gebietskörperschaften, die
sich im Zuge der rapiden Verstädterung meist schon beim Bau von
Straßen, Wasserversorgung, Kanalsystemen und zum Teil auch Gaswerken verausgabt hatten, dazu das Geld und oft auch das Vertrauen
fehlte, mußte der Bau von Elektrizitätswerken privat finanziert werden. Doch auch hierfür fanden sich in der Regel nicht genügend
Interessenten, die Rathenaus Optimismus in den künftigen Absatz

teilten. Wollte die AEG – und dies galt bald auch für die anderen neuentstandenen elektrotechnischen Unternehmen – Kraftwerke bauen, so mußte sie diese zunächst einmal selbst finanzieren und deren Profitabilität nachweisen; das war der Kern des „Unternehmergeschäfts"[8].

Weniger noch als Edison war Rathenau gewillt, auf die Nachfrage des Marktes zu warten, sondern vertraute ganz darauf, daß diese schon in ein attraktives Angebot hineinwachsen würde. Die Attraktivität des Angebots sah er in erster Linie in möglichst niedrigen Stromkosten, gleich für welchen Verwendungszweck. Dies unterschied ihn letztlich von Edison: Edison dachte vom Endprodukt, der elektrischen Beleuchtung her und gestaltet von dort „rückwärts" sein „System"; Rathenau begann dagegen mit der billigst möglichen Stromerzeugung und schuf dann den dafür notwendigen Absatz. Dies hatte gewichtige Folgen für die eingesetzte Technik und die darauf bezogene Unternehmensstrategie.

Hatte Edison seine „Lichtzentralen" mit mehreren kleinen Dampfmaschinen und Generatoren ausgerüstet, um durch Zu- und Abschalten dieser Einheiten dem stark schwankenden Strombedarf möglichst genau folgen zu können, so setzte Rathenau – darin ganz Dampfmaschinenbauer – auf einen möglichst hohen Wirkungsgrad der antreibenden Dampfmaschine und damit konsequenterweise auf eine einzige Großmaschine. Bei voller Auslastung war Rathenaus Lösung zweifellos die wirtschaftlichere, das hätte auch Edison nicht bestritten; doch diese Vollauslastung war gerade bei elektrischer Beleuchtung nur zu wenigen Stunden des Tages gewährleistet, wodurch die flexiblere Auslegung der Edison-Zentralen letztlich die geringeren Durchschnittskosten versprach. Licht brauchte man eben nur, wenn es dunkel war. Rathenaus Rechnung konnte also nur aufgehen, wenn er Stromverbraucher für die hellen Tagesstunden fand, die seine Elektrizitätswerke so stark auslasten würden, daß deren größere thermische Effizienz überhaupt zum Tragen kommen konnte.

Zur optimalen Nutzung des technischen und wirtschaftlichen Potentials mußte sich die junge Elektroindustrie also ihre Märkte selbst schaffen. Diese möglichen Verbraucher waren schnell identifiziert: es waren Industrie und Gewerbe mit ihrem Bedarf an motorischer Kraft und – als künftige Großverbraucher, die jedoch in den achtziger Jahren bereits in Ansätzen sichtbar wurden – die Elektrochemie und der öffentliche Nahverkehr. Alle drei Verbrauchergruppen wurden von der AEG und auch den anderen Elektrounternehmen in die Gestaltung des Unternehmergeschäfts einbezogen, um durch eine gute Ausla-

Deutschlands ältestes Kraftwerk in Berlin.
Im rechten Teil sind die Maschinen aus dem zweiten Bauabschnitt mit der darüber liegenden „Beobachtungsstation" zu sehen. Die Abbildung zeigt ein frühes Werbebild der Allgemeinen Elektrizitätsgesellschaft (AEG) in Berlin.

stung der Elektrizitätswerke möglichst schnell zu einem profitablen Betrieb zu kommen.

So förderten die Elektrizitätswerke den Einsatz von Elektromotoren durch niedrige Kraftstromtarife, die freilich oft auf die Tagesstunden beschränkt waren. Um kapitalschwachen Kleinbetrieben die Anschaffung eines Elektromotors zu ermöglichen, gründete die AEG eine eigene Gesellschaft, die Elektromotoren vermietete und gleichzeitig alte Gasmotoren oder Kleindampfmaschinen in Zahlung nahm[9].

Nachdem robuste elektrische Straßenbahnantriebe aus den USA gekommen waren, bemühten sich die Elektrounternehmen um Straßenbahnkonzessionen oder kauften vorhandene Pferdebahnen auf, die sie elektrifizierten. Gelang es in einer Stadt, sowohl die Straßenbahnkonzession wie auch die „Lichtzentrale" zu bekommen, dann brauchte man sich um die gleichmäßige Auslastung der Generatoren kaum noch Sorgen zu machen. Besonders in Südeuropa und Südamerika gelang deutschen Unternehmen diese lukrative Elektrifizierung aus einer Hand[10]. [X-5.2; X-5.3; X-5.4]

Bei der Elektrochemie waren es zunächst vor allem die elektrolytische Aluminiumgewinnung aus Tonerde und die Chloralkalielektrolyse, etwas später auch die Carbidproduktion im Elektroofen, die durch ihren großen Strombedarf für eine hohe Grundlast sorgten und in Süddeutschland, Frankreich, Italien und der Schweiz zu Keimzellen regionaler Elektrifizierung wurden[11]. Im Falle der Elektrochemie traf sich das Unternehmergeschäft der Elektroindustrie jedoch mit ebenso starken Interessen aus der Chemie. Dennoch war das erste große Aluminiumwerk, die „Aluminium-Industrie-Aktien-Gesellschaft" in Neuhausen/Schweiz, für die ein großes Wasserkraftwerk am Hochrhein bei Rheinfelden gebaut wurde, wesentlich eine Initiative der AEG und der Maschinenfabrik Oerlikon, einem schweizerischen Elektrounternehmen, die sich gemeinsam daran beteiligten [12].

Für die Finanzierungen im Unternehmergeschäft gründeten die AEG und bald auch andere Unternehmen Finanzierungsgesellschaften im In- und Ausland und schließlich sogar eine eigene Bank, die „Elektrobank" in Zürich [13]. Diese Tochtergesellschaften, die sich über den internationalen Geldmarkt finanzierten, bezahlten ihren „Müttern" die Elektrizitätswerke und betrieben sie wiederum über Tochtergesellschaften solange, bis sie profitabel waren und an private Anleger oder auch an die Gebietskörperschaften verkauft werden konnten.

Dieses etwas riskante Spiel, bei dem die Elektroindustrie im Grunde ihre Rechnungen an sich selbst stellte, konnte nur gutgehen, solange die optimistischen Verbrauchsprognosen auch eintrafen. Nur dann fanden sich Käufer für die Elektrizitätswerke, die die angehäuften Schulden ablösten. Sobald der Stromverbrauch jedoch nicht mehr im gleichen Maße wuchs wie die Bautätigkeit der Elektroindustrie, mußte es zum Krach kommen. Und er kam im Jahre 1901, als deutlich wurde, daß die meisten Unternehmen, um möglichst viele Anlagen produzieren zu können, zunehmend auch sehr unsichere Geschäfte begonnen und sich übertriebene Hoffnungen auf die Entwicklung des Stromabsatzes gemacht hatten. Immer weniger im Unternehmergeschäft gebaute Elektrizitätswerke erreichten schnell genug die Gewinnzone, um verkauft werden zu können, so daß die Muttergesellschaften zu unfreiwilligen Betreibern unrentabler Elektrizitätswerke wurden. Die Folge war eine Konkurswelle, bei der schließlich nur zwei große Unternehmen in Deutschland übrig blieben: Siemens und die nach wie vor grundsolide AEG [14].

Bei den meisten anderen Unternehmen hatte es sich gerächt, daß sie das Unternehmergeschäft nur als Bau von Elektrizitätswerken verstanden und sich nicht in gleicher Weise um die Schaffung der technischen und organisatorischen Voraussetzungen für einen soliden Stromabsatz sorgten. Letzteres betraf vor allem die Gewinnung des lokalen Gewerbes als Abnehmer. Dazu war es nicht nur nötig, sehr niedrige Kraftstromtarife einzuräumen, um kleingewerbliche Verbraucher zu gewinnen und die große Industrie vom Bau eigener Elektrizitätswerke abzuhalten, die dank besserer Auslastung oft billigeren Strom als die öffentlichen Elektrizitätswerke liefern konnten.

Darüber hinaus mußten der Industrie erst einmal attraktive Stromverbraucher in Form von Motoren angeboten werden, um sie überhaupt zur Abkehr von Dampfmaschinen und Wasserturbinen zu bewegen. Billiger Strom alleine genügte nicht; vielmehr waren komplette Problemlösungen gefragt, bei denen die Elektroindustrie die Überlegenheit ihrer Produkte demonstrieren mußte. Die Einführung des Elektromotors in die Industrie stieß auf sehr viel mehr Schwierigkeiten als die elektrische Beleuchtung, die alleine wegen der geringeren Brandgefahr gegenüber dem Gas schon große Vorteile hatte, oder die Elektrolyseapparate, für die es oft gar keinen Ersatz gab.

Das Kernproblem der frühen elektrischen Antriebe war deren Mangel an Robustheit. Die häufigen Defekte der kleinen Gleichstrommotoren, mit denen die Elektroindustrie am Ende des 19. Jahrhunderts hoffte, den großen Markt industrieller Antriebe erreichen zu können, machten alle Wirtschaftlichkeitsberechnungen zunichte[15]. Das wichtigste Argument für den Einzelantrieb der Arbeitsmaschinen mit Elektromotoren hatte stets gelautet, daß diese Motoren einzeln an- und ausgeschaltet werden könnten und daher nur Energie verbrauchten, wenn sie tatsächlich genutzt wurden. Zentrale Dampfmaschinenantriebe müßten hingegen immer die gesamte Transmissionsanlage antreiben, gleich wieviele Arbeitsmaschinen dabei ausgelastet würden. Auf dem Papier sah diese Rechnung gut aus, war doch eine hundertprozentige Maschinenauslastung eine äußerst seltene Sache.

In der Praxis erwies sich jedoch, daß das einfache Ein- und Ausschalten der Elektromotoren, die entscheidende Grundannahme dieser Kalkulation, Quelle vieler Pannen war. Im Unterschied zu dampfgetriebenen Riementransmissionen vertrugen es Elektromotoren – und insbesondere die Gleichstrommotoren der ersten Zeit – gar nicht, wenn sie ruckartig unter Last eingeschaltet wurden. Während die Lederriemen bei einer solchen Behandlung allenfalls etwas durchrutschten und durch gellendes Pfeifen ihre Überlastung kundtaten, brannten die Elektromotoren, ihre Wicklungen, Anlaßapparate oder Schleifkontakte, durch. Dem konnte man zwar durch allmähliches Hochfahren der Drehzahl vorbeugen, doch war dazu ein Maß an Geduld und Umsicht notwendig, wie es den Produktionsarbeitern der jungen Großindustrie gerade mit leistungsbezogenen Akkordlöhnen ausgetrieben werden sollte.

Um unter den rauhen Bedingungen industrieller Praxis bestehen zu können, mußte den Elektromotoren erst die Gutmütigkeit und Betriebssicherheit der Dampfmaschine vermittelt werden. Dies geschah auf zwei Wegen: zum einen durch die Abkehr vom Gleichstrom, der in der frühen Elektrizitätswirtschaft dominiert hatte, zum anderen durch die Entwicklung einer Vielzahl von Feedback-Steuerungen, die zunächst einmal den Motor vor Überlastung schützten und schließlich in teilautomatisierte Antriebssteuerungen mündeten, die bald jeder anderen Antriebstechnik überlegen waren.

Der wohl wichtigste Schritt zur motorisierten Maschine in der Industrie, wie wir sie heute als Einheit von Elektromotor und Arbeitsmaschine kennen, war in den 1890er Jahren die Entwicklung des robusten kleinen Drehstrommotors, dessen Anker in einem elektrischen Drehfeld rotierte und der dabei ohne die anfälligen Stromwender und Anlaßwiderstände auskam. Zum Ein- und Ausschalten genügte ein einfacher Druckknopf und bei Überlastung blieb er einfach stehen, ohne sich gleich in Rauch aufzulösen. Einfacher konnte die Bedienung nicht sein, und so fand er auch bald nach der Jahrhundertwende eine rasche Verbreitung überall dort, wo irgendeine Maschine oder ein Gerät mit *einer konstanten* Geschwindigkeit laufen mußte. Da die Drehzahl dieser Wechselstrommotoren von der Frequenz des Wechselstroms bestimmt war, wurde die hohe Betriebssicherheit mit dem Verzicht auf eine Drehzahlregelung erkauft. Sie liefen immer nur mit einer vorgegebenen Geschwindigkeit; allenfalls konnten sie durch etwas baulichen Aufwand mit zwei Drehzahlstufen

Die Abbildung aus dem Jahr 1897 zeigt links die Drehstrom-Überlandzentrale Oberspree und in der Mitte das AEG-Kabelwerk, den ersten Großabnehmer für den erzeugten Strom.

ausgestattet werden. Diese Drehstrommotoren „konnten" deutlich
weniger als die bis dahin üblichen Gleichstrom- oder Einphasenmoto-
ren, aber sie waren sehr viel robuster – und das war letztlich entscheidend.

An die Stelle der – ja ebenfalls immer nur mit einer Drehzahl
laufenden – mechanischen Transmission trat nun allmählich der elektrische Einzelantrieb mit dem drehzahlkonstanten kleinen Drehstrommotor. Allerdings waren auf diesem Wege auch noch einige Probleme
zu lösen, die aus den hohen Drehzahlen dieser Motoren resultierten.
Während eine dampfgetriebene Transmissionswelle mit etwa 200 U/
min lief, hatten die von der Netzfrequenz abhängigen Drehstrommotoren je nach Bauart 1400 oder gar 2800 U/min unter Last. Dieses
Tempo machten die Lederriemen nicht lange mit, so daß Zahnradgetriebe an deren Stelle treten mußten. Auf diesem Gebiet fehlte es
jedoch noch an Erfahrung mit hohen Drehzahlen[16].

Nachdem die Motorenprobleme gelöst waren, drohte nun der elektrische Einzelantrieb an den Mängeln der Zwischenglieder zu scheitern. Diese mußten vom Maschinenbau im Zusammenwirken mit der
jungen Automobilindustrie, die sich vor ähnlichen Schwierigkeiten
sah, erst noch perfektioniert werden. So dauerte es bis in die Zwanziger Jahre, ehe beispielsweise Drehmaschinen mit Drehstrommotor
und Zahnradgetriebe ohne Vorbehalte von der Industrie aufgenommen wurden. Danach wurden jedoch kaum noch andere Antriebe
verkauft. Die kompakte motorisierte Arbeitsmaschine war ungleich
leichter einzusetzen und zu betreiben als jedes zentrale Antriebssystem;
und der kleine Elektromotor bot bislang ungeahnte Möglichkeiten
zum Bau komplexer Maschinen mit mehreren Motoren für den Antrieb von Werkzeugen und Fördermitteln.

Befreit von der Notwendigkeit kurzer Kraftwege bei den mechanischen Transmissionen konnten die Produktionsstätten nun kompromißlos nach dem optimalen Werkstückfluß gestaltet werden[17]. Weiträumige Anlagen in einer Ebene lösten die bisweilen mehrstöckigen
engen Werkstätten ab. Gerade die mechanisierten Fördermittel, die
wegen ihrer räumlichen Ausdehnung zu den ungeliebten „Dampffres-
sern" gehört hatten, erhielten durch die Elektrifizierung starke Impulse. [VIII-4.1]

Das weitgehend problemlose Betriebsverhalten der Drehstrommotoren und die Einfachheit, mit der der Wechselstrom für diese Antriebe aus den öffentlichen Hochspannungsnetzen bezogen werden
konnte, regte viele Versuche an, diese Motoren auch dort einzusetzen,
wo der regelbare Gleichstrommotor – mit all seinen Schwächen –

noch dominierte. Dies galt in erster Linie für alle Fahrbewegungen, bei denen eine Geschwindigkeitsregelung nahezu unentbehrlich ist. Gleichwohl wurden um die Jahrhundertwende sogar Eisenbahnen mit Drehstrommotoren gebaut, deren Lokomotiven dann auch nur eine oder höchstens zwei Fahrgeschwindigkeiten hatten [18]. Bewährt haben sich zwar die Motoren nicht aber die Starrheit des daraus resultierenden Bahnbetriebs. Hier setzten sich, bis die moderne Leistungselektronik in der jüngsten Vergangenheit den jahrzehntealten Traum vom regelbaren Drehstrommotor endlich verwirklichen half, letztlich doch die Gleichstrom- oder Einphasenwechselstrommotoren durch.

Dies verdankten sie nicht zuletzt den Erfolgen bei der Suche nach Steuerapparaten, die eine Überlastung der Motoren verhinderten, ohne deren Leistungsabgabe einzuschränken. Die Lösung dieses Problems nannte sich „Stromwächterschützensteuerung" [19]. Hinter diesem Wortungetüm verbirgt sich eine Motorsteuerung, die dem Motor beim Beschleunigen immer nur den maximal zulässigen Strom zukommen läßt und dennoch die Drehzahl schnellstmöglich erhöht. Ihre erste Verbreitung und Bewährungsprobe fand sie in den Straßenbahnen. Die Straßenbahnführer konnten beim Beschleunigen ohne Zögern die Kurbel ihres Fahrschalters über alle Kontakte bis zur Höchststellung durchreißen, da die Stromwächterschützensteuerung automatisch dafür sorgte, daß die einzelnen Fahrstufen tatsächlich nur in dem Tempo geschaltet wurden, das der Motor vertrug. [X-5.3; X-5.4]

Diese teilautomatisierte Steuerung hatte zwar den Gleichstrommotor nicht robuster gemacht, wohl aber verhindert, daß er überlastet werden konnte, womit im Betrieb der gleiche Effekt erreicht wurde. Diese technische Lösungsstrategie wurde richtungsweisend für viele Entwicklungen im Bereich der Elektroenergie. Indem der Doppelcharakter des Stroms als Energie- und Informationsträger nutzbar gemacht wurde, konnten sehr viel leichter und vollkommener als bei anderen Energietechniken Rückkopplungen zur Eigenstabilisierung realisiert werden. Von dort war es dann nur noch ein kleiner Schritt, um durch Verknüpfung dieser Rückkopplungen mit vor- und nachgelagerten Stufen zur Automatisierung von Prozessen zu gelangen, die mehrere Maschinen umfaßten.

Zunächst einmal wanderte jedoch der erfolgreiche Straßenbahnantrieb in die Industrie, wo er in kaum veränderter Form zum Antrieb vieler Fördermittel von Kränen bis zu Rollgängen in Walzwerken eingesetzt wurde [20]. Dort galt überall die gleiche Forderung wie bei den Straßenbahnen: maximale Beschleunigung bei größter Betriebssicherheit. Zudem machte man sich an diesen Orten die hervorragende

Eignung von elektrischen Antrieben zur Fernsteuerung nutzbar. Anders als bei Dampfmaschinen oder Gasmotoren konnten die Anlaß- und Regelapparate über Kabel verbunden, weit von den Motoren entfernt, an dem Punkt mit der besten Übersicht aufgestellt sein. Dies kam vor allem der Betriebssicherheit zugute. Die Einfachheit, mit der ein Kraftstrom über große Entfernungen gesteuert werden konnte, eröffnete der Fernwirktechnik völlig neue Möglichkeiten und machte sie überhaupt erst zu einem festen Bestandteil der Anlagenplanung. Die verbesserte Technik der Kraftstromübertragung über große Entfernungen zog auch wiederum eine verbesserte wirtschaftliche Anlagenplanung nach sich.

Auch die schon angesprochene Automatisierung basierte zu einem wesentlichen Teil auf der einfachen Informationsübertragung durch elektrischen Strom. Als Beispiel sei hier eine Sägewerkssteuerung aus den Zwanziger Jahren genannt[21]. Dabei wurde der Motor des Sägegatters mit dem Anstellmotor verbunden, der die Baumstämme in die Säge schob. Lief das Sägegatter leicht, zog also wenig Strom, dann wurde der Anstellmotor beschleunigt und schob den Stamm schneller durch die Säge. Sobald der Sägemotor dann an seine Belastungsgrenze kam und entsprechend viel Strom zog, wurde durch diesen hohen Strom eine Gegenwirkung im Anstellmotor erzeugt, die ihn abbremste. Durch diese gegenseitige Regelung wurde der Stamm immer genau so schnell vorangeschoben, wie es der Antrieb des Sägegatters noch im Dauerbetrieb bewältigen konnte. Damit war das Sägegatter unabhängig von der schwankenden Holzqualität stets optimal ausgelastet. Sollte die Säge sich trotz dieser Regelung einmal festfressen, dann würde zwar ein nur kurzfristig tolerierbarer Spitzenstrom fließen, doch würde dieser Spitzenstrom auch eine besonders starke Gegenwirkung im Anstellmotor erzeugen, so daß dieser rückwärts läuft und den Stamm aus der überlasteten Säge herauszieht, bis diese sich wieder freigeschafft hat. Die Sicherungen, die eine dauerhafte Überlastung des Sägemotors verhindern sollen, müßten in dieser Zeit noch nicht den Strom unterbrechen, so daß der Betrieb trotz vorübergehender Störung ohne Unterbrechung und ohne Eingreifen von außen weiterlaufen konnte.

Wie die betriebssicheren Straßenbahnantriebe wanderte auch diese Lösung durch die verschiedensten Industriezweige und fand sich zum Beispiel in der Stahlindustrie wieder. Dort wurde sie als teilautomatisierter Walzenvorschub eingesetzt. An die Stelle des Sägegatters trat hier das Walzgerüst, dessen Motor auch möglichst immer bis zu seiner Leistungsgrenze ausgenutzt werden sollte, ohne daß es deshalb zu häufigeren Unterbrechungen wegen Überlastung kommen sollte. Betriebssicherheit setzte sich bei solchen teilautomatisierten Steuerungen unmittelbar in höhere Produktivität um, denn diese gekoppelten Antriebe waren nicht nur weniger störungsanfällig, sondern arbeiteten auch stets in ihrem oberen Leistungsbereich.

Die Drehzahlsteuerung der Motoren mußte dabei nicht in jedem Falle elektrisch beeinflußt werden. Auch mechanische Elemente, wie etwa Abtaster, wurden bald eingesetzt, wo dies einfacher war. Ein Beispiel, ebenfalls aus den Zwanziger Jahren, stammt aus der Textilindustrie. Hier galt es bei den Ringspinnmaschinen [22], den Faden mit höchstzulässiger Spannung zu spinnen und ihn danach auf eine Spule aufzuwickeln. Mit rein mechanischem Antrieb war das nicht zu verwirklichen. Da der Umfang der Spule durch den aufgewickelten Faden immer größer wird, die Spule jedoch mit konstanter Drehzahl läuft, wird der Faden immer schneller aufgewickelt und gesponnen. Würde die Spinnmaschine mit der Drehzahl anlaufen, die der höchstzulässigen Fadenspannung entspricht, so würde dieser schon nach wenigen Minuten reißen. Um die zeitaufwendigen Fadenbrüche zu vermeiden, darf die Maschine also immer nur so schnell laufen, wie es der höchstzulässigen Fadenspannung am Ende des Spinnprozesses bei voller Spule entspricht.

Das bedeutet freilich, daß die Spinnmaschine die meiste Zeit langsamer läuft als es die Fadenspannung eigentlich zuließe. Über mechanische Transmissionen angetriebene Ringspinnmaschinen hatten darum bald einen zweiten Gang, um nach dem langsamen Anspinnen der ersten Lagen auf der Spule wenigstens eine grobe Drehzahlanpassung vornehmen zu können. Dadurch konnte die produzierte Garnmenge einer Ringspinnmaschine bereits um rund 7% gesteigert werden. Die Abbildung zeigt das dazu gehörige Geschwindigkeitsdiagramm.

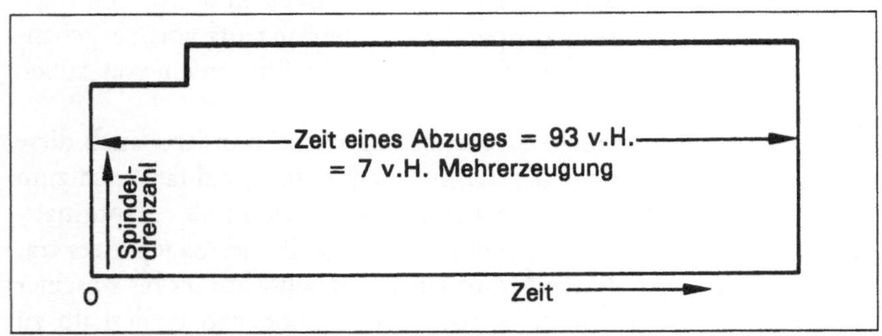

Transmission mit einstellbarer Anspinngeschwindigkeit.

Mit elektrischem Einzelantrieb und einem mechanischen Abtaster, der die Dicke der Spule und sogar die Höhe der jeweiligen Garnlage unmittelbar in die Drehzahlsteuerung des individuellen Antriebsmotors umsetzte, konnte dagegen stets automatisch die Spinngeschwindigkeit gefahren werden, die der maximal zulässigen Fadenspannung entsprach. Durch diese optimale Anpassung der Maschinendrehzahl war in diesem Beispiel einer Ringspinnmaschine eine Produktionssteigerung um etwa 20%, also 13% mehr als bei Transmissionsantrieb, erreichbar. Die Abbildung zeigt das entsprechende Geschwindigkeitsdiagramm in vereinfachter Form.

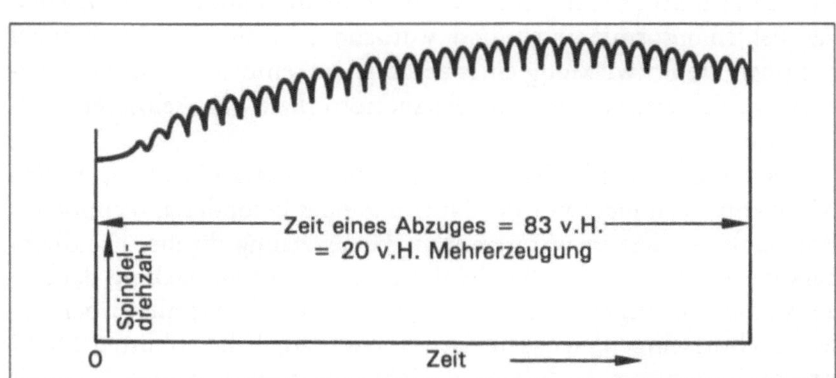

Das gleiche Problem hatten alle Industriezweige, bei denen ein reißempfindliches Produkt am Ende des Herstellungsweges aufgewikkelt werden mußte. Ein Beispiel ist die Papierindustrie, die darum auch für den Antrieb ihrer Papiermaschinen zu den gleichen technischen Lösungen griff.

Ganz abgesehen von der technischen Eleganz dieser Steuerung, brachte ein solcher elektrischer Einzelantrieb dank der deutlich gesteigerten Leistungsfähigkeit einer gegebenen Spinnmaschine bzw. Papiermaschine ganz greifbare ökonomische Vorteile für den Betrieb. Wie bei dem oben beschriebenen Sägegatter oder der Walzwerkssteuerung lag der entscheidende Vorteil des elektrischen Einzelantriebes nicht in den niedrigeren Energiekosten, wie die Elektroindustrie noch um die Jahrhundertwende geglaubt hatte, sondern in der besseren Anpassungsfähigkeit an die individuellen Erfordernisse und damit letztlich in der höheren Leistungsfähigkeit einer elektrisch angetriebenen Produktionsmaschine.

In den wenigsten Fällen wirkten elektrische Antriebe dabei direkt. Das Funktionieren der Zwischenglieder, sowohl zur Maschine wie auch zum Menschen, hatte stets einen überragenden Anteil am Erfolg elektrischer Antriebe. Der Elektromotor selbst war im Vergleich zu Verbrennungsmotoren oder Dampfmaschinen nicht von vornherein vielseitiger oder gutmütiger; er wurde es erst allmählich durch diese Zwischenglieder. Die Getriebe setzen seine für die meisten Anwendungen viel zu hohe Drehzahl auf ein brauchbares Maß zurück. Gerade dort, wo der Massenmarkt für elektrische Antriebe lag, bei den kleinen und kleinsten Leistungen, waren langsam laufende Elektromotoren unverhältnismäßig teuer und auch sehr viel größer als die schnellaufenden Typen. Zum Menschen hin bedurfte es einer oft recht komplexen Sicherungstechnik, um den Elektromotor vor Zerstörung zu schützen. Sein sinnlich nicht wahrnehmbares Funktionsprinzip und das Fehlen informierender und warnender Geräusche waren nicht geeignet, die Entwicklung eines besonderen Sensoriums für diese Antriebe zu fördern, wie es beim Benzinmotor bald ganz selbstverständlich war.

Der schon früh sehr hohe Automatisierungsgrad elektrischer Antriebe entsprach nicht nur der Nutzung eines besonderen technischen Potentials, sondern er war geradezu Voraussetzung für ihre Handhabbarkeit. Dort, wo Menschen häufig in die Drehzahlregelung der Arbeitsmaschine eingreifen mußten, wie etwa in der Metallbearbeitung bei Drehmaschinen, wurden darum auch lange die robusten Drehstrommotoren mit mechanischen Zahnradgetrieben beibehalten. Die

Das Kraftwerk Dortmund gehört zu den im Januar 1925 gegründeten ,,Vereinigten Elektrizitätswerken Westfalen" (VEW). Nach den schwierigen Jahren der Inflation zählte die Elektroindustrie zu den zukunftsträchtigen Wirtschaftszweigen.

empfindlicheren regelbaren Antriebe wurden, wie die genannten Beispiele aus der Textilindustrie, der Sägerei und der Stahlindustrie gezeigt haben, dagegen möglichst nur einer selbsttätigen Steuerung anvertraut. Mit der jüngsten Entwicklung zu rechnergesteuerten Arbeitsmaschinen ist freilich ein solch wirkungsvoller technischer Puffer zwischen Bediener und Maschine getreten, daß diese Gesichtspunkte heute kaum noch eine Rolle spielen. In all diesen Fällen gelang es der Elektroindustrie, vielseitig einsetzbare Antriebskomponenten zu entwickeln, die den Bedürfnissen in vielen Industriebereichen gleichzeitig gerecht wurden und als ,,Problemlösungen von der Stange" die Entwicklung neuer Produktionstechniken erheblich vereinfachten.

Entscheidend gestützt durch die vernetzte öffentliche Stromversorgung ist die Elektrizität durch diese Fortentwicklung der Steuerungs- und Regeltechnik zur universellen Energiequelle in Industrie und Haushalt geworden. Es ist mittlerweile selbstverständlich, bei neuen Anforderungen in der Produktion wie im Privatbereich zuerst stets nach einer elektrischen Lösung zu suchen. Selbst dort, wo Abwärme oder brennbare Gase ohne zusätzliche Kosten im Produktionsprozeß entstanden, wurden Dampfmaschinen und Gasmotoren von elektrischen Antrieben dank deren besserer Regelbarkeit und vielseitigerer Einsetzbarkeit verdrängt. Hatte etwa die Schwerindustrie des Ruhrge-

biets gegen Ende des 19. Jahrhunderts noch große Gasmotoren angeschafft, um das Schwachgas ihrer Hochöfen und das Koksgas ihrer
Kokereien für den Antrieb der Walzwerke zu nutzen, so wurden diese
Motoren bald nur noch zum Antrieb von Generatoren eingesetzt und
das Gas auf diese Art „verstromt" [23].

In den Walzwerken standen schon im ersten Viertel des 20. Jahrhunderts elektrische Antriebe, die als Doppelmotoren Leistungen bis zu

25 000 kW aufwiesen und dabei über eine kleine Erregermaschine vom Steuerstand aus selbst in größten Reversierwalzwerken mehrmals in einer Minute hin- und hergesteuert werden konnten. Dank elaborierter elektrischer Fernwirktechnik werden die größten Walzstraßen heute von einem Walzwerker mit fingergroßen Steuerknüppeln aus einer geschlossenen Kabine in einigen Metern Höhe über der Hüttensohle ebenso feinfühlig und reaktionsschnell gesteuert wie der Gabelstapler in der Lagerhalle oder die elektrischen Fensterheber im Auto.

Einmal zur universellen Energiequelle geworden, konzentrierte sich auf die Elektrizität auch ein Großteil der Entwicklungsarbeit in einem Maße wie das sonst nur noch bei der Verbindung von Verbrennungsmotor und Individualverkehr zu beobachten ist. Dampf, Gas, Wasser- und Windkraft wurden nicht zuletzt deshalb immer stärker in Nischen gedrängt, da sie nicht aus einem ebenso großen Vorrat an technischen Lösungen schöpfen konnten und nicht in gleicher Weise allgemein verfügbar waren. Es wurde darum für industrielle Anwender und die Industriegesellschaften insgesamt immer einfacher, diese Energiequellen trotz zum Teil großer Energieverluste auf dem Umweg über die Stromerzeugung zu nutzen, anstatt eine direkte Verwendung für sie zu entwickeln. Hinzu kam, daß die Massenproduktion elektrischer Geräte und Komponenten deren Preise in einem Maße senkte, daß selbst einfache Abzweigungen von vorhandenen Antrieben kaum noch dagegen konkurrieren können. So verschwanden im Haushaltsbereich die zahlreichen Zusatzgeräte elektrischer Bohrmaschinen zugunsten eigenständig angetriebener Kreissägen, Schwingschleifer etc. Gleichzeitig fanden nach den Rasierapparaten elektrisch bewegte Zahnbürsten und sogar elektrische Messer ihren Weg in die Haushalte. Selbst der immer noch benzingetriebene Personenwagen hat heute oftmals mehr als zehn Elektromotoren an Bord, die vom Kühlerventilator über die Scheibenwischer bis zum eingebauten Kasettenrekorder und den Fensterhebern viele notwendige und unterhaltsame Dinge verrichten. [X-5.2]

Die Nutzung des gleichen Mediums Strom vereinfacht in der Gegenwart zudem die Verbindung elektronischer Datenverarbeitung und elektrischer Steuerungen in einem Maße, wie dies bei konkurrierenden Antriebssystemen kaum möglich ist. Automatisierung, die ihre historischen Wurzeln in mechanischen, hydraulischen und pneumatischen Prozessen hat, ist heute unangefochten die Domäne des elektrischen Stroms und damit auch für die Zukunft Garant seiner überragenden Stellung bei der Energieversorgung industrieller Gesellschaften.

Literaturnachweise

1 *Lindner*, Helmut: Strom. Erzeugung, Verteilung und Anwendung der Elektrizität. Reinbek 1985, S. 82–84, S. 112–113

2 Werner Siemens in einem Brief an seinen Bruder Wilhelm am 4. Dezember 1866, nach: Heintzenberg, Fr.: Die ersten Entwicklungsstufen des elektrischen Antriebs im 19. Jahrhundert. Nach zeitgenössischen Quellen im Siemens-Archiv. In: Beiträge zur Geschichte der Technik und Industrie. Bd. 30 (1941), S. 35

3 Vgl. 2

4 Vgl. 2, Brief von Werner Siemens an seinen Bruder Wilhelm im Frühjahr 1867

5 *Hughes*, Thomas P.: American Genesis. A Century of Invention and Technological Enthusiasm 1870–1970. New York 1989, S. 24–35

6 Vgl. 1, S. 147

7 *Wengenroth*, Ulrich: Emil Rathenau. In: Treue, Wilhelm und König, Wolfgang (Hrsg.): Berlinische Lebensbilder – Techniker. Berlin 1990, S. 193–209

8 *Liefmann*, Robert: Beteiligungs- und Finanzierungsgesellschaften. Eine Studie über den modernen Kapitalismus und das Effektenwesen. Jena ²1913, S. 103–104

9 *Wengenroth*, Ulrich: Motoren für den Kleinbetrieb. Soziale Utopien, technische Entwicklung und Absatzstrategien bei der Motorisierung des Kleingewerbes im Kaiserreich. In: Wengenroth, Ulrich (Hrsg.): Prekäre Selbständigkeit. Zur Standortbestimmung von Handwerk, Hausindustrie und Kleingewerbe im Industrialisierungsprozeß. Stuttgart 1989, S. 197

10 *AEG* (Hrsg.): 50 Jahre AEG (als Manuskript gedruckt). (Frankfurt am Main 1956), S. 133–137; *Jacob-Wendler*, Gerhart: Deutsche Elektroindustrie in Lateinamerika. Siemens und AEG (1890–1914). Stuttgart 1982, passim

11 *Petri*, Rolf: La frontiera industriale. Teritorio, grande industria e leggi speciali prima della Cassa per il Mezzogiorno. Milano 1990, S. 70–79, 148–152; *Morsel*, Henri: Panorama de l'histoire de l'électricité en France dans la première moitié du XXe siècle. In: Cardot, Fabienne (Hrsg.): 1880–1980. Un siècle d'électricité dans le monde. Paris 1987, S. 93. Gedenkschrift zum 28. September 1919, dem Tage des 25jährigen Bestehens der Kraftübertragungswerke Rheinfelden A.G. Rheinfelden 1919

12 Vgl. 11 (Gedenkschrift)

13 *Strobel*, Albrecht: Die Gründung des Zürcher Elektrotrust. Ein Beitrag zum Unternehmergeschäft der deutschen Elektroindustrie 1895–1900. In: Hassinger, H. et al. (Hrsg.): Geschichte – Wirtschaft – Gesellschaft. Festschrift für Clemens Bauer zum 75. Geburtstag. Berlin 1974, S. 303–332

14 *Czada*, Peter: Die Berliner Elektroindustrie in der Weimarer Zeit. Eine regionalstatistisch-wirtschaftshistorische Untersuchung. Berlin 1969, S. 44

15 *AEG* (Hrsg.): Elektrischer Einzelantrieb in den Maschinenbauwerkstätten der A.E.G. Berlin 1899, S. 15

16 *Wengenroth*, Ulrich: Werkzeugmaschinenantriebe vor dem Ersten Weltkrieg. In: Benad-Wagenhoff, Volker et al. (Hrsg.): Emanzipation des kontinentaleuropäischen Maschinenbaus vom britischen Vorbild. Darmstadt 1990, S. 179–193

17 *Devine*, Warren D.: From shafts to wires. Historical perspective on electrification. In: The Journal of Economic History, Jg. 43, 193, S. 347–372
18 *Schletzbaum*, Ludwig: Eisenbahn. München 1990, S. 110.
19 *AEG*: Elektrizität im Eisenhüttenwerk. Berlin 1922, S. 141
20 *Wengenroth*, Ulrich: Die Elektrifizierung der Antriebe im Stahlwerk. Kräne und Walzwerksantriebe bis zum Ersten Weltkrieg. In: Wessel, Horst A. (Hrsg.): Elektrotechnik – Signale, Aufbruch, Perspektiven. Berlin 1988, S. 77–84
21 Vgl. 18, S. 142
22 *Wengenroth*, Ulrich: L'électrification dans l'industrie textile. In: Trédé, Monique (Hrsg.): Electricité et Electrification dans le monde. Paris 1992, S. 528 f.
23 *Hoffmann*, H.: Maschinenwirtschaft in Hüttenwerken. In: Zeitschrift des Vereins Deutscher Ingenieure, Jg. 56 (1912), S. 508–514

Kernenergie – Großtechnik zwischen Staat, Wirtschaft und Öffentlichkeit

Joachim Radkau

Kernenergienutzung als neue und als konventionelle Technologie

Während die Nutzung fossiler Energieträger auf der Verbrennung, also auf Vorgängen in der Hülle der Atome beruht, wird bei der Kernenergienutzung Energie aus den Atomkernen freigesetzt. Die bloße Tatsache, daß die Ausdehnung des Atomkerns nur ein Zehntausendstel des gesamten Atomdurchmessers beträgt, deutet darauf hin, daß es die Kerntechnik mit Energiekonzentrationen zu tun hat, die alles bis dahin Bekannte um ein Riesenhaftes übertreffen. In die gleiche Richtung führt die Tatsache, daß die bei nuklearen Prozessen freiwerdende Energie dem bei der Kernspaltung auftretenden „Massendefekt" entspricht: Gemäß der Relativitätstheorie gilt $E = mc^2$, es geht also in den Energiebetrag ein Faktor von der Größenordnung des Quadrates der Lichtgeschwindigkeit ein. Auch die Möglichkeit blitzschneller „Kettenreaktionen", bei der die bei einer Kernspaltung freiwerdenden Neutronen weitere Kerne spalten und im Bruchteil einer Sekunde eine lawinenartige Energiefreisetzung bewirken, unterstreicht den völlig neuartigen Charakter dieser Technik. Vom physikalischen Grundprozeß her gesehen, bedeutet die Kernenergie einen einzigartigen und ungeheuren Sprung in der Geschichte der Energietechnik. Die Kerntechnik galt denn auch von ihren Anfängen bis in die siebziger Jahre als Inbegriff der „neuen Technologie".

Zum Einsatz in Kraftwerken muß die Kernenergie „gezähmt" werden. Nicht reiner Spaltstoff mit seiner extremen Energiekonzentration läßt sich verwenden; vielmehr kann man natürliches Uran einsetzen, das nur zu 0,7% das spaltbare Uran-Isotop U^{235} und zu 99,3% das nicht-spaltbare U^{238} enthält; oder man kann Natururan „anreichern", d. h. den Anteil des U^{235} erhöhen. Damit auch bei schwacher Spaltstoffkonzentration eine Kettenreaktion zustandekommt, muß der Spaltstoff von einem sogenannten „Moderator" umgeben werden.

Mit Steuerstäben wird die Kettenreaktion geregelt und werden plötzliche „Leistungsexkursionen", steil ansteigende Energiefreisetzungen, verhindert.

Die Bewegungsenergie der bei der Kernspaltung freiwerdenden Neutronen wird nicht direkt genutzt, sondern ebenso wie bei Kohle- und Ölkraftwerken auf dem Umweg über die Wärme und die Elektrizität. Eine direkte Nutzung ist selbst bei der nuklearen Prozeßwärme ein bis heute unerreichtes Ziel. Im Reaktorkern wird ein „Kühlmittel" erhitzt und auf diese Weise ein Kühlkreislauf in Gang gesetzt; dieser treibt Turbinen an, die mit Stromgeneratoren verbunden sind. Insofern bieten Kernkraftwerke äußerlich größtenteils einen „konventionellen" Anblick, und es lag stets im Interesse der Energiewirtschaft, die Kernenergie soweit wie möglich der fossilen Kraftwerkstechnik einzupassen.

In den fünfziger und frühen sechziger Jahren wurde eine Vielzahl von Reaktortypen diskutiert. Rein technisch gesehen waren zahlreiche unterschiedliche Kombinationen von Spaltstoff, Moderator und Kühlmittel möglich; hiernach wurden verschiedene Reaktortypen definiert: je nach dem Spaltstoff Natururan-Reaktoren und solche mit angereichertem Uran, je nach Kühlmittel und Moderator Gas-Graphit oder Schwerwasser-Reaktoren. Als „schnelle" Reaktoren werden diejenigen bezeichnet, die sich ohne Moderator betreiben lassen. Nach der Temperatur des Kühlmittels, manchmal aber auch nach dem ursprünglich vorgesehenen Spaltstoff (Thorium) und der Kugelform der Brennelemente bekam der Hochtemperaturreaktor seinen Namen „Kugelhaufen-Reaktor".

Die Kernenergie-Entwicklung der verschiedenen Länder wies deutliche nationale Profile auf. Eine stark auf Autonomie bedachte Atompolitik gab früher in der Regel Natururanreaktoren den Vorzug; angereichertes Uran brachte in Abhängigkeit von den amerikanischen Urananreicherungsanlagen. Die Urananreicherung ist eine derart aufwendige Technologie, daß die Bundesrepublik hier die Zusammenarbeit mit anderen Staaten suchte; dabei verhinderte die Vorliebe für unterschiedliche Anreicherungsverfahren ein Zusammengehen zwischen der Bundesrepublik und Frankreich. Das Streben nach möglichst guter Spaltstoff-Ökonomie und hoher Plutonium-Ausbeute charakterisierte diejenigen Länder, die – wie zeitweise auch die Bundesrepublik – den Schwerwasserreaktor bevorzugten.

Gleichwohl vollzog sich bei den Reaktortypen im Laufe der sechziger Jahre mit der weltweiten Dominanz des amerikanischen Leichtwasserreaktors (LWR) international eine Angleichung. Die Bundesre-

Als das Kernkraftwerk von Calder Hall mit seinen vier Reaktoren von je 50 MW 1956 fertiggestellt wurde, war es mit weitem Abstand das größte Kernkraftwerk der Welt. Auch in Deutschland galt es damals als Vorbild, vor allem weil es mit Natururan arbeitete und keine Urananreicherung brauchte. Im Reaktor dient Graphit als Moderator. Der Reaktor wird mit Gas gekühlt. Eine rentable Stromerzeugung war in Calder Hall bisher noch nicht möglich.

publik spielte dabei eine Vorreiterrolle: Hier setzten sich bereits Mitte der sechziger Jahre die LWR-Anhänger durch, und die Schwerwasserlinie endete mit dem Kernkraftwerk Niederaichbach, das 1974 kurz nach der Inbetriebnahme stillgelegt wurde. Frankreich wandte sich um 1970 dem LWR zu, kurz nach dem Rücktritt Charles de Gaulles, der bis zuletzt zäh an der nationalen Gas-Graphit-Linie festgehalten hatte. England, in den fünfziger Jahren mit dem Kernkraftwerk Calder Hall zeitweise die Führungsmacht in der nuklearen Kraftwerkstechnik, suchte bis in die siebziger Jahre einen eigenen Weg, verfolgte dabei jedoch wechselnde Strategien und brachte es zu keinem kommerziellen Erfolg. Nur Kanada hat bis in die Gegenwart seinen eigenen Schwerwassertyp (CANDU) beibehalten. [IX-3.7]

Der Leichtwasserreaktor, der normales Wasser als Kühlmittel und Moderator verwendet, war uspründlich als Antrieb für amerikanische U-Boote und Flugzeugträger zur technischen Reife entwickelt worden. Sein Hauptvorteil bestand darin, daß er wegen seiner Verwendung in der US-Marine schon zu einer Zeit, als andere Reaktortypen nur auf dem Papier oder in kleinen Versuchsanlagen existierten, als „erprobt" – und dies unter extremen Bedingungen – galt, und daß er dank seines Kühlmittels auf die Energiewirtschaft relativ konventionell wirkte. Von der Kriegsmarine war er als ein relativ leistungsdichter Reaktortyp ausgewählt worden, der entsprechend klein dimensioniert werden konnte. Diese Eigenschaft hätte für die Energiewirtschaft nicht maßgebend zu sein brauchen, zumal die Leistungsdichte mit erhöhten Sicherheitsproblemen verbunden ist. Das Störfallpotential des LWR fand jedoch erst zu einer Zeit, als die Typenwahl bereits vollzogen war, eine breitere Aufmerksamkeit.

In den sechziger Jahren galt es als Vorteil des LWR, daß er weniger „plump" war als Natururanreaktoren und geringere Anlagenkosten erforderte. Als 1962 Gundremmingen, das erste bundesdeutsche Demonstrationskernkraftwerk, in Auftrag ging, berechnete man die Anlagekosten eines LWR auf 60% von denen eines Gas-Graphit-Reaktors; daher bevorzugte die Energiewirtschaft den LWR. Wenn man allerdings den gesamten Brennstoffkreislauf einbezog, wurde der LWR nach damaliger Rechnung um 40% teurer. Er benötigte angereichertes Uran, und Urananreicherungsanlagen waren der aufwendigste Teil der gesamten Kerntechnik; diese standen jedoch in den USA von militärischer Seite ohnehin zur Verfügung, und die USA warben auch bei ihren europäischen Verbündeten mit Billig-Angeboten von angereichertem Uran für den LWR. Selbst im Atomkonflikt der siebziger Jahre blieb die Stellung des LWR unerschüttert, ja wurde eher noch befestigt; denn hier konnte man immerhin schon auf die Erfahrung vieler Reaktorjahre verweisen, während andere Reaktortypen mit dem Risiko eines hohen, noch zu erbringenden Entwicklungsaufwands behaftet waren. Die Typenkontroverse galt als historisch überholt; unter „Entwicklung" wurde in der Kerntechnik nicht mehr die vergleichende Erprobung verschiedener Konzepte, sondern die Verbesserung des einmal gewählten Reaktorkonzepts verstanden.

Auch bei den Zukunftsreaktoren", der „zweiten Generation" der Kernkraftwerke, konzentrierten sich seit Ende der sechziger Jahre international fast alle Entwicklungsarbeiten auf einen Typus: den natriumgekühlten Schnellen Brüter. Die Hochtemperaturreaktor-(HTR-)Linie, die – ursprünglich aus England und den USA stammend – in der Bundesrepublik als einziger verbliebener „deutscher Weg" fortgeführt wurde, geriet in den siebziger Jahren in die Isolation. Zeitweise war sie mit dem Ziel der Thoriumnutzung, der Erbrütung des Spaltstoffs Uran-233, der Gasturbine, der Prozeßwärmenutzung und Kohlevergasung verknüpft worden; diese wenig realistischen Zukunftsvisionen bedeuteten für die Praxis eher eine Belastung, da sie das HTR-Projekt von der konventionellen Technik weiter entfernten. In

den 80er Jahren galt der HTR als aussichtsloses Konzept. Nach der
Reaktorkatastrophe von Tschernobyl (1986) erfuhr die Typendiskussion jedoch international eine gewisse Wiederbelebung. Wieweit diese
Diskussion praktische Wirkungen hat und das bisherige Trägheitsgesetz der Kernenergie-Entwicklung zu überwinden vermag, ist gegenwärtig nicht zu überblicken.

Ökonomische und nichtökonomische Triebkräfte
der Kernenergie-Entwicklung

Die zivile Kerntechnik hat militärische Ursprünge: Sie ging aus den
Technologien zur Spaltstoffgewinnung für Bomben und aus dem nuklearen Schiffsantrieb in der US-Kriegsmarine hervor. Die Tragweite
dieser historischen Tatsache ist bis heute umstritten. Früher galt sie
oft als schlagender Beweis für die Existenz des „Spin-off", also für
den zivilen Nutzen militärischer Spitzentechnologien. Aber auch der
Atomkonflikt und viele Mißgeschicke der Kerntechnik lassen sich auf
die militärischen Ursprünge zurückführen; denn durch diese wurde
die Kernenergie-Entwicklung in problematische Richtungen gelenkt
und über den wirtschaftlichen Bedarf hinaus beschleunigt. Die Schärfe
der Kernenergie-Kontroversen resultiert teilweise aus den militärischen Vorgaben und Rahmenbedingungen der Kerntechnik [IX-4.8;
X-5.8]
  Bestand ein Zusammenhang zwischen ziviler und militärischer
Kerntechnik nur in den Anfängen, und hat sich die zivile Kerntechnik
später von ihrem militärischen Ursprung emanzipiert? Auch bei der
Beantwortung dieser Frage lassen sich die Akzente unterschiedlich
setzen. Die Bundesrepublik war der erste unter den führenden Industriestaaten der Welt, der die Kernenergie-Entwicklung von Anfang
an erklärtermaßen als rein ziviles Programm betrieb. Der überwiegende Teil der bundesdeutschen Atomwirtschaft meinte diese zivile
Ausrichtung gewiß ernst, zumal diese sich mit den ökonomischen
Interessen deckte. In Frankreich und England wirkten sich die militärischen Atomprogramme in den sechziger Jahren, als der kommerzielle
Bau von Kernkraftwerken begann, zunehmend als Belastung aus; die
bundesdeutsche und auch die japanische Industrie profitierten von
dem Fehlen solcher nationaler Militärprogramme. Der „Spin-off" der
Militärtechnik war auf dem damaligen Niveau der nuklearen Kraftwerksentwicklung kaum mehr von Bedeutung.

Dennoch blieben fließende Übergänge zwischen ziviler und militärischer Kerntechnik bestehen, wenn sie auch in der Bundesrepublik, wo der friedliche Charakter der Atompolitik geflissentlich betont wurde, weniger augenfällig sind als bei den Atommächten und leichter als dort ignoriert werden konnten. Technologien, die schwach angereichertes Uran für Leichtwasserreaktioren produzieren, können auch reines U^{235} für Kernwaffen erzeugen. Die Wiederaufarbeitung nach dem bisher allgemein verwendeten Purex-Verfahren ist zur Abtrennung von Bombenspaltstoff entwickelt worden. Der ursprünglich in Bonn favorisierte Schwerwasserreaktor ist ein optimaler Produzent von waffenfähigem Plutonium; das gleiche gilt für den Schnellen Brüter, zumindest bei den bisher realisierten Brüterkonzepten. Selbst dort, wo es von der Technik her Grenzen zwischen ziviler und militärischer Kernenergie gibt, ist der Übergang bei dem mit der Technik verbundenen Know-how teilweise fließend. [IX-4.8]

Dieser Umstand war, weltweit betrachtet, nicht nur als Begleiterscheinung, sondern auch als Triebkraft der Kernenergie-Entwicklung von Bedeutung. Der große Aufwand für die Förderung der Kernenergie war von Anfang bis heute nicht nur von nüchternen ökonomischen Kalkulationen, sondern auch von Macht- und Prestigepolitik bestimmt. Die machtpolitischen Motive gingen nicht unbedingt bis zu dem konkreten Plan, Kernwaffen zu produzieren, enthielten aber die Hoffnung, daß die bloße Möglichkeit („Option") zum atomaren Bombenbau das Durchsetzungsvermögen in der internationalen Politik stärken würde. Der heftige Widerstand von Teilen der CDU/CSU gegen den „Atomsperrvertrag" (1967/68), den Vertrag zur Nichtverbreitung von Kernwaffen (Non-Proliferation Treaty, NPT), weist darauf hin, daß derartige Motive auch in manchen Bonner Kreisen vorhanden waren. Führende Sprecher der Atomwirtschaft allerdings befürworteten den Beitritt zum NPT, weil sie bei Nichtunterzeichnung eine amerikanische Liefersperre für angereichertes Uran fürchteten. [IX-3.7]

Aber auch die zivilen Motive bei der Kernenergie-Entwicklung besaßen ein Element von Prestigepolitik und hatten teilweise mit der bundesdeutschen Energieversorgung wenig zu tun. Daraus erklärt sich die scheinbare Paradoxie, daß das erste Atomprogramm der Bundesrepublik eben zu der Zeit (1957) beschlossen wurde, als die Strukturkrise der Kohle begann und keine „Energielücke", sondern ein Überangebot von Energieträgern zum Dauerproblem der bundesdeutschen Energiepolitik wurde. Zu dem Öl-Boom kam in den sechziger Jahren der unerwartete Erdgas-Boom. Noch 1967, als die ersten beiden bun-

*Kernkraftwerk Stade.
Das erste deutsche Atomprogramm
von 1957 sah Reaktoren mit einer
Leistung von 100 MW vor; in den
frühen sechziger Jahren plante man
Kraftwerke von 300 MW. Noch
1964 warnte ein Sprecher der
Energiewirtschaft davor, über
300 MW hinauszugehen. Aber
bereits wenige Jahre später galten
Kapazitäten von 600 MW als
Mindestwert für ein rentables
Kernkraftwerk. Die beiden 1967 in
Auftrag gegebenen Reaktorblöcke
von Stade und Würgassen hatten
eine Leistung von 640 MW.*

desdeutschen Kernkraftwerke auf kommerzieller Basis bestellt wurden (Stade und Würgassen), erklärte das RWE dem Bundesfor-
schungsminister, daß nur bei einem unverändert fortgesetzten oder
besser noch gesteigerten Wachstum des Energieverbrauchs und bei
einer Dämpfung der „Erdgas-Psychose" an eine Wirtschaftlichkeit des
Atomstroms zu denken sei. Die Kernenergie war die erste Großtechnik der deutschen Geschichte, die nicht im Blick auf einen vorhandenen oder in naher Zukunft zu erwartenden Bedarf im eigenen Land,
sondern ganz überwiegend in Vorwegnahme künftiger Weltmarkt-
entwicklungen und zur Demonstration der Leistungsfähigkeit der
deutschen Wissenschaft und Technik vorangetrieben wurde. Das
Schicksal der Kernenergie zeigt nicht zuletzt die Problematik einer
von aktuellen Bedürfnissen immer weiter entfernten Ausrichtung des
technischen Fortschritts.

In der Mitte der fünfziger Jahre, auf dem ersten Höhepunkt der
Atomkraft-Euphorie, war man sich allerdings vielfach der spekulativen Grundlage dieser Begeisterung und der langfristigen Dimension
dieser Perspektive nicht bewußt; man glaubte, die Zukunft der Kernenergie sei gesichert, und bis zu ihrer industriellen Durchsetzung werde
es nur noch wenige Jahre dauern. Wenn auch, gesamtwirtschaftlich
betrachtet, ein bundesdeutscher Eigenbedarf an Kernenergie nicht bestand, so gab es doch Partikularinteressen wirtschaftlicher Art. Die
süd- und südwestdeutsche Chemie wünschte die Kernenergie-Option

als Gegengewicht gegen die traditionelle Machtstellung der Ruhrkohle; aus der Chemie kamen in der Anfangszeit die prominentesten industriellen Förderer der Kernenergie, ohne daß sich die Chemie allerdings mit großen Investitionen in der Kerntechnik engagiert hätte. Den führenden Unternehmen der Elektroindustrie kam in einer Zeit, in der der Preiskampf bei elektrischen Konsumgütern immer härter wurde, ein langfristig orientiertes Großprojekt der öffentlichen Wirtschaft gelegen. Manche kommunalen Elektrizitätswerke hofften anfangs, mit Kernreaktoren ihre Autonomie gegenüber der regionalen Monopolstellung der großen Energieversorgungsunternehmen (EVU) zurückgewinnen zu können. Die Fernleitungen und Verbundsysteme waren mit den Transportkosten der Kohle gerechtfertigt worden; da die Kosten des Urantransports unbedeutend waren, schien die Atomkraft zunächst den lokalen Stromversorgern eine neue Chance zu geben. EVUs, die nicht über billige Braunkohle verfügten, wollten mit der Kernenergie den Preisvorteil des RWE wettmachen; dieses Motiv gab in den sechziger Jahren einen entscheidenden Anstoß zum Bau von Leistungskernkraftwerken. Auch die Energiewirtschaft bestritt nicht prinzipiell, daß die Kernenergie die Energie der Zukunft sei; aber sie ging bei ihrem nuklearen Engagement bis in die zweite Hälfte der sechziger Jahre doch – gemessen an dem von der Bonner Atompolitik gewünschten Tempo – eher bedächtig vor und hielt sich in der Position dessen, der gebeten und durch Vergünstigungen angereizt werden muß. Dabei ging es nicht so sehr um direkte Subventionen wie vielmehr um Kredit- und Abschreibungsvergünstigungen und um die Übernahme von Risiken durch den Staat. [IX-3.7]

Ein wichtiger und dramatischer Faktor in der Geschichte der Kernenergie war die öffentliche Meinung: In den fünfziger Jahren fungierte sie als vorantreibendes, seit den siebziger Jahren als bremsendes Element. Allein aus der Energiewirtschaft läßt sich die kerntechnische Entwicklung nicht motivieren; sie wird in ihrem Auf und Ab erst aus einem breiteren Kontext der Zeitströmungen heraus verständlich. In den fünfziger Jahren begründete die Erwartung unerschöpflicher Kernenergie die Hoffnung auf eine Zeit unendlicher Fülle und einen wiedergewonnenen Optimismus nach den düsteren Kriegs- und Nachkriegszeiten; nicht ohne Logik fanden die heftigen Gegenreaktionen auf diesen Fortschrittsglauben in den siebziger Jahren ihre bevorzugte Zielscheibe in der Kerntechnik. Die Begeisterung für die Kernenergie verkörperte nicht unbedingt den technischen Fortschrittsoptimismus schlechthin, aber sie gründete sich doch auf ein bestimmtes technologisches Fortschrittsbild mit langer und mächtiger Tradition: auf die Vorstellung, daß der Schlüsselvorgang des Fortschritts in der „Steigerung der Kraft" bestehe und die meisten Probleme sich durch die Technik in Energieprobleme verwandeln ließen, die durch vermehrte Verfügbarkeit von Energie zu lösen sein. Auch die seit einem Jahrhundert gerade von deutscher Seite verkündete Lehre, daß die Wissenschaft der Technik den Weg weise, führte seit den Erfolgen der Atomphysik zu der Suggestion, daß die Kernenergie mit gleichsam naturwissenschaftlicher Gesetzmäßigkeit kommen müsse. [I-3.6; X-5.8]

Allgemeine Zeitstimmungen allein reichten allerdings keineswegs aus, um die Kernenergie über Programme und Absichtserklärungen hinaus zum materiellen Faktum werden zu lassen. In der Geschichte der Kerntechnik erkennt man besonders deutlich die Bedeutung einer technischen „Community" – so seit den siebziger Jahren ein stehender Begriff – für die Durchsetzung einer Technologie, deren ökonomische Grundlage nicht gesichert ist; vor allem durch die Kontroverse der siebziger Jahre wurde die Rolle dieser „Community" offengelegt. Schon bei früheren „neuen Technologien" wie der Starkstromtechnik oder der Teerfarbenchemie läßt sich ein Korpsgeist der damit verbundenen Techniker und Wissenschaftler erkennen; noch eindrucksvoller jedoch gab es bei der Kerntechnik ein Kommunikations- und Kooperationsnetz von Förderern, das von Wissenschaft und Großforschungszentren bis in die Industrie, Ministerialbürokratie und Publizistik reichte. Noch nie zuvor war die Politik in einem Maße wie hier auf technische Experten und deren Gutachten angewiesen; dieser politische Bedarf trug zu der Ausbildung der „Community" wesentlich bei. Die Genehmigung von Kernkraftwerken mußte auf einen „Stand der Wissenschaft und Technik" verweisen können; die „Community" war in der Lage, trotz der Vielfalt und Widersprüchlichkeit der Einzeldaten eine solche rechtlich belastbare Basis zu präsentieren. Diese „Community" war allerdings keineswegs homogen, sondern umfaßte Positionen, die sich voneinander erheblich unterschieden. Zu einem geschlossenen Auftreten wurde sie vorwiegend durch Impulse von außen veranlaßt: durch den Atomkonflikt und die Legitimationsanforderungen von Politik und Genehmigungsinstanzen.

Kernenergie als System und als langfristige Perspektive

Schon in den fünfziger Jahren, als die Planungen für die zivile Kernenergienutzung konkreter zu werden begannen, galt es als ausgemacht, daß es sich bei der Kernenergie nicht nur um eine neue Art des Antriebs für Kraftwerke handele, sondern darüber hinaus um eine Methode, um Spaltstoff neu zu erbrüten und zu rezyklieren und auf diese Weise die Weltvorräte an Energieträgern auf Jahrhunderte und Jahrtausende zu verlängern. Wenn das nicht-spaltbare U^{238}, aus dem Natururan zu 99,3% besteht, durch Neutronenbeschuß in spaltbares Pu^{239} verwandelt wird, lassen sich die Spaltstoffvorräte theoretisch in der Größenordnung des Hundertfachen vermehren, ja sogar um noch viel mehr; denn bei so intensiver Urannutzung wird es denkbar, daß sich die Nutzung der Uranspuren in vielen Gesteinen und selbst in den Weltmeeren lohnt. „Die Gebirge verbrennen", „die Meere verbrennen" und dadurch gleichsam unerschöpfliche Energieträger zu erschließen: das waren die Reizvorstellungen, die mit Brutreaktoren verknüpft wurden.

Da die ersten Reaktoren, die in den USA gebaut wurden, nur als Plutonium-Produzenten für Bomben dienten, entstand schon in den fünfziger Jahren der Eindruck, daß Brutreaktoren und Wiederaufarbeitung im Prinzip bereits vorhandene Technologien seien; man konnte sich damals kaum vorstellen, daß der Weg zu einer wirtschaftlich sinnvollen Nutzung unabsehbar lang werden würde. Ab 1951

In die scharfen Auseinandersetzungen um die Nutzung der Kernenergie und eine Ausrüstung Deutschlands mit atomaren Waffen griffen im April 1957 die „Göttinger Achtzehn" – Atomforscher, die fast alle in Göttingen gewirkt hatten – mit ihrem Manifest gegen die Atombombe entscheidend ein.
Kampf dem Atomtod hatte auch die SPD auf Demonstrationen im Mai 1957 auf ihre Plakate geschrieben, die sich ebenfalls auf den Göttinger Aufruf bezogen. Das Foto spiegelt die Heftigkeit der vorgebrachten Argumente wider.

wurde in den USA sogar bereits eine kleine Versuchsanlage eines „schnellen", d.h. ohne Moderator betriebenen Brüters (EBR I) erprobt, der prinzipiell in der Lage war, mehr Spaltstoff zu erbrüten, als zur Aufrechterhaltung des Brutvorgangs zugeführt wurde, und zugleich Energie zu erzeugen. Der EBR I wurde jedoch 1955 durch eine Leistungsexkursion, die den Kern zum Schmelzen brachte, zerstört. Ein explosionsartiger nuklearer Leistungsanstieg ließ sich beim Schnellen Brüter nicht mit gleicher Sicherheit wie beim LWR ausschließen; je mehr die Brüter zu großtechnischen Dimensionen wuchsen, desto aufwendiger wurden die Sicherheitsvorkehrungen.

Mit wachsender Erkenntnis der ungelösten Probleme wurden die Brüter zu „Zukunftsreaktoren", die bis zu ihrer zivilen Nutzung noch umfangreiche Entwicklungsarbeiten erforderten und den Stil der „Großforschung" (Big Science), den es bis dahin vorwiegend im militärischen Bereich gab, in der zivilen Kerntechnik begründeten. Zugleich wurde die Brüterentwicklung überall zur Angelegenheit des Staates. In der Bundesrepublik erfolgte der Bau des Demonstrationsbrüters SNR-300 bei Kalkar zwar unter privatwirtschaftlicher Regie; aber die Industrie war nur zur Übernahme eines kleinen Bruchteils der Kosten bereit. Diese Zurückhaltung war wohlbegründet: Waren die Kosten des SNR-300 Mitte der sechziger Jahre noch auf etwas über 300 Mio. DM kalkuliert worden – wonach sich der Brüter im Kostenbereich konventioneller Kernkraftwerke gehalten hätte –, so war zwei Jahrzehnte darauf von 7 Milliarden die Rede. Die weit überwiegend staatliche Finanzierung machte penible Wirtschaftlichkeitsanalysen unnötig. Die Brüterpolitik galt ohnehin bis in die achtziger Jahre als Prinzipienfrage und als eine technologische Zukunftsvorsorge, die von aktuellen Wirtschaftlichkeitserwägungen unabhängig war.

Brüterprogramme stehen und fallen mit der Wiederaufarbeitung (WA); diese ist ein chemischer Prozeß. Von seiten der bundesdeutschen Chemie wurde frühzeitig versichert, diese Aufgabe könne man in der Bundesrepublik aus eigener Kraft bewältigen. In Anbetracht der berühmten deutschen Tradition der Großchemie wirkte diese Versicherung glaubwürdig; bis um 1974 wurde die WA in der Öffentlichkeit nicht als Problembereich wahrgenommen. Die Energiewirtschaft interessierte sich nur für die Kernkraftwerke selbst. In der Frühzeit der bundesdeutschen Atompolitik war bisweilen davon die Rede, daß die WA ein großes Geschäft für die chemische Industrie werden könne; diese zeigte jedoch in den siebziger Jahren kein Interesse mehr. Spaltstoff war im allgemeinen ohne Schwierigkeiten aus dem Ausland zu bekommen; diese Art des Bezugs war viel billiger als der Aufbau eigener Produktionsanlagen. Bestrahlte Brennelemente wurden von ausländischen Wiederaufarbeitungsanlagen bereitwillig abgenommen. Zwar ging die herrschende Lehre stets dahin, daß die Kerntechnik ein weit über die Kraftwerke hinausreichendes System sei und auch die „Schließung des Brennstoffkreislaufs" durch WA umfasse; aber in der Praxis geschah mangels eines ökonomischen Motivs wenig für einen solchen systematischen Ausbau der Kerntechnik. Ab 1967 wurde im Kernforschungszentrum Karlsruhe nach langer Verzögerung mit staatlichen Mitteln eine kleine WA-Versuchsanlage (WAK) errichtet. [X-5.8]

Um 1974 jedoch zeichnete sich international ein WA-Engpaß ab. Das wäre an sich kein Grund zur Sorge gewesen, wenn nicht nach damals maßgeblicher Auffassung die WA ganz unabhängig von der Plutoniumgewinnung als notwendiger Schritt gegolten hätte, um die bestrahlten Brennelemente für die Endlagerung zu konditionieren; und einer möglichst sicheren Lagerung des „Atommülls" galt seit Beginn der öffentlichen Kontroverse erhöhte Aufmerksamkeit. 1976 wurde die Genehmigung neuer Kernkraftwerke an die Gewährleistung sicherer „Entsorgung" gebunden, wozu nach damals herrschender Lehre die WA gehörte. Diese wurde im Kontext der „Entsorgung" zum akuten Problem. Das mangelnde Interesse der chemischen Industrie trat zutage; zugleich gerieten die ökologischen Risiken der WA in die Schlagzeilen. Das nach 1976 aufgestellte Projekt des „Integrierten Entsorgungszentrums" bei Gorleben wurde zur Haupt-Zielscheibe der Protestbewegung gegen Atomanlagen. Die Dramatik der Situation erhöhte sich durch die Kurswende der amerikanischen Politik 1977; die neue Regierung Carter suchte weltweit ein WA-Moratorium mit Hinweis auf die Proliferationsträchtigkeit dieser Technologie durchzusetzen, wobei sie zugleich die Notwendigkeit der WA für die zivile Kerntechnik bestritt. 1979 stellte der niedersächsische Ministerpräsident Albrecht das Gorleben-Projekt als politisch nicht durchsetzbar zurück: Diese Entscheidung markierte die bis dahin tiefste Zäsur in der bundesdeutschen Atompolitik. [X-5.8]

In den offiziellen Erklärungen der deutschen Bundesregierungen wurde jedoch bis weit in die 80er Jahre daran festgehalten, daß Brüter und WA zur Kerntechnik prinzipiell hinzugehören. Nur die SPD vollzog 1984 nach dem Verlust der Regierungsbeteiligung eine Wende gegen diese Technologien. Zu jener Zeit war klargestellt, daß sich die WA unter dem Aspekt der Entsorgung nicht eindeutig begründen läßt, sondern nur in Zusammenhang mit Brutreaktoren notwendig ist. Die Förderung beider Technologien war zuletzt vorwiegend durch das Streben nach technologiepolitischer Kontinuität und nach Aufrechterhaltung der alten Kernenergie-Perspektive motiviert. Das immer offenere Desinteresse der Energiewirtschaft an diesen „Zukunftstechnologien" beeinflußte am Ende jedoch auch die Politik der Bundesregierung. 1989 wurde das WA-Projekt fallengelassen; damit ist praktisch auch das Schicksal der deutschen Brüterentwicklung besiegelt. Es handelt sich, perspektivisch gesehen, um eine bedeutsame Wende. Ohne diese Technologien ist die Kerntechnik nicht mehr ein Weg in eine unendliche Zukunft und nicht mehr eine säkulare Energiequelle, die sich an Unerschöpflichkeit theoretisch den regenerativen Energieträgern nähern könnte. Aber auch ohne Spaltstofferbrütung wäre eine Kernenergienutzung über Generationen, unter Umständen sogar über Jahrhunderte, möglich, da die mit konventionellen Methoden ausbeutbaren Uranvorkommen der Erde nach heutiger Kenntnis weit größer sind, als man noch in den sechziger Jahren annahm.

Neuartige Risikodimensionen und Erfahrungen der Kraftwerkstechnik

Je nachdem, ob man von Fakten oder von Möglichkeiten her dachte, ergaben sich ganz unterschiedliche Urteile über die Sicherheit der Kerntechnik; wohl noch nie in der Geschichte ist bei einer Technik die Diskrepanz zwischen beiden Betrachtungsweisen so kraß und anhaltend gewesen. Wenn man von den nachweisbaren Todesopfern her urteilte, erschien das Risiko der zivilen Kerntechnik im Vergleich zu den Gefahren von Bergbau, Verkehr und Chemie geringfügig, selbst noch nach der Reaktorkatastrophe von Tschernobyl. Ganz anders sah es aus, wenn man von den Störfallmöglichkeiten her dachte. Der größte hypothetische Störfall, die Freisetzung der gesamten Spaltprodukte eines großen Reaktors, könnte ganze Nationen vernichten und ihr Gebiet für lange Zeit unbewohnbar machen. Die beispiellose Heftigkeit der Kontroverse über die Sicherheit der Kerntechnik erklärt sich zu einem Gutteil aus dem extremen Kontrast zwischen dem Realis und dem Potentialis.

Die Kluft war jedoch nicht ganz und gar unüberbrückbar. Auch viele Befürworter der Kerntechnik erkennen seit langem prinzipiell an, daß die Sicherheitsvorkehrungen in der Kerntechnik auch eine Vorsorge gegen manche hypothetischen Störfälle umfassen müssen, mit denen noch keine praktischen Erfahrungen vorliegen. Es ist jedoch bis heute nicht einfach, diesen Grundsatz in die Praxis umzusetzen. Die Forderung nach Vorsorge gegen hypothetische Gefahren konfron-

tierte die Kraftwerksingenieure mit einem Dilemma: Sicherheit in der Großtechnik war zu einem ganz wesentlichen Teil eine Angelegenheit langjähriger Erfahrung, die sich nicht durch Berechnungen und Laborexperimente ersetzen ließ. Aber die bisherige Erfahrung reichte nicht aus; und neue Erfahrungen konnten nur dann gewonnen werden, wenn man auch Fehlschläge riskierte. Die Fortschritte bei der Erhöhung der technischen Sicherheit waren in der Vergangenheit zu einem Gutteil auf dem Wege von „trial and error" erzielt worden. Dieser Weg wurde in der Kernenergie gefährlich; dennoch ist er auch hier nicht ganz zu vermeiden. Hinzu kam ein weiteres Problem: Technische Vorkehrungen können nur gegen eine begrenzte Zahl von Störfällen getroffen werden. Bei hochkomplexen Systemen ist jedoch die Zahl theoretisch möglicher Störfallverkettungen nahezu uferlos, vor allem dann, wenn man – wie dies in der Kerntechnik seit den siebziger Jahren geschieht – auch Einwirkungen von außen und menschliches Fehlverhalten als Störfallauslöser einbezieht. Sobald man damit begann, bei der Reaktorauslegung alle Eventualitäten zu berücksichtigen, drohten die Sicherheitsvorkehrungen so kompliziert zu werden, daß diese Komplexität selbst zu einem schwer kalkulierbaren Risikofaktor wurde; außerdem geriet die Wirtschaftlichkeit der Kernenergie in Zweifel. Daher beruhten die praktisch wirksamen Sicherheitskonzepte in der Kerntechnik stets auf dem Grundsatz, weite „hypothetische" Risikobereiche auszuklammern.

Die Neuartigkeit des nuklearen Risikos wurde zwar von Anfang an erkannt, und den öffentlichen Diskussionen der siebziger und achtziger Jahre geht eine lange interne Diskursgeschichte voraus. Es lag jedoch in der Natur der Sache, daß die reale Geschichte der Kerntechnik diesem Problembewußtsein nur partiell entsprach. Staat und Atomforschung betrieben die Einführung der Kernenergie seit den fünfziger Jahren in den meisten Industriestaaten mit Ungeduld; schon um 1960 wurde in der Bundesrepublik die Parole ausgegeben, daß ein weiterer Fortschritt nicht mehr durch kleine Versuchsreaktoren, sondern nur durch große Kernkraftwerke erzielt werden könne. Unter diesen Umständen konnten die Ingenieure schon im Interesse relativer Sicherheit nicht anders, als sich weitgehend auf konventionelle, in fossilen Kraftwerken erprobte Technik zu stützen. Die „Sicherheitsphilosophie" der Praktiker ging dahin, soweit wie möglich bewährte Komponenten einzusetzen und, auf den Erfahrungen der Kraftwerkstechnik fußend, Vorkehrungen gegen bestimmte „glaubhafte" Maximalstörfälle zu treffen. Dieses „deterministische" Konzept lag dem Genehmigungsverfahren zugrunde, das den Nachweis der Bewälti-

Initiative von Müttern gegen alle Kernkraftwerke

STARNBERG – „Mütter für eine ‚strahlenfreie'
Erde" lautet das Motto, das sich eine Gruppe von
Müttern aus dem Raum Starnberg gegeben hat,
die bereits mit ihrer ersten, nur nach dem
Schneeballsystem über Telephon in Gang gebrachten Aktion auf dem Münchner Marienplatz
über tausend Menschen mobilisieren konnte.

Bei dieser Aktion gingen bereits Unterschrif-
tenlisten von Hand zu Hand, in deren Vorspann
es hieß: „Wir fordern im Interesse des Lebens unserer Kinder die sofortige Einstellung des Betriebes, des Baus und der Planung aller Kernkraftwerke." Gestern trafen sich die Initiatorinnen in
einem Haus in Starnberg, um das weitere Vorgehen zu besprechen. Vor allem soll die Unter-
schriftenaktion, ebenfalls wieder über das
Schneeballsystem, vorangetrieben werden.
„Macht mit", schließt der jetzt neu gestaltete Vorspann, „wir gehen damit nach Bonn."

Aufgefordert werden „alle Mütter, aus ihrer
Isolation herauszutreten und sich mit aller Kraft
für den Erhalt des Lebens einzusetzen". Sehr di-
rekt heißt es weiter: „Setzt Eure Angst und Be-
troffenheit positiv um und werdet aktiv. Schließt
Euch zusammen, gründet Initiativen und setzt
Euch zur Koordinierung weiterer Aktionen mit
uns in Verbindung." Schließlich wird noch betont:
„Wir sind eine spontan entstandene Gruppe von
Müttern ohne parteiliche Zugehörigkeit."

Süddeutsche Zeitung, München

gung des „größten anzunehmenden Unfalls" (GaU) forderte. Die
Sicherheitswissenschaft dagegen, die sich in den siebziger Jahren als
eigener Forschungsbereich etablierte, öffnete sich der neuartigen
Komplexität des nuklearen Risikos und suchte eine Vielzahl möglicher
Störfälle durchzurechnen. Wenn sich die Sicherheitsforscher in der
Öffentlichkeit auch in der Regel bemühten, die extreme Unwahr-
scheinlichkeit großer Reaktorkatastrophen nachzuweisen, so wur-
den solche Katastrophenmöglichkeiten immerhin thematisiert und
Schwachstellen der Reaktortechnik ermittelt.

Im Hinblick auf die neuartigen Risiken der Kerntechnik lag es an
und für sich nahe, mit der Steigerung der Reaktorkapazitäten vorsich-
tig zu verfahren. In den fünfziger Jahren wurde die Kernkraft teilweise
sogar als „small technology" konzipiert und wurden Kleinreaktoren,
die in Kisten unterzubringen seien, angekündigt. Als dann aber die

*Bei den frühen Protesten gegen den
Bau von Kernkraftwerken formier-
ten sich zum erstenmal als eigene
Gruppe Frauen und Mütter. Die
Aufkleber auf dem Foto und der
Bericht aus der Süddeutschen Zei-
tung halten diese besondere Aus-
richtung des Protestes fest.*

Rentabilität der Kernenergie auf sich warten ließ, wurde es zur herrschenden Lehre, daß wirtschaftlicher Atomstrom nur von der erhofften Kostendegression bei einer erheblichen Steigerung der Reaktorblockgrößen – und zwar über die bis dahin bei fossilen Kraftwerken üblichen Kapazitäten hinaus – zu erwarten sei. In den zwanziger Jahren waren 100 MW, in den späten fünfziger Jahren 300 MW die Leistungsstärke von Großkraftwerken. Das erste bundesdeutsche Atomprogramm (1957) sah Reaktoren von 100 MW vor; in den frühen sechziger Jahren wurden Kernkraftwerke von 300 MW projektiert, aber auch dies waren bloße Demonstrationsanlagen, die die Wirtschaftlichkeit noch nicht erreichten. Noch 1964 warnte ein Sprecher der Energiewirtschaft davor, über 300 MW hinauszugehen; aber wenige Jahre darauf galten 600 MW als Mindestkapazität für rentable Kernkraftwerke. Die ersten beiden ohne staatliche Subvention gebauten bundesdeutschen Kernkraftwerke, die 1967 in Auftrag gegebenen Reaktorblöcke von Stade und Würgassen, besaßen eine Leistung von 640 MW. Aber schon 1969 gab das RWE mit Biblis A (1 146 MW) das damals größte Kernkraftwerk der Welt in Auftrag. Der Sprung über 1000 MW war ein aufsehenerregendes Wagnis, das die Grundlage bisheriger Ingenieurerfahrungen verließ; dennoch prophezeite Mandel (RWE) 1970 bereits Reaktoren von 2 000 MW „und weit mehr". Die Erfahrung der Energiewirtschaft seit dem Bau der ersten „Zentralstationen" durch Emil Rathenau schien zu demonstrieren, daß eine kühne Kapazitätensteigerung der Schlüssel zum Erfolg sei.

Bis heute kam jedoch überall in der Welt das Wachstum der Blockgrößen bei maximal 1450 MW zum Stillstand, und in der Regel wurden Kernkraftwerke erheblich kleiner dimensioniert. In den achtziger Jahren kam in der Kerntechnik hier und da die Parole „downscaling" auf; das alte Konzept des kleinen Hochtemperaturreaktors (HTR-Modul) wurde wiederbelebt. Wenn dieses, rein thermodynamisch betrachtet, ungünstiger war, so versprach es dafür eher die Vorzüge der Serienfertigung, der Prozeßwärmenutzung und größerer Standortunabhängigkeit. Spätestens nach Tschernobyl ist das Problem, ob ein „inhärent sicherer" Reaktor möglich ist, zur vermutlichen Schicksalsfrage der Kernenergie geworden; ein solches Ausmaß von Sicherheit unter pessimistischen Annahmen läßt sich am ehesten bei Kleinreaktoren vorstellen. Wieweit sich die Tendenz zum „downscaling" praktisch durchsetzt, ist gegenwärtig nicht zu übersehen. Sie zielt vor allem auf den Export; in der Bundesrepublik würde sie eine Kehrtwende gegenüber einer fast hundertjährigen Strategie der „economies of scale" bedeuten.

Eine „Sicherheitsphilosophie" der amerikanischen Atombehörde, die allerdings von der Energiewirtschaft angefochten wurde, hatte von Anfang an darin bestanden, Kernkraftwerke nur in dünnbesiedelten Gebieten zuzulassen; es war ein Sicherheitskonzept, das mit dem Schlimmsten rechnete. Die dichtbesiedelte Bundesrepublik befand sich gegenüber dieser „Sicherheitsphilosophie" in einem Dilemma: Nach amerikanischen Maßstäben verfügte sie kaum über zulässige Reaktorstandorte. Zeitweise suchte sich die bundesdeutsche Atomwirtschaft diesem Dilemma offensiv zu entziehen: Ab 1969 wurde im Auftrag der BASF ein Kernkraftwerk bei Ludwigshafen projektiert. Die Projektierung eines Kernkraftwerkes in unmittelbarer Nähe mehrerer Großstädte war ein weltweit aufsehenerregender Schritt, dem eine exemplarische Bedeutung beigemessen wurde. Von Regierungsseite wies man jedoch darauf hin, daß dieser „deutsche Weg" eines standortunabhängigen Kernkraftwerkes eine „deutsche Sicherheitsphilosophie" erfordere. Für das geplante Kernkraftwerk Ludwigshafen wurde ausnahmsweise ein „Berstschutz" vorgesehen, das Bersten des Reaktorschutzbehälters also in den Kreis der möglichen Störfälle aufgenommen. Sobald sich jedoch abzeichnete, daß der kostspielige Berstschutz zur Norm für sämtliche neuen Kernkraftwerke werden könnte, ließ die Atomwirtschaft dieses Konzept wieder fallen. Die Industrie wollte sich möglichst nur auf eine Philosophie der Störfallverhinderung durch Qualitätskontrollen bei den Reaktorkomponenten und redundante Sicherheitsinstrumentierung unter möglichst weitgehender Anwendung passiver Sicherheits-Vorkehrungen einlassen. Von anderer Seite dagegen wurde wiederholt zusätzlich eine Philosophie der Störfallfolgenbegrenzung gefordert und dabei immer wieder das Konzept einer unterirdischen Reaktorbauweise in die Diskussion gebracht. Es versprach, einige der schwierigsten Probleme der Reaktorsicherheit (Containment-Versagen, Flugzeugabsturz auf einen Reaktor und andere Einwirkungen von außen) zu lösen. Dennoch stieß dieses Konzept bei der Industrie auf Widerstand. Es hat unter Sicherheitsaspekten nicht nur Vor-, sondern auch manche Nachteile; der Vorgang läßt jedoch auch erkennen, wie Sicherheitskonzepte, die theoretisch wesentliche Vorzüge boten, in der Praxis wenig vorankamen, wenn sie bestehenden Gewohnheiten widersprachen und ein starker äußerer Anstoß fehlte.

Die gesamte bisherige Technikgeschichte macht deutlich, wie schwierig es ist, Vorsorgemaßnahmen gegen hypothetische Risiken und ebenso gegen chronische Schädigungen ohne Möglichkeiten eines exakten Kausalnachweises durchzusetzen. Der Sicherheitsdiskurs über die Kerntechnik war in dieser Beziehung vorbildlich: Noch nie zuvor ist diese Problematik in so eindringlicher und grundsätzlicher Weise erörtert worden. Mit Recht hat Häfele von der „Pfadfinderrolle" der Reaktorsicherheitspolitik gesprochen. Aber auch hier ist die Aufgabe, Sicherheitsmaximen technisch umzusetzen und die Erfüllung der Postulate gegenüber einer hellhörig gewordenen Öffentlichkeit glaubhaft zu machen, in vieler Hinsicht noch nicht gelöst. So intensiv wie noch nie zuvor in der Geschichte der Technik wurde die Möglichkeit erörtert, daß es sich bei den Sicherheitsdefiziten teilweise um prinzipiell unlösbare Probleme handeln könnte, die einen Verzicht auf diese gesamte Technologie nahelegen.

Die internationale Situation der Gegenwart im Überblick

Eine Gesamtübersicht vermitteln die beiden Tabellen (S. 364, S. 365).

Die zweite Tabelle läßt besonders deutlich die gegenwärtige globale Spitzenposition Frankreichs erkennen. Daß es hierzu kam, ist eine Entwicklung der siebziger und achtziger Jahre; noch Ende der sechziger Jahre war von einer Krise der französischen Atomwirtschaft die Rede und galt die bundesdeutsche Konkurrenz als weit erfolgreicher. Seitdem hat die Bundesrepublik eine Spitzenstellung in der kritischen Erörterung der Kernkraft erlangt. Die Statistik zeigt jedoch, daß der Atomstrom-Anteil in der Bundesrepublik im Vergleich zu den meisten anderen führenden Industriestaaten immer noch relativ hoch ist. Man kann es überraschend finden, daß die meisten derjenigen Länder, die historisch die treibende Kraft der Kernenergie-Entwicklung waren (USA, Großbritannien, Sowjetunion, die Bundesrepublik Deutschland, zeitweise auch Italien, Kanada, Indien, Brasilien), in der Liste der Anteile des Atomstroms nicht oben, sondern größtenteils auf der unteren Hälfte stehen, auch wenn in absoluten Zahlen die USA und die Sowjetunion führen.

Für Brasilien, einst die größte Hoffnung der deutschen Atomindustrie, besitzt die Kernenergie nach wie vor nur minimale Bedeutung. Ähnliches gilt für den Iran, der ebenfalls ein Hauptziel deutscher Exportbemühungen war. Früher wurden der Kernenergie große Chancen in der Dritten Welt gegeben; gegenwärtig hat sich jedoch deutlich herausgestellt, daß Kernkraftwerke in der Regel nur in industriell hochentwickelten Drittweltstaaten wie Südkorea, Taiwan oder Argentinien erfolgreich einzusetzen sind. China fehlt noch auf der zwei-

Die Kernkraftwerke der Welt Ende 1986

Land	in Betrieb		im Bau [1] Anzahl	bestellt [1] Anzahl	insgesamt	
	An-zahl	Brutto-leistung MW			An-zahl	Brutto-leistung MW
Argentinien	2	1 015	1	–	3	1 760
Belgien	8	5 741	–	–	8	5 741
Brasilien	1	657	2	2	5	5 875
Bulgarien	4	1 760	2	2	8	5 760
BR Deutschland	21	19 851	4	3	28	28 108
China	–	–	1	2	3	2 289
DDR	5	1 830	2	2	9	3 590
Finnland	4	2 296	–	–	4	2 296
Frankreich	49	47 155	15	2	66	70 183
Großbritannien	22	12 593	4	1	27	16 518
Indien	6	1 320	4	6	16	3 670
Iran	–	–	2	–	2	2 586
Italien	3	1 334	3	2	8	5 352
Japan	34	25 846	11	1	46	36 940
Jugoslawien	1	664	–	–	1	664
Kanada	18	11 516	5	1	24	16 752
Korea (Süd)	6	4 893	3	2	11	9 643
Kuba	–	–	2	–	2	880
Mexiko	–	–	2	–	2	1 350
Niederlande	2	523	–	–	2	523
Österreich	–	–	1	–	1	723
Pakistan	1	137	–	–	1	137
Philippinen	–	–	1	1	2	1 331
Polen	–	–	2	2	4	2 930
Rumänien	–	–	3	1	4	2 455
Schweden	12	9 836	–	–	12	9 836
Schweiz	5	3 034	–	2	7	5 208
Sowjetunion	50	29 313	37	37	124	106 483
Spanien	8	5 815	4	1	13	10 766
Südafrika	2	1 930	–	–	2	1 930
Taiwan	6	5 144	–	–	6	5 144
Tschechoslowakei	6	2 594	10	–	16	9 090
Ungarn	3	1 320	1	4	8	5 760
USA	98	87 590	27	4	129	124 344
Summe	377	285 707	149	78	604	506 617

[1] ohne stornierte Anlagen

Stromerzeugung in Kernkraftwerken 1985/86

Land	1985 Anteil an der gesamten Stromerzeugung in Prozent	1986 Anteil an der gesamten Stromerzeugung in Prozent
Frankreich	64,8	69,8
Belgien	59,8	67,0
Schweden	42,3	50,3
Taiwan	53,1[1]	43,8[1]
Südkorea	22,1[1]	43,6
Schweiz	39,8	39,2
Finnland	38,2	38,4
Bulgarien	31,6	30,0
Bundesrepublik Deutschland	31,2	29,4
Spanien	24,0	29,4
Japan	22,7	24,7
Tschechoslowakei	14,6	21,0[1]
Großbritannien	19,3	18,4
Ungarn	23,6	18,3
USA	15,5	16,6
Kanada	12,7	14,7
DDR	12,0[1]	11,6[1]
Argentinien	11,3[1]	11,3[1]
UdSSR	10,3[1]	10,0[1]
Südafrika	4,2	6,8
Niederlande	6,1	6,2
Jugoslawien	5,1[1]	5,4
Italien	3,8	4,5
Indien	2,2[1]	2,7
Pakistan	0,9	1,8[1]
Brasilien	1,7[1]	0,1

[1] Schätzungen der IAEO

ten Tabelle; ihm galten in jüngster Zeit besondere Exporthoffnungen der bundesdeutschen Industrie.

Ein Vergleich der Atomstrom-Anteile 1985 und 1986 läßt erkennen, wie ambivalent sich die globalen Perspektiven der Kernenergie in der Zeit der Reaktorkatastrophe von Tschernobyl darstellten: in einigen Ländern steiles Wachstum, in anderen jedoch Stagnation und rückläufige Tendenzen. Der aktuelle Trend wird von solchen Zahlen nicht wiedergegeben, vielmehr spiegeln diese wegen der langen Bauzeit der Kernkraftwerke Entscheidungen, die in den siebziger Jahren getroffen wurden. Der Überblick über die im Bau befindlichen und bestellten Kernkraftwerke läßt in vielen Länder der Welt eine zögernde Tendenz erkennen, die sich durch Tschernobyl verstärkte.

Seeschiffahrt

Andreas Kunz
Daniel Thomas

Zur Seeschiffahrt fallen einem auch heute noch romantisch-verklärte Bilder ein, auf denen prächtige Segelschiffe, gesteuert von typischen Seeleuten, gegen Wind und Wetter ankämpfend, auf den Weltmeeren unsere Fernwehträume realisieren. Diese von vielen Jahrhunderten Seeschiffahrtsgeschichte geprägte Vorstellung ist so heutzutage nicht mehr aufrechtzuerhalten. Zu verschieden ist die frühe Seeschiffahrt von der modernen. Zu groß sind die Veränderungen, die besonders seit dem letzten Jahrhundert in der Seeschiffahrt eingetreten sind. Es bleibt aber die lange Tradition der Seeschiffahrt und damit Respekt vor den Leistungen des Seeverkehrs, der auch heute noch eine bedeutende Rolle in der Handels- und Verkehrswelt spielt. Ein guter Teil des deutschen Außenhandels wird auch heute noch über See abgewickelt. Dabei haben sich die Seehäfen aus reinen Handelszentren auch zu Stätten von Industrie und Produktion entwickelt. Die Bedeutung eines Seehafens wurde im Laufe der Zeit nicht mehr nur an seinen Umschlagzahlen gemessen, sondern auch an den industriellen Fähigkeiten des Standortes.

Die Entwicklung der Infrastruktur: Häfen und Seeschiffahrtswege

Im deutschen Raum war die mittelalterliche Seeschiffahrt geprägt von den Handelsverbindungen der Hanse. Hauptsächlich in Nord- und Ostsee fuhren ihre Schiffe und hatten maßgeblichen Anteil am Aufbau des hansischen Handelsimperiums. Neben der Fahrt in innerdeutschen Gewässern wurden vor allem holländische, englische, skandinavische und russische Häfen angelaufen. Nach dem Verfall der Hanse blieben diese Verbindungen weiterhin die wichtigsten Routen deutscher Seefahrer, die allerdings kaum Anteil an den Entdeckungen des 16. und 17. Jahrhunderts hatten [1].

Die Zufahrt zu den Häfen war mit den nicht sehr tief gehenden Schiffen über die Unterläufe von Ems, Weser, Trave und Elbe sowie über die Haffgewässer bei Stettin, Danzig, oder Königsberg zunächst

gut möglich. An der Ems und an der Weser verschlechterte sich die Situation jedoch schon im 16. und 17. Jahrhundert durch das Versanden und Verschlicken der Flußläufe, was im Falle Bremens 1827 schließlich den Anstoß zum Erwerb eines neuen Geländes an der Wesermündung für den Bau des Vorhafens Bremerhaven gab[2].

Nachdem sich über mehrere Jahrhunderte die Schiffsgrößen nur unwesentlich veränderten, brachte das 19. Jahrhundert einen stetigen Anstieg der Tragfähigkeiten. Besonders im immer wichtiger werdenden Überseeverkehr waren größere Schiffe, die mehr Ladung transportieren konnten, rentabler. Dadurch wurde es schwieriger, die Stadthäfen direkt anzulaufen, da die Wassertiefen besonders auf der Weser, aber später auch auf der Unterelbe nicht ausreichten, um eine problemlose Durchfahrt der Seeschiffe zu garantieren. Zugleich wuchs das Bedürfnis zum Ausbau der Zugangsstraßen und der Hafenanlagen, da das Umladen auf kleinere Leichterschiffe die Frachtraten erheblich verteuerte.

So wurden auf der Unterelbe und im Hamburger Hafen 1834 und 1838 die ersten Dampfbagger zur Vertiefung der Reede und des Liegeplatzes eingesetzt. Die Wassertiefe konnte auf diese Weise über 6,50 m 1871 und auf 10 m bis zum Jahr 1912 vergrößert werden. Dem erhöhten und geänderten Verkehrsaufkommen wurde mit dem Bau von

Hafenansicht von Bremen um 1840 nach einem zeitgenössischen Stahlstich. Das Bild des Hafens wird noch von Segelschiffen beherrscht.

Hafenansicht von Hamburg um 1900.

Hafenbecken und Kaimauern ab 1863 Rechnung getragen. Das lästige Umladen auf die Schuten entfiel, und die Packhäuser konnten jetzt direkt angefahren werden. 1912 verfügte Hamburg über ca. 600 ha Gesamtwasserfläche mit Seeschiffstiefe. Der finanzielle Aufwand für Ausbau und Unterhaltung der Schiffahrtswege und des Hafens betrug nach Schätzungen 570 Millionen Mark für die Zeit von 1859 bis 1912.

In Bremerhaven entstand von 1847–1851 der „neue" Hafen, der für Schiffe bis 7 m Tiefgang zu erreichen war und bereits 1858 wegen des gestiegenen Schiffsverkehrs wieder ausgebaut werden mußte. Der schlechte Zustand der Weserfahrstraße wurde durch Bremen dagegen erst gegen Ende des 19. Jahrhunderts verbessert. Bis in die 1880er Jahre konnten nur Schiffe mit einem Tiefgang bis 2,75 m die Stadt anlaufen. Die laufende Korrektion der Unterweser zeigte dann aber Wirkung, und 1913 war eine Wassertiefe von 6 bis 7 m erreicht. Die Kosten der Korrektion beliefen sich von 1859–1913 auf insgesamt ca. 75 Millionen Mark. Durch ständigen Ausbau entstanden bis 1912 14 Hafenbekken mit einer Fläche von 120 ha. Auch in Bremerhaven fanden laufend Erweiterungsarbeiten statt, so daß 1912 ca. 70 ha Gesamtwasserfläche mit einer Tiefe von 10 m zur Verfügung standen. Die Kosten der gesamten Ausbauten in Bremen und Bremerhaven zwischen 1859 und 1912 werden auf 255 Millionen Mark geschätzt.

Seit den 1870er Jahren begannen auch auf der Unterems Korrektions- und Vertiefungsmaßnahmen. Der Flußlauf wurde vereinheitlicht und die Wassertiefe auf 10 m vergrößert. Im Zuge der Vervollständigung des Dortmund-Ems-Kanals entstand ein neuer Außenhafen für Schiffe mit 10 m Tiefgang[3].

Auch in den Ostseehäfen wurden vielfache Anstrengungen unternommen, die Fahrverhältnisse zu verbessern, ohne daß man dort zu Dimensionen wie an der Nordsee vorgestoßen wäre. Zwischen 1887 und 1895 wurde mit dem Bau des Nord-Ostsee-Kanals (Kaiser-Wilhelm-Kanal) die Verbindung zwischen Nord- und Ostsee erheblich vereinfacht. Die Schiffe mußten nun nicht mehr den längeren und gefährlicheren Weg durch den Sund nehmen[4].

Mit den spärlichen finanziellen Mitteln nach dem Ersten Weltkrieg konnten nur kleinere laufende Arbeiten zur Verbesserung der Infrastruktur unternommen werden. Die zunächst geringe Auslastung und der schon erreichte Standard bremsten ohnehin größere Aus- und Neubauten. Die nationalsozialistische Aufrüstungspolitik hatte ab 1933 einen Ausbau vor allem der Marinehäfen Wilhelmshaven und Kiel zur Folge[5].

Seit dem Zweiten Weltkrieg war durch das Entstehen zweier deutscher Staaten im Seeverkehr eine völlig neue Situation eingetreten[6]. In der Bundesrepublik verlagerte sich der Verkehr noch stärker auf die Nordseehäfen. Schon früh wurde mit dem Neuaufbau der schwer zerstörten Häfen Hamburg, Bremen und Kiel begonnen. In Bremen waren über 75% der Schuppen zerstört, die einsatzfähigen Kräne auf 12 reduziert und die Umschlagsanlagen für Getreide, Mineralöl, Erz, etc. fast vollständig vernichtet. Bis heute finden ständig Um- und Ausbaumaßnahmen statt. Bremen verfügte 1979 über 10 Hafenanlagen mit mehreren Becken, über 21,65 km Lade-Kajenlänge, über mehr als 1,2 Millionen qm Lagerfläche und über einige hundert Kran- und sonstige Umschlagsanlagen. Der Hafen Hamburg ist in seiner jetzigen Form 1937 aus dem Zusammenschluß der Häfen von Hamburg, Altona und Harburg-Wilhelmsburg entstanden. 1979 waren 15 Hafenanlagen vorhanden. Die Lagerflächen betragen ca. 5 Millionen qm und es sind fast 1000 Kräne und Verladebrücken vorhanden. Die zunehmende Spezialisierung der Schiffahrt prägt auch die Hafengestaltung. Die Anlagen werden laufend den veränderten Bedingungen angepaßt.

In den bundesdeutschen Ostseehäfen bestand nach dem Krieg ebenfalls ein erheblicher Nachholbedarf in der technischen Ausrüstung. Krieg und Demontage hatten große Hafenkapazitäten stillgelegt. In den 50er Jahren wurden die Hafenanlagen erweitert und zusätzliche Einrichtungen für den Personen- und Gütertransport errichtet. Der expandierende Fährverkehr machte zusätzliche Ausbauten in Kiel und

Lübeck notwendig. Ausbaggerungen der Hafenbecken und des Fahrwassers brachten in Kiel eine Wassertiefe von 12 m, in Lübeck 9,5 m [7].

Die zur ehemaligen DDR gehörenden Ostseehäfen Rostock, Wismar, Stralsund und Saßnitz waren vor dem Krieg nur von lokaler Bedeutung. Ihre Fahrwassertiefen ließen keinen Verkehr mit ozeangehenden Frachtschiffen zu. Nach dem Krieg wurden die Häfen ausgebaut. Wichtigster Hafen ist heute Rostock, wo ein Überseehafen angelegt wurde, der durch einen 6 km langen Seekanal mit der Ostsee verbunden ist. Beim Ausbau wurden vor allem hafengebundene Industrien – zum Beispiel Werften – mitbedacht. Das gestiegene Verkehrsaufkommen zwang zu zusätzlichen Ausbauarbeiten und Baggerungen, die in den 70er Jahren 11,5 m Wassertiefe erreichten. In Wismar und Stralsund wurden die Kaianlagen ausgebessert und neue Anlagen errichtet. Der Hafen Wismar war danach für Schiffe bis 8 m Tiefgang anzulaufen [8].

Verkehrsmittel der Seeschiffahrt

Im Laufe des 19. Jahrhundert veränderten sich Verkehrsmittel in der Seeschiffahrt dramatisch. Die Erfindung der Dampfmaschine revolutionierte den Schiffsbau und führte schließlich zum Aussterben der Segelschiffe. Dennoch dauerte es in Deutschland besonders lange, bis sich das Dampfschiff durchgesetzt hatte [9].

1816 lief der erste englische Dampfer in Hamburg ein. Die erste regelmäßige Dampferlinie zwischen England und Hamburg wurde 1826 errichtet. Es folgten weitere Linien zwischen Hull und Hamburg (1841) und zwischen Bremen und den USA (1847). Doch war gerade diese Linie wenig erfolgreich und verstärkte die allgemeine Unsicherheit gegenüber den Dampfschiffen. Die hohen Kosten beim Bau und Unterhalt von Dampfern, ihre technischen Unzulänglichkeiten und die damit verbunden Unternehmerrisiken führten zu einer Abneigung gegenüber Dampfern in deutschen Reederkreisen. Die Hauptprobleme der frühen Dampfschiffahrt waren vor allem der enorm hohe Energieverbrauch und die geringen Reichweiten. Ein Zeitgenosse bemerkte denn auch, daß es nicht die Aufgabe eines Schiffes sein könne, seinen eigenen Brennstoff über das Meer zu transportieren. Das alles konnte aber den Siegeszug des Dampfschiffes nicht aufhalten. Besonders die stark ansteigende Auswanderung begünstigte den Einsatz von Dampfschiffen, nachdem diese zuverlässiger und effizienter gebaut wurden. Der von Wind und Wetter weniger abhängige Transport mit einem Dampfer über See, die höhere Ladefähigkeit und die schnellere Beförderung brachten die Dampfer in Vorteil zu den Segelschiffen. Beispielhaft für die Fortschritte im Dampferbau war die 1843 gebaute „Great Britain". Sie war 98 m lang, 15,4 m breit, hatte einen Tiefgang von ca. 6 m und eine Wasserverdrängung von 3618 t. Ihr Rumpf war aus Eisen und statt der Schaufelräder wurde sie von einer 4,7 m breiten Schiffsschraube angetrieben. [X-4.1]

Die Schwachstellen des Holzrumpfes, seine geringe Festigkeit, der Einfluß von Nässe und Hitze auf die Form und Beschaffenheit konnten somit vermieden werden. Der Eisen- bzw. Stahlrumpf hatte eine größere Festigkeit, was vor allem für den Transport der Dampfmaschine nötig war. Er war glatter, konnte in gewünschte Formen gebogen werden und ermöglichte wegen der leichteren Konstruktion höhere Ladefähigkeiten. Die Maße eines Schiffes waren nicht mehr abhängig von Stammlängen, größere Schiffe konnten gebaut werden. Eine weitere Verbesserung bedeutete die Einführung des Stahlrumpfes, der eine geringere Materialstärke aufwies, größere Festigkeit und weniger Eigengewicht hatte. Waren 1879 nur 10% der Schiffe unter Einbezug von Stahlteilen gebaut worden, so erhöhte sich dieser Anteil bis 1895 auf 95%. Der Ersatz der Schaufelräder durch eine Schiffsschraube erhöhte die Manövrierfähigkeit und die Geschwindigkeit der Schiffe und reduzierte den Kohlenverbrauch. Die Radmaschine nahm sehr viel Platz auf dem Schiff weg und beanspruchte die Verbände sehr stark. Ein optimales Eintauchen der Räder war nicht immer gewährleistet, da sich das Schiff bei allmählichem Verbrauch des Kohlenvorrats mehr und mehr aus dem Wasser hob. Außerdem waren die Räder empfindlich gegen Sturm und Wellenschlag.

1889 wurde erstmals ein Zwei-Schrauben-Dampfer gebaut, 1905 der erste Drei-Schrauben-Dampfer; durch diesen Antrieb konnte die Geschwindigkeit der Schiffe erhöht und der Kohleverbrauch reduziert werden. Parallel dazu wurde die Dampfturbine eingeführt, die höhere Leistungen erbrachte. Die Anfangsschwächen der Turbine, deren Welle zu schnell rotierte und die keine Rückwärtsbewegung zuließ, wurden über Zwischenstufen gemildert, welche die Umdrehungszahl drosselten. Als die Dampfkessel ab 1902 auch mit Öl gefeuert werden konnten, entfielen zeitraubende Beladungen mit Kohlen und die anstrengende Entrußung der Kessel während der Fahrt. Vor allen Dingen erweiterte sich der Aktionsradius aufgrund des höheren Heizwertes des Öls. Hinzu kamen Verbesserungen in der Dampfmaschinentechnik. Die ursprünglichen Niederdruckmaschinen wurden von Hochdruckzylindern abgelöst. Damit sank der Kohlenverbrauch von 2,5 kg

pro PS und Stunde auf 1,4 kg. Mit der Einführung der Zwei-Zylinder-Compound-Maschine, der Verbesserungen im Kesselbau und der Entwicklung von dreistufigen Expansionsmaschinen reduzierte sich der Energieverbrauch noch mehr. Im Jahr 1900 benötigte ein 15 Atmosphären-Druckkessel mit dreistufiger Maschine nur noch 0,75 kg Kohle pro PS/h. Die technischen Änderungen kamen also vor allem den Dampfern zugute. Allerdings hielt sich in Hamburg und Bremen noch bis ins 20. Jahrhundert die Großsegelschiffahrt, die bei weiten Fahrten durchaus konkurrenzfähig blieb und erst durch die ölgefeuerten Dampfschiffe endgültig verdrängt wurde.

Eine weitere Steigerung der Maschinenleistung trat ein mit den Vier-Schrauben-Dampfern und den Turbinendampfern. Die 1928 erbaute ,,Bremen" konnte mit 125 000 PS ca. 53 km/h fahren bei einer Größe von 52 000 BRT. Die Längsfestigkeit der Schiffe wurde verbessert, ihre Stabilität erhöht. Seit den 1930er Jahren wurden mit dem Frahmschen Schlingertank und mit künstlichen Flossen das Stampfen und das Schlingern vermieden. Der Dieselmotor brachte neue Vorteile: Wegfall des Heizkessels, mehr Ladekapazität und bessere Manövrierfähigkeit bei besserer Kontrolle der Geschwindigkeit. Bis 1970 waren schon 60% der Seeschiffe mit Dieselmotoren ausgerüstet. Nur bei den extrem großen Schiffen, zum Beispiel den Tankern, dominierte zunächst weiter der Turbinenantrieb, da die Dieselmotoren noch nicht leistungsstark genug waren.

Bei den Frachtschiffen setzte sich die Spezialisierung der Schiffe bis in die Gegenwart fort. So werden heute Erzölfrachter, Mischfrachtschiffe, Kühlschiffe, OBO-Carrier (Oil, Bulk, Ore) und Containerschiffe gebaut. Besonders die Containerschiffe sind aufgrund der schnellen Be- und Entlademöglichkeiten weiter auf dem Vormarsch. Eine besondere Rolle spielten dabei die Tankschiffe, die die Tendenz zu stetig wachsenden Schiffsgrößen in die Wege leiteten. Die Urform des Tankers war bereits 1885 entstanden. Der Schiffsrumpf war durch Schotten in Kammern geteilt, die mittels Rohrleitungen mit dem Pumpraum verbunden wurden. Die Maschine lag hinten und war vom Laderaum durch den „cofferdam", einen zwei bis drei Meter langen quer durchs Schiff gehenden mit Seewasser gefüllten Raum getrennt. Diese ersten Tanker konnten 2600 t laden. Bis zum Zweiten Weltkrieg stieg die Durchschnittsgröße auf 12 000 tdw an. Danach pendelte sich das Ladevermögen in den 50er Jahren bei 30 000 tdw ein. Nach der Suezkrise stieg die Größe rapide. Bis zum Ausbruch der Ölkrise 1973 wurden Tanker bis zu 500 000 tdw gebaut. Eine Fortsetzung dieses Trends wurde auch durch die zu erwartende Unrentabilität von Schiffen mit mehr als 1 Million tdw gestoppt.

Die Seeschiffahrt als Wirtschaftszweig: Die Größe der Handelsflotte

Um 1800 verfügten Hamburg, Bremen, Lübeck, Altona und Emden über recht bedeutende Handelsflotten. 1798 waren in Hamburg 248 Schiffe mit einer Tragfähigkeit von 46 400 t registriert, Bremens Schiffsbestand erreichte zur gleichen Zeit 172 Schiffe mit 28 200 t Ladevermögen. Altona nannte 296 Schiffe mit 24 920 t sein eigen. 1796 waren in Emden 328 Seeschiffe beheimatet. Die napoleonischen Kriege, französische Besatzung, Blockade und nachfolgende Verarmung reduzierten diese Bestände dramatisch. Schon 1806 standen in Emden weniger als 100 eigene Schiffe zur Verfügung. Hamburg besaß 1822 nur noch 88 Schiffe mit 12 932 t, Bremens Bestand war 1806 auf 127 Schiffe mit 13 400 t gesunken. Erst in den 1830er Jahren stiegen die Schiffsbestände wieder an. Für das Jahr 1834 werden als Bestand der deutschen Flotte – vom Zollverein und den Hansestädten – 282 000 Netto-Register-Tonnen angegeben. In der Folgezeit wuchs der Bestand kontinuierlich und schnell an; von 775 000 NRT im Jahre 1869

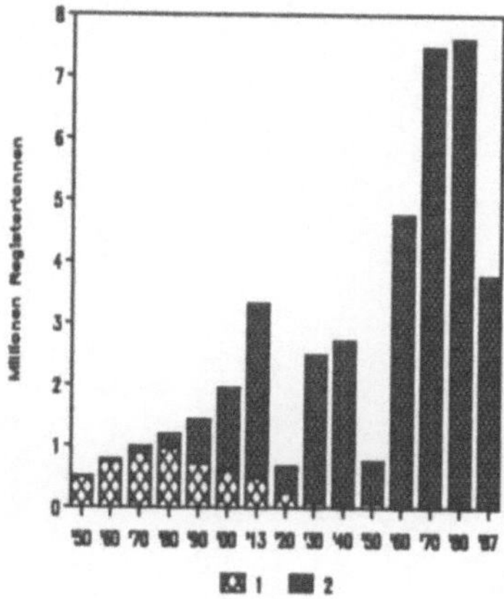

Die deutsche Handelsflotte von 1850 bis 1987 in Millionen Registertonnen. Dabei wurden ab 1870 die Angaben in Nettoregistertonnen und ab 1950 in Bruttoregistertonnen gemacht.
1 Segelschiffe, 2 Dampf- und Motorschiffe.

auf 3,3 Millionen NRT in 1913. Damit war die deutsche Handelsflotte nach der britischen die zweitgrößte der Welt[10].

Dabei änderte sich die Verteilung zwischen Ostsee und Nordsee. Bis zur Mitte des 19. Jahrhundert waren mehr Schiffe in der Ostsee als in der Nordsee beheimatet, doch dann wandelte sich dieses Bild grundlegend, da besonders die Großreedereien in Hamburg und Bremen den Bestand der Nordseeflotte stark ausweiteten und die Ostseereeder viel an Einfluß verloren.

Durch den Ersten Weltkrieg und die Bestimmungen des Versailler Vertrages von 1919 reduzierte sich der Schiffsbestand im Deutschen Reich um 90%[11]. 1914 liefen 5 Millionen BRT unter deutscher Flagge, 1920 nur noch 0,7 Millionen. Ab 1921 wurde mit dem Wiederaufbau begonnen. Staatliche Unterstützung nach dem Reeder-Entschädigungsgesetz und Neubauprogramme führten dazu, daß bereits 1923 der Schiffsbestand wieder bei 2,6 Millionen BRT lag. Mit Unterbrechungen in der Weltwirtschaftskrise stieg der Bestand kontinuierlich bis 1939 auf 4,6 Millionen BRT an, nach 1933 auch als Ergebnis des nationalsozialistischen Autarkiestrebens und des Wunsches nach einer starken deutschen Flotte. Ungefähr 80% dieser Schiffe waren in Hamburg und Bremen beheimatet.

Nach dem Zweiten Weltkrieg blieben den deutschen Reedern nur 200 000 BRT, der Rest fiel Reparationen, Demontage und anderen alliierten Restriktionen zum Opfer. Staatliche Wiederaufbauprogramme, der zunehmende Außenhandel, für den neue und größere Schiffe gebraucht wurden und gelockerte alliierte Vorschriften beschleunigten abermals den Neuaufbau. Bis 1967 wurden 947 Schiffe mit 5 Millionen BRT gebaut[12]. Allerdings ist die deutsche Seeschiffahrt den anderen Staaten in dem Bestreben nach immer größeren, besonders Tankschiffen, nicht gefolgt. Dagegen ist der Anteil der Schiffseinheiten mit Motorantrieb vergleichsweise höher als in der Weltschiffahrt. So fuhren 1971 95,3% der deutschen Schiffe und 80,5% der Tonnage mit Motorantrieb, während weltweit die Anteile nur bei 86,6% bzw. 64,6% lagen. Im Jahr 1985 bestand die deutsche Handelsflotte aus 1404 Schiffen mit 5,3 Millionen BRT, davon waren 1385 Schiffe mit 4,6 Millionen BRT motorisiert. Lediglich ein Schiff hatte mehr als 100 000 BRT, während fast 70% der Schiffe weniger als 1500 BRT aufwiesen[13].

Die Handelsflotte der ehemaligen DDR wurde erst in den 60er Jahren entsprechend dem gestiegenen Seeverkehr vergrößert. 1955 besaß die DDR gerade 9 Schiffe mit 4788 NRT und mußte ihren Seeverkehr fast ausschließlich mit fremden Schiffen abwickeln. Über

47 Schiffe waren es 1960 mit 112 499 NRT, der Bestand erhöhte sich 1980 auf 192 Schiffe mit 742 527 NRT. Danach wurden einige Schiffe ausgemustert, so daß 1987 170 Schiffe mit 715 031 NRT übrig blieben. Lediglich 4 Tanker mit 28 891 NRT befinden sich darunter, gegenüber 166 Trockenfrachtern mit 686 140 NRT [14].

Der Trend zu immer größeren Schiffen belebte auch die vernachlässigte Küstenschiffahrt wieder. Denn nur in wenige Häfen können die tiefgehenden Großschiffe ungehindert einfahren. Sie müssen leichtern und halten somit die Küstenfahrer am Leben. Auch für den Ostseeverkehr bleiben sie von Bedeutung, da den Nord-Ostsee-Kanal keine Schiffe über 25 000 BRT durchfahren dürfen und auch die Fahrt durch den Sund für Schiffe über 150 000 tdw nur schwer möglich ist. 1934 waren 903 Küstenmotorschiffe mit 86 555 BRT gemeldet, davon waren 119 für die gesamte Ostsee und Nordsee tauglich. Die Schiffsgrößen stiegen in der Küstenschiffahrt zunächst kaum an. Erst der Dieselmotor führte zu größeren Schiffseinheiten. Über 55% der Schiffe hatten 1962 eine Tonnage zwischen 300 BRT und 500 BRT. Ihre Rolle spielen die Küstenfahrer als Verteiler und Zubringer [15].

Die Seeschiffahrt als Wirtschaftszweig: Die Reedereien

Das starke Anwachsen des Seeverkehrs seit dem 19. Jahrhundert erforderte grundlegende Änderungen in der Organisation der Seefahrt. Die Umstellung auf die Dampfschiffahrt war nur von kapitalkräftigen Unternehmen zu finanzieren. Insbesondere die Auswanderung entwickelte sich zu einem blühenden Geschäft, das nur von Firmen zu bewältigen war, die regelmäßige Linien und einen großen Bestand an leistungsfähigen Schiffen anbieten konnten. So entstanden in der Mitte des Jahrhunderts Aktiengesellschaften in der deutschen Seeschiffahrt, die bis heute diesen Zweig dominieren. In Hamburg wurde 1847 die HAPAG (Hamburg-Amerikanische Paketfahrt Actien-Gesellschaft) gegründet, die zunächst mit Segelschiffen, dann aber mit Großdampfern schnell zur größten Reederei der Welt aufstieg. 1910 waren bereits 445 Schiffe mit 1 023 315 BRT in ihrem Besitz. Auch in Bremen wurde ein Unternehmen, der Norddeutsche Lloyd, zur bestimmenden Reederei, die 1914 über 982 952 BRT verfügte [16]. [X-4.1]

Die Großreedereien nutzten schon früh ihre marktbeherrschende Rolle zu Absprachen über Fahrpläne und Frachtraten. Besonders in den 1920er Jahren, nach einer weiteren Konzentrationswelle in der Inflationszeit, blühte die kartellartige Zusammenarbeit zwischen den

Reedereien [17]. Im Ostseegebiet und Ostfriesland blieben dagegen kleinere Unternehmen, meistens Einzelreeder, bestehen. Sie mußten sich allerdings auf die europäische Fahrt konzentrieren und waren besonders im Leichter- und Küstenverkehr tätig. Kurz vor Ausbruch des Zweiten Weltkrieges gab es insgesamt 206 deutsche Reedereien, von denen nur 36 einen Anteil von 75% der Tonnage hielten. Alleine HAPAG und Norddeutscher Lloyd besaßen 1939 einen Bestand von 725 000 BRT bzw. 597 000 BRT und damit ca. 30% der gesamten Tonnage.

Nach dem Zweiten Weltkrieg gab es einen Rückgang in der Zahl der Reedereien. 1972 existierten nur noch 148 bundesdeutsche Reedereien. Allerdings war die überragende Bedeutung der HAPAG und des Norddeutschen Lloyd mittlerweile gebrochen. Trotz des Zusammenschlusses beider Unternehmen in den 60er Jahren ist ihre Stellung unter den zahlreichen mittelgroßen Reedereien nicht mehr so monopolartig wie zuvor. Die Linienschiffahrt tritt heutzutage wieder stärker zurück und der Transport von Massengütern (Öl, Erz) in den Vordergrund. Waren 1955 noch 41% der Tonnage im Liniendienst tätig, so belief sich dieser Anteil 1988 nur noch auf 28,7%.

Die Leistung der Seeschiffahrt: Der Güterverkehr

In vorindustrieller Zeit dominierte in der deutschen Seefahrt die europäische Fahrt. Bevorzugte Ziele waren Holland, England, Frankreich, Spanien und Skandinavien. Transportiert wurden fast ausschließlich Luxusgüter. Beim Import ragten Salz aus Frankreich, Heringe aus Norwegen und Schottland, Gewürze aus Spanien, Öl und Wein aus dem Mittelmeerraum heraus. Ausgeführt wurden hauptsächlich Getreide und Holz.

Um die Mitte des 19. Jahrhunderts wurde der Welthandel dann von vielen Schranken befreit, was auch den deutschen Häfen zugute kam. Im Zeitalter des Wirtschaftsliberalismus schlossen die Staaten Handelsverträge ab, und Behinderungen der Seeschiffahrt, wie die britische Navigationsakte von 1651, wurden 1849 endgültig abgeschafft. In Deutschland fielen mit der Gründung des Zollvereins 1834 und nochmals mit der Gründung des Deutschen Reiches 1871 Handelsschranken; der Eisenbahnbau und der Ausbau der Binnenschiffahrtswege verbesserten zudem die Hinterlandverbindungen der Seehäfen. [VIII-5.6; VIII-5.8]

Schwerpunkte des Handels blieben zwar immer noch die europäischen Gebiete, aber besonders in Bremen und Hamburg wurde der
überseeische Verkehr immer bedeutender, wobei dem Auswande-
rungsverkehr eine tragende Rolle zukam. Mit dem Anschluß Hamburgs und Bremens an die deutsche Zollgemeinschaft (1888) wurden
diese beiden Häfen stärker in den deutschen Außenhandel eingebunden. Sie erarbeiteten sich gegen Ende des 19. Jahrhunderts eine überragende Stellung unter den deutschen Seehäfen. Die Zeichnung zeigt das
sprunghafte Ansteigen des Güterumschlags in den Hansestädten. Am
Beispiel Hamburgs wird in der Grafik deutlich, wie stark der außereu-
ropäische Verkehr zwischen 1872 und 1912 zunahm [18].

Die Ostseehäfen verschifften ihre Waren nach Skandinavien und
England, mußten aber in Folge der Verlagerung der Güterströme in
der zweiten Hälfte des 19. Jahrhunderts eine Stagnation ihres Verkehrs
hinnehmen. Ihre traditionellen Ausfuhrgüter, Getreide und Holz,
wurden international immer weniger konkurrenzfähig. Nachteilig
wirkte sich für die Ostseehäfen aus, daß ihr Hinterland wenig indu-
strialisiert war und als Abnehmer der neuen wichtigen Produkte wie
Kohle, Eisen und andere Rohstoffe, weniger in Frage kam. Der Welthandel verlagerte sich immer mehr in den Atlantik und ging an der
Ostsee weitgehend vorbei. Die Eröffnung des Nord-Ostsee-Kanals
1895 machte Hamburg zum Umschlagsplatz für die Ostseehäfen.
Außerdem drang der Hamburger Umschlag über die Elbe und die
Eisenbahn ins Hinterland der Ostseehäfen und schränkte deren Expansion ein.

Nach dem Ersten Weltkrieg ging der Schiffsverkehr in den deutschen Häfen stark zurück. Der erneute Aufschwung in den 1920er
Jahren wurde durch die Weltwirtschaftskrise unterbrochen, so daß erst
in den 1930er Jahren der Vorkriegsstand wieder erreicht war. Folge des
Krieges war eine immer stärkere Westverlagerung der Güterströme,
die Ostseehäfen waren nunmehr auch ihres wichtigen Verkehrsweges
nach Rußland beraubt. Erst die nationalsozialistische Aufrüstungspolitik mit ihren immensen Rüstungsrohstoffeinfuhren bewirkte wieder eine kurze Blüte in der Ostsee. Die gewaltigen Erzeinfuhren aus
Schweden führten dazu, daß der Güterumschlag des darauf spezialisierten Hafens von Emden 1936 mit 7,5 Millionen t annähernd die
Größe des bremischen erreichte.

Der Transport von Massengütern prägte nach dem Zweiten Weltkrieg immer stärker die Güterstruktur im Seeverkehr. Vor allem
Erdöl, Erze und andere Rohstoffe dominieren. Emden blieb bis in die
1970er Jahre neben den bremischen Häfen drittgrößter bundesdeut-

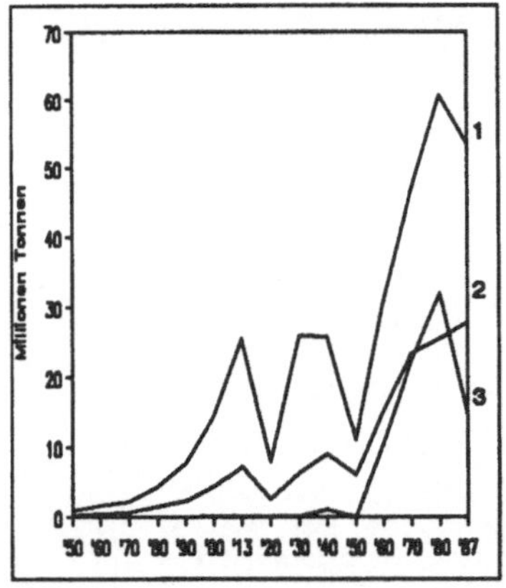

*Güterumschlag in deutschen See-
häfen von 1850 bis 1987.
1 Hamburg, 2 Bremen, 3 Wilhelmshaven.*

scher Seehafen. Erst als die stark gestiegenen Schiffsgrößen der Erzfrachter die Zufahrtsmöglichkeiten nach Emden begrenzten, ging der Güterumschlag in Emden rapide zurück, so daß dort 1989 nur noch knapp 3 Millionen t Güter umgeschlagen wurden, nach ungefähr 15 Millionen t in 1970. Dagegen wuchs in Wilhelmshaven in den 1960er Jahren mit zunehmenden Öleinfuhren und dem Bau einer Pipeline der Güterumschlag gewaltig an. 1974, als das Umschlagsvolumen dort 30,5 Millionen t erreichte, überholte Wilhelmshaven sogar die bremischen Häfen und stand eine Zeit lang nach Hamburg an zweiter Stelle im Güterumschlag der bundesdeutschen Häfen. 1978 waren von den in Wilhelmshaven umgeschlagenen 31 Millionen t über 90% Rohöl und Derivate und 5% Kohle und Koks. Differenzierter ist die Güterpalette dagegen nach wie vor im Hamburger Hafen, der ca. 40% des gesamten Güterumschlags der Seehäfen in der Bundesrepublik bewältigt. Ein Drittel der Waren sind Rohöl und Derivate und fast 30% land- und forstwirtschaftliche Produkte.

Nach einer Stagnation bis in die 50er Jahre stieg der Güterverkehr in den Seehäfen der ehemaligen DDR ebenfalls stark an. Der Hauptteil des DDR-Seeverkehrs wurde seit Eröffnung des neuen Überseehafens über Rostock abgewickelt. Noch 1960 war Wismar mit 2,2 Millionen t der umschlagstärkste Hafen. Danach stiegen in Rostock die Ein- und Ausfuhren jedoch schnell an, von 1,4 Millionen t 1960 über 10,1 Millionen t 1970 auf fast 21 Millionen t 1989, während in Wismar bis 1970 sogar ein Rückgang auf 1,7 Millionen t zu verzeichnen war und erst dann die Zahlen wieder ansteigen, zuletzt auf 3,3 Millionen t in 1989. Die Palette der über See transportierten Waren reicht in der DDR 1987 von Dünger (17,4%) über Metalle (16,6%), Erze (16,1%), Rohöl (11,4%), Getreide (5,9%) bis zur Kohle (5%). Bemerkenswert ist dabei, daß der Rohölumschlag seit den 1970er Jahren rückläufig ist.

Die Leistung der Seeschiffahrt: Der Personenverkehr

Das Zeitalter der Entdeckungen gab den entscheidenden Anstoß zum Personentransport über See. Waren es zunächst nur wenige, die in der neuen Welt ihr Glück versuchten, so setzte ab 1820 eine große europäische Auswandererwelle nach Amerika ein, die mit einigen Unterbrechungen bis weit ins 20. Jahrhundert hinein andauerte. Sie bewirkte einen regelrechten Boom im Atlantikverkehr, von dem die deutsche Seeschiffahrt mit profitierte. Vor allem in Bremen war die

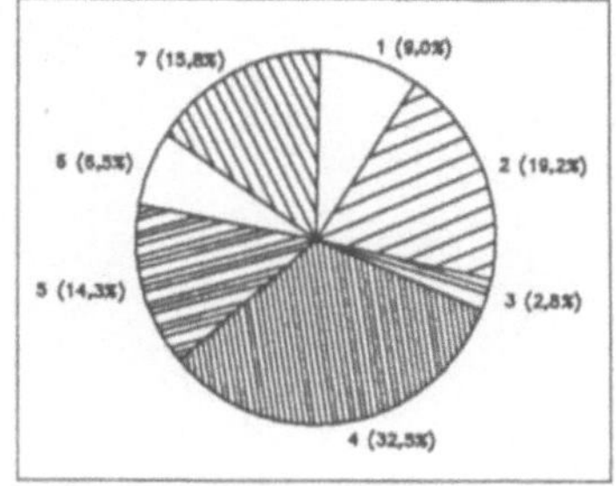

Seewärtiger Güterumschlag in Hamburg 1978, aufgeschlüsselt nach wichtigen Warengruppen. 1 Land- und Forstwirtschaft, 2 Nahrungsmittel, 3 Kohlen und Koks, 4 Mineralöl und Derivate, 5 Eisen, Erze, 6 Dünger, 7 andere Waren.

Auswanderung ein lukratives Geschäft und wichtiger Bestandteil des Bremer Seeverkehrs.

Nach dem Zweiten Weltkrieg spielte die Personenbeförderung in der Seefahrt nur noch eine untergeordnete Rolle. Das Flugzeug hat das Passagierschiff verdrängt. Neuerlichen Aufschwung erhielt der Personenverkehr in den Ostseehäfen durch den Fährverkehr nach Skandivanien. Seit den 1960er Jahren hat sich dieser Zweig in Kiel, Lübeck-Travemünde und Puttgarden zum dominierenden Geschäft entwickelt. Jährlich benutzen Hunderttausende die guten Fährverbindungen nach Dänemark, Schweden oder Finnland. Auch in der ehemaligen DDR stieg die Bedeutung des Fährverkehrs. In Rostock scheint er zwar wegen des ungleich höheren Güterumschlags nicht so wichtig, aber in Saßnitz besteht der Seeverkehr fast ausschließlich aus den Fährdiensten in der Ostsee. In den Nordseehäfen ist, abgesehen vom innerdeutschen Personentransport auf die vorgelagerten Inseln, nur die Fährverbindung nach Großbritannien von Bedeutung. Ansonsten fristet der Personenverkehr dort ein eher bescheidenes Dasein. 1974 wurden lediglich 310 000 Personen über die hamburgischen oder bremischen Häfen befördert, während schon 1967 in Kiel und Lübeck über 1,2 Mio. Personen transportiert wurden.

Literaturnachweise

 1 *Dollinger*, Philipp: Die Hanse. Stuttgart 1966; *Beutin*, Ludwig: Der deutsche Seehandel im Mittelmeergebiet bis zu den Napoleonischen Kriegen, Neumünster 1933
 2 *Flügel*, Heinrich: Die deutschen Welthäfen Bremen und Hamburg. Jena 1914; *Voigt*, Fritz: Verkehr. Bd. 2. 1. Hälfte. Berlin 1965, S. 160 ff.
 3 *Lübbers*, E.: Ostfrieslands Schiffahrt und Seefischerei. In: Zeitschrift f. d. ges. Staatswissenschaft (1903), S. 48.
 4 *Sartori*, August: Kiel und der Nord-Ostsee-Kanal. Berlin 1891
 5 *Scholl*, Lars U.: Marine und Hafen am Beispiel Wilhelmshavens. In: Ellermeyer, Jürgen/Postel, Rainer (Hrsg.), Stadt und Hafen. Hamburg 1986, S. 99 ff.
 6 *Hagel*, Jürgen: Auswirkungen der Teilung Deutschlands auf die deutschen Seehäfen. Marburg 1957
 7 *Ziemann*, Klaus: Die Geschichte des Kieler Handelshafens. Neumünster 1991.
 8 *Buchführer*, Gerhard u.a.: Die Seewirtschaft der Deutschen Demokratischen Republik. Berlin-Ost 1963
 9 Vgl. 2 (Voigt), S. 83 ff.; *Sax*, Emil: Die Verkehrsmittel in Volks- und Staatswirtschaft. Bd. 2. Berlin 1920
10 *Moltmann*, Bodo Hans: Geschichte der deutschen Handelsschiffahrt. Hamburg 1981, S. 135 ff.

11 *Priester*, Hans-Erich: Der Wiederaufbau der deutschen Handelsschiffahrt. Berlin 1926; *Scholl*, Lars U.: Struggling Against the Odds: The German Merchant Marine in the Inter-War Period. In: Fischer, Lewis R./Nordvik, Helge W. (Hrsg.): Shipping and Trade (1750–1950). Leuven 1990, S. 91–100

12 *Broers*, Peter: Die Strukturwandlungen in der deutschen Seeschiffahrt. Berlin 1974

13 Zahlen nach Statistisches Jahrbuch der Bundesrepublik Deutschland, 1986, S. 305

14 Zahlen nach Statistisches Jahrbuch der Deutschen Demokratischen Republik, 1988, S. 226

15 Vgl. 2 (Voigt), S. 20 ff.

16 *Guthmann*, Theo: Die Hamburg-Amerika-Linie. Eine volkswirtschaftliche Studie. Berlin 1907; *Witthöft*, Hans-Jürgen: Norddeutscher Lloyd. Herford 1973

17 *Eucken*, Walter: Verbandsbildungen in der Seeschiffahrt. München 1914; *Brandt*, Gerd: Koalitionen und Konzentrationen in der Linienschiffahrt nach dem Weltkriege. Bochum 1935.

18 Die nachfolgende Analyse des Güter- und Personenverkehrs über See stützt sich auf neu erhobene Zahlenangaben, die in einem von den Verfassern herausgegebenen Datenhandbuch zur Statistik der deutschen Seeschiffahrt 1835– 1989, St. Katharinen 1993 enthalten sind.

Binnenschiffahrt

Andreas Kunz

Die Binnenschiffahrt, d.h. die Schiffahrt auf Flüssen, Kanälen, Seen und Haffs des Binnenlandes, nimmt im Verkehrsnetz der Bundesrepublik einen immer noch bedeutenden, im binnenländischen Massengüterverkehr, insbesondere beim Transport von Brennstoffen, Erzen, Erden und Baustoffen sogar einen herausragenden Platz ein. Auf den insgesamt 4447 km befahrenen Wasserstraßen in der Bundesrepublik wurden 1989 nahezu 235 Millionen t Güter befördert. Dies entspricht einer Leistung von 54 Milliarden Tonnenkilometern (tkm) – ein im Vergleich zur Eisenbahn (62 Milliarden tkm) und Straßenverkehr (Lastkraftwagen im Fernverkehr 96 Milliarden tkm) durchaus akzeptables Ergebnis. Die deutsche Binnenschiffsflotte hatte im selben Jahr einen Bestand von insgesamt 2439 Güter- und Transportmotorschiffen mit einer Tragfähigkeit von 2,5 Millionen t bzw. einer Maschinenleistung von 1,1 Millionen kW aufzuweisen. In den 1744 Unternehmen der Binnenschiffahrt waren 1989 nahezu 10 000 Personen beschäftigt [1].

Diese Zahlen zeigen, daß sich die Binnenschiffahrt in Deutschland neben den anderen Verkehrsträgern, insbesondere auch gegenüber ihren Hauptkonkurrenten, der Eisenbahn und später dem Lastkraftwagen, durchaus hat behaupten können. Diese Sachlage ist, besonders aus der historischen Perspektive heraus, interessant und keineswegs zwangsläufig, denn in anderen europäischen Industrieländern, etwa in England, aber auch in Frankreich und Norditalien, verlor die Fluß- und Kanalschiffahrt mit dem Aufkommen der Eisenbahn zunehmend an Bedeutung. Die Konkurrenzfähigkeit der Binnenschiffahrt als leistungsfähiger Verkehrsträger neben Eisenbahn und Straße und in engem Verbund mit der Seeschiffahrt konnte in Deutschland nur auf dem Wege des konsequenten Ausbaus der dafür erforderlichen Infrastruktur mit einem hinreichend dichten Wasserstraßennetz mit leistungsfähigen Häfen sowie einer durchgreifenden technischen und organisatorischen Modernisierung des Verkehrsträgers „Binnenschiffahrt" an sich erreicht werden [2].

Die Entwicklung der Infrastruktur: Wasserstraßen und Häfen

Bis zum Beginn des Eisenbahnzeitalters in den 1840er Jahren war die Schiffahrt auf Flüssen, Kanälen, Binnenseen und Haffs der bevorzugte und, trotz aller Gefahren, Hemmnisse und Beschränkungen, der leistungsfähigste Weg zur Beförderung von Gütern – bis zum Durchbruch des Postkutschenverkehrs im 17. Jahrhundert auch von Personen – über längere Strecken im Binnenland.

Doch erst der absolutistische Staat des 17. Jahrhunderts begann damit, Flußregulierungen und Kanalbauten durchzuführen, um den Schiffahrtsbetrieb zu erleichtern. Auch wurden die Binnenzölle innerhalb der einzelnen Staaten teilweise abgebaut. Auf deutschem Territorium unternahm besonders Preußen größere Flußbauten, um die Schiffahrt auf den ostpreußischen Wasserstraßen, der Elbe bei Magdeburg, der Havel und der Spree sowie auf der Oder zu verbessern. Auch am Niederrhein begann Preußen, nachdem es dort größeren Besitz erworben hatte, mit Stromverbesserungen. Im Jahre 1780 wurde die Kanalisierung der Ruhr mit Hilfe von 16 Schleusen, davon 7 aus Stein gebaut, fertiggestellt. Insgesamt wuchs das deutsche Kanalnetz – einschließlich der mit Schleusen versehenen Flußstrecken – von 399 km im Jahre 1686 auf 1113 km im Jahre 1786. Zwischen 1787 und 1836 wurde es nochmals um 782 km erweitert[3].

Damit hatte sich bereits um die Mitte des 19. Jahrhunderts in Deutschland ein leistungsfähiges Wasserstraßennetz entwickelt. Da die Auswirkungen des Eisenbahnbaus auf die Binnenschiffahrt erst in den 1850er Jahren voll zur Geltung kamen, stellt das in der folgenden Karte abgebildete Netz im wesentlichen den Stand des Ausbaus der Wasserstraßen *vor* dem Eisenbahnzeitalter dar. Es markiert also den Endpunkt in der infrastrukturellen Entwicklung für eine lange Periode seit dem Mittelalter, in der die Binnenschiffahrt der wichtigste Teil des gesamten damaligen Verkehrssystems war[4]. Sowohl die Ausdehnung des Netzes, wie auch die Leistungsfähigkeit der einzelnen Wasserstraßen und ihre Gruppierung in mehrere Wasserstraßengebiete, können dieser Karte, bzw. den ihr zugrunde liegenden Daten, entnommen werden[5]. Als Gradmesser für die potentielle Leistungsfähigkeit der verschiedenen Wasserstraßen ist die Tragfähigkeit der größtmöglichen auf den Wasserstraßen fahrenden Schiffe, angegeben in metrischen Tonnen (t), gewählt worden. Die untere Grenze der Leistungsfähigkeit kann man um die Mitte des 19. Jahrhunderts bei 100 t setzen.

Geht man von den Schiffsgrößen aus, dann waren die Wasserstraßen östlich der Elbe weniger leistungsfähig als die im westlichen

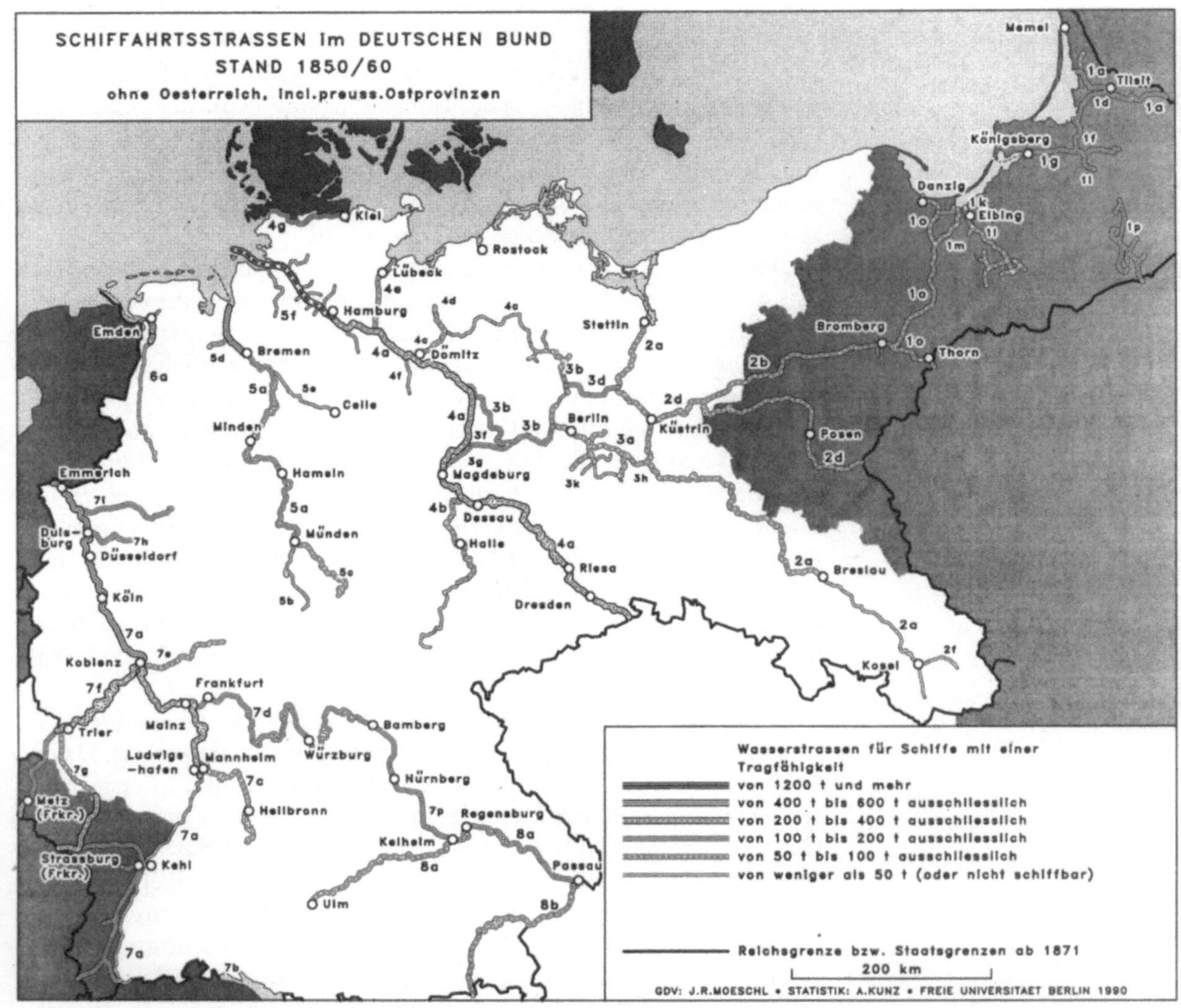

Deutschland. Im Gegensatz zu den westlichen Wasserstraßen, die, abgesehen von der Donau, alle in Nord-Süd-Richtung verlaufen, gab es im System der östlichen Wasserstraßen jedoch über Havel, Spree, Warthe und Netze eine zugängliche West-Ost-Verbindung, die östlich der Oder wenig leistungsfähig war. Abgesehen von Bromberg gab es beispielsweise auf der über 200 km langen Netze-Wasserstraße keine

Die folgenden Erklärungen beziehen sich auf die Karten der Schiffahrtsstraßen von 1850/60 (oben) und 1914 (siehe S. 386):

Zahlen-Buchstabenkennung an den Wasserstraßen: **Wasserstraßengebiet 1**: *1a Memel, 1b König-Wilhelm-Kanal, 1c Kurisches Haff, 1d Gilge, 1e Großer Friedrichsgraben und Seckenburger Kanal, 1f Deime, 1g Pregel, 1h Königsberger Seekanal, 1i Alle, 1j Frisches Haff, 1k Elbingfluß, 1l Oberländischer Kanal, 1m Nogat, 1n Weichsel-Haff-Kanal, 1o Weichsel, 1p Masurische Wasserstraßen;* **Wasserstraßengebiet 2**: *2a Oder, 2b Netze-Wasserstraße mit Bromberger Kanal, 2c Obere Netze, 2d Warthe, 2e Ihne, 2f Klodnitz-Kanal, 2g Peene mit Triebel und Tollense, 2h Uecker;* **Wasserstraßengebiet 3**: *3a Spree, 3b Havel, 3c Dahme, 3d Hohenzollernkanal, 3e Teltowkanal, 3f Plauer Kanal, 3g Ihlekanal (Niegripper Kanal), 3h Oder-Spree-Kanal, 3i Rhin-Wasserstraße, 3k Dahme, Notte, Teplitzer und Storkower Gewässer;* **Wasserstraßengebiet 4**: *4a Elbe, 4b Saale, 4c Elde-Wasserstraße, 4d Stör-Kanal, 4e Elbe-Trave-Kanal (Elbe-Lübeck-Kanal) mit Trave, 4f Jeetzel, 4g Eider bzw. Eider-Kanal, 4h Nord-Ostsee-Kanal (Kaiser-Wilhelm-Kanal), 4i Unstrut, 4k Warnow-Nebel-Wasserstraße;* **Wasserstraßengebiet 5**: *5a Weser, 5b Fulda, 5c Werra, 5d Hunte, 5e Aller, 5f Hamme und Oste (Hamme-Oste-Kanal), 5g Weser-Elbe-Kanal (Mittelland-Kanal);* **Wasserstraßengebiet 6**: *6a Ems, 6b Leda mit Ems-Hunte-Kanal, 6c Dortmund-Ems-Kanal, 6d Ems-Weser-Kanal (Mittellandkanal), 6e Ems-Jade-Kanal, 6f Jade, 6g Vechte mit Ems-Vechte-Kanal, 6h Süd-Nord-Kanal* (Fortsetzung S. 387)

Häfen. Sie wurde zu jener Zeit deshalb im wesentlichen zum Flössen von russischem Holz nach Berlin genutzt.

Die Flösserei spielte im verzweigten System der ostpreußischen Wasserstraßen eine wichtige Rolle. Der Schiffsverkehr konnte dort nur mit relativ kleinen Fahrzeugen durchgeführt werden. Die Weichsel war von Thorn bis zur Mündung in die Ostsee bei Einlage für Schiffe bis 100 t befahrbar. Auf Pregel, Memel sowie der Verbindung zwischen diesen beiden Flüssen über Deime und Gilge (Schiffahrtsweg Königsberg–Tilsit) konnten etwas größere Schiffe (bis ca. 125 t) verkehren, ebenso auf den Masurischen Wasserstraßen, eine durch Kanäle verbundene Seenplatte[6].

Die um die Mitte des 19. Jahrhunderts erreichte Leistungsfähigkeit des deutschen Wasserstraßennetzes reichte nicht aus, um eine durch den Eisenbahnbau ausgelöste, tiefe wirtschaftliche Krise der Binnenschiffahrt zu verhindern. Die Krise umfaßte etwa den Zeitraum 1855 bis 1875 und war durch eine stetig ansteigende Verlagerung des Güter- und Personentransports von der Wasserstraße auf die Schiene gekennzeichnet. Zeitgenössischen Beobachtern der betroffenen Binnenschiffahrt und ihren schlagkräftigen Interessenverbänden wurde zunehmend klar, daß nur der weitere systematische Ausbau des Wasserstraßennetzes, insbesondere eine Erhöhung der Leistungsfähigkeit der Wasserstraßen zur Aufnahme immer größerer Schiffseinheiten, eine wesentliche Voraussetzung für die Überlebensfähigkeit der Binnenschiffahrt im Massengüterverkehr war.

Das deutsche Wasserstraßennetz wurde daher in den Jahren 1871–1918 gegen mannigfaltige Widerstände beim Kampf um die Kanalvorlagen in Preußen 1882, 1894 u. 1901 und mit erheblichem Kostenaufwand von insgesamt etwa 1,5 Milliarden Mark erweitert und verbessert[7]. Der Schwerpunkt der Bautätigkeit lag in den 1890er Jahren und in der Dekade vor dem ersten Weltkrieg.

Die abgebildete Karte verdeutlicht die große Leistungen im Wasserstraßenbau, die im deutschen Kaiserreich seit 1871 durchgeführt worden sind. Der Vergleich mit der ersten Karte zeigt, daß das Netz dichter geknüpft und sein Leistungsabgabepotential erheblich gesteigert werden konnte. Erreicht wurde dies durch *Flußbauten* und durch die Erweiterung oder Neuanlage von Kanälen. Generell wurden die großen natürlichen Wasserstraßen östlich der Oder, Weichsel, Pregel, Memel sowie die Oder selbst von Kosel bis zur Einmündung des Großschiffahrtswegs Berlin–Stettin bei Hohensaaten, von ungefähr 100 t auf 400 t Tragfähigkeit erweitert, diejenigen westlich der Oder von 100 bzw. 200 auf 600 t (zum Beispiel Oberlauf der Weser bis

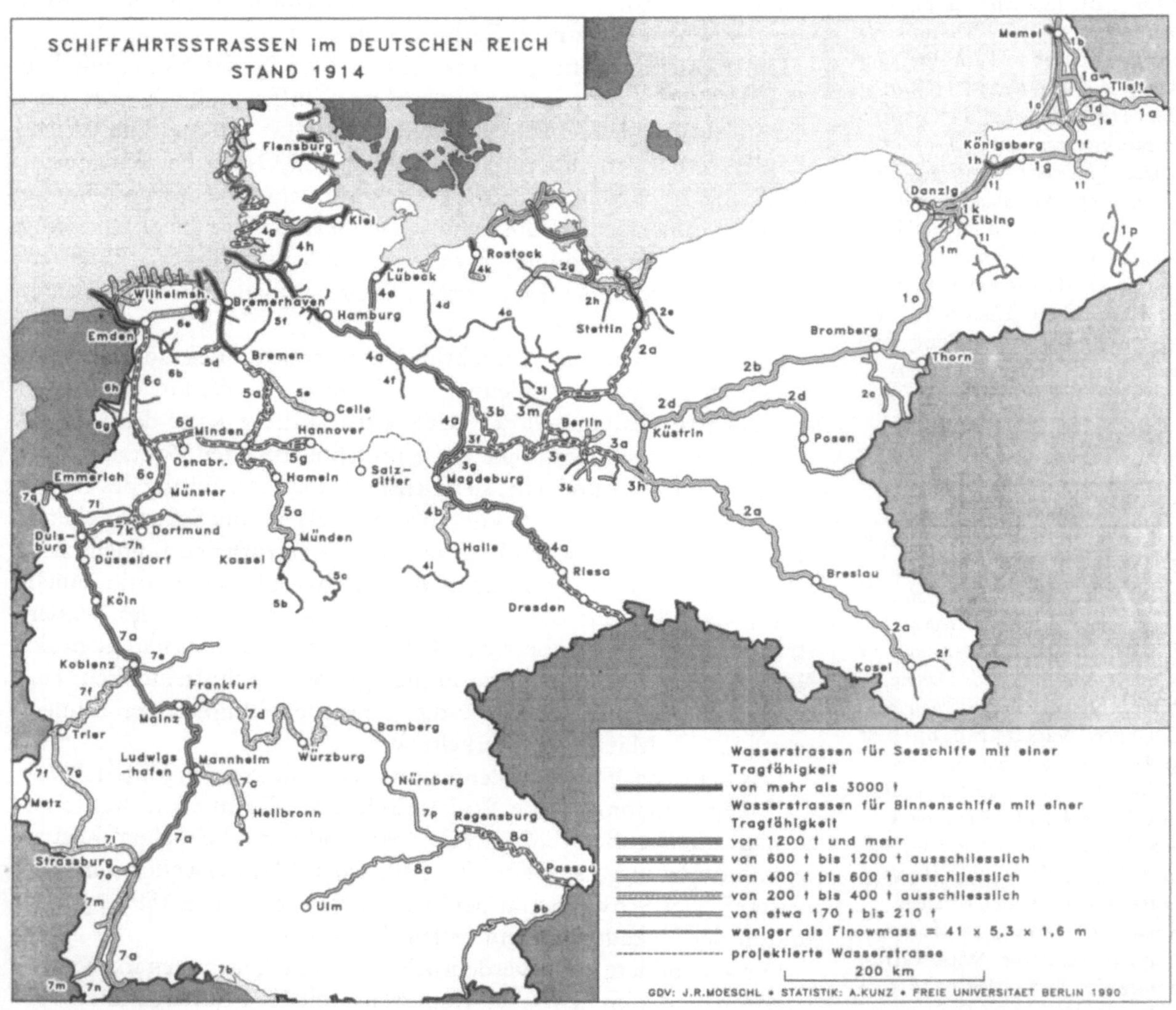

Hameln, Donau von Regensburg bis Passau, Elbe im Königreich
Sachsen). Rhein und Elbe konnten über lange Strecken von Schiffen
mit mehr als 1200 t Ladefähigkeit (1850: 600 t bzw. 400 t) befahren
werden. Auch das Leistungsabgabepotential von Nebenflüssen wurde
z. T. erheblich gesteigert; der Main etwa wurde bis Frankfurt für 1200-
t-Schiffe ausgebaut, die Saale bis Halle für Schiffe über 200 t, die Fulda

(Fortsetzung von S. 385) *und Haren-Rütenbrock-Kanal;* **Wasserstraßengebiet 7:** *7a Rhein, 7b Bodensee, 7c Neckar, 7d Main, 7e Lahn, 7f Mosel und Mosel-Kanal, 7g Saar und Saar-Kanal, 7h Ruhr, 7i Lippe bzw. Wesel-Datteln-Kanal und Datteln-Hamm-Kanal, 7k Rhein-Herne-Kanal, 7l Rhein-Marne-Kanal, 7m Rhein-Rhône-Kanal, 7n Hüninger Kanal, 7o Breusch-Kanal, 7p Main-Donau-Kanal (Ludwigs-Kanal), 7q Spoy-Kanal;* **Wasserstraßengebiet 8:** *8a Donau, 8b Inn.*

bis Kassel für solche über 400 t befahrbar. Allein in Preußen betrugen die Aufwendungen für bis zum Jahre 1915 durchgeführte Flußregulierungen 295 Millionen Mark [8].

Neben den Flußregulierungen ist besonders der Bau von modernen, leistungsfähigen *Kanälen* und anderen Großschiffahrtswegen, die zum Teil aus Kanalstrecken oder kanalisierten Flußläufen bestanden, durchgeführt worden. Zur ersten Kategorie zählt der 1898 eröffnete Dortmund-Ems-Kanal. Von der wirtschaftlichen Seite her war er vor allem für die Kohlenausfuhr bzw. Erzeinfuhr über Emden gedacht. Militärische Überlegungen – es handelte sich um die einzige Wasserverbindung des Ruhrgebiets mit einem deutschen Seehafen – spielten ebenfalls eine Rolle. Wie alle übrigen Kanalbauten dieser Zeit war er für 600-t-Schiffe ausgelegt [9]. Weitere Kanalbauten im nordwestdeutschen Kanalnetz waren der 1915/16 eröffnete Rhein-Herne-Kanal, der mit dem Dortmund-Ems-Kanal verbunden ist und somit dem Rhein einen deutschen Seehafen eröffnete. Zu nennen ist auch der ebenfalls mit dem Dortmund-Ems-Kanal verbundene Datteln-Hamm-Kanal, eröffnet 1916 und später (1930) zur Entlastung des Rhein-Herne-Kanals weiter bis Wesel geführt. Rhein-Herne-Kanal und Dortmund-Ems-Kanal waren Teilstücke des wohl umstrittendsten Kanalprojekts der damaligen Zeit, des Rhein-Weser-Elbe-Kanals, später Mittellandkanal genannt. Mit seinem Bau wurde nach langen politischen Auseinandersetzungen zwischen 1905 und 1916/17 in mehreren Bauabschnitten begonnen [10].

Neben den Kanälen im nordwestlichen und mittleren Deutschland wurde im Norden als Ersatz für den bereits seit 1786 bestehenden Eiderkanal der Nord-Ostsee-Kanal (Kaiser-Wilhelm-Kanal) als Seeschiffahrtsweg gebaut (1887–1895), das wohl ehrgeizigste Kanalprojekt des Kaiserreiches; Der Elbe-Trave-Kanal, erbaut 1896–1900, ersetzte den alten Stecknitzkanal. Im Gebiet der märkischen Wasserstraßen erhielt die Verbindung zur Oder durch den Bau des Oder-Spree-Kanals (1887–1891) und des Hohenzollern-Kanals (1905–1914) einen höheren Grad der Leistungsfähigkeit; der Teltowkanal (1901–1906) verkürzte den Weg von der unteren Havelwasserstraße zur Oder um 16 km und war deshalb besonders für den Durchgangsverkehr vom Hamburg nach Schlesien von Bedeutung [11].

Der Kostenaufwand für diese Kanalbauten war enorm. Preußen allein hat bis einschließlich 1915 für Kanäle von insgesamt nahezu 3000 km Länge sowie für etwa 600 km kanalisierter Flüsse 887 Millionen Mark aufgewendet. Insgesamt wurden im deutschen Kaiserreich für Kanalbauten über 1,3 Milliarden Mark bereitgestellt [12].

Mit dem Ausbau oder auch Neubau von Wasserstraßen ging die Anlage leistungsfähiger *Häfen* einher. Entweder wurden bereits bestehende Häfen erweitert, oder es wurden neue angelegt wie in Rheinau bei Mannheim, der Rheinhafen bei Karlsruhe, der Urban- und Osthafen in Berlin. Auch hier war der Kostenaufwand hoch: für 13 wichtige Häfen hat Preußen bis 1915 Anlagekosten in Höhe von 236 Millionen Mark aufgewendet. Zu den verkehrsmäßig bedeutendsten deutschen Binnenhäfen im Kaiserreich hatten sich Duisburg-Ruhrort, Berlin und Mannheim entwickelt. Dazu kamen noch die großen Seehäfen, die gleichzeitig Binnenhäfen sind: Hamburg, Bremen und Stettin. Mit dem Bau von Kanälen wurden darüber hinaus vormals landgebundene Städte mit einem Schlag zu „Hafenstädten", besonders im nordwest- und mitteldeutschen Kanalgebiet. Zu nennen sind hier Dortmund, Münster, Osnabrück, Hildesheim, Hannover und (später) Salzgitter und Braunschweig. Die Anbindung an das Wasserstraßennetz wirkte sich im allgemeinen sehr vorteilhaft auf die wirtschaftliche Entwicklung dieser neuen „Hafenstädte" aus[13].

Die durch die Niederlage im Ersten Weltkrieg und den Versailler Vertrag bedingten Grenzziehungen von 1919/20 wirkten sich nachteilig auf das in Jahrzehnten zuvor erstellte innerdeutsche Wasserstraßennetz aus. Unterbrochen wurde insbesondere die Verbindung zu den ostpreußischen Wasserstraßen, da der Hauptteil der Netze-Wasserstraße an das neugegründete Polen fiel. Die Memel wurde zum Grenzfluß zu Litauen, die Weichselmündung Teil der unter Völkerbundsmandat verwalteten Freien Stadt Danzig. Im Westen gingen die Kanäle links des Oberrheins durch den Rückfall Elsaß-Lothringens an Frankreich verloren; der Oberrhein selbst wurde zum Grenzfluß. Durch diese politischen Veränderungen wurde der Binnenschiffahrtsverkehr auf den deutschen Wasserstraßen besonders in den 1920er Jahren beeinträchtigt.

Das wohl wichtigste Bauvorhaben in der Zwischenkriegszeit war die Fertigstellung des Mittellandkanals, das bereits von der Nationalversammlung 1919/20 beschlossen worden war, aber erst 1938 abgeschlossen werden konnte. Weiterhin wurde der Wesel-Datteln-Kanal fertiggestellt, der Ems-Hunte-Kanal verlängert. Main und Neckar wurden zu Großschiffahrtswegen ausgebaut und waren daraufhin bis Würzburg bzw. Heilbronn für 1200-t-Schiffe befahrbar. Auch der Grad der Leistungsfähigkeit der bayerischen Donau wurde erhöht. Bei den Hafenanlagen ist besonders der weitere Ausbau der Berliner Häfen zu erwähnen (Eröffnung des Westhafens 1923), durch den Groß-Berlin zum leistungsfähigsten Binnenhafen Deutschlands wurde[14].

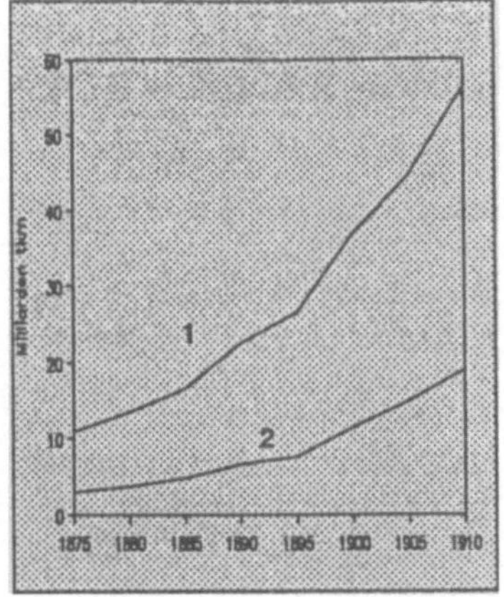

Durch den Ausbau des Wasserstraßennetzes seit 1871 wurde dessen Leistungsfähigkeit gesteigert, so daß sich die Binnenschiffahrt auch gegenüber ihrem Hauptkonkurrenten, der Eisenbahn, behaupten konnte.
1 Eisenbahn, 2 Binnenschiffahrt.

Die Grenzziehungen nach dem 2. Weltkrieg veränderten das deutsche Wasserstraßennetz nochmals entscheidend. Die östlichen Wasserstraßen einschließlich der Oder fielen vollständig an Polen bzw. die Sowjetunion. Durch die innerdeutsche Grenze wurde darüber hinaus die Bedeutung der Elbe als Wasserstraße stark beeinträchtigt, da – mit Ausnahme des Verkehrs von und nach West-Berlin – kein innerdeutscher oder internationaler Durchgangsverkehr nach Hamburg mehr möglich war. Das gleiche galt für den von der innerdeutschen Grenze bei Rühen durchschnittenen Mittellandkanal, der auf dem Territorium der ehemaligen DDR den Status einer Transitstrecke nach West-Berlin hatte.

Die nach 1945 durchgeführten Baumaßnahmen erklären sich zum Teil aus der innerdeutschen Grenze bzw. der eigenständigen Existenz von West-Berlin.

In der Bundesrepublik wurde 1976 der Elbe-Seiten-Kanal eröffnet, der eine direkte, allein auf westdeutschem Territorium laufende Verbindung zwischen dem Mittellandkanal und dem Industriegebiet um Salzgitter zur Elbe und damit nach Hamburg herstellte. Die DDR hatte ihrerseits bereits 1951–52 den Havelland-Kanal erbaut, um die durch Westberliner Gebiet führende Strecken der Havel zu umgehen.

Ein weiteres, politisch sehr umstrittenes Kanalbauprojekt ist der neue Rhein-Main-Donau-Kanal. Er zerschneidet die Flußlandschaft des Altmühltals. Die Beeinträchtigung der Tier und Pflanzenwelt ist noch nicht zu überschauen. Mit dessen Bau war bereits in der Zwischenkriegszeit begonnen worden, er nutzt teilweise die Trasse des alten Ludwigskanals. Er ist für Schiffe bis zu 1500 t ausgelegt und soll als Verbindungsglied einer europäischen Binnenwasserstraße dienen, die vom Schwarzen Meer bis zur Nordsee reichen wird. Seit 1989 sind 95 km des Kanals, vom Main über Bamberg und Nürnberg bis Roth in Mittelfranken, für die Schiffahrt benutzbar[15]. In seiner Gesamtlänge von 171 km ist der Kanal seit 1991 befahrbar.

Ansonsten wurde in der Bundesrepublik der Grad der Leistungsfähigkeit von bestehenden Wasserstraßen (Flüssen und Kanälen) teilweise erheblich gesteigert; Richtschnur ist dabei die Durchsetzung der Europanorm (1350 t) auf allen wichtigen Wasserstraßen, die damit integrale Bestandteile eines umfassenden mitteleuropäischen Wasserstraßennetzes geworden sind. Andere Wasserstraßen, die noch in der Zwischenkriegszeit eine Rolle spielten, sind dagegen als Verkehrswege heute kaum noch von Bedeutung, zum Beispiel die Weser oberhalb von Minden, oder auch Lahn, Ruhr und Saar. Hier hat neben der Konkurrenz der Eisenbahn nun auch die der Straße ihre Wirkung getan.

Treideln mit Menschenkraft auf der Havel nach einer Zeichnung von W. Stöwer aus dem Jahr 1890.

Betriebsmittel und Organisation der Binnenschiffahrt

Bis zu Beginn des 19. Jahrhunderts waren die in der Binnenschiffahrt verwendeten Betriebsmittel nahezu unverändert geblieben. Lediglich die Größe der auf den verschiedenen Wasserstraßen eingesetzten Schiffsgefäße hatte sich im Laufe der Jahrhunderte geringfügig erhöht. Da die Schiffe in der Bergfahrt gezogen („getreidelt") werden mußten, war ihre Größe zwangsläufig begrenzt. Um 1800 hatte das größte auf dem Mittelrhein eingesetzte Schiff eine Tragfähigkeit von nur etwa 150 t. Die Schiffe waren durchweg aus Holz gebaut, variierten aber zwischen den einzelnen Wasserstraßen stark nach Typ, Größe und Bemannung [16]. Die Treidelei war aber auch kostspielig, schwierig und vor allem langsam. Gegen Ende des 18. Jahrhunderts kostete ein Ziehpferd am Mittelrhein für die Strecke von Köln bis Mainz beispielsweise 20 bis 30, bei hohen Preisen auch 35 bis 50 Mark. Der Schiffer mußte darüber hinaus noch Pferd und Pferdeknecht beköstigen. Die Bergfahrt eines Schiffes von Rotterdam nach Köln dauerte im Treidelbetrieb mit 20 bis 30 Pferden bei günstigem Wind 14, oft aber 40 und mehr Tage. Von Mainz bis Straßburg war ein Lastschiff in der Bergfahrt nahezu einen Monat unterwegs. Ein modernes Motorschiff braucht für dieselben Strecken heute ca. 2 bzw. 3 Tage.

Eine Sonderstellung nahm die *Flösserei* ein. Sie war auf nahezu allen Wasserstraßen, besonders aber auf den südlichen Nebenflüssen des Rheins, der Elbe sowie den östlichen Wasserstraßen weit verbreitet [17]. Im Osten wurde Holz aus Rußland nach Memel, Königsberg und sogar bis Berlin geflößt. Auf der Elbe ging böhmisches Holz nach Sachsen oder weiter bis Hamburg. Im Rheingebiet wurde das Holz den Main oder Neckar hinunter zum Rhein geflößt und dort in den Floßhäfen (etwa Mannheim) zu sog. Holländerflößen zusammengestellt, um rheinabwärts zum Niederrhein und weiter nach Holland transportiert zu werden. Diese Flöße waren oft von erstaunlicher Größe und konnten durchaus ein Gewicht von 3000 t erreichen. Sie zu bewegen erforderte einen großen Personalaufwand. Ein 1802 von Mannheim in Richtung Holland abgehendes Floß wurde zum Beispiel von 450 Ruderknechten mit 52 Schlagrudern getrieben, und hatte darüber hinaus noch 80 Ankerknechte an Bord. [X-5.7]

Ein grundlegender technischer und organisatorischer Wandel stellt in der Binnenschiffahrt die seit den 1830er Jahren auch auf den deutschen Wasserstraßen im Zuge der Industrialisierung des 19. Jahrhunderts eingeführte Dampfschiffahrt dar [18]. Die Fortbewegungsart der Flußschiffe ging damit von Segel und Treidelzug auf das einzeln fahrende *Dampfschiff* mit Schaufelradantrieb oder (später) Schiffschraube, den mit Dampf betriebenen Schlepper sowie auch auf die Kette („Kettenschiffahrt") über.

Wirtschaftlicher Erfolg war der Dampfschiffahrt zunächst nur auf dem Rhein beschieden. 1826 wurde die „Preußisch-Rheinische Dampfschiffahrtsgesellschaft" – später „Kölnische Gesellschaft" genannt – gegründet, die 1835 bereits 15 Schiffe im Liniendienst einsetzte, und zwar vor allem zur Personenbeförderung und für den Stückgutverkehr. Auch in anderen Städten am Rhein waren bereits in dieser Phase Dampfschiffahrtsunternehmen gegründet worden, so in Mannheim (1826), Düsseldorf (1836) und Straßburg (1838). Die Mannheimer Gesellschaft war aber wenig erfolgreich und wurde bereits 1832 von der Kölner Gesellschaft übernommen. Die in Düsseldorf ansässige „Dampfschiffahrtsgesellschaft für den Mittel- und Nie-

derrhein", die auch das erste eiserne Dampfschiff, die 1838 in London gebaute „Viktoria", in Dienst stellte, entwickelte sich dagegen zu einem empfindlichen Rivalen, der die Monopolansprüche der Kölner und der Niederländer zunehmend in Frage stellte. In nur 15 Jahren (1823–1838) hatte die Dampfschiffahrt den ganzen damals schiffbaren Rhein von Basel bis Rotterdam erobert, und einen lebhaften Personen- und Güterverkehr auf Dampfschiffen ins Leben gerufen [19].

Durch die Dampfschiffe wurde die Reisedauer erheblich verkürzt. Wenn man morgens um 5 Uhr in Basel abfuhr, war man abends um 8 bereits in Mannheim. Von dort wurde die Fahrt am darauffolgenden Tag um 6 Uhr morgens fortgesetzt und man war abends um 8 Uhr in Köln – insgesamt also 30 Reisestunden.

Anfangs blieb die Dampfschiffahrt auf den Transport von Personen und Gütern auf den Dampfern selbst ausgerichtet. Dies war nicht zuletzt im Widerstand der Schiffer begründet, die aufgrund der allgemeinen schlechten wirtschaftlichen Lage der Rheinschiffahrt den Zeitgewinn durch das Schleppen als wertlos ansahen. Erst in den 1840er Jahren erfolgte der endgültige Durchbruch der *Schleppschiffahrt*. 1842 nahmen sowohl die kölnische wie auch die niederländische Gesellschaft den regelmäßigen Schleppbetrieb auf. Im ersten Betriebsjahr schleppte die Kölner Gesellschaft 7000, die niederländische 8008 t. Im

In der Binnen- und Hafenschiffahrt werden auch heute noch vereinzelt Raddampfer eingesetzt. Angetrieben werden sie entweder durch zwei seitlich angebrachte Schaufelräder – wie beim Donau-Eildampfer „Franz Josef" – oder durch ein Schaufelrad am Heck. Der Holzstich stammt aus dem Jahr 1854.

darauffolgenden Jahr war die Schleppleistung der Kölner Gesellschaft bereits auf 33 238 t angestiegen. In den folgenden Jahren entstanden weitere Gesellschaften, so in Mainz (1842), Mannheim (1843), Frankfurt (1845), Düsseldorf und Ruhrort (1846). Im Ruhrgebiet kam es zu einer organisatorischen Neuheit: Die Kohlenbergwerksbesitzer Matthias Stinnes und Franz Haniel begannen, die von ihnen geförderten Kohlen in eigenen Schiffen mit eigenen Schleppdampfern zu befördern. Die von ihnen gegründeten Reedereien entwickelten sich zu Großbetrieben und drängten die alten Kohlenschiffer zunehmend beiseite[20]. Im Revolutionsjahr 1848 entlud sich der aufgestaute Groll der Schiffer und besonders der Treidler gegen den Dampfschiffbetrieb in offener Gewalttätigkeit. Bei Mainz und Neuwied wurden Schleppdampfer regelrecht beschossen! Der weitere Vormarsch der Schleppschiffahrt konnte dadurch jedoch nicht beeinträchtigt werden; um die Mitte der 1850er Jahre war die Pferdetreidelei am Mittelrhein so gut wie ausgestorben.

Auch auf anderen Wasserstraßen wurde der Einsatz von Dampfschiffen erprobt und Gesellschaften gegründet, die allerdings nicht immer mit wirtschaftlichem und damit finanziellem Erfolg operierten. Lediglich auf der Elbe hatte die Dampfschiffahrt noch nennenswerte Erfolge. In Dresden wurde 1836 die „Königlich privilegierte sächsische Dampfschiffahrtsgesellschaft" gegründet, die seit 1837 auf dem Oberlauf der Elbe, in Sachsen und Böhmen, Personen- und Güterbeförderung betrieb. Im selben Jahr bildeten sich auch in Magdeburg zwei Gesellschaften, die sich 1840 zur „Magdeburger Dampfschiffahrts-Kompagnie" vereinigten und die Strecke Magdeburg-Hamburg bedienten. Die Magdeburger Gesellschaft hatte zeitweise bis zu 10 Schiffe im Einsatz; sie betrieb seit 1841 auch den Schleppdienst. 1857 wurde schließlich in Hamburg eine weitere Gesellschaft gegründet, die mit 6 Dampfern und 40 Lastschiffen Schleppverkehr nach Berlin betrieb. Um 1870 waren auf der Elbe 20 Schleppdampfer im Einsatz[21].

Eine technische Neuerung in der Binnenschiffahrt stellte die seit den 1860er Jahren auf einigen deutschen Wasserstraßen, insbesondere auf der Elbe, eingeführte *Kettenschiffahrt*, die Tauerei, dar. Dabei wurde eine auf dem Flußboden liegende Kette benutzt, die durch eine auf dem Kettenschiff (dem „Schlepper") befindliche Dampfmaschine um eine Trommel bewegt wird und auf diese Weise das Schiff vorwärts zieht. Zuerst in Frankreich auf der Seine eingeführt (1854), wurde das neuartige Schleppverfahren in Deutschland zum ersten Male 1866 auf der Elbe zwischen Buckau und Magdeburg-Neustadt eingesetzt. 1874 war die Kette bereits auf dem gesamten deutschen Teil der Elbe, von der Grenze bei Schandau bis Hamburg, verlegt; in Böhmen lag die Kette bis Aussig, und später (1886) bis Melnik. Jeder Elbschiffer konnte sich von einem der 30 Kettenschiffe zu einem festgesetzten Tarif elbaufwärts schleppen lassen. Das Schleppen erfolgte in Zügen von vielen, manchmal bis zu 20 Schiffen [22].

Auch auf dem Rhein, dem Main, dem Neckar und der Donau wurde die Ketten- bzw. Seilschiffahrt eingeführt, wobei bei der letzteren ein Drahtseil an Stelle der Kette benutzt wurde. Die Ketten- und Seilschiffahrt bestand bis etwa um die Jahrhundertwende, auf Wasserstraßen mit engen Flußkrümmungen wie dem Main auch länger. Auf der Elbe wurde die Kette bis 1945 von der Schiffahrt genutzt.

Neben Dampfmaschinen wurden seit der Jahrhundertwende auch andere Antriebsarten für Binnenschiffe genutzt. Bereits 1888 war ein 6 PS starker „Wärmemotor", der mit Gas und Braunkohle angetrieben wurde, in ein Schiff eingebaut worden. In der Folgezeit wurden derartige Motoren nicht nur in Schlepper, sondern auch in einzeln fahrende Güterschiffe eingebaut („Selbstfahrer"), die damit die Nachfolge der noch mit Dampf betriebenen Eildampfer antraten. 1907 wurden im Deutschen Reich bereits 691 Kraftschiffe gezählt, die mit Motoren ausgerüstet waren; außerdem gab es 44 Güterschiffe, die elektrisch betrieben wurden.

Den wirklichen Durchbruch für das *Motorschiff* brachte aber erst der schnell laufende Dieselmotor mit Preßlufteinspritzung (1926). In der Folgezeit wurde der Dampfer mehr und mehr vom Motorschiff verdrängt, insbesondere bei den Schleppschiffen [23]. Insgesamt stieg die Maschinenleistung sämtlicher Schiffe mit eigener Triebkraft (Schlepper, Fracht- und Personenschiffe, Dampf- und Motorbetrieb) von 35 000 PS im Jahre 1877 auf 800 000 PS im Jahre 1936.

Der durch die Motorisierung ausgelöste Strukturwandel in der Binnenschiffahrt, der bereits in der Zwischenkriegszeit eingesetzt hatte, setzte sich nach dem Zweiten Weltkrieg fort. Das Gütermotorschiff, vormals weitgehend im Stückgutdienst eingesetzt, drang nun zunehmend auch in den Massengüterverkehr ein. Der Anteil der Selbstfahrer am Gesamtfrachtraum der deutschen Binnenflotte stieg daraufhin beständig an, von 6,9% i.J. 1936 auf 30,1% i.J. 1955 und 57,3% i.J. 1963. Als neue Schiffstypen haben sich Spezialschiffe für den Transport bestimmter Massengüter (Tankschiffe für Mineralöltransporte, Spezialschiff mit hohen Belüftungsaufbauten für Braunkohle, Langraumschiff für sperrige Eisentransporte usw.) entwickelt. Motorisierung und Spezialisierung erhöhte die Leistungsfähigkeit der Binnenschiffs-

Moderner Verladebetrieb in einem Binnenhafen: der Duisburger Container-Hafen.

flotte. Während eine Tonne Ladefähigkeit der Binnenschiffe 1913 – bezogen auf den Bereich der Bundesrepublik – nur 2486 tkm leistete, waren es 1961 bereits 5096 tkm.

Veränderungen in der Organisation der Binnenschiffahrt

Mit der zunehmenden Motorisierung erhielt die *Unternehmensstruktur* in der Binnenschiffahrt ihre heutige, charakteristische Ausprägung. Neben den Reedereien, private sowie Werksreedereien von Großunternehmen, die sich teilweise aus den Schleppschiffahrtsgesellschaften des 19. Jahrhunderts entwickelt hatten, gab es nun die sogenannten Partikuliere, d.h. Kleinschiffer, die meist nur ein Schiff besaßen und auf diesem auch wohnten. Sie schlossen sich zu Betriebsverbänden zusammen, die zusammen mit den Reedereivereinigungen eine Verteilung der anfallenden Transportgüter zu erreichen suchte[24]. 1934 gab es 11 276 Betriebe in der Binnenschiffahrt des Deutschen Reiches; davon hatten 9611 nur ein einziges Schiff, waren also Partikuliere. Unternehmen mit mehr als vier Schiffen besaßen demgegenüber einen Anteil von 70% (528 000 PS) der damals verkehrenden Schiffe mit

zusammen 750 000 PS. Nur durch staatliche Intervention in der Weltwirtschaftskrise (Frachtausschüsse zur Festsetzung der Transportpreise)
konnte die Sicherung eines Grundbestandes an Kleinbetrieben langfristig erhalten werden. Von den 1989 in der Binnenschiffahrt tätigen
1744 Unternehmen sind 1495 den selbstfahrenden „Partikulieren" zuzurechnen, der Rest verteilt sich auf 191 Reedereien und 58 ausschließlich im Werksverkehr tätige Unternehmen. Dem kleinen Familienbe-
trieb fällt damit in der Binnenschiffahrt immer noch eine zahlenmäßig
große Bedeutung zu. Allerdings erwirtschaften die Reedereien nahezu
zwei Drittel des Umsatzes.

Die Verkehrsleistung der Binnenschiffahrt

Seit 1872 wurden vom Statistischen Reichsamt systematisch Gesamt-
erhebungen zum Verkehr auf den deutschen Wasserstraßen durchgeführt. Allerdings fehlen bis 1909 amtliche Angaben zu der effektiven
Leistung der Binnenschiffahrt, die sowohl Mengen als auch zurückge-
legte Entfernungen berücksichtigen. Diese sog. „tonnekilometrische
Leistung" der Binnenschiffahrt ist von dem preußischen Baurat Leo
Sympher für die Periode 1875 bis 1910 nachträglich ermittelt worden [25].

Nach den Berechnungen Symphers wuchs der Verkehr auf den
deutschen Binnenwasserstraßen von 10,4 Millionen t im Jahre 1875 auf
64,75 Millionen t im Jahre 1910 an, während im gleichen Zeitraum die
Zahl der geleisteten Tonnenkilometer von 2,9 auf 19,0 Milliarden
anstieg. Dabei dominierten die Gebiete des Rheins und der Elbe mit
57% bzw. 26% eindeutig, während die ostpreußischen Wasserstraßen
an Bedeutung verloren.

Das bereits in der Periode vor 1912 ersichtliche Leistungsgefälle
zwischen den einzelnen Wasserstraßen bzw. Wasserstraßengebieten
setzte sich auch in der Folgezeit weiter fort. Dies ergibt sich aus den
Angaben zur tonnenkilometrischen Leistung der einzelnen Wasserstraßen, die hier zum erstenmal für den Gesamtzeitraum, für den diese
Daten zur Verfügung stehen (1912–1985), zusammengestellt worden
sind [26]. In der nebenstehenden Grafik ist auf der Basis dieser Daten die
Entwicklung wiedergegeben. Dabei ist bis 1938 das Staatsgebiet des
deutschen Reichs, seit 1945/49 das der Bundesrepublik zugrunde gelegt. Deutlich zu erkennen ist die Dominanz der großen Wasserstraßen
Rhein und (bis 1938) Elbe sowie die der leistungsstarken Kanäle (Dortmund-Ems-Kanal, Mittellandkanal). Die Elbe verliert nach 1945 stark

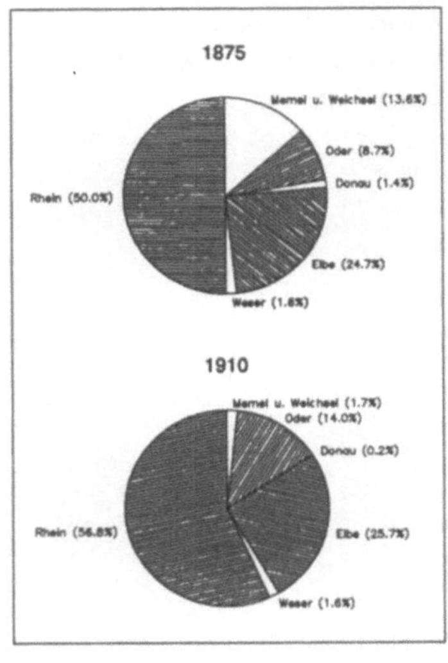

*Transportleistung ausgewählter
Wasserstraßen im Vergleich von
1875 und 1910.*

*Transportleistung ausgewählter
Wasserstraßen von 1912 bis 1985,
angegeben in Milliarden Tonnenkilometern.
1 alle Wasserstraßen auf dem Gebiet der alten Bundesrepublik, 2
Rhein, 3 Dortmund-Ems-Kanal.*

an Bedeutung, andere, zu sog. Großschiffahrtswegen ausgebaute Wasserstraßen (Neckar, Main, Donau), können ihre Verkehrsleistung dagegen teilweise beträchtlich steigern.

Literaturnachweise

1 *Statistisches Jahrbuch 1991* für das vereinte Deutschland. Wiesbaden 1991. Die Angaben beziehen sich auf das frühere Bundesgebiet
2 *Voigt*, Fritz: Verkehr. Die Entwicklung des Verkehrssystems. Bd. 2, Erste Hälfte. Berlin 1965, S. 225–350; *Teubert*, Oskar: Die Binnenschiffahrt. Ein Handbuch für alle Beteiligten. Bd. 1. Leipzig 1912, S. 31–87
3 *Manegold*, Karl-Heinz: Technik, Handelspolitik und Gesamtstaat. Brandenburgische Kanalbauten im 17. Jahrhundert. In: Technikgeschichte, Bd. 37 (1970), S. 101–129; *Kurs*, Victor: Die Schiffahrtsstraßen im Deutschen Reich, ihre bisherige und zukünftige Entwicklung und ihre gegenwärtige finanzielle Ausnutzung. In: Jahrbücher für Nationalökonomie und Statistik, Bd. 10 (1895), S. 641–704
4 *Meidinger*, Heinrich: Die deutschen Ströme in ihren Verkehrs- und Handelsverhältnissen. Frankfurt a.M. 1852
5 Datengrundlage sind zeitgenössische Schiffahrtsführer und Karten. Für die Erstellung der mit Hilfe computergestützter thematischer Kartographie erstellten Karten ist J.R. Möschl (Berlin) zu danken.
6 *Bindewald*, Georg: Die Bedeutung der Wasserstraßen im östlichen Deutschland für den Versand landwirtschaftlicher Güter. In: Schriften des Vereins für Socialpolitik, Bd. 100. Leipzig 1903; *Keller*, Hermann (Hrsg.): Memel-Pregel-Weichselstrom, ihre Stromgebiete und ihre wichtigsten Nebenflüsse. Berlin 1899
7 *Peters*, Max: Wasserstraßen und Binnenschiffahrt. In: Deutschland unter Kaiser Wilhelm II., 2. Bd. Berlin 1914, S. 923–954
8 *Sax*, Emil: Die Verkehrsmittel in Volks- und Staatswirtschaft. Bd. 2. Berlin 1920, S. 337 f.
9 *Krziza*, Alfons: Emden und der Dortmund-Ems-Kanal unter besonderer Berücksichtigung ihrer Bedeutung für Import und Export im niederländisch-westfälischen Industriegebiet. Jena 1912
10 *Sympher*, Leo: Die wirtschaftliche Bedeutung des Rhein-Elbe-Kanals. 2 Bde. Berlin 1899; *Horn*, Hannelore: Der Kampf um den Bau des Mittellandkanals. Köln 1964
11 *Guderian*, Fritz: Die Bedeutung des Kaiser-Wilhelm-Kanals für den Verkehr. Berlin 1925; *Jensen*, Waldemar: Der Nord-Ostsee-Kanal. Neumünster 1970; *Hammermann*, Emil: Der Elbe-Trave-Kanal (Schriften des Königlichen Instituts für Seeverkehr und Weltwirtschaft an der Universität Kiel, Heft 20). Jena 1914; *Kriele*, Martin: Die wirtschaftliche Bedeutung eines Großschiffahrtsweges zwischen Berlin und der unteren Oder. Berlin 1898
12 Vgl. 8, S. 338
13 *Hegemann*, E.: Die Entwicklung des Verkehrs und die wirtschaftliche Bedeutung der Dortmund-Ems-Kanalhäfen Dortmund und Münster. Münster 1914

14 *Krause*, Friedrich: Der Osthafen zu Berlin. Berlin 1913, *Natschka*, Werner: Berlin und seine Wasserstraßen. Berlin 1971

15 *Bauer*, Hans: Der Rhein-Main-Donau Kanal. Ulm 1938; *Weiget*, Hubert: Der Rhein-Main-Donau-Kanal. Das Für und Wider seiner Fertigstellung. München 1983

16 *Napp-Zinn*, Anton Felix: Verkehr und Flotte des Rheins. Duisburg 1927; *Boecking*, Werner: Schiffe auf dem Rhein in drei Jahrtausenden. Moers 1979.

17 *Ebner*, Karl: Flöszerei und Schiffahrt auf Binnengewässern mit besonderer Berücksichtigung der Holztransporte in Österreich, Deutschland und Westruszland. o.O. o.J; *Delfs*, Jürgen: Die Flößerei im Stromgebiet der Weser. Hannover 1952

18 Königlich Großer Generalstab (Hrsg.): Übersicht des Verkehrs und der Betriebsmittel der Dampfschiffahrt auf den Gewässern des Inlands und der Nachbarstaaten. Ohne Ort 1850; *Napp-Zinn*, Anton Felix: 100 Jahre Köln-Düsseldorfer Rheindampfschiffahrt. Köln 1953

19 *Schawacht*, Jürgen Heinz: Schiffahrt und Güterverkehr zwischen den Häfen des Niederrheins (insbesondere Köln) und Rotterdam vom Ende des 18. bis zur Mitte des 19. Jahrhunderts. Köln 1973; *Jolmes*, Lothar: Geschichte der Unternehmen in der deutschen Rheinschiffahrt. Düsseldorf 1960

20 *Overlack*, Anton Friederich: Die Ruhrkohlenschiffahrt auf dem Rhein. Köln 1934; *Neubaur*, Paul: Mathias Stinnes und sein Haus. Ein Jahrhundert der Entwicklung 1808–1908. Mühlheim/Ruhr 1908

21 *Bose*, Hugo von: Beschreibung der Elbe mit ihren Zuflüssen. Annaberg 1852; *Fischer*, Kurt: Eine Studie über die Elbschiffahrt in den letzten 100 Jahren. Jena 1907

22 *Scholl*, Lars U.: Als die Hexen Schiffe schleppten. Die Geschichte der Ketten- und Seilschleppschiffahrt auf dem Rhein. Hamburg 1985

23 *Bartenburg*, Carl-Heinz: Die Motorisierung in der westdeutschen Binnenschiffahrt. Gelsenkirchen 1939

24 *Herbst*, Detlef: Partikulierzusammenschlüsse in der deutschen Binnenschiffahrt. Berlin 1984

25 *Sympher*, Leo: Das Anwachsen der deutschen Binnenschiffahrt von 1875 bis 1910. In: Zeitschrift für Binnenschiffahrt 20 (1913), S. 3–12

26 *Kunz*, Andreas (Hrsg. u. Bearb.): Statistik der deutschen Binnenschiffahrt 1835–1989. St. Katharinen 1993

Straßenverkehr

Uwe Burghardt

Mit der Zunahme der Reisegeschwindigkeit in der Eisenbahnära veränderte sich unmerklich der Zeitbegriff, rückten die Orte zeitlich näher aneinander, als wäre ihr räumlicher Abstand geschrumpft, dehnte sich der Erlebnishorizont des einzelnen aus, nahmen seine Handlungsmöglichkeiten zu. Die Geschichte des Straßenverkehrs ist die Geschichte des Übergangs von der kollektiven Mobilität der Eisenbahn zum auto-mobilen Individualverkehr, zur individuellen Verfügung über eine Hochleistungsmaschine, vom Gefahrenwerden zum Fahren [1]. [X-5.3]

Die starke funktionale Differenzierung der Siedlungsgliederung der großen Städte hat Verkehrsströme erzeugt, denen niemand mehr individuell entrinnen kann. Die seit den fünfziger Jahren von den Planern der autogerechten Stadt gewollte Verlagerung des Massenverkehrs auf das Auto endet heute in kollektiver Immobilität und dem Verlust urbaner Lebensqualität. Dies hat gerade die Studiengesellschaft „Censis" für Italien belegt. Rom, Turin, Neapel, Mailand, Genua, diese Herrlichkeiten sind verdorben. Die Lebensqualität ist in die kleineren Städte zwischen 50 000 und 200 000 Einwohnern geflüchtet, wo sich herausragende historische Bedeutung, gewachsene Strukturen, gewerbliche Aktivität und moderne Dienstleistungen verbinden und vor allem dem Wohl der Bürger dienen. Kennzeichnend für diese „Perlen" sind ein niedrigeres Verkehrsaufkommen infolge kurzer Wege und gute öffentliche Verbindungen mit dem Umland.

Verkehr hat drei wesentliche Funktionen: eine produktive, eine integrative und eine konsumtive. In bezug auf die produktive Funktion muß Verkehr die zeitlich passende Bereitstellung und /oder Speicherung von Rohstoffen, Halbzeug und Fertigwaren gewährleisten sowie Teilproduktionen gegen Störungen abpuffern. Dies sind die Voraussetzungen für das Funktionieren einer arbeitsteiligen Wirtschaft und für die Herausbildung optimaler Produktionseinheiten.

Die integrative Funktion von Verkehr hat zwei Aspekte: in wirtschaftlicher Hinsicht geht es um die Schaffung eines bestmöglichen Verkehrsmarktes durch Bereitstellung einer breit gefächerten Auswahl und Überlappung von Verkehrsträgern und Leistungsangeboten im Verkehrsbereich und durch die Herstellung von Markttransparenz. Dadurch sollen Angebot und Nachfrage optimal ausgeglichen werden.

In sozialer und politischer Hinsicht dient Verkehr als materielle Klammer, um Gemeinwesen zusammenzufügen und zusammenzuhalten. Die Entstehung und die Existenz von Großstädten waren (und sind) nur möglich, solange ein leistungsfähiges Verkehrssystem es einer großen Zahl von Menschen ermöglichte, auf engem Raum zusammenzuleben. Ähnlich verhielt es sich mit der Bildung mittelalterlicher Herrschaftsräume entlang schiffbarer Flüsse. In Großbritannien standen sowohl die innere Konsolidierung als auch die frühe Industrialisierung im 18. Jahrhundert in starker Wechselwirkung mit einem entwickelten Verkehrssystem, in welchem See- und Küstenschiffahrt, Kanäle und kanalisierte Flüsse sowie ein dichtes Netz von guten Zubringerstraßen miteinander verknüpft waren.

Eine relevante konsumtive Verkehrsfunktion entwickelte sich erst mit der Steigerung der Massenkaufkraft, in Nordamerika und in Großbritannien ansatzweise in der Zwischenkriegszeit, in Kontinentaleuropa seit den fünfziger Jahren. Fahrspaß und Geschwindigkeitsrausch wurden weder durch verstopfte Verkehrsräume noch durch ein mahnendes Umweltgewissen getrübt. Wachsende freie Einkommen standen für Aktivitäten zur Verfügung, die Verkehr voraussetzten (etwa die Urlaubsfahrt) [2].

Die Belebung der Landstraße

In England hatte die frühe Ausdehnung der industriellen Produktionsweise günstige Voraussetzungen für die Intensivierung des Verkehrs und Bedarf für die Verdichtung des Verkehrsnetzes geschaffen. Gleichzeitig hatte die Dampfmaschine die Bindung der Industriebetriebe an natürliche Kraftquellen aufgehoben und eine Verlagerung an Standorte erlaubt, die andere ökonomische Vorteile zum Tragen brachten, etwa eine gute Verkehrsanbindung. Nachdem seit 1755 bereits ein leistungsfähiges Kanalnetz entstanden war, bewirkte die Zunahme der Verkehrsnachfrage im ersten Drittel des 19. Jahrhunderts vor allem den Ausbau der Straßen zur Anbindung wichtiger Punkte im Raum zwischen den Maschen des Wasserstraßennetzes.

Dabei wurde auch im Straßenbau die Privatinitiative als Triebkraft einer Neugestaltung betrachtet; entsprechend konzessionierte der Staat privatwirtschaftliche Organisationsformen zum Bau und zum

Betrieb von Straßen. Die durch privates Kapital finanzierten Gesellschaften durften „tolls" (Wegzölle) für die Verzinsung des vorgeschossenen Kapitals und zum Bestreiten der laufenden Betriebs- und Unterhaltungskosten erheben; dies geschah an turnpikes (Drehkreuzen; daher turnpike roads und – Bezeichnung für die Betriebsgesellschaften – turnpike trusts).

Auf dem europäischen Kontinent verfügte Frankreich bis zur Mitte des 19. Jahrhunderts über das beste Verkehrssystem. 1789 umfaßte dies neben wichtigen Kanalverbindungen Kunststraßen mit einer Gesamtlänge von rund 40 000 km; davon besaßen allerdings nur ein Drittel einen stabilen Unterbau[3]. Anders als in Großbritannien, wo die Dynamik der industriellen Entwicklung den Ausbau der Straßen förderte, geschah der Wegebau in Frankreich aus merkantilistischen Erwägungen heraus, zur Förderung der gewerblichen Entwicklung, auf Initiative des Staates, der dabei an antike Traditionen anknüpfte; hier gab es staatlichen Wegebau und Postdienst und die Unterhaltung der Straßen oblag den Anrainern.

Deutschland gehörte um 1800 zu den Ländern mit unzureichenden Verbindungen und schlechten Verkehrswegen. Erst Napoléon I. (1769–1821) hat hier gute Straßen erzwungen. Große Städte, die ihren Lebensmittelbedarf aus einer Entfernung beziehen mußten, die mehr als zwei Tagesreisen betrug, konnten vor 1800 nur an der Küste oder an gut schiffbaren Binnenwasserstraßen existieren. Langsamer Nachrichtenverkehr machte fast alle größeren Handelsgeschäfte zu einem unüberschaubaren Risiko.

Auf den Straßenbau wirkte sich die Zunahme der Verkehrsnachfrage differenzierend aus. Bis zur Mitte des 18. Jahrhunderts hatte es etwa in Frankreich lediglich zwei Sorten von Verkehrswegen gegeben: ganz einfache, höchstens an schwierigen Stellen provisorisch befestigte Wege und die mit hohem Aufwand hergestellten „grands chemins", deren Bautechnik an die Tradition des römischen Straßenbaus anknüpfte: als Fundament dieser Straßen – eigentlich eine rund ein Meter hohe Mauer – wurde auf das Planum der Trasse eine Schicht Steinplatten in Mörtelbettung aufgebracht (der römische „statumen"), dann kam eine Lage Kleinmaterial oder Beton (der „rudus"), anschließend der „nucleus", eine Schutzschicht aus sandgeschlämmtem, fein zerkleinertem Material und darauf schließlich die Fahrbahndecke (die „summa crusta") aus Schotter oder in besonderen Fällen in Pflasterung. Da die Unterschichten dieser Straßenkonstruktion eben waren, konnte von oben einsickerndes Wasser nicht abfließen. Es kam daher rasch zu Erosionserscheinungen.

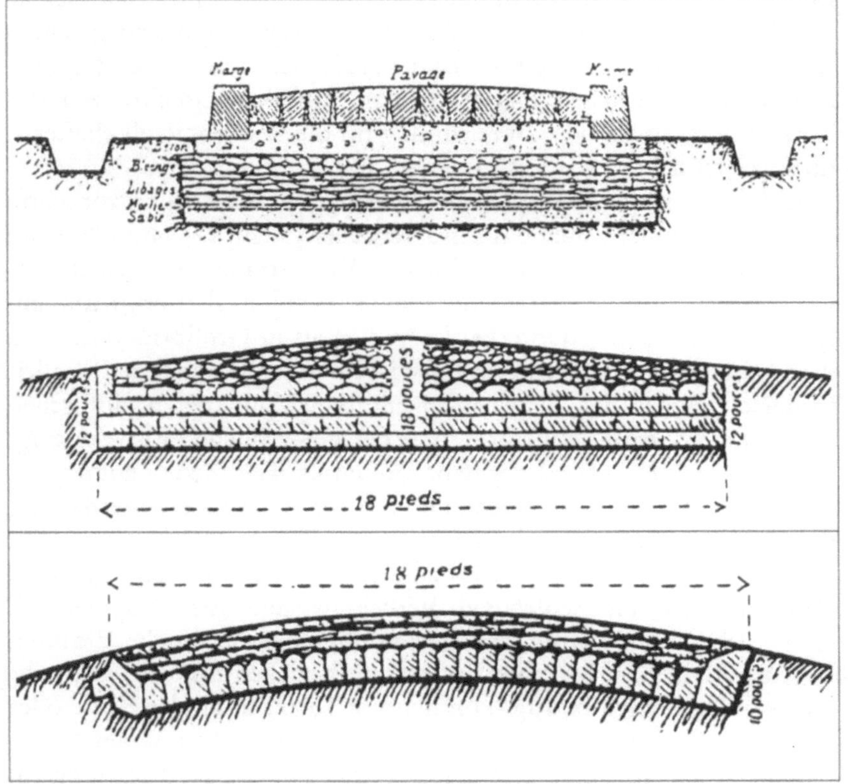

Entwicklung der Straßenkonstruktion von der Römerstraße zum Typ „Tresaguet". Die erste Abbildung zeigt den Aufbau eines „grand chemin" nach antiker Tradition, die zweite verdeutlicht die zwischen 1750 und 1775 übliche Straßenbauweise; den Aufbau einer Tresaguet-Straße zeigt die letzte Abbildung.

Pierre Marie Jérôme Tresaguet (1726–1806), seit 1775 Generalinspekteur der Brücken- und Straßenverwaltung in Frankreich, gab daher bereits der Grundschicht dieselbe Krümmung wie der Fahrbahn. Diese Schicht wurde aus Feldsteinen hergestellt, die wie die Stacheln eines Igels aus dem Untergrund ragten. Auf den Igel kam ein Unterbau aus handversetzten groben Steinen und darauf eine Decke aus nußgroßem Schotter, in die Sand eingewalzt wurde [4].

Die britischen Straßenbauer verbilligten und vereinfachten diese Technik noch: Igel und Unterbau wurden zu einer Schicht integriert. Unter den zahlreichen Straßenbau-Unternehmern, die in Großbritannien nach dem Tresaguet-Verfahren arbeiteten, ragte der Schotte John Loudon MacAdam (1756–1836) heraus, nicht wegen besonderer technischer Fähigkeiten, sondern wegen der organisatorischen Professionalität, die er bei der Bauausführung der Straße London-Edinburgh unter Beweis stellte. Die einheitliche Qualität dieser Straße wurde zu

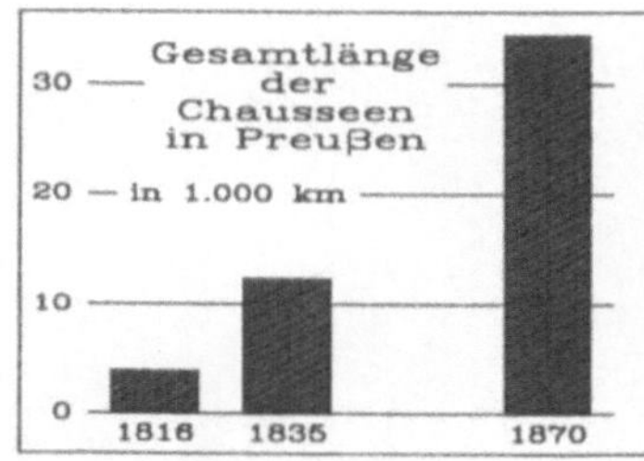

*Kunststraßenbestand in Preußen
von 1816 bis 1870.
In den westlichen Teilen Preußens
wurden in den 1820er Jahren viele
MacAdam-Straßen gebaut; besonders wichtige Verkehrswege erhielten eine Pflasterstein-Packlage.*

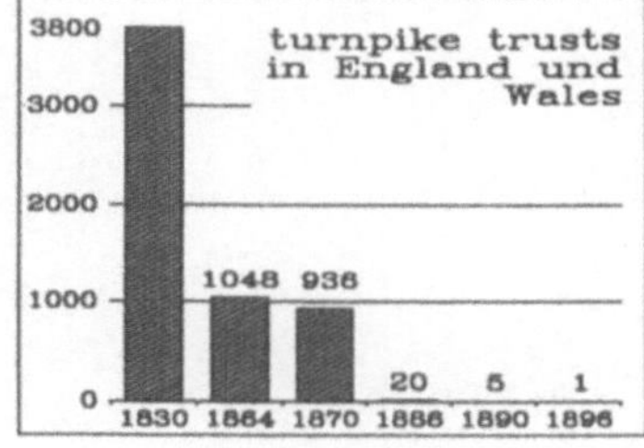

*Zahl der „turnpike trusts" in
England und Wales von 1830 bis
1896. Während die strategisch
wichtigen Fernstraßen infolge der
Konkurrenz der Eisenbahn nicht
weiter ausgebaut wurden, hatte der
Ausbau der „turnpikes" bis zur
Mitte des 19. Jahrhunderts für den
Nahverkehr in weniger dicht besie-
delten Gebieten Bedeutung. Der
Verlauf der Graphik verdeutlicht
zwar eine verminderte Erweiterung
dieses Nahverkehrs, aber keineswegs eine Verminderung der
Straßenbautätigkeit in Großbritannien überhaupt. Um 1870 verfügte
das Land über das dichteste
Straßennetz Europas.*

so etwas wie einem Standard im Straßenbau, der fortan mit dem
Namen MacAdam verknüpft war [5].

Wirtschaftlich bewirkte die Verbesserung der Landstraßen in den
westlichen deutschen Ländern und Provinzen Preußens, in Frankreich
und Großbritannien schon bald nach Erreichen einer kritischen Netz-
dichte eine Konvergenz der zuvor von Stadt zu Stadt, von Agrargebiet
zu Agrargebiet kraß unterschiedlichen Marktpreise für landwirtschaftliche Produkte, insbesondere bei Getreide.

Die Straße als Zubringer der Eisenbahn

Mit dem Beginn der Eisenbahnära – etwa seit 1830 – kam es zu Sub-
stituierungseffekten zwischen Straße und Eisenbahn. Transportvolu-
men und Investitionskapital wanderten zu dem neuen Verkehrsmittel,
wie die folgende Tabelle zeigt. Recht deutlich schlug sich dieser Vorgang in der 1811 beginnenden Baugeschichte des „National Pike"
(Cumberland Road) in den USA nieder, die von Cumberland bei
Baltimore über Wheeling (Ohio) nach St. Louis (Missouri) führen
sollte. Während Wheeling 1817 von einer Straße auf dem Stand der
damaligen Technik erreicht wurde (Feldsteinbasis, Unterbau aus gro-
bem Kies und Sand, Schotterdecke) – die schnellsten Kutschen erreichten auf dieser Strecke eine Reisengeschwindigkeit von 130 miles
in 24 Stunden – wurde der Weiterbau des westlichen Teils durch Ohio
vom Erfolg der Dampf-Binnenschiffe und der Eisenbahn verlang-
samt, er dauerte 17 Jahre. 1833 fand der „National Pike" in Columbus
(Ohio) sein vorläufiges Ende. Bevor der eigentliche Zielort erreicht
wurde, erlag der Straßenbau der Konkurrenz der Eisenbahn [6].

Doch statt den Straßenverkehr zur Bedeutungslosigkeit zu verurtei-
len und die Straßen dem Verfall preiszugeben, hatte die Ausweitung
des Verkehrs auf den Eisenbahnen insgesamt eine fördernde Wirkung

Länge chaussierter Straßen in verschiedenen europäischen Ländern 1868/69

Land	Straßenlänge 1000 engl. Meilen	Fläche 1000 Quadratmeilen	Bevölkerung Millionen
Großbritannien	160	123	31
Frankreich	100	210	38
Preußen	56	140	24
Spanien	11	198	16

auf den Landverkehr. Der Ausbau eines Netzes von Nebenstraßen und die Beseitigung von Straßen- und Brückenbenutzungsgebühren war die Voraussetzung für die weitere Entwicklung des Transportvolumens – insbesondere von Rohstoffen und Halbfertigwaren – auf den Eisenbahnen. Eine im Auftrag der französischen Regierung vorgenommene Verkehrsabschätzung für das Jahr 1888 ergab einen Frachtverkehrsumfang von 10 409 Millionen tkm für die Eisenbahn und von rund 6 000 Millionen tkm für den Straßenverkehr[7].

Für den Bereich der Landstraße war die MacAdam-Bauweise in der Eisenbahnära technisch ausreichend und wirtschaftlich tragbar. Für die vielbefahrenen Stadtstraßen genügte sie allerdings nicht. Der Verschleiß war zu hoch und eindringendes Wasser beschleunigte den Zerstörungsprozeß von innen. Es gab daher seit den 1830er Jahren Versuche, die Schotterdecke durch Asphalt zu versiegeln und die Fahrbahndecke dadurch haltbarer und glatter zu gestalten. Doch erst das 1849 vorgestellte Verfahren des Baseler Ingenieurs Merian konnte als brauchbar gelten, war aber wegen des hohen Asphaltpreises nur beschränkt anwendbar. Als die Ausdehnung der Gasherstellung aus Steinkohle, bei der Teer und Asphalt als Abfall anfielen, zu Preissenkungen dieser Produkte führten, gingen die Großstädte Paris (1859), London (1869) und Berlin (1877) dazu über, ihre Hauptverkehrstraßen mit einer Asphaltschicht zu bedecken. Zwischen 1870 und 1890, noch vor dem verkehrsrelevanten Erscheinen des Automobils und des Fahrrads, vermehrte das starke Wachstum von Städten und industriellen Ballungsräumen den Verkehr und damit die Ansprüche an die Straßenqualität und deren Erhaltung. 1871 hatten in Preußen zwei Drittel der Bevölkerung auf dem Land gelebt, 1890 verteilte sie sich bereits je zur Hälfte auf Stadt und Land. Die damit verbundene Vermehrung des Verkehrs erzwang in den Urbanisierungsgebieten zweierlei: eine Auflockerung der Bebauung und eine Vorausplanung der Besiedlungsvorgänge. Doch diese Aufgabenstellung bedeutete eine vollständige Überforderung des bis dahin in Deutschland bestehenden Straßenwesens, das auf Anlieger- und Gemeindeleistungen beruhte.

Im Gegensatz zum Eisenbahnwesen, das in den ersten zehn Jahren seiner Existenz bereits einheitlich gesetzlich geregelt worden war, erwies es sich in der Straßenverwaltung nach der Reichsgründung als unmöglich, die Zersplitterung in hunderte von Straßenbaupflichtigen zu überwinden. Die Straßenbaulast oblag den deutschen Ländern, preußischen Provinzen und Kreisen, ohne Rücksicht auf die Leistungsfähigkeit der einzelnen Gebietskörperschaft[8]. Die Lagerung von Bauauftrag, -aufsicht und Straßenunterhalt bei den Mittelbehörden führte

Mercedes Simplex 1901.
Der von Wilhelm Maybach kon-
struierte Mercedes von 1900/01
markierte das Ende der ,,Kutsche
mit Benzinmotor'' und gab dem
Automobil erstmals ein eigenständi-
ges Erscheinungsbild. Das niedrig
gelegte Fahrgestell bestand nicht
mehr aus Längs- und Querträgern
aus Holz wie bei einer Kutsche,
hatte keine Eisenrohre mehr wie
ein Fahrrad und war auch nicht
mit genieteten Walzprofilen wie
die Eisenbahnwagen konstruiert.
Vielmehr war die Karosserie auf
einem Leiterrahmen aus gepreßten
U-Stahlblechprofilen montiert. Die
Vorteile lagen in der hohen Belast-
barkeit und Verwindungssteifigkeit
bei niedrigem Gewicht. Statt der
feuergefährlichen Glührohrzündung
besaß der neue ,,Daimler'' eine
elektrische Zündung.

zu einer lokalen Ausrichtung der Wegenetze und verhinderte eine
übergreifende Fernstraßenplanung, als das Automobil dafür längst die
technischen Voraussetzungen bot. Dies war der wichtigste Grund dafür, daß Automobilabsatz und -entwicklung in Deutschland stagnier-
ten. Das beste Straßennetz und die effektivste Straßenverwaltung in
Europa besaß Frankreich und so gingen in den Jahrzehnten vor dem
Ersten Weltkrieg von dort die wichtigsten Impulse für die Weiterentwicklung des motorisierten Straßenverkehrs aus.

Die Nahverkehrsstraße

In der Phase der raschen Industrialisierung in den beiden Jahrzehnten
um die Wende zum 20. Jahrhundert waren viele rasch wachsende
Städte in ihr Umland übergelaufen. Mit der Ausdehnung industrieller
Ballungsräume ergab sich das Problem des Nahverkehrs. Die Eisen-

bahnen konnten den Bedarf nur unzureichend decken. Pferde- und Straßenbahnen waren eine Teillösung, aber ihr Netz war viel zu weitmaschig. Als sich die Qualität der Stadtstraßen verbesserte und seit Anfang der 1890er Jahre der Luftreifen eingeführt wurde, konnte das Fahrrad die Lücken schließen, und mit diesem Vehikel begann die Geschichte des individuellen Massenverkehrs [9].

Neben dem Luftreifen waren es vor allem die Freilaufnabe (1898) und wenig später die Rücktrittbremse von Fichtel & Sachs, die dem Fahrradbau zu einem ungeahnten Aufschwung verhalfen. Nach der Jahrhundertwende entwickelte sich das Fahrrad zu einem allgemeinen Verkehrsmittel. Vor allem auf dem Lande wurde es zu einem Statussymbol der Jugendlichen. [X-5.3]

Den größten Entwicklungsschub erhielt der Individualverkehr durch die Motorisierungswelle zu Anfang des 20. Jahrhunderts in den USA. Nachdem sich dort der Benzinmotor zwischen 1895 und 1903 gegen Dampf- und Elektroantrieb durchgesetzt hatte, stiegen die Produktionszahlen außergewöhnlich rasch. Die großen Städte im Osten verfügten über ein recht gutes innerörtliches Straßennetz. Das Auto ermöglichte hier eine erhebliche Verkürzung der Fahrzeit im Nahverkehr. Gleichzeitig stellten diese prosperierenden großen Städte einen großen Binnenmarkt dar. Nicht „Arbeitskräftemangel" sondern der Wunsch nach Mobilisierung dieses großen Absatzmarktes motivierte nach dem Muster der Schlachthöfe von Chicago oder der Konservenindustrie zum Aufbau einer Produktion am laufenden Band, wie die folgende Tabelle zeigt. Doch nicht das Fließband machte den Erfolg Fords aus, sondern die Erschließung des Marktes. Sein „after sales service" überzog das Land mit Werkstätten und Ersatzteildepots, mobilisierte Kapital und garantierte die Nutzbarkeit des Produktes Ford-Automobil. Die Verfügbarkeitsgarantie wurde unterstützt durch die genial einfache Konstruktion, die notfalls jeder Dorfschmied reparieren konnte, und durch die Standardisierung und Normung der Teile. Dazu wurde die Zahl der Änderungen von einer Konstruktionsperiode zur nächsten bewußt klein gehalten.

In der Blütezeit der Eisenbahn – bis zum Beginn des Ersten Weltkrieges – waren in Frankreich und Deutschland eine ganze Reihe von Automobilfirmen entstanden. Während des Krieges erwiesen sich die Produkte des Automobilbaus – vor allem auf alliierter Seite – als hervorragend geeignet für den schnellen, geländeunabhängigen Transport von Truppen und Nachschub. Berühmt geworden ist die Beförderung von fünf französischen Infanteriebataillonen mit requirierten Pariser Taxis im September 1914 an die Marne-Front. Beson-

Produktionskennziffern des Automobilbaus vor dem Ersten Weltkrieg

PKW-Produktion		PKW-Bestand Millionen Stück		Produktivität Stück pro Arbeitskraft	
Ford 1912	170 400	USA	1,30	Packard 1907	0,3
				Cadillac 1907	0,8
				Buick 1907	1,2
				Ford 1907	5,7
GB	23 200	GB	0,25		
		F	0,10		
D 1913	12 400	D	0,06	Daimler 1915	1,5

ders deutlich wurde die Flexibilität des nichtspurgebundenen Kraftwagens in der Schlacht von Verdun, als die gesamte Ver- und Entsorgung der alliierten Linien mit Lastkraftwagen abgewickelt wurde. Mit dem Tank entstand im Laufe des Krieges auf alliierter Seite eine neue Waffengattung, die vor allem 1918, als die Fronten in Bewegung geraten waren, entscheidend zum Sieg der Westmächte beitrugen.

Die funktionale Stadt

In der Zwischenkriegszeit kam es zu in einer flächenhaften Expansion der großen Städte, als die Kernstädte die von ihnen verursachten Agglomerationen, die aus der Stadt heraus aufgefüllten Umlandsiedlungen, durch Eingemeindung aufsogen. Erstmals entstand nun in den zwanziger Jahren Bedarf, solche Großstadtstrukturen durch stadtplanerische Maßnahmen aufzulockern und zu gliedern. Das Konzept der „Neuen Stadt" war geprägt von den Zeitströmungen der Sachlichkeit und der Rationalität und betonte stark den funktionalen Charakter einzelner Stadtbereiche – Geschäftsviertel, Wohnsiedlungen, Gewerbegebiete, Grüngürtel, Dienstleistungszentren, Einkaufsschwerpunkte, Erholungsbereiche, Vergüngungszonen. Diese funktionalen Zentren sollten durch schnelle, verzweigte und verdichtete öffentliche Verkehrsmittel miteinander verknüpft werden.

LeCorbusier, der Architekt der Neuen Stadt, diagnostizierte, die großen Städte hätten keine Arterien, sondern nur Kapillaren. Wachstum bedeutete ihre Krankheit oder ihren Tod. „Wohin eilen die Automobile?" fragte er. „Ins Zentrum! Es gibt keine befahrbare Fläche im Zentrum. Man muß das Zentrum abreißen", empfahl er als Therapie[10]. In der „Charta von Athen" forderte LeCorbusier die funktionale Stadt: Arbeiten, Wohnen, Erholung, Fortbewegung, die Takte des urbanen Lebensrhythmus, sollten als autonome Wesenheiten voneinander getrennt sein. Die Konsequenz war eine außerordentliche Verstärkung der Verkehrsströme. Gewachsene Strukturen hätten dem zu weichen. Durchgreifende Straßenumbauten wären notwendig, Durchbrüche, Über- und Unterführungen, so 1928 ein anderer Protagonist der Auto-Stadt, der Rektor der TH Karlsruhe, in seiner Antrittsvorlesung.

Mit der raschen Vermehrung des Automobilbestandes entstand in den zwanziger Jahren an die Landstraße – bis dahin Verbindung zum Nachbarort – der Anspruch, Durchgangsstrecke zu Fernzielen, Träger weitreichenden Verkehrs zu werden. Staatlicherseits wurde dem 1921 durch Gründung des Deutschen Straßenbauverbandes Rechnung getragen, der die Länder und die preußischen Provinzen zusammenschloß und dabei an die seit Jahrzehnten bestehende Konferenz der westlichen Landesbauräte anknüpfte. Gleichzeitig wurde eine Kraftfahrzeugsteuer eingeführt, mit deren Ertrag zum einen die infolge des Automobilverkehrs höheren Unterhaltskosten aufgebracht, zum zweiten das Straßennetz ausgebaut werden sollte. Der Deutsche Straßenbauverband begann seine Tätigkeit mit einer Bestandsaufnahme. Von Oktober 1924 bis September 1925 und 1928/29 wurden die erste repräsentativen Verkehrszählungen in Deutschland durchgeführt. Sie zeigten, daß das Automobil im wesentlichen im Umkreis seines Standortes, noch nicht aber für Fernfahrten benutzt wurde. In der Zwischenkriegszeit nahm die Zahl der Automobile zwar zu, aber zu einer Massenmotorisierung kam es nicht. Das Auto behielt den Charakter eines Verkehrsmittels der Privilegierten, Kennzeichen großbürgerlichen Sozialprestiges der Asphaltmetropolen. [X-5.3]

Neben dem öffentlichen Personennahverkehr blieb vor allem der Radfahrverkehr von außerordentlicher Bedeutung[11]. So fuhren in den deutschen Großstädten über 100 000 Einwohner 1936 zwischen 43 und 61 Prozent der Arbeiter mit dem Fahrrad zur Arbeit. Bis 1938 hatte der Radwegebestand eine Länge von über 10 000 km erreicht. Daneben spielte das Fahrrad in der Zwischenkriegszeit eine bedeutende Rolle für Urlaubsfahrten.

In der Wirtschaftskrise seit 1929 war es zum ersten großen Verkehrsschwund bei den öffentlichen Verkehrsmitteln gekommen. Der Wirtschaftsverfall, doch auch der Wettbewerb mit dem PKW, vor allem aber mit dem Fahrrad, waren Ursachen dafür gewesen[12]. Die kommunalen Verkehrsbetriebe, die alle in der Wirtschaftskrise erheb-

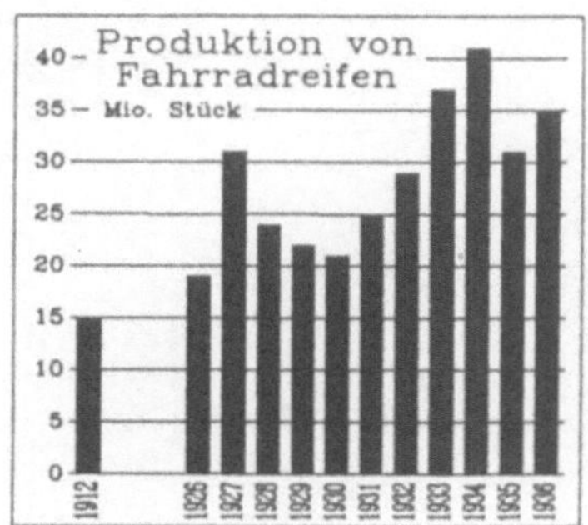

Die Produktion von Fahrradreifen in Deutschland von 1912 bis 1916 ist hier stellvertretend für die nicht vorhandenen Angaben über die Produktion von Fahrrädern in Deutschland dargestellt, um den Trend der Entwicklung des Fahrradverkehrs deutlich zu machen. Die Zunahme ist beträchtlich und erinnert an die Motorisierungsstatistiken aus der Zeit nach dem Zweiten Weltkrieg. Die Wirtschaftskrise hat offensichtlich zu vermehrter Reparatur alter Reifen geführt.

liche Substanzverluste erlitten hatten, bemühten sich daher in den dreißiger Jahren zum einen um die technische Verbesserung ihres Verkehrsangebotes, zum anderen um die Herausbildung von Schnellbahnnetzen zu Hauptträgern des städtischen Verkehrs, die möglichst eng an die Hauptverkehrsströme angepaßt werden sollten. Daneben wurde den Straßenbahnen, in Außenbezirken auch dem Autobus, die Aufgabe zugewiesen, die Fläche mit hoher Haltestellendichte an die Hauptschlagadern des öffentlichen Verkehrs anzuschließen.

Die Marktmöglichkeiten des LKW-Fernverkehrs waren Anfang der zwanziger Jahre deutlich geworden und seit 1923 von einer Studiengesellschaft für eine Fernverkehrsstraße Hamburg-Frankfurt-Basel (HAFRABA) untersucht worden. 1926 gründete sich aus dieser Studiengesellschaft ein Konsortium u.a. aus Baufirmen, Banken und Kommunen als Verein, der eine Autostraße von Hamburg bis an die Schweizer Grenze bauen und als Mautstraße kommerziell betreiben wollte. Die Überführung der dazu nötigen Trassierungsbefugnisse von den Ländern auf das Reich scheiterte an der KPD und der NSDAP[13]. 1930/32 ist das Projekt von den Gewerkschaften als Programm zur Arbeitsbeschaffung aufgegriffen worden. Umgehend nach der Machtergreifung propagierte die NSDAP den Autobahnbau sowohl unter dem Aspekt der Arbeitsbeschaffung als auch unter dem Aspekt der Verkehrserschließung des Reiches als eigene Errungenschaft. Tatsächlich handelte es sich um ideologische und strategische Bauwerke. Als Aufmarsch- und Nachschubwege paßten sie zu den geopolitischen Erneuerungsplänen des NS-Regimes, dazu kam der propagandistische Aspekt der Autobahnen als Monumentalkunstwerk[14]. Als Verkehrswege waren sie eine Nummer zu groß, eine unkritische Übernahme amerikanischer Motorisierungsstrategien. Bis 1939, als 3800 km Autobahnen fertiggestellt waren, haben sie weniger als drei Prozent des Güterfernverkehrs und marginale Anteile des Personenreiseverkehrs an sich gezogen. [IX-3.3]

Das nationalsozialistische Regime schuf zur Realisierung seiner Motorisierungspläne erstmals eine Reichsstraßenverwaltung und gründete gleichzeitig die Reichsstelle für Raumordnung in Berlin, der in den Ländern und in den preußischen Provinzen Landesplanungsgemeinschaften unterstellt wurden. Damit wurde die bis dahin faktisch föderale Landesplanung Angelegenheit des Reiches. Als Ziele nationalsozialistischer Landesplanung formulierte Carl Pirath, ein wichtiger Verkehrswissenschaftler und Raumplaner der NS-Zeit, die Verlagerung und Dezentralisation der Industrie aus wehrpolitischen Gründen und zur Erhöhung der wirtschaftlichen Autarkie sowie die Verbesserung der Verkehrsverbindungen der Großstädte mit ihrem Umland [15]. Ähnlich wie die stadtplanerischen Konzepte der „Neuen Stadt" erhöhten solche Konzepte, den Verkehrsumfang, wie dies für zwei nationalsozialistische Standortgründungen der Schwerindustrie in Salzgitter und Linz gezeigt worden ist.

Der Zweite Weltkrieg ist vom NS-Regime zielstrebig als automobiles Unternehmen vorbereitet worden. Die Rüstungsindustrie hatte die Erweiterung der Produktionskapazitäten und die Entwicklung und Erprobung neuer Transportfahrzeuge und Panzer ab 1936 in Angriff zu nehmen. 1939 ist zur Verbesserung der Ersatzteilsicherheit eine Typenbereinigung vorgenommen worden (Einheits-PKW, Einheits-Diesel, Kübelwagen, 8 Halbketten-Fahrzeugtypen), von der allerdings bereits 1940 wegen Lieferschwierigkeiten der Automobilindustrie, der Requirierung von Privatfahrzeugen und der Einstellung von Beutefahrzeugen keine Rede mehr sein konnte.

Genau umgekehrt verlief die Entwicklung bei den Alliierten. In Großbritannien hatte das Verteidigungsministerium im März 1936 parallel zu einem Weißbuch solchen Firmen finanzielle Hilfen angeboten, die bereit waren, ihre Werksanlagen zur Herstellung von Rüstungsprodukten zu erweitern. Damit begann das „Schirmherrschaft"-Fabrikprogramm (shadow factory scheme), das die Errichtung von Fabrikanlagen vorsah, die der Staat finanzierte, der auch die Beschaffung der Werkzeugmaschinen sowie die Bezahlung von Material und Löhnen übernahm, während die Automobil- und Motorbau-Unternehmen das Management dieser Betriebe übernahmen. Mit diesem System sind zwar Kapazitäten geschaffen, allerdings noch keine militärspezifischen Fahrzeuge entwickelt worden. Die Armee mußte erst einmal mit Zivilkonstruktionen Vorlieb nehmen.

Wie schnell sich gerade der amerikanische Automobilbau auf die veränderte Situation einstellen konnte, zeigt die Entstehungsgeschichte des Jeep, des Militärfahrzeugs, das den motorisierten Krieg charakterisierte wie kein zweites. Innerhalb von fünf Tagen war es konstruiert worden, innerhalb von 49 Tagen waren die ersten 70 Prototypen entstanden, über 600 000 Exemplare sind bis 1945 für die alliierten Armen gebaut worden.

Die Republik auf Rädern

Die westdeutsche Wirtschaft begann 1945 nicht bei Null. Im Vereinigten Wirtschaftsgebiet (der Bizone) war der Brutto-Anlagenwert etwa

20 Prozent höher als 1936. Das galt jedoch nicht für die Automobilproduktion. Knapp die Hälfte ihrer Produktionskapazität war zerstört. Vor allem fehlte es an Reifen – auf die zum Beispiel 1946 im August 600 fabrikneue, auf Ziegelsteine gestellte LKW vor dem Benz-Werk in Mannheim warteten – und an Treibstoff. Wer Glück hatte, verfügte über einen zusammengeflickten Kübelwagen oder ein Uraltmodell aus der Weimarer Zeit. Dann gab es noch das Holzgasgeneratorauto. Nur Straßen gab es kaum. In den Städten waren sie durch Trümmer blockiert. Die alliierte Kriegsführung hatte sich gegen Ende des Krieges stärker gegen die Infrastruktur gerichtet, als gegen die Produktionsanlagen. Die meisten großen Fluß- und Talbrücken der Fernstraßen waren zerstört.

In bezug auf den Verkehr stand die Bundesrepublik Deutschland bei ihrer Gründung vor großen Schwierigkeiten. Die räumliche Orientierung der Verkehrssysteme entsprach in keiner Weise der Struktur des gerade entstandenen Staates. In der Konsolidierungsphase hatte daher die Wiederherstellung der Nord-Süd-Verbindungen und die Wiederverknüpfung der Teilnetze Vorrang. Bezüglich des LKW-Fernverkehrs geschah das vor allem durch die Tarifgestaltung mit der Aufhebung der Einzelgenehmigung für LKW-Transporte und durch den Straßenbau. Aus dem Stand kam es zu kräftigen Substitutionswirkungen zugunsten des LKW. Mit den Kosten der Wiederherstellung des Wegenetzes nur im allgemeinen Rahmen belastet, konnten die Speditionen einen großen Teil der neu nachgefragten Verkehrsleistungen an sich ziehen und kamen 1953 im Bereich des Güterfernverkehrs bereits auf einen Marktanteil von rund 15 Prozent.

Das Wachstum der Automobilbranche war atemberaubend. Die Produktionszahlen schossen nach oben und rissen alles mit. Kultfilm war nicht mehr der „Orient Express", sondern der Autofilm „Denn sie wissen nicht was sie tun". Als die Bundesrepublik 1955 nach der Ratifizierung des im Vorjahr geschlossenen Pariser Vertrages die Verkehrshoheit wiedererlangte, durfte an den Autobahnen weitergebaut werden. Im neuen Medium Fernsehen trat nun in regelmäßigen Abständen der Minister mit der Schere auf und eröffnete Autobahnteilstücke. Bis 1962 wurden vorrangig die Nord-Süd-Verbindungen fertiggestellt. Vergleichbar der Expansion der Eisenbahnen zwischen 1850 und 1913 entfalteten Automobilindustrie, Straßenbau und motorisierter Individualverkehr gestaltende Wirkung für die wirtschaftliche Gesamtentwicklung.

Als nach dem Zweiten Weltkrieg in den kriegszerstörten Städten die gröbsten Aufräumungsarbeiten erledigt waren und die Stadtver-

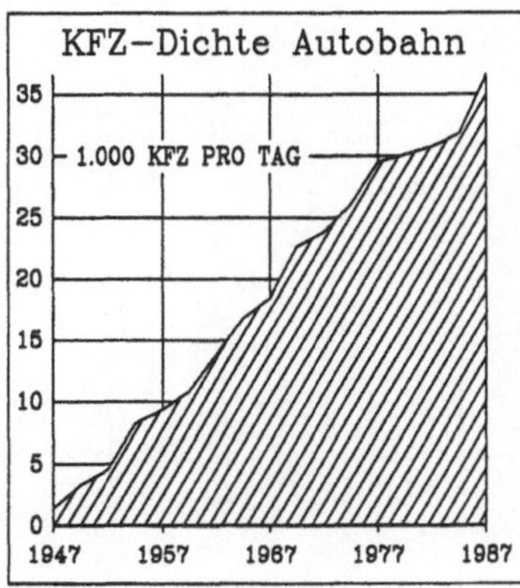

Entwicklung der Verkehrsdichte auf den Bundesautobahnen von 1947 bis 1987.

waltungen an die Planung des Wiederaufbaus gingen, wurde die Gliederung der Stadt nach funktionalen Gesichtspunkten zu so etwas wie der Leitidee. Nach amerikanischem Vorbild – aber den deutschen Städten fehlten die innere Weite und meist auch die geologischen Voraussetzungen für eine Kernverdichtung in die Höhe – und nach den in der Zwischenkriegszeit diskutierten Ideen der „Neuen Stadt" sollte der Stadtverkehr nun nicht mehr durch den als unflexibel geltenden öffentlichen Verkehr, sondern durch den Individualverkehr getragen werden. Die Städteplaner verlangten breitere Straßen, vermehrte Parkmöglichkeiten und eine ganz neue Planung von Wohnvierteln – so 1953 der Oberbürgermeister von Mannheim [16]. Er war nicht der einzige, der das Schlagwort von der autogerechten Stadt prägte.

Mit der Massenmotorisierung der Städte zeichnete sich Infarktgefahr für den Stadtverkehr ab. In den Innenstädten verminderte sich die Wohnbevölkerung, während Stadtflucht und die weiter anhaltende Entleerung wirtschaftlich benachteiligter Regionen zu einem anhaltenden Wachstum der Mantelbevölkerung führten, so daß die Pendelwanderungen zu den Arbeitsplätzen innerhalb der Kernstadtgrenzen weiter zunahmen [17]. Die Nähe wurde entwertet, die Ferne aufgewertet; der für die schnelle Überwindung des Raumes zwischen Kern und Mantel notwendige Straßenbau zerschnitt die alten Stadtviertel. Die stolz verkündete Kreuzungsfreiheit der Straßenbauwerke galt nur für Autos. Für Fußgänger bedeutete sie lebensgefährliches Durchqueren von Fahrzeugströmen oder weite Umwege und die berüchtigten trostlosen Unterführungen. Mit dem Funktionswandel der Straße als städtischem Lebensraum, der Treffen, Kommunikation, Kinderspiel, Nachbarschaft Platz gegeben hatte, verfiel die urbane Lebensweise.

Die autogerechte Stadt vertrieb ihre Einwohner. In den sechziger Jahren zogen eigenheimbauwillige und zahlungskräftige Städter (in einer Größenordnung von bis zu hunderttausend) aus Städten wie Düsseldorf, Frankfurt oder Stuttgart ins Umland, ohne damit das soziale Feld oder den Arbeitszusammenhang der Kernstadt zu verlassen. Mit der Stadtflucht verschwanden die Attraktionen der Nähe, Stadtteilkinos, Cafés, kleine Geschäfte und mit der Verödung beschleunigte sich erneut die Stadtflucht. Die ökologischen Folgekosten und die Probleme des Energieverbrauchs waren noch keine Themen der Verkehrsdiskussion der Seebohmära. Die ungeheuren Investitionen in den Städte- und Straßenbau haben das Leben mit dem Auto zu einem historischen Erbe für die Gegenwart werden lassen. Hatte der motorisierte Individualverkehr (PKW, Kombi, Motorrad und Moped) 1950 ein Drittel der Verkehrsleistungen im Personenverkehr erbracht, so waren es 1966 drei Viertel.

Seit 1975 kam es zu einem anhaltenden Wachstum des LKW-Verkehrs, das nur in der Zeit der Konjunkturabschwächung von 1981/82 etwas schwächer ausfiel. Für diese Entwicklung haben drei Vorgänge die wesentlichen Impulse gegeben. Zum einen sind die Fernstraßen ausgebaut, vor allem weitere Nord-Süd-Verbindungen fertiggestellt worden. Die LKW-Dichte ist auf den Autobahnen dadurch zwar nicht mehr so schnell gestiegen, wie in den sechziger Jahren, doch die Transportleistung wuchs stärker an. Zweitens ist das zulässige Gesamtgewicht von 38 auf 40 Tonnen erhöht worden, so daß größere Nutzlasten ohne zusätzliche Investitionen in Straßen oder LKW transportiert werden konnten. Zum dritten erlaubten erfolgreiche Rationalisierungsmaßnahmen im Speditionsgewerbe eine Erhöhung der durchschnittlichen Zuladung von knapp 8 (1975) auf etwa 11 Tonnen pro LKW (1985).

Ende der sechziger Jahre kam es zum Verkehrsnotstand in den großen Städten. Zur Rettung des Individualverkehrs mußte der öffentliche Personenverkehr ausgebaut werden – als Überdruckventil. Den ersten Schritt dazu machte die Regierung der Großen Koalition mit dem Steueränderungsgesetz von 1966: die Mineralölsteuer wurde um drei Pfennig pro Liter erhöht, zweckgebunden für den Ausbau der Verkehrsstrukturen von Bahn und Bus. Seit Mai 1967 konnten sogar

Erdrückende Fahrzeugdichte erstickt den Verkehr in den Städten. Selbst der ruhende Verkehr macht diese Situation deutlich. Das Foto zeigt den Busbahnhof in Berlin-Spandau im Morgengrauen.

40 Prozent des Mineralölsteueraufkommens in Investitionen fließen, die der Schaffung großräumiger Verbundnetze in den Ballungszentren dienten. Dieses Provisorium, das auf einer durch den Bundesrat gedeckten Regierungsverordnung beruhte, wurde durch die sozialliberale Koalition mit Wirkung vom 1. Januar 1971 als Gemeindeverkehrsfinanzierungsgesetz verankert. Die Beteiligung des Bundes erleichterte die Finanzierung von neuen Verkehrswegen im Bereich S-Bahn/Stadtbahn, von Umsteigeknoten, Verknüpfungen mit dem Bus, Park & Ride-Einrichtungen und Betriebshöfen der Verkehrsträger. Diese Maßnahmen leiteten eine Trendwende im öffentlichen Nahverkehr ein.

Staus, Smogalarme, Waldsterben und vor allem ein neuer Ölpreisschub stellten in der zweiten Hälfte der siebziger Jahre in Frage, was bis dahin als unumstößlich gegolten hatte: das Automobil als Motor des Fortschrittes. In dieser Funktion hatte es durch Stadtplanung und

Verkehrspolitik eine optimierende Förderung erfahren. Erstaunlicherweise hatten die Ergebnisse der Weichenstellung durch Politik und industriellen Lobbyismus stets die Erwartungen der Weichensteller übertroffen, wie deren in der Regel zu niedrig schätzende Studien verdeutlichen[18]. Offensichtlich war die Erzeugung der Hegemonie des PKW nicht einfach auf eine Verschwörung von Industrie und Politik zurückzuführen. Vielmehr paßte das Automobil als privates Verkehrsmittel in besonderem Maße in den Rahmen der privaten Gesellschaft[19].

In der Krise von 1981 schien der durch dieses Phänomen verursachte Trend jedoch gebrochen, der Autoboom zu Ende, der Abschied vom Leitbild Wachstum notwendig. Die Zuwachsrate der PKW-Dichte war in den Jahren zuvor erheblich gesunken, der schon seit längerem zu beobachtende Rückgang der Fahrleistung hatte sich beschleunigt und bei der Entwicklung neuer Autos zeichnete sich eine Tendenz zu kleineren Wagen mit geringem Benzinverbrauch ab.

Der motorisierte Individualverkehr war in einen Wirbel von Widersprüchen geraten. Das Auto bot im Vergleich zu konkurrierenden Verkehrssystemen die höchste zeitliche und räumliche Verfügbarkeit, die vielseitigste Nutzbarkeit und einen hohen Komfort. Doch diese Vorteile wurden durch überproportional steigende Kosten belastet, die sowohl dem Autofahrer selbst entstanden, als auch der gesamten Gesellschaft: gesundheitliche Allgemeinlasten durch Lärm, Bremsen- und Reifenabrieb, Abgase und Unfallfolgen, ökologische Schäden und ein wachsender Anteil des Kfz-Verkehrs am Energieverbrauch.

Doch das wohl entscheidendste war, daß es mit Komfort und Individualität in dem Maße dahinging, in dem sich viele autonom für dasselbe Ziel entschieden. Das Institut für Straßenwesen an der Technischen Hochschule Aachen hat für die Jahre 1982 bis 1985 die Rundfunkverkehrsmeldungen der dritten Porgramme ausgewertet. In diesem Zeitraum haben die Staus um 50 Prozent zugenommen. Zähflüssiger Verkehr, Parkraumnot und wachsende Aggressivität der Verkehrsteilnehmer drohten, das ganze System ad absurdum zu führen. Dennoch hat die Motorisierung sich in den 80er Jahren wieder beschleunigt.

An der weiteren Erhöhung des PKW-Bestandes waren Arbeiterhaushalte mit mittlerem und geringem Einkommen beteiligt. Förderlich wirkten sich Veränderungen der Altersstruktur aus: die in den achtziger Jahren ins Rentenalter kommenden Menschen hatten in vergleichsweise großer Zahl zuvor ein automobiles Leben geführt und verfügten über höhere Einkommen als frühere Rentnergenerationen.

Anteil der Verkehrsarten am Primärenergieverbrauch von 1966 bis 1986. Während der Anteil der Industrie am Energieverbrauch ständig zurückging, haben die Anteile der privaten Haushalte und des Verkehrs kräftig zugenommen.

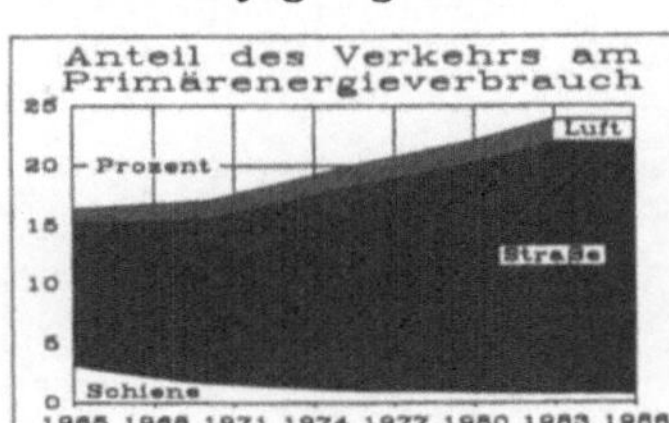

Auf der anderen Seite setzte sich bei den Jugendlichen der Trend zum
Absinken des Führerscheinerwerbsalters fort. Der Zweitwagen brei-
tete sich von den oberen in die mittleren Einkommensschichten aus,
und das bedeutete eine Zunahme der Beteiligung von Frauen am
Straßenverkehr. Schlechter verdienende Arbeiterhaushalte, Alte,
Junge, Frauen – Gruppen also, die nicht gerade zu den gesellschaftlichen Kerngruppen gerechnet werden, trugen den Autoboom der
Wende, der auf der individuellen Seite der Angelegenheit somit eine
emanzipatorische Komponente enthielt.

Das amerikanische Worldwatch-Institut hat 1988 eine Studie zur
Rolle des Automobils veröffentlicht[20]. Eine der wichtigsten Thesen
lautet: „Autofahren ist noch viel zu billig" – die Gründe dafür werden
aufgezählt: die globalen Rohölreserven vermindern sich rapide;
größere Reserven werden sich bald nur noch auf den Nahen und
Mittleren Osten konzentrieren; die politische Instabilität dieser Region
birgt hohe Risiken; Wissenschaftler der Universität von Kalifornien
schätzen die Zahl der Toten durch Benzin- und Dieselabgase allein in
den USA auf 30 000 jährlich; in der Umwelt tragen die Abgase entscheidend zum sauren Regen bei, der für das Waldsterben, die Schädigung von Gewässern und Schäden beim Getreideanbau verantwortlich gemacht wird; die Kohlenoxidemissionen führen zum Treibhauseffekt, von dem Klimaforscher einschneidende und baldige Veränderungen des Wetters voraussagen. Würden die gesellschaftlichen Kosten
– die politischen, wirtschaftlichen und sozialen Risiken nicht gerechnet
– in die Benzinpreisbildung eingehen, hätte der Liter bereits 1991 etwa
drei Mark kosten müssen. Daraus werden mehrere Forderungen abgeleitet: [VI-4.2; VI-4.5]

1. Verringerung des Treibstoffverbrauchs als Sofortmaßnahme;
Entwicklung alternativer Treibstoffe und Antriebe für das Automobil.

2. Ausbau der Systeme des öffentlichen Personenverkehrs.

3. Umdenken in der Stadtplanung.

Statt die individuelle Mobilität zu gewährleisten, endet der Traum
von automobiler Autonomie im Stau, der „urbanen Thrombose, (. . .)
die den Städten langsam ihr Lebensblut raubt". In London ist die
Durchschnittsgeschwindigkeit im motorisierten Individualverkehr
bereits auf acht Meilen pro Stunde (13,5 km/h) gesunken. Statt funk-
tionaler Differenzierung der Stadtstrukturen muß eine neue Integration Platz greifen, die Befriedigung wichtiger Lebensbedürfnisse in
einem Stadtteil: „kurze Wege zwischen Arbeitsplatz, Wohnung und
Dienstleistungen – urbane Integration" könne das bewirken, „ohne
daß größere Wege zurückgelegt werden müssen".

Literaturnachweise

1 *Radkau*, Joachim: Technik in Deutschland vom 18. Jahrhundert bis zur Gegenwart. Frankfurt a.M. 1989, S. 299 f.; *Bierbaum*, Otto Julius: Eine empfindsame Reise mit dem Automobil von Berlin nach Sorrent und zurück an den Rhein. München-Wien 1978

2 *Voigt*, Fritz: Verkehr. Bd. 1, 1. Hälfte. Berlin 1973, S. 7−17, S. 69−108

3 *Cauwès*, Paul: Cours d'économie politique. 4 Bde. Paris 1893, Bd. 4, S. 43

4 *Saunier*, Baudry de/*Dollfus*, Charles/*Geoffroy*, Edgar de: Histoire de la locomotion terrestre. Paris 1936, S. 58, S. 64

5 *Girard*, L.: Transport. In: The Cambridge Economic History of Europe, Bd. VI: The Industrial Revolutions and after. Part 1: Incomes, Population and Technological Change. Edited by Habakuk, H. J./Postan, M. M. Cambridge ⁴1979, p. 217−218

6 *Voigt*, Fritz: Verkehr. Bd. 1, 1. Hälfte. Berlin 1973, S. 432

7 Annuaire statistique de la France. Paris 1891, S. 502−503

8 *Wienecke*, Carl: Entwicklungskritische Betrachtung des deutschen Straßenwesens in den Jahren 1871−1945. Bielefeld 1956; *Großjohann*, Christoph: Die Entwicklung der Straßenverwaltung in Deutschland. In: Verkehr und Technik, 1. Jg. 1948, S. 1−4

9 *Croon*, Ludwig: Das Fahrrad und seine Entwicklung. Berlin 1939 (Abhandlungen und Berichte, 11. Jahrgang, Heft 6)

10 *Le Corbusier*: Charta von Athen − Texte und Dokumente. Hrsg. v. Hilper, Thilo. Braunschweig 1984

11 Verwaltungsbericht der Stadt Mannheim, 1933−1937. Mannheim 1938, S. 141

12 *Lademann*, Friedrich/*Lehner*, Friedrich: Der öffentliche Nahverkehr der Gemeinden. Leipzig/Stuttgart 1937, S. 38

13 *Hafen*, Paul: Das Schrifttum über die deutschen Autobahnen. Bonn 1956

14 *Bade*, Wilfried: Das Auto erobert die Welt. Berlin 1938, S. 316−317

15 *Pirath*, Carl: Verkehr und Landesplanung. Stuttgart 1938, S. 13

16 *Heimerich*, Hermann: Gestalt- und Strukturwandel der deutschen Städte. Mannheim 1953

17 *Albers*, G./*Wortmann*, W.: Städtebau. In: Handwörterbuch der Raumforschung und Raumordnung. Bd. III. Hrsg. v. d. Akademie f. Raumforschung u. Landesplanung. Hannover 1970, S. 3116−3165

18 *Burghardt*, Uwe: Verkehr. In: Benz, Wolfgang (Hrsg.): Die Geschichte der Bundesrepublik Deutschland. Frankfurt a.M. 1989, Bd. 2, S. 270

19 *Polster*, Werner/*Seiler*, Günter/*Voy*, Klaus: Auto − das individuelle Allgemeine. In: Kommune 6 (1988) 2, S. 6−12

20 *Renner*, Michael: Rethinking the Role of the Automobile. Washington D.C. 1988

Eisenbahnen

Rainer Fremdling

Wie kaum eine andere Innovation symbolisieren und verkörpern die Eisenbahnen den Industrialisierungsprozeß im 19. Jahrhundert. Das Symbol des geschwinden Fortschritts vereinigte zentrale Innovationen und Materialien der ersten Industrialisierungsphase: Die auf Eisenräder gestellte Dampfmaschine verbrauchte vorwiegend Steinkohle und zog ihre Last auf eisernen und später stählernen Schienen. Diese hatte man aus Schmiedeeisen gewalzt. Die wesentlichen Impulse für ihr Aufkommen sind in Großbritannien als erster Industrienation zu suchen. Die englische Entwicklung stellte die Weichen für die bahnbrechende Innovation der Eisenbahn auch in anderen Ländern, so daß die Anfänge hier im Ursprungsland erörtert werden.

England

Spurgebundene Bahnen gab es schon lange, bevor die Lokomotive erfunden wurde. Als Vorläufer der Eisenbahnen gelten weithin die hölzernen Spurbahnen in deutschen Bergwerken während des 16. Jahrhunderts, die noch im selben Jahrhundert auch in englischen Kohlebergwerken eingeführt wurden [1]. Im siebzehnten Jahrhundert wurden derartige Holzbahnen schließlich auch über Tage gebaut, um die Kohle von der Grube zum Fluß zu befördern. Da die Holzschienen äußerst schnell verschlissen und überdies eine unzulängliche Spurführung hatten, wurden sie im Laufe des 18. Jahrhunderts zunehmend mit eisernen Bändern beschlagen (plating the rails) und mit Spurrädern verstärkt. Auch die litten noch unter einem hohen Verschleiß, so daß man gußeiserne Gleisbeläge ausprobierte. Im letzten Dritten des 18. Jahrhunderts tüftelten britische Techniker verschiedene Versionen gußeiserner Schienen aus: von starken gußeisernen Platten auf Holzlängsschwellen bis zu gußeisernen Schienen mit hohem Profil und kopfartiger Verdickung, die durch Querschwellen oder Einzelunterlagen an den Stößen gestützt wurden. Spurkranzräder übernahmen nun statt der Spurränder an den Schienen die Führung der Fahrzeuge, die nach wie vor von Pferden gezogen wurden. Gegen Ende des 18. Jahr-

„Grubenhunde" heißen in der Bergmannssprache die kleinen Wagen, mit denen das geförderte Gut vom Ort, wo es ansteht, durch den Stollen zum Schacht gefahren wird. Rollbahnen für die Grubenhunde hatte man in deutschen Bergwerken bereits im Mittelalter gebaut, später ersetzte man sie durch hölzerne Schienen – wie in der Abbildung. In England kam man auf die Idee, die hölzernen Schienen, die „rail-roads", auch über Tage für Werksbahnen zu benutzen. Um sie gegen die Witterungseinflüsse widerstandsfähiger zu machen, belegte man die Holzschienen mit Eisenplatten. William Jessop verwendete 1789 als erster für eine Grubenbahn gußeiserne Schienen in der Form eines auf dem Kopf stehenden T mit einem verdickten Ende. Dies war der Anfang der Entwicklung zum heutigen Profil der Eisenbahnschienen.

hunderts waren derartige Eisenbahnen in den Kohlerevieren Englands weit verbreitet. Sie beförderten schwere Lasten mit größerer Schnelligkeit und billiger als je zuvor über Land; als betriebssicher konnten sie jedoch noch nicht gelten. Das Gestänge war meistens mangelhaft verlegt und befestigt und das Schienenmaterial Gußeisen ließ sich zwar leicht formen, war aber nicht bruchfest, so daß die Schienen leicht brachen. Die zäheren gewalzten Schienen aus Schmiedeeisen wurden erst im frühen 19. Jahrhundert in langwierigen Versuchen nach etlichen Irrwegen entwickelt. [VIII-3.2]

Nicht vor 1820 gelang es, Profile zu walzen, die von der einfachen Vierkantform abwichen, zum Beispiel pilzförmige. Als Vorbild diente dann noch immer die gußeiserne unsymmetrische Fischbauchschiene, die sich selbst jedoch nicht aus Schmiedeeisen walzen ließ. Diese Pilzschienen mußten deshalb nach dem Walzen noch zusätzlich bearbeitet werden, um den Fischbauch herauszubilden. Bei den Eisenbahnstrecken Stockton–Darlington und Liverpool–Manchester ruhte dieses teure Produkt schließlich in gußeisernen Stühlen auf hölzernen Einzel- und Querschwellen und teilweise auf Steinwürfeln. Für spätere Strecken setzte sich allerdings rasch die billigere Pilzschiene ohne Fischbauch durch, die ebenfalls von Stühlen getragen wurde. Der Übergang vom brüchigen Gußeisen zum zähen Schmiedeeisen war eine wichtige Voraussetzung, um die schwere Dampflokomotive einigermaßen störungsfrei auf der Eisenbahn laufen zu lassen. [VIII-3.2]

Die Entwicklung dampfbetriebener Landfahrzeuge lief keineswegs geradlinig auf Gefährte hinaus, die an Schienen gebunden waren. Die häufig steilen Steigungen der Eisenbahnstrecken bestärkten viele Menschen in ihrer Meinung, ein auf glatten Eisenrädern fahrender Dampfwagen fände auf der glatten Eisenschiene nicht genug Reibungswiderstand für die Fortbewegung. Dagegen gab es im späten 18. und frühen 19. Jahrhundert, nicht nur in England, zahlreiche Versuche, Straßendampfwagen zu konstruieren. Diese fuhren auch tatsächlich, waren aber doch zu ungelenk und für die damaligen Straßen zu schwer, um letztlich mehr zu sein als das bestaunte Hobby von Erfindern und Enthusiasten. Trevithick, der sicher beides war, baute 1803 eine Dampflokomotive, die 1804 auf einer Pferdebahn (Merthyr-Tydvil-Bahn) in Südwales Züge emporschleppte. Die glatten Treibräder waren außerhalb der Lauffläche mit Nägeln, die eine Art Zahnrad bildeten, bestückt. Nach zahlreichen Unternehmungen im Versuch-und-Irrtum-Verfahren gelang es Hedley 1813, für eine Kohlebahn die erste brauchbare Lokomotive zu bauen. Sie kam allein mit glatten Treibrädern aus. Der erfolgreichste Lokomotivenkonstrukteur war schließlich George Stephenson (1781–1841), Maschinenmeister im Kohlenbergbau, der seit 1814 seine Lokomotiven baute und sie ständig verbesserte. Für die öffentliche Eisenbahn von Stockton nach Darlington (1825 eröffnet) lieferte er eine Maschine, die jedoch nur eine stationäre Dampfmaschine mit Seilzug ergänzte. Pferde zogen den Personenzug. Vorwiegend wurden jedoch auf dieser Bahn Kohlen transportiert. So ist die technische Entwicklung des neuen Verkehrsmittels zwar vor allem aus dem Bemühen entstanden, Kohlen wirtschaftlicher zu befördern, jedoch vollzog sich der Durchbruch der Eisenbahn zum modernen Massenverkehrsmittel dann unabhängig vom Kohlenbergbau.

Mit dem wirtschaftlichen Erfolg der fast 50 km langen Strecke von Liverpool nach Manchester, die 1830 vollständig eröffnet wurde, brach das Eisenbahnzeitalter an. Auf dieser Strecke verließ man sich erstmals vollständig auf Dampflokomotiven. 1829 hatte sich auf der schon fertiggestellten Teilstrecke für das berühmte Rennen von Rainhill Stephensons „Rocket" durchgesetzt. Ausschließlicher Lokomotivenbetrieb war keineswegs selbstverständlich: Für viele Zwecke stellten jene Zugformen wirtschaftlich ernstzunehmende Alternativen dar, die auch bei Stockton und Darlington zusammengestellt wurden. Auch für die Strecke von Liverpool nach Manchester erwog man ursprünglich, vorwiegend den Seilzug von stationären Dampfmaschinen einzusetzen. Neben der Entscheidung für Dampflokomotiven war bei dieser Strecke neu, daß der Betrieb ausschließlich der eigenen

Gesellschaft vorbehalten blieb. Die Bahn galt also nicht, wie üblich, als eine Art öffentlicher Straße, nun aus Eisen, die im Prinzip jeder gegen eine Gebühr benutzen konnte. Von früheren Unternehmen hob sie sich auch dadurch ab, daß sie in einem nie erwarteten Ausmaß Passagiere beförderte. Die erbrachten bis 1845 doppelt so viel wie die Einnahmen aus dem Gütertransport. Die Bahn verband die wichtigsten Industrie- und Handelsstädte in der Provinz und zahlte ihren Aktionären regelmäßig 9,5% Dividende aus. Das überzeugte natürlich am meisten in dem vom Manchesterkapitalismus beherrschten Land. Anlagesuchendes Privatkapital strömte daraufhin überreichlich in die wiederbelebten Projekte aus den 1820er Jahren. Hatte man vor der Liverpool-Manchester Bahn lediglich lokale Bahnen oder Ergänzungslinien zu den Kanälen und Flüssen gebaut, so wurden nun in den beiden Booms der 1830er und 1840er Jahre (1834−37 und 1844−47) die Hauptverbindungen errichtet. Mit über 10 000 km durchzog ein ausgedehntes Netz ausschließlich privater Eisenbahngesellschaften die britische Insel zu Beginn der 1850er Jahre. Als Nachfrager von Ressourcen beherrschte die Eisenbahn die britische Wirtschaft vor allem von den 1830er bis 1850er Jahren: Der Eisenbahnbau bestimmte den Konjunkturzyklus[2]. Schließlich konnte und mußte der Eisenbahnbau in anderen Ländern auf die entfalteten Kapazitäten der britischen Industrie sowie auf das Know-How ihrer Ingenieure und Arbeiter zurückgreifen. Das brachte Großbritannien zusätzliche Wachstumsimpulse. Wichtiger noch: Es ermöglichte in Ländern wie Deutschland einen äußerst zügigen Eisenbahnbau. Er wäre gewiß nicht so rasch und ausgedehnt verlaufen, wenn er nur auf inländische Ressourcen hätte zurückgreifen können. Diese konkrete Stützung des deutschen Eisenbahnbaus durch die Briten war bereits durch die Rezeption des britischen Eisenbahnbaus in den Köpfen der deutschen Zeitgenossen vorbereitet worden. Man fragte sich, ob der Erfolg des neuen Verkehrsmittels sich auch im scheinbar rückständigen deutschen Raum wiederholen ließ.

Deutschland: die Industrialisierungsphase

Die entscheidende Verkehrsinnovation im Industrialisierungsprozeß Deutschlands war die Eisenbahn[3]. Vor ihrem Aufkommen boten allerdings die Straßen, die natürlichen Wasserwege und die Kanäle eine recht gut ausgebaute Verkehrsinfrastruktur. Immerhin hatte diese erst ein derartig hohes Niveau wirtschaftlicher Aktivitäten gestattet, das nun die Eisenbahn nicht nur gesamtwirtschaftlich, sondern auch einzelwirtschaftlich von Anfang an zu einem gewinnbringenden Unternehmen machte. Die beträchtlichen Gewinne der ersten Gesellschaften belegen, daß die kapitalintensiven Eisenbahninvestitionen auf Engpässe reagierten und daher nachfrageinduziert waren. Mit dieser These ist allerdings noch nicht die zeitliche und räumliche Abfolge des Eisenbahnbaus erklärt.

Nachdem die kleine, 6 km lange Nürnberg-Fürther Eisenbahn bereits 1835 den geschäftlichen Erfolg demonstriert hatte, setzte in der zweiten Hälfte der 1830er Jahre ein stürmischer Eisenbahnbau ein. Zunächst errichtete man größere, noch unverbundene Linien zwischen den traditionellen Handelsstädten. Die erste von ihnen war die private Leipzig-Dresdner-Eisenbahn, die 1839 vollständig eröffnet wurde. Schon 1840 erreichten diese Bahnen eine Streckenlänge von fast 500 km, um 1850 war die Strecke mehr als zehnmal so lang und bis 1860 verdoppelte sie sich noch einmal. Auch danach blieben die Eisenbahninvestitionen sehr hoch, die relativ größte Bedeutung erreichten sie Ende der 1870er Jahre, als ein Viertel aller Investitionen in Deutschland in die Eisenbahnen flossen und damit um 1880 12% aller Kapitalanlagen der Volkswirtschaft aus Eisenbahnen bestanden. Das Netz, das 1880 nahezu 34 000 km umfaßte, war nicht planvoll aus einem einheitlichen Gesamtkonzept erwachsen, sondern aus Projekten einer Vielzahl unabhängiger Privat- und Staatsbahnen, die teils heftig gegeneinander konkurrierten, aber auch in Kartellen (Eisenbahnverbänden) miteinander kooperierten. [III-4.5; X-5.7]

Trotz mannigfaltiger staatlicher Aktivitäten im Eisenbahnbau zeigt eine genaue Analyse der ersten Projekte, daß die treibende Kraft aus der privatwirtschaftlichen Initiative von Handelskapitalisten und Ban-

Am 7. Dezember 1835 wurde mit der 6,1 km langen Ludwigsbahn von Nürnberg nach Fürth die erste deutsche Eisenbahnstrecke eröffnet. Vier Jahre später folgte die 115 km lange Bahnstrecke von Leipzig nach Dresden.
Die Abbildung zeigt die ersten sächsischen Eisenbahnzüge. Bereits 1850 besaß Deutschland 5470 Kilometer Eisenbahnstrecke.

kiers erwuchs. Es gibt sogar Anhaltspunkte dafür, daß selbst ohne finanzielle Unterstützung der Staaten ein vergleichbares, vielleicht sogar überlegenes Streckensystem zustandegekommen wäre, wenn die Staaten liberale Eisenbahngesetze erlassen, die Konzessionsvergabe nicht verzögert und vor allem die Streckenführung nicht starr reglementiert hätten. Diese These läßt sich anhand des preußischen Beispiels begründen. Bis 1848 wurden dort über zweieinhalbtausend Kilometer Bahnstrecke betrieben, die ausschließlich von privaten Eisenbahngesellschaften gebaut worden waren. Die Bahnen waren in der Regel profitabel, so daß auch dem Staat als Aktionär und dank besonderer Bestimmungen bei der Dividendengarantie deutlich mehr Mittel zuflossen, als er den privaten Aktionären zuschießen mußte. Daß sich der Staat ausgesprochen ambivalent verhielt, wenn er sich anschickte, selbst Eisenbahnen zu bauen, zeigt eine Bestandsaufnahme im Jahr 1850. Zu diesem Zeitpunkt waren München (Bayern), Stuttgart (Württemberg) und Karlsruhe (Baden) nämlich noch immer nicht verbunden, sondern die drei süddeutschen Staaten hatten bisher lediglich Nord-Süd-Verbindungen ohne Anschlüsse zueinander entwickelt. In Norddeutschland fuhren Züge keineswegs von Hannover über Bremen und Hamburg nach Lübeck, sondern von Hannover mit einem Umweg über Lehrte nach Harburg (Staat Hannover), von Kiel nach Altona (Holstein) ohne Anschluß nach Hamburg (Stadtstaat). Lübeck (Stadtstaat) war überhaupt noch nicht an die Eisenbahn angeschlossen, und von Hannover konnte man zwar nach Bremen (Stadtstaat) reisen, aber es fuhr kein Zug mehr weiter nach Hamburg. Diese Beispiele machen die allein auf das eigene Gebiet ausgerichtete Eisenbahnpolitik der Territorialstaaten augenfällig. Staatenübergreifende Privatbahnprojekte, die schon um 1830 eine Konzession erreichen wollten, wurden aus partikularistischen Erwägungen, aus Furcht vor einer Handelsumlenkung, abgeblockt. Diese partikularistischen Motive, die anfänglich den Eisenbahnbau stark verzögerten, führten aber in einer zweiten Phase demgegenüber zu einem wahren Wettlauf. Hatte sich einmal ein Nachbarstaat entschieden, eine Eisenbahn entweder selbst zu bauen oder zu konzessionieren, dann ließ sich die befürchtete Handelsumlenkung nur abfangen, indem man selbst das neue Verkehrsmittel im eigenen Territorium zuließ. Insofern hat der Partikularismus in den 1840er und 1850er Jahren dann den Eisenbahnbau in der Tat beschleunigt, der damit schneller erfolgte als in dem wirtschaftlich höher entwickelten Nachbarn Frankreich, wo man wohl erwogen und langsam ein auf Paris ausgerichtetes Netz ohne Konkurrenzlinien baute.

Daß in Deutschland letztlich doch ein engmaschiges, staatenübergreifendes Netz entstand, ist der unaufhaltsamen Dynamik der Eisenbahn zu verdanken, die für die Staaten wie für die Privaten in der Regel eine lohnende Investition darstellte. Diese Dynamik hing natürlich auch mit dem wirtschaftlichen Aufstieg Deutschlands zusammen, der wiederum in dieser Zeit nicht ohne die Eisenbahn in gleicher Dynamik abgelaufen wäre. Sie gestaltete ihn vor allem auf zweierlei Art wesentlich mit. Einmal fragte die Eisenbahn für ihren Bau Produkte nach, die führende Industrien entstehen ließen, und zum anderen sorgte sie durch gesenkte Transportkosten dafür, daß Menschen und Güter in einem bisher nie gekannten Ausmaß miteinander in Kontakt gerieten. Zwischen den 1830er und 1870er Jahren wuchs der Eisenbahnbereich mehr als andere Sektoren. Zu Beginn konnten weder Lokomotiven noch gewalzte Eisenbahnschienen von deutschen Herstellern bezogen werden. Sie kamen vorwiegend aus Großbritannien, aber auch aus Belgien, und sogar amerikanische Fabriken lieferten einige Lokomotiven. Doch wurden diese Importe rasch ersetzt: Wer imstande war, Lokomotiven zu warten und zu reparieren, der konnte sie auch nachbauen. So entstanden in den verschiedenen deutschen Staaten rasch Lokomotivfabriken, die vor allem von den Staatsbahnen gegenüber ausländischen Herstellern bevorzugt wurden. Seit Anfang der 1850er Jahre deckten sie den Bedarf in Deutschland nahezu vollständig, und darüber hinaus exportierten sie in der Folgezeit auch in außerdeutsche Staaten. Die Nachfrage der Eisenbahnen (wie auch der Bedarf der Textilindustrie) legte die Grundlage für die deutsche Maschinenbauindustrie, die noch heute einer der führenden Industriezweige ist. Die Schienennachfrage bildete den Katalysator für eine moderne Eisenindustrie. Diese war ihrerseits Hauptkunde des Kohlenbergbaus, so daß sich all diese Sektoren gegenseitig hochschaukelten. Jedoch schloß sich der Zirkel von Eisenbahn und Schwerindustrie erst, als über stark sinkende Transportpreise auch Massengüter wie zum Beispiel Steinkohle über Land weit befördert werden konnten. Die Eisenbahnen hatten zu Beginn die Tarife so hoch angesetzt, daß fast nur Personen und hochwertige Güter transportiert wurden. Anfang der 1850er Jahre spielte das Massengut Steinkohle, das empfindlich auf Transportkosten reagierte, im gesamten Verkehrsaufkommen noch keine Rolle. Von den Kohlenbahnen, die zum Beispiel im Ruhrgebiet schon vor der Dampfeisenbahn gebaut worden waren, gingen keine nennenswerten Impulse für den deutschen Eisenbahnbau aus. Sie trieben aber die technische Entwicklung auch nicht an, wie es in Großbritannien gewesen war. Nun gründete sich die Industrialisierung im wesentlichen aber auf kohlekonsumierende Techniken. Und in Deutschland sorgte die Eisenbahn seit den späten 1850er Jahren mit Tarifsenkungen dafür, daß auch in Regionen, die weitab von den Kohlenrevieren lagen, Kohle besser verfügbar und damit neue Techniken verstärkt anwendbar waren, zum Beispiel in Berlin. Auf zahlreiche Märkte in Norddeutschland drang deutsche Kohle mit gewaltigen Mengen vor. Zuvor hatte es dort ausschließlich britische Kohle gegeben, die mit Schiffen herangeschafft wurde. [VIII-3.1; VIII-4.1]

Von der Verstaatlichung bis zum Ersten Weltkrieg

In den liberalen 1860er Jahren betrieben die Privatbahnen gut die Hälfte aller Strecken in Deutschland und hatten sich besonders in der Mitte, im Westen und im Norden Deutschlands eine starke Stellung errungen. Kritiker beklagten den Tarifwirrwarr. Der führe teils zu monopolartigen Praktiken, bei Knotenpunktkonkurrenz aber auch zu unnützer Verkehrsumlenkung – jede Bahn oder jedes Tarifkartell

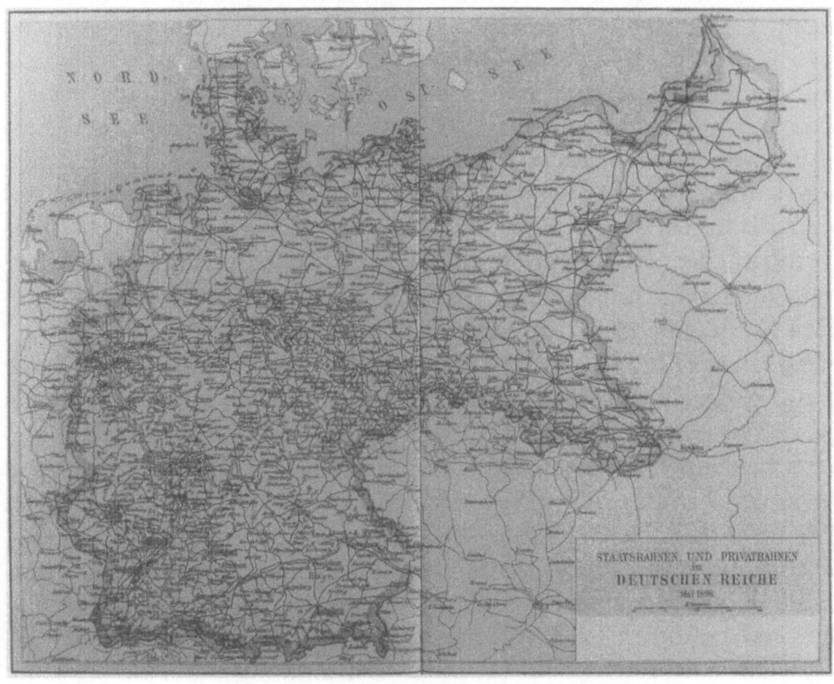

Staatliche und private Bahnen im Deutschen Reich 1898.

versuche Sendungen möglichst auf ihren Strecken zu halten –, und beim Parallelbau entstehe eine ruinöser Wettbewerb. Ungehemmtes Profitstreben gehe mit der Ungleichbehandlung der Bahnkunden einher. In den Gründerjahren heizten unseriöse Praktiken die Stimmung gegen die Privatbahnen noch mehr an, als etliche Gründer weniger den Bau ihrer Bahn im Auge hatten, als das Geld, das sich durch überteuerte Baukosten zu Lasten der Aktionäre in die eigene Tasche wirtschaften ließ. Eine zu laxe Konzessionsvergabe und Korruption bei Beamten kamen in dem parlamentarischen Untersuchungsausschuß, der 1873 in Preußen eingesetzt wurde, darüber hinaus zur Sprache. Er empfahl denn auch, zu einem Staatsbahnsystem, allerdings lediglich bei der Infrastruktur, überzugehen. Die Verfechter eines umfassenden, den Betrieb eingeschlossenen, Staatsbahnsystems prangerten nicht nur die Auswüchse des Privatbahnwesens an, sondern hoben auch die Benachteiligung der Staatsbahnen in einem gemischten System hervor, bei dem sich häufig die ertragreichsten Linien in Privathand befänden, während dem Staat die weniger profitablen Teile des Netzes überlassen blieben. Ein einheitliches Netz verschaffe zudem Größenvorteile, was volkswirtschaftlich wünschenswert sei. Zudem könne ein nicht dem Profitinteresse unterworfener Staat mit mäßigen Tarifen auskommen und in seiner Mischkalkulation regionale Belange benachteiligter Gebiete berücksichtigen. Neben diesen hehren Motiven ließ sich aber bei Otto von Bismarck (1815–1898), dem Reichskanzler, ein ganz handfester Beweggrund für die Verstaatlichung der Eisenbahnen finden. Schließlich hatte das Reich als Kostgänger der Bundesstaaten kaum nennenswerte eigene Steuereinnahmen. Die Zölle, die dem Reich zustanden, brachten in der liberalen Ära noch nicht viel ein. Bismarck wollte daher die deutschen Bahnen auf Reichsebene verstaatlichen; im annektierten Elsaß-Lothringen besaß das Reich bereits die Eisenbahnen. Dieser Plan scheiterte am Widerstand der meisten Länder, die zum Gegenangriff übergingen: Bayern verstaatlichte, besser kaufte, 1875 die Ostbahn, und Sachsen übernahm 1876 die Linie Leipzig–Dresden. Weitere Privatbahnen außerhalb Preußens wurden zum Teil sehr viel später von Staatsbahnen übernommen, aber den entscheidenden Schritt tat Preußen selbst, indem es zwischen 1879 und 1885 den größten Teil der Privatbahnen erwarb[4]: Das Streckennetz der Privatbahnen war Ende 1885 auf eine Länge von 1650 km geschrumpft, während die preußische Staatsbahn damals 21 624 km umfaßte. In der Folgezeit büßten die Privatbahnen weiter an Bedeutung ein und betrieben 1913 von den 61 159 km langen vollspurigen Eisenbahnen lediglich noch 6 Prozent. Die ausklingenden 1870er Jahre

markieren nicht nur wegen der Verstaatlichung einen Wendepunkt in
der Eisenbahngeschichte. Bei dem vergrößerten Verkehrsaufkommen
erfolgte ein Trendumbruch zu gemäßigteren Zuwächsen, und damit
nahm der Gütertransport auf der Bahn langsamer zu als der auf Binnenschiffen. Englische Steinkohle, die um 1880 auf vielen Teilmärkten
Norddeutschlands nahezu verschwunden war, überwand ihren Tief-
punkt von einem bloß fünfprozentigen Anteil auf dem Berliner
Markt. Sie wurde mit Binnenschiffen dorthin geschafft und hatte sich
kurz vor dem Ersten Weltkrieg wieder einen Anteil von einem Viertel
der Kohle erobert. Dieser Umbruch ist zumindest teilweise der Tarifpolitik der Staatsbahnen anzulasten. Zwar senkten sie die Tarife nach
1880 durchaus noch, jedoch bei weitem nicht mehr so stark, wie es das
angeblich so wildwüchsige gemischte System mit seiner intensiven
Preiskonkurrenz zuvor getan hatte. Der Gleichbehandlungsgrundsatz
hatte die Tarifpolitik unflexibler gemacht, denn Ausnahmetarife für
einen bestimmten Kundenkreis oder eine Region lösten Proteste oder
Forderungen anderer aus. Also unterblieben spürbare Tarifsenkungen,
oder sie wurden zur zögernd gewährt. Zur Entlastung der Eisenbahn
könnte man anführen, sie habe ihr Produktivitätspotential um 1880
ausgeschöpft und darum keinen Raum mehr für weitere Tarifsenkungen gehabt. In der Tat belastete der intensive Ausbau von Nebenbah-
nen in unterentwickelten Gebieten, wie den weiten östlichen Provinzen Preußens, die Rentabilität der Staatsbahnen durchaus. Und zweifellos war die Ertragslage der württembergischen Staatsbahnen nicht
ausgesprochen günstig, aber auch sie war, wie die anderen Bahnen,
keineswegs ein verlustbringendes Unternehmen. Namentlich Preußen
zog vielmehr großen Nutzen aus den Eisenbahnen; selbst wenn die
Eisenbahninvestitionen von den Überschüssen abgezogen werden,
trugen die Eisenbahnen während des Höhepunktes um die Jahrhundertwende weitaus mehr als die regulären Steuereinnahmen zum
preußischen Haushalt bei. Danach sorgten gewaltig gesteigerte Investitionen dafür, daß der Nettobeitrag der Überschüsse deutlich hinter
den Steuereinnahmen zurückblieb [5]. Da die Tarifpolitik letztlich fiskalischen Interessen untergeordnet war, trug die Eisenbahn nach 1880
nicht mehr so kraftvoll zum Wirtschaftswachstum bei wie zuvor.

Geschwindigkeit, Eisenbahnunfälle und Sicherheitstechnik

Den Zeitgenossen galt die Geschwindigkeit der Eisenbahn als ihr her-
vorstechendes Merkmal. Beobachter der Rocket in Rainhill oder des

Adler in Nürnberg hielten diese Lokomotiven für atemberaubend schnell, fuhren sie doch im Durchschnitt mit über 20 Stundenkilometern vor ihrer Last her und rasten mit einer Höchstgeschwindigkeit von angeblich 40 bis 50 Stundenkilometern. Dagegen schlichen die Pferdefuhrwerke von Leipzig nach Dresden damals mit 1,3 km/h, wenn sie Güter transportierten, und mit bestenfalls 3 km/h, wenn sie Personen beförderten. Nur die Schnellpost konnte mit immerhin 8 km/h aufwarten[6]. Bei der Leipzig-Dresdner Eisenbahngesellschaft betrug anfänglich die Reisegeschwindigkeit rund 35 km/h. In der während der Folgezeit ständig zunehmenden Schnelligkeit der Bahnen schlug sich einerseits die technische Vervollkommnung etwa der Lokomotiven und andererseits die wachsende Sicherheit nieder. Zwischen Berlin und Hamburg, auf einer der schnellsten Eisenbahnverbindungen in Deutschland, fuhren die Schnellzüge 1846 ohne die Aufenthalte mitzurechnen durchschnittlich mehr als 35 km/h und die Güterzüge kaum weniger zügig. 1896 erreichte derselbe Zugtyp eine entsprechende Geschwindigkeit von 68 km/h, die Güterzüge bummelten aber noch im alten Tempo. Zu Beginn des 20. Jahrhunderts fuhren die schnellsten Züge auf dieser Strecke unter Mitberücksichtigung der Aufenthalte sogar über 80 km/h. Der „Fliegende Hamburger", ein Triebwagen, der seit 1933 dort eingesetzt wurde, erzielte eine Reisegeschwindigkeit von 126 km/h. Auf nur einigen wenigen Strecken erhöhte sich die Reisegeschwindigkeit bis 1939 gegenüber 1914 deutlich (zum Beispiel Berlin–Köln 126 km/h zu 89 km/h, Berlin–München 102 km/h zu 78 km/h), auf den übrigen Strecken jedoch fuhr die Bahn Mitte des 20. Jahrhunderts kaum schneller als 50 Jahre zuvor. Hochgeschwindigkeit ist zwar kein Maßstab, um das tatsächliche durchschnittliche Reisetempo wiederzugeben, jedoch repräsentiert sie das technische Potential und die erreichten oder möglichen Sicherheitsstandards dieses Verkehrsmittels. Die Dampflokomotiven der Baureihe 001 konnten mit ihren 3000 PS schließlich seit den 1930er Jahren eine Höchstgeschwindigkeit von 140 km/h fahren. Sie wurden allerdings, vor allem nach dem Zweiten Weltkrieg, von Elektro- und Diesellokomotiven verdrängt. Die letzten Dampflokomotiven fuhren in der BRD 1977. Die schnellsten elektrischen Lokomotiven erzielten Ende der 1960er Jahre einer Höchstgeschwindigkeit von 200 km/h. Auf einer Neubaustrecke erreichte 1986 der ICE 345 km/h. Das ist allerdings weniger als der französische TGV, der 1981 schon 380 km/h raste. Gegenüber diesem Potential müssen die 1985 tatsächlich erreichten durchschnittlichen Reisezeiten enttäuschen: Beim Gütertransport liegen die Beförderungsgeschwindigkeiten zwischen 10 und 30 km/h,

Zum 100jährigen Jubiläum der Eisenbahn brachte die Deutsche Post 1935 Briefmarken mit Eisenbahnmotiven heraus. Hundert Jahre Eisenbahngeschichte werden lebendig: vom ,,Adler'' über die Schnellzuglok und den ,,Fliegenden Hamburger'' bis zur Schwesterlok der Weltrekordlokomotive (05001).

die Durchschnittsgeschwindigkeit erreicht zwar etwa 43 km/h, jedoch vergeht viel Zeit mit dem Beladen, Rangieren und Bereitstellen zum Entladen. Das Intercity-Netz der deutschen Bundesbahn läßt auf der Hälfte seiner Strecken lediglich Geschwindigkeiten bis 130 km/h zu, die durchschnittliche Reisegeschwindigkeit lag 1979 bei nur 104 km/h, und die angestrebte Höchstgeschwindigkeit von 250 km/h wurde erst 1991 nach der Vollendung der Neubaustrecken verwirklicht[7]. Bei der Geschwindigkeit zeigt sich, daß die Eisenbahnen ein Geschöpf des 19. Jahrhunderts sind, wurden doch die entscheidenden Beschleunigungen der Reisegeschwindigkeit schon damals, und nicht mehr im 20. Jahrhundert erzielt.

Die Raserei der Eisenbahn verstärkte anfänglich bei vielen Skeptikern den Widerstand gegen das neue technische Wunderwerk: Neben allerlei Krankheiten, die man der Bahn anlastete, war es vor allem das Eisenbahnunglück, das die Menschen im 19. Jahrhundert in Bann hielt. In der Presse nahm es einen so prominenten Platz ein wie heute Flugzeugunglücke in den öffentlichen Medien. Auch in viktorianischen Romanen oder in Balladen wurde es behandelt, so z. B. in Fontanes ,,Die Brück' am Tay''. In Schottland stürzte dort im Dezember 1879 die längste Brücke Europas ein und riß einen ganzen Zug mit sich in die Tiefe. Niemand überlebte. Nach dem Brockhaus von 1908 kamen dabei 200 Menschen ums Leben, während Rölls Enzyklopädie des Eisenbahnwesens 90 Opfer verzeichnet. Gewiß war dieses eines der spektakulärsten Eisenbahnunglücke, denn nach der Unfalliste bis 1913 waren Katastrophen mit mehr als 100 Toten äußerst selten. In Deutschland geschah das schwerste Unglück 1883 in Steglitz (heute Berlin) mit 39 Todesopfern. Aus der Perspektive unserer Zeit, in der beim Absturz eines vollbesetzten Großraumflugzeuges viel mehr Menschen sterben, sieht die damalige Eisenbahn sicherer aus, als sie unseren Vorfahren erschien. Jedoch ist mit den Eisenbahnunglücken nur der kleinere Teil der Getöteten erfaßt. Die penibel geführten Statistiken stellen diesen ,,unschuldig Getöteten'' jene gegenüber, die ,,infolge eigener Schuld oder Unvorsichtigkeit'' ums Leben kamen: Während gegen Ende des 19. Jahrhunderts in der ersten Kategorie pro Jahr zwischen 40 und 50 Personen auftauchten, waren es in der anderen zwischen 600 und 900. Dennoch lag der Sicherheitsstandard in Deutschland, etwa im Vergleich zu den USA, relativ wie auch absolut sehr hoch. Zwischen 1880 und 1900 verunglückten noch 6 bis 10 Menschen auf einer Fahrstrecke von 1 Million Zugkilometern, 1913 waren es weniger als 4 und in den 1930er Jahren zwischen 3 und 4 Personen. Das war dieselbe Rate wie in den 1950er Jahren in der

Bundesrepublik. Anfang der 1980er Jahre gab es auf dem Streckennetz der Bundesbahn jährlich zweite Tote, jedoch kamen an Bahnübergängen durch Zusammenprall mit der Bahn jährlich 80 Menschen um. [I-4.3; VII-5.12]

Die recht hohe Sicherheit beim Eisenbahnverkehr beruht auf einer eindrucksvollen Entwicklung der Sicherheitstechnik[8]. Obwohl für die deutschen Eisenbahnen die Haftpflicht sehr weit gefaßt wurde (Prinzip der Gefährdungshaftung), enthielten die ersten Gesetze kaum konkrete Sicherheitsbestimmungen, Rad-, Achsen- und Schienenbrüche, die anfänglich zu den wichtigsten Unfallursachen zählten, konnten langfristig durch immer bessere Materialien und vor allem durch ihre systematische Prüfung seit den 1860er Jahren vermindert werden. Das Hauptproblem stellten aber die Zusammenstöße dar. Schon früh erkannte man, daß die Einrichtungen von Streckenblöcken die größte Sicherheit brachte. Züge durften nur in einem festgesetzten Raumbestand fahren. Das bedeutete, daß ein bestimmter Streckenabschnitt durch Signale nur für jeweils einen Zug freigegeben wurde. Die ersten Blockeinrichtungen hatten noch keine mechanische Sperre der Signale. Sie wurden von Streckenwärtern bedient, die ihre Informationen über optische Signale oder über den Telegraphen erhielten. Seit den 1870er Jahren wurde das System perfektioniert: Blocksignale und Weichen wurden nun mechanisch verbunden, und 1870 entwickelten Siemens & Halske das Wechselstromblockfeld, durch das sich die Stellwerke eines Bahnhofs oder an der Strecke über elektrische Abhängigkeiten verbinden ließen. Dadurch war es möglich, die Ausfahrsignale eines Bahnhofes zu sperren und sie nur durch Mitwirkung eines Fahrdienstleiters im benachbarten Bahnhof wieder freizugeben. Die mechanischen Stellwerke, die zeitaufwendig und anstrengend zu bedienen waren, wurden bei den größeren Anlagen seit 1896 durch elektromechanische Stellwerke ersetzt. Die Dr-Technik, elektrische Stellwerke mit Drucktasten, kam erst nach dem Zweiten Weltkrieg in der Bundesrepublik zum Einsatz und wird inzwischen von Mikroprozessoren verdrängt. So gab es zwar eine stetige Weiterentwicklung, doch hatte man bei der Signaltechnik insgesamt schon zu Beginn dieses Jahrhunderts einen hohen Sicherheitsstandard erreicht. Schwieriger war es, auf einen fahrenden Zug noch einwirken zu können, der bereits über ein Haltesignal gefahren war. Ein befriedigendes System, die noch heute übliche INDUSI (induktive Zugsicherung), war erst 1931 eingeführt und wurde seit 1934 auf den wichtigsten Schnellzugstrecken eingebaut. Durch magnetische Zugbeeinflussung bremst dieses System den Zug zwangsweise, wenn er ein Haltesignal überfährt. Hier konnten

nur einige Elemente der Sicherheitstechnik skizziert werden, die zu
den äußerst niedrigen Unfallzahlen des Eisenbahnverkehrs führten.

Die Eisenbahnentwicklung bis heute

Mit dem zwanzigsten Jahrhundert, das für den Historiker mit dem
Ersten Weltkrieg einsetzt, endet für die Eisenbahn abrupt eine glanz-
volle Epoche. Zwar waren schon vor dem ersten Weltkrieg Tendenzen erkennbar, die anzeigten, daß die aktive, die Volkswirtschaft gestaltende Kraft der Eisenbahn erlahmt war: Das Streckennetz, das
schon recht dicht geknüpft war, wurde nur noch geringfügig weiter
ausgebaut. Dagegen hatte der Güterverkehr auf Binnenschiffen stärker als auf der Eisenbahn zugenommen. Mit einem Streckennetz, das
nahezu 62 000 Kilometer umfaßte, stand die Eisenbahn aber am Vorabend des Ersten Weltkrieges dennoch kaum angefochten als wichtigstes Verkehrsmittel da. Sie erzielte genügend Erträge, um sich selbst zu
erneuern und sogar Überschüsse an die Staatskassen abzuführen. In der
Folgezeit geriet die Eisenbahn trotzdem in eine existenzbedrohende
Situation. Erstens hatte sie gegen die aufkommende Konkurrenz des
Kraftfahrzeuges anzutreten und zweitens standen ihr politische Ereignisse und Entscheidungen nicht nur verkehrspolitischer Natur entgegen. An sich war der Aufstieg des Kraftfahrzeuges unaufhaltsam, doch
hing das Ausmaß, in dem das neue Verkehrsmittel die Eisenbahn
gefährden würde, doch vom politischen Geschehen ab, das (zunächst
unabhängig) für einen abrupten Einschnitt sorgte.
   Hier ist natürlich zunächst der Krieg zu nennen, in dem – auf die
Eisenbahn bezogen – Menschen und Material überbeansprucht wurden. Die verschlissenen Anlagen und das abgenutzte rollende Material
wurden zunächst nur unzulänglich ersetzt. Deutlich gestiegene Unfallzahlen in den beiden letzten Kriegsjahren weisen auf die Überbeanspruchung hin: 1914 bis 1918 wurden auf 1 Million Zugkilometer 5,4;
6,0; 7,1; 11,0 und 12,4 Menschen getötet oder verletzt. Der Fuhrpark
der Eisenbahnen schrumpfte auch nach Kriegsende erheblich, weil voll
betriebsfähige Fahrzeuge im Rahmen der Reparationen an die Siegermächte abzuliefern waren: 150 000 (21%) Güterwagen, 10 000 (11%)
Personen- und Güterwagen und 5 000 (15%) Lokomotiven (jeweils als
Prozent des Bestandes von 1915). Dieser Aderlaß dürfte der deutschen
Wirtschaft aber nicht nur Nachteile gebracht haben, da die forcierten
Neubauprogramme von 1918–1921 gerade jene Industrien begünstigten, die ihre Produktion von Rüstungsgütern auf den zivilen Be-

reich umstellen mußten. Der Bestand an rollendem Material bei der Bahn wurde moderner[9], und in der Kapazität sollen in den 1920er Jahren keine Engpässe aufgetreten sein[10].

Nach 1918 wurde die Organisation der Eisenbahn durchgreifend verändert. Schon in der Vorkriegszeit und während des Krieges hatte es Bestrebungen gegeben, die Staatsbahnen auf föderativer Grundlage zusammenzufassen. Die süddeutschen Staaten, deren Bahnen geringere Erträge als die preußischen erwirtschafteten, versprachen sich davon höhere Gewinne. Jedoch bestimmte die Weimarer Verfassung, daß aus den 8 Staatsbahnen die einheitliche Deutsche Reichsbahn zu schaffen sei, was am 1.4.1920 auch geschah. Der zu hohe Personalbestand – 1922 streikten sogar die Beamten für höhere Gehälter –, die Kosten des Modernisierungsprogramms und die politisch bewußt niedrig gehaltenen Tarife in der Inflationszeit trugen der Reichsbahn hohe Verluste ein. Alle Versuche, Einnahmen und Ausgaben zum Ausgleich zu bringen, scheiterten in der Inflationszeit endgültig, als 1923 mit der Ruhrbesetzung gewinnträchtige Teile des Unternehmens von Franzosen und Belgiern übernommen wurden. Um die wirtschaftlichen Probleme der Reichsbahn zu lösen, wurde schon 1921/22 eine Privatisierung diskutiert. Diesen Schritt tat man zwar nicht, jedoch kam es 1924 zu einer weitgehenden Verselbständigung der wieder ertragreichen Bahn, die nun zum Faustpfand der Reparationsgläubiger wurde. Die Deutsche Reichsbahngesellschaft übernahm als Pächter den Betrieb der Bahnen, den sie nach kaufmännischen Gesichtspunkten führen sollte, um eine von ihr eingegangene Reparationsschuldverschreibung von 11 Milliarden Goldmark bis 1964 tilgen und verzinsen zu können. Mit dem Young-Plan wurden 1930 die Reparationsschuldverschreibungen durch eine Reparationssteuer ersetzt. Als die Reparationszahlungen 1932 ausgesetzt wurden, hatte die Reichsbahn aus ihren Überschüssen 4,2 Milliarden RM an die Gläubiger abgeführt, und das Reich erhielt zwischen 1932 und 1936 1 Milliarde RM von ihr. Aus den Betriebsüberschüssen waren zwischen 1924 und 1936 bloße 1,7 Milliarden RM in die Bahn investiert worden.

In der Zwischenkriegszeit war die Bahn also stark den nationalen und internationalen politischen Geschehnissen ausgesetzt. Ihre wirtschaftliche Funktion erfüllte sie dabei zwar vollauf, jedoch war sie enger noch als in den letzten Jahrzehnten vor dem Ersten Weltkrieg in den normalen wirtschaftlichen Kreislauf eingebunden und konnte damit keine nach vorne greifenden Wachstumsimpulse mehr setzen. Wie jeder reife Sektor war die Eisenbahn nun voll in den Konjunkturverlauf einbezogen. Zwar lag ihre Produktion, das heißt ihre Transportleistung, in den Spitzenjahren über dem Vorkriegsniveau – aber das galt gleichfalls für die allgemeine wirtschaftliche Aktivität –, jedoch erlitt die Bahn andererseits überdurchschnittliche Einbrüche, etwa in der Weltwirtschaftskrise Anfang der 1930er Jahre, als sie unter das Leistungsniveau aus der Vorkriegszeit sank. Dennoch war die Eisenbahn nach anfänglichen Schwierigkeiten auch in der Zwischenkriegszeit noch immer auch ein betriebswirtschaftlich rentables Unternehmen, das überdies noch politische Lasten in Form von finanziellen Transfers tragen konnte. Die Organisation der Eisenbahnen wurde 1937 wieder umgeformt. Als Deutsche Reichsbahn wurde sie der unmittelbaren Staatsverwaltung unterstellt, was im Prinzip auch nach dem Zweiten Weltkrieg in beiden deutschen Staaten bis heute gilt.

Der Zweite Weltkrieg bedeutete – auf die Eisenbahn bezogen –, erneut eine Überbeanspruchung des Materials und der Menschen, die dort arbeiteten. Anders als im Ersten Weltkrieg wurden nun auch durch unmittelbare Kriegshandlungen viele Anlagen und rollendes Material vernichtet. Im Raum der späteren Bundesrepublik waren am Ende des Krieges lediglich 38% der Lokomotiven brauchbar, der Bestand an Personenwaggons war nur noch zu 40% und der an Güterwagen zu 75% einsatzfähig, und große Teile des Infrastruktur waren zerstört. Selbst Anfang der 1960er Jahre waren viele Kriegsschäden noch nicht behoben[11]. Auf dem Gebiet der späteren DDR wurden zudem aufgrund der Reparationen weite Strecken des Netzes zur Eingleisigkeit reduziert. Die Demontage verminderte dort darüber hinaus auch die Bestände an rollendem Material einschneidend. Solchen Maßnahmen waren die Westzonen weit weniger ausgesetzt.

Das Reichsgebiet in den Grenzen von 1937 hatte ungefähr 55 000 km Eisenbahnstrecken besessen (rund 5000 km weniger als das Reichsgebiet von 1918 ohne Elsaß-Lothringen), nach dem Zweiten Weltkrieg blieben den Westzonen annähernd 31 000 km und der sowjetischen Besatzungszone etwa 13 000 km. Mitte der 1950er Jahre hatte sich der Eisenbahnverkehr gegenüber der unmittelbaren Nachkriegszeit auf einer nicht wesentlich veränderten Gesamtstreckenlänge in beiden deutschen Staaten kräftig erholt. Gegenüber 1937 war die Transportleistung auf einem kleineren Netz gewaltig erhöht. Hatte die Bahn 1937 rund 51 000 Personenkilometer geschafft, so betrug ihre Leistung 1956 in der DDR beinahe 23 000 und in der BRD nahezu 40 000. Die entsprechenden Zahlen für den Güterverkehr beliefen sich etwa auf 80 000 Tonnenkilometer im Deutschen Reich und jeweils 27 000 und 57 000 in den Nachfolgestaaten. In den drei Jahrzehnten

nach der Erholungsphase machte die Eisenbahn eher eine Stagnation als eine Expansion durch. Technisch und organisatorisch verwirklichte sie zwar durchaus Fortschritte, so waren 1986 in der DDR 20% und in der BRD 38% des Netzes elektrifiziert, und die Bundesbahn fährt seit 1979 einen zweiklassigen Intercity-Betrieb im Einstundentakt, jedoch wickelt die Eisenbahn, zumal in der Bundesrepublik, einen immer kleineren Anteil des gesamten Verkehrs ab. In der planwirtschaftlichen DDR nahm immerhin der Gütertransport noch kräftig zu, und 1986 machten dort die 59 000 Tonnenkilometer der Bahn über 70% aller binnenländischen Transportleistungen aus. Jedoch wiesen auch in der DDR die gut 22 000 Personenkilometer im Jahre 1986 auf die schwindende Bedeutung im Personentransport hin. In der marktwirtschaftlichen Bundesrepublik geriet die Bundesbahn, die bis vor kurzen eher wie ein Betrieb in einer Planwirtschaft geführt wurde, noch stärker ins Hintertreffen. 1986 schaffte sie zwar 62 000 Tonnenkilometer, jedoch wickelte sie damit weniger als ein Viertel des gesamten Güterverkehrs ab. Im selben Jahr belegte die Bundesbahn mit rund 42 000 Personenkilometern ein etwa gleich großes Marktsegment beim Personenverkehr, jedoch ist darin der individuelle Reiseverkehr mit dem Personenauto nicht einmal enthalten. Wird er mitberücksichtigt, dann lag der Anteil der Bahn 1981 bei bloßen 7 Prozent. Aus Marktuntersuchungen in Fernzügen um 1980 geht hervor, daß 75% der Reisenden auf die Bahn angewiesen sind, wenn sie überhaupt reisen wollen. Wem sich die Wahl zwischen Bahn und privatem Auto bietet, der zieht den Personenkraftwagen in der Regel vor. Beim Güterverkehr trugen sicherlich der stärker ins Gewicht fallende Transport über Rohrleitungen und die volkswirtschaftlich schrumpfende Bedeutung mancher Güter, zum Beispiel der Kohle, dazu bei, daß die Bahn ins Hintertreffen geriet, hauptsächlich jedoch war dafür auch hier die zunehmende Verbreitung des Kraftwagens verantwortlich.

Jugendmarken dokumentieren 1975 den Stand der gängigen Lokomotiven bei der Bundesbahn; aber auch die Zukunftspläne sind in dem Modell der Magnetschwebebahn Transrapid schon dabei.

Diese Entwicklung bahnte sich bereits in der Zwischenkriegszeit an. Neben der Binnenschiffahrt gewann damals vor allem das Lastauto im Nah-, Fern- und Werkverkehr immer mehr Marktanteile. Wegen der noch stets steigenden Förderleistung der Eisenbahn wurde die drohende Abdrängung zunächst nicht erkannt. Dies änderte sich in der Weltwirtschaftskrise, als das Verkehrsvolumen insgesamt und auch bei der Eisenbahn stark schrumpfte. Unmittelbarer Tarifwettbewerb mit dem Kraftwagen (1928), Zusammenarbeit mit einer Speditionsfirma (1931) und schließlich die Regulierung des Güterfernverkehrs – seit 1931 mit der Tendenz zur Auswertung – waren Strategien, um der erstarkenden Konkurrenz von Lastkraftwagen und Omnibus zu begegnen. Darüber hinaus betrieb die Deutsche Reichsbahngesellschaft seit 1933 das Unternehmen Reichsautobahn, das diese neue Straßenform anlegte. Hatte der Straßenverkehr die Ertragskraft der Eisenbahn in der Zwischenkriegszeit noch nicht grundsätzlich geschwächt, so änderte sich dies in der Bundesrepublik grundlegend: Bis auf das Jahr 1951 fuhr die Bundesbahn immer höhere Verluste ein, in den 1950er Jahren lagen sie bei einigen hunderten von Millionen und in den 1980er Jahren bei einigen Milliarden pro Jahr. Dieser Niedergang war nicht nur Kräften anzulasten, die aus dem Wirken des Marktes hervorgingen, sondern auch politischen Maßnahmen. Um nur zwei zu nennen: Erstens erhielt der Straßenbau gegenüber Investitionen in die Bundesbahn Vorrang, und zweitens wurde die Bahn als Instrument der Sozialpolitik benutzt, das großen Gruppen der Bevölkerung zu niedrigen Tarifen verhalf.

Die Zukunft

In den letzten Jahren schärfte sich das Bewußtsein für die Umweltverschmutzung, und vielerorts ist die Überfülle des Kraftwagenverkehrs kaum noch zu beherrschen. Auf ein sauberes, sicheres und leistungsfähiges Massenverkehrsmittel, das wie die Eisenbahn spurgebunden ist, kann folglich nicht verzichtet werden. Manchem Beobachter gilt das Jahr 1973 mit dem Beginn der Bauarbeiten an der Neubaustrecke Hannover–Würzburg, die eine Höchstgeschwindigkeit von 250 km/h zuläßt, bereits als Start in die Zukunft der Bundesbahn. Jedoch sind die schon eingeleiteten Maßnahmen und die Pläne (komplementäres System einer Magnet-Schwebebahn, Verbindung zum französischen TGV-System) wohl entweder zu halbherzig oder noch zu spekulativ gefaßt. Die politische Entscheidung, die Bundesbahn auf den neuesten technischen Stand zu führen, dürfte reif sein, und die Bundesrepublik könnte sich eine Umlenkung entsprechender Ressourcen sicherlich leisten. Moderne Zugsysteme in Japan und Frankreich zeigen zudem, daß derartige Investitionen auch einzelwirtschaftlich rentabel wären. Die modernste Technik übernehmen zu wollen, stellt nur einen Teil der Neuerungsbestrebungen dar, denn wahrscheinlich müssen auch andere Organisationsformen (wieder) eingeführt werden, um der Eisenbahn eine Zukunft zu sichern.

Die Deregulierungsmaßnahmen in anderen Ländern und die gegenwärtige wissenschaftliche Diskussion darüber legen es keineswegs nahe, die Bundesbahn weiter als Staatsmonopol zu betreiben[12]. Denkbar und auch verwirklichbar wäre eine Organisationsform, die den Eigentümer der Infrastruktur unternehmerisch von ihren Benutzern trennt. Gegen ein Entgelt könnten dann auch private Anbieter das Streckennetz der Bahn für ihre Dienstleistungen benutzen. Aus einer progressiven Besteuerung gewinnträchtiger Verbindungen ließe sich darüber hinaus ein Subventionsfond schaffen, um den konkurrierende Wettbewerber streiten könnten. Aus Zuschüssen dieses Fonds wären auch die verlustreichen Strecken zu bedienen, die aus gemeinwirtschaftlichen Gründen erhalten bleiben müssen. Die inzwischen hochentwickelte Sicherheits- und Informationstechnik dürfte es durchaus zulassen, daß konkurrierende Betreiber – wie im Flugverkehr – dieselbe Infrastruktur nutzen. Im Rahmen der EG könnte man ein standardisiertes System errichten, bei dem unabhängige Anbieter mit ihrem rollenden Material nicht dauerhaft auf ein bestimmtes Netz oder eine Strecke festgelegt werden. Damit entfiele die hinderliche Eintrittsschwelle für neue Anbieter, daß beim Zugang zunächst irreversible Kosten anfallen, welche die alten Teilnehmer schon getätigt haben. Schon der drohende Zugang eines Mitbewerbers könnte ausreichen, um Wettbewerbstarife zu sichern. Insgesamt dürfte das Tarifsystem höchst flexibel werden und damit der Bahn neue Kunden zuführen. Die Bundesbahn könnte in diesem deregulierten System natürlich selbst auch ein Betreiber sein, allerdings müßte sie dann kaufmännisch geleitet werden. Eine solch „neue" Organisationsform greift im Grunde eine alte Idee auf, die in den ersten Eisenbahngesetzen stand, aber selten verwirklicht wurde. Um 1850 reichte die Drohung des preußischen Handelsministeriums, die Züge einer Staatsbahn auf einer Privatbahn fahren zu lassen, aus, um niedrigere Tarife für den Kohlentransport durchzusetzen[13].

„Nach Ablauf der ersten drei Jahre können, zum Transportbetriebe auf der Bahn, außer der Gesellschaft selbst, auch Andere gegen Entrichtung des Bahngeldes oder der zu regulierenden Vergütung (. . .), die Befugnis erlangen, wenn das Handelsministerium, nach Prüfung aller Verhältnisse, angemessen findet, denselben eine Konzession zu ertheilen." (§ 27 des preußischen Eisenbahngesetzes von 1838).

Die Wiedervereinigung Deutschlands wird für eine neue Strukturierung des Eisenbahnnetzes aus Bundesbahn und Reichsbahn noch viele Fragen in den kommenden Jahren aufwerfen[14].

Literaturnachweise

1 *Haarmann*, A.: Das Eisenbahn-Geleise. Bd. 1. [Leipzig] 1891, S. 10 ff.

2 *Hawke*, Gary R.: Railways and Economic Growth in England and Wales 1840−1870. Oxford 1970, S. 187 ff.; *Gourvish*, Terry R.: Railways and the British Economy 1830−1914. London 1980, S. 33 ff.

3 *Fremdling*, Rainer: Eisenbahnen und deutsches Wirtschaftswachstum 1840− 1879. Dortmund ²1985²

4 *Alberty*, M.: Der Übergang zum Staatsbahnsystem in Preußen. Jena 1911

5 *Fremdling*, Rainer: Freight Rates and State Budget: the Role of the National Prussian Railways 1880−1913. In: Journal of European Economic History. Jg. 9 (1980) Nr. 1, S. 34

6 *Huber*, Paul B.: Die deutsche Eisenbahnentwicklung: Wegweiser für eine zukünftige Fernschnellbahn? (Deutsche Forschungs- und Versuchsanstalt für Luft- und Raumfahrt 78-25). Köln 1978, S. 126 ff.

7 *Hoffmann*, Klaus G.: Entwicklungschancen der Eisenbahn. In: Zug der Zeit, Zeit der Züge. Berlin 1985, S. 764−775

8 *Wehner*, Ludwig/*Walther*, Horst: „150 Jahre deutsche Eisenbahnen" − Entwicklung der Signal- und Fernmeldetechnik −. In: Signal + Draht. Jg. 77 (1985) H. 7/8, S. 140−148

9 *Witt*, Peter-Christian: Anpassung an die Inflation. Das Investitionsverhalten der deutschen Staatsbahnen/Reichsbahn in den Jahren 1914 bis 1923/24. In: Feldman, Gerald D. et al. (Hrsg.): Die Anpassung an die Inflation. Berlin 1986, S. 392−432 (die höheren Zahlen für abgelieferte Lokomotiven), S. 426

10 *Borchardt*, Knut: Handel, Kreditwesen, Versicherung, Verkehr 1914−1970. In: Handbuch der deutschen Wirtschafts- und Sozialgeschichte. Bd. 2. Stuttgart 1976, S. 863

11 *Voigt*, Fritz: Verkehr. Bd. 2. Berlin 1965, S. 585 f

12 *Knieps*, Günter: Deregulierungspotentiale in europäischen Transportmärkten (Vortrag auf der Jahrestagung des Vereine für Socialpolitik, 5.−7.10.1988). Erscheint im Tagungsband.

13 Vgl. 3, S. 232

14 Das Manuskript wurde bereits 1989 abgeschlossen

Luftfahrt

Michael K. Wustrack

Die Anfänge

Die Anfänge der Luftfahrt nach dem Prinzip „leichter als Luft" gingen 1783 von Frankreich aus. Nur wenige Jahre vor der die politische und geistige Welt Europas radikal verändernden Französischen Revolution (1789) ließen die epochalen Erfindungen der Brüder Joseph und Etienne Montgolfier und des Sorbonne-Professors der Physik Jacques-Alexandre César Charles den uralten Menschheitstraum, sich schwerelos im „Luftmeer" bewegen zu können, Wirklichkeit werden. „Nichts kann dem Vergnügen gleichen, das in dem Augenblicke, da ich die Erde verließ, sich meines ganzen Daseins bemächtigte; es war nicht bloß Vergnügen, es war Glückseligkeit. Ich fühlte mich allen Mühseligkeiten der Erde, allen Plagen des Neids und der Verfolgung entflohen; ich fühlte mich mir selbst genug, indem ich mich über alles erhob (. . .) Ich hörte mich, wenn man so sagen darf, leben"[1]. Diese Empfindungen, wie sie im Dezember 1783 bei Professor Charles ausgelöst wurden, als er mit seinem Freiballon in die „Selbstgenügsamkeit" eines neuen, für die Menschheit unbekannten Raums aufstieg, vermittelt wohl etwas von der revolutionären Aufbruchstimmung der Zeit des ausgehenden 18. Jahrhunderts, vom Glücksgefühl der Menschen, von deren Ahnung einer Utopie von Freiheit, hervorgerufen durch die Ballonfahrt als Mittel der Überwindung irdischer Fesseln und Grenzen.

Wenige Ereignisse haben die Zeitgenossen so fasziniert wie die gleichzeitig – aber unabhängig voneinander – erfolgten Erfindungen des Heißluftballons (Montgolfière) und des Wasserstoffballons (Charlière), d. h. wie dieser „erste Schritt zu den Sternen". Naturwissenschaftler, Philosophen, Dichter, Feldherren und Fürsten setzten aus unterschiedlichen Motiven große Erwartungen in die neuen „Maschinen", und das „gemeine Volk" zeigte sich überwältigt und jubelte. Johann Wolfgang von Goethe, der sich selbst mit der „Entdeckung der Luftballone" beschäftigt hatte, faßte die Empfindungen aus den ersten Tagen der Luftschiffahrt später noch einmal in seinen „Maximen und Reflexionen" zusammen: „Wer die Entdeckung der Luftballone mit-

*Nach den Aufsehen erregenden
Ballonaufstiegen der Brüder Montgolfier 1782 und 1783, versuchten
sich viele Wagemutige an ähnlichen Experimenten. Jean Pierre
Blanchard (1750–1809) stieg am
2. März 1784 mit einem Wasser-
stoffballon – einer Charlière – über
Paris auf, überquerte im Januar
1785 den Kanal von Dover aus
und zog während des ganzen Jahres als Ballonschausteller durch
Deutschland, die Niederlande und
Belgien. Von dem Aufstieg über
Frankfurt a. M. am 3. Oktober
1785 berichtet auf dem Kupferstich
ein Mitfahrer Blanchards.*

erlebt hat, wird ein Zeugnis geben, welche Weltbewegung daraus entstand, welcher Anteil die Luftschiffer begleitete, welche Sehnsucht in so viel tausend Gemütern hervordrang, an solchen längst vorausgesetzten, vorausgesagten, immer geglaubten und immer unglaublichen, gefahrvollen Wanderungen teilzunehmen, wie frisch und umständlich jeder einzelne glückliche Versuch die Zeitungen füllte, zu Tagesheften und Kupfern Anlaß gab, welchen zarten Anteil man an den unglücklichen Opfern solcher Versuche genommen. Dies ist unmöglich, selbst in der Erinnerung wiederherzustellen"[2].

Daß die Freiballone als erstes Gerät der Menschen, die eigene Erdenschwere und Gebundenheit aufheben zu können, enthusiastisch gefeiert und verklärt wurden, intensive Spuren in Malerei, bildender Kunst, Literatur, aber auch in der Kleidermode der Zeit hinterließen, nimmt nicht wunder, vermittelte die Schönheit jener „Bälle", die geheimnisvollen Gestirnen gleich über den Köpfen Hunderttausender von Schaulustigen schwebten, doch auch einen beachtlichen emotionalen Rauschzustand, von zeitgenössischen Spöttern abfällig „Ballomanie" genannt. Und wenn Melchior Grimm im August 1783 anmerkte, „nie hat eine Seifenblase Kinder so ernsthaft beschäftigt wie der ‚aerostatische Ballon' der Herren Montgolfier Stadt und Hof seit vier Wochen; in allen unseren Zirkeln, bei allen unseren Soupers, an den Toilettentischen unserer hübschen Damen wie in unseren akademischen Schulen spricht man nur noch von Experimenten, atmosphärischer Luft, entzündbarem Gas, fliegenden Wagen und Reisen durch die Lüfte"[3], so lassen sich die revolutionären Folgewirkungen der Montgolfierschen Erfindung, entsprechend dem Wahlspruch der Geadelten „Sic Itur Ad Astra", in vielerlei Hinsicht den Entwicklungsstufen unserer heutigen Astronautik vergleichen. Waren den ersten Flugversuchen mit Tieren, den ersten Konstruktionen von Flügelapparaten literarische Utopien vorausgegangen – die Reise zum Mond war stets Ziel aller Bestrebungen – so folgten diesen bescheidenen Anfängen in immer kürzer werdenden Abständen aeronautische Pioniertaten bei gleichzeitig nachlassendem Sensationswert.

Sollte dieser kultur- und technikgeschichtlich bedeutsame Vorgang um die Wende vom 18. zum 19. Jahrhundert, dieses erste Kapitel der Luftfahrt, mit all seinen Erfolgen, Irrtümern und tragikomischen Fehlschlägen sowohl in der Alten als auch in der Neuen Welt den Aufbruch in eine neue Zeit markieren – die Möglichkeit der Eroberung des Himmels, der Erschließung eines bisher unzugänglichen Teils der Natur war mit der Erfindung des Ballons „leichter als Luft" gegeben –, so setzte sich die enthusiastische Beschäftigung mit der Ballonfahrt, allerdings unter veränderten Vorzeichen, im gesamten 19. Jahrhundert fort. Luftfahrerpersönlichkeiten wie Joseph-Louis Gay-Lussac (1778–1850), Jean-Baptiste Biot (1774–1862), Wilhelm Jungius, Charles Green, Henry Coxwell, Gaspard Felix Tournachon (1820–1910), besser bekannt unter dem Namen „Nadar", der den Ballon erstmals für fotografische Luftaufnahmen nutzte, Gaston Tissandier, Arthur Berson oder Salomon August Andrée (1854–1897), die ihre Ballonfahrten zunehmend in den Dienst der Wissenschaft stellten, ließen den Ballon zum Symbol des technischen, wissenschaftlichen und kulturellen Fortschritts werden. Anders als die Aeronauten der „ersten Stunde" (Jean Pierre Blanchard (1750–1809), Vincenco Lunardi, James Sadler, André Jacques Garnerin (1769–1825) oder Marie-Madeleine-Sophie Blanchard (1778–1819)), die den Ballon als Fluggerät erprobt hatten, verfolgten die meisten „Luftschiffer" des 19. Jahrhunderts das Ziel, nicht selten unter Einsatz ihres Lebens, meteorologische oder geographische Erkenntnisse zu sammeln sowie Luftschichten systematisch zu erforschen. Wurde daneben der Ballon auch als Schauobjekt und Publikumsmagnet für große internationale technische oder Welt-Ausstellungen – zum Beispiel in Paris 1867 und 1878 – eingesetzt, so markierten Massenveranstaltungen mit Zehntausenden von Besuchern pro Vorführung, zu denen Ballonaufstiege und Fallschirmabsprünge der Luftfahrtpionierin Käthchen Paulus, vorwiegend in Frankfurt am Main, aber auch in anderen Städten Europas zwischen 1894 und 1912 gerieten, schließlich den Gipfel der Ballonverehrung und des Glaubens an die Luftschiffahrt am Ende eines Jahrhunderts. Dessen Fortschrittsglaube blieb bis zum Ausbruch der Ersten Weltkrieges ungebrochen.

Noch ganz unter dem neuen Eindruck der Tissandierschen Ballonpost von 1870/71 – wie sie als „Luftbrücke" während des Deutsch-Französischen Kriegs aus dem belagerten Paris praktiziert wurde – hielt 1874 der Generalpostmeister Dr. Heinrich von Stephan (1831–1897) seinen berühmten Vortrag „Weltpost und Luftschiffahrt" vor dem „Wissenschaftlichen Verein zu Berlin", in dem er keinen Gegenstand gesellschaftlichen Interesses im 19. Jahrhundert höher einschätzte als die Beschäftigung mit Verkehrsfragen – „Verkehr und Cultur verhalten sich in der Welt zu einander wie Blutumlauf und Gehirntätigkeit im menschlichen Körper"[4]. Und von Stephan, dessen Gedanken 1875/77 bereits Ferdinand Graf von Zeppelins Bestrebungen zum Bau eines lenkbaren Luftschiffs, eigenen Angaben zufolge, inspirierten, zog mit der Weiterentwicklung der Luftschiffahrt den grenzüberschreitenden und zeitsparenden Verkehr vorausschauend mit ein: „So viel dürfte feststehen, daß, wenigstens von den bisher bekannten neueren Erfindungen, keine so sehr wie die Luftschifffahrt zu einer Vervollkommnung der Communikationen der Erdbewohner sich als geeignet erweisen wird"[5].

Hatten Frankreich und Deutschland gleichermaßen in der zweiten Hälfte des 19. Jahrhunderts dem Ballon hohe politische Bedeutung beigemessen, ihn als Ausdruck beachtlicher zivilisatorischer Errungenschaften angesehen – beide Nationen strebten in Europa nach wirtschaftlicher und militärischer Vorherrschaft –, so erfüllten letztlich weder der Ballon noch das motorgetriebene lenkbare Zeppelin-Luftschiff (ab 1900) die in sie gesetzten Erwartungen auf militärischem Gebiet. Immanent war und blieb dennoch beiden Fluggeräten, besonders aber dem mit Wasserstoff gefüllten Zeppelin, ein hoher nationaler Symbolwert. Man denke hier sowohl an die deutsche Zeppelin-Luftschiffahrt am Ende der Wilhelminischen Ära und deren massenpsychologisches Moment von nationalem Ausmaß als auch an den Zeppelinbau und den Luftschiffbetrieb vor dem Zweiten Weltkrieg. Der letztere diente, ganz im Sinne seines Erfinders Dr. Hugo Eckener, und den Zielen der Weimarer Republik entsprechend, dem zivilen, transatlantischen und völkerverbindenden Luftverkehr. Ab 1936 gab es zum Beispiel planmäßige Luftschiffahrten nach Nord- und Südamerika vom Flug- und Luftschiffhafen Rhein-Main ausgehend. Die großen Verkehrsleistungen der deutschen Zeppelin-Luftschiffahrt auf den Gebieten des Passagier-, Fracht- und Postdiensts fanden mit der Brandkatastrophe von Lakehurst, USA, im Mai 1937 ihr jähes Ende. Die zu Propaganda-Fahrten des NS-Regimes umfunktionierten Dienste der „Deutschen Zeppelin-Reederei" (Frankfurt am Main/Friedrichshafen) und die sich deutlich abzeichnenden Kriegsabsichten des Dritten Reichs veranlaßten die USA, ihr kategorisches Verbot über Exporte des nicht brennbaren Heliums nach Deutschland auszusprechen. Mit diesem Exportverbot und der ab 1936 zunehmend negativen Haltung der NS-Machthaber gegenüber dem zu Kriegszwecken ungeeigneten Luftschiff wurde das Schicksal der deutschen Verkehrsluftschiffahrt besiegelt.

Gegenwärtig werden Prall-Luftschiffe (sogenannte Blimps) nur noch zu Reklamezwecken verwandt. Allerdings hat man inzwischen in mehreren Ländern erneut damit begonnen, Konstruktionsarbeiten für Luftschiffe durchzuführen. Bekannt sind Untersuchungen (frühere UdSSR, USA, Deutschland) über den Einsatz moderner Luftschiffe als Lastentransportmittel, vor allem in Ländern der Dritten Welt, als Fliegender Kran, als Transportmittel für sperrige Großanlagen und Güter oder in der Touristik.

*Am 18. Mai 1930 überquerte das
Luftschiff LZ 127 ,,Graf Zeppe-
lin" den Südatlantik nonstop von
Sevilla nach Recife in Brasilien.
Zwei Jahre später wurde es im
Liniendienst von Friedrichshafen
am Bodensee nach Recife einge-
setzt. Das Foto zeigt das Luftschiff
,,Graf Zeppelin" vor einem De-
monstrationsflug in Berlin-Staaken.
Auf der unteren Abbildung liegt es
am Ankermast in Recife.*

Otto Lilienthals Flug mit seinem Gleiter vom Fliegeberg in Berlin-Lichterfelde am 29. Juni 1895. Er benutzte hier den Normal-Segelapparat von 1894. Bei günstiger Witterung fanden von dem künstlich aufgeschütteten Fliegeberg aus zahlreiche Gleitflüge statt, die oft von vielen Schaulustigen bestaunt wurden.

Nicht so emphatisch begrüßt wie die Ballon- oder Luftschiffahrt, an die von allen Kreisen der Bevölkerung die größten Erwartungen geknüpft wurden, sollte die „Geburt des Menschenflugs" nach dem Prinzip „schwerer als Luft" werden. Vergleichsweise bescheiden in ihrer Wirkung auf Wissenschaftler und Laien nahmen sich denn auch die ersten Flugexperimente des Berliner Ingenieurs, Erfinders, Maschinenfabrikanten, Sozialethikers und Menschenfreunds, Otto Lilienthal (1848–1896) aus, betrachtet man den gesamten Ablauf jener „ersten Stunde", einer Erfindung, die die Welt veränderte.

Aufgrund eines physiologischen Irrtums waren die fliegerischen Anstrengungen mit „Schwingenflügel-Apparaten" der sogenannten „Vogelmenschen" von vornherein zum Scheitern verurteilt gewesen: Jacob Degen (1761–1848) hatte sich seit 1807 dem Bau eines „Schwingenflüglers" gewidmet und 1808 in Wien einige erfolglose Sprünge absolviert; Albrecht Ludwig Berblinger, der „Schneider von Ulm" (1770–1829), hatte am 31. Mai 1811 in Ulm seinen Sprung mit einem selbstgefertigten „Flügelapparat" in die Donau fast mit seinem Leben bezahlt. Mit Otto Lilienthal begann die Zeit der wissenschaftlichen Erforschung des Flugproblems und der systematischen Entwicklung der Flugtechnik.

In seinem Pionierwerk „Der Vogelflug als Grundlage der Fliegekunst", das er 1889 in Berlin im Selbstverlag herausgeben mußte, führt Lilienthal aus, daß, aufgrund seiner Beobachtungen des Vogelflugs und der daraus zu folgernden physikalischen und mechanischen Schlüsse, auch der Mensch werde fliegen können. Mit seinen zahlreichen Schriften und Vorträgen zum Thema seiner Flugforschungen und seinen Flugversuchen – zwischen 1891 und seinem Todessturz 1896 unternahm Lilienthal annähernd 3000 Flugversuche mit verschiedenen Gleitflugapparat-Konstruktionen in Derwitz, Südende, Steglitz, Rhinow und Lichterfelde – leitete er den beispiellosen Siegeszug des „Fluggeräts schwerer als Luft" ein.

Der Luftverkehr

Otto Lilienthal formulierte in einem Brief an den Sozialethiker Moritz von Egidy im Januar 1894 die kulturelle und humanitäre Bedeutung eines zukünftigen Weltflugverkehrs visionenhaft: „Unser Kulturleben krankt daran, daß es sich nur an der Erdoberfläche abspielt. Die gegenseitige Absperrung der Länder, der Zollzwang und die Verkehrserschwerung ist nur dadurch möglich, daß wir nicht frei wie der Vogel auch das Luftreich beherrschen. Der freie, unbeschränkte Flug des Menschen, für dessen Verwirklichung jetzt zahlreiche Techniker in allen Kulturstaaten ihr Bestes einsetzen, kann hierin Wandel schaffen und würde von tief einschneidender Wirkung auf alle unsere Zustände sein. Die Grenzen der Länder würden ihre Bedeutung verlieren, weil sie sich nicht mehr absperren lassen; die Unterschiede der Sprachen würden mit der zunehmenden Beweglichkeit der Menschen sich verwischen (. . .)"[6]. Damals vermochte wohl kaum einer seiner Zeitgenossen abzusehen, welche Tragweite die aus dem Vogelflug abgeleitete Flugtechnik Otto Lilienthals für die technische und kulturelle Entwicklung der Menschheit haben sollte.

Als glücklicher Zufall ist wohl zu werten, daß die Brüder Orville (1871–1948) und Wilbur Wright (1867–1912) nach Lilienthals tödlichem Absturz im August 1896 die „Fledermaus", wie sie den Flugapparat Lilienthals nannten, nochmals einer eingehenden Betrachtung unterzogen, obwohl sie den Fluggedanken bereits aufgegeben hatten. Eigenen Angaben zufolge bauten die Wrights auf den Ergebnissen der Lilienthalschen Flugtechnik auf und absolvierten am 17. Dezember 1903 in Kitty Hawk (North Carolina, USA) ihre ersten vier gesteuerten Motorflüge mit einem Doppeldecker von 355 Kilogramm Gewicht. Sie flogen 1908/09 bereits erfolgreich mit dem „Flyer III" in Frankreich, Deutschland und England und ließen nach der Gründung der deutschen „Flugmaschine Wright GmbH" in Berlin-Reinickendorf von 1909 bis 1913 rund 60 Flugmaschinen in Lizenz bauen und verkaufen.

Etwa ab 1906 setzte in Europa eine stürmische Entwicklung der Flugtechnik ein: In Frankreich mit Alberto Santos-Dumont, Henri Farman, Gabriel Voisin und Louis Blériot, der als erster 1909 mit seinem Motorflugzeug „Blériot VIII" den Ärmelkanal von Calais nach Dover überquerte; in Deutschland mit August Euler (1910, Flugzeugführerschein Nr. 1), Hans Grade (1910, Flugzeugführerschein Nr. 2) und in Österreich mit Igo Etrich, der mit Wells und Illner Lilienthals Gleitflugzeug weiterentwickelte. Als regelrechte Leistungsschauen von Flugzeugindustrie und Flugwissenschaften wurden denn auch die zahlreichen internationalen und nationalen Flugwettbewerbe und Luftfahrt-Ausstellungen, Schau-, Zuverlässigkeits-, Post- und Rundflüge zwischen 1909 und 1914 konzipiert und generalstabsmäßig organisiert. Allein die von Frankfurter Bürgern, Kaufleuten, Industriellen, Wissenschaftlern und Politikern initiierte und vom „Frankfurter Verein für Luftschiffahrt" organisierte „Internationale Luftschiffahrt-Ausstellung (ILA)" in Frankfurt am Main übertraf 1909 mit 1,5 Millionen Besuchern alle Erwartungen ihrer Veranstalter. [IX-4.3]

Schon im Ersten Weltkrieg wurde das Flugzeug, von nationalem Pathos und staatlicher Förderung getragen und zwischen 1914 und 1918 weltweit in großer Stückzahl serienmäßig hergestellt, für militärische Zwecke mißbraucht und zu einem einsatzfähigen Instrument der Kriegsführung gemacht. [IX-4.3]

Durch die Verwendung hochfester Leichtmetalle und den Bau leistungsfähiger Flugmotoren wurden nach dem Krieg rasche Fortschritte in der Flugtechnik erzielt. Zahlreiche weltweit durchgeführte Pionier-, Expeditions-, Post- und Erprobungsflüge in den zwanziger und dreißiger Jahren dienten zum Teil der Erschließung von Kontinenten und dem daraus zu erzielenden politischen und wirtschaftlichen Nutzen aber auch der Entwicklung eines geregelten kontinentalen und interkontinentalen Luftverkehrs. Langstreckenflüge, wie die Atlantiküberquerung (New York–Paris), die Charles Lindbergh im Alleinflug ohne Zwischenlandung mit dem einmotorigen Ryan-Hochdecker „Spirit of Saint Louis" in 33½ Stunden (Landung in Le Bourget am 21. Mai 1927) absolvierte, oder die 1928 mit der Junkers W 33 „Bremen" durchgeführte Atlantiküberquerung in umgekehrter Richtung (Irland-Labrador), legten die Grundlage für den heutigen Luftverkehr. Mit der Verbesserung der Navigations- und Nachrichtenübermittlungs-Einrichtungen ging die zunehmende Sicherheit des Flugzeugs als Verkehrsmittel einher.

Der eigentliche Aufbau eines regelmäßigen Luftverkehrs hatte unmittelbar nach dem Ersten Weltkrieg begonnen. Geprägt von zahllosen Unzulänglichkeiten auf allen Gebieten der Flugtechnik und der Bodenorganisation, forderten diese Pionierjahre des Luftverkehrs (1919 bis etwa um die Mitte der zwanziger Jahre) von allen an seinem Aufbau Beteiligten ungeheure Anstrengungen. Der Glaube an die Zukunft eines völkerverbindenden Luftverkehrs, gepaart mit dem Willen, ihn als Konkurrenzunternehmen zum Schienen- und Schiffsverkehr zu einem wirtschaftlichen Erfolg zu machen, ließ in diesen Jahren wahre Pionierleistungen entstehen. Das erste für den Personen- und Frachttransport von Hugo Junkers konzipierte Ganzmetallflugzeug – die Junkers F 13 – flog am 25. Juni 1919 zum erstenmal. Die F 13 und die daraus entwickelten Flugzeugtypen (wie die spätere Junkers Ju 52/3m) sollten richtungsweisend für den gesamten Flugzeugbau werden. In das gleiche Jahr fielen auch die von der „Deutschen Luft-Reederei" (DLR) eingerichtete erste deutsche Luftpostlinie von Berlin nach Weimar, die Gründung der niederländischen Fluggesellschaft „KLM", die von der „Lignes Aériennes Farman" eröffnete Strecke Paris–Brüssel und der von „Aircraft Transport and Travel" (AT & T) aufgenommene tägliche Liniendienst zwischen London und

Flugplan vom 20. April 1925 für den Luftverkehr mit Junkers-Flugzeugen.

*Entladen von Luftpost aus einem
LVH-C-VI-Doppeldecker der
Deutschen Luftreederei, 1919.*

Paris. An der Entstehung und Entwicklung zahlreicher Fluggesellschaften in den Folgejahren war *eine* öffentliche Institution stets beteiligt: die Post. So wurde in vielen Ländern der Luftverkehr über die
Postverwaltungen mit kräftigen staatlichen Subventionen gefördert.
Bei allen restriktiven Maßnahmen, die in Deutschland durch den Versailler Vertrag vor allem im Hinblick auf den Flugzeugbau bestanden
– der Bau leistungsfähiger Flugzeuge war praktisch untersagt –, erreichten dennoch der Luftverkehr und der zivile Flugzeugbau, der
zum Teil ins Ausland ausgelagert war, im Laufe der zwanziger Jahre
eine international anerkannte Spitzenposition. Trotz wirtschaftlich
schwieriger Lage führten zeitweise über 30 Fluggesellschaften einen
unwirtschaftlichen Konkurrenzkampf, der zur Fusion einiger Luftverkehrsgesellschaften führte und schließlich mit der Gründung der
„Deutschen Luft Hansa AG" (seit 1933 „Lufthansa") in Berlin sein Ende
fand. Die „DLH" wurde sowohl in der Weimarer Republik als auch im
Dritten Reich zum Instrument der nationalen Luftverkehrspolitik.
   Die weitere Entwicklung des Luftverkehrs in den dreißiger Jahren
wurde geprägt durch die Inbetriebnahme der ersten großen Verkehrsflughäfen – der Flug- und Luftschiffhafen Rhein-Main wurde 1936
eröffnet –, d.h. durch die Einrichtung leistungsfähiger Bodenorgani-

sationen, von Navigations- und Flugsicherungsanlagen sowie die Einführung des Flugfunkverkehrs. In Deutschland lösten neue Fluggeräte
wie die Heinkel He 70 „Blitz" (1932), das damals schnellste Verkehrs-
flugzeug, oder die Junkers Ju 52 (1932), das damals wohl sicherste
Transportflugzeug, die Flugzeugtypen der zwanziger Jahre ab. Die
Focke Wulff FW 200 „Condor" (1937) erreichte im Juli 1938 als erstes
Flugzeug von Berlin aus nonstop in 25 Stunden New York. Die amerikanische Douglas DC-3, die auf optimale Weise den damaligen Stand
der Technik in sich vereinigte, wurde mit einer Stückzahl von über
13 000 (einschließlich der verschiedenen Versionen des Zweiten Weltkriegs) zum meistgebauten Transportflugzeug. Es folgte die Ju 52 mit
4835 Stück.

Der wirtschaftliche Erfolg des Luftverkehrs war auch in dieser
zweiten Aufbauphase, von einigen Ausnahmen in den USA abgesehen, gering. Gewinne wurden nicht erzielt, höchstens die Hälfte der
finanziellen Aufwendungen durch Einnahmen gedeckt. Vor allem die
europäischen Fluggesellschaften kamen noch immer nicht ohne staatliche Subventionen aus. Eigenwirtschaftlichkeit war zwar ein Ziel,
aber nicht das alleinige Motiv. Luftverkehr zu betreiben, hieß in erster
Linie Streben nach außenpolitischem Prestige, Wegbereiter für den
Handel zu sein und Erprobungsmittel für technische Weiterentwicklung zu fördern. In diesem Zusammenhang darf auch nicht vergessen
werden, daß in den USA im Vergleich zu Europa mehr Investitionsmittel in den zivilen Flugzeugbau flossen. 1928 standen in den USA
46% für den zivilen und 54% für den militärischen Flugzeugbau zur
Verfügung; in Frankreich und England flossen 8% in den zivilen und
92% in den militärischen Flugzeugbau. Besonders in Deutschland ab
1933, begünstigt durch die militärischen Ziele des NS-Regimes, wurden vom Reichsluftfahrtministerium alle wesentlichen Entwicklungen
im Hinblick auf die Neukonzeption von Verkehrsflugzeugen initiiert
und finanziert. Ob die He 70, Ju 52/3m, He 111 oder FW 200, die
zivilen Versionen dieser Flugzeugtypen, die alle im Dienst der Lufthansa flogen, ließen sich rasch in militärische umwandeln, wie dies im
Zweiten Weltkrieg dann auch praktiziert wurde.

Die erste Etappe der Entwicklung des Luftverkehrs, deren Höhepunkt die Einrichtung der ersten Luftverkehrs-Verbindung zwischen
den Erdteilen war – im Juli 1939 eröffnete die „Pan American Air-
ways" als erste Fluggesellschaft der Welt mit Flugbooten des Typs
Boeing „Clipper" (für 74 Fluggäste) den planmäßigen Passagierdienst
zwischen Washington und Lissabon – wurde mit Ausbruch des Zweiten Weltkrieges jäh beendet.

Der im friedlichen Wettstreit der Staaten begonnene Brückenschlag von Kontinent zu Kontinent hatte mit dem Kriege ein Ende gefunden. Das Flugzeug wurde nun in seiner militärisch-technischen Vielgestaltigkeit und aufgrund ungeheurer finanzieller Anstrengungen in Großserien produziert und damit letztlich zur kriegsentscheidenden Waffe. Nach 1945 entwickelte sich dann im internationalen Maßstab der planmäßige Interkontinentalverkehr; es entstand der Weltluftverkehr mit einem globalen Luftverkehrs-Netz. Dabei darf der Einfluß des Zweiten Weltkrieges auf die weitere Entwicklung des Verkehrsflugzeugs und auf die Organisation des Luftverkehrs nicht unterschätzt werden. Hatte das Propellerflugzeug bereits nach 1945 seinen Höhepunkt erreicht, so ließ das Strahlflugzeug, das im Zweiten Weltkrieg als Jagdflugzeug entwickelt worden war, wie beispielsweise die Messerschmitt Me 262, schon die Möglichkeit für ein zukünftiges schnelleres und leistungsfähigeres Transportflugzeug erkennen.

Bereits Ende 1954 flogen 24 internationale Luftverkehrsgesellschaften den Frankfurter Flughafen im Linienverkehr an (heute sind es über 100 Gesellschaften). Dabei waren die lukrativen internationalen und interkontinentalen Flugstrecken mit zunehmend technisch verbessertem Fluggerät vorrangig ausgebaut worden. Mit der Wiedererlangung der Lufthoheit in Deutschland konnte die neugegründete „Deutsche Lufthansa AG" (DLH) am 1. April 1955 ihren planmäßigen Flugbetrieb eröffnen. Im Wettbewerb mit Schienen- und Schiffsverkehr verzeichnete das Flugzeug Mitte der fünfziger Jahre beachtens-

Lufthansa-Streckennetz 1955 und 1986.
Die Entwicklung des regelmäßigen Luftverkehrs der Lufthansa zeigt der Vergleich der angeflogenen Flughäfen 1955 und 1986 sehr deutlich. Die Beschränkungen nach dem Zweiten Weltkrieg waren nach der Zulassung der deutschen Fluglinie schnell überwunden.

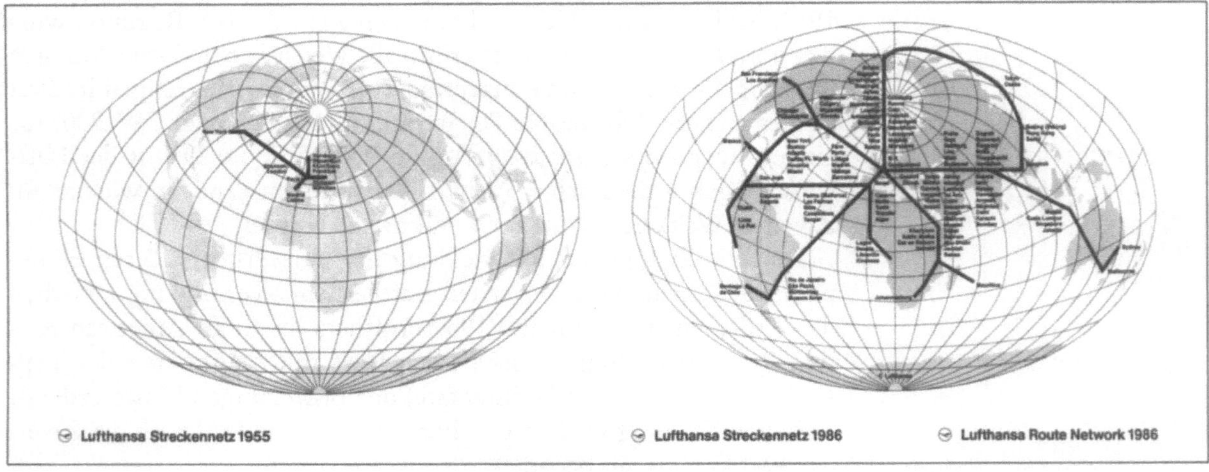

werte Erfolge, konnte es doch 1956 in den USA erstmals mehr Passagiere als die Eisenbahn verbuchen und 1957 gar mit rund zwei Millionen Fluggästen dem Passagierschiffsverkehr über den Nordatlantik den Rang ablaufen. Auf dem zum größten bundesdeutschen Verkehrsflughafen avancierten Flughafen Frankfurt Rhein-Main überstieg die Zahl der Fluggäste (1 153 830 bei 25 210 Flugbewegungen) im Jahr 1957 erstmals die Millionengrenze. In der Gunst der Reisenden, vor allem der Geschäftsreisenden, lag das Flugzeug aufgrund ständig wachsender Flugverbindungen und schneller werdender Reisegeschwindigkeit im stetigen Aufwärtstrend. Mit Eintritt des zivilen Luftverkehrs in das Jet-Zeitalter gegen Ende der fünfziger Jahre sollte dieser Trend bis heute anhalten.

Nach Einführung der ersten Strahlflugzeuge vom Typ Tupolev Tu-104 (UdSSR), Caravelle (Sud-Aviation, Frankreich), Comet IV (De Havilland, England), Boeing B 707 und Douglas DC-8 (USA) führte die Weiterentwicklung von Strahlverkehrsflugzeugen für den Lang-, Mittel- und Kurzstreckenbereich zu grundlegenden Verbesserungen in der Nutzlastkapazität. Aber auch größere Schnelligkeit, Reichweite, Flugsicherheit, Zuverlässigkeit und Bequemlichkeit gingen mit dieser technischen Entwicklung einher, und trotz des erhöhten technischen und finanziellen Aufwands der Fluggesellschaften und des damit verbundenen wachsenden Angebots auf dem Luftverkehrsmarkt kam es zu Reduzierungen des Beförderungspreises für Passagiere. Die Beliebtheit des Verkehrsmittels Flugzeug und die steigende Nachfrage bei Tourismus und Luftfracht gipfelten in den Entwicklungen des Großraumflugzeugs Boeing B 747 (1970, für maximal 500 Passagiere), des Airbus A 300 (1974) und seiner Weiterentwicklung (ab 1978) des Airbus A 310, der heute zu den leisesten und wirtschaftlichsten Flugzeugen überhaupt zählt und eine beispiellose europäische Gesamtleistung von Bundesrepublik Deutschland, Frankreich, Großbritannien, Spanien, Belgien und den Niederlanden darstellt.

Wurden 1983 von 46 Fluggesellschaften 352 Airbusse fest geordert (einschl. des Airbus A 310), so müssen doch noch zwischen 800 und 900 Flugzeuge dieses Typs (A 300 und A 310) verkauft werden, um beim Hersteller die hohen Entwicklungskosten decken zu können. Daß es auf dem zivilen Flugzeugherstellermarkt aber äußerst schwierig ist, Gewinne zu erzielen, liegt letztlich im hohen Risiko begründet, das Fluggesellschaften beim Kauf neuer Jets eingehen. Der internationale Luftverkehrsmarkt ist gekennzeichnet vom harten Konkurrenzkampf der Fluggesellschaften untereinander. In der jüngsten Vergangenheit waren nur zwei Flugzeugtypen, die Boeing B 707 und B 727, auch wirtschaftliche Erfolge. Und von einigen Ausnahmen abgesehen, mußten die Fluggesellschaften Ende der siebziger, Anfang der achtziger Jahre aufgrund weltwirtschaftlicher Entwicklungen beträchtliche Verluste hinnehmen (1980: 2,5 Mrd. Dollar). Heute investieren Hersteller von Flugzeugen, Triebwerken und Flugelektronik (Avionik) Milliardenbeträge, um den gestiegenen Forderungen bei den Fluggesellschaften und Flughäfen nach energiesparenden und umweltfreundlicheren Flugzeugen entsprechen zu können. Sie treiben dafür technische Entwicklungen wie die Verwendung von leichteren Werkstoffen, die Einführung höherer Automatisierung im Cockpit und einer verfeinerten Aerodynamik am Flugzeugflügel voran und wollen so ein Höchstmaß an Wirtschaftlichkeit erzielen.

1988 wurden weltweit mehr als 550 Fluggesellschaften (für den nationalen und internationalen Verkehr sowie für Luftfracht und Charterverkehr) registriert. Unter ihnen befand sich auch ein so großes Dienstleistungsunternehmen wie die „Aeroflot", die Luftverkehrsgesellschaft der UdSSR, mit den meisten Flugverbindungen weltweit, dem größten Passagieraufkommen pro Jahr, mit der zahlen- und typenmäßig umfangreichsten Flugzeugflotte und mehr Mitarbeitern als die größten westlichen Gesellschaften zusammen. Im Zuge des politischen Zerfalls der UdSSR in zahlreiche souveräne Einzelstaaten gipfelte der Zerfallsprozeß der „Aeroflot" bis 1991/92 in der Gründung von 35 Luftverkehrsgesellschaften, die − sowohl in den GUS-Staaten als auch in den nicht der GUS angehörenden Ländern − zum größten Teil aus früheren Aeroflot-Direktoraten hervorgingen. So listete 1991 das „Flight International World Airline Directory" 697 nationale und internationale Luftverkehrsgesellschaften auf, obwohl die sich seit 1989/90 abzeichnenden verschärften Marktbedingungen im Weltluftverkehr bei allen Gesellschaften in der Reduzierung von Serviceleistungen, der Entlassung von Mitarbeitern, in verspäteten Frachtlieferungen oder sogar in der Einleitung von Konkursverfahren ihren Niederschlag fanden. Steigende Kosten und gleichzeitig sinkende Beförderungstarife, die sich rasch verändernde weltpolitische Lage sowie der die gesamte zivile Luftfahrt stark belastende Krieg am persischen Golf führten letztlich auch zum Ruin von „PanAm". Als am 1. November 1991 „PanAm" mit dem letzten B-747-Flug in die USA ihren Dienst ab Frankfurt am Main einstellte, hieß es Abschied nehmen von einer Luftverkehrsgesellschaft, die Geschichte geschrieben hatte. Von den leistungsfähigen Fluggesellschaften des asiatischen Raums einmal abgesehen, beherrschen nach wie vor die großen amerikanischen und europäischen Fluglinien mit ihren rechnergesteuerten

Reisevertriebs- und Großreservierungssystemen den Luftverkehrsmarkt der Welt. Aufgrund der bereits in den USA erfolgten Liberalisierung des Luftverkehrs („Deregulation"), des ab 1993 zu verwirklichenden Europäischen Binnenmarktes und der damit zu erwartenden Liberalisierung des europäischen Luftverkehrs, steht die eigentliche Expansion des Weltluftverkehrs unmittelbar bevor. Das gilt vor allem für den Touristik- und Luftfrachtverkehr. Es geschieht allerdings bei erschwerten weltwirtschaftlichen Rahmenbedingungen und komplizierteren Marktmechanismen, und es muß außerdem dafür zur dringend erforderlichen Einführung übernationaler, technisch verbesserter Flugsicherungs-Kontrollzentren kommen.

Die Bodenorganisation

Die Bodenorganisation der Luftfahrt umfaßt alle ortsfesten und beweglichen Einrichtungen und Anlagen, die dem Flugbetrieb und der Flugsicherung dienen. Zum Bodenpersonal zählen alle Personen, die als nichtfliegendes Personal im operativen oder administrativen Bereich tätig sind.

Verkehrsflughäfen, deren Anlagen und Einrichtungen für Starts und Landungen sowie für die Abfertigung, die Wartung und das Abstellen von Luftfahrzeugen vorgesehen sind, ermöglichen zugleich den Übergang von Personen (Passagieren), Fracht (Cargo) und Post von Boden- auf Luftbeförderung und umgekehrt. In den meisten Fällen liegen sie am Rande von Großstädten (mehr als 10 km entfernt von Industrie-, Finanz- oder Dienstleistungsmetropolen) und sehen ausreichend lange und entsprechend besfestigte Start-, Lande- und Rollbahnen für Jet- und Großraumflugzeuge sowie flugsicherungstechnische Einrichtungen für den Allwetterflugbetrieb vor. Weltstädte wie Paris, London oder New York besitzen zwei oder mehr Verkehrsflughäfen, unterschieden nach nationalem oder internationalem, Linien- oder Charter-Verkehr. Anbindungen von Flughäfen an das Bodenverkehrsnetz (Autobahn, Eisenbahn, S- und U-Bahnen sowie Busverbindungen für den city-nahen Verkehr) werden heute als unabdingbare Voraussetzung für einen reibungslosen Verkehrsverbund und -umschlag angesehen. Unverzichtbar für eine schnelle und sichere Flugverkehrsabwicklung sind Abfertigungsgebäude für Fluggäste (Terminals), Gepäck, Fracht (Cargo-Terminal oder Cargo-Center) und Post (Luftpostamt), Tanklager und Betankungseinrichtungen (Tankwagen oder Unterflurbetankung), Hallen (Hangars) für Flug-

zeug-Wartungs-, Reparatur- und Überholungsarbeiten, eine Vielzahl
von Spezial-Fahrzeugen und -Geräten für die Flugzeugbeladung und
-versorgung (einschl. Catering), Feuerwachen mit Speziallösch- und
Rettungsfahrzeugen sowie flugsicherungstechnische Anlagen wie Be-
feuerungseinrichtungen, Flugwetterwarte, Kontrollturm (Tower) mit
Radar- und Computereinrichtungen sowie Funknavigationsanlagen
für die Vorfeldkontrolle und den an- und abfliegenden Verkehr.

Die Entwicklung der Flughäfen folgte im wesentlichen der Entwicklung des Fluggeräts, der sich rasch wandelnden Flugtechnik, und
paßte sich den jeweiligen Erfordernissen des sich in den zwanziger
Jahren formierenden Luftverkehrs an. Die dreißiger Jahre brachten die
eigentliche Wende durch die Einrichtung einer echten Bodenorganisation, die in der Lage war, einen planmäßigen Linienverkehr zu garantieren. Mit der Einführung der neuen Jet-Flugzeuge gegen Ende der
fünfziger Jahre wurden erhebliche Verlängerungen und Erweiterungen
der Start- und Landebahnsysteme, stärkere Befestigungen der Start-
bahndecken und die zur Flugzeugabfertigung erforderlichen Erweiterungen der Gebäude und Einrichtungskapazitäten notwendig. Bei einem in der Vergangenheit rapide gewachsenen Flächenbedarf dehnen
sich heute Flughäfen im Durchschnitt auf etwa 2000 Hektar aus.

Häufig bieten Verkehrsflughäfen heute das Bild vollfunktionstüchtiger „Städte" im Tag- und Nachtbetrieb. Flughafen-Klinik, flugärztliche Dienste, besondere Besucherdienste mit Besucherterrasse und Rundfahrtbussen, Standplätze für Busse und Taxis, Parkplätze und Parkhäuser für die zahlreichen Personenkraftwagen, Dienststellen für Polizei, Zoll und Bundesgrenzschutz, eine Vielzahl von Geschäften und Restaurants im Fluggast-Terminal sowie Möglichkeiten der Unterhaltung (Kino, Kegelbahn, Diskothek) lassen moderne Großflughäfen zu Orten geschäftigen Lebens werden. Bei Geschäftsleuten wird es zunehmend beliebter, Tagungen und Kongresse direkt am Flughafen durchzuführen. Hotels, Büro- und Tagungsgebäude kommen vielerorts dieser Nachfrage bereits entgegen.

Als Wachstumsbetriebe zählen heute Verkehrsflughäfen zu den Wirtschaftsunternehmen mit den sichersten Arbeitsplätzen. So auch der Flughafen Frankfurt Main, der 1991 mit 54 000 Beschäftigten und 392 Arbeitsstätten Hessens größter Arbeitgeber war. Zählt man die erfaßbaren Arbeitsstätten des Luftverkehrs im Umland sowie die zivilen Arbeitsstätten auf der im Süden des Verkehrsflughafens gelegenen US Air Base hinzu, so sind insgesamt rund 60 000 Arbeitsplätze im Rhein-Main-Gebiet direkt mit dem Flughafen Frankfurt Main verbunden. Der Flughafen selbst gibt mit seiner jährlich steigenden Anzahl von Arbeitsplätzen, seinen hochqualifizierten und mit gutem Einkommen ausgestatteten Mitarbeitern (bei Flughafen Frankfurt Main AG, Deutsche Lufthansa, Fluggesellschaften, Speditionen, Mineralölfirmen, Handel, Banken, Catering-Betrieben, Berater-Firmen, Reinigungsbetrieben, Behörden) und seinem jährlich wachsenden Luftverkehrsaufkommen wichtige wirtschaftliche Impulse nicht nur der Stadt Frankfurt am Main und dem Land Hessen, sondern auch der gesamten Bundesrepublik. Um die Fluggastabfertigungskapazität von 30 Millionen Fluggästen im Jahr bis zum Jahr 2000 noch zu erhöhen, werden in die geplanten umfangreichen landseitigen Ausbaumaßnahmen Investitionsmittel in Höhe von rund 8 Milliarden DM fließen.

1991 konnte man auf 100 Jahre Menschenflug nach dem Prinzip „schwerer als Luft" zurückblicken. In dieser für die Menschheitsgeschichte nur kurzen Zeitspanne hat die technische Entwicklung des Flugzeugs, als Verkehrsmittel, als Transport-, Rettungs- und Sportgerät sowie als Waffe, ihre eindrucksvollen positiven aber auch negativen Spuren hinterlassen. Die gesellschaftlichen, wirtschaftlichen und kulturellen Fortschritte des 20. Jahrhunderts wären ohne die rasante Entwicklung des Flugzeugs als Verkehrs- und Kommunikationsmittel nicht denkbar gewesen. Doch die Zweigesichtigkeit, wie sie uns in der

Technik der Luft- und Raumfahrt des ausgehenden 20. Jahrhunderts begegnet, stellt die Weltbevölkerung heute und in Zukunft vor große Probleme. Bei aller Verbesserung der grenzüberschreitenden Kommunikationsmöglichkeiten durch das Flugzeug – Tourismus, globale wirtschaftliche Verflechtungen sowie der geistig-kulturelle Austausch zwischen den Völkern wurden gerade durch das Massenverkehrsmittel Flugzeug gefördert – ist doch gleichzeitig die weltweite Bedrohung durch die militärische Luft- und Raumfahrt in nie gekanntem Ausmaß gestiegen. Die am Ende der achtziger Jahre und zu Beginn der neunziger Jahre wachsende öffentliche Kritik sowohl an der permanent expandierenden Zivilluftfahrt als auch an der militärischen Flug- und Raketentechnik mit deren nuklearem Bedrohungspotential hat ihren Grund in der zunehmend mangelnden Bereitschaft großer Teile der Bevölkerung, die negativen Auswirkungen der zivilen und militärischen Luftfahrt auf ihre Lebensqualität hinzunehmen. Vor allem in der dichtbesiedelten Bundesrepublik Deutschland äußerte sich mit steigendem Umweltbewußtsein der Unmut der Bevölkerung von Großstädten, Nachbargemeinden, ja von ganzen Regionen bereits seit den siebziger Jahren. Man wehrt sich gegen die Umweltbelastungen – Beanspruchung großer Landflächen, Luft- und Grundwasserverunreinigung, Fluglärm, hervorgerufen durch zivile Nachtflüge oder militärische Tiefflüge –, die von Verkehrsflughäfen, von deren Erweiterungs- oder Neubaumaßnahmen sowie von Militärflugplätzen ausgehen. Diese Situation kennzeichnet auch die Problematik heutiger Verkehrsflughäfen in der Bundesrepublik, sich entwickeln zu müssen zwischen wirtschaftlichen Erfordernissen, zukunftsorientierter Flugtechnik und Luftverkehrsplanung für das 21. Jahrhundert auf der einen, sowie Umweltschutz und Militärluftfahrt auf der anderen Seite. Dennoch, für die Weiterentwicklung der zivilen Verkehrsluftfahrt unter dem Aspekt zunehmender Umweltverträglichkeit zu plädieren, steht uns an, berücksichtigt man die bereits erbrachten und noch zu erwartenden energiesparenden und umweltfreundlichen Erfolgsleistungen der Flugtechnik und der am Boden operierenden Luftverkehrs- und Flugsicherungseinrichtungen.

Literaturnachweise

1 Jacques-Alexandre César Charles' Ausführungen zu seinem zweiten Ballon-
   Aufstieg. In: „Cursus der Physik", übersetzt nach dem „Journal de Paris",
   Nr. 347/48, 13./14. Dezember 1783

2 *Goethe*, Johann Wolfgang von: Werke (Sophien-Ausgabe). Weimar 1890f., II. Abt. Bd. 6, S. 219f.
3 Friedrich Melchior Grimm (1977), aus: „Literarische Korrespondenz" von 1783, Paris, S. 438
4 *Stephan*, Heinrich von: Weltpost und Luftschiffahrt. Berlin, 1874, S. 1
5 Vgl. 4, S. 71.
6 *Schwipps*, Werner: Der Mensch fliegt. Koblenz, 1988, S. 5

Informationsübermittlung und Informationsverarbeitung

Ulrich Wengenroth

Über große Entfernungen wurden Nachrichten in vorindustrieller Zeit fast ausschließlich von Boten überbracht, sei es mündlich oder schriftlich. Ein Mensch oder eine sich ablösende Kette von Menschen nahm die Botschaft an sich und trug sie zum Empfänger. Das Tempo der Nachrichtenübermittlung entsprach damit der Geschwindigkeit, mit der sich die Boten fortbewegen konnten. Das schnellste Mittel auf dem Lande war hierzu das Pferd. Auf größeren Strecken erreichten die Reitposten am Ende ihrer Ära Durchschnittsgeschwindigkeiten von etwa 13 km/h. Von Berlin nach Hamburg benötigten sie im Jahre 1841 22,5 Stunden; von Berlin nach St. Petersburg dagegen schon an die 130 Stunden und das auch nur bei guten Witterungsverhältnissen [1]. Noch größere Geduld war gefordert, wenn ein Teil der Strecke über Wasser führte. So hatte im Jahre 1776 die Nachricht von der amerikanischen Unabhängigkeitserklärung 48 Tage bis nach London gebraucht [2].

Von der optisch-mechanischen zur elektrisch-mechanischen Kommunikationstechnik

War schnelles Reagieren auf Neuigkeiten geboten, woran vor allem Regierungen und Militär stets größtes Interesse hatten, dann war das direkte „Überbringen" nervzermürbend langsam. Brieftauben flogen zwar schneller als Boten ritten, doch mußten sie zuerst zum Absender gebracht werden und dieser damit immer im vorhinein bekannt sein. Schon um 150 v.Chr. hatte Polybios (um 200 – um 120 v.Chr.) darum die buchstabenweise Übertragung von Meldungen durch Fackelsignale vorgeschlagen. Als einfaches Warnsystem, ohne die von Polybios ins Auge gefaßte Möglichkeit ganze Worte zu übertragen, wurden von der römischen Armee entlang des Limes Fackelsignale benutzt. Diese Art der Nachrichtenübertragung war zwar sehr personal-

Der griechische Geschichtsschreiber Polybios (um 200 – nach 120 v. Chr.) berichtet, daß im 5. Jahrhundert v. Chr. Kleoxenos und Demokleitos eine Fackeltelegraphie erfunden hätten, mit der sich die Buchstaben des Alphabets übermitteln ließen. Beide ,,Funkstationen'' benutzten eine quadratische Tafel, die in fünf mal fünf Felder mit je einem Buchstaben des Alphabets geteilt war. Wurden nun beispielsweise an der linken Seite einer Station drei Fackeln hochgehalten, so wußte die Gegenstation, daß damit ein Buchstabe aus der dritten waagerechten Reihe gemeint war. Wurden anschließend auf der rechten Seite der Station zwei Fackeln gezeigt, dann war der Buchstabe gleichzeitig in der zweiten senkrechten Reihe zu finden. Das Schnittfeld beider Reihen legte exakt den signalisierten Buchstaben fest. Dieses Verfahren war zwar etwas umständlich, aber in Sichtweite konnten vollständige Nachrichten übermittelt werden.

intensiv und daher für wirtschaftliche Zwecke nicht vertretbar; die Geschwindigkeit übertraf jedoch die der Boten bei weitem.

Im 18. Jahrhundert kehrte dieses Prinzip der Zeichenübertragung auf Sicht in technisch verbesserter Form als mechanisch-optischer *Telegraf* zurück. Statt der von Hand bewegten Fackeln wurden jetzt Signalbalken auf hohen Masten eingesetzt und über große Entfernung mit Hilfe von Fernrohren, die es in der Antike noch nicht gegeben hatte, abgelesen. Dies waren die schnellsten Meldesysteme in der Frühzeit des Industriezeitalters. Sie standen jedoch ausschließlich im Dienste des Militärs. Mit gut trainierten Bedienungsmannschaften konnten auf diese Weise auch auf großen Strecken ganz beachtliche Übertragungsgeschwindigkeiten erzielt werden. So dauerte die Übertragung eines Zeichens über 46 Stationen auf der 400 km langen Strecke von Straßburg nach Paris ganze sechseinhalb Minuten [3].

War dies für die Zeitgenossen atemberaubend, so zeigte sich bald darauf mit den ersten Anwendungen der Elektrizität, daß diesem Medium die Zukunft der Kommunikationstechnologie gehören würde, aus wirtschaftlichen Gründen ebenso wie aufgrund seiner überragenden technischen Leistungsfähigkeit. Der elektrische Telegraf versprach durch das Einsparen optischer Relaisstationen nicht nur eine große Kostenersparnis und eine höhere Übertragungsgeschwindigkeit, sondern auch eine viel geringere Fehlerrate, da es weniger Möglichkeiten zu mißverstandenem Ablesen und Umsetzen der Information gab. Die Übertragungsfehler hörten mit der elektrischen Nachrichtentechnik zwar nicht auf, doch das Fehlerpotential wurde entscheidend kleiner. Der positive ökonomische Effekt lag damit neben der Verbilligung durch Personaleinsparung sowohl in der Beschleunigung, vor allem auf große Distanzen, wie auch in der Verbesserung der Übertragungsqualität.

Nach Vorversuchen in Deutschland durch Samuel Thomas Soemmerring (1755–1830), Pawel Schilling von Canstadt (1786–1857) und die beiden Göttinger Gelehrten Carl Friedrich Gauß (1777–1855) und Wilhelm Weber (1804–1891), gelang dem Engländer William F. Cooke (1806–1879) schließlich die dauerhafte Installation eines elektrischen Telegrafen. Nach ersten öffentlichen Versuchen im Jahr 1837 gründete er 1846 die „Electric Telegraph Company", mit der die nachrichtentechnische Industrie im damals führenden Industrieland ihren Anfang nahm [4]. Zeitgleich richtete in den USA der Portraitmaler Samuel Morse (1791–1872) die ersten Versuchslinien für seinen „schreibenden Telegrafen" ein, der im Unterschied zu den englischen Zeigerapparaten eine aufgezeichnete Nachricht auf einem Papierstreifen hinterließ [5].

Während die Regierungen in beiden Ländern anfangs nur wenig Interesse zeigten, machten Börse, Presse und die Eisenbahnen sogleich

Wilhelm Weber (1804–1891) und Carl Friedrich Gauß (1777–1855) beim Telegraphieren. Das Stadtbild von Göttingen zeigt einen Teil des Leitungsverlaufes.

regen Gebrauch von dem neuen Nachrichtenmedium. Die mit der Industrialisierung rasch anwachsenden Warenströme verlangten ebenso nach einem in seiner Leistungsfähigkeit verbesserten Informationsmanagement, sollte es nicht zu einer steigenden Zahl von verlustbringenden Fehlleitungen und Wartezeiten kommen, die schließlich das industrielle Wachstumspotential beschränken würden.

Der elektrische Telegraf wurde schnell zum selbstverständlichen Kommunikationsmittel der Wirtschaft und damit selbst zu einem gewichtigen Wirtschaftsfaktor. In Großbritannien gab es gut zwei Jahrzehnte nach Cookes erstem Unternehmen bereits fünf Telegrafengesellschaften, zu denen die eigenen Systeme der Eisenbahnen kamen. Das Netz hatte eine Gesamtlänge von über 30 000 km und damit deutlich mehr als die Eisenbahn, deren Trassen die Telegrafenlinien gleichwohl nach Möglichkeit nutzten. Es bewältigte jährlich rund sechs Millionen Telegramme, wovon etwa 800 000 über internationale Leitungen ins Ausland und nach Übersee gingen[6]. Amerika war seit 1866 telegrafisch mit Europa verbunden. Die dominierende Stellung in der internationalen Telegrafie hatten englische Gesellschaften, deren Netze den Bedürfnissen des Empire entsprachen und zum Ende des 19. Jahrhunderts eine Gesamtlänge von annähernd 250 000 km erreicht hatten[7]. Der Telegraf war die erste permanent erdumspannende Technik. Produktion und Gütertransporte konnten nun weltweit aufeinander abgestimmt werden.

Doch auch die Nachricht selbst wurde jetzt zu einer immer reger gehandelten Ware, da ihr Wert mit der vom Telegrafen garantierten Aktualität stark gewachsen war. Viel Aufsehen erregte 1845 in London die erste dank telegrafischer Personenbeschreibung gelungene Verhaftung eines flüchtigen Mörders[6]. Drei Jahre später gab die Revolutionsbewegung von 1848 den Anlaß für den Bau des ersten militärischen Telegrafen in Preußen, den der Seconde-Lieutenant Werner Siemens (1816–1892) zwischen dem Ort der Bundesversammlung in Frankfurt und dem Zentrum der alten Macht in Berlin einrichtete[9]. In den beiden Revolutionsjahren wurden auch die ersten Nachrichtenagenturen gegründet, die sich der neuen Technik bedienten, nämlich 1848 die Associated Press New York, Wolffs Telegraphisches Bureau Berlin und 1849 Reuters Telegraphenbureau Aachen, das 1851 nach London verlegt wurde. Nachrichten wurden mit dem Telegrafen zum eigenständigen Geschäft und das preiswerte Abonnement bei einer der neuen Presseagenturen, allen voran das englische Reuter-Büro, zur Grundlage einer expandierenden billigen Massenpresse, die Aktualität und Weltläufigkeit bis in die Provinz trug[10].

Eine ganz neue Dimension erfuhr der Nachrichtenaustausch mit der Entwicklung des *Telefons*, bei dem statt eines Codes die menschliche Stimme selbst elektrisch übertragen wurde. Mit dem Telefon verwischten sich endgültig die Grenzen zwischen geschäftlicher und privater Nutzung.

Dem amerikanischen Arzt und Spezialisten für Taubheit, Alexander Graham Bell (1847–1922) war 1876 erstmals eine verständliche Sprachübertragung gelungen. Er erfaßte sofort das wirtschaftliche Potential seiner Erfindung und gründete, nachdem er alle Komponenten seines Telefonsystems durchgearbeitet hatte, 1877 die Bell Telephone Co., aus der 1885 die American Telephone and Telegraph Co. (A.T.&T.) hervorging, das größte private Dienstleistungsunternehmen der bisherigen Wirtschaftsgeschichte[11]. Schon im ersten Jahr installierte Bell 3000 Telefone. Der Aktienwert seiner Gesellschaft stieg in diesem Jahr um 2000%. Drei Jahre später gab es in den USA bereits 30 000 Fernsprechanschlüsse. Mit dem Telefon hatte die amerikanische Industrie zugleich die dominierende Rolle in der Nachrichtentechnik übernommen – technisch wie ökonomisch. 1921 gab es allein in New York ebensoviele Telefonanschlüsse wie in ganz Großbritannien (1 Million) in Chicago so viele wie in Frankreich (0,5 Millionen) und in beiden Städten zusammen nicht viel weniger als in Deutschland (1,8 Millionen)[12].

Die Einfachheit des Gebrauchs und die bislang unbekannte Intimität und Unmittelbarkeit des Informationsaustauschs ließ das Telefon rasch zum bevorzugten Kommunikationsmittel von Wirtschaft und Verwaltung werden, das nach dem Telegramm selbst den Brief verdrängte. Auch hierin gingen die USA Europa und der Welt voran, wie folgende Aufstellung aus dem Jahre 1909 zeigt. [X-5.2]

Dieses Tischtelefon wurde 1894 von der Firma Ericsson hergestellt. Der Hör- und der Sprechteil mit Mikrofon sind hier als Handapparat gestaltet. Das Gerät fand bei vielen Kunden regen Anklang.

Zahl und Art der Informationsübermittlung im Jahr 1909 in Milliarden[13]

Nachrichtenmittel	Europa	USA
Briefe 1. Klasse	15,38 (74,4%)	8,79 (40,9%)
Telegramme	0,34 (1,7%)	0,10 (0,4%)
Telefongespräche	4,94 (23,9%)	12,62 (58,7%)

Die Bedeutung des Telegramms konzentrierte sich nach dem Erscheinen des Telefons immer stärker auf geschäftliche Nachrichten, für die ein schriftlicher Beleg gewünscht wurde. Zudem bot der selbsttätig schreibende Telegraf weiterhin den Vorteil, einen Adressaten auch dann zu erreichen, wenn er nicht an seinem Empfangsgerät saß. Da die rasch expandierenden Telefonnetze zum Telegrafieren mitbenutzt werden konnten, erzielte die Telegrafie darüber hinaus durch das Telefon eine Flächendeckung, die sie selbst vermutlich nie wirtschaftlich hätte tragen können.

Eine zeitlich befristete technische Überlegenheit hatte die Telegrafie zunächst noch bei der Überwindung großer Entfernungen. Das komplexere Signal des Telefons war störanfälliger, und vor allem aufgrund kapazitiver Verluste in den Leitungen war in der Anfangszeit nur in einem Radius von etwa 35 km eine gute Sprachverständlichkeit gewährleistet. Dickere – das hieß aber auch teurere – Kabel oder unschöne und anfälligere Freileitungen erlaubten, die Distanz auf etwa 100 km auszudehnen. Darüber hinaus wurde diese einfache Methode jedoch schnell unwirtschaftlich. Erst durch die Einfügung von Induktionsspulen [14] konnte die Sprechentfernung kurz nach der Jahrhundertwende auf 600 km bis 1000 km ausgedehnt werden.

Die auffälligen *Unterschiede* zwischen den USA und Europa beschränkten sich im Bereich von Telegraf und Telefon nicht nur auf die Verbreitung und die unterschiedliche oder besser: die zeitlich verschobene Nutzungsintensität dieser Nachrichtenmedien. Während die Telekommunikation in den USA dauerhaft privatwirtschaftlich betrieben wurde, gingen die europäischen Länder entweder nach einer Anlaufzeit zum Staatsmonopol über oder ließen von vornherein gar keine privaten Anbieter in den Markt. Letzteres mußte zum Beispiel Emil Rathenau (1838–1915), der Gründer der AEG, erfahren. Als er 1880 das Bellsche Telefonsystem in Berlin einführen wollte, scheiterte er an dem Einspruch des Berliner Polizeipräsidenten ebenso wie an dem unerbittlichen Widerstand des Generalpostmeisters Heinrich Stephan (1831–1897), der dieses neue Betätigungsfeld der „Reichs-Post- und Telegraphenverwaltung" vorbehalten wollte [15].

Telegraf und Telefon galten in Europa als Dienstleistungen, die jedermann zu gleichen Bedingungen zur Verfügung stehen sollten und darum nur vom Staat gewährleistet werden könnten. In der Tat hatten häufige und massive Proteste britischer Handelskammern über die ungenügende Versorgung durch die privaten Telegrafen-Gesellschaften dazu beigetragen, daß das britische Parlament 1868 die inländische Telegrafie in ein Staatsmonopol überführte [16]. In den USA wurde eine vergleichbare Versorgungssicherheit durch das faktische private Monopol der Bell-Gesellschaften gewährleistet, die ihre marktbeherrschende Stellung mit dem Slogan „one policy, one system, universal service" gegen ihre zahlreichen Kritiker verteidigten[17]. Einen freien Wettbewerb mehrerer Anbieter gab es auf diesem Gebiet bis in die jüngere Vergangenheit, als A.T.&T. in den USA durch mehrere Gesetze und Verordnungen zwischen 1976 und 1982 zur Aufgabe ihrer marktbeherrschenden Stellung gezwungen wurden[18], nicht.

Die Aufzeichnung von Ton und Bild

Die elektrische Übertragung der menschlichen Stimme durch das Telefon eröffnete nicht nur dem privaten Informationsaustausch eine neue Dimension, sondern schuf zugleich die Grundlage einer elektrischen Unterhaltungsindustrie, die ebenso wie das Telefon in die Privatsphäre eindrang, dort ihre größte Verbreitung und damit einen nahezu unerschöpflichen Markt fand. An ihrem Ursprung steht Thomas Alva Edison (1847–1931), einer der genialsten Unternehmer-Erfinder des 19. Jahrhunderts, auf dessen Arbeiten auch die elektrische Beleuchtung mit ihren öffentlichen Elektrizitätswerken zurückgeht. [VIII-5.3]

Edison wandte sich sogleich einer Schwachstelle des Bellschen Telefons zu, dem *Mikrofon*. Bereits nach einem Jahr konnte er ein verbessertes Mikrofon vorstellen, nach dessen Prinzip bis in die jüngste Vergangenheit die meisten Telefonmikrofone arbeiteten. Da das Eindringen in das Geschäft mit dem Telefon durch die Bellschen Patente verhindert wurde, wandte sich Edison der Sprachaufzeichnung zu und stellte 1877 seinen ersten Phonographen vor. Zunächst als Diktiergerät für den Einsatz im Geschäftsleben gedacht, entwickelte Emil Berliner (1851–1929) in den USA daraus die Schallplatte, die in Deutschland 1898 von der „Deutschen Grammophon-Gesellschaft" zusammen mit einem von Berliner „*Grammophon*" genannten Apparat auf den Markt gebracht wurde[19].

Hatte das Telefon Gespräche mit entfernten Partnern möglich gemacht, ohne daß das Haus verlassen werden mußte, so brachte die Schallplatte Unterhaltung in die eigenen vier Wände. Noch vor dem Ersten Weltkrieg übertrafen die jährlichen Produktionszahlen der Grammophonhersteller die Millionengrenze und selbst die Süßwarenindustrie bot bereits Schokolade-Schallplatten für den weihnachtlichen Gabentisch der Kinder an[20]. Der Telegraf hatte die Nachricht zur leicht konsumierbaren Ware gemacht und die Zeitung zu einem Massenmedium werden lassen; Edisons Phonograph wies den Weg zur Kommerzialisierung der allgegenwärtigen Unterhaltungsmusik.

Um die Jahrhundertwende war das Photographieren schon lange auch zu einer Liebhaberei für Amateure geworden. Eine umwälzende Neuerung war 1889 die erste Rollfilmkamera von George Eastman, die sogenannte Kodak-Kamera. Sie verwendete Nitrozellulose-Rollfilme, eine Erfindung des amerikanischen Pfarrers Hannibal Goodwin (1822–1900), mit einer Spule für 100 kreisrunde Bilder mit einem Durchmesser von ungefähr 6 cm.
Die neue Kodak fand schnell ihren Abnehmerkreis: der Käufer erhielt für 25 Dollar eine fertig mit einem Film geladene Boxkamera. Für die einfache Handhabung spricht die Reklame: Nachdem der Kunde seine Aufnahmen gemacht hatte, schickte er die ganze Kamera mit dem belichteten Film ein; im Großlabor wurde der Film entwickelt und Negative hergestellt. Die mit einem neuen Film geladene Kamera und die Papierabzüge gingen in einem Paket für 10 Dollar an den Kunden zurück. Damit war für die Popularität der „Photographie für jedermann" ein entscheidender Schritt getan.

Sehr viel schwieriger gestaltete sich der Versuch der optischen Aufzeichnung und Übermittlung. Zwar gab es mit der *Fotografie* schon seit der ersten Hälfte des 19. Jahrhunderts ein neues Aufzeichnungsverfahren, das jedoch, wie die immer noch viel weiter verbreiteten traditionellen Verfahren des Holzstichs, der die Illustrierten beherrschte, auch nur stehende Bilder bot. Oft genug diente die Fotografie ohnehin bloß als Vorlage für andere Verfahren. Dies änderte sich erst, als mit der Autotypie in den achtziger Jahren die preiswerte Vervielfältigung der Fotografie im Druck möglich wurde. Doch schienen die nun häufiger in Illustrierten auftauchenden Fotografien das Publikum zumindest bis zum Ersten Weltkrieg nicht besonders zu beeindrucken. Ein Durchbruch der Pressefotografie und der Fotoillustrierten war trotz der technischen Möglichkeiten vorerst nicht zu verzeichnen [21].

Wohl aber fand die Fotografie um die Jahrhundertwende Eingang in den Privatbereich, wobei die einfach zu bedienenden amerikanischen Kodak-Apparate eine Pionierrolle spielten. Sie wurden bereits mit Filmrolle für 100 Bilder ausgeliefert und nach deren Belichtung komplett zur Entwicklung des Films und Herstellung der Papierabzüge zurückgegeben. Diese Kameras waren von vornherein für die Massenproduktion und für ein fachunkundiges Publikum konzipiert. „You press the button. We do the rest." – war der Werbespruch, hinter dem sich die äußerst erfolgreiche Absatzstrategie für diese benutzerfreundliche Konsumtechnik verbarg, die Eastman Kodak nach der Jahrhundertwende bereits Jahresumsätze von mehreren Millionen Dollar einbrachte [22]. Diese verdankten sie jedoch zu einem großen Teil auch schon dem zweiten Standbein der Firma, dem Kinofilm.

Bei der Realisierung des *Films* spielte wiederum Thomas Alva Edison eine entscheidende Rolle. In dessen Forschungslabor wurde der erste praxistaugliche Filmprojektor für den heute noch üblichen 35 mm Film mit beidseitiger Perforierung entwickelt. Er kam 1894 auf den Markt und erwies sich als durchschlagender Erfolg. Von sehr viel größerer wirtschaftlicher Bedeutung als die Vorführ- und Aufnahmegeräte war jedoch bald schon die Filmindustrie, die ständig neues Material für die Kinoapparate produzierte. 1907 ging die größte Firma, Pathé Frères, dazu über, ihre Filme nicht mehr zu verkaufen, sondern zu verleihen und dabei die Häufigkeit der Vorführung und die Größe des Filmtheaters in Rechnung zu stellen [23]. Damit war nicht mehr analog dem Buch oder der Zeitung der Film selbst, sondern das Recht ihn zu sehen Gegenstand des Geschäfts, was freilich die Herstellung einer großen Zahl von Raubkopien auch nicht verhindern konnte. Das Zentrum der Filmindustrie, das am Vorabend des Ersten

Weltkrieges noch in Frankreich gelegen hatte, woher zu diesem Zeitpunkt 90% der Filmproduktion stammte, ging nach dem Krieg in das Land des größten Absatzmarktes, die USA, und dort an den Standort der unabhängigen Filmproduzenten, nach Hollywood.

Mit den Informationstechniken Film und Schallplatte, die zunächst freilich noch in weit stärkerem Maße auf mechanischen und chemischen anstelle elektrischer Innovationen beruhten, waren völlig neue Produktkategorien geschaffen worden. Gloria Swanson (geb. 1899) und Enrico Caruso (1873–1921) wurden zu weltweit verfügbaren „Markenwaren", deren Absatz über Bekanntmachung und Werbung in der Massenpresse – mit Bild – lanciert wurde. Nicht Dinge wurden massenproduziert und verkauft sondern Emotionen, die unmittelbarer und darum auch absatzwirksamer das Gemüt ansprachen als das traditionelle vervielfältigte Medium Buch. Ihren kulturprägenden Durchbruch erlebten diese neuen elektrischen Medien jedoch erst mit der folgenden Umwälzung der gesamten Informationstechnik durch die Entwicklung der Elektronik auf der Basis massenproduzierbarer Hochvakuum-Elektronenröhren, für deren Herstellung wesentliche Erfahrungen aus der bereits Millionenzahlen erreichenden Glühlampenproduktion nutzbar gemacht werden konnten.

Die elektronische Kommunikationstechnik

Nur wenige einzelne Artefakte hatten eine solch durchschlagende Wirkung auf ganze Wirtschaftssektoren und die Alltagskultur wie die *Elektronenröhre*. Als erstes nichtmechanisches aktives Element steht sie am Anfang der Elektronik. Sie erwies sich als ein ungewöhnlich flexibles und dabei äußerst preiswert zu produzierendes Bauteil, das vor allem durch seine zwei wichtigsten Eigenschaften, Wechselströme verstärken und gleichrichten zu können, der Informationstechnik zuvor ungeahnte Dimensionen eröffnete. Sie schuf binnen weniger Jahre die Grundlagen für weltumspannende automatisch funktionierende Kommunikationsnetze und die kulturell wie politisch immer bedeutender werdende Medienwelt von Radio und Fernsehen.

Die Grundform der Elektronenröhre, die Triode, war 1906 gleichzeitig in den USA und in Österreich entwickelt worden, kam jedoch erst im Verlaufe des Ersten Weltkrieges in größerer Zahl zum Einsatz, wobei die größte Telefongesellschaft der Welt, die amerikanische A.T.&T., die Entwicklungsarbeit am energischten und auch am erfolgreichsten vorantrieb. Seit 1915 arbeiteten Elektronenröhren im Telefonnetz[24], wo sie nun dank ihrer Verstärkerwirkung einerseits eine Sprechverbindung über jede beliebige Distanz auf dem Lande herstellen konnten, andererseits dazu auch auf große Entfernung bei gleicher Leistung sehr viel dünnere – und das hieß billigere – Kabel nutzen konnten. Dies war nicht nur eine Folge der Verstärkung sondern vor allem auch der Möglichkeit, ohne Qualitätsverlust über ein Kabel gleichzeitig eine Vielzahl von Gesprächen auf getrennten Kanälen zu führen. Röhrenverstärker sparten viele Tonnen Kupfer und amortisierten sich dadurch sehr schnell. Zwanzig Jahre nach ihrer Einführung waren in den Netzen von A.T.&T. bereits 350 000 Verstärkerröhren im Einsatz[25].

Unmöglich für das Telefon und daher immer noch die Domäne der Telegrafie blieben jedoch Nachrichtenvermittlungen über die Ozeane. Dies galt bis in die Zwanziger Jahre auch für den Funkverkehr, der als „Funkentelegrafie" seit der Jahrhundertwende eine drahtlose Verbindung über große Entfernungen, vor allem über See, zuließ. In Deutschland war dazu von der AEG und Siemens die gemeinsame „Gesellschaft für Drahtlose Telegraphie" (Telefunken) gegründet worden, die ab 1909 über den sehr leistungsfähigen Sender Nauen eine ständige und unabhängige Verbindung Deutschlands mit seinen überseeischen Besitzungen gewährleistete[26]. International dominierten die Marconi-Gesellschaften von den USA und Großbritannien auf diesem Markt. Allerdings waren die durch Funkentladung erzeugten gedämpften Wellen, die bei der Funkentelegraphie verwendet wurden, nur für die Impulse telegrafischer Codes, nicht aber zur Sprachübertragung geeignet. Für Schiffe, die dadurch erstmals auf hoher See erreichbar wurden, war diese Technik interessant; zu einer nennenswerten Konkurrenz für die bewährten und viel betriebssichereren Überseekabel der Telegrafengesellschaften wurde sie dagegen nicht. [V-4.3]

Die wichtigsten Kunden der neuen Funktechnik wurden das Militär und eine erstaunlich große Zahl von Funkamateuren, die sich des neuen technischen Spielzeugs bemächtigten und einen gewichtigen Absatzmarkt dieses jungen Industriezweiges darstellten. So waren 1920 in den USA schon 6000 Amateurfunker lizenziert. Wie viele mit und ohne Lizenz tatsächlich sendeten und dabei den offiziellen Funkverkehr, wie beispielsweise den der Marine, kräftig durcheinanderbrachten, wissen wir nicht. Die New York Times rechnete 1912 jedenfalls mit einigen hunderttausend[27]. Allerdings waren diese vielen Amateure ein erster Hinweis auf die Existenz eines aufnahmefähigen und schnellebigen Marktes für elektronisches „Spielzeug" zur Freizeitgestaltung technisch interessierter Zeitgenossen, der sich von nun an auf der Grundlage einander ablösender Modewellen (Radio, Hifi, Video, Heimcomputer) stabilisierte.

Zu einem Massenmarkt wurde die drahtlose Nachrichtenübertragung erst, nachdem es 1913 erstmals gelungen war, die Elektronenröhre zur Erzeugung ungedämpfter Schwingungen als Trägerfrequenz auf der Sende- wie auch als Detektor auf der Empfangsseite einzusetzen. Im Unterschied zu den kurzen Impulsen der Funkentelegraphie stand jetzt ein kontinuierlich ausgestrahlter Träger für aufmodulierte Information, sei es Sprache oder Musik, zur Verfügung. In der drahtlosen Nachrichtentechnik war damit der gleiche Qualitätssprung vollzogen, den 40 Jahre zuvor das Telefon gegenüber dem Telegrafen gebracht hatte. Noch entschiedener und schneller als damals setzte sich nun die komfortable neue Technik durch.

Amerikanische Unternehmen, allen voran das Trio A.T.&T., Westinghouse und General Electric, übernahmen auch hier wieder die Initiative, bot die drahtlose Übertragung von Gesprächen doch die Möglichkeit, sowohl bewegte Stationen, also Schiffe und Flugzeuge, zu erreichen als auch die Meere oder weite unverschlossene Gebiete zu überbrücken. 1915 gelang A.T.&T. die erste Sprechverbindung über den Atlantik[28], ehe der in Europa bereits tobende Krieg auch die USA einbezog und alle Anstrengungen im Bereich der „Funktelephonie" in den Dienst der Militärs stellte. Nach dem Kriege gründeten die drei Gesellschaften, die zusammen über alle notwendigen Patentrechte verfügten, gemeinsam die „Radio Corporation of America" (RCA), die in den Zwanziger Jahren zum weltweit größten Unternehmen der neuen Radiobranche werden sollte.

In Europa begann das *Radio* nach dem Kriege dagegen sogleich wieder als eine staatlich Angelegenheit, sei es mit der Gründung der BBC in England oder dem im März 1923 vom Reichspostministerium angekündigten „Vergnügungsrundspruch", der im Oktober des gleichen Jahres als „Unterhaltungs-Rundfunk" offiziell begann[29]. Damit war beim Radio der gleiche charakteristische Unterschied zwischen den USA und Europa hergestellt, wie er bei den Telefonnetzen bereits bestand: privater Betrieb bei Dominanz eines Unternehmens (RCA) in den USA, staatliche Regie in Europa. [V-4.3]

Der wesentliche technische Unterschied zwischen Telefon und Radio, daß bei ersterem der Informationsfluß über ein kontrollierbares Netz läuft, während eine Radiosendung innerhalb des Sendebereiches von jedermann unkontrolliert empfangen werden kann, hatte gravierende Folgen für die unternehmerische Gestaltung des neuen Mediums. Was sich beim Militär als Problem der Geheimhaltung gestellt hatte, wurde im zivilen Betrieb zu einem Zurechnungsproblem. Wer zahlt für den Sendebetrieb und das Programm, wenn die Hörzeiten des Endkonsumenten nicht festgestellt, geschweige denn gemessen werden können? Daß der Kunde wie bei Telefon, Schallplatte oder Film unmittelbar für die erbrachte Leistung zahlte, war beim Radio nicht durchführbar. Es konnte zu einem öffentlichen Gut erklärt und vom Staat betrieben werden, der die Kosten aus Steuermitteln oder Einheitsgebühren – in Deutschland zum Beispiel 2 Reichsmark monatlich 1926 [30] – bestritt. Dies wurde die europäische Lösung. Die zweite Möglichkeit war die Finanzierung durch Werbeeinnahmen, wobei das Sendeprogramm als Werbeträger diente, das so gestaltet werden mußte, daß es eine möglichst große Zahl von Zuhörern ansprach. Letzteres dominierte in den USA und in Lateinamerika. Ein unbedeutendes kurzes Übergangsstadium war das Ausstrahlen von Radioprogrammen als Anreiz für den Kauf von Empfangsgeräten, wie dies kurz nach dem Ersten Weltkrieg in den USA beispielsweise die Firma Westinghouse unternahm.

Die Entstehung des Massenmarktes Radio kann auf den Anfang der Zwanziger Jahre in den USA datiert werden, als die RCA mit preiswert produzierten „music boxes" auf den Markt kam. Bereits 1921 übertrafen die Einnahmen aus dem Verkauf von Radiogeräten mit 11 Millionen Dollar bei weitem die Einnahmen aus dem Betrieb der interkontinentalen Nachrichtenübertragungsdienste (2,9 Millionen Dollar), für die die RCA ursprünglich gegründet worden war. Entsprechend war die Produktion von Elektronenröhren, die im Jahre 1920 gerade die Marke von 50 000 übertroffen hatte, von denen 40 000 allein im Dezember produziert worden waren, in der Jahresmitte 1921 bei monatlich 200 000 Stück angelangt. 1926 wurde die 200-Millionen-Grenze überschritten, womit die Dimensionen der Glühlampenfabrikation erreicht waren [31]. In Europa verlief diese Entwicklung wesentlich langsamer und in Deutschland brachte selbst die staatlich geförderte Verbreitung des „Volksempfängers" in den dreißiger Jahren keine vergleichbaren Absatzzahlen. Dennoch bedeutete dieses 1933 nach Anforderungen des Propagandaministers Joseph Goebbels (1897–1945) konzipierte und für 76 Reichsmark auf den Markt gebrachte Gerät, von dem innerhalb weniger Monate 500 000 Stück abgesetzt wurden, den endgültigen Durchbruch des flächendeckenden Rundfunks in Deutschland [32]. [IX-3.3]

Mit der raschen Verbreitung des Radios bildete sich eine bis heute bestehende Aufteilung der Industrien der elektrischen Nachrichten-

Im August 1933 eröffnet Joseph Goebbels die erste Große Deutsche Funk-Ausstellung in Berlin. Im Mittelpunkt steht dabei der neu entwickelte Volksempfänger, für den das Propagandaministerium massiv Reklame macht.
Die Abbildung zeigt ein Werbeplakat. Goebbels hatte den Rundfunk als das „allerwichtigste Massenbeeinflussungsinstrument" erkannt und zwang die 28 Hersteller von Rundfunkapparaten, sich zur „Wirtschaftsstelle für Rundfunkapparatefabriken" zusammenzuschließen und zu verpflichten, den aus einem Ingenieurwettbewerb hervorgegangenen Volksempfänger zu bauen. Das Gerät mit der Typenbezeichnung VE 301 – in Erinnerung an den Tag der Machtübernahme – kostete 76 Reichsmark. Bereits bis zum Ende des Jahres 1933 waren 680 000 Volksempfänger verkauft.

technik in drei deutlich unterscheidbare Sektoren heraus [33]. Dies war zum ersten die Herstellung der zentralen Bauelemente, allen voran nun die Elektronenröhren, die, kontrolliert durch Patentpools, in wenigen großen Unternehmen massenproduziert wurden. Darauf aufbauend entstand eine hochdifferenzierte Apparateindustrie, die aus der vergleichsweise begrenzten Zahl standardisierter Bauelemente eine Vielfalt elektronischer Geräte für die Endverbraucher herstellte. In diesem Sektor existierten nur vorübergehend und in Ausnahmefällen monopolartige Strukturen. Zudem waren hier Unternehmensgrößen bis weit hinab in den mittelständischen Bereich auch auf Dauer konkurrenzfähig und konnten bei niedrigen Eintrittsbarrieren stets neu entstehen. Technisch verbunden und überhaupt erst funktionsfähig gemacht wurden diese beiden sehr verschiedenen Sektoren durch die Netze der Sendeanstalten, die ihre Sendungen wiederum in technisch hochstandardisierter Form anboten, um eine möglichst weite Verbreitung zu ermöglichen. Dieser letzte Sektor war zugleich der wettbewerbsfernste Bereich der Informationstechnik, in dem einerseits die meisten staatlichen Hoheitsrechte tangiert waren, andererseits mit übergreifenden Normensystemen und Aufteilungen der Sendefrequenzen die Voraussetzungen für eine parallele und weitgehend ungestörte Nutzung der vielen verschiedenen Sende- und Empfangseinrichtungen geschaffen wurden. [V-4.3]

In diese weltweit bereits ausgebildete Struktur trat in der Zwischenkriegszeit das wirtschaftlich bislang bedeutendste Medium, das *Fernsehen*. Seine technische Grundlage war die Kathodenstrahlröhre, insbesondere deren Weiterentwicklung zur Elektronenstrahlröhre als Bildschirm sowie als Bildabtaster in den Kameras. Ausgehend von den 1884 zum Patent angemeldeten Vorschlägen des Berliner Ingenieurs Paul Nipkow (1860–1940) für eine damals noch elektromechanische Bildübertragung wurde mit zunehmender Intensität nach dem Ersten Weltkrieg auf beiden Seiten des Atlantiks auf breiter Basis an der Verwirklichung des Fernsehens gearbeitet. Gleichwohl dauerte es bis 1947, ehe in den auch hier wieder führenden USA ein nennenswerter Fernsehboom einsetzte, der die Zahl der produzierten Empfangsgeräte innerhalb von drei Jahren von 175 000 (1947) auf 7,5 Millionen (1950) ansteigen ließ [34]. In Deutschland, wo bereits 1939 kurzzeitig ein „Volksfernseher" in Produktion gegangen war, begann das Fernsehzeitalter mit täglich landesweit ausgestrahlten Programmen nach der Gründung der ARD (Arbeitsgemeinschaft der Rundfunkanstalten Deutschlands) im Jahre 1954. [V-4.3]

Zwar hatte es auch schon in der Zwischenkriegszeit Fernsehsendungen gegeben, so zum Beispiel die spektakulären Übertragungen von den Olympischen Spielen in Deutschland oder die Sendungen vom gerade errichteten Empire State Building, die in New York 1932 angeblich schon 7500 Fernsehempfänger erreichten [35]; von einem sich selbst tragenden Massenmarkt kann zu diesem Zeitpunkt jedoch noch nicht gesprochen werden. Bis zum Zweiten Weltkrieg wurde vor allem in das Fernsehen investiert – in Deutschland allein über 40 Millionen Reichsmark –, wobei auch Firmen hervortraten, die bis dahin nicht in der elektrischen Nachrichtentechnik tätig waren. So gründeten 1929 in Berlin Unternehmen verschiedenster Branchen die „Fernseh AG", die das drohende Monopol der schon etablierten gemeinsamen Siemens-AEG-Tochter „Telefunken" brechen sollte. An der „Fernseh AG" beteiligten sich aus dem Gebiet der Feinmechanik und Meßtechnik die Robert Bosch GmbH, aus der optischen Industrie Zeiss-Ikon, sowie die Firma D.S. Loewe, die bereits elektronische Verstärker produziert hatte und als Ideenlieferant die englische „Baird Television Ltd.", die im gleichen Jahr in Berlin erste Versuchssendungen durchführte [36]. [V-4.3]

Entscheidend für die Entwicklung der Fernsehtechnik in Deutschland wurde – wie schon bei Telegraf, Telefon und Radio – wiederum die Reichspost, die regelmäßige Versuchssendungen durchführte und der Industrie durch stets dem Stand der Technik angepaßte Normung und Entwicklungsrichtlinien den Weg wies. Zugleich festigte die Post dadurch auch ihre Stellung als Dreh- und Angelpunkt des Wirtschaftssektors Elektrische Nachrichtentechnik, der sich in Deutschland deshalb ganz überwiegend innerhalb staatlich vorgegebener Bahnen entwickelte. Verstärkt wurde diese Tendenz durch die öffentlich-rechtliche Einbindung der Sendeanstalten der Länder, die eine private Konkurrenz lange Zeit nicht zuließen und dadurch die Zahl der Programme stark einschränkten.

Die Unterschiede zu einer privatwirtschaftlichen Gestaltung, wie wir sie in den USA finden, werden gerade beim Fernsehen sehr deutlich. So gab es in der Mitte der fünfziger Jahre, nachdem die Federal Communications Commissions (FCC) eine neue kapazitätssteigernden Frequenzaufteilung im UHF-Bereich vorgenommen hatte, dort bereits über 500 Fernsehstationen. 85% der Haushalte hatten einen Fernsehempfänger, der durchschnittlich fünf Stunden täglich angeschaltet war. Die Einnahmen aus der Fernsehwerbung, mit denen diese Stationen finanziert wurden, übertrafen eine Milliarde Dollar [37]. Erfolg auf dem Konsumgütermarkt setzte unter diesen Bedingungen die Präsenz auf dem Bildschirm voraus. Das Fernsehen war damit binnen weniger Jahre zu einer wesentlichen Einflußgröße im Marktgeschehen geworden und bereitete dank seiner suggestiven Anziehungskraft auch der Kommerzialisierung bislang eher wirtschaftsferner Aktivitäten den Boden. Dazu gehört zum Beispiel die Wendigkeit des Evangelisten O. Roberts, der bei 125 Stationen Sendezeit kaufte und durch seine Fernsehpredigten ein Mehrfaches dieser Investionen in Form von Spenden einnehmen konnte[38].

Der Versuch der FCC, neben dem sehr erfolgreichen kommerziellen Fernsehen auch die Einrichtung nichtkommerzieller „Erziehungsprogramme" durch großzügige Reservierung von Sendefrequenzen zu fördern, scheiterte dagegen kläglich. Die Koexistenz von Kommerz und Kultur war trotz guten Willens in dem rein privatwirtschaftlichen Milieu des amerikanischen Fernsehens offenbar nicht zu verankern, während die ausschließliche Verbindung von politischer Nachricht und Werbeträger im Zuge der fortschreitenden Differenzierung der kommerziellen Fernsehprogramme in jüngster Zeit gelungen ist. Der Marktführer in diesem Bereich, Cable Network News (CNN) aus Atlanta/Georgia, gehört zu den umsatzstärksten Gesellschaften und repräsentiert einen Marktwert in der Größenordnung über 10 Milliarden DM[39]. Seit dem Ende des öffentlich-rechtlichen Monopols erleben wir in Deutschland ähnliche Tendenzen in der Kommerzialisierung des Fernsehens, die auf eine weltweite Homogenisierung dieses Marktes hinauszulaufen scheinen.

Von der Halbleitertechnik zur Mikroelektronik

Hatte die Entfaltung der weltumspannenden elektrischen Nachrichtentechnik mit allgegenwärtigen Telefonen, Radios und Fernsehgeräten auf der technischen Basis der Elektronenröhre stattgefunden, so begann nach dem Zweiten Weltkrieg mit der Halbleitertechnik eine neue Epoche auf diesem Gebiet. Ausgehend von der Suche nach leistungsfähigeren Verstärkern und Forschungen in der Radartechnik während des Krieges, bauten amerikanische Wissenschaftler in den Bell Forschungslabors 1947 den ersten Transistor, der eine Elektronenröhre ersetzen konnte[40]. [III-3.7]

Sehr klein, leicht, stromsparend und mechanisch robust kamen die seit 1951 in den USA in Serie produzierten *Transistoren* besonders den Bedürfnissen des Militärs entgegen, für dessen Zwecke in den frühen fünfziger Jahren fast die gesamte Produktion verwendet wurde. Bis in die sechziger Jahre, als Transistoren bereits eine weite Verbreitung im Konsumgüterbereich gefunden hatten, machte der militärische Bedarf immer noch rund 40% des Umsatzes aus und bestimmte weitgehend die Forschungs- und Entwicklungsarbeit[41]. Die Halbleiterbranche siedelte sich vorzugsweise in der Nähe von Flugzeug- und Raketenfirmen an, die ihre wichtigsten Auftraggeber waren. Auf diese Weise entstand das nach einer der wichtigsten Grundsubstanzen von Halbleitern benannte „Silicon Valley" in Südkalifornien. [III-3.7]

Kurioserweise führte der erste zivile Markt der Transitortechnik außerhalb der A.T.&T. auf das ursprüngliche Betätigungsfeld des Unternehmensgründers und Namensgebers der Bell Laboratorien zurück. Es waren kleine batteriebetriebene Hörgeräte. Zum Gedenken an die hörphysiologischen Forschungen A. L. Bells wurde diese Produktgruppe 1954 von den Lizenzgebühren befreit. Die Kleinheit und mechanische Robustheit von Transistorverstärkern sowie ihr geringer Stromverbrauch wurden auch in der Folge zur wichtigsten Grundlage ihres Vordringens gegenüber den bewährten Elektronenröhren auf den Konsumgütermärkten. Den Durchbruch brachte hier ein neues Produkt, das „Transistorradio", worunter ein kleines tragbares Gerät mit einer Stromversorgung aus kompakten Trockenbatterien verstanden wurde.

Das Transistorradio konnte bei seinem Auftauchen klanglich mit den populären, röhrenbestückten Heimradios, von denen Mitte der fünfziger Jahre in Deutschland pro Jahr etwa 3 bis 4 Millionen Stück abgesetzt wurden [42], nicht konkurrieren. Es war bei vergleichbarer Leistung zunächst noch nicht besser oder billiger sondern nur kleiner und mobiler. Damit konnte es jedoch einen neuen Modetrend begründen und sich als Zweitradio für Freizeit und Auto einen zusätzlichen Markt neben dem mittlerweile klassischen Heimradio schaffen, ehe auch dieses nach Überwindung der ärgsten Qualitätsprobleme von Halbleiterschaltungen seit etwa 1963/64 zunehmend „transistorisiert" wurde. In den folgenden beiden Jahrzehnten verdrängten Halbleiter die Röhren nahezu restlos aus der Unterhaltungselektronik. Mit den großen Stückzahlen sanken die Preise der Bauteile. Der Durchschnittspreis eines Siliziumtransistors zum Beispiel fiel zwischen 1957, als er in größeren Zahlen auf den Markt kam, und 1965 von 17 Dollar auf 80 Cents [43]. Insgesamt wurden in diesem Jahr in den USA bereits mehr als eine halbe Milliarde Transistoren produziert [44]. Ein starker Preisverfall innerhalb weniger Jahre wurde für die Halbleiterindustrie typisch. Schuld daran ist der gegenüber der Elektronenröhre äußerst einfache Aufbau des Transistors. Die einzige massenproduzierte Elektronenröhre in der Konsumelektronik blieb der Fernsehbildschirm, zu dem sich erst in jüngster Zeit Alternativen in Form von Flüssigkristallanzeigen abzeichnen.

Hatten die Halbleiter in der Unterhaltungselektronik wenig grundsätzlich Neues gebracht und sich eher wegen ihrer Robustheit und großer fertigungstechnischer Vorteile durchgesetzt, so wurden sie im Bereich der *Elektronenrechner* zu der technischen Grundlage schlechthin. Zwar gab es seit dem Zweiten Weltkrieg bereits röhrenbestückte Elektronenrechner, die auf alliierter Seite zur Entschlüsselung gegnerischer Nachrichten und bei ballistischen Berechnungen eingesetzt wurden, doch an eine stückzahlmäßig bedeutende Verwendung dieser anfälligen Kolosse mit bis zu 18 000 Röhren und 30 Tonnen Gewicht [45] war in der Wirtschaft kaum zu denken. Deren Bedürfnisse wurden vorerst noch viel eher von den erprobten elektromechanischen Zähl- und Rechengeräten wie jenen der Marktführer National Cash Register und IBM befriedigt.

Fertigungstechnische Fortschritte stehen am Anfang zuverlässiger, preiswerter und kompakter Rechner. Ausgangspunkt war die amerikanische Firma Fairchild, die 1959 begann, eine große Zahl von Transistoren gleichzeitig auf einer Siliziumscheibe herzustellen. Sie hatte dazu den Silizium-Planar-Prozeß entwickelt, bei dem auf fotografischem Wege die Schaltungen aufbelichtet und aus dem Trägermaterial herausgeätzt werden [46]. Abgesehen von der enormen Kostenersparnis in der Massenproduktion gegenüber dem Zusammensetzen der Bauelemente, war mit diesem fotolithografischen Verfahren der Weg frei zur Miniaturisierung und zur Integration vieler Funktionen auf einer einzigen Trägerplatte – dem integrierten Schaltkreis oder „Chip".

Statt viele gleiche Transistoren im Planar-Prozeß auf einer Scheibe herzustellen, aus der sie dann herausgesägt wurden, um daraus letztlich wieder komplexe Schaltungen aufzubauen, wurden nun von vornherein ganze Schaltungen auf einer Scheibe hergestellt. Die hohe Auflösung des fotografischen Verfahrens bot zugleich die Möglichkeit, eine um Größenklassen höhere Packungsdichte der einzelnen Elemente zu verwirklichen. Die Elektronik wurde zur Mikroelektronik. War es um 1950 möglich, in einem Volumen von einem Kubikfuß (ca. 28 Liter) bis zu 1000 Elektronenröhren unterzubringen, so waren es um sechs Jahre später 10 000 Transistoren, 1968 mit Hilfe der integrierten Schaltungen bis zu 1 Million Elemente [47]. Heute werden bei den Nachfolgern des Planar-Prozesses mit ultravioletten Strahlen Auflösungen von 1 Mikron in den Schaltungen erreicht und mehrere Millionen Transistoren auf einer Distanz von 1 cm angeordnet [48]. Unter diesen Voraussetzungen war es seit 1970 möglich, integrierte Schaltungen zu schaffen, die in der Lage sind, bestimmte Informationen einer logischen Verarbeitung zu unterziehen. Bereits in dem ersten dieser „Mikroprozessor" genannten Festkörperschaltkreise waren bei einer Kantenlänge von 7 mm 2300 Transistoren integriert [49]. Mit ihm begann zugleich der Aufstieg der Firma Intel zum weltweit führenden Unternehmen der Mikroprozessorbranche.

Die Preise der einzelnen Transistoren in solchen integrierten Schaltungen bewegen sich im Bereich von Hundertstel und Tausendstel Pfennigen. Miniaturisierung erwies sich damit zugleich als ein wirksames Mittel zur Kostensenkung. Allerdings ist diese Kostensenkung nur bei größten Serien zu erreichen und muß angesichts des sehr raschen Fortschritts bei der Verdichtung und Komplexitätssteigerung der Festkörperschaltkreise innerhalb sehr kurzer Generationenfolgen verwirklicht werden. Die mit dem Aufkommen der Elektronenröhren entstandene Dreiteilung der Branche in eine hochkonzentrierte Industrie der Bauteile neben einer stark differenzierten Apparateindustrie und den wiederum hochkonzentrierten Netz- und Systemstrukturen wurde durch das hohe Innovationstempo und die auf extreme Massenproduktion ausgerichtete Fertigungstechnik der integrierten Schaltkreise noch betont. Nur wenige Unternehmen waren in der Lage, dauerhaft den hohen Forschungs- und Entwicklungsaufwand zu betreiben, der allein ein erfolgreiches Verbleiben am Markt garantieren konnte.

Große Startvorteile hatten die genannten amerikanischen Firmen, die im mit Abstand aufnahmefähigsten Markt operierten und durch umfangreiche Militäraufträge gerade in der kritischen Anfangsphase eine verläßliche Ertragsgarantie bei hohem Innovationstempo hatten. In Europa konnten aus eigener Kraft im Grunde nur die Firmen Siemens und Philips bei den von Amerika kommenden kurzen Produktzyklen über längere Zeit leidlich mithalten. Die Versuche, in Deutschland durch staatliche Subventionen [50] weitere Unternehmen im Markt zu etablieren, hatten keinen dauerhaften Erfolg.

Erfolgreich war dagegen die staatliche Förderung der Halbleiterindustrie in Japan, wo das MITI (Ministry of International Trade and Industry) von 1976 bis 1979 ein industrielles VLSI-Forschungsprogramm (VLSI – Very Large Scale Integration) mit 125 Millionen Dollar unterstützte [51]. Ziel dieses Programms war weniger die Entwicklung neuer Prozessoren als die Vervollkommnung der Fertigungstechnik zur kostengünstigen Produktion mikroelektronischer Massenware wie zum Beispiel Speicherchips. Die Absatzentwicklung hat diese japanische Strategie nachhaltig bestätigt, indem es drei japanischen Halbleiterproduzenten bis 1985 gelang, weltweit in die Gruppe der ersten fünf vorzustoßen, die bis 1991 von NEC (Nippon Electric Company) angeführt wurde [53]. Die nahe Zukunft wird zeigen, ob die in den USA dominierenden Produktinnovationen oder die in Japan vorangetriebenen Prozeßinnovationen eine dauerhaftere

Vom gesamten Markt für Informationstechnologien entfällt auf die Telekommunikation fast die Hälfte. Und diese Techniken finden nicht nur in der Industrie oder in öffentlichen Einrichtungen ihre Abnehmer, sondern zunehmend auch im privaten und sozialen Bereich. Ein Beispiel für soziale Zukunftsaufgaben, die auch einen wichtigen volkswirtschaftlichen Aspekt haben, ist das Frankfurter Pilotprojekt „Haus-Tele-Dienst". Dieser Dienst ist für alleinlebende ältere Menschen, Hör- und Sehgeschädigte und Behinderte gedacht, deren Bewegungsfähigkeit eingeschränkt ist. Um diesen Menschen ein größtmögliches Maß an Selbständigkeit zu erhalten, wird ein besonders ausgestattetes Fernsehgerät mit Hilfe einer Fernbedienung über Ton und Bild mit einer Dienstleistungszentrale verbunden. Durch diese zweiseitige Verbindung können im Gespräch Nachrichten übermittelt und Rat und Hilfe gegeben werden. Dieses Versuchsprojekt des Frankfurter Verbandes für Alten- und Behindertenhilfe, der Stadt Frankfurt, des Nassauischen Heims, SEL, Bosch und empirica ist ein Teil eines Programmes der Europäischen Gemeinschaft, das in Holland, Italien, Portugal, Finnland, Schweden und Deutschland untersucht, wie weit man mit Hilfe von Bildkommunikation in Lebenssituationen mit besonderen Bedürfnissen helfen kann.

Grundlage für den Erfolg in der Halbleiterindustrie darstellen. Derzeit führt wieder die amerikanische INTEL.

Die hohe Rechenleistung preiswerter Mikroprozessoren schuf ihrerseits die Grundlage einer seit den frühen achtziger Jahren blühenden, vielgestaltigen Computerindustrie. Sie stellt neben elektronischen Steuerungen in Geräten und Anlagen Rechner für kleine und mittlere Unternehmen, und immer mehr auch für den Privatbereich, in Stückzahlen her, die sich den aus der Unterhaltungselektronik der fünfziger Jahren vertrauten Größenordnungen nähern. Wie Telefon und Auto in der Vergangenheit ist der Computer heute auf dem besten Wege vom eindeutigen Investitionsgut auch zum Konsumgut zu werden. Bestandteil von vielen elektrischen Geräten des häuslichen Bereiches sind Mikroprozessoren ohnehin schon in großer Zahl.

Neben diesem Massenmarkt existiert jedoch nach wie vor ein Markt für Großrechner, die beim Militär, in der Forschung, in der Verwaltung und bei großen Unternehmen eingesetzt werden. Diese eher in der Tradition der früheren elektromechanischen Datenverarbeitung und der ersten Rechner mit Elektronenröhren und diskreten Transistoren stehenden Anlagen weisen jedoch nicht die gleiche Ver-

Exhibit 7	The <u>Dis</u>-Economy of Scale in Computers					
MIps						
117					Digital Equipment Vax 9000 Model 440	Main-frame
95				Hewlett-Packard HP 9000 Model 850 S/200		Super-mini
55			MIPS Computer Systems RC6280			Mini/ Server
28		IBM RS/6000 Powerstation 320				Tech-nical Work-station
15	Advanced Logic Research Powerflex 40					Office Work-station
	0.3	0.5	3	7	34	

Computer Price/Performance ($1000s/Mips)

Das Verhältnis von Computer-Preisen und Computer-Ausführungen in 1000 Dollar pro Mips.

breitungsgeschwindigkeit wie Personal Computer auf und sind auch, gemessen an den Kosten pro Million Rechenschritten (MIPS), deutlich teurer als moderne Personal Computer oder die sogenannte mittlere Datentechnik[54]. Darüber hinaus kommen sie durch den Aufbau vernetzter dezentraler Strukturen, die unter anderem auf die vorhandenen Telefonnetze zurückgreifen können, auch bei Großinstallationen zunehmend unter Druck.

Bei dieser ungewöhnlichen Preisstruktur, die sich in erster Linie der kostensenkenden Massenproduktion von Bauelementen für kleine und mittlere Computer verdankt, kann man geradezu von „dis-economies of scale" in der Datenverarbeitung sprechen. Hierin unterscheidet sich die Mikroelektronik deutlich von den meisten anderen, „traditionelleren" Industriebranchen, und sie gab darum in der jüngeren Vergangenheit auch Anlaß, über eine generelle Rückkehr zu kleinen Betriebseinheiten zu spekulieren. Großcomputer „rechnen sich" nicht über ihre spezifischen Anschaffungs- und Betriebskosten bezogen auf die Rechenleistung, sondern alleine durch ihre besondere technische Leistungsfähigkeit, insofern diese durch die Addition kleiner Rechner nicht erzielt werden kann.

Marktmacht und Ordnungspolitik

Der Wert einer jeden Informationstechnik steigt mit dem Grad ihrer Verbreitung bzw. der Zahl potentieller Teilnehmer und Verbindun-

Trends im Verhältnis von Computerpreis und Computerausführung.

Exhibit 8	Trends In Computer Price/Performance						
Computer Category	**$1000s per Mips by Year**						
	1984	1986	1988	1990	1992	1994	1996
Mainframe	180	100	70	50	30	20	15
Super-Minicomputer	120	80	30	12	8	4	2
Minicomputer/Server	40	20	10	5	2	1	0.5
Technical Workstation	8	3	1	0.5	0.2	0.06	0.02
Office Workstation/PC	10	5	2	0.5	0.3	0.2	0.1

gen. Bei konkurrierenden Systemen ist dies in erster Linie eine Frage der Marktmacht und erst in zweiter Linie der technischen Leistungsfähigkeit der einzelnen Komponenten. Die Dominanz der amerikanischen Industrie auf dem Gebiet der Informationstechnik erklärt sich zu einem guten Teil aus der großen geographischen Ausdehnung des zugleich wirtschaftlich leistungsstärksten Binnenmarktes, der optimale Bedingungen zur Bildung großräumiger Netzstrukturen wie jenen der Informationstechnik bot. Die faktische Monopolstellung der Bell-Firmen und ihrer Partner in vielen Bereichen dieses Marktes sicherte darüber hinaus die weitgehende technische Homogenität der Informationsnetze und somit ihren hohen Nutzen für die Verbraucher.

In Europa hat der Staat die Funktion des marktordnenden Monopolisten bereits im 19. Jahrhundert übernommen; und staatliche Stellen handeln seitdem weltweit die meisten Standards und Sendefrequenzen aus, mit denen Informationen übermittelt werden. Das schließt zeitweise Konkurrenzkämpfe wie etwa jene über die Farbfernsehnorm, die in den sechziger Jahren hochpolitisiert zwischen nationalen Lagern ausgefochten wurden[55], nicht aus. Letztlich haben sich die meisten Regierungen jedoch stets für die Verbindung der Netze und damit für die größtmöglichen Synergieeffekte des Nachrichtenwesens eingesetzt. Daß wir weltweit telefonieren und fernsehen können, ist eine Frucht dieser internationalen Ordnungspolitik, deren technische Vorgaben gleichwohl aus den innovationsstärksten Ländern – allen voran die USA – kamen. [IX-3.3]

Das Gesamtvolumen des Marktes für Informationstechnik in Europa betrug 1990 350 Milliarden Dollar.

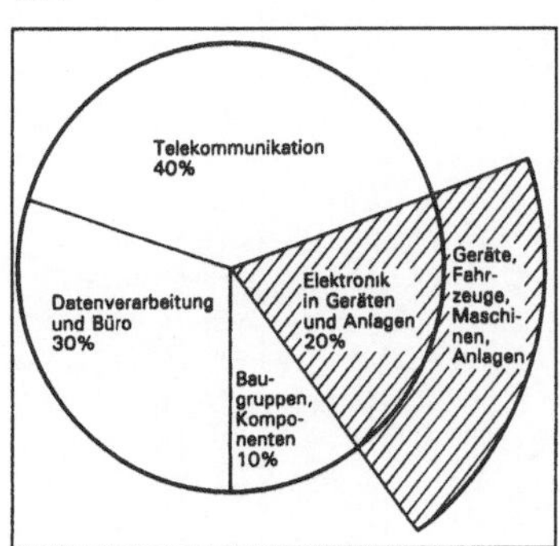

Deutlich werden die Vorteile staatlicher Regelung, wenn man sie mit der trotz der starken Stellung von IBM weit weniger homogenen Entwicklung der Computersysteme in den letzten Jahrzehnten vergleicht. Die Konkurrenz starker Anbieter ließ hier schwer oder gar nicht kompatible Betriebssysteme und Anwenderprogramme entstehen, die den potentiellen Nutzen der EDV stark einschränken oder deren Gebrauch doch zumindest erheblich komplizieren. Gleichwohl übt auch ohne staatliche Eingriffe der Markt einen starken Homogenisierungsdruck aus, wie sich dies etwa in den Massenmärkten der Unterhaltungselektronik bei Videorekordern gezeigt hat. Die Kosten der Systemfindung können bei diesem ungeregelten Verfahren für die Verbraucher recht hoch werden und die Verbreitung neuer Informationstechniken aus berechtigter Angst vor Fehlinvestitionen wirksam bremsen. Solange sich mit der Einführung einer neuen Technik, wie in diesem Beispiel der Videorekorder, jedoch keine wesentlichen wirtschafts- oder sozialpolitischen Ziele verbinden oder staatliche Prärogativen berührt werden, besteht für die Regierungen auch kein Anlaß, in das Marktgeschehen einzugreifen.

Literaturnachweise

1 *Leclerc*, Herbert: Post- und Personenbeförderung in Preußen zur Zeit des Deutschen Bundes. In: Lotz, Wolfgang (Hrsg.): Deutsche Postgeschichte. Berlin 1989, S. 174
2 *Kieve*, Jeffrey: The Electric Telegraph. A Social and Economic History. Newton Abbot 1973, S. 40
3 *Gachot*, Henry: Le télégraphe optique de Claude Chappe Strasbourg – Metz – Paris et ses embranchements. Saverne 1967, S. 66
4 Vgl. 2, S. 43
5 *Aschoff*, Volker: Geschichte der Nachrichtentechnik. Bd. 2. Nachrichtentechnische Entwicklungen in der ersten Hälfte des 19. Jahrhunderts. Berlin 1987, S. 190 f.
6 Vgl. 2, S. 73–74
7 *Pocock*, Rowland F.: The Early British Radio Industry. Manchester 1988, S. 19
8 Vgl. 2, S. 39
9 *Weiher*, Sigfried v. / *Goetzeler*, Herbert: Weg und Wirken der Siemens-Werke im Fortschritt der Elektrotechnik 1847–1972. München 1972, S. 12
10 *Griset*, Pascal: Les révolutions de la communication XIXe-XXe siècle. Paris 1991, S. 85
11 *Garnett*, R.W.: The Telephone Enterprise. The Evolution of the Bell System's Horizontal Structure, 1879–1909. Baltimore 1985, S. 74–78
12 Vgl. 10, S. 21

13 Vgl. 10, S. 19

14 *Lajarrige*, Pierre/*Daumas*, Maurice: Les télécommunications classiques. In: Daumas, Maurice (Hrsg.): Les techniques de la civilisation industrielle. Transformation, Communication, facteur humain (Histoire Générale des Techniques, Bd. 5). Paris 1979, S. 336

15 *Wengenroth*, Ulrich: Emil Rathenau. In: Treue, Wilhelm/König, Wolfgang (Hrsg.): Berlinische Lebensbilder. Techniker. Berlin 1990, S. 198; *Vogt*, Martin: Die Post im Kaiserreich. Heinrich (von) Stephan und seine Nachfolger. In: Lotz, Wolfgang (Hrsg.): Deutsche Postgeschichte. Berlin 1989, S. 214

16 Vgl. 2, S. 127 f

17 *Chandler*, Alfred D. jr.: The Visible Hand. The Managerial Revolution in American Business. Cambridge, Mass. 1977, S. 195–203

18 *Temin*, Peter (with L. Galambos): The Fall of the Bell System. Cambridge 1988, S. 113 ff, S. 263 ff

19 *Gelatt*, Roland: The Fabulous Phonograph 1877–1977. London 1977, S. 106 f.

20 *Bruch*, Walter: Vom Glockenspiel zum Tonband. Die Entwicklung von Tonträgern in Berlin. In: Berliner Forum 7/81, S. 64

21 *Newhall*, Beaumont: Geschichte der Photographie. München 1989, S. 259–260

22 *Lemagny*, Jean-Claude/*Rouillé*, André: A History of Photography. Social and Cultural Perspectives. Cambridge 1987, S. 80

23 *König*, Wolfgang: Massenproduktion und Technikkonsum. Entwicklungslinien und Triebkräfte der Technik zwischen 1880 und 1914. In: König, Wolfgang (Hrsg.): Netzwerke. Stahl und Strom (Propyläen Technikgeschichte, Bd. 4), S. 543 f.

24 *Chapuis*, Robert J.: 100 Years of Telephone Switching (1878–1989). Part 1: Manual and Electromechanical Switching (1878–1960's). Amsterdam 1982, S. 247 f.

25 *Petzold*, Hartmut: Zur Bedeutung der Bausteintechnik für die Entstehung des elektrischen Telekommunikationssystems. In: Technikgeschichte. Bd. 56 (1988), S. 201

26 Fünfundzwanzig Jahre Telefunken. Festschrift der Telefunken-Gesellschaft 1903 bis 1928. Berlin 1928, S. 288

27 *Douglas*, Susan: Inventing American Broadcasting 1899–1922. Baltimore 1987. S. 198, S. 207–215

28 *Davis*, Henry B.D.: Electrical and Electronic Technologies. A Chronology of Events and Inventors from 1900 to 1940. Metuchen, N.J. 1983, S. 58

29 *Lerg*, Winfried B.: Rundfunkpolitik in der Weimarer Republik (Rundfunk in Deutschland, Bd. 1). München 1980, S. 95

30 Vgl. 29, S. 114

31 Vgl. 10, S. 57

32 *Holtschmidt*, Dieter: Volksempfänger. Geschichte und Technik der Gemeinschaftsgeräte. Hagen 1981, S. 11, S. 25

33 Vgl. 25, S. 194–195

34 Vgl. 10, S. 57

35 *Goebel*, Gerhart: Das Fernsehen in Deutschland bis zum Jahre 1945. In: Archiv für das Post- und Fernmeldewesen, 5 (1953), S. 356

36 *Rudert*, Frithjof: 50 Jahre „Fernseh", 1929–1979. In: Bosch Technische Berichte, Bd. 6 (1979), Heft 5/6, S. 236 f.

37 *Barnouw*, Erik: Tube of Plenty. Oxford 1982, S. 198

38 Vgl. 37

39 TIME International, 6.1.92, S. 27

40 *Braun*, Ernest/*MacDonald*, Stuart: Revolution in Miniature. The History and Impact of Semiconductor Electronics. Cambridge 1980, S. 51–60; *Nelson*, R.R.: The Link between Science and Invention: The Case of the Transistor. In: The Rate and Direction of Inventive Activity – Economic and Social Factors. Princeton 1962, S. 549–583

41 *Malerba*, F.: The Semiconductor Business. The Economics of Rapid Growth and Decline. Madison, Wisconsin 1985, S. 70.

42 *Tetzner*, K.: Keine schlechten Aussichten. In: Funkschau Bd. 26 (1954), Heft 20, S. 419

43 Electronics Industry Association. Electronic Market Data Book. Washington D.C. 1979, S. 106 f.

44 OECD: Gaps in Technology-Electronic Components. Paris 1968, S. 15

45 *Slater*, Robert: Portraits in Silicon. Cambridge, Mass. 1989, S. 65

46 Vgl. 40, S. 83–86

47 Vgl. 40, S. 104

48 *Buchheim*, Gisela/*Sonnemann*, Rolf (Hrsg.): Geschichte der Technikwissenschaften. Leipzig 1990, S. 464

49 Vgl. 45, S. 179

50 Bundesministerium für Forschung und Technologie: Programm Elektronische Bauelemente 1974–1978. Bonn 1974; Bundesministerium für Forschung und Technologie: Informationstechnik. Bonn 1984

51 Vgl. 41, S. 205

52 *Borrus*, M./*Millstein*, J./*Zysman*, J.: U.S.-Japanese Competition in the Semiconductor Industry. Berkeley, California 1982, S. 87

53 *Morris*, P.R.: A History of the World Semiconductor Industry. London 1990, S. 107

54 *Diebold*, Trends in Computer/Price Performance, Exhibit 8. Siehe Tabelle S. 479

55 *Fridenson*, Patrick: Selling the Innovation: French and German Color TV Devices in the 1960s. In: Business and Economic History, sec.ser. 20 (1991), S. 60–68

Von der Werkstattzentrale zur Verbundwirtschaft

Thomas Herzig

„Die Vorzüge der Elektrizität gegenüber anderen Energieformen sind offensichtlich, besonders in Bezug auf die Übertragung der Energie. Die weitgehendst mögliche Verästelung der Leitungen gibt die Möglichkeit, die Energieerzeugung zu zentralisieren, die Übertragung nimmt keine (. . .) meßbare Zeit in Anspruch und die Umwandlung des elektrischen Stromes in eine Kraft- oder Lichtquelle ist in denkbar einfachster Weise möglich."

Rund vier Jahrzehnte nach dem Beginn der öffentlichen Stromversorgung in Deutschland nennt dieser Bericht aus den 1920er Jahren [1] kurz und treffend die Gründe für das rasche Vordringen des neuen Energieträgers Elektrizität: seine Fähigkeit zur umfassenden Netzbildung und die daraus resultierende Möglichkeit zum Aufbau eines weiträumigen Versorgungssystems.

Die Anfänge: Dezentrale Stromversorgung

Die ersten Kraftanlagen zur Elektrizitätserzeugung waren industrieeigene Werkszentralen für die Versorgung von Zechen und Fabriken mit elektrischer Energie. Private Unternehmer bestimmten seit den 1880er Jahren weitgehend die Anfänge der öffentlichen Elektrizitätsversorgung. Als erste erhielt Emil Rathenaus „Deutsche Edisongesellschaft" (später AEG) im Jahre 1884 die Konzession für Bau und Betrieb eines Elektrizitätswerkes in Berlin [2]. Ein Jahr später ging dieses erste Kraftwerk für die öffentliche Stromversorgung Deutschlands ans Netz. International betrachtet lag die Entwicklung in Deutschland im zeitlich vergleichbaren Rahmen [3].

Weltweit wegweisend wurde durch seine konsequente Integration von Stromerzeugung, -verteilung und -absatz in das neue System Elektrizitätsversorgung das erste öffentliche amerikanische Kraftwerk, das Thomas A. Edison (1847–1931) in New York 1882 in Betrieb setzen ließ [4].

Zunächst dominierten Einzelanlagen zur Stromerzeugung für ein Haus oder eine Fabrik, es folgten Blockstationen für die Versorgung von Straßenblöcken und teilweise Stadtvierteln. Diese Stromerzeugungsanlagen hatten den Nachteil, daß der verwendete Gleichstrom nicht ohne große Verluste vom Kraftwerk zum Verbraucher transportiert werden konnte. Bei den damals üblichen Gebrauchsspannungen von 100–120 V beschränkte sich die Versorgung auf einen Radius von höchstens 2 km [5]. Entscheidende Fortschritte brachten die 1890er Jahre mit der erstmaligen erfolgreichen Drehstromübertragung von einem Wasserkraftwerk in Lauffen am Neckar über 175 km zur Internationalen Elektrizitätsausstellung in Frankfurt am Mai 1891 – mit der damals hohen Spannung von 20000 Volt. Die Gewinnung von elektrischer Energie aus Wasserkraft in großem Umfang und eine großzügige, weiträumige Stromversorgung durch hochgespannten Drehstrom schienen nunmehr möglich [6].

Mitten hinein in diese euphorische Aufbruchsstimmung der Elektrotechniker platzte die Nachricht von der Erfindung des Gasglühlichtes durch den Chemiker Auer von Welsbach im Jahre 1892 [7]. Dadurch drohte der Verlust des Hauptabsatzgebietes der öffentlichen Stromversorgung, des Beleuchtungsstroms, der über 90% des Gesamtverbrauchs ausmachte [8]. Der neue Glühstrumpf brachte ein helles Gaslicht, kostete nur rund 25% vergleichbarer elektrischer Beleuchtung und versetzte die Gastechnologie innerhalb kürzester Zeit in die Lage, auf dem Beleuchtungssektor verlorenen Boden gutzumachen [9]. Die Gasindustrie hatte sich damit aus der scheinbar aussichtslos werdenden Konkurrenz mit der Elektrizität einen Fortschritt erkämpft, der langfristig, nämlich bis in die jüngste Zeit nach dem Zweiten Weltkrieg, die Straßenbeleuchtung zu ihrer Domäne werden ließ. Die Privat- und Innenbeleuchtung wurde nach 1900, und zwar infolge technischer Fortschritte wie etwa der Metallfadenlampe, durch günstigere Strompreise, aber auch durch den erheblich höheren Prestigewert, Domäne der Elektrizität [10]. Konkurrenz hatte technischen Fortschritt induziert.

Staat und Kommunen scheuten anfangs das Risiko großer finanzieller Investitionen in die neue Energie, unter anderem da sie vor technischen Kompetenzproblemen standen. Die neue Elektrotechnik mit ihrer verwirrenden Vielfalt von Stromsystemen (Gleichstrom, Wechselstrom, Drehstrom) war nicht schlüssig zu beurteilen [11]; zudem sollten die neuen Elektrizitätswerke bestehenden Gaswerken nicht Konkurrenz machen. Dennoch waren auch Städte unter den Wegbereitern der Elektrizitätswirtschaft: beispielsweise Lübeck, Darmstadt, Barmen und Elberfeld Ende der 1880er Jahre mit für die heutigen Verhältnisse winzigen, damals großen Maschinenleistungen von mehreren hundert Kilowatt. Selbst das kleine Schwarzwaldstädtchen Triberg beleuchtete bereits in dieser Zeit seine Wasserfälle und den Marktplatz aus Gründen der Fremdenverkehrswerbung mit elektrischem Bogenlicht[12].

Die meisten Kommunen gaben ihr Zögern erst allmählich auf, nachdem private Stromversorgungsunternehmen überzeugende Betriebserfahrungen vorwiesen und sich vor allem neue Einnahmeaussichten für die städtischen Haushalte andeuteten. Tochter- oder Beteiligungsgesellschaften der großen Elektroindustriefirmen errichteten in Form des sogenannten Unternehmergeschäftes komplette Stromversorgungssysteme[13]. Sie überwanden damit zum einen die zögernde Haltung der Kommunen und sicherten zum anderen ihren Muttergesellschaften den Absatz der Produkte zur Stromerzeugung, -verteilung und teilweise -anwendung. Ausschlaggebendes Argument vieler Kommunen für den Einstieg in die Elektrizitätswirtschaft waren ferner Pläne zum Bau eigener Straßenbahnen, die mit kommunalem Strom versorgt werden sollten, wodurch gesicherter Absatz für die anfangs wenig und vor allem unregelmäßig ausgelasteten Kraftwerke gewährleistet schien. Erleichtert wurde die „Kommunalisierungswelle" nach der Jahrhundertwende durch die Möglichkeit vieler Gemeinden, auf der Grundlage von Rückkaufsklauseln in ihren Konzessionsverträgen, die Stromversorgung aus den Händen privater Betreiber in eigene Regie zu übernehmen[14]. Eine Rolle spielte aber auch das gewachsene kommunale Selbstbewußtsein, das auch in anderen städtischen Aufgabenbereichen die Ablösung der alten Ordnungsverwaltung durch die moderne Leistungsverwaltung vorantrieb. [VIII-5.3]

Strom für das Land: Beginn der Regionalversorgung

Reich und Länder gaben in Deutschland ihre politisch begründete Zurückhaltung gegenüber dem neuen Wirtschaftszweig der Elektrizitätsversorgung erst nach der Jahrhundertwende auf, als mit dem Aufkommen von Überlandzentralen die Versorgungsgebiete über die Gemeindegrenzen hinauswuchsen und zunehmend über Gefahren durch private Versorgungsmonopole geklagt wurde. Die Bundesstaaten griffen grundsätzlich nicht in das Selbstverwaltungsrecht der Kommunen und öffentlichen Körperschaften ein, übten allerdings eine Aufsicht über die Ausgestaltung der kommunalen Elektrizitätswirtschaftspolitik aus, die durchaus lenkenden Charakter annehmen konnte. Hierzu gehörten zum Beispiel Wirtschaftlichkeitsprüfungen für

Kraftwerksprojekte oder die Begutachtung und Genehmigung von Stromlieferungs- und Konzessionsverträgen. Dahinter stand teilweise die Absicht, überregionalen staatlichen Landesversorgungsunternehmen den Boden zu bereiten. Notwendig erschienen ordnungspolitische Eingriffe durch die weitgehende Beschränkung privater Versorgungsunternehmen auf die lukrativen Absatzgebiete. Landwirtschaftlich strukturierte Regionen, die wenig Stromabsatz verhießen, blieben unversorgt. Für diese Abnehmer blieb meist als einzige Alternative die Möglichkeit, über Gemeinde-Bezugsverbände oder Genossenschaften in öffentlicher Trägerschaft den Aufbau der Stromversorgung voranzubringen. Dieser Weg war beispielsweise typisch für die Elektrizitätsversorgung weiter Teile des damaligen Königreiches Württemberg [15].

In dieser Zeit entstanden auch die ersten gemischtwirtschaftlichen Versorgungsunternehmen unter Beteiligung privater und öffentlicher Anteilseigner [16]. Stellvertretend sei hier die Rheinisch-Westfälische Elektrizitätswerk AG in Essen genannt; das RWE nahm aus einer privaten Gründung des Jahres 1898 heraus – seit 1905 mit Beteiligung von Städten und öffentlichen Körperschaften – einen rasanten Aufstieg zum heute größten deutschen Energieversorgungsunternehmen (EVU). Entscheidend gefördert wurde das Wachstum des RWE durch die frühzeitige Zusammenarbeit von Kraftwerken der öffentlichen Versorgung und zecheneigenen Erzeugungsanlagen auf ein Versor-

Apollotheater Mannheim mit elektrischen Bogenlampen.

gungsnetz, das eine rationellere Ausnutzung der Kraftwerkskapazitäten und damit günstigere Tarife ermöglichte [17].

Mit eigenen Grundsätzen zur öffentlichen Elektrizitätswirtschaft trat die Staatsaufsicht erst auf, als die Gründerzeit der gemeindlichen Versorgungsunternehmen längst vorbei war. Solange elektrische Energie im lokalen Inselbetrieb erzeugt und abgegeben wurde, legte auch die Staatsaufsicht kommunalem Unternehmerdrang keine Fesseln an. Sie trat erst auf den Plan, als durch den technischen Fortschritt die optimale Betriebsgröße in der Elektrizitätserzeugung anstieg und ein regionaler Stromabsatz rentabel wurde. Erstere setzte nach der Jahrhundertwende mit dem Aufkommen der schnellaufenden Dampfturbine ein, die die Dampfmaschine innerhalb von rund 20 Jahren aus der öffentlichen Stromerzeugung verdrängte und zu einem deutlichen Anstieg der Kraftwerksgrößen führte [18]; letzterer fand seinen technischen Durchbruch durch die erwähnte Drehstromübertragung Lauffen–Frankfurt und ihre Folgen. Probleme bereitete dagegen häufig die Finanzierung von Überland-Versorgungsnetzen, da diese in jener Zeit noch ein Vielfaches des in ein Kraftwerk investierten Kapitals kosteten [19].

Über die Grenzen hinaus: Anfänge des Verbundbetriebes

Besonders früh wurden im Großherzogtum Baden die Gefahren einer Monopolisierung der Elektrizitätsversorgung erkannt und 1904 in den Verhandlungen der badischen Abgeordetenkammern diskutiert. Hierauf ging auch letztlich der Entschluß des badischen Staates zu einer aktiven Beteiligung am Ausbau der Elektrizitätsversorgung zurück; 1912 wurden Bau und Betrieb eines staatlichen Kraftwerkes an der Murg im nördlichen Schwarzwald beschlossen. Dessen Stromerzeugung sollte in erster Linie den bislang nicht versorgten Gebieten des Landes zugute kommen. Das Großherzogtum Baden hat damit vor dem Ersten Weltkrieg bereits die Weichen zu einem auch im Deutschen Reich Beispiel gebenden Energieversorgungskonzept auf der Ebene eines Bundesstaates gestellt.

Im Süden der genannten Region an Hoch- und Oberrhein liegt die Keimzelle des heutigen europäischen Verbundnetzes, die sich in der Zeit kurz vor dem Ersten Weltkrieg zwischen Schweiz, Großherzogtum Baden, Reichsland Elsaß-Lothringen und ansatzweise Frankreich herausbildete. Verbundbetrieb bedeutete ursprünglich die gegenseitige Aushilfe von Elektrizitätswerken bei Störfällen; ferner war beim

Bei der abgebildeten Sitzung des Stadtrates in Mannheim 1904 wurde der Sitzungssaal bereits mit elektrischen Glühlampen beleuchtet.

Verbundsystem mit einem anderen Kraftwerk eine Verringerung der Reserveleistung der eigenen Anlagen möglich. Schließlich wurde unter Verbund oder anderen Umschreibungen auch die Einbeziehung größerer, strukturell verschiedener Stromversorgungsgebiete gefaßt, was eine bestmögliche Auslastung der Kraftwerkskapazitäten ermöglichte. Der Aufbau des ersten Verbundnetzes in der Region am Rhein zwischen Bodensee und Basel wird durch die Tatsache verständlich, daß nahezu alle größeren Elektrizitätswerke der Gegend durch internationale Finanzierungs- und Beteiligungsgesellschaften miteinander verflochten waren: Der internationale Kapitalverbund ermöglichte den internationalen Stromverbund [20]. [X-5.7]

Vorbildlich hatte auch Bayern bereits kurz vor dem Krieg Pläne für eine staatlich gelenke Stromversorgung des Königreiches durch Oskar von Miller (1855–1934) entwerfen lassen [21]. Wie andernorts, hatten auch in diesem Staat die privaten Stromversorgungsunternehmen auf der Karte der öffentlichen Versorgung „weiße Flecken" gelassen. Über den Zugriff auf ein das ganze Land überspannendes Stromnetz – dem späteren Verbundnetz – plante von Miller die staatlich gewünschte, allseitige Versorgung mit elektrischer Energie. Fortschritte in der Anwendung immer höherer Übertragungsspannungen ermöglichten auch die Einbindung der abseits von den Verbrauchsschwerpunkten gelegenen Wasserkräfte in dieses System. Der genannte Weg des Zugriffs auf die übergeordnete Hochspannungsübertragung –

„Elektrizität im Arbeitsgerät", das war der Werbeslogan für Maschinen und Geräte in Betrieben und Werkstätten, mit dem eine neue Generation von Arbeitsgeräten ihren Markt eroberte. Die Abbildung zeigt ein Reklame-Schild aus Emaille.

meist Sammelschiene genannt – wurde von den meisten Staaten in den 20er Jahren zum Aufbau einer Landesversorgung betreten.

Der angesprochene Stromverbund zur Verringerung der Reserveleistungen von Kraftwerken wurde schon recht früh als betriebswirtschaftlich sinnvoll erkannt, da er eine Verringerung der täglichen, morgens und abends auftretenden Lichtstromspitzen ermöglichen konnte. Gleichstromwerke konnten diese Spitzen zwar teilweise mit Hilfe zusätzlicher Batteriekapazitäten auffangen, waren aber – wie erwähnt – auf einen geringen Versorgungsradius beschränkt. In Wechselstrom- oder Drehstromkraftwerken mußten zur Abdeckung der Lastspitzen zusätzliche Maschinen eingesetzt werden, die die Rentabilität des Betriebes aufgrund der kurzen Benutzungsdauer in Frage stellten. Einzige Auswege blieben – bis heute – eine gleichmäßigere Stromabnahme der angeschlossenen Verbraucher oder entsprechende Hilfslieferungen von miteinander gekuppelten Kraftwerken.

Zu den Bemühungen um eine gleichmäßigere Auslastung der Kraftwerke gehörte neben der Versorgung der elektrischen Straßenbahnen auch die Gewinnung von neuen Abnehmern aus Industrie und Gewerbe. Erheblich schwieriger und langwieriger als die Einführung der elektrischen Beleuchtung war hier allerdings die Durchsetzung des Elektromotors. Um 1900 schien die Vielfalt der konkurrierenden Antriebssysteme kleinerer Kraftmaschinen – Wind, Wasser, Dampf, Gas, Petroleum, Druckluft – einen Höhepunkt erreicht zu haben [22]. Unter ihnen dominierte noch der Gasmotor aufgrund von Vorteilen hinsichtlich der Preise und rascher Betriebsbereitschaft; sein Nachteil ergab sich aus der Netzabhängigkeit von den auf die größeren Städte beschränkten Gaswerke und damit einer relativen Standortgebundenheit. Mit der Entwicklung eines leistungsfähigen Elektromotors in Form des Drehstrom-Asynchronmotors war bereits vor der Jahrhundertwende die technische Möglichkeit gegeben, den Gasmotor ebenso wie alle anderen alternativen Antriebssysteme zurückzudrängen.

In den heftigen Konkurrenz- und Marktkämpfen zwischen Gas- und Elektromotor spielten auch aggressive Tarifermäßigungen sowie damals neuartige Leasingangebote für Elektromotore sowie Tauschaktionen „Gas- gegen Elektromotor" usw. eine wichtige Rolle. Es ist unbestritten, daß der Einsatz des Elektromotors wesentlichen Anteil am erfolgreichen Verlauf des Anpassungsprozesses des Handwerks an die Industrialisierung hatte und ihm eine wichtige Rolle bei der Erhaltung klein- und mittelbetrieblicher Betriebsstrukturen zukommt. In der Tat kämpften die Elektrizitätswerke auch noch in den 20er Jahren um Abnehmer im Kleingewerbe. [VIII-5.3]

Stärker waren die Tendenzen zum Einsatz von Elektrizität in der Industrie: Um 1900 hatte die Ablösung der Dampfmaschine sowie der Gaskraftmaschine als Hauptantriebskraft zwar noch nicht durchweg begonnen, doch setzte diese noch vor dem Ersten Weltkrieg mit deutlichen Zuwachsraten ein[23]. Von diesem Trend konnten die Werke der öffentlichen Stromversorgung in Deutschland – im Gegensatz etwa zu den USA – nicht profitieren: Hier dominierte noch jahrzehntelang die industrielle Eigenstromerzeugung.

Wege zur Landesversorgung

Der Erste Weltkrieg brachte erstaunlicherweise einen Schub für die Elektrifizierung[24]. Der Mangel an Leuchtstoffen, Kohlen und nicht zuletzt an qualifizierten Arbeitskräften beschleunigte den Anschluß an die öffentliche Stromversorgung vor dem Hintergrund einer auf Rationalisierung drängenden Kriegswirtschaft.

Nach 1918 ergaben sich mit dem Übergang von der Kriegs- zur Friedenswirtschaft für die Elektrizitätswirtschaft Deutschlands neue Probleme. Die Gebietsverluste traditioneller Kohlereviere an der Saar sowie in Oberschlesien, dazu die Besetzung des Ruhrgebietes, führten beispielsweise zu einem empfindlichen Rückgang der Kohleförderung und einer entsprechenden Drosselung der Elektrizitätsproduktion. Da noch keine großräumige Verbundwirtschaft bestand, konnten die bereits ausgebauten größeren Wasserkraftanlagen nicht als Ausgleich herangezogen werden, und es kam zu einer – regional unterschiedlich – ausgeprägten Energiekrise. Aus dieser Notsituation heraus entstand die sogenannte Kraft-Wärme-Koppelung, d.h. die Mitverwendung der bei der Stromerzeugung in einem Kraftwerk anfallenden nutzbaren Wärme für Heizzwecke oder als Prozeßwärme. Hierdurch wurde die eingesetzte Primärenergie, etwa Steinkohle, erheblich besser ausgenutzt als bei der reinen Stromerzeugung, wo der Gesamtwirkungsgrad noch deutlich unter 30% lag. Diese rationellere Form der Energienutzung konnte allerdings nur in der Industrie Fuß fassen.

Größere Auswirkungen auf die Investitionstätigkeit besonders privater Energieversorgungsunternehmen hatten in den Jahren der Weimarer Republik Sozialisierungsbestrebungen, da die sozialistischen Parteien die Verstaatlichung der Produktionsmittel als einen wichtigen Programmpunkt zu verwirklichen suchten[25]. Obwohl die angekündigten Ausführungsbestimmungen und -gesetze nie erlassen wurden, blieb das Sozialisierungsgesetz für den Bereich der Elektrizitätswirt-

Um eine bessere Elektrizitäts-Ver-
sorgung in allen Teilen des Reiches
zu gewährleisten, greift der Staat
ein: Die Deutsche Nationalver-
sammlung erläßt 1920 das soge-
nannte „Sozialisierungsgesetz der
Elektrizitätswirtschaft".

Reichs-Gesetzblatt

Jahrgang 1920

Nr. 5

Inhalt: Gesetz, betreffend die Sozialisierung der Elektrizitätswirtschaft. S. 19. — Bekanntmachung zur Änderung der Ausführungsbestimmungen zur Verordnung über den Verkehr mit Seife, Seifenpulver und anderen fetthaltigen Waschmitteln vom 21. Juni 1917. S. 27. — Bekanntmachung über die Festsetzung von Richtpreisen für den Großhandel mit Wild. S. 28. — Verordnung über die Aufhebung der Beschlagnahme von Weißblech. S. 29.

(Nr. 7230) Gesetz, betreffend die Sozialisierung der Elektrizitätswirtschaft. Vom 31. Dezember 1919.

Die verfassunggebende Deutsche Nationalversammlung hat zum Zwecke einer besseren Versorgung des gesamten Reichsgebiets mit Elektrizität das folgende Gesetz beschlossen, das mit Zustimmung des Reichsrats hiermit verkündet wird:

§ 1

Das Reichsgebiet ist bis spätestens 1. Oktober 1921 zum Zwecke der Elektrizitätsbewirtschaftung in Bezirke einzuteilen, die sich nach wirtschaftlichen Gesichtspunkten gliedern.

Für diese Bezirke sind unter Führung des Reichs Körperschaften oder Gesellschaften zu bilden, in denen jedenfalls die der Erzeugung und Fortleitung elektrischer Arbeit dienenden Anlagen zusammenzuschließen sind, mit Ausnahme derjenigen Unternehmungen, die die von ihnen erzeugte elektrische Arbeit ausschließlich oder ganz überwiegend für eigene Betriebe verbrauchen.

Das Nähere bestimmt ein bis zum 1. April 1921 einzubringendes Gesetz zur Regelung der Elektrizitätswirtschaft, soweit sie nicht bereits in diesem Gesetz erfolgt ist.

§ 2

Das Reich ist befugt,

1. das Eigentum oder das Recht der Ausnutzung von Anlagen, welche zur Fortleitung von elektrischer Arbeit in einer Spannung von 50 000 Volt und mehr bestimmt sind und zur Verbindung mehrerer Kraftwerke dienen,
2. das Eigentum oder das Recht der Ausnutzung von Anlagen zur Erzeugung elektrischer Arbeit (Elektrizitätswerke) mit einer installierten Maschinenleistung von 5 000 Kilowatt und mehr, welche im Eigentume privater Unternehmer stehen und nicht ganz überwiegend zur Erzeugung elektrischer Arbeit für eigene Betriebe dienen,

Reichs-Gesetzbl. 1920.

5

Ausgegeben zu Berlin den 12. Januar 1920.

(Vierzehnter Tag nach Ablauf des Ausgabetags: 26. Januar 1920)

schaft de jure bis zum Erlaß des Energiewirtschaftsgesetzes von 1935 in Kraft. Mit dem Sozialisierungsgesetz von 1919 erfuhren die besonders im Ersten Weltkrieg aufgekommenen Tendenzen zu stärkerem Staatseinfluß in der Elektrizitätswirtschaft neuen Auftrieb. Keimzelle dieser besonders vom Reich vorangetriebenen Aktivitäten wurde das während des Krieges erbaute Kraftwerk Zschornewitz in Mitteldeutschland, das 1917, zusammen mit der Elektrowerke AG, auf das Reich überging. Von Zschornewitz aus wurde über eine der ersten mit 110 kV betriebenen Fernübertragungsleitungen Deutschlands die Berliner Rüstungsindustrie mit elektrischer Energie versorgt.

In den 20er Jahren drang das Reich über die Elektrowerke AG, später über die VIAG (Vereinigte Industrieunternehmungen AG) weiter in der öffentlichen Stromversorgung Mitteldeutschlands vor[26]. Ähnlich den Unternehmenszielen des RWE, strebten die Elektrowerke – aufbauend auf Kraftwerken zur Verwertung der mitteldeutschen Braunkohlevorkommen – die Beteiligung an bestehenden und neu zu gründenden Versorgungsunternehmen an. Hierdurch sollten zunächst die durch zersplitterte kleine Stromnetze entstandenen Unwirtschaftlichkeiten beseitigt, darüber hinaus die Voraussetzungen für eine rationelle Gestaltung des Stromabsatzes sowie für eine steigende Stromanwendung durch Tarifverbesserungen geschaffen werden. „Großkrafterzeugung" und „Großstromversorgung" lauteten die zeitgenössischen Schlagworte für diese ab Mitte der 20er Jahre einsetzenden Bestrebungen zum rationellen Ausbau der öffentlichen Stromversorgung[27]. Hierzu beteiligte sich die Elektrowerke AG an fast allen nach dem Krieg entstandenen Landesversorgungsunternehmen Mitteldeutschlands und trat als Stromlieferant der meisten größeren Städte auf.

In der Praxis versiegten die Verstaatlichungspläne recht schnell: Zum einen hatten manche Länder wie Baden, Bayern und Sachsen bereits erfolgreich staatliche Landesversorgungsunternehmen gegründet, zum anderen widersetzte sich der Freistaat Preußen entschieden den aufgezeigten Plänen der Elektrowerke und damit dem Reich, da er seine energiewirtschaftlichen Zielsetzungen gefährdet sah. Preußen hatte sich erst spät dazu entschlossen, seine elektrizitätspolitischen Pläne in die eigene Hand zu nehmen und staatlicherseits tätig zu werden[28]. Das war lange nachdem beispielsweise die oben aufgeführten Länder während und kurz nach dem Ersten Weltkrieg die weitere privatwirtschaftliche Ausdehnung der Elektrizitätsversorgung durch ordnungspolitische Eingriffe abgeschwächt oder ganz unterbunden hatten. Diesem Vorbild wollte sich die damalige, SPD-geführte preußische Regierung nicht verschließen. Das späte Engagement mußte auf dem zu weiten Teilen bereits markierten Feld der Elektrizitätsversorgung zu Spannungen und Abgrenzungsstreitigkeiten mit bereits etablierten Versorgungsunternehmen führen.

Größtes Unternehmen war damals bereits die Rheinisch-Westfälische Elektrizitätswerk AG, Essen. Das RWE-Versorgungsgebiet reichte inzwischen weit über seine Anfänge, das westliche Ruhrgebiet, hinaus und umfaßte große Teile der Provinz Hessen-Nassau und im Nordosten Teile der Provinz Hannover. Ziel der elektrizitätswirtschaftlichen Betätigung der RWE war es, im Laufe seiner Entwicklung in den nach und nach erworbenen Gebieten durch Verbindung untereinander ein Verteilungssystem zu schaffen, das eine Verwertung der Leistung dort ermöglichte, wo es am wirtschaftlichsten geschehen konnte. Nach 1918 erfolgte ein starker Ausbau der westdeutschen Braunkohlekraftwerke des RWE sowie Ende der 20er Jahre die Einbeziehung der „weißen Kohle", der süddeutschen und vorarlbergischen Wasserkräfte, in dieses Verbundsystem.

Zweites großes Versorgungsunternehmen im Westen des Deutschen Reiches waren die Vereinigten Elektrizitätswerke Westfalen. Mitteldeutschland war stärker beeinflußt von der Elektrowerke AG, so daß Preußen lediglich noch das Gebiet zwischen Küste, Weser und Main verblieb. Den Tod des größten RWE-Einzelaktionärs Hugo Stinnes im Jahre 1924 nutzte der preußische Staat, um aus der Liquidationsmasse für 12 Millionen Reichsmark RWE-Aktien zu erwerben. Preußen plante nach bayerischem und anderen Vorbildern ein einheitliches Landesversorgungsunternehmen, ein „Preußenwerk", und wollte zu diesem Zweck Einfluß auf das RWE nehmen. So verhinderte der preußische Staat beispielsweise lange Zeit den Bau der erwähnten Nord-Süd-Verbindung des RWE von den Braunkohlekraftwerken Westdeutschlands zu den Wasserkräften Süddeutschlands und Österreichs, da er den Verlust der Stromversorgung von Frankfurt am Main befürchtete. Erst nachdem diese Stadt mit Preußen einen langfristigen Stromlieferungsvertrag abgeschlossen hatte, erhielt das RWE das notwendige Enteignungsrecht für seine geplante Trassenführung – ein Vorgehen, das zu Recht als Mißbrauch staatlicher Macht kritisiert und gegen das sogar Reichshilfe gefordert worden war. Nach gegenseitigen Bemühungen, sich vor den unter dem Druck der Öffentlichkeit unausbleiblichen Vergleichsverhandlungen möglichst viele Trümpfe zu sichern, schlossen RWE und preußischer Staat 1927 den sogenannten „Elektrofrieden". Preußen erreichte durch die Entsendung von zwei Aufsichtsratsmitgliedern beim RWE zudem einen gewissen Einfluß auf die Geschäftstätigkeit des Essener Unternehmens. Noch im selben Jahr erfolgte die Zusammenfassung der elektrizitätswirtschaftlichen Aktivitäten des preußischen Staates in der Gründung der Preußischen Elektrizitäts-AG, Berlin (Preußenelektra).

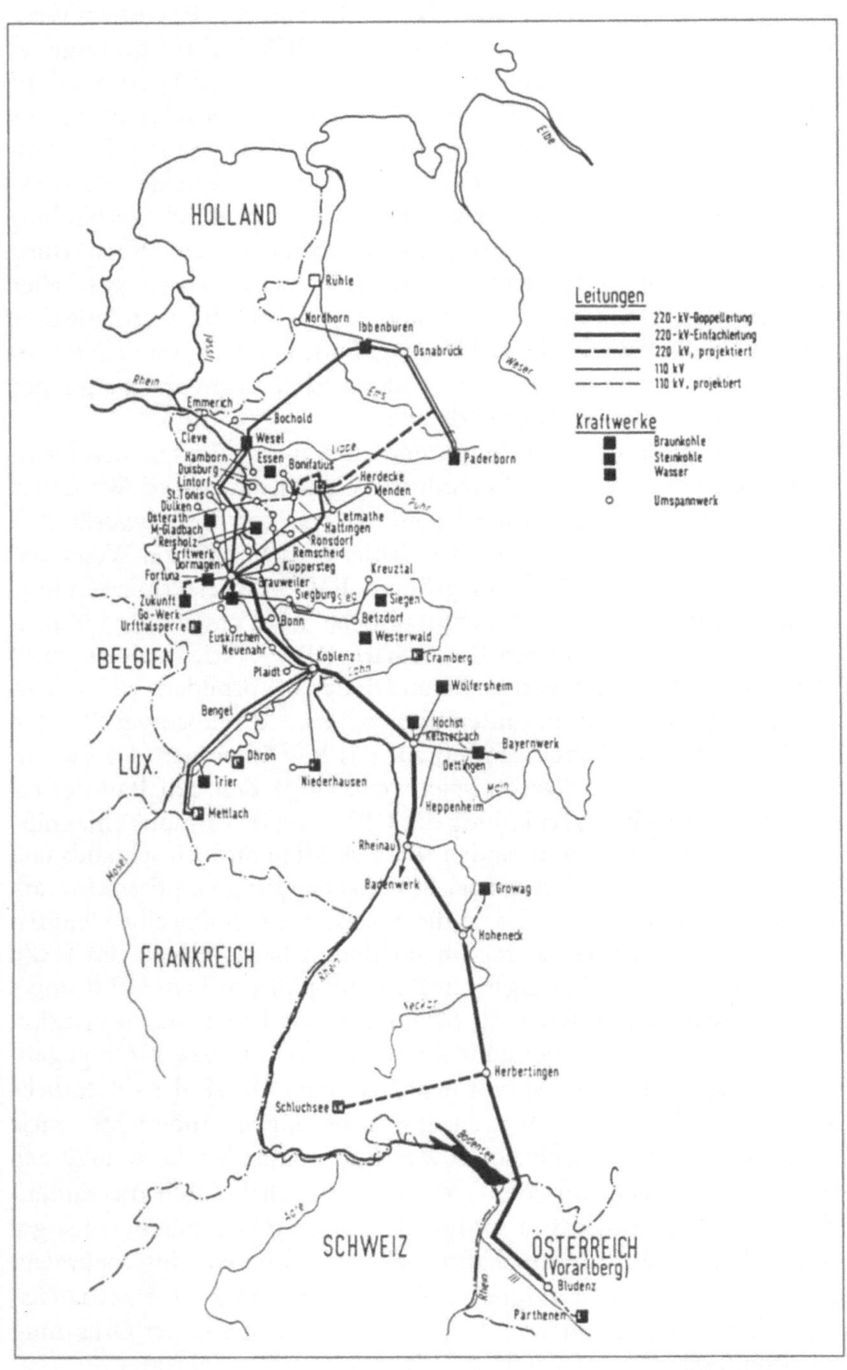

Die 220 kV-Leitungen der Rheinisch-Westfälischen-Elektrizitätswerke (RWE) 1928.

Der Aufbau des Verbundnetzes

Der Zeitraum ab Mitte der 20er Jahre ist gekennzeichnet durch die Entwicklung von der Landes- zur nationalen Elektrizitätsversorgung. Auf elektrizitätswirtschaftlichem Gebiet folgten beispielsweise der Abgrenzung zwischen RWE und Preußen zahlreiche weitere Demarkationsverträge zwischen den übrigen EVU. Voraussetzungen hierfür auf der technischen Seite waren der Übergang auf immer höhere Übertragungsspannungen und der Aufbau des Verbundnetzes sowie die Realisierung immer größerer Kraftwerksleistungen. Kleine Kraftwerke arbeiteten in der Regel unwirtschaftlich und waren zudem meistens unzureichend gegen technische Störungen abgesichert. Ihre Beschränkung auf ein lokales Netz wurde zugunsten der Arbeit auf ein größeres regionales Netz aufgegeben, in das die vorhandenen Kraftwerke kostenoptimal in die Stromerzeugung des Grund-, Mittel- und Spitzenlastbereiches eingereiht wurden. Fortschritte der 220 kV-Technik schufen die Voraussetzungen zu Einspeisungen von weit entfernten Kraftwerken auf unterschiedlicher Primärenergiebasis (Wasserkraft, Braunkohle) in das übergelagerte Verbundnetz. Da elektrische Energie aus physikalischen Gründen in größerem Umfang kaum speicherbar ist, wurde in den 20er Jahren verstärkt begonnen, Speicherkraftwerke mit natürlichem Wasserzufluß, später auch Pumpspeicherwerke zu bauen. Eingebunden in den Verbundbetrieb, boten diese Kraftwerkstypen schnell verfügbare Reserveleistungen beim Ausfall eines Kraftwerkes oder dienten zur Abdeckung der täglichen Lastspitzen. Beispielhaft sei das zusammen von RWE und Badenwerk AG gebaute Pumpspeichersystem des Schluchseewerkes im Südschwarzwald genannt, das, in den zwanziger Jahren begonnen, zwischen 1933 und 1950 mit drei Gefällstufen in Betrieb genommen wurde [29].

Die genannten technischen Fortschritte und organisatorischen Vereinheitlichungen führten nach und nach zu spürbar niedrigeren Stromerzeugungskosten und veranlaßten bislang eigenstromproduzierende Industriebetriebe, auf Fremdstrombezug überzugehen. Das für Deutschland traditionelle Übergewicht der industriellen Eigenanlagen wurde bei der installierten Kapazität erstmals im Jahre 1925 von den Kraftwerken der öffentlichen Versorgung beendet. Drei Jahre später überschritt auch die öffentliche Stromerzeugung diejenige der industrieeigenen Anlagen. Mit dem verstärkten Anschluß gewerblicher Stromabnehmer war es den Unternehmen der öffentlichen Elektrizitätsversorgung möglich, das Kernproblem wirtschaftlicher Stromerzeugung, die Auffüllung von Belastungstälern, verstärkt anzugehen. Elektromotoren in Gewerbe- und Industrieunternehmen, in Wasserwerken und elektrischen Straßenbahnen sowie besonders die Elektrowärmeverwendung sollten eine gleichmäßigere Auslastung der Kraftwerke ermöglichen.

Nach der Mark-Stabilisierung Ende 1923 konnte anhand statistischer Auswertungen im Deutschen Reich erstmals nachgewiesen werden, daß zwar der Gesamtstromverbrauch stärkeren Schwankungen unterworfen war, andererseits der Haushaltsstromabsatz sich als krisenfest erwies und kontinuierlich aufwärts verlief[30]. Das Vorbild der vom Weltkrieg wirtschaftlich weniger berührten USA vor Augen, strebte die Vereinigung der Elektrizitätswerke als Dachorganisation der deutschen Versorgungsunternehmen eine betriebswirtschaftlich gesteuerte und gelenkte Werbung zur Erzielung einer ausgewogeneren Abnahmestruktur an. Besonders die Einführung der Elektrowärme kennzeichnete jene Phase ab Mitte der 20er Jahre. Begonnen wurde die Arbeit mit einer breitgestreuten Werbung für die elektrische Zubereitung von Viehfutter in sogenannten Futterdämpfern, die mit Nachtstrom beheizt wurden. Sie wurde mit einer Heißwasser-Werbung ausgeweitet und führte schließlich auch zur intensiven Propaganda des elektrischen Kochens im Haushalt. Die Energieversorgungsunternehmen unterstützten diese Maßnahmen durch eine entsprechende Gestaltung der Tarife. Hierbei mußten sie zunächst langjährige Vorstellungen der Verbraucher überwinden, die die Verwendung elektrischen Stromes noch weitgehend mit reinen Beleuchtungszwecken identifizierten.

Die Versorgungsdichte nahm in der Zwischenkriegszeit – vor allem im privaten Bereich – zwar deutlich zu und erreichte bis auf wenige entlegene Gebiete eine Flächendeckung des Deutschen Reiches, der gesamte Elektrizitätsverbrauch dagegen war besonders durch die Folgen der Weltwirtschaftskrise noch stärkeren Schwankungen unterworfen und zeigte erst ab 1932/33 kontinuierliche Aufwärtstendenzen.

Folgewirkungen: Das Energiewirtschaftsgesetz von 1935

Keinen geringen Einfluß auf den Rückgang der industrieeigenen Stromerzeugungsanlagen hatte neben preisgünstiger Versorgung durch die öffentliche Elektrizitätswirtschaft auch das Energiewirtschaftsgesetz vom 13. Dezember 1935[31]. Als wesentlichen Bestandteil enthielt es die Anzeige- und Genehmigungspflicht für Bau, Erneuerung, Erweiterung oder Stillegung von Energieanlagen. Das Energiewirtschaftsgesetz war im Reichswirtschaftsministerium unter Hjalmar Schacht (1877–1970) konzipiert und des öfteren durch Eingaben und Interventionen betroffener Interessengruppen abgeändert worden. Es berücksichtigte Forderungen und Meinungen, die teilweise bereits Jahre vor der Machtergreifung 1933 aufgestellt worden waren. Bereits 1930 hatte Oskar von Miller in einem Gutachten für das Reichswirtschaftsministerium einen „Generalplan für die deutsche Elektrizitätsversorgung" entwickelt; im selben Jahr legte Oskar Oliven einen Vorschlag für ein europäisches Höchstspannungsnetz der 400 kV-Ebene vor. Bedeutenden Einfluß auf die praktische Politik der EVU hatte sicherlich auch der Enquêtebericht von 1930, der größere Maschineneinheiten und eine noch stärkere Kopplung der Netze, also den Verbund, empfahl[32].

Mit dem Energiewirtschaftsgesetz sollte die Frage eines Konzeptes für eine staatliche Marktpolitik in der Elektrizitätswirtschaft gelöst werden, nachdem die Versorgungsgebiete der Unternehmen weitgehend gegeneinander abgegrenzt waren[33]. Bereits gegen Ende der 20er Jahre waren Tendenzen zur langsamen Schwächung der Stellung der Kommunen in Selbstverwaltungsaufgaben besonders auf dem Gebiet der Versorgung festzustellen. Sie mündeten noch vor dem Erlaß des Energiewirtschaftsgesetzes in die Deutsche Gemeindeordnung vom 30. Januar 1935, in der die wirtschaftliche Betätigung der Gemeinden eingeschränkt wurde. Die Gegner des Energiewirtschaftsgesetzes aus den Reihen der kommunalen Versorgungsunternehmen befürchteten – wohl zu Recht –, daß sie bei einem Zusammenspiel von Reichswirtschaftsministerium, dem Generalbevollmächtigtem für die Energiewirtschaft, der Reichsgruppe Energiewirtschaft, den großen Versorgungsunternehmen und des Amtes für Technik der NSDAP unterlegen sein würden[34]. Gestärkt wurde andererseits die Position der Gemeinden durch das Reichsministerium des Inneren, den deutschen Gemeindetag sowie das Amt für Kommunalpolitik der NSDAP. Besonders Reichsinnenminister Wilhelm Frick (1877–1946) verstand es, durch den gezielten Erlaß verschiedener Verordnungen, die angestrebten Ziele des Energiewirtschaftsgesetzes teilweise zu konterkarieren. Diese lagen (und liegen) in der Gewährleistung einer ausreichenden, sicheren und billigen Energieversorgung (Präambel).

Mit Hilfe des Energiewirtschaftsgesetzes wurde die bereits früher eingeleitete „Flurbereinigung" in der Elektrizitätsversorgung entschieden vorangetrieben[35]. Betroffen waren besonders Gemeindeunternehmen und kleinere Versorgungsbetriebe. Eingeengt zwischen den großen privaten, staatlichen und gemischtwirtschaftlichen EVU, ständischen Organisationen, staatlichen Sonderbehörden und Ministerien, die an der Ausweitung der Rüstungsproduktion mit ihrem hohen Strombedarf und damit an einer Zusammenfassung und Rationalisierung der Elektrizitätswirtschaft interessiert waren, wurden zahllose kleine Versorgungsunternehmen stillgelegt bzw. von größeren übernommen.

Da das Gesetz – auch aufgrund der angedeuteten ständigen Differenzen zwischen Kommunalversorgungsunternehmen auf der einen sowie Regionalversorgungs- und Verbundunternehmen auf der anderen Seite – den kriegswirtschaftlichen Zielsetzungen des Dritten Reiches bald nicht mehr genügte, wurde die Energiewirtschaft im Laufe der Kriegsjahre verschärft unter staatlichen Einfluß gestellt. So erreichte der staatlich verordnete, stark ausgeweitete Verbund zwischen Elektrizitätswirtschaft und industrieeigenen Anlagen eine hohe Effizienz, weshalb selbst spektakuläre Luftangriffe der Alliierten wie etwa die Zerstörung von Möhnetalsperre und von Goldenbergwerk in den Jahren 1943 und 1944 durch rasche Kapazitätsverlagerungen im Verbundnetz wesentlich weniger erfolgreich als geplant ausfielen. Dennoch ließ der verschärfte Luftkrieg die Bemühungen um eine Aufrechterhaltung der Stromversorgung zunehmend obsolet werden [36].

Integration: Der Weg zum europäischen Verbundnetz

Kennzeichnend für die Zeit nach Überwindung der größten Nachkriegsprobleme technischer und wirtschaftlicher Art – besonders Schwierigkeiten der Kapitalbeschaffung hemmten den Wiederaufbau – waren folgende Stationen der Entwicklung der Elektrizitätsversorgung in der Bundesrepublik Deutschland. Die neun größten Energieversorgungsunternehmen schlossen sich 1948 zur Deutschen Verbundgesellschaft zusammen, um nach der Teilung Deutschlands eine neue Konzeption zum Ausbau der Verbundwirtschaft zu fördern sowie die Zusammenarbeit untereinander und mit den übrigen deutschen und ausländischen Versorgungsunternehmen zu pflegen. Danach kristallisierten sich endgültig die ansatzweise bereits vorhandenen drei Stufen der bundesdeutschen Elektrizitätswirtschaft heraus: Verbundunternehmen, Regionalversorger, Kommunalstufe. Parallel zum Zusammenschluß der öffentlichen Versorgungsunternehmen in der „Vereinigung Deutscher Elektrizitätswerke" (VDEW) im Jahre 1947 formierten sich zahlreiche industrielle Werke im selben Jahr in der „Vereinigung Industrielle Kraftwirtschaft" (VIK) zur Wahrung der Interessen der Industrie auf dem Gebiet der Stromwirtschaft.

Das Energiewirtschaftsgesetz von 1935 hat – mit Abänderungen – bis heute Gültigkeit in der Bundesrepublik Deutschland. Im Gesetz gegen Wettbewerbsbeschränkungen aus dem Jahre 1957 wurde der öffentlichen Energieversorgung ausdrücklich der Abschluß von Demarkationsabkommen untereinander und von Konzessionsverträgen mit Gemeinden etc. zugestanden und damit ihre monopolartige Angebotssituation gesichert. Auch marktbeherrschende Zusammenschlüsse mehrerer EVU zum Zweck der großräumigen Versorgung wurden erlaubt. Die langjährige Praxis der EVU wurde durch das Gesetz von 1957 damit gebilligt. Technisch-wirtschaftliche Gründe wurden und werden hier – wie schon in den Anfangszeiten der Stromversorgung – angeführt, die einen Wettbewerb dieser Unternehmen untereinander aus volkswirtschaftlichen und – heute auch aus ökologischen – Gründen nicht rechtfertigen. Erst in den 1980er Jahren wurde der Schutz dieses „natürlichen" Monopols etwas gelockert, indem beispielsweise die Laufzeit von Konzessionsverträgen auf rund 20 Jahre befristet wurde.

Die Zeit nach dem Zweiten Weltkrieg brachte auch auf europäischer Ebene den lange geforderten Verbund. Die Höchstspannungsnetze in den europäischen Ländern hatten sich seit den 20er Jahren nach den wirtschaftlichen Erfordernissen der jeweiligen nationalen Versorgung entwickelt; da aber ein Stromaustausch – wenn auch in beschränktem Rahmen und immer abhängig von den politischen Verhältnissen – zwischen direkten Nachbarstaaten aktuell blieb, ließ diese international zunächst ungesteuerte Entwicklung die großen Linien nicht zu sehr vermissen[37]. 1952 wurde die UCPTE (Union pour le Coordination de la Production et du Transport de l'Electricité) in Paris gegründet als Gremium führender Persönlichkeiten und Fachleute der großen europäischen EVU solcher Staaten, deren Leitungsnetze eine zwischenstaatliche Verbundwirtschaft gestatteten. Der UCPTE gehören heute alle west-, süd- und mitteleuropäischen Staaten mit Ausnahme von Großbritannien, Irland und Albanien an. Aufgabengebiet dieser Gesellschaft sind in erster Linie aktuelle, praktische Fragen des täglichen Verbundbetriebes in Europa, während sich die schon länger bestehende UNIPEDE (Union International des Producteurs et Distributeurs d'Energie Electrique) mit längerfristiger Planung befaßt. Die Einbeziehung osteuropäischer Länder nach den politischen Veränderungen der ausgehenden 1980er Jahre sowie der ehemaligen DDR in die gut funktionierende und bewährte Zusammenarbeit der UCPTE ist technisch nicht sofort möglich, da das östliche Netz nach anderen Spielregeln arbeitet.

Beim Auf- und Ausbau des Verbundnetzes nach dem Zweiten Weltkrieg konnte man sich auf verschiedene ältere Entwürfe und Vorüberlegungen stützen. Durch die politische Teilung Deutschlands und Europas bekam der Aufbau der neuen 380 kV-Höchstspannungsleitungen in Nord-Süd-Erstreckung deutlichen Vorrang vor der Ost-West-Richtung, ähnliches gilt für die Verdichtung des 220 kV-Netzes. Die 110 kV-Ebene dient heute der regionalen Verteilung. Auch die Spitzen- und Reservedeckung durch hydraulische Speicherkraftwerke wurde den steigenden Kraftwerksdimensionen angepaßt und stieg in Größenordnungen von über 1000 MW Leistung: ausreichend, um den Ausfall eines Kernkraftwerkblockes vorübergehend zu ersetzen.

Seit 1950 stieg das Stromaufkommen in der Bundesrepublik von rund 46 Milliarden kWh mit großen jährlichen Zuwachsraten auf über 400 Milliarden kWh im Jahre 1990 an. Dieses stürmische Wachstum brachte eine ständige Weiterentwicklung der Erzeugungsanlagen zu immer größerer Kraftwerksleistung je Einheit. Sie führte zu einer fortwährenden Senkung der Gestehungskosten pro kWh, was verstärkten Anschluß der Industrie an die öffentliche Stromversorgung nach sich zog. Der Anteil industrieller Eigenerzeugung sank in der Bundesrepublik folglich zwischen 1950 und 1990 von knapp 40% auf unter 15% des gesamten Stromaufkommens. Seit den 70er Jahren trug auch der Einsatz von Kernenergie zur Stromerzeugung im Grundlastbereich erheblich dazu bei, daß die Gestehungskosten pro kWh sanken. Steinkohlekraftwerke werden, unterstützt durch gesetzliche Hilfen des Bundes und die Abnahmeverpflichtungen der öffentlichen Elektrizitätswirtschaft („Jahrhundertvertrag" von 1980) heutzutage in erster Linie zur Abdeckung der Mittellast eingesetzt. Der seit Ende der 50er Jahre in einer Strukturkrise befindliche Steinkohlenbergbau wurde und wird unter dem Gesichtspunkt der Sicherung der nationalen Energieversorgung aufrechterhalten [38]. [VIII-3.1; X-5.7]

Zurück zu den Anfängen? – Neue Tendenzen in der Stromversorgung

Grundlegend wurden die Rahmenbedingungen der Elektrizitätsversorgung in der Bundesrepublik Deutschland durch die Energiepreiskrisen der 70er Jahre verändert. Besonders im Wärmebereich machte sich die preisgünstige Erdgasversorgung zu Lasten der elektrischen Energie bemerkbar. Auch höheres Energiesparbewußtsein in der Be-

Am 1. Juli 1991 gibt die Verbund-gesellschaft der Bundesrepublik Deutschland die Verteilung der 380-kV- und der 220-kV-Stromkreise für die alten und die neuen Bundesländer heraus. Die Verbundgesellschaft ist ein Zusammenschluß der deutschen Elektrizitätsunternehmen, die miteinander im Verbundbetrieb arbeiten. Sie deckt vier Fünftel des Bedarfs der öffentlichen Stromversorgung Deutschlands.

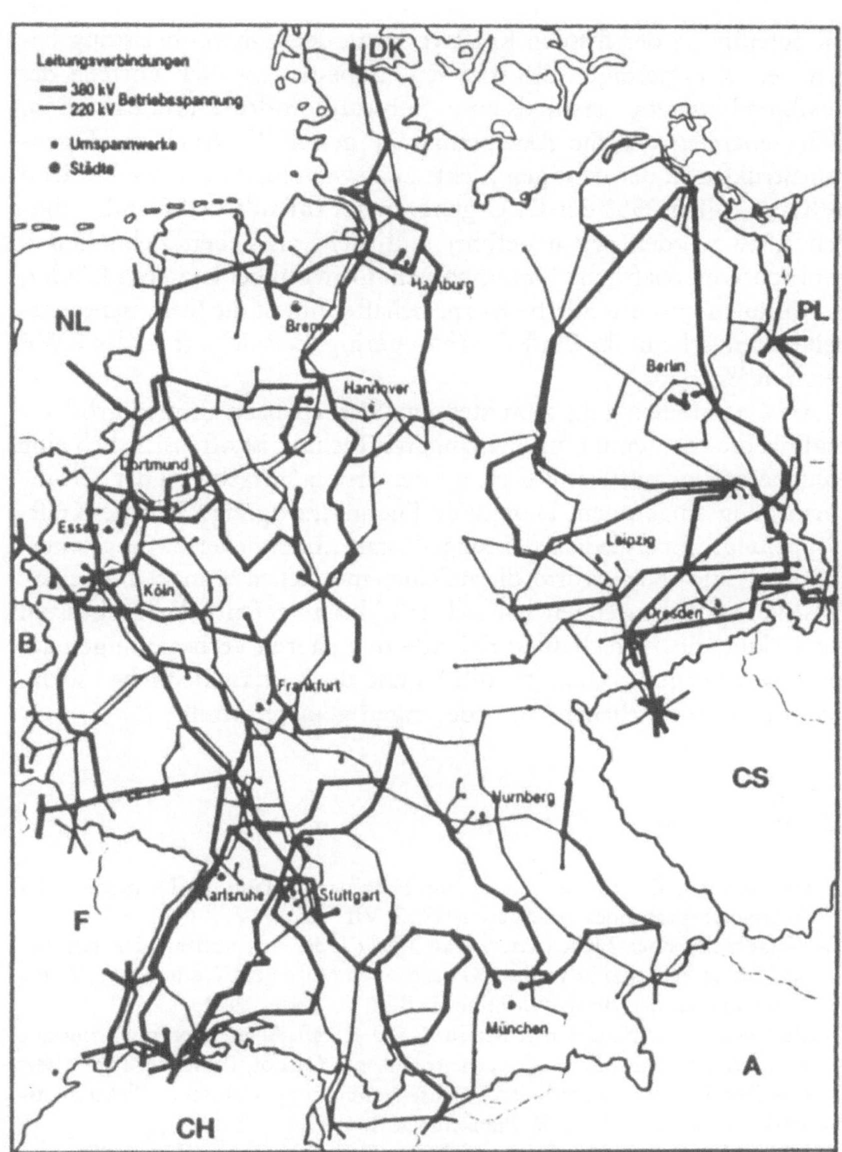

völkerung trug zu geringeren Steigerungsraten des Stromabsatzes bei. Aber auch die stetige Entwicklung zu immer größeren und komplexeren technischen Einheiten, besonders verdeutlicht in den Dimensionen der großen Kernkraftwerksblöcke von bis zu 1300 MW, sowie die

Mitbeteiligung der fossilen Kraftwerke an der Umweltbelastung haben den Energieträger Elektrizität – unbestritten aller Vorteile des flexiblen Einsatzes – erstmals unter Substitutionsdruck und partiell im Wärmebereich vor die Akzeptanzfrage gestellt[39]. Auch die Eigentumsstruktur in der heutigen Elektrizitätswirtschaft gerät zunehmend in Kritik. Über 25% der EVU gehören der öffentlichen Hand, lediglich 3,5% werden privat geführt und mehr als sieben Zehntel sind gemischtwirtschaftliche Unternehmen. Obwohl bei letzteren Länder, Kommunen und öffentliche Körperschaften meist die Stimmenmehrheit halten, scheint ihr Einfluß häufig gering, beispielhaft sei das RWE genannt[40].

Als Gegenbewegung zum stetigen Streben nach immer größerer und für die meisten undurchschaubarer Technik ist offensichtlich eine Rückbesinnung auf Strukturen aus den ersten Jahrzehnten der Stromversorgung eingetreten: Dezentrale Energieerzeugung, Wärme-Kraft-Koppelung, „Energiedienstleistungs-" statt „Energieversorgungsunternehmen" sind Schlagworte, die auf einen möglichen Wandel hinweisen. Aus diesen Bedingungen hat sich eine breite öffentliche Diskussion entwickelt, die – ernsthaft betrieben – zu weiteren Verbesserungen der Energieversorgungskonzepte führen und den unterschiedlichen sozialen und wirtschaftlichen Anforderungen genügen muß.

Literaturnachweise

1 Die Deutsche Elektrizitätsversorgung. Hrsg. v. Vorstand des Deutschen Metallarbeiter-Verbandes. Stuttgart 1927, S. VII
2 50 Jahre Berliner Elektrizitätswerke 1884–1934; im Auftrag der Berliner Städtischen Elektrizitätswerke AG bearb. von Matschoss, Conrad u.a. (Veröffentlichungen der BEWAG, Reihe II, Bd. 14), Berlin 1934
3 Un Siècle d'Electricité dans le Monde (1880–1980). Actes du premier colloque international d'histoire de l'électricité. Ed. par Cardot, Fabienne. Paris 1987; Das Zeitalter der Elektrizität. 75 Jahre Vereinigung Deutscher Elektrizitätswerke. Hrsg. v. d. VDEW. Frankfurt a.M. 1967
4 *Hughes*, Thomas P.: Networks of Power. Electrification in Western Society. Baltimore/London 1983, S. 18ff.
5 *Lehmhaus*, Friedrich: Von Miesbach–München 1882 zum Strom-Verbundnetz (Deutsches Museum: Abhandlungen und Berichte, Jg. 51 (1983) 3). München/Düsseldorf 1983
6 *Boll*, Georg: Geschichte des Verbundbetriebes. Entstehung und Entwicklung des Verbundbetriebes in der deutschen Elektrizitätswirtschaft bis zum europäischen Verbund. Frankfurt a.M. 1969; Moderne Energie für eine neue Zeit. Die Drehstromübertragung Lauffen a. N.–Frankfurt a. M. 1891. Heilbronn 1991;

Wessel, H. A. (Hrsg.): Moderne Energie für eine neue Zeit. Siebtes VDE-Kolloquium anläßlich der VDE-Jubiläumsveranstaltung „100 Jahre Drehstrom". Berlin/Offenbach 1991; *Hillebrand*, F.: Zur Geschichte des Drehstroms. In: ETZ. Jg. 80 (1959) S. 409 ff., S. 453 ff.

7 *Braun*, Hans-Joachim: Gas oder Elektrizität? Zur Konkurrenz zweier Beleuchtungssysteme 1880–1914. In: Technikgeschichte. Jg. 47 (1980) S. 1 ff.

8 Historische Energiestatistik von Deutschland Bd. 1: Statistik der öffentlichen Elektrizitätsversorgung Deutschlands 1890–1913. Hrsg. v. Ott, Hugo, bearb. von Herzig, Thomas unter Mitarbeit von Fehrenbach, Philipp und Drummer, Michael. (Quellen und Forschungen zur historischen Statistik von Deutschland Band 1.) St. Katharinen 1986

9 *Brunckhorst*, Hans-Dieter: Kommunalisierung im 19. Jahrhundert, dargestellt am Beispiel der Gaswirtschaft in Deutschland. München 1978; *Körting*, Johannes: Geschichte der deutschen Gasindustrie. Essen 1963

10 *Schivelbusch*, Wolfgang: Lichtblicke – zur Geschichte der künstlichen Helligkeit im 19. Jahrhundert. München 1983

11 *Lindner*, Helmut: Strom. Erzeugung, Verteilung und Anwendung der Elektrizität (Kulturgeschichte der Naturwissenschaften und der Technik). Reinbek 1985, S. 189 ff.; *Ott*, Hugo: Privatwirtschaftliche und kommunal(staats)wirtschaftliche Aspekte beim Aufbau der Elektrizitätswirtschaft. In: Aus Stadt- und Wirtschaftsgeschichte Südwestdeutschlands. Festschrift für Erich Maschke zum 75. Geburtstag (Veröffentlichungen der Kommission für geschichtliche Landeskunde in Baden-Württemberg, Reihe B, 85). Stuttgart 1975, S. 255 ff.

12 *Ott*, Hugo/*Herzig*, Thomas unter Mitarbeit von Allgeier, Rudi und Fehrenbach, Philipp: Elektrizitätsversorgung von Baden, Württemberg und Hohenzollern 1913/14 (Historischer Atlas von Baden-Württemberg, Karte XI, 9 und Beiwort). Stuttgart 1981

13 *Liefmann*, Robert: Beteiligungs- und Finanzierungsgesellschaften. Eine Studie über den modernen Kapitalismus und das Effektenwesen in Deutschland, den Vereinigten Staaten, der Schweiz, England, Frankreich und Belgien. Jena ²1913

14 *Ambrosius*, Gerold: Der Staat als Unternehmer (Kleine Vandenhoek-Reihe 1498). Göttingen 1984, S. 45 ff.

15 *Leiner*, Wolfgang: Geschichte der Elektrizitätswirtschaft in Württemberg. 3 Bde. Stuttgart 1982–85

16 *Schmelcher*, Ernst: Artikel: Gemischtwirtschaftliche Unternehmungen. In: HdSt. Jena ⁴1927. Bd. 4, S. 846 ff; *Wolff*, Adolf: Aufgaben und Organisationsformen der öffentlichen Unternehmungen im Gebiete der Elektrizitätswirtschaft. In: Moderne Organisationsformen der öffentlichen Unternehmung. 2. Teil: Deutsches Reich. Hrsg. v. Landmann, Julius (Schriften des Vereins für Socialpolitik 176). München/Leipzig 1931, S. 75 ff.

17 *Asriel*, Camillo: Das R.W.E. Rheinisch-Westfälisches Elektrizitätswerk AG, Essen. Ein Beitrag zur Erforschung der modernen Elektrizitätswirtschaft (Zürcher Volkswirtschaftliche Forschungen 16). Zürich 1930; *Schmelcher*, Ernst: RWE 1898–1954. Von der Lokomobile zur Großraum-Verbundwirtschaft. Essen 1954; *Pohl*, Hans: Vom Stadtwerk zum Elektrizitätsunternehmen (ZUG Beiheft 73). Stuttgart 1992

18 *Mauel*, Kurt: Die Bedeutung der Dampfturbine für die Entwicklung der elektrischen Energieerzeugung. In: Technikgeschichte. Jg. 42 (1975) S. 223 ff.; *Strobel*, Albrecht: Zur Einführung der Dampfturbine auf dem deutschen Markt 1900–1914 unter besonderer Berücksichtigung der Brown, Boveri &Cie. AG Baden (Schweiz) und Mannheim. In: Festschrift für Otto Herding (Veröffentlichungen der Kommission für geschichtliche Landeskunde in Baden-Württemberg. Reihe B, 92). Stuttgart 1977, S. 442 ff.
19 *Schäfer*, Hermann: Gewerbelandschaften: Elektro, Papier, Glas, Keramik. In: Pohl, Hans (Hrsg.): Gewerbe- und Industrielandschaften vom Spätmittelalter bis ins 20. Jahrhundert (VSWG Beiheft 78). Stuttgart 1986, S. 456 ff., S. 463
20 *Herzig*, Thomas: Elektroindustrie und Energieverbund zwischen Deutschland und Frankreich von der Jahrhundertwende bis in die 50er Jahre. In: Frankreich und Deutschland. Forschung, Technologie und industrielle Entwicklung im 19. und 20. Jahrhundert. Hrsg. v. Cohan, Yves/Manfrass, Klaus. München 1990, S. 292 f.
21 *Blaich*, Fritz: Energiepolitik Bayerns 1900–1921 (Regensburger Historische Forschungen 8). Kallmünz 1981
22 *Wengenroth*, Ulrich: The Electrification of the Workshop. In: Cardot, Fabienne: Un Siècle d'Electricité dans le Monde. Paris 1987, S. 357 ff; *Henniger*, Gerd: Der Einsatz des Elektromotors in den Berliner Handwerks- und Industriebetrieben 1890–1914 unter besonderer Berücksichtigung des Anteils der Berliner Elektrizitätswerke. Diss. Berlin (Ost) 1980
23 *Wengenroth*, Ulrich: Die Elektrifizierung der Antriebe im Stahlwerk. Kräne und Walzwerksantriebe bis zum Ersten Weltkrieg. In: Elektrotechnik – Signale, Aufbruch, Perspektiven. 5. VDE-Kolloquium am 19. Oktober 1988 anläßlich des VDE-Kongresses 1988 in Mannheim. Hrsg. v. Wessel, Horst A., Berlin/Offenbach 1988, S. 77 ff.
24 *Herzig*, Thomas: Geschichte der Elektrizitätsversorgung des Saarlandes unter besonderer Berücksichtigung der Vereinigten Saar-Elektrizitäts-AG. Ein Beitrag zur Wirtschaftsgeschichte des Saarlandes (Veröffentlichungen der Kommission für saarländische Landesgeschichte und Volksforschung XVII). Saarbrücken 1987, S. 99 ff.
25 *Gröner*, Helmut: Die Ordnung der deutschen Elektrizitätswirtschaft (Wirtschaftsrecht und Wirtschaftspolitik 41). Baden-Baden 1975, S. 243 ff.
26 Vgl. 6 (Boll), S. 27 ff.
27 *Dehne*, Gerhard: Deutschlands Großkraftversorgung. Berlin ²1928
28 Vgl. 24, S. 137 ff.; Die Elektrizitätswirtschaft im Deutschen Reich. Berlin 1934 u.ö.
29 *Allmendinger*, Hans: Die elektrizitätswirtschaftliche Erschließung des Schluchseegebietes. Wirtschafts- u. sozialwiss. Diss. Köln 1934
30 Vgl. 24, S. 206 ff.
31 Vgl. 6 (Boll), S. 77 ff.
32 Die deutsche Elektrizitätswirtschaft. Ausschuß zur Untersuchung der Erzeugungs- und Absatzbedingungen der deutschen Wirtschaft. III. Unterausschuß. Berlin 1930
33 Vgl. 25, S. 319 ff.; *Ambrosius*, Gerold: Die öffentliche Wirtschaft in der Weimarer Republik. Kommunale Versorgungsunternehmen als Instrument der

Wirtschaftspolitik (Schriften zur öffentlichen Verwaltung und öffentlichen Wirtschaft 78). Baden-Baden 1984

34 *Ambrosius*, Gerold: Die wirtschaftliche Entwicklung von Gas-, Wasser- und Elektrizitätswerken (ab ca. 1850 bis zur Gegenwart). In: Kommunale Unternehmen: Geschichte und Gegenwart. Hrsg. v. Pohl, Hans (Zug Beiheft 42). Stuttgart 1987, S. 131 ff.

35 *Hellige*, Hans-Dieter: Entstehungsbedingungen und energietechnische Langzeitwirkungen des Energiewirtschaftsgesetzes von 1935. In: Technikgeschichte. Jg. 53 (1986) S. 123 ff.

36 *Treue*, Wilhelm: Die Elektrizitätswirtschaft als Grundlage der Autarkiewirtschaft und die Frage der Sicherheit der Elektrizitätsversorgung in Westdeutschland. In: Wirtschaft und Rüstung am Vorabend des Zweiten Weltkrieges. Hrsg. v. Forstmeier, F./Volkmann, H.E. Düsseldorf 1975, S. 136 ff.

37 Vgl. 6 (Boll), S. 123 ff.

38 Vgl. 24, S. 295 ff.

39 100 Jahre öffentliche Stromversorgung in Deutschland. In: Elektrizitätswirtschaft. Jg. 83 (1984) S. 402 ff.

40 Vgl. 34, S. 134

Versorgungswirtschaft –
Staatliche Regie und Privatindustrie
in der Wasserversorgung

Axel Föhl

„Zu der Zeit, von der wir reden, herrschte in den Städten ein für uns moderne Menschen kaum vorstellbarer Gestank. Es stanken die Straßen nach Mist, es stanken die Hinterhöfe nach Urin, es stanken die Treppenhäuser nach fauligem Holz und nach Rattendreck, die Küchen nach verdorbenem Kohl und Hammelfett; die ungelüfteten Stuben stanken nach muffigem Staub, die Schlafzimmer nach fettigen Laken, nach feuchten Federbetten und nach dem stechend süßen Duft der Nachttöpfe (. . .) Es stanken die Flüsse, es stanken die Plätze, es stanken die Kirchen, es stank unter den Brücken und in den Palästen. (. . .) Denn der zersetzenden Aktivität der Bakterien war im 18. Jahrhundert noch keine Grenze gesetzt, und so gab es keine menschliche Tätigkeit, keine aufbauende und keine zerstörende, keine Äußerung des aufkeimenden oder verfallenden Lebens, die nicht vom Gestank begleitet gewesen wäre"[1].

Dieses auf die Zeit um die Mitte des 18. Jahrhunderts gemünzte Roman-Zitat beschreibt in drastischer Sprache eine drastische Erscheinung: Die hygienischen Verhältnisse der vorindustriellen Metropole Paris. Verallgemeinern lassen sich die hier skizzierten Zustände sowohl räumlich wie zeitlich: Nicht nur die Metropolen, sondern auch die Kleinstädte litten unter ähnlichen Phänomenen, und nicht nur das 18., sondern der Großteil, wenn nicht die Gesamtheit des 19. Jahrhunderts stöhnten unter der gleichen Geißel der Geruchsbelästigungen und der gesundheitlichen Gefährdungen, für die jene nur das Indiz bildeten. Über die Hamburger Verhältnisse anfangs des letzten Jahrhunderts liest man: „Wer unmittelbar an einem Fleet wohnte, durfte (. . .) die häuslichen Abwässer einschließlich der Fäkalien hineinleiten. Nachts wurde eine große Zahl von Nachteimern mit solcher Sorglosigkeit von den Brücken ausgeleert, daß der Inhalt größtenteils auf der Brücke liegen blieb". Allerdings war es verboten „todte Hunde, Steine, Kehricht, Mist und andere Dinge" hineinzuwerfen (. . .)"[2].

*Die Zeichnung zeigt die Säube-
rung von Abflußrohren in Paris im
19. Jahrhundert.*

Noch 1872 schrieb der bedeutendste englische Abwasserfachmann Edwin Chadwick über die neue Hauptstadt des Deutschen Reiches, Berlin gelte durch seine mangelhaften städtischen hygienischen Einrichtungen unter den Hauptstädten der zivilisierten Welt als „die schmut-
zigste und pestathmendste", auch „übelriechendste". Woanders könne
man die, die aus Berlin kämen, „an dem Geruche ihrer Kleider erkennen"[3]. Bis an die Wende zum 20. Jahrhundert, mancherorts, wie zum
Beispiel in Paris sogar noch länger, dauerten die Mißstände der primi-
tiven Grubenentleerungstechnik mit ihren nächtlichen Abfuhren der
Fäkalien per Pferdewaggons fort.

Nur wenige Jahrzehnte also trennen den heutigen Stadtbewohner
der Industrienationen von Zuständen, wie sie vor der technisch-wirtschaftlichen Entwicklung kommunaler Wasserver- und Entsorgungs-
systeme herrschten. Diese kurze Zeitspanne setzte ihn instand, den
überall und bequem möglichen Bezug frischen und die geruchlose
Beseitigung verunreinigten Wassers als quasi selbstverständlich zu
empfinden.

Wasser-Werke

Bis an die Schwelle des Dampfmaschinenzeitalters ist der Sektor der
städtischen Wasserversorgung durch eine relativ lange auf einfachem
Niveau verharrende Technologiestufe charakterisiert. Der bis ins 4.
vorchristliche Jahrtausend zurück belegte archaische Schöpf- oder
Ziehbrunnen blieb bis weit ins 19. Jahrhundert hinein verbreitetes
Mittel der Wasserversorgung der Haushalte. 1829 verfügte die aus
etwa 2900 Häusern bestehende Stadt München über nicht weniger als
2000 Brunnen; noch 1875 waren siebenundfünfzig Prozent aller An-
wesen ohne laufendes Wasser. Nürnberg hatte 1810 insgesamt 138
öffentliche und 1049 private Brunnen[4]. Erstere wurden von Genossenschaften der Benutzer, beziehungsweise Anlieger betrieben, deren
Rechte und Pflichten in Brunnenordnungen festgehalten waren. Private Brunnen waren in Brunnenrollen eingetragen und bildeten oft
Fixpunkte für Quartiereinteilungen in Reichsstädten. Erst im Laufe
des 19. Jahrhunderts ging die Verwaltung der Brunnen unter Verlust
der sozialen Brauchtumsfunktionen (Brunnenfegen, Brunnenmeister-
wahl) an die städtische Verwaltung über, teilweise mit großen Phasen-
verschiebungen in ein- und derselben Stadt[5]. Eine technische Variante
zu den Schöpfbrunnen waren die Pumpbrunnen, bei denen mittels
Schwengelbetrieb das Wasser über Saugrohre aus dem Untergrund

Charakteristisch für die römischen Aquädukte sind die oft mehrgeschossigen Bogenstellungen, zum Beispiel der dreigeschossige Pont du Gard. Aber nicht nur in Italien und Südfrankreich war das Netz der Trinkwasserversorgung zur Zeit des römischen Imperiums weit ausgebaut. Auch Spanien verfügte über eine Reihe gut ausgebauter römischer Trinkwassersysteme. Das bedeutendste Beispiel zeigt die Abbildung: das Aquädukt von Segovia. Es wurde vor kurzem renoviert und ist noch heute in Gebrauch. Das 30 Meter hohe Bauwerk über der Plaza de Azoguejos von Segovia, das aus großen Granitblöcken mit mörtellosen Fugen besteht, stammt aus der Zeit des Kaisers Claudius.
Die älteste Wasserleitung von Rom wurde 312 v. Chr. angelegt. Die Aufsicht über alle Wasserleitungen und Aquädukte führte eine eigene Behörde unter der Leitung eines Curators aquarum. Aus dem Jahr 9 v. Chr. ist sogar ein Gesetz bekannt, das die Beschädigung von Wasserleitungen und Aquädukten unter hohe Geldstrafe stellt.

emporgepumpt wurde. Sie waren gegen Verunreinigungen von oben her besser geschützt und verschleißfreier. Wasserpumpen fanden sich auch direkt in den Häusern wohlhabender Bürger, wie überhaupt der ökonomische Status des einzelnen stets Unterschiede im Komfort der Wasserversorgung bedingt hatte. So gab es bereits in antiken pompejanischen Privatvillen bis zu dreißig Wasserverbrauchsstellen[6], die am Ende von Versorgungsleitungen angeordnet waren, die teilweise von weither kamen. Die von den Römern auf deutsches Gebiet übertragene Technik hatte, beispielsweise für die Städte Köln (längste Fernwasserleitung des Altertums), Mainz oder Trier, zu aufwendigen Anlagen geführt, deren archäologische Reste heute teilweise museal konserviert sind[7]. Auch das deutsche Mittelalter kannte Fernwasserleitungen zur Versorgung von Städten, so die neun Kilometer lange Holzrohrleitung, die der Stadt Konstanz Jurawasser zuführte. Schleswig, Lübeck oder Salzburg besaßen ähnliches[8]. Seit dem 16. Jahrhundert entstanden großmaßstäblichere technische Einrichtungen zur naturkraft-bewirkten Hebung des Wassers, die „Wasserkünste". Gleichzeitig mit der Verbesserung bergbaulicher Wasserlöse- (sprich Hebe-) Techniken wuchsen Anlagen wie das „Blausternwerk" in Nürnberg von 1583 oder die „Rote Kunst" in Leipzig von 1517/18[9] in die Höhe. Diese von den Städten getragenen Einrichtungen dienten erst in zweiter Linie zur Wasserversorgung der Bürger. Erster Zweck war vielmehr, den oft aufwendig gestalteten Röhrenbrunnen der repräsentativen Plätze dekorative Fontänen entspringen zu lassen. Ganz direkt gewerblichen Aufgaben waren dagegen Wasserhebebauten – wie die Abtswasserkunst[10] in Lüneburg von 1531 – gewidmet. Sie, wie auch vergleichbare Anlagen in Braunschweig, Hannover oder Bremen waren von Bierbrauern, die sich zu „Pumpenbrüder-Gemeinschaften" zusammengeschlossen hatten, errichtet worden, um sich den Bezug einwandfreien und ausreichenden Wassers für ihr Gewerbe zu sichern. Ähnlich verfuhren auch Gruppen von Gerbern, Färbern oder Wollwäschern. Die Baukosten wurden jeweils auf die Mitglieder umgelegt, die auch Reparaturen und Modernisierungen finanzierten. [VI-4.3]

Eine der eindrucksvollsten in städtischer Regie errichteten Anlagen dieser Art steht noch in der Textilgewerbestadt Augsburg, wo am Roten Tor ein durch Renaissance- und Barockzeit hindurch stets ausgebautes Ensemble der Wasserversorgung überlebt hat und die Bedeutung einer sich zentralisierenden Versorgungstechnik auch architektonisch unterstreicht[11]. Typisch waren diese Turm-Pumpwerke, denen zur vollen Funktion eines Wasserturmes noch das zwischen Förderung und Verbrauch geschaltete Reservoir fehlte, für manufakturreiche Handels- und Gewerbestädte, wo sie parallel zur hauptsächlich weitergeführten Brunnenbenutzung den gewerblichen Mehrbedarf vorindustrieller Gemeinwesen abzudecken halfen[12]. Sie blieben auch stets abhängig von einer ausreichenden Zufuhr des Wassers, das sie ja nicht nur lieferten, sondern auch für den Pumpenantrieb benötigten.

Abschließend sei für die vorindustrielle Zeit noch die – bis in die Vorgeschichte zurückreichende – Wasserversorgung mittels Zisternen (von zista, lateinisch für Kiste, Behälter) aufgeführt, also die Technik, Niederschlagswasser von Dach- oder Bodenflächen in Tonnen, Bütten oder unterirdischen Behältern unmittelbar zu sammeln, um es für Haushaltszwecke, Bewässerung und Tierpflege und -tränke zu nutzen. Ihr Umfang ist auch im 19. Jahrhundert kaum dokumentiert, da es sich um zahllose, technisch simple Einrichtungen handelte. Für Frankfurt liegt eine Schätzung aus dem Jahre 1827 vor, die besagt, daß immerhin 1/3 der gesamten Niederschlagsmenge auf diese Weise nutzbar gemacht wurde [13].

Der Durst der Städte

Mit dem industrialisierungsbedingten Anschwellen städtischer Bevölkerungszahlen tritt die Wasserversorgung in eine neue Ära ein. Birmingham vervierfacht seine Einwohnerschaft zwischen 1821 und 1881 von 100 000 auf 400 000, 1938 hat es 1,05 Millionen Bewohner [14]. Der Regierungsbezirk Hannover wächst zwischen 1871 und 1905 um über das Dreifache von 100 000 auf über 300 000 Einwohner [15] und die Stadt Essen, deren Montanindustrie seit etwa 1840 einen starken Aufschwung nimmt, verfünffacht ihre Bewohnerzahl zwischen 1852 und 1871 [16]. Es lag nahe, sich auch angesichts der deutschen Wasserversorgungsprobleme, die dieses sprunghafte städtische Bevölkerungswachstum mit sich brachte, dem Lande zuzuwenden, das auch bei der Inangriffnahme anderer technischer Fragen vorangegangen war: Großbritannien hielt man für in der Lage, auf Grund der avancierten Maschinentechnologie, der fortgeschrittenen Beherrschung der neuen Werkstoffe und der längeren Vertrautheit mit den Problemen auch hier ein Vorbild abzugeben. Folglich beobachten wir nun auch in der Frage der Wassertechnik die auf anderen Feldern seit Ende des 18. Jahrhunderts vertraute Reisetätigkeit einzelner oder ganzer Gruppen in die Industrie-Großstädte Englands, aber auch Frankreichs und der Niederlande. So fuhr der später für Deutschlands Städtehygiene bedeutende Frankfurter Arzt Georg Varrentrapp Ende der 1830er Jahre nach England und in die Niederlande, und Alexander von Humboldt (1769–1859) war Mitglied einer Berliner Delegation, die Paris und London aufsuchte, um Erfahrungen über die dortige Technik der Wasserversorgung und Abwasserbeseitigung zu sammeln [17]. Schottland seinerseits war Vorbild Englands für die ersten Ansätze einer in

Wasserpumprad auf der englischen Insel Man aus dem Jahr 1865. Über eine große Kurbel und kunstvolle Gestänge wurden zwei Pumpen angetrieben, die aus 120 m Tiefe stündlich rund 400 Kubikmeter Wasser förderten. Um die Jahrhundertwende war das Pumprad mit seiner Aussichtsterrasse ein beliebtes Ausflugsziel.

bezug auf Qualität und Quantität zufriedenstellenden Wasserversorgung. Glasgow, eine der am schnellsten wachsenden Industriestädte, pumpte seit 1810 mittels sechs Dampfmaschinen Wasser über den Fluß Clyde, den James Watt mit Gußeisenrohren in flexibler Anordnung überbrückt hatte. Die schottische Textilstadt Paisley filterte seit 1804 als erste in der Welt Trinkwasser für den öffentlichen Verbrauch, 1810 gefolgt von Glasgow. Zwei Wasserfachleute, Robert Thom und James Simpson, sind in den folgenden Jahrzehnten Urheber von Fortschritten in der Filtertechnik: In Greenock installierte Thom 1827 Langsam-Sand-Filter. Diese Filter wirken hauptsächlich an ihrer Oberfläche, auf die Wasser mit einer Durchflußgeschwindigkeit bis 0,5 m/sec gegeben wird[18]. Bemerkenswert an Thoms Filtern war, daß sie bereits mit Rückspülreinigung arbeiteten, während die oberen Schichten von Simpsons Londoner Filtern von 1829 manuell gereinigt und durch neuen Sand ersetzt werden mußten[19]. Die Wasserversorgung Edinburghs war ein anderes Beispiel, das als Pionierleistung in ganz Großbritannien rezipiert wurde. Unter Thomas Telfords und John Rennies Anleitung schuf James Jardine ein System von Talsperren und Aquädukten, das ab 1823 und nach Erweiterung 1836 jeden Bürger der schottischen Kapitale mit 30 Gallonen, also über 130 Litern frischen Quellwassers versorgte[20].

Gründe für die Vorreiterrolle Schottlands bei der Wasserversorgung hat man im überdurchschnittlich hohen Maß in medizinisch-hygienischem Interesse, günstigen topographischen Voraussetzungen und der Hervorbringung namhafter Ingenieure gesucht[21]. Nordengland folgte dem guten Beispiel und besaß um 1850 bereits über ein Dutzend großer Trinkwasser-Talsperren, während London, das auf Themsewasser zurückgriff, bei der Chelsea Water Works Company lediglich den oben erwähnten Simpson-Sandfilter hatte, um sauberes Trinkwasser zu produzieren. Die seit dem 17. Jahrhundert erfolgende Anlage von mit großen Wasserrädern betriebenen Flußpumpwerken ermöglichte aber im Laufe ihres Ausbaues und ihrer Vergrößerung bis in die Mitte des 18. Jahrhunderts eine Empirie, die zur Voraussetzung einer Evolution der Energietechnologie wurde, mit der die Wasserversorgung weiter entwickelt werden konnte. 1726 entstanden sowohl in London als auch in Paris mit Newcomen-Maschinen betriebene Flußwasser-Pumpanlagen; an einer am New River gelegenen solchen Einrichtung begann John Smeaton 1765 mit wissenschaftlich durchgeführten Versuchsreihen zur Leistungssteigerung[22]. Wichtiger war die Applikation einer Boulton- & Watt-Niederdruck-Dampfmaschine in der Wasserversorgung mit dem Einbau bei den Shadwell Waterworks im Jahr 1778. 1805 waren es bereits zehn solcher Maschinen in London. Damit war die Dominanz dieser Betriebsart für ganz Europa und für das gesamte 19. Jahrhundert initiiert. Am Anfang dieses Zeitraumes wurde der Wasserantrieb obsolet und erst am Ende tauchten die ersten elektrischen Anlagen auf. Watts Balanzier- sowie die Cornische und Woolfsche Maschine taten während dieser Zeit die Hauptarbeit[23]. Nicht beseitigt durch die Erhöhung der Pumpenkapazitäten wurde allerdings die Knappheit an unverseuchtem Wasser, die mit dem Anwachsen der Städte immer ärger wurde. 1821 stand die London Bridge Waterworks Company vor der Schließung wegen Flußverschmutzung, während die New River Company, die entfernt gelegene, unkontaminierte Quellen erschloß, mit ihrer Tagesförderung von sechsunddreißig Millionen Litern (65% der Londoner Versorgungsmenge) florierte[24].

Eine 1828 erschienene Kampfschrift gegen die schlechte Flußwasserqualität „The Dolphin or Grand Junction Nuisance", die die räumliche Nähe der Wasserentnahmestellen zu Abwasserauslässen anprangerte[25] führte zu Kommissionsempfehlungen, die nicht in die Tat umgesetzt wurden, obwohl der namhafte Ingenieur Thomas Telford 1833 eine entsprechende Denkschrift vorlegte. Auch der bedeutendste Städtehygieniker des 19. Jahrhunderts, der auch für die deutsche Entwicklung große Bedeutung erlangende Edwin Chadwick, Jurist und Bentham-Vertrauter, war, obgleich sein 1842 veröffentlichter „Report on the Sanitary Condition of the Labouring Population of Great Britain" hygienische Mißstände und sozialpolitische Gefahren in enge Verbindung brachte, nicht erfolgreich bei der Beseitigung der Übelstände bei der Trinkwasserversorgung[26]. Das schaffte erst die zweite der schweren Epidemien von asiatischer Cholera, die England im 19. Jahrhundert heimsuchte. 1848 und wieder 1849 wurde der bei der ersten festländischen Epidemie von 1831 geschöpfte Verdacht konkretisiert, daß verseuchtes Trinkwasser und Erkrankung unmittelbar zusammenhängen. Die Folge war der „Metropolis Water Act" aus dem Jahre 1852 für London und der allgemein gültige „Public Health Act" von 1875 sowie der „Rivers Pollution Prevention Act" von 1876[27]. Diese Entwicklungen schufen die Voraussetzungen für die Vorbildfunktion Englands bei der Verbesserung der Trinkwasserversorgung in Deutschland, die unterstrichen wurde durch die Tatsache, daß Engländer beim Aufbau einer dem beginnenden Industriezeitalter angemessenen Technik wichtige Transferleistungen erbrachten.

Wie in Großbritannien, boten sich auch im Deutschland des 19. Jahrhunderts grundsätzliche Möglichkeiten zum Wasserbezug an:

William Lindley um 1879.
Um die Mitte des 19. Jahrhunderts besaß der englische Ingenieur William Lindley einen bedeutenden Einfluß bei allen wichtigen Entscheidungen des Hamburger Stadtbauwesens. Ab 1843 arbeitete er – gemeinsam mit einem englischen Ingenieur der ,,New River Waterworks Company" in London – den Plan für eine neue Hamburger Wasserversorgung aus, die die alten ,,Wasserkünste" ersetzen sollte. Lindley war der Meinung, daß die Wasserversorgung aus hygienischen und sozialen Gründen eine öffentliche Einrichtung sein sollte und nicht in die Hände der Privatwirtschaft gehöre, wie es damals in England und Deutschland üblich war. 1848 wurde die ,,Stadtwasserkunst" in Hamburg in Betrieb genommen, sie war das erste ,,auf neueren Anschauungen beruhende" Wasserwerk in Deutschland. Lindley hatte auch Anteil am Bau des Hamburger Hafens und dem Neubau der Hamburger Gasversorgung.

Neben der direkten Oberflächen-Wasser-Entnahme aus Flüssen, Seen oder Talsperren gab es die Anlegung von Brunnen im Bereich ihrer Uferzonen, die Herleitung ergiebiger Quellwassermengen aus größerer Entfernung oder die Erschließung von Grundwasservorräten. Welche Methode auch immer in Frage kam, in der Regel waren es nicht die vor großen Ausgaben zur Verbesserung der allgemeinen Infrastruktur stehenden Städte selbst, die die Aufgabe der Wasserversorgung in Angriff nahmen. Private – nicht selten von englischem Kapital betriebene Gesellschaften – boten das von ihnen geförderte Wasser einer erst langsam größer werdenden Zahl von Konsumenten an. Da die Cholera-Epidemie von 1831/32 ja auf dem Festland begonnen hatte, waren die aus England vermittelten – wenn auch noch nicht zweifelsfrei erwiesenen – Kenntnisse über den Zusammenhang zwischen Erkrankung und Trinkwasserqualität auch hier Triebfeder der Beendigung des laissez-faire-Regimes. Mit dem Stadtbrand von Hamburg, der vom fünften bis achten Mai 1842 mehr als 4000 Häuser in Schutt und Asche legte, trat zum Hygieneproblem, das auch in Hamburg vor dem Brand mit seinen drei Alsterwasserkünsten bereits für Beanstandungen gesorgt hatte, noch die drastisch vor Augen geführte Notwendigkeit zur Beschaffung einer ausreichenden Menge von Löschwasser, um die Wiederholung derartiger Katastrophen zu verhindern. Bereits eine Woche nach dem Brand erhielt der Londoner Eisenbahningenieur und – ebenso wie Chadwick – Bentham-Anhänger William Lindley die Aufforderung, einen Plan für den Wiederaufbau der zerstörten Stadtteile einzureichen. Ab Anfang 1843 erstellte er zusammen mit William Mylne, Oberingenieur der florierenden Londoner ,,New River Waterworks Company" den Plan für eine neue Hamburger Wasserversorgung[28]. Er postulierte – im Gegensatz zur englischen und deutschen Praxis der Zeit – die öffentliche Trägerschaft für die von ihm hygienisch wie sozialpolitisch für wichtig gehaltene Aufgabe. 1848 war dann die neue ,,Stadtwasserkunst", das ,,erste auf neueren Anschauungen beruhende Wasserwerk Deutschlands" fertig[29]. Zu sehen ist davon noch heute der über sechzig Meter hohe, gedrungene Rundturm mit den Ausgleichsrohren und dem Kesselhausschornstein des Lindleyschen Wasserwerkes am Billhorner Deich in Rothenburgsort[30], das Alexis de Chateauneuf architektonisch gestaltete. Die Pumpleistung besorgten zwei Cornwall-Dampfmaschinen von je siebzig PS, die seit 1800 von Richard Trevithick und Arthur Woolf ihres sparsamen Kohleverbrauchs wegen im brennstoffarmen Erzrevier Cornwall entwickelt worden waren[31]. Aus drei Ablagerungsbecken unter Elbe-Niveau förderten die Pumpen das Wasser via

Druckrohr in einen 2000-cbm-Behälter auf dem Stintfang, von wo aus es in die Hausbehälter, die alle vierundzwanzig Stunden einmal gefüllt werden sollten, und zu den „Nothpfosten", das heißt Feuerhydranten, gelangte. Auch die erste zentralere Berliner Wasserversorgung arbeitete mit einem – ebenfalls noch erhaltenen – Standrohrturm auf dem ehemaligen „Windmühlenberg" (heute Knaackstraße, Bezirk Prenzlauer Berg) von 1856. Auch sie wurde von Engländern, Charles Fox und Thomas Crampton, projektiert und ausgeführt. Im Gegensatz zu Hamburg blieben ihre 114 Leitungskilometer, das Wasserpumpwerk am Stralauer Tor und der Druckturm mit kreisförmigem Hochreservoir auf dem Windmühlenberg im Besitz der englischen Kapitalgesellschaft „Berlin Waterworks Company", die allerdings zur kostenfreien Abgabe von Feuerlösch-, Straßenreinigungs- und Besprengungswasser verpflichtet war[32]. 1857 wies das Netz bei einer halben Million Einwohner allerdings erst 669 Anschlüsse auf, allgemein herrschte der Brunnenbetrieb noch nahezu unumschränkt.

Bis 1860 folgten weitere dampfmaschinenbetriebene Wasserwerke: 1856 Würzburg als rein deutsche Planung, 1859 Magdeburg und im gleichen Jahr Altona in englischer Planung[33]. Von den bei Wahl aufgelisteten Anlagen zwischen 1861 und 1870 sind dann nur noch zwei (Stuttgart 1861 und Essen 1864) von einem Engländer, John Moore, projektiert, der 1872 auch für Köln plant (noch bestehender Flachboden-Turmschaft an der Färbergasse) und dem im gleichen Jahr ein weiterer Landsmann, Henry Gill, in Kassel folgt. Weitere vierundzwanzig Großstadtanlagen bis 1890 weisen dann nur noch deutsche Entwerfer auf[34]. Vorklärung und Filtereinrichtungen hatten von Anfang an Berlin, Magdeburg und Altona; Hamburg begann erst 1893 nach neuen Cholera- und Typhuserfahrungen damit. Waren die Mehrzahl der bisher aufgeführten Anlagen Flußwasserwerke, was auch für die zweite, nun städtisch betriebene Generation der Berliner Wasserwerke am Tegeler- und Müggel-See von 1877, bzw. 1893 gilt, überwog zum Jahrhundertende hin mehr und mehr der Bezug von Grundwasser als Reaktion auf die stetig gestiegene Verschmutzung der Fließgewässer. 1900 und 1904 wurden Tegel- und Müggel-See-Wasserwerk zu Grundwasserwerken umgebaut. Das Friedrichshagener Werk am Müggel-See beherbergt heute in Teilen ein Museum der Berliner Wasserversorgung. Ab 1904 bezog auch Hamburg Grundwasser von Billbrook und Curslack. Leipzig und Breslau legten 1887, bzw. 1900 entsprechende Werke an. Nur die Anlieger des Bodensees fuhren erfolgreich mit der Entnahme von Oberflächenwasser in vierzig Metern Tiefe und großer Entfernung vom Ufer fort. Problematisch war die Versorgung wachsender Städte in Regionen ohne einen „Unterbau" mit alluvialen oder diluvialen, wasserführenden Trümmergesteinsschichten. Dies gilt für Teile Thüringens, Sachsens, des Rheinlandes und Westfalens. Die hauptsächliche Antwort auf diesen Mangel bestand in der Anlage großer Talsperren, die neben den Aufgaben der Hochwasserprävention, der Vergleichmäßigung des Abflusses im Interesse von Wasserkraftanlagen gewerblicher Art auch, und teilweise in erster Linie, solche der Trinkwasserversorgung wahrnahmen. Ein Gutteil dieser Talsperrenbauten seit dem Ende der 1880er Jahre bis etwa 1910 war mit dem Namen des Ordinarius für Baukonstruktionen und Wasserbau an der Technischen Hochschule Aachen, Otto Intze, verbunden. Seine als Gewichtsstaumauern in Bogenform über Nebenflüsse im Oberlauf größerer Wasserläufe gesetzten Bauwerke trugen mit einem Gesamtstauinhalt von über 82 Millionen Kubikmetern allein in Rheinland-Westfalen erheblich zur Trinkwasserversorgung bei. Die 1891 fertiggestellte Eschbach-Talsperre bei Remscheid gilt als erste Trinkwassertalsperre Westdeutschlands und spielte eine wichtige Rolle bei der Klärung der Frage, ob Talsperrenwasser zu menschlichen Genußzwecken geeignet sei. In der gewerbereichen Stadt im Bergischen Land war der Trinkwasserverbrauch noch schneller gestiegen als der Bevölkerungszuwachs (1884 – 27 Liter pro Tag/Kopf; 1891 – 41 Liter pro Tag/Kopf[35]), so daß die Anlage eines in Stadtnähe gelegenen Staubeckens als günstigste Beseitigung des Versorgungsengpasses erschien. Kurz zuvor und auch gleichzeitig hatten es allerdings die englischen Industriezentren Manchester und Liverpool angesichts ihrer Verbrauchsmengen für sinnvoll erachtet, den Bau weit entfernt gelegener Talsperren für die Trinkwasserversorgung zu planen und durchzuführen. Die Thirlmere-Sperre für Manchester entstand von 1879 bis 1894, sie lag 150 Kilometer von dem von ihr zu speisenden Netz entfernt. Liverpool baute von 1880 bis 1891 die 125 Kilometer weit weg gelegene Vyrnwry-Talsperre in Wales[36]. Eine fünfundzwanzig Kilometer lange Wasserleitung legte ab 1877 die Stadt Elberfeld an, um sich aus dem Uferfiltrat des Rheins bei Benrath mit Trinkwasser zu versorgen. Bodenseewasser nutzt ein seit 1958 bestehendes, 770 Kilometer langes Rohrleitungsnetz zur Versorgung des Großraums Stuttgart und von Teilen Baden-Württembergs als typisches Fernversorgungsnetz.

Voraussetzung für den Talsperrenbau war allerdings die Beseitigung eines anderen Engpasses gewesen: Die Gewerbetreibenden der Mittelgebirgsareale wie dem Wupper- und Ruhrgebiet, die sogenannten

„Triebwerksbesitzer" hatten sich aus Furcht vor betrieblichen Nachteilen und aus Angst vor entstehenden Kosten nicht auf den Bau von Großreservoiren einigen können, so daß es eines preußischen Zwangsgesetzes bedurfte, das als „Talsperren-Genossenschaftsgesetz" mit Beitragszwang im Mai 1891 für das Wuppergebiet, Ende des gleichen Jahres auch für andere Flußbezirke in Kraft trat und den Weg frei machte für das „klassische Jahrzehnt des Talsperrenbaues"[37]. Bis zum Ersten Weltkrieg war mit dem Bau der Weser-Talsperre die erste Epoche beendet. Dreiundzwanzig Talsperren schufen mit insgesamt 470 Millionen Kubikmeter Stauinhalt wesentliche Voraussetzungen für Trinkwasserversorgung, Wasserausgleich und Elektrizitätsgewinnung im rheinisch-westfälischen Industriegebiet. Hingewiesen wird immer wieder auf die günstigen Betriebs- und Unterhaltskosten, ist der Bau einer Talsperre erst einmal finanziert, sowie auf die resourcenschonende Art der Energiegewinnung. Auch auf die Vermeidung von Umweltschädigungen durch fossile Brennstoffe wird in den 20er Jahren bereits Bezug genommen, wie auch auf die in dieser Zeit häufig diskutierte Möglichkeit zur Dezentralisierung der Industrie[38]. Volkswirtschaftlich hebt man den „staatsfreien" Betrieb solcher Anlagen hervor, deren Organisation und Verwaltung privatwirtschaftlich geregelt seien. Im Bereich der Wasserversorgung besagt eine Statistik von 1904, daß von sieben talsperrenbesitzenden Wasserwerken fünf mit Betriebsgewinn abschließen[39]. Besondere Bedeutung gewann der Talsperrenbau für die Sicherstellung der Wasserversorgung des industriellen Ballungsgebietes entlang der Ruhr. Die hier angelegten zahlreichen Pumpwerke beförderten das Uferfiltrat des Flusses zu privaten und industriellen Verbrauchern, die das Abwasser zu mehr als Dreivierteln der Wupper, Lippe und Emscher zuführten. Die Gründung des Ruhr-Talsperrenvereins durch Wasserwerke und Kraftwassernutzer 1899 war Reaktion auf die sich verschärfende Lage am Ende des Jahrhunderts. Die ab 1913 durch staatliches Gesetz auch Zwangsgenossenschaft gewordene Gesellschaft baute nach einem wiederum von Intze, Aachen, entworfenen Grundkonzept sieben neue Talsperren mit 32,4 Millionen Kubikmetern Inhalt. Von 1908 bis 1913 entstand als größter Wasserlieferant des Ruhrtales die 130 Millionen Kubikmeter fassende Möhne-Talsperre. Die so stetig gespeiste Ruhr lieferte nun den Wasserwerken wieder genügend Uferfiltratwasser[40].

Talsperren-, Fluß- und Grundwasser bedürfen in der Regel der Entkeimung durch Filtration und Befreiung von Eisen und Manganbeimischungen, häufig auch der Enthärtung und Herabsetzung von Kohlensäure. Die seit 1857 von Werner Siemens (1816–1892) entwikkelte Methode zur Ozonherstellung hat die Anwendung dieses 1840 entdeckten Gases bei der Wasserreinigung ermöglicht. Der willkommene Effekt der Keimabtötung führte 1901 und 1902 zur Errichtung der ersten beiden Ozon-Anlagen Deutschlands in Wiesbaden-Schierstein und Paderborn. Bis 1915 arbeiteten zweiundvierzig solcher Anlagen in Europa [41]. Zeitlich voraus ging der Einsatz von Chlorkalk, der 1894 aufkam. Weitverbreitet war auch das Permutit-Verfahren, das zur Wasserenthärtung mit aus Quarz, Kaolin und Natron gebildeten Kunststeinen arbeitet. Die Zahl der Behandlungsverfahren ist zu groß, um sie im einzelnen aufzuführen. Drei grundsätzliche Arten sind zu unterscheiden: Erstens die mechanische Reinigung; zweitens die biologische Reinigung, das heißt die durch Mikoorganismen und Sauerstoff unterstützte Oxydation und Stabilisierung nicht absetzbarer und kolloidaler Fest- und organischer Stoffe. Drittens die physikalisch-chemische Reinigung von Stickstoff- und Phosphor-Verbindungen, Schwermetallen und Salzen, die weder mechanisch noch biologisch bekämpft werden können [42]. Vor allem der letzte Sektor, seit den 60er Jahren mit unter anderem der gewaltigen Steigerung des Waschmittelverbrauchs akut geworden, erhält eine immer drohendere Bedeutung und zwingt die Wasserwerke der Industrienationen zu stetig höheren Investitionen, da es nicht gelingt, dem Prinzip der Schadensvermeidung Vorrang zu verschaffen. [III-3.6]

Nach knapp anderthalb Jahrhunderten technischer und wirtschaftlicher Entwicklung betreiben heute rund 7300 Unternehmen unterschiedlicher Rechtsformen die öffentliche Wasserversorgung, an die über 97% der Bevölkerung angeschlossen sind. Nur fünfundsiebzig Unternehmen (1% der Gesamtheit) versorgten dabei über 60% der Konsumenten, ein Konzentrationsergebnis, das sich bereits in den ersten Zusammenschlüssen nach 1900 (Rheinisch-Westfälische Wasserwerksgesellschaft, Verbandswasserwerk Bochum, und die spätere Gelsen-Wasser) vor allem in den industriellen Ballungsgebieten ankündigte. Von den im Jahr 1982 geförderten 4,2 Milliarden Kubikmetern stammten 2,6 Milliarden aus echtem Grundwasser und knapp 400 Millionen Kubikmeter aus Quellwasser. Die übrig bleibenden 1,2 Milliarden Kubikmeter sind Oberflächenwasser oder Uferfiltrat, bzw. „angereichertes Grundwasser" [43], letzteres aus zum Teil gigantischen Großtechnologieprojekten wie das mit herbeigepumptem Rheinwasser arbeitende Wasseraufbereitungswerk im Hessischen Ried bei Biebesheim, wo fast 50 Millionen Kubikmeter verrieselt werden [44]. Der Wasserverbrauch der deutschen Industrie wird für 1979 mit 37,4 Milliarden Kubikmetern angegeben, der Eigengewinn hat auf 91% zugenommen. Prognosen für die Zukunft nennen einen Verbrauch von nicht weniger als 66,3 Milliarden Kubikmeter für 2010, eine Menge, die hoffentlich durch Verstärkung bereits betriebener industrieller Kreislaufnutzung nicht erreicht werden wird.

„Non olet" und der Weg dorthin

Die Beseitigung von Abwasser ist ein Prozeß, der historisch und gegenwärtig in mannigfacher Weise mit der Wasserversorgung verschränkt und verzahnt ist. Wenn er hier getrennt abgehandelt wird, so nur der Klarheit der Darstellung der einzelnen technischen Gebiete wegen. Schon das Mittelalter, besonders natürlich in den dichtbesiedelten Städten, hallte wider von Klagen über die Belästigung durch das stinkende Abwasser und von ahnungsvollen Annahmen über einen Zusammenhang von verpesteter Luft und durch Abwasser verschmutztem Trinkwasser und Krankheitsgefahr. Die Geschichtsschreibung hat sich seit den 1940er Jahren – besonders in Frankreich – der gesellschaftlichen Rolle der Gerüche und ihrer Wahrnehmungen angenommen und dabei zusätzliche Quellen über die hygienischen Verhältnisse der Vormoderne erschlossen[45], die in jüngster Zeit sogar die literarische Fiktion beschäftigen[46]. Im 19. Jahrhundert kumulierten diese Belästigungen in der idealtypischen Metropole des Industriezeitalters, der – seit 1801 – Millionenstadt London, zum „Great Stink", der trotz Abwehrmaßnahmen in Gestalt kalziumchloridgetränkter Tücher vor den Fenstern des Parlamentsgebäudes in Westminster Sitzungsvertagungen erzwang und auch den High Court in die Flucht schlug. Von dem Nachdruck, den die Cholera-Epidemien auf die Bemühungen zur Abwasserbeseitigung ausübten, hatten wir gehört; er untermauerte Edwin Chadwicks *sozialpolitische Vorstellungen*, die – inspiriert von Jeremy Bentham, – eine Kausalkette Fäulnis–Krankheit–Verelendung–moralische Verderbtheit–Laster knüpften, die auch in Deutschland Anhänger fand. Eine Woge von Seife und Wasser, das auch das seit Beginn des 19. Jahrhunderts immer beliebter werdende Wasserklosett durchfloß, sollte realen und sozialen Schmutz hinwegspülen, wofür eine reichliche Wasserversorgung und ein Schwemmkanalisationssystem vonnöten war. Bürgerlich-liberale Mediziner und Techniker in Deutschland teilten diese Auffassung, zur Lösung der technischen Probleme sah man sich – gerüstet mit frischen Erfahrungen aus dem Eisenbahnbau – wohl imstande. Chadwick hatte in seinem Report von 1842 das Konzept entwickelt: Die reichliche Wasserzufuhr sollte nach Konsumption als Schmutzwasser in einer Schwemmkanalisation nach dem Mischprinzip, d. h. Brauch- und Niederschlagswasser zusammengefaßt, der Landwirtschaft zugeführt werden, was, wie man am Edinburgher Beispiel sehen könne, die Agrarerträge steigere. Im gleichen Jahr 1842 entwarf der Londoner Ingenieur John Roe Prinzipien zum Bau von Kanalisationen mit eiförmigen Kanalprofilen, Spüleinrichtungen und nicht-rechtwinklige Kreuzungspunkte, die für Europa zum Vorbild werden sollten. 1848 wurde der „Public Health Act" verabschiedet und für London eine „Metropolitan Commission of Sewers" gebildet [47]. Der in Hamburg als Konsulent für den Wiederaufbau nach dem Brand von 1842 eingesetzte William Lindley, Londoner von Geburt, in Hamburg seit 1833 im Eisenbahnbau tätig, war Partizipient und Rezipient des englischen „sanitary movement". Konsequenterweise ergriff er die Chance des Wiederaufbaues in Hamburg zur Planung einer zentralen Entwässerung nach dem Mischprinzip zunächst für die niedergebrannten Stadtareale, tendenziell aber für die Gesamtstadt. Dieser Plan stieß im Gegensatz zu der von ihm zuvor eingerichteten Trinkwasserversorgung auf den Widerstand der städtischen Baubeamten, denen die Anlage zu teuer, mit zu wenig Gefälle und auf relativ zur Elbe zu tiefem Niveau geplant war [48]. Nach erheblichen Querelen erhielt Lindley den Auftrag zum Bau des Siel – (Kanalisations) Systems, über dessen Fortgang

Kahnfahrt des deutschen Kronprinzen durch die Sielgewölbe der Hamburger Kanalisation im Jahr 1877.

er 1845 berichten konnte [49]. 1848 war die Anlage fertig. Man bezeichnete sie als „die modernste Anlage der Welt", die nach dem Wunsch der Rats- und Bürgerdeputation „den bestentwässerten englischen Städten gleichgestellt" sei. 1856 kam auf der Suche nach Vorbildern der Kanalisationsplaner Ellis Chesbrough aus Chicago und äußerte sich lobend. 1877 unternahm der deutsche Kronprinz mit seinem Sohn, dem zukünftigen Wilhelm II., eine der im 19. Jahrhundert nicht seltenen Prominenten-Abwasserkanal-Fahrten.

Parallel zu dieser ersten großen und lange ohne Nachfolge bleibenden Anlage in Hamburg tobte der Kampf um die richtigen wissenschaftlichen Erkenntnisse auf dem Gebiet der Hygiene. James Simpsons Filteranlagen hatten im Zusammenhang mit den Cholera-Epidemien von 1849 und 1853 einen Zusammenhang zwischen Trinkwasser und Seuche rein empirisch nahegelegt. 1854 bewies der Hygieniker John Snow, daß die Benutzer eines bestimmten Brunnens in Soho nahezu ausnahmslos erkrankten. William Budd zeigte auch für den Typhus die gleichen Zusammenhänge auf, aber chemische Methoden, zwischen harmlosen und gefährlichen Stoffen zu unterscheiden, gab es noch nicht. Dies änderten erst die Pioniere der Bakteriologie, Louis Pasteur (1822–1895) in Frankreich und Robert Koch (1843–1910) in Deutschland. 1880 isolierte Karl Eberth (1835–1926) den Typhusbazillus, 1883 machte Koch auf einer Ägyptenexpedition den Cholera-Erreger – „die Vibrionen" – dingfest [50]. Bezüglich des Übertragungsweges tat sich nun eine große Kontroverse zwischen Koch- und Pettenkofer-Anhängern auf. Der Münchener Chemiker Max von Pettenkofer (1818–1901) hatte die These von der Durchseuchung des Bodens als Ausbreitungsmedium der Cholera aufgestellt – eine Art Fortführung der Lehre von den „Miasmen" und „mefitischen Dünsten", die seit der Aufklärung geherrscht hatte. Sie stand im Gegensatz zu Kochs Annahme, daß bakterienverseuchtes Trinkwasser die Krankheitsursache sei. 1892 hatte die Epidemie ausgerechnet in der mit Zentralkanalisation versehenen Stadt Hamburg nicht eingedämmt werden können, was mit bodentheoretischen Erwägungen nicht mehr zu erklären war. Hingegen deckten sich Infektions- und Wasserversorgungsgebiet genau. Es war also klar, daß die Entnahme von Trinkwasser aus der durch die Kanalisation befrachteten Elbe den fatalen – und von Koch behaupteten – Kreislauf gebildet hatte. Ironischerweise versuchte gerade zu diesem Zeitpunkt Pettenkofer durch das Trinken von Cholerabakterien das Gegenteil zu beweisen. (Heute nimmt man an, daß er dem Tode nur durch anschließendes Trinken von größeren Mengen Bier entronnen ist). [IV]

Der Tiedefluß Elbe hatte verseuchtes Abwasser stromaufwärts vor die Einlässe des Wasserwerkes gebracht. Pettenkofers These war widerlegt, die Notwendigkeit zur Klärung der Abwässer aber evident geworden. Koch selbst sprach sich für eine Grundwassergewinnung aus. Zur gleichen Zeit mit der Hamburger Epidemie bestätigte ein Trinkwasserskandal bei dem vom Industriellen Grillo gegründeten „Wasserwerk für das nördliche Kohlenrevier" – der späteren Gelsen-Wasser, das bis Emden und Leer hinauf Wasser lieferte, den Zusammenhang zwischen verseuchtem Wasser und Typhuserkrankung. Anfang der 1880er Jahre hatte das Werk ein – zunächst verheimlichtes – Schöpfrohr direkt in die verseuchte Ruhr gelegt, und als 1890, 1891 und 1892 der Typhus ausbrach, deckten sich Versorgungsgebiet und Erkrankungszone erneut. Eine Antwort darauf war die nach amerikanischem Vorbild 1911 bei den Ruhrwasserwerken durch Karl Imhoff eingeführte Chlorbehandlung des Trinkwassers, die aber bei Wasserwerken mit weniger problematischem Entnahmeumfeld auf bleibende Skepsis stieß[51]. Interesse fand hingegen die Chlorierung bei den Militärs, die auch zwanzig Jahre zuvor alle möglichen Filtertechniken für den Gebrauch des Heeres untersucht hatten[52].

Einen grundsätzlich anderen Weg bei der Einrichtung eines Abwassersystems war seit dem Jahre 1861 die Stadt Berlin gegangen. In diesem Jahr stattete der vielseitige Eduard Wiebe Bericht über eine Reise nach Hamburg, London und Paris ab, die er im Auftrage des Preußischen Ministeriums für Handel, Gewerbe und öffentliche Arbeiten unternommen hatte, um Anregungen für die Einrichtung der Stadtreinigung und -entwässerung Berlins zu sammeln. Er rät entschieden, die bislang genutzten Abtrittsgruben und die Fäkalienabfuhr durch Wasserklosetts und Mischkanalisation zu ersetzen. Ähnlich wie bei Joseph Bazalgettes Lösung für London sollten Sammelkanäle parallel zur Spree laufen und das Abwasser weit im Westen über Pumpstationen in den Fluß leiten. Opposition erhob sich, wie oft bei Planungen mit dieser technischen Lösung, gegen den Verlust der Fäkalien für die Zwecke der Landwirtschaft[53], zu denen auch die fabrikmäßige Düngerproduktion, die sogenannte „Poudrette"-Fabrikation zählte. Diese Position wird noch gestützt durch Justus von Liebigs (1803–1873) 1872 erscheinende Schrift „Einleitung in die Naturgesetze des Feldbaues"[54]. Darin geht er so weit, zu sagen, daß von „der Entscheidung der Kloakenfrage der Städte die Erhaltung des Reichtums und der Wohlfahrt der Staaten und die Fortschritte der Cultur und Civilisation abhängig" seien[55]. Damit ist die Kontroverse „Kanalisation versus Abfuhr" offen ausgebrochen, schließlich geht es, wie die Abfuhrbefürwörter angeben, „um Verlust von Exkrementen im Wert von 2 Millionen Talern jährlich". Darüber hinaus erweist sich Wiebes Befolgen des Londoner Vorbildes als falsch: die Spree führt entschieden weniger Wasser als die Themse und fließt alsbald nach dem beabsichtigten Einleitungspunkt wieder durch bewohnte Gebiete. Von 1861 bis 1869 können sich zahlreiche Kommissionen und die Politiker für keine Lösung entscheiden. 1869 bekommt der in Stettin als Stadtbaurat arbeitende James Hobrecht (1825–1902), Verfasser des Berliner Stadterweiterungsplanes von 1859/62, einen Vertrag „über die Aufstellung eines Projekts für die Reinigung der Stadt Berlin von Auswurfstoffen"[56]. Der Mitherausgeber der „Deutschen Vierteljahresschrift für öffentliche Gesundheitspflege" entwarf daraufhin das „Radialsystem", das die Stadtfläche in mehrere unabhängige Entsorgungsgebiete aufteilt. Vom Zentrum ausgehend, soll das Abwasser radial an die Peripherie gepumpt werden, wo es durch Berieselung landwirtschaftlich verwertet und geklärt werden kann. Kommissionsmitglied Rudolf Virchow (1821–1902), Mitbegründer der Fortschrittspartei, spricht sich für dieses Konzept aus. „Hygienepapst" Edwin Chadwick applaudiert aus London und James' Bruder Arthur Hobrecht formuliert als Oberbürgermeister von Berlin die Magistratsvorlage, die die Stadtverordneten Anfang 1873 billigen. Im August wird der erste Spatenstich für das Radialsystem III unter Chefingenieur James Hobrecht getan. Im gleichen Jahr werden das Wasserwerk kommunalisiert und 1874 die Güter Osdorf und Friederikenhof als Rieselgüter gekauft. Hausanschlüsse an die Kanalisation sind von nun an obligatorisch. 1875 beschloß man den Bau der Innenstadt-Systeme I, II, IV und V, 1881 waren I, II, III und V in Betrieb, IV fast fertig, 1892 gab es bereits elf Radialsysteme, die Kanalisation Berlins war nach einer Bauzeit von nicht einmal zwanzig Jahren fast komplett. Ende 1875 zählte die Stadt knapp eine Million Bewohner, 1890 waren es bereits 1,6 Millionen[57]. Jedes System verfügte über ein eigenes Pumpwerk in der Nähe eines Wasserlaufes, der als Notauslaß fungieren konnte. Viele davon sind erhalten, einige stehen heute unter Denkmalschutz, so das älteste Werk III an der Schöneberger Straße am Landwehrkanal in Kreuzberg, das 1972 eines der ersten technischen Denkmale Berlins wurde[58]. Die Baukosten des Gesamtsystems wurden durch Stadtanleihen aufgebracht, die bis 1890 eine Höhe von 69 Millionen Mark erreichten. Zunächst wurde ein Prozent, später 1,5 Prozent des Nutzungswertes vom Eigentümer des angeschlossenen Grundstückes erhoben. Obwohl weder die Idee des Radialsystems neu war, noch Berlin die erste deutsche Stadt war, die ein solches anlegte (Danzig ging 1869 voran) und auch die Rieseltechnik aus dem Schottland des frühen 19. Jahrhunderts bekannt war, stellte das Hobrechtsche System die befriedigende Lösung der Abwasserfrage für eine rapide wachsende Millionenstadt des späten 19. Jahrhunderts dar, das sowohl der Pariser als auch der Londoner Anlage überlegen war. Es tat seinen Dienst bis in die 30er Jahre unseres Jahrhunderts unangefochten. Die 1928 erschienene 50-Jahr-Festschrift der Berliner Stadtentwässerung enthält aber bereits die Prophezeiung, daß die Rieselfeldtechnik ihrem Ende zugeht: Tatsächlich wurde in der Folgezeit das Verrieselungssystem stufenweise durch Klärwerke ersetzt, die heute mit noch steigender Tendenz über zwei Drittel des Berliner Abwassers bearbeiten. Das von Norden zurückgepumpte, geklärte Abwasser kreierte neue Probleme, so wurde 1985 zur Phosphateliminierung eine Anlage im Tegeler See notwendig, die durch den Architekten Hans Hollein eine vielbeachtete Baugestalt erhielt.

Mit der Fertigstellung des Berliner Systems waren für Deutschland die Weichen in Richtung auf das Mischsystem bei der Kanalisierung, das Niederschlags- und Schmutzwasser gemeinsam abführt, endgültig gestellt. 1907 waren alle vierzig Großstädte der Nation mit einem solchen System versehen, dreißig von ihnen leiteten es in Gewässer ein, 1912 waren es bereits vierunddreißig. Auch kleinere Städte adoptierten die Mischmethode, Heidelberg zum Beispiel gab 1917 das Tonnensammelsystem auf. Der Ausbau leistungsfähiger Wasserwerke in diesem Zeitraum hatte ein übriges getan: Die damit ermöglichte – und kaum zu verhindernde – Einführung von Wasserklosetts erzwang spätestens dann das Schwemmsystem. Der Abstand im Wasserverbrauch zwischen Groß- und Kleinstädten erhielt sich über die gesamte Zeit hinweg jedoch unverändert groß. Das Trennsystem, das Niederschlags- und Schmutzwasser separiert, war zwar für London bereits 1840, für Berlin 1870 vorgeschlagen worden, scheiterte aber häufig an den höheren Anlagekosten. Dennoch wurden viele Berliner Außenbezirke nach dieser Methode entwässert, was allerdings, bedingt durch den immer höheren Verschmutzungsgrad des Oberflächenwassers (Reifenabrieb, Öl- und Benzinreste) keine Zukunftsaussichten mehr hat. Stoffe dieser Art in kommunalen und solche von noch höherer Schädlichkeit und Giftigkeit aus industriellen Abwässern verlangten im Laufe der Zeit nach dem Ersten Weltkrieg, beschleunigt aber seit den 1960er Jahren immer mehr technischen Aufwand beim Betrieb der Kläranlagen. Kommunale Abwässer gelangen seither in Faultürme, wo in anaerober Umgebung der Klärschlamm unter Gaserzeugung ausgefault wird oder in „Belebtschlammbecken", wo eine Aus-

Modernes Klärwerk der Berliner Wasserwirtschaft in Ruhleben.

flockung unter Sauerstoffzugabe erfolgt. Aber auch hier, wie ohnehin bei Industrieabwässern, tritt notwendigerweise neben die Stufen der mechanischen und biologischen mehr und mehr auch die der chemischen Aufbereitung. Denn analog zu den 50er Jahren, wo in Deutschland noch über sieben Milliarden Kubikmeter Abwasser ungeklärt in Flüssen, Bächen oder Seen endeten, belasten heute die zwar mechanisch und biologisch geklärten Abwässer mit ihren Frachten von Nitrat und Phosphat die gleichen Gewässer. Drastisch geht dies aus den seit 1912 vorgenommenen Messungen des Wasserwerkes Mussum der Stadtwerke Bocholt hervor[59]. Die seit den 70er Jahren einsetzende politische Kritik vor allem von seiten der Grünen hat – abgesehen vom Konzept genereller Trinkwassereinsparung und Vermeidung von Kontamination – die generelle Attitüde des Symptomkurierens und die Tendenz zu zentralistischen und hochtechnisierten Problemlösungen nicht verändern können. [III-3.6]

Zusammenfassend läßt sich sagen, daß die historische Entwicklung der deutschen Wasserver- und -entsorgung auf den Schultern des technology transfer stattgefunden hat. Experten, Organisatoren, technische Verfahrensweisen wie auch gesellschaftspolitische Grundvorstellungen vor allem der ersten Phase der Entwicklung waren in hohem Maße von englischen Vorbildern bestimmt. Die ersten Träger der Entwicklung waren selbst Engländer, die – wie William Lindley mit seinem Sohn William H. Lindley oder John Moore – langfristig wirksame Einflüsse auf die Formierung der Anschauungen und die erste Generation von Bauten und Anlagen ausübten. Auch die Tendenz, den Widerstand gegen Neuerungen und die oft selbstschädliche traditionelle Haltung von Kommunen, Hausbesitzern und Stadtbewohnern zu brechen und zu verändern, indem legislative Prozesse auf staatlicher Ebene in Gang gebracht wurden, teilt Deutschland mit Großbritannien und anderen Nachbarländern. Die wissenschaftliche Debatte und Forschung in Hygiene– und Seuchenfragen allerdings wurde vor allem in der zweiten Hälfte des 19. Jahrhunderts mit Gelehrten wie Pettenkofer, Virchow und Koch dann wieder stärker von Deutschland, wie auch von Pasteur in Frankreich bestimmt. In der modernen Klärtechnik gibt es mit Einrichtungen wie dem „Dortmundbrunnen", einem trichterförmigen Klärbecken und dem „Emscherbrunnen" eigenständige Entwicklungen. Die Inangriffnahme der hydrologischen Probleme des Rhein-Ruhr-Industriegebietes seit etwa 1890 mit der Großtechnologie der Talsperren und der Umwandlung der Emscher in einen Vorfluter des Revieres wird im Ausland allgemein als Leistung empfunden, ebenso die konsequente Propagierung des Talsperrengedankens durch den Aachener Wasserbauordinarius Otto Intze. Gegenwärtig stehen eher Bemühungen wie die des Emscherverbandes zur Renaturierung der Emscher und ihrer Bachläufe im Vordergrund des Interesses, zumal die vernetzte Problemstruktur der Wasserwirtschaft gewichtige Fragen an die Zukunft aufwirft. [X-5.7]

Literaturnachweise

1 *Süskind*, Patrick: Das Parfum. Die Geschichte eines Mörders. Zürich 1985, S. 5 f.
2 *Simson*, John von: Kanalisation und Städtehygiene im 19. Jahrhundert (Technikgeschichte in Einzeldarstellungen, Nr. 39). Düsseldorf 1983, S. 62
3 *Boberg*, Jochen u.a. (Hrsg.): Exerzierfeld der Moderne. Industriekultur in Berlin im 19. Jahrhundert (Industriekultur deutscher Städte und Regionen). Berlin I. München 1984, S. 161
4 Zitiert nach: *Kluge*, Thomas/*Schramm*, Engelbert: Wassernöte. Umwelt- und Sozialgeschichte des Trinkwassers. Aachen 1986, S. 9
5 Vgl. 4, S. 13
6 *Eggers*, Gerhard: Wasserversorgungstechnik im Altertum. In: Technikge-

schichte. Beiträge zur Geschichte der Technik und Industrie. Bd. 25 (1936), S. 11

7 *Haberey*, Waldemar: Die römische Eifelwasserleitung nach Köln. In: Führer zu vor- und frühgeschichtlichen Denkmälern 25. Mainz 1974, S. 69 ff.

8 *Ehlers*, G.: Die Wasserversorgung der deutschen Städte im Mittelalter. In: Technikgeschichte. Beiträge zur Geschichte der Technik und Industrie. Bd. 25, S. 16

9 *Föhl*, Axel/*Hamm*, Manfred: Die Industriegeschichte des Wassers. Düsseldorf 1985, S. 126 f.

10 *Slotta*, Rainer: Technische Denkmäler in der BRD (Veröffentlichungen aus dem Bergbaumuseum Bochum, Nr. 7) Bochum 1975, S. 568–570

11 *Ruckdeschel*, Wilhelm/*Luther*, Klaus: Technische Denkmale in Augsburg. Eine Führung durch die Stadt. Augsburg 1984, S. 21–32

12 Vgl. 8, S. 16; Vgl. 4, S. 22

13 Vgl. 4, S. 26

14 *Lauwerys*, J.A./*Glover*, A.H.T.: The Thirst of Cities. London 1947, S. 11

15 *Silbergleit*, Heinrich (Hrsg.): Preußens Städte. Denkschrift zum 100jährigen Jubiläum der Städteordnung vom 19. November 1808. Bd. 1. Berlin 1908, S. 150

16 *Statistisches Bundesamt* (Hrsg.): Bevölkerung und Wirtschaft 1872–1972. Stuttgart/Mainz 1972, S. 92

17 Vgl. 4, S. 39

18 *Fair*, Gordon/*Geyer*, John: Wasserversorgung und Abwasserbeseitigung. München 1961, S. 663

19 *Smith*, Norman: Man and Water. A History of Hydro-Technology. London 1976, S. 110 (Deutsch: Mensch und Wasser. Wiesbaden/Berlin 1985)

20 Vgl. 19, S. 111 f.

21 Vgl. 19, S. 112

22 Vgl. 19, S. 103

23 *Föhl*, Axel: Die Villa als mechanische Werkstatt. Technik und Technologie auf Hügel. In: Buddensieg, Tilman (Hrsg.): Villa Hügel. Das Wohnhaus Krupp in Essen. Berlin 1984, S. 174–178

24 Vgl. 9, S. 125

25 Vgl. 19, S. 112 f.

26 Vgl. 2, S. 19

27 Vgl. 19, S. 116

28 Vgl. 2, S. 64 ff.

29 *Kelting*, Otto: Die Wasserversorgung im alten Hamburg bis zu ihrem Ausbau nach dem großen Brande von 1842. Hamburg 1934, S. 87

30 Vgl. 9, S. 143 f.; Vgl. 10, S. 578 f.

31 *Wagenbreth*, Otfried/*Wächtler*, Eberhard (Hrsg.): Dampfmaschinen. Leipzig 1986, S. 181 f.

32 *Woll*, Stefan: Berliner Wassertürme (Schriften zur Berliner Kunst- und Kulturgeschichte, Bd. 31). Berlin 1986, S. 11 f.

33 *Wahl*, Karl: Entwicklung der Wasserversorgung seit Einführung der Dampfmaschine. In: Technikgeschichte. Beiträge zur Geschichte der Technik und Industrie, Bd. 25. 1936, S. 26

34 Vgl. 33, S. 27
35 *Esterer*, Aloys: Die wirtschaftliche Bedeutung der Talsperren in der Rheinprovinz. Phil. Diss. Bonn 1909, S. 11
36 Vgl. 19, S. 191–194
37 *Kebbe*, Paul: Die geschichtliche Entwicklung der westdeutschen Talsperren und ihre volkswirtschaftliche Bedeutung. Wiso. Diss. Köln 1925, S. 16
38 Vgl. 37, 68f.
39 Vgl. 35, S. 17
40 Hsü, Yüanfang: Die Entwicklung der zentralen Wasserversorgung der rheinischen Großstädte. Wiso. Diss. Köln 1927, S. 53ff.
41 *Weyrauch*, Robert (Hrsg.): Die Wasserversorgung der Städte (Der städtische Tiefbau, Band IIb). Leipzig ²1916, S. 177, S. 180f.
42 *Garbrecht*, Günther: Wasser. Vorrat, Bedarf und Nutzung in Geschichte und Gegenwart (Kulturgeschichte der Naturwissenschaften und der Technik). Reinbek 1985, S. 219
43 Vgl. 42, S. 227f.
44 Vgl. 4, S. 207
45 *Corbin*, Alain: Pesthauch und Blütenduft. Eine Geschichte des Geruchs. Berlin 1984: *Gleichmann*, Peter Reinhart: Die Verhäuslichung körperlicher Verrichtungen. In: Gleichmann, Peter u.a. (Hrsg.): Materialien zu Norbert Elias' Zivilisationstheorie. Frankfurt a.M. 1979, S. 254–279
46 Vgl. 1
47 Vgl. 2, S. 16–25
48 Vgl. 2, S. 70ff.
49 Vgl. 2, S. 81ff.
50 Vgl. 4, S. 108f.
51 Vgl. 4, S. 125ff.
52 *Thiem*, G.: Keimfreies Wasser fürs Heer. Berlin 1918
53 Vgl. 45 (Gleichmann) S. 254–278; Vgl. 45, S. 155–162
54 *Liebig*, Justus von: Die Chemie in ihrer Anwendung auf Agricultur und Physiologie. 2 Teile. Braunschweig 1862
55 Vgl. 2, S. 104
56 Vgl. 2, S. 116, Anm. 75
57 Vgl. 15, S. 147
58 *Wilhelmi*, Mechthild/*Kühne*, Günther/*Rudolf*, Günther: Alte Pumpwerke in Berlin. Berlin 1987, S. 6–9
59 Vgl. 4, S. 217

Die Gasversorgung

Axel Föhl

„Leben unter der Gaslaterne"

Im Gegensatz zur Wasserversorgung, deren Grundstoff durch das
Wirken von Naturprozessen unmittelbar zur Verfügung stand und
eines der vier Elemente darstellte, handelt es sich bei Gas, genauer bei
dem in der öffentlichen Gaswirtschaft zunächst maßgebenden Leuchtgas, um ein Phänomen, das sich als Ergebnis jahrhundertelangen Su-
chens, zur Neuzeit hin auch systematisierten Forschens, erst her-
auskristallisierte. Der Name geht auf eine Wortbildung des Arztes und
Chemikers Johann Baptiste Helmont (1579—1644) am Ende des
17. Jahrhunderts zurück: Als Abspaltung des damals für Luft gebräuchlichen Begriffes „cháos" setzte er „Gas" — holländisch wie
„Chas" aspiriert gesprochen — für Dunst, Dampf im Unterschied zu
anderen Aggregatszuständen [2], und wurde durch seine Untersuchungen zum Begründer der Gas–Chemie. Jean Tardin erhitzte ebenfalls im
17. Jahrhundert Kohle in geschlossenen Gefäßen und erhielt verbrenn-
bare Verflüchtigungen. Clayton hält 1684 bei Untersuchungen von
Kohle aus Gruben nahe Wigan fest, daß bei der Entgasung von Steinkohle Wasserdampf, Teer und Gas entstehen. Der in Speyer 1635
geborene Johann Joachim Becher (1635—1682) gewinnt um 1680 Gas
aus Torf und Steinkohle. Hales quantifiziert 1727 den Gas- und
Dampfgehalt von Newcastle-Kohle mit einem Drittel des Gewichts.
Ab 1780 wurden Trockendestillationsgas und Wasserstoffgas aus der
Zusammenbringung von Säuren und Metallen unterschieden. Pickel
in Würzburg nutzt 1786 aus Trockendestillation von Knochen ge-
wonnenes Gas zur Raumbeleuchtung. [III-3.5]
    Um diese Zeit kommt die Epoche der experimentellen Gelegenheits-
forscher im Gasbereich zu einem Ende. Die inzwischen aufblühende
Verkokungstechnik ermöglichte Forschungen über Steinkohlengas,
das zur Beleuchtung von Kokereien genutzt wird. Die Ballonmanie
der 1780er Jahre mit ihren „Aerostaten" beflügelte die Suche nach
Gasherstellungsmethoden und veranlaßte den Herzog d'Aremberg,
das von ihm protegierte physikalische Institut der Universität Löwen
mit systematischen Forschungen zu beauftragen. Sie führen zur Pro-

duktion einer größeren Menge von Gas, das in eisernen Rohren unter hoher Hitze aus halbfetter Kohle erzeugt, aber lediglich zum Füllen von Ballons zu Luftfahrtzwecken genutzt wurde. Entscheidend waren dann um die Wende zum 19. Jahrhundert die Entwicklungen des akademisch ausgebildeten Ingenieurs Philippe Lebon in Frankreich und des Maschinenmeisters der Firma Boulton & Watt, William Murdoch in England. Lebon führte 1787 einen Apparat vor, der Licht aus Holzgas erzeugte, Thermolampe genannt. Er wurde auf dem Leuchtturm von Le Havre eingesetzt, erwies sich aber bald als nicht wirtschaftlich. Murdoch hingegen konstruierte Retorten zur Entgasung von Steinkohlen. Die Retorte war zunächst ein Gußeisentiegel, der in einen gemauerten Ofen mit Planrostfeuerung gesetzt wird. 1795 erleuchtete er Teile der Neath Abbey Iron Works, 1798 die Werkhallen seines Arbeitgebers Boulton & Watt mit Gas[3]. Auch einer der Kunden der Firma, das Baumwollunternehmen Philipps & Lee führte 1804 zunächst privat, 1805 aber in der Salford Twist Mill, einem Pionierbau der englischen Textilindustrie[4], das Gaslicht ein, wo am Neujahrstag 1805 fünfzig Lampen brannten[5]. Dies war vom unternehmerischen Gesichtspunkt her ein bedeutender Fortschritt, die Ausdehnung der Arbeitszeit mit Hilfe der dem Öl- und Kerzenlicht so überlegenen Beleuchtung interessierte viele Fabrikanten, die in der Folge rigoros die winterliche Arbeitszeit ausdehnen konnten. In der Salford Mill benutzte man Argandbrenner, die 1783 von dem Schweizer Pierre Argand für Öllampen entwickelt worden waren und mit Glaszylinder und Röhrendocht arbeiteten. Wichtig für die deutsche Entwicklung war, daß Friedrich Wilhelm Harkorts mechanische Werkstatt in Wetter an der Ruhr ganz nach Boulton & Watt-Vorbild ab 1819 neben Dampfmaschinen auch Gasbeleuchtungsanlagen lieferte[6]. Der Maschinenfabrikant Dinnendahl erleuchtete seine Essener Fabrik ab 1818 mit Gas[7]. Eine Reihe deutscher Techniker und Unternehmer waren mit England verbunden, so der Braunschweiger Friedrich Albert Winzer, der unter dem Namen Windsor auf der Insel Aufsehen mit seinen Werbemethoden für die Gasbeleuchtung erregte, ebenso Friedrich Accum aus Bückeburg, der 1815 in London ein Buch über das Gaslicht veröffentlichte[8] und bei Windsors erster Versorgungsgesellschaft, der 1812 gegründeten „Chartered Gaslight and Coke Company" beteiligt war, die 1813 die Westminster-Brücke und 1814 den Stadtteil St. Margaret erleuchtete[9]. [X-4.3]

Den entscheidenden Schritt hin zu einer betriebssicheren Technologie und damit zu einer uneingeschränkten Verbreitung der Gasbeleuchtung tat dann Samuel Clegg, der von Murdoch in Soho ausgebil-

det, die Gasreinigung mittels Kalkmilch entwickelte, Rohre, Sperr-
hähne und Brenner verbesserte, sowie den Trommelgaszähler konstruierte. Speziell in London entstanden nun eine große Zahl von
Gaswerken, die für ein jeweils beschränktes Umfeld Gas lieferten, das
sie aus Kohle gewannen, die auf dem Seewege die Stadt erreichte. Der
anfallende Koks wurde lokal zu Feuerungszwecken verkauft. Auch
Gasometer als Puffer zwischen Erzeugung und Verbrauch entstanden
zwischen 1810 und 1820, 1824 baut Tait den ersten Teleskop-Behälter.
1819 brannten in London 51 000 Gaslichter, die aus 300 Kilometer
langen Rohrleitungen gespeist wurden, andere größere Städte hatten
vergleichbare Versorgungsstandards, auch für Heiz- und Kochzwecke
wurden die neuen Netze herangezogen. Anfang der 20er Jahre hatten
Paris, Brüssel, Amsterdam, Aachen und Lüttich Straßenbeleuchtung
und einige Hausanschlüsse[10]. Öffentliche Sicherheit war in vielen
Fällen das Argument von Stadtbehörden und Polizeiverwaltungen für
die Einführung einer Straßenbeleuchtung auch schon vor dem Zeitalter der Gastechnik gewesen. So plante man auch mit diesem zentral zu
betreibenden System neue Anlagen. 1820 wollte der sächsische König
Teile von Dresden, 1818 der bayrische König Teile von München mit
Gas beleuchten lassen. Rudolf Sigismund Blochmann erleuchtete 1819
seine mechanische Werkstatt in Dresden mit Gas und wurde mit der
Durchführung eines Planes der öffentlichen Beleuchtung betraut, zu
der es zunächst aber nicht kam. 1819 listet die Kölnische Zeitung eine
Reihe von Gründen theologischer, juristischer, medizinischer und mo-
ralischer Art gegen eine allgemeine Straßenbeleuchtung auf[11]. Die
Ordnungsbehörden mochten sich dem aber nicht anschließen, worin
sie in gewissem Maße dadurch bestärkt worden waren, daß in revolutionären Zeiten stets eine gewaltige „Laternenzerstörungslust" zu
herrschen schien, was von Victor Hugo (1802–1885) in „Les Misera-
bles" eindrucksvoll thematisiert wird[12]. An der Schwelle zur Einführung einheitlicher Gasbeleuchtung in deutschen Städten herrschte in
England die Ansicht vor, daß dies technisch und wirtschaftlich nur
durch große, als Aktiengesellschaften organisierte, zentrale Versorgungsunternehmen zu leisten sei, wobei man sicher war, Apparate und
Anlagen mit hinreichendem Sicherheitsgrad offerieren zu können.
Ende 1824 wurde unter Führung des „Inspector of Gasworks of the
Metropolis" und Freund König Georgs IV., Sir William Congreve,
die „Imperial Continental Gas Association-ICGA" gegründet mit
dem expliziten Ziel, durch Einsatz insularen Kapitals und praktischer
Fachkenntnisse gewinnorientiert die Städte des Festlandes mit Gaswerken zu überziehen.

Der erste Abschluß auf dem Kontinent gelang in Gent, allerdings unter etwas „getarnten" Umständen, da der belgische Architekt Louis Roelandt seit 1820 als Vertragspartner der Stadt auftrat, aber von Anfang an mit der ICGA in Verbindung gestanden hatte, was erst um 1825 bekannt wurde [13]. Am 21.12.1824 erhielt William Congreve ein persönliches Privileg zur Erleuchtung der Residenzstadt Hannover auf zwanzig Jahre. Die monopolartige Ausbildung von Congreves Rechten geht denkbarer Weise auf die Beziehungen des in London wie Hannover herrschenden Königshauses zurück [14]. Am Geburtstag des Königs Georg IV. im August 1826 brannten zum ersten Male die Gaslampen. „Die düsteren Winkel und Schattenstellen sind nun wie durch Feerei verschwunden, vielleicht gegen den Wunsch mancher Nachtwandler, (...) doch sicher zum Ruhme der Stadt und zum allgemeinen Besten" schreibt im Rückblick 1836 das Hannoversche Magazin. Die ICGA hatte sich hier, wie später auch in anderen Städten, verpflichtet, die Beleuchtung zu den Kosten der bisherigen Ölbeleuchtung bei zweifacher Lichtmenge samt Gaswerk und Leitungsnetz bereitzustellen. Es gab Probleme mit der gegenüber England unzureichend tief vorgenommenen Rohrverlegung, die der Frost erreichte, der den Betrieb lahm legte. Die folgenden Streitigkeiten führten zur Entlassung des Werksleiters Lennard Drory, der 1833 vom ersten deutschen Gaswerksadministrator der ICGA, Ernst Körting, in Hannover abgelöst wurde. Drory wurde nach Berlin versetzt, wo am 27.03.1826 ein Vertrag zwischen dem Ministerium des Innern und ICGA auf einundzwanzig Jahre abgeschlossen worden war, der dreiundneunzig Jahre in Kraft blieb, bis er 1918 – wie auch der mit Hannover abgeschlossene – beendet wurde. Der Vertrag für Berlin erlaubte für die erste Zeit der Etablierung des Netzes die Einfuhr englischen Materials, verlangte aber dann den Bezug preußischer Produkte. Bis Ende 1826 waren vertragsgemäß die Linden sowie das königliche Schloß beleuchtet, für den Rest hatte man Zeit bis 1829. Der Berliner Magistrat, über dessen Kopf hinweg das preußische Innenministerium den Vertrag eingegangen war, bemängelte recht bald den zu geringen Anteil an öffentlicher Beleuchtung. 8000 Direktanschlüssen standen nur 1842 Straßenlampen gegenüber. Der hinzugezogene Fachmann Rudolf Blochmann, seit 1828 Leiter der Gaswerke von Dresden und Leipzig, empfahl einen Umfang von über 5000 Laternen und erhielt vom Magistrat den Auftrag für die Planung zweier städtischer Gaswerke diesseits und jenseits der Spree mit einer Kapazität von 25 000 Anschlüssen, was angesichts des mangelnden know-hows unter Berliner Maschinenbauern und potentiellen Beschäftigten problematisch war.

Der Gaswerkbetrieb dieser Zeit, in Österreich „Gasschusterei" genannt, hielt sich auf technisch sehr primitivem Niveau und basierte weitgehend auf Empirie, wie zum Beispiel aus den schriftlichen Anweisungen hervorgeht, die die Brüder Lennard und George Drory bei ihrem Wechsel von Hannover nach Berlin dem Nachfolger Körting hinterließen. Das Kurieren von Naphtalinverstopfungen mit Eimern heißen Wassers ist ein solches Beispiel [15]. Die ICGA erkannte zunächst die Gefahr für ihren profitablen Fortbestand nicht, die von den Neugründungsplänen in städtischer Regie ausging. Als sie Tarifkampfmaßnahmen ergriff, gingen die von Blochmann geplanten Werke bereits in Betrieb. 1845 hatte die Stadt mit der Leitungsverlegung begonnen, Ende 1846 arbeiteten beide Anlagen, ab 1.01.1847 betrieben sie die öffentliche Beleuchtung. Die heimische Industrie mit Egells, Freund und Wöhlert, das Eisenwerk Lauchhammer und die königliche Gießerei hatten langjährige Vorarbeiten geleistet und belieferten von nun an den deutschen Markt mit Apparaten, Zählern und Gasleuchten, sowie Gasröhren. Eine der frühesten Gasröhrenfabriken des Kontinents, die im Eifelort Gemünd-Mauel seit 1845 produzierende Fabrik von Poensgen & Schöller ist noch heute baulicher Zeuge dieses Prozesses [16]. Das Lauchhammerwerk lieferte auch die Röhren für das von Blochmann gebaute Dresdner Gaswerk, das entgegen einem Angebot der ICGA 1828 in öffentlicher Regie die Arbeit aufnahm und 1833 von staatlicher in städtische Hand wechselte. Dieses älteste deutsche kommunale Gaswerk begründet eine Entwicklung, die der englischen gegenläufig sein sollte. 1948/49, bei der Verstaatlichung in England, waren zwei Drittel aller Gaswerke in privatem Besitz, in Deutschland waren immer mehr Anlagen (fast 80%) in städtische Hand übergegangen oder an Gesellschaften, in denen die Städte hohe Beteiligungen hatten. Eine Liste von 1961 nennt folglich für Deutschland zwischen 1825 und 1918 lediglich sechs Anlagen der ICGA, im Gegensatz beispielsweise zu Frankreich, wo es zwischen 1832 und 1946 immerhin sechsundzwanzig, viele davon allerdings in kleineren Städten, gegeben hatte [17].

Nach dem kurzlebigen Vorlauf der Gasbeleuchtung des Senckenbergschen Stiftes und der Großen Eschenheimer Gasse im Jahre 1819 kam die Freie Stadt Frankfurt am Main durch die Privilegienerteilung an die Kaufleute Johann Friedrich Knoblauch und Johann Georg Remigius Schiele im Jahre 1828 zu einer mit Ölgas betriebenen Straßenbeleuchtung. Mit englischen Apparaten und deutschen Buderus-Röhren wurden 3000 Kubikfuß Gas erzeugt, von denen die Hälfte allerdings durch Undichtigkeiten im Netz verschwand, was schon

In dem abgebildeten dreiteiligen von August von Kreling (1818– 1876) entworfenen Glasfenster werden die Gewinnung und die Segnungen des Gaslichtes verherrlicht. Die Anordnung erinnert an einen dreiflügeligen Altar. Angefertigt wurde das Glasfenster für den Miteigentümer und Direktor des Nürnberger Gaswerkes. Im linken Teil wird der Abbau und der Transport der Steinkohle als wichtigster Ausgangsstoff für die Gasgewinnung dargestellt, das mittlere Fenster zeigt die Verkokung der Kohle und die Herstellung des Leuchtgases. Im rechten Teil werden die Segnungen des neuen strahlenden Gaslichtes gepriesen.

1829 zur Betriebseinstellung führte. Im gleichen Jahr öffnete die inzwischen mit der ICGA liierte Firma wieder, hatte aber auf Grund erfolgloser Experimente mit Ausgangsmaterial wie Harz oder Ölkuchen weiter finanzielle Schwierigkeiten. 1838 begründete man eine Aktiengesellschaft unter Führung der bisherigen Firmeninhaber Knoblauch und Schiele, die weiter Harz zur Gasbereitung verwendete. 1844 gelang es der ICGA, eine Parallel-Lizenz für Steinkohlenbetrieb zu erhalten, die zu der wohl einmaligen Situation führte, daß – neben dem Unsinn doppelter Leitungsverlegung – in ein und demselben Frankfurter Wohnhaus ein Teil der Parteien von der deutschen Gesellschaft mit aus englischem Harz gewonnenem Gas, der andere

Teil von der englischen Firma mit aus deutscher Steinkohle produziertem Brennstoff beliefert werden konnte [18]. Dieser duale Zustand, bei dem zwei private Gesellschaften stetig in Konkurrenz zueinander standen, währte ab 1868 unter der Drohung der Gründung eines stadteigenen Werkes – bis zu ihrem Zusammenschluß im Jahre 1909, einem Zeitpunkt, zu dem sich die Stadt über das Mittel der Konzessionsverlängerung bereits erheblichen Einfluß auf den Betrieb gesichert hatte. 1910 bis 1912 entstand nach der Vereinigung ein von dem namhaften Architekten Peter Behrens geplantes Großgaswerk am Frankfurter Osthafen. 1914 machte die ICGA durch Verkauf ihrer Anteile die Stadt zum Mehrheitsaktionär des Zentralgaswerkes.

Nach der Kette von Pioniergründungen der 1820er und 1830er Jahre folgte das Hauptfeld der deutschen Städte mit der Gründung eigener Gaswerke hauptsächlich in den 1840er, mehr noch den 1850er Jahren. Einige Städte, so zum Beispiel Bremen, wo der Import der entsprechenden Stoffe eine wirtschaftliche Rolle spielte, taten sich schwer bei der Aufgabe der Ölbeleuchtung. Oft zogen sich die Verhandlungen und Experimente bei der Gründung der Werke über ein oder zwei Jahrzehnte hin, Öl- und Steinkohlenbetrieb wechselten einander ab. Dennoch wuchs der Mut kaufmännischer Unternehmen, angesichts der dringlichen Nachfrage in den Städten Gaswerkbetriebe als offene Handelsgesellschaften zu betreiben. 1850 existierten in Deutschland fünfunddreißig Gasversorgungsbetriebe. In den nächsten zehn Jahren wurden nicht weniger als 176 neu gegründet, bei weiter steigender Nachfrage. Bankpräsident Louis Nulandt reagierte auf diese Situation mit dem Plan einer nach dem Muster der ICGA konzipierten, großen privaten Kapitalgesellschaft, für die er den opposi-

Gaswerk Frankfurt a. M. im Jahr 1927.
Das 1910 bis 1912 gebaute Großgaswerk erhielt durch seine Lage im Osthafen von Frankfurt neben einem Bahnanschluß auch eine eigene Schiffsentladungsanlage und Anlagen zur Kohleförderung und Koksaufbereitung. Nach dem Neubau einer modernen Gaskokerei 1927 hatte das Gaswerk eine Tagesleistung von 230 000 Kubikmeter Gas. Am Ende des Zweiten Weltkrieges wurden die Anlagen teilweise zerstört, der Betrieb konnte aber Ende 1945 wieder aufgenommen werden. Nach Jahren der Erweiterung und des Ausbaus zwischen 1954 und 1958 ging der Verbrauch an Gas zurück. 1969 wurde der Betrieb in der Großkokerei der Main-Gas AG eingestellt.

tionellen Liberalen Victor von Unruh als Gasfachmann zum zweiten Vorsitzenden der 1857 in Dessau gegründeten „Deutschen Continental-Gas-Gesellschaft" gewann. Unruh sollte später – wie auch Rudolf von Virchow – zu den Begründern der Fortschrittspartei gehören. Frankfurt/Oder, Mühlheim/Ruhr, Mönchengladbach, Rheydt, Potsdam, Hagen, Erfurt und Dessau waren unter den ersten Städten, mit denen die neue Gesellschaft Verträge abschloß[19], hundert weitere Anträge mußten abgelehnt werden. 1858 wird Wilhelm Oechelhäuser – Bürgermeister von Mülheim/Ruhr – Generaldirektor der Deutschen Continental, ein Posten, den er bis 1890 innehatte. In dieser Zeit konsolidierte sich die Gesellschaft, ab 1859 zahlte man Dividende aus den Betriebsgewinnen der Werke von Mönchengladbach im Westen bis Lemberg im Osten[20]. Auch andere überregionale Gesellschaften entstanden, so die Allgemeine Gas-AG, Magdeburg oder in München die „Holzgasanstalten", fußend auf technischen Entwicklungen des Hygienikers Max von Pettenkofer. Forschungsarbeit auf dem Gebiet der Gasanalyse wird in Deutschland von Nikolaus Heinrich Schilling[21] und Robert Wilhelm Bunsen[22] geleistet. Die technische Forschung diente der Ökonomisierung des Brennstoffeinsatzes und dem Bestreben nach gleichmäßigerer Feuerungstemperatur, die bis in die 1860er Jahre nur mit sehr kleinen Retorten zu erzielen war. Mitte der 50er Jahre wichen die Gußeisen- den Schamotteretorten, der deutsche Markt wurde von der Stettiner Firma von Friedrich Ferdinand Didier beliefert, die ausländische Erzeugnisse mehr und mehr verdrängte. 1858 wird der „Verein deutscher Gasfachmänner" gegründet, der 1870 zum „Verein von Gas- und Wasserfachmännern Deutschlands" wird, ab 1882 „Deutscher Verein von Gas- und Wasserfachmännern". Regionale Untergliederungen folgen in den 60er und 70er Jahren, bleiben aber oft unabhängig. Seit 1.7.1858 erscheint die erste deutsche Fachzeitschrift, das „Journal für Gasbeleuchtung". Die Kalkmilchreinigung wurde durch Trockenverfahren ersetzt, Raseneisenerz dient als Medium.

Leuchtgas wird Stadtgas, Stadtgas weicht Ferngas

Technischen Fortschritt in Deutschland bewirkte dann in den 1870er Jahren der Chemiker und Physiker Hans Bunte, 1848 in Wunsiedel geboren. Er reformierte die Ofenbeheizung und wurde zum Begründer der planvollen Wärmewirtschaft. Aus der Koks- wurde die Gasheizung für die Retorten, fußend auf den Entwicklungen Friedrich

Siemens' nach 1856 in England. Das von Bunte gesammelte Material war Vorbedingung für die Existenz der 1904 gegründeten Lehr- und Versuchsanstalt, des „Gasinstituts". Volkswirtschaftlich relevant waren auch Buntes Untersuchungen der Nebenerzeugnisse der Gasproduktion sowie der Verbrennungsvorgänge bei Beleuchtung und Heizung mit Gas. Es gelang ihm eine effiziente Arbeitsteilung der wissenschaftlichen Forschung. Sie „hat seinerzeit dem deutschen Gasfach (. . .) hohe Blüte und Weltgeltung verschafft"[22]. Wichtigstes Ergebnis war die Vergrößerung der Retortenöfen und die Koksersparnis durch Rekuperativfeuerung. 1900 verwandte Julius Buëb, Bunte-Schüler und Chefchemiker der Deutschen Continental, die Senkrechtretorte. Nach Verbesserungen im Gaswerk Berlin-Mariendorf wurde sie „vor allen anderen Bauarten im In- und Ausland führend"[24].

Damit war die Epoche der Großraumöfen eingeleitet, deren Kapazität zwischen acht und fünfzehn Tonnen dem Kammervolumen der Kokereien der Montanindustrie nicht nachstand. Chemisch möglich war die Verwendung des anders zusammengesetzten Großofen-Gases durch Auer von Welsbachs Erfindung des Glühstrumpfes von 1886, bei dem nicht mehr das Gas selbst, sondern ein durch das Gas erhitzter Glühstrumpf ein viel helleres Licht abgab. „It is electric light without electricity" war der Kommentar der Zeitgenossen und gleichzeitig die Antwort auf die Konkurrenz der Elektrizität, die damit noch einmal auf Distanz gehalten werden konnte[25]. 1862 bestanden 266 Gaswerke mit neunundsechzig Millionen Kubikmetern Jahreserzeugung, 1913 lieferten 1385 Werke 2806 Milliarden Kubikmeter Gas. Seit 1867 war auch der von Nikolaus Otto und Eugen Langen in Köln-Deutz entwickelte Gasmotor als Verbraucher hinzugekommen, der als Gichtgasmotor den Dampfmaschinen ernsthaft Konkurrenz machte. Die Konkurrenz der Elektrizität zwang die Gaserzeuger, den Wärmemarkt für Gas auszubauen. „Koche mit Gas" war ein entsprechender Werbeslogan zwischen 1890 und 1905. Die „Zentrale für Gasverwertung e.V." in Berlin war seit 1910 Koordinator auf diesem Gebiet[26]. Der Erste Weltkrieg brachte große Einbrüche in der Gasversorgung mit der Folge des Rückfalls im Konkurrenzkampf gegen die Elektrizität, die keinen Einschränkungen unterlegen hatte. Die 30er Jahre des 20. Jahrhunderts brachten die ersten Gastankstellen in Deutschland für den Kraftfahrzeugbetrieb. 1926 entstand die Aktiengesellschaft für Kohleverwertung, seit 1928 „Ruhrgas AG", die 1936 das Gas von über zwanzig angeschlossenen Zechen- und Hüttenkokereien des Revieres verteilte und 1935 1,5 Milliarden Kubikmeter absetzte. Dem waren Gasgesellschaften als kleinere Fernversorger vorausgegangen, so die

Thyssensche Gas- und Wasserwerke GmbH oder die Vereinigten Elektrizitätswerke Westfalens, VEW oder das RWE. Die Ausbreitung der Gasindustrie allgemein hatte seit der Mitte des 19. Jahrhunderts ein Wachstum bei Zuliefererfirmen zur Folge gehabt, so bei der Schamotteherstellung, dem Großbehälterbau, der Teerindustrie und dem Röhrenbau. 1936 lagen in Deutschland Gashauptrohre in der Länge des anderthalbfachen Erdumfanges.

Ende der 30er Jahre hatte auch in Deutschland die systematische Suche nach Erdgas begonnen, die in Amerika zum Fund großer Vorkommen geführt hatte. Von 1911 bis 1919 diente das 1910 entdeckte Erdgasvorkommen von Neuengamme zur Versorgung Hamburgs. Erst die Zeit nach dem Zweiten Weltkrieg brachte in der Bundesrepublik und der ehemaligen DDR hier umfänglichere Ergebnisse. Von 1958 bis 1959 stieg die Gewinnung in der BRD von 0,575 Milliarden Kubikmetern auf 0,909 Milliarden, die DDR förderte 32 Millionen Kubikmeter. Das bundesrepublikanische Aufkommen entsprach 1961 5,4 Prozent der Gesamtgaserzeugung. Erwogen wurde damals die Beimischung von Erdgas für die Ferngasversorgung. Man scheute die Umrüstung der Endgeräte angesichts der Ungewißheit über die Vorratshöhe. Eine Fernverbindung mit der Sahara kam nach größeren Erdgasfunden dort 1956 ins Kalkül, eine Rohrleitungsgesellschaft war bereits gegründet worden, auch Erdgasverflüssigung und Schiffstransport wurde erwogen. Holländische Großfunde machten diesem Projekt allerdings ein Ende. In Deutschland entstand 1938 bis 1944 eine 75-Kilometer-Erdgas-Leitung von Benheim zu den Chemischen Werken Hüls mit Abzweig nach Dorsten zur Azetylenherstellung. Ähnliches hatten die BASF und Hoechst weiter südlich. Der Marktanteil des Erdgases innerhab der EWG stieg von 2,7% im Jahre 1960 auf 7,2% 1969. 1971 wurden in der BRD 14,8 Milliarden Kubikmeter Erdgas gefördert[27]. Der Import stieg zwischen 1966 und 1971 von nahezu Null auf 6,5 Milliarden Kubikmeter. 1979 produzierte allein Westeuropa 194 Milliarden Kubikmeter. Die bundesdeutschen Reserven schätzte man 1980 auf 272 Milliarden Kubikmeter Reingas, die der Niederlande, einem Großlieferanten in die BRD, wurden auf das Achtfache geschätzt, nachdem 1959 das Großvorkommen in der Provinz Groningen entdeckt worden war. Seit 1963 bestehen zwischen der „Nederlandse Aardolie Maatschappij-NAM", der Ruhrgas und Anderen Lieferverträge, die bestehende Ferngasleitungen in Verbindung mit Neubauten nutzten. Dies führt zu einer totalen Umstrukturierung der deutschen Gaswirtschaft und des technischen Betriebes zwischen 1966 und 1971. 1978 besaßen von 477 Gasversorgungsunter-

nehmen noch ganze vierzig eine Eigenerzeugung und dies meist wegen ihrer im Hinblick auf eine Rohrleitungsverlegung ungünstige
geographische Lage. Ab 1970 wird auch russisches Erdgas einbezogen,
der Vertrag wurde verbunden mit der Lieferung von 1,2 Millionen
Tonnen Mannesmannröhren an die UDSSR. 1975 wurden die Liefe-
rungen aufgenommen.

Die deutsche Ferngasversorgung war von der lokalen Verteilung
einzelner Zechenkokerei-Gasaufkommen über den Fernverbund für
das Montangas ab 1927 seit 1966 in kontinentale Größenordnungen
hineingewachsen[28]. Das einzelne Gaswerk wandelte binnen eines
knappen Jahrzehnts seine Rolle vom Erzeuger zum Distributeur des
gelieferten Brennstoffes.

Johannes Körtings 1961 erschienene „Geschichte der deutschen Gasindustrie" wählte den Untertitel; „Mit Vorgeschichte und bestimmenden Einflüssen des Auslandes". Dieser Charakterisierung der
Frühzeit der deutschen Gasversorgung ist nichts hinzuzufügen. Nach
einer Phase, an der Deutsche zwar von Anfang an beteiligt waren, aber
die Entwicklung nicht bestimmten, setzte die nationale Gaswirtschaft
dann unter der Herausforderung expansiver britischer Unternehmungen, wie der ICGA, eigene Akzente durch die Herausbildung eines
kommunalen Systems in mehr und mehr überwiegender städtischer
Trägerschaft. Beginnend mit Didiers Schamotteproduktion nach der
Jahrhundertmitte, schaltete sich eine Industrie, die durch die wirtschaftliche Entscheidung zur Autarkie recht bald schon zur Entwicklung eigenen know-hows gezwungen worden war, stärker in das
Geschehen ein. Größerer Einfluß Deutschlands auf das internationale
Geschehen im Gasfach ergab sich ab etwa 1870 vor allem durch die
wissenschaftlich-technischen Leistungen Hans Buntes, der die wirtschaftliche Situation der Unternehmen positiv beeinflußte sowie
durch die administrativen Fähigkeiten eines Wilhelm Oechelhäuser
bei der Geschäftsführung der Deutschen Continental-Gasgesellschaft.
Körting sieht die beiden wichtigsten Ereignisse der deutschen Gastechnik in der Aufnahme der wissenschaftlichen Arbeit seit 1860 und
in der Umstellung von Leucht- auf Stadtgas nach Erfindung des
Welsbachschen Glühstrumpfes. Durch Großröhrenbau und die damit mögliche Entwicklung eines Ferngasversorgungssystems erhielt
Deutschland dann „eine große Achse, weit eher als alle europäischen
Länder", was die Entwicklung wohl treffend charakterisiert. Vorausschauend hebt Körting bereits 1961 die umweltpolitischen Vorteile des
Ferngasbetriebes, wie er sich in der Bundesrepublik rasch durchsetzen
sollte, hervor.

Literaturnachweise

1 Titel einer Ausstellung zur Geschichte der Gasversorgung in Gent/Belgien im Jahre 1980: *De Herdt*, René/*Vercoutere*, Frank: Leven onder de Gaslantaarn. Gent 1980

2 *Körting*, Johannes: Geschichte der deutschen Gasindustrie. Essen 1963, S. 18

3 *Tann*, Jennifer: The Development of the Factory. London 1970, S. 125

4 *Jones*, Edgar: Industrial Architecture in Britain 1750–1939. London 1985, S. 45

5 Vgl. 3, S. 125

6 *Matschoss*, Conrad: Friedrich Harkort. Der große deutsche Industriebegründer und Volkserzieher. In: Beiträge zur Geschichte der Technik und Industrie. Bd. 10 (1920), S. 8–10

7 Vgl. 2, S. 55

8 *Accum*, F.: A Practical Treatise on Gaslight. London 1815. Deutsch von W. A. Lampadius. Weimar 1819

9 Deutsches Energiezentrum (Hrsg.): Gasbeleuchtung. Ausstellungskatalog. Essen 1981, S. 15

10 Vgl. 2, S. 89

11 Vgl. 2, S. 92

12 *Schievelbusch*, Wolfgang: Lichtblicke. Zur Geschichte der künstlichen Helligkeit im 19. Jahrhundert. München 1983, S. 98–113

13 Vgl. 1, S. 61

14 Vgl. 2, S. 107

15 *Körting*, Arnold: Geschichte der Gastechnik. In: Technikgeschichte. Beiträge zur Geschichte der Technik und der Industrie. Bd. 25 (1936), S. 90

16 *Föhl*, Axel: Technische Denkmale im Rheinland (Arbeitshefte des Landeskonservators Rheinland 20). Köln 1976, S. 109, S. 113; *Hatzfeld*, Lutz: Die Begründung der deutschen Röhrenindustrie durch die Firma Poensgen & Schöller, Mauel 1844–1850 (Veröffentlichungen aus dem Archiv der Phoenix-Rheinrohr AG, Bd. 1). Wiesbaden 1962, S. 41 ff.

17 Vgl. 2, Anhang, S. 622

18 *Rödel*, Volker: Ingenieurbaukunst in Frankfurt am Main 1806–1914. Frankfurt a. M. 1983, S. 108–116

19 Vgl. 2, S. 118 f.

20 Deutsche Continental Gasgesellschaft: Hundert Jahre DCGG. Düsseldorf 1957

21 *Schilling*, Heinrich Nikolaus: Handbuch für Steinkohlengasbeleuchtung. 1860

22 *Bunsen*, Robert Wilhelm: Gasometrische Methoden. Braunschweig 1857

23 Vgl. 2, S. 96 ff.

24 Vgl. 2, S. 99

25 Vgl. 12, S. 52

26 Vgl. 2, S. 102

27 *Laurien*, H. (Hrsg.): Taschenbuch Erdgas. Vorkommen, Gewinnung, Verwendung, Rechtsgrundlagen, Statistik. München ²1970

28 *Schickardt*, Karl Erich: Die Entwicklung der Ferngasversorgung in Deutschland. In: Wärme Gas International. Jg. 29 (1980), H. 4, S. 138–145

TECHNIK UND WIRTSCHAFT AN DER WENDE ZUM NÄCHSTEN JAHRHUNDERT

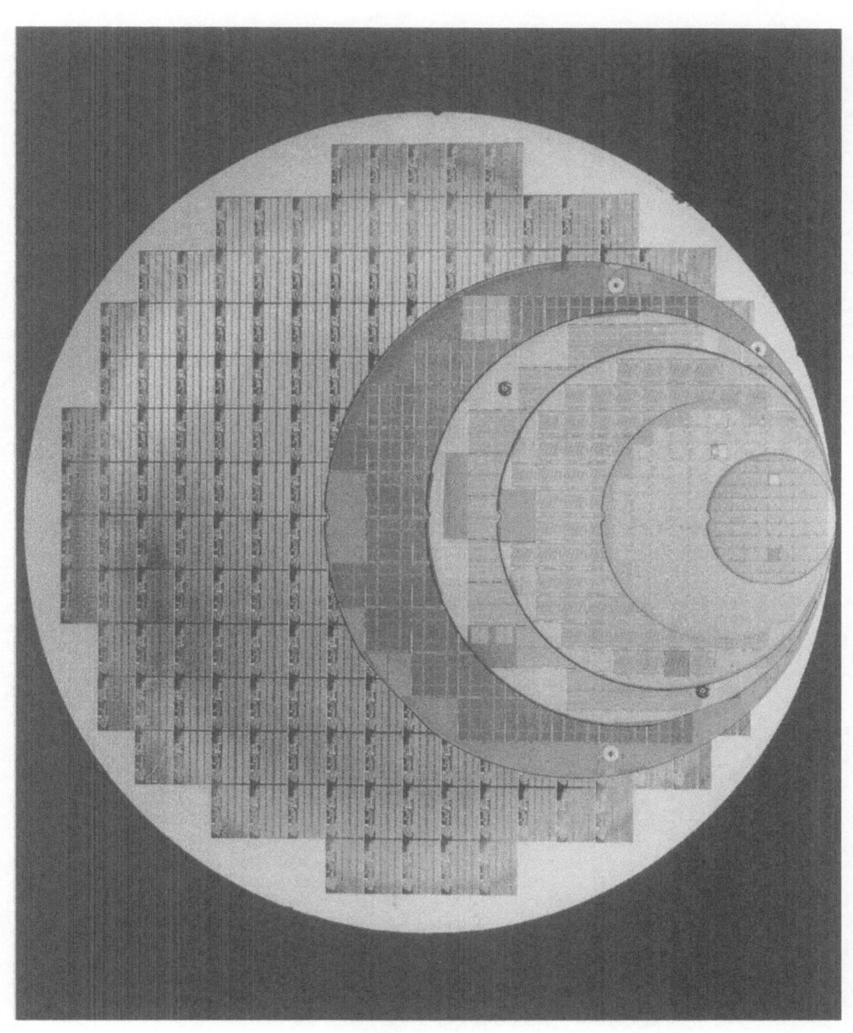

Technik und Wirtschaft an der Wende zum nächsten Jahrhundert

Ulrich Wengenroth

Technik und Wirtschaft stehen am Ende des 20. Jahrhunderts in einer mehrfachen Umbruchsituation. So setzt sich in den Industrieländern die Verlagerung der Beschäftigung vom industriellen in den Dienstleistungssektor ungebrochen fort, ohne daß dies zu einer erkennbaren Reduktion industrieller Produktion führen würde. Der Rückgang an Beschäftigung wird in der Industrie nach wie vor durch hohe Produktivitätszuwächse überkompensiert. Die Aufnahmefähigkeit der Böden, der Gewässer und der Luft für die Haupt- und Nebenprodukte industrieller Produktion scheint dagegen dem Erschöpfungspunkt nahe, wenn sie ihn zum Teil nicht schon überschritten hat. An eine Fortschreibung der bisherigen Praxis in die Zukunft ist angesichts der damit verbundenen massiven Gefährdung unserer Lebensgrundlagen nicht zu denken.

Gleichwohl hat sich der zur staatsinterventionistischen Marktwirtschaft weiterentwickelte liberale Industriekapitalismus gerade dank dieser mittlerweile problematisch gewordenen materiellen Leistungsfähigkeit weltweit als die attraktivste Wirtschaftsform erwiesen. Sowohl die ehemaligen sozialistischen Planwirtschaften als auch die meisten Länder der Dritten Welt suchen nach Wegen, ihre Gesellschaften in diese Richtung zu transformieren, um ein hohes Wohlstandsniveau zu erreichen. Dies würde jedoch auf der Basis bekannter Technik weder von den Ressourcen noch von der Regenerationsfähigkeit der Erde getragen. Die Ausweitung des Produktionsapparates der reichen Industrieländer auf die ganze Erde erscheint nicht nur verantwortungslos sondern schlechthin unmöglich. Dies kann den Anspruch ärmerer Völker auf Teilhabe am industriellen Wohlstand allerdings nicht aufheben. Eine gemeinsame Rückkehr zu vorindustriellen Lebensweisen, für die es angesichts der Forderungen aus der Dritten und dem Beharrungsvermögen in der Ersten Welt jedoch kaum einen Konsens gibt, müßte dagegen mit einer drastischen Reduktion der Weltbevölkerung einhergehen.

Ökologische Grenzen des wirtschaftlichen Wachstums

Die in der Industriellen Revolution entstandene Konstellation von Technik und Wirtschaft ist in eine Pattsituation geraten. Nachdem sie die Voraussetzung für eine Vervielfachung der Bevölkerungszahlen innerhalb der letzten zwei Jahrhunderte geschaffen hat, ist sie auf der einen Seite attraktiv genug, um die Bedürfnisse und Wünsche der Menschheit zu beflügeln, zugleich nimmt bzw. zerstört sie jedoch die natürlichen Ressourcen dafür. Gelingt es nicht, der Entwicklung von Technik und Wirtschaft eine neue Richtung zu geben, so stehen uns entweder scharfe globale Verteilungskämpfe oder ökologische Katastrophen bevor, wenn nicht beides.

Die zentralen Aufgaben, die in Technik und Wirtschaft am Ende des 20. Jahrhunderts gelöst werden müssen, bestehen also darin, einerseits die welthistorisch einmalige Leistungsfähigkeit und Innovationskraft moderner industrieller Technik zu wahren, dies andererseits jedoch bei kurzfristig zumindest stagnierendem, langfristig aber sinkendem Verbrauch natürlicher Ressourcen zu bewerkstelligen. Das Idealziel dieser dringend notwendigen Neuorientierung der technischen Entwicklung ist die Etablierung einer nachhaltigen Bewirtschaftung aller natürlichen Ressourcen. Das heißt: ein Wirtschaftssystem, das aus der Natur nicht mehr entnimmt, als im gleichen Zeitraum in ihr nachwächst. Das Prinzip der Nachhaltigkeit ist keineswegs neu: Es beherrschte weitgehend die vorindustrielle Land- und Forstwirtschaft. Erst mit dem Zugriff auf fossile Energieträger im Zuge der Industriellen Revolution wurde es kompromißlos aufgegeben. Statt dessen haben die Industrieländer einen Kredit bei der Natur aufgenommen, dessen Rückzahlung in bedrohlicher Weise ungeklärt ist.

Sollte dieser Kredit notleidend werden, so hätte das mit größter Wahrscheinlichkeit eine neue, nunmehr industrielle malthusianische Situation zur Folge, deren Regulativ dann nicht mehr die Höhe der Ernteerträge sondern die Breite der jeweils verbliebenen ökologischen Nischen für die Menschen wäre. Aus dem Verteilungskampf um materielle Güter würde der Verteilungskampf um Lebensmöglichkeiten, der bei anhaltend wachsenden Bevölkerungszahlen an Schärfe gewinnen würde.

Wenngleich quantitatives industrielles Wachstum in der Vergangenheit ganz wesentlich zur Milderung der Verteilungskämpfe und zur Entschärfung der Sozialen Frage in den fortgeschrittenen Industrieländern beigetragen hat, so steht dieses Mittel im heutigen Nord-Süd-Konflikt nicht mehr zur Disposition. Die latente Unzufriedenheit über die ungleiche Verteilung des Sozialproduktes kann in Zukunft nicht mehr durch einfache materielle Mehrproduktion aufgefangen werden, die allen sichtbare Einkommenszuwächse erlaubt, ohne die leistungsorientierte Einkommensverteilung zu gefährden. Dies gilt innerhalb der Industriegesellschaften genauso wie im Verhältnis zwischen diesen und der Dritten Welt, der oft noch nicht einmal eine Beteiligung an den weltweiten Einkommenszuwächsen zugestanden wurde.

Hat sich eine ungleiche Verteilung der Einkommen in der Vergangenheit durch den hohen Beitrag der Privilegierten zur Ausweitung der Produktion legitimiert und egalitäre Gesellschaftsmodelle dadurch ihrer anfänglichen Popularität beraubt, so verliert diese Legitimationsgrundlage zur Zeit erheblich an Tragfähigkeit. Der Konsens der Wachstumsgesellschaften ist brüchig geworden, da die Formen wirtschaftlichen Wachstums selbst zunehmend als Gefährdung des erreichten Wohlstandes begriffen werden. Damit sind jedoch auch die Länder der Dritten Welt ihrer bisherigen Entwicklungsperspektive beraubt, die nach dem Muster der europäischen Industrialisierung im wesentlichen auf die beschleunigte Aneignung vorhandener industrieller Technik zur Organisation eines Aufholprozesses hinauslief.

Verteilungsgerechtigkeit muß zukünftig ohne Rückgriff auf die derzeit verfügbare Technik hergestellt werden. Der wirtschaftliche Aufholprozeß kann sich nicht, wie in der Vergangenheit, der ressourcenintensiven Technik der industriellen Welt bedienen. Am Rande der Belastungsfähigkeit des irdischen Ökosystems angekommen, müssen Industrie- wie Entwicklungsländer gleichermaßen ressourcenneutrale Technik entwickeln und anwenden. Ein Großteil vertrauter Verfahren ist durch die – von den Industrieländern verursachte – grundlegende Einengung der Handlungsspielräume entwertet. Es herrscht also großer Innovationsbedarf, der vor allem qualitativ neue Dimensionen zu eröffnen hat.

Das wohl größte ökologische Problem ist das Ausmaß und die Art der Stoffumwandlung, die heute betrieben wird. Dem liegen die beiden Erfolgsstrategien der Industrialisierung zugrunde, zum einen Produktionsprobleme vermittelt über Arbeitsmaschinen in Energieprobleme zu übersetzen und zum anderen die technisch geeigneten Werk- und Betriebsstoffe durch chemische Umwandlung aus natürlichen Stoffen zu gewinnen. Die Leichtigkeit, mit der diese beiden Wege zu beschreiten waren, hat einer extensiven Stoffumwandlung Vorschub geleistet, deren Produkte die Verarbeitungskapazität der Biosphäre überfordern. Es ist in erster Linie das hohe Maß an Stofflichkeit industrieller Technik, das ihr zur inhärenten Schranke wurde und weniger der lange Zeit die politische Diskussion beherrschende Streit um Arbeitsteilung und den Ersatz menschlicher Arbeit durch Arbeitsmaschinen. Während aller Augen auf die Entfremdung am Arbeitsplatz gerichtet waren, fand sie im Verhältnis zur Natur statt.

Die Deckung des Weltenergiebedarfs zu fast 90% durch fossile Energieträger droht über den Treibhauseffekt binnen weniger Jahrzehnte nicht kompensierbare Klimaveränderungen hervorzubringen. Zugleich wird die Schutzwirkung der Ozonschicht durch industriell erzeugte Gase stark beeinträchtigt. Hinzu kommt eine kaum noch zu überschauende Zahl und Menge toxischer Stoffe auf der Erdoberfläche. Resultierte industrielle Umweltverschmutzung bis zum Zweiten Weltkrieg überwiegend aus dem Verbrennen fossiler Energieträger und der Gewinnung natürlicher Rohstoffe, so gewann seitdem die Produktion synthetischer Verbindungen erheblich an Gewicht. Deren Wirkung auf die Umwelt war und ist in vielen Fällen unzureichend erforscht, ihre kumulativen und Langzeiteffekte sind kaum absehbar. Die „Altlasten" verseuchter Böden sind mittlerweile zu einer schweren Hypothek und einem oft sehr wirksamen Investitionshindernis an vielen Industriestandorten geworden. Die Identifikation und Beseitigung von Abfall wird zu einer eigenen Industrie, deren technisch-wissenschaftliches Niveau dem der schadstofferzeugenden zumindest ebenbürtig sein muß. Bei anhaltend dynamischem Wirtschaftswachstum ist diese Spirale allerdings unüberschaubar geworden.

Der Markt muß in seiner jetzigen Form als Regelmechanismus vor diesen Problemen versagen, da Schadstoffvermeidung und -entsorgung in den meisten Fällen die Produktionskosten erhöhen und dadurch die Überlebensfähigkeit gerade der verantwortungsvollen Unternehmen gefährden. Die Konkurrenz auf den Märkten, ansonsten Garant für eine rationelle Nutzung aller Produktionsfaktoren, wirkt hier in die falsche Richtung.

Nach der sozialen Fürsorge ist darum die Sorge für die Umwelt zu einer Hauptaufgabe des Interventionsstaates geworden und hat ihm zusätzliches Gewicht im Wirtschaftsprozeß gegeben. Nur der Staat kann wettbewerbsneutrale Auflagen für die gesamte Industrie durchsetzen, indem er verbindliche Schadstoffgrenzen festsetzt und überwacht oder bestimmte Produktionsverfahren ganz untersagt. Dabei kann er sich durchaus marktwirtschaftlicher Signale bedienen, wenn er etwa den Anfall von Schadstoffen über eine Abgabe für die Unternehmen mit Kosten belastet oder Energieträger hoch besteuert, um deren Verwendung einzuschränken.

Der Staat hat die Aufgabe, Umweltressourcen wie Luft und Gewässer aber auch freie Landschaft, die keiner Besitzform untergeordnet sind, also niemand Bestimmtem gehören und darum als „öffentliche Güter" gelten, vor Raubbau zu schützen. Bisher galt, daß „öffentliche Güter" von jedermann kostenlos genutzt werden konnten, während den Schaden daraus die Allgemeinheit trug. Solange die technischen Mittel der Menschen nicht ausreichten, um die Umwelt nachhaltig, flächendeckend und dauerhaft zu schädigen, mag diese Haltung noch harmlos gewesen sein. Für das späte 20. Jahrhundert trifft dies ganz gewiß nicht mehr zu. Umweltschäden werden mittlerweile durchweg als „Soziale Kosten" begriffen, ein Konzept, das parallel zur globalen Schädigung der Umwelt nach dem Zweiten Weltkrieg Eingang in die Volkswirtschaftslehre fand. Ein wesentlicher Kostenfaktor jeder Produktion, eben jene Sozialen Kosten, wurde traditionell nicht berücksichtigt und förderte darum bedenkenlose Verschwendung. Geltend gemacht werden können sie freilich nur von dem legitimierten Repräsentanten der Gesellschaft, den staatlichen Organen auf nationaler wie auf internationaler Ebene.

Zu welchen Instrumenten der Staat dabei greift, wird ganz wesentlich von der Einschätzung der Gefährdung und ihrer Vermeidbarkeit abhängen. Stehen keine Alternativen zur Verfügung und sollen der Verbrauch bzw. die Schadstoffabgabe vermindert werden, so sind Abgaben und Steuern die geeigneten Mittel. Andernfalls sind Verbote immer angezeigt und gerechtfertigt. Der eigentliche politische Streit wird jedoch in den meisten Fällen nicht um die Steuerungsinstrumente sondern um die Feststellung der Gangbarkeit von Alternativen und der Tolerierbarkeit einer bestimmten Technik gehen.

Hinzu tritt die Sorge vieler Unternehmen um ihre internationale Wettbewerbsfähigkeit. Können kostenträchtige Umweltauflagen bei ausländischen Mitbewerbern nicht durchgesetzt werden, so führt dies sowohl zur Gefährdung inländischer Arbeitsplätze wie auch zu einer Ausweitung umweltschädlicher Produktionsverfahren. Einfuhrkontrollen gegenüber Produkten aus besonders umweltbelastender Produktion können, soweit sie überhaupt im Rahmen bestehender Handelsvereinbarungen zulässig sind, das Problem nur partiell beheben, da der Export in Drittländer davon unberührt bleibt. Unterlassener Umweltschutz hat schließlich den gleichen Effekt wie Subventionen: die Umverteilung von Volksvermögen zugunsten einzelner Industriebranchen. Besonders die ehemaligen Staatshandelsländer des sozialistischen Blocks haben, um die niedrigere Produktivität ihrer Industrie gegenüber derer der westlichen Marktwirtschaften zu kompensieren, ein massives Umweltdumping durchgeführt. Der Bevölkerung in diesen Ländern wurden durch den weitgehenden Verzicht auf Schadstoffvermeidung und Schadstoffbeseitigung enorm hohe Soziale Kosten in Form von angegriffener Gesundheit und zerstörter Umwelt zugemutet.

Die Versuchung, geringere Produktivität der Industrie durch eine Belastung des Umweltkontos zu kompensieren, bleibt für viele Staaten bestehen. Dies stellt vor allem in der Dritten Welt ein Kernproblem dar. Da jede Stoffumwandlung unerwünschte Produkte hervorbringt, es schadstofffreie Produktion nicht gibt, muß über ihre Tolerierbarkeit jeweils mit einer Kosten-Nutzen-Abwägung entschieden werden. Angesichts des sehr niedrigen Lebensstandards, der in vielen Ländern der Dritten Welt sogar noch sinkt, erscheinen dort auch hohe Kosten in Form von Umweltschäden gegenüber einem Nutzen, der den Industrieländern nie genügen würde, akzeptabel. Es ist also weniger das fehlende Umweltbewußtsein in diesen Ländern als vielmehr die große Armut, die sie zur Akzeptanz hierzulande unzulässiger Verfahren zwingt, wie etwa die Weiterverwendung von DDT. Besonders niederschmetternder Ausdruck der Macht- und Wohlstandsasymmetrie zwischen Erster und Dritter Welt ist der Mißbrauch armer Länder als Mülldeponie für hoch toxische industrielle Abfälle.

Der Umgang mit Stoffen ist am Ende des 20. Jahrhunderts zu einem Politikum ersten Ranges und einem der zentralen Streitpunkte in den internationalen Beziehungen geworden. Neben den Verteilungskampf um die Reichtümer der Erde ist der um das Niveau und die Quoten der globalen Umweltbelastung getreten. Wirtschaftliches Wachstum und Industrialisierung in der Dritten Welt sind auch bei umweltschonendster Technik nur möglich, wenn die Industrieländer bereit sind, ihren Anteil an den Schadstoffemissionen auf ihren Anteil an der Weltbevölkerung zurückzuführen. Indem die Belastbarkeit der Erde an ihrer Grenze angekommen ist, wurde sie selbst zu einem knappen Gut, also einem Gegenstand wirtschaftlichen Handelns. Vor allem vermehrte Stoffumwandlung, ohnehin seit zwei Jahrhunderten die Domäne der hochindustrialisierten Länder, verschärft diese Knappheit, konkurriert also mit unseren Lebensbedürfnissen.

Die Ent-Stofflichung der Produktion

Glücklicherweise gibt es in der Entwicklung der fortgeschrittenen Industriestaaten jedoch einige Hinweise auf eine Verlagerung der wirtschaftlichen Aktivitäten zu weniger materialintensiven Unternehmungen. Dies ist an erster Stelle die Umschichtung der Arbeitsbevölkerung in den Dienstleistungssektor, die zumindest das Wachstumspotential der stofflichen Produktion beschränkt hat. Wenngleich viele Bereiche des Dienstleistungssektors, wie vor allem der Verkehr, mit erheblichem Verbrauch natürlicher Ressourcen einhergehen und im privaten Bereich weitere Vergeudung stimulieren, so dokumentiert dies doch wenigstens die beginnende Bereitschaft, die Konsumgewohnheiten auf immaterielle Güter umzuorientieren.

Dies gilt vor allem für die in Überflußgesellschaften so wichtigen Positionsgüter, deren Besitz im wesentlichen durch das Bedürfnis, sozialen Rang und relativen Reichtum auszudrücken, motiviert wird. Sie waren eine entscheidende Triebkraft der Konsumgutwelle, die die Produktion wie die Abfallhalden der Industriegesellschaften nach dem Zweiten Weltkrieg hat rapide wachsen lassen. Da es immer nur einen relativen aber nie einen absoluten Bedarf an Positionsgütern geben kann, ist eine Sättigung dieses Marktes unmöglich. Es geht schließlich um Abstand und nicht um Niveau. Dabei entsteht das Überflußparadox, wonach auch dauerhaft anhaltendes Wirtschaftswachstum nicht zu einer Verminderung der Knappheiten führt. Diese endlose Jagd nach Positionsgütern hat sich zunehmend in den Bereich der industriell nicht vermehrbaren Güter, wie etwa Kunstwerke oder landschaftlich attraktiver Bodenbesitz, und zu den persönlichen Dienstleistungen verlagert.

Das zweite Auto oder der dritte Fernsehapparat bringen nur noch wenig zusätzlichen Gewinn, da die Zeit, sie jeweils zu nutzen, mit der Vielzahl aller verfügbaren Konsumgüter abnimmt. Die Volkswirtschaftslehre spricht von sinkendem Grenznutzen. Dem stehen die Bedürfnisse nach industriell nicht vermehrbaren Gütern gegenüber: schöne Landschaft, Muße, geistige Anregung, seelisches Wohlbefinden, Wissen. Auch diese Güter sind knapp. Ihre Beschränkung sind der natürliche Raum und die Zeit, die eigene, wie die anderer Menschen. Während die Knappheit industriell erzeugter Güter dank rapidem technischen Fortschritt seit zweihundert Jahren beständig abgenommen hat, gilt dies für die Zeit und den natürlichen Raum nicht. Die Verfügbarkeit von idyllischen Seegrundstücken und persönlichen Dienstleistungen hat sich trotz gewaltiger Vermehrung des materiellen Reichtums für den Durchschnittsbürger nicht verbessert. Und der Eindruck, daß wir mehr wissen als frühere Generationen, kommt im wesentlichen dadurch zustande, daß wir sehr viel mehr sind und Anderes wissen.

Die Industrialisierung hat also nur auf einem beschränkten Sektor Lösungen für unsere Knappheitsprobleme geboten, dabei jedoch andere um so deutlicher spürbar werden lassen. Der Wunsch nach kürzeren Arbeitszeiten und die vermehrte Nachfrage nach persönlichen Dienstleistungen von Bildungsangeboten über künstlerische Betätigung bis zur körperlichen Ertüchtigung oder Pflege verträgt sich darum durchaus mit nüchterenem ökonomischem Kalkül. Die „Freizeitgesellschaft" läßt sich mit den gleichen Kriterien wie die „Industriegesellschaft" erklären. Lediglich die relative Knappheit immaterieller Wirtschaftsgüter hat im Verlaufe der Industrialisierung, vor allem aber in der besonders dynamischen industriellen Wachstumsphase nach dem Zweiten Weltkrieg, erheblich zugenommen, während die Bedürfnisse nach materiellen Gütern, mit der wichtigen Ausnahme des nicht vermehrbaren Bodens, seit einiger Zeit offenbar in eine Sättigungsphase getreten sind. Dies muß, wie schon gesagt, nicht bedeuten, daß wir weniger Dinge produzieren und kaufen, aber wir reduzieren unsere Anstrengungen in dieser Richtung.

Eine zweite Verschiebung der Gewichte in diesem Sinne hat durch die steigende Komplexität moderner Technik stattgefunden und setzt sich ebenso fort. Ein immer größerer Teil der Beschäftigten in technischen Berufen widmet sich nicht mehr der Herstellung materieller Produkte sondern ihrer Wartung, Bedienung und Bereitstellung. Ihren Anfang nahm diese Entwicklung mit dem rapide gestiegenen Bedarf nach Informationsverarbeitung im Zuge fortschreitender Arbeitsteilung.

Dieser Bedarf hat zwei Dimensionen. Ein hohes Maß an Arbeitsteilung ist, wie wir eingangs gesehen haben, nur wirtschaftlich, wenn der Koordinationsaufwand zur Reintegration der Einzelprozesse geringer ist als der Mehraufwand bei ungeteilter Arbeit. Das schließt jedoch nicht aus, daß bei einzelnen Herstellungsprozessen dieser Koordinationsaufwand deutlich größer als der eigentliche Herstellungsaufwand werden kann. Bei vielen Massenprodukten sind mehr Menschen mit der Zusammenführung der Komponenten, der Verteilung und Lagerung der Zwischen- und Endprodukte sowie der Übergabe an den Endverbraucher beschäftigt als mit der unmittelbaren Herstellung oder Verarbeitung der Waren. Ohne diese zahlreichen Dienstleistungen innerhalb des industriellen Systems, bei denen es sich im Kern um Informations- und Verkehrsleistungen handelt, hätte das bestehende Produktionsniveau nicht erreicht werden können.

Doch nicht nur diese unmittelbar in den Produktionsprozeß eingreifenden Dienstleistungen sind für die Aufrechterhaltung des industriellen Wirtschaftsprozesses unentbehrlich. Dies gilt ebenso für Leistungen im Bereich der Erziehung, der Verwaltung, der Gesundheitspflege oder auch im Erholungsbereich in Form von Kellnern oder Sporttrainern. Alle diese Tätigkeiten leisten – hoch arbeitsteilig – wichtige Beiträge zur Stabilisierung gesellschaftlicher Prozesse wie zur individuellen Regeneration der Arbeitsbevölkerung. Sie sichern die Produktivität des Gesamtsystems. Eine Gesellschaft, die nur aus Fabriken besteht, funktioniert nicht und wird schnell unproduktiv. Unter dem Eindruck einer älteren Konzeption der Volkswirtschaftslehre, einschließlich des Marxismus, werden Dienstleistungen bis heute ihrem Wesen nach oftmals als unproduktiv empfunden. Reichtum wird dabei kurzsichtig mit materiellen Gütern identifiziert. Dies war verständlich in einer Zeit, in der die Knappheit von materiellen Gütern besonders stark empfunden wurde. Heute ist es nur noch ein ideologisches Relikt naiven Fortschrittsglaubens und wird einer Beschäftigungsstruktur, bei der zwei Drittel der Erwerbstätigen im Dienstleistungssektor arbeiten, nicht mehr gerecht.

Die zweite Dimension des Bedarfs nach Informationsverarbeitung zielt stärker auf die Anwendungssphäre, sowohl in Unternehmen wie im Privatbereich. Galt in der Vergangenheit meist noch, daß mehr Dinge auch mehr Leistungen erbringen, so besteht dieser Zusammenhang heute nicht mehr in dieser Eindeutigkeit, wie jeder Computer-Neuling schmerzvoll erfahren muß. Es ist ein Kennzeichen moderner Technik, daß ihre Potentiale und ihre Vielfalt meist größer sind als das Wissen darum. Schon die Schaltungsmöglichkeiten eines 800-Transistor-Chips, wie er sich mittlerweile bereits in Haushaltsgeräten findet, sind vom Hersteller nicht mehr zu überblicken. Was ein solcher Chip „kann", ist nicht wissentlich in ihn hineinkonstruiert, sondern muß herausgefunden werden. Ähnliches gilt auch für viele vorhandene Stoffe, natürliche wie künstliche. Wir verfügen mittlerweile über eine solche Vielfalt von Stoffen, Geräten und Verfahren, daß wir Lösungen für unsere Probleme meist sicherer in diesem Vorrat als durch Addition immer neuer Elemente finden.

Die Nutzung vorhandener technischer Potentiale zu verbessern, ist mittlerweile oft ertragreicher als die Schaffung neuer Potentiale. Dies geschieht im wesentlichen über eine verbesserte Steuerung sowohl der physischen Produktionsanlagen wie der organisatorischen Abläufe. Beides fordert erheblich breitere und schnellere Informationsströme als in der Vergangenheit, die nur noch von immer leistungsfähigeren Datenverarbeitungssystemen bewältigt werden können. Das Schwergewicht der Computerbranche verlagert sich von der Hardware zur

Software, von Einzelrechnern zur Vernetzung. Für manche Sozialwissenschaftler ist diese Entwicklung Anlaß, von einem künftigen Informationszeitalter zu sprechen, in dem – immaterielle – Informationsverarbeitung eine größere Rolle als physische Produktion spielt.

Wenn die beschriebene Verlagerung des Konsums von physischen zu immateriellen Gütern und der Produktion von extensiver zu intensiver Nutzung vorhandener Potentiale auch Hinweise auf eine Neuorientierung des Wirtschaftsprozesses in den hochindustrialisierten Ländern und der damit verbundenen technischen Entwicklung geben, so führt dies alles noch nicht zu der dringend gebotenen Verminderung des Verbrauchs natürlicher Ressourcen. Es ist insofern ungenügend. Selbstheilungskräfte des Wirtschaftssystems sind nicht auszumachen.

Ohne einen tiefgreifenden Wertewandel im Umgang mit der Natur wie im Verhältnis der Menschen zueinander wird der in der Industriellen Revolution eingeschlagene Weg von Technik und Wirtschaft, der eine kulturgeschichtlich neue Epoche der Menschheitsgeschichte eingeleitet hat, nicht in eine stabile Phase gesteigerten Wohlstands für eine sehr viel zahlreicher gewordene Weltbevölkerung übergehen. Die Potentiale hierzu wurden in den vergangenen zwei Jahrhunderten geschaffen, ob sie verspielt oder genutzt werden, entscheidet sich in der nächsten Zukunft. Diese Entscheidung hat eminent politischen Charakter.

Eine technische oder wirtschaftliche Lösung kann es nicht geben, wenn dem nicht eine grundsätzliche Revision der gesellschaftlichen Prioritäten in Richtung einer nachhaltigen Bewirtschaftung der Erde durch gleichberechtigte Völker vorausgeht. Wir haben gelernt, bei der Arbeit das Werkzeug aus der Hand zu legen und es den von uns konstruierten Maschinen zu übertragen; nun müssen wir noch lernen, dies mit den Ressourcen unserer Erde in Einklang zu bringen.

Literaturanhang (LA)

2 Die Herausbildung der industriellen Welt
Ulrich Wengenroth

Cipolla, Carlo M./*Borchardt*, Knut (Hrsg.): Bevölkerungsgeschichte Europas. Mittelalter bis Neuzeit. München 1971

Crafts, N.F.R.: British economic growth during the industrial revolution. Oxford 1985

de Vries, J.: European Urbanization 1500−1800. London 1984

Gimpel, Jean: The Medieval Machine. The Industrial Revolution of the Middle Ages. London 1979

Goodman, Jordan/*Honeyman*, Katrina: Gainful Pursuits. The Making of Industrial Europe 1600−1914. London 1988

Hodges, H.: Technology in the Ancient World. London 1970

Macfarlane, Alan: The Culture of Capitalism. Oxford 1987

Mokyr, Joel: The Lever of Riches. Technological Creativity and Economic Progress. Oxford 1990

Pacey, Arnold: Technology in World Civilization. A Thousand-Year History. Cambridge Mass. 1990

Paulinyi, Akos/*Troitzsch*, Ulrich: Mechanisierung und Maschinisierung 1600 bis 1840 (Propyläen Technikgeschichte, Bd 3). Berlin 1991

Paulinyi, Akos: Industrielle Revolution. Vom Ursprung der modernen Technik. Reinbek 1989

Weber, Max: Die Protestantische Ethik. Hrsg. v. Winckelmann, Johannes. Gütersloh 1981

Weber, Max: Wirtschaftsgeschichte. Abriß der universalen Sozial- und Wirtschaftsgeschichte. Hrsg. v. Hellmann S./Palyi, M. Berlin [5] 1991

3 Die Roh- und Grundstoffe

3.1 Der Steinkohlenbergbau in Deutschland
Uwe Burghardt

Abelshauser, Werner: Der Ruhrkohlenbergbau seit 1945. München 1984

Burghardt, Uwe: Die Mechanisierung des Ruhrbergbaus 1890 bis 1930. MS Diss. Berlin 1992/München 1993

Delhaes-Guenther, Karl von: Kali in Deutschland. Köln/Wien 1974

Gillingham, John: Industry and Politics in the Third Reich − Ruhr Coal, Hitler and Europe. Wiesbaden 1985

Heinrichsbauer, August: Harpener Bergbau-Aktien-Gesellschaft 1856−1936. Achtzig Jahre Ruhrkohlenbergbau. Essen 1936

Hochlarmarker Lesebuch: Kohle war nicht alles. Hundert Jahre Ruhrgebietsgeschichte. Recklinghausen 1981

Hoffmann, Dietrich: Die Erdölgewinnung in Norddeutschland. Hamburg 1970

Holtfrerich, Carl-Ludwig: Quantitative Geschichte des Ruhrbergbaus. Dortmund 1973

Huske, Joachim: Die Steinkohlenzechen im Ruhrrevier. Bochum 1987

Kleinebeckel, Arno: Unternehmen Braunkohle. Köln 1986

Kroker, Evelyn/*Unverferth* Gabriele: Der Arbeitsplatz des Bergmanns. Bochum 1981

Kundel, Heinz: Der technische Fortschritt im Steinkohlenbergbau, dargestellt an der Entwicklung der maschinellen Kohlengewinnung. Essen 1966

Kundel, Heinz: Handbuch der Mechanisierung im Bergbau. Essen ⁵1978

Meis, Hans: Der Ruhrbergbau im Wechsel der Zeiten. Festschrift des Kohlenbergbauvereins zum 75jährigen Bestehen im Jahr 1933. Essen 1933

Mommsen, Hans/*Borsdorf*, Ulrich (Hrsg.): Glückauf Kameraden. Die Bergarbeiter und ihre Organisationen in Deutschland. Köln 1979

Olsson, Sven-Olof: German Coal and Swedish Fuel 1939–1945. Göteborg 1975

Reger, Erich: Union der festen Hand. Berlin 1931, ²1946

Schunder, Friedrich: Geschichte des Aachener Steinkohlenbergbaus. Essen 1968

Tenfelde, Klaus: Sozialgeschichte der Bergarbeiterschaft an der Ruhr im 19. Jahrhundert. Bonn ²1981

Wysotzki, Klaus: Ruhrbergbau im III. Reich. Studien zur Sozialpolitik im Ruhrbergbau und zum sozialen Verhalten der Bergleute in den Jahren 1933–1939. Düsseldorf 1983

3.2 Eisen, Stahl und Buntmetalle
Ulrich Wengenroth

Beck, Ludwig: Die Geschichte des Eisens in technischer und kulturgeschichtlicher Beziehung. Dritte Abteilung, Das 18. Jahrhundert. Braunschweig 1897

Cockerill, Anthony: The Steel Industry. International Comparisons of Industrial Structure and Performance. Cambridge 1974

Darling, A.S.: Non-Ferrous Metals. In: Ian McNeil (Hrsg.): An Encyclopedia of the History of Technology. London 1990

Feldkirchen, Wilfried: Die Eisen- und Stahlindustrie des Ruhrgebiets 1879–1914. Wachstum, Finanzierung und Struktur ihrer Großunternehmen. Wiesbaden 1982

Fremdling, Rainer: Technologischer Wandel und internationaler Handel im 18. und 19. Jahrhundert. Die Eisenindustrien in Großbritannien, Belgien, Frankreich und Deutschland. Berlin 1986

Mény, Yves/*Wright*, Vincent (Hrsg): The Politics of Steel: Western Europe and the Steel Industry in the Crisis Years (1974–1984). Berlin 1987

Paulinyi, Akos: Das Puddeln, Ein Kapitel aus der Geschichte des Eisens in der Industriellen Revolution. München 1987

Tylecote, R.F.: A History of Metallurgy. London 1976
Warren, Kenneth: The American Steel Industry 1850–1970. Oxford 1973
Wengenroth, Ulrich: Unternehmensstrategien und technischer Fortschritt. Die deutsche und die britische Stahlindustrie 1865–1895. Göttingen 1986

3.3 Chemische Industrie
Gottfried Plumpe

Bürgin, A.: Die Geschichte des Geigy-Unternehmens von 1758 bis 1939. Basel 1958
Büchner, Werner (Hrsg.): Industrielle anorganische Chemie. Weinheim ²1986
Coleman, D.C.: Coutaulds. An economic and social history. 3 Bde. Oxford 1969–1980
Dutton, W. S.: Du Pont. One hundred and forty years. 1951
Haber, L.F.: The chemical industry during the nineteenth century. Oxford 1958
Haber, L.F.: The chemical industry 1900–1930. Oxford 1971
Haynes, Williams: The American Chemical Industry. 6 Bde. New York 1945–1954
Plumpe, Gottfried: Die I.G. Farbenindustrie AG. Berlin 1990
Reader, William J.: Imperial Chemical Industries. A History. London 1970, 1975
Reuben, Bryan G./*Burstall*, M.C.: The chemical economy. A guide to the technology and economics of the chemical industry. London 1973
Spitz, Peter H.: Petrochemicals. The rise of an industry. New York 1988
Strube, Wilhelm: Der historische Weg der Chemie. 2 Bde. Leipzig 1976
Taylor, T./*Sudnik*, P.E.: Du Pont and the international chemical industry. Boston 194
Weissermel, Klaus/*Arpe*, Hans Jürgen: Industrielle organische Chemie. Weinheim ²1978
Welsch, F.: Geschichte der chemischen Industrie. Berlin 1981
Winnacker, Karl/*Weingaertner*, Ernst (Hrsg.): Chemische Technologie. 5 Bde. München 1950–1953

4 Verarbeitung und Montage

4.1 Entwicklung der Fertigungstechnik
Volker Benad-Wagenhoff
Akos Paulinyi
Jürgen Ruby

Buxbaum, Bertold: Der amerikanische Werkzeugmaschinen- und Werkzeugbau im 18. und 19. Jahrhundert. In: Beiträge zur Geschichte der Technik und Industrie 10 (1920), S. 121–154
Buxbaum, Bertold: Der deutsche Werkzeugmaschinen- und Werkzeugbau im 19.

Jahrhundert. In: Beiträge zur Geschichte der Technik und Industrie 9 (1919),
S. 97–129

Buxbaum, Bertold: Der englische Werkzeugmaschien- und Werkzeugbau im 18.
und 19. Jahrhundert. In: Beiträge zur Geschichte der Technik und Industrie 11
(1921), S. 117–142

Buxbaum, Bertold: Die Entwicklungsgrundzüge der industriellen spanabhebenden
Metallbearbeitungstechnik im 18. und 19. Jahrhundert. Dissertation zur Erlan-
gung der Würde eines Doktor-Ingenieurs der Technischen Hochschule zu
Berlin. Berlin 1920

Hänecke: Pittler 1889–1939. Festschrift zum 50jährigen Bestehen der Pittler
Werkzeugmaschinenfabrik Aktiengesellschaft, Leipzig-Wahren. Leipzig 1939

Hounshell, David: From the American System to Mass Production, 1800–1932.
Baltimore and London 1984

Hülle, Friedrich W.: Schnellstahl und Schnellbetrieb im Werkzeugmaschinenbau.
Berlin 1909

Kelle, Ph.: Automaten. Die konstruktive Durchbildung, die Werkzeuge, die
Arbeitsweise und der Betrieb der selbsttätigen Drehbänke. Berlin 1921

Ludwig Loewe & Co. (Hrsg.): Ludwig Loewe & Co., Aktiengesellschaft Berlin,
1869–1929, Festschrift. Berlin 1930

Noble, David: Forces of Production – A social History of industrial Automation.
New York 1984

Paulinyi, Akos: Industrielle Revolution. Vom Ursprung der modernen Technik.
Reinbek 1989

Rolt, L.T.C.: Tools for the Job – A History of Machine Tools to 1950. London
²1986

Schlesinger, Georg: 60 Jahre Edelarbeit. In: Ludw. Loewe Aktiengesellschaft Berlin 1869–1929. Berlin 1930

Schlesinger, Georg: Technische Vollendung und höchste Wirtschaftlichkeit im
Fabrikbetrieb. Berlin 1932

Schröter, Alfred/*Becker*, Walter: Die deutsche Maschinenbauindustrie in der industriellen Revolution. Berlin 1962

Technikgeschichte (1991), Heft 4: Themenheft: Von der Universaldrehmaschine
zu flexibleren Fertigungssystemen. Der Werkzeugmaschinenbau und die Fertigungstechnik in Deutschland im 19. und 20. Jahrhundert.

Wittmann, Karl: Die Entwicklung der Drehbank bis zum Jahre 1939. Düsseldorf
²1960.

Woodbury, Robert S.: Studies in the History of Machine Tools. Cambridge, Mass.
1972

4.2 Fertigungsorganisation im Maschinenbau
Volker Benad-Wagenhoff

Cantrell, John Anthony: James Nasmyth and the Bridgewater Foundry – a study
of entrepreneurship in the early engineering industry. Manchester 1984

Dolezalek, Carl Martin/*Ropohl*, Günter: Ansätze zu einer produktionswissenschaftlichen Systematik der industriellen Fertigung. In: VDI-Zeitschrift 109
(1967), S. 715—721
Göhre, Paul: Drei Monate als Fabrikarbeiter und Handwerksbursche. Leipzig
1891, S. 41—52
Kienzle, Otto/*Mäckbach*, Frank (Hrsg.): Fließarbeit — Beiträge zu ihrer Einführung. Berlin 1926

4.3 Montage-Engpaß in der Automatisierung
von Produktionssystemen
Michael Mende

Brand, H.: Reihenbau von Kraftwagen-Karosserien. In: Zeitschriften des VDI.
Jg. 72 (1928), Nr. 44, 1585—1590
Braun, Hans Joachim: Fertigungsprozesse im deutschen Flugzeugbau 1926—1945.
In: Technikgeschichte, Jg. 57 (1990), Nr. 2, S. 111—135
Cattaruzza, Marina: Arbeiter und Unternehmer auf den Werften des Kaiserreichs
(Veröffentlichungen des Instituts für Europäische Geschichte 127). Stuttgart
1988
Deventer, John H. von: Ford Principles and Practices at River Rouge. XII — The
Manufacture of Ford Car Bodies. In: Industrial Management. Jg. 66 (1923),
Nr. 8, S. 85—95
Deventer, John H. von: Ford Principles and Practices at River Rouge. XIII —
Manufacturing and Assembling Body Parts. In: Industrial Management. Jg. 66
(1923), Nr. 9, S. 151—159
Eckermann, Erik: Vom Dampfwagen zum Auto. Motorisierung des Verkehrs.
Reinbek 1981
Erhardt, Paul G.: So ensteht ein Auto. Frankfurt a.M. 1930
Fahrzeug- und Schiffbau. Bildsammlung zum Elektroschweißen 1932—1939 im
Rahmen- und Kesselbau. Siemens Archiv München 56 Lh 174
Frampton, Kenneth: The Volvo Case/Il caso di Volvo. In: Lotus international
Nr. 12. Mailand 1976, S. 16—42
Franzius, Hansjörg/*Rittmann*, Klaus: Stand von Mechanisierung und Automati-
sierung in der Montage amerikanischer Industriebetriebe. Berlin, Köln und
Frankfurt 1972 (Betriebstechnische Reihe RKW-REFA)
Haustein, Heinz Dieter: Automation und Innovation. Der Weg zur flexiblen
Betriebsweise. Berlin 1989
Jahn, J.: Die Herstellung der Wagen. In: Stockert, Ludwig Ritter von (Hrsg.):
Handbuch des Eisenbahnmaschinenwesens. Fahrbetriebsmittel. Berlin 1908,
S. 224—250
Johr, Barbara/*Roder*, Hartmut: Der Bunker. Ein Beispiel nationalsozialistischen
Wahns. Bremen-Farge. Bremen 1989
Kern, Horst /*Schumann*, Michael: Das Ende der Arbeitsteilung? Rationalisierung
in der industriellen Produktion. München 1984

Krippendorf, H.: Die automatische Fabrik von 1923. In: VDI-Nachrichten, 8. X. (1982), S. 39

Kroth, Karl August: Das Werk Opel. o.O., o.J. (Berlin 1927) (Industriebibliothek 21)

Kuckuk, Peter u.a.: Spanten und Sektionen. Werften und Schiffbau in Bremen und der Unterweserregion im 20. Jahrhundert. Bremen 1986

Kugler, Anita: Arbeitsorganisation und Produktionstechnologie der Adam Opel Werke (von 1900–1929) (Wissenschaftszentrum Berlin, IIVG/pre 85-202). Berlin 1985

Kugler, Anita: Von der Werkstatt zum Fließband. Etappen der frühen Automobilproduktion in Deutschland. In: Geschichte der Gesellschaft, Jg. 13 (1987), Nr. 3, S. 304–339

Mäckbach, Frank/*Kienzle*, Otto (Hrsg.): Fliessarbeit. Beiträge zu ihrer Einführung. Berlin 1926

Meier, Bruno: Wie ein Ozeandampfer entsteht. Leipzig 1908

Mende, Michael: Zwischen Auftragserteilung und Auslieferung. Die Herstellung von zwölf Garratt-Lokomotiven bei der HANOMAG in den Jahren 1927/28. In: Görg, Horst Dieter (Hrsg.): Volldampf Richtung Industriemuseum. Hannover 1988, S. 15–29

Mende, Michael: Massenfertigung in der Einzelfertigung. Der Dampflokomotivenbau bei der HANOMAG. In: Technikgeschichte. Jg. 56 (1989), Nr. 3, S. 219–236

Peters, Dirk J.: Der Seeschiffbau in Bremerhaven von der Stadtgründung bis zum Ersten Weltkrieg (Veröffentlichungen des Stadtarchivs Bremerhaven 7). Bremerhaven 1987

Pohlmann, Hermann: Blohm & Voss Hamburg, Hamburger Flugzeugbau GmbH. Chronik eines Flugzeugwerkes 1932–1945. Stuttgart 1979

Rationalisierungskuratorium der Deutschen Wirtschaft (Hrsg.): Automatisierung. Stand und Auswirkungen in der Bundesrepublik Deutschland. München 1957

Schaumjan, G.A.: Automaten. Berlin 1961/62

Schirmbeck, Peter (Hrsg.): „Morgen kommst Du nach Amerika". Erinnerungen an die Arbeit bei Opel 1917–1987. Berlin/Bonn 1988

Strassl, Hans: Karosserie. Aufgabe, Entwurf, Gestaltung, Konstruktive Herstellung. (Beiträge zur Technikgeschichte für die Aus- und Weiterbildung). München 1984

Strobusch, Erwin: Deutscher Seeschiffbau im 19. und 20. Jahrhundert (Führer des Deutschen Schiffahrtsmuseums 2). Bremerhaven 1975

Verwendung geschweißter Blechkörper und Erfahrungen mit solchen im Arbeitsgebiet des N.W. 12. Betriebstechnische Konferenz 1928. Siemens Archiv München 64 Lc 511

Wiens, G.: Entwicklung und Fortschritt im Personenwagenbau der Deutschen Reichsbahn. In: Glasers Annalen. Jg. 62 (1939), Nr. 6, S. 139–152

5 Energie, Verkehr, Infrastruktur

5.1 Frühindustrielle Antriebstechnik – Wind und Wasserkraft
Michael Mende

Bedal, Konrad, u.a.: Mühlen und Müller in Franken. München und Bad Windsheim 1984 (Schriften und Kataloge des Fränkischen Freilichtmuseums 6)

González Tascón, Ignacio: Fábricas hidraulicas españolas. Madrid 1987

Hammel, Ludwig: Die Ausnutzung der Windkräfte, unter besonderer Berücksichtigung der ländlichen Gemeinde-Wasser- und Elektrizitäts-Versorgung. Berlin
1924(3)

Hunter, Louis C.: Waterpower. A History of Industrial Power in the United
States. Charlottesville, VA 1979

Neumann, Friedrich: Die Windmotoren. Beschreibung, Konstruktion und Berechnung der Windflügel, Windturbinen und Windräder zum Betriebe von
Mahlgängen, landwirtschaftlichen Maschinen und zur Wasserförderung mit
Pumpen und Wurfrädern. Weimar 1881(2) (Neuer Schauplatz der Künste und
Handwerke 263), Text- und Atlasband

Reynolds, John: Windmills and Watermills. London 1974(2) (Excursions into
Architecture)

Reynolds, Terry S.: Stronger than a Hundred Men. The History of the Vertical
Water Wheel. Baltimore and London 1983

Shaw, John: Water Power in Scotland, 1550–1870. Edinburgh 1984

Veiga de Oliveira, Ernesto/*Galhano*, Fernando/*Pereira* Benjamim: Tecnologia tradicional portuguesa. Sistemas de moagem. Lissabon 1983 (Etnologia 2)

Gordon, Robert B.: Cost and Use of Water Power during Industrialization in New
England and Great Britain: A Geological Interpretation. In: The Economic
History Review. Jg. 36 (1983), S. 240–259

Krümmel, O.: Die geographische Verbreitung der Wind- und Wassermotoren im
Deutschen Reiche. Nach der Gewerbezählung vom 14. Juni 1895 dargestellt.
In: Petermanns Geographische Mitteilungen. Jg. 49 (1903), Nor. 8, S. 169–174

Musson, A.E.: Industrial Motive Power in the United Kingdom. In: The Economic History Review. Jg. 29 (1976), S. 415–439

Wilson, Paul N.: Water Power and the Industrial Revolution. In: Water Power.
Jg. 6 (1954), Nr. 8, S. 309–316

5.2 Vom Holz zur Kohle – Prozeßwärme und Dampfkraft
Michael Mende

Atack, Jeremy/*Bateman*, Fred/*Weiss*, Thomas: The Regional Diffusion and Adoption of the Steam Engine in American Manufacturing. In: The Journal of
Economic History. Jg. 40 (1980), Nr. 2, S. 281–308

Baumer, Hellmut: Vom Walzenkessel zum Großdampferzeuger – ein Stück Geschichte des Dampfkesselbaues. In: Österreichische Ingenieurzeitschrift. Jg. 22
(1979), Nr. 10, S. 361–374

Berg, Maxine: The Age of Manufacturers, 1700–1820. London 1985

Böttcher, Th.: Dampfkessel. In: Karmarsch, Karl (Hrsg.): Supplemente zu J.J. R.v. Prechtl's Technologischer Encyklopädie. Bd. 2. Stuttgart 1859, S. 301–359

Briggs, Asa: The Power of Steam. London 1982

Brondel, Georges: The Sources of Energy, 1920–1970. In: Cipolla, Carlo M. (Hrsg.): The Fontana Economic History of Europe. Band 5.1, The Twentieth Century – 1. London 1976, S. 219–300

Cossons, Neil: The BP Book of Industrial Archeology. Newton Abbot 1975

Eckoldt, Carl: Kraftmaschinen I. München 1983

Engel, Ernst: Die deutsche Industrie 1875 und 1861. Berlin 1880

Fohlen, Claude: France, 1700–1914. In: Cipolla, Carlo M. (Hrsg.): The Fontana Economic History of Europe. Band 4.1, The Emergence of Industrial Societies – 1. London 1973, S. 7–75

Hoffmann, Walther G.: Das Wachstum der deutschen Wirtschaft seit der Mitte des 19. Jahrhunderts. Berlin/Heidelberg/New York 1965

Lohrisch, Lothar (Bearb.): Steinkohle. (Westdeutsche Wirtschaftsmonographien 1) Köln 1953

Lotz, Walther: Verkehrsentwicklung in Deutschland 1800–1900 (Aus Natur und Geisteswelt 15). Leipzig [2]1906

Matschoss, Conrad: Die Entwicklung der Dampfmaschine. Eine Geschichte der ortsfesten Dampfmaschine und der Lokomobile, der Schiffsmaschine und Lokomotive. 2 Bde. Berlin 1908 (Neudruck mit je einem Vorwort von Kurt Mauel und Wolfgang König. Düsseldorf 1985)

Mauel, Kurt: Die Bedeutung der Dampfturbine für die Entwicklung der elektrischen Energieerzeugung. In: Technikgeschichte. Jg. 42 (1975), Nr. 3, S. 229–240

Mayr, Otto: Von Charles Talbot Porter zu Johann Friedrich Radinger: Die Anfänge der schnellaufenden Dampfmaschine und der Maschinendynamik. In: Technikgeschichte. Jg. 40 (1973), Nr. 1, S. 1–32

Minchington, Walter: The Energy Basis of the British Industrial Revolution. In: Bayerl, Günter (Hrsg.): Wind- und Wasserkraft. Die Nutzung regenerierbarer Energiequellen in der Geschichte (Technikgeschichte in Einzeldarstellungen) Düsseldorf 1989, S. 342–366

Musson, A.E.: Industrial Motive Power in the United Kingdom, 1800–70. In: The Economic History Review. Jg. 29 (1976), S. 415–439

Paulinyi, Akos: Industrielle Revolution. Vom Ursprung der modernen Technik. Reinbek 1989

Prechtl, Johann Joseph: Dampfkessel. In: Ders. (Hrsg.): Technologische Encyklopädie. Dritter Band. Stuttgart 1831, S. 523–574

Radkau, Joachim/*Schäfer*, Ingrid: Holz. Ein Naturstoff in der Technikgeschichte. Reinbek 1987

Sieferle, Rolf Peter: Der unterirdische Wald. Energiekrise und industrielle Revolution. München 1982

Statistisches Reichsamt (Hrsg.): Deutsche Wirtschaftskunde. Berlin 1930

Viebahn, Georg von: Statistik des zollvereinten und nördlichen Deutschlands. Zweiter Theil: Bevölkerung, Bergbau, Bodenkultur. Berlin 1862

Viebahn, Georg von: Statistik des zollvereinten und nördlichen Deutschlands. Dritter und letzter Theil: Thierzucht, Gewerbe, Politische Organisation. Berlin 1868

Wagenbreth, Otfried/*Wächtler*, Eberhard (Hrsg.): Dampfmaschinen. Die Kolbendampfmaschine als historische Erscheinung und technisches Denkmal. Leipzig 1986

Welkner, G.: Dampfwagen. In: Karmarsch, Karl (Hrsg.): Supplemente zu J.J. R.v. Prechtl's Technologischer Encyklopädie. Zweiter Band. Stuttgart 1859, S. 488–547

5.3 Elektroenergie
Ulrich Wengenroth

AEG (Hrsg.): 50 Jahre AEG (als Manuskript gedruckt). Frankfurt a.M. 1956

Cardot, Fabienne (Hrsg.): 1880–1980. Un siècle d'électricité dans le monde. Paris 1987

Czada, Peter: Die Berliner Elektroindustrie in der Weimarer Zeit. Eine regional-statistisch-wirtschaftshistorische Untersuchung. Berlin 1969

Jacob-Wendler, Gerhart: Deutsche Elektroindustrie in Lateinamerika. Siemens und AEG (1890–1914). Stuttgart 1982

Lindner, Helmut: Strom, Erzeugung, Verteilung und Anwendung der Elektrizität. Reinbek 1985

Nye, David E.: Electrifying America. Social Meanings of a New Technology, 1880–1940. Cambridge Mass. 1991

Trédé, Monique (Hrsg.): Électricité et Électrification dans le monde. Paris 1992

Weiher, Sigfrid v./*Goetzeler*, Herbert: Weg und Wirken der Siemens-Werke im Fortschritt der Elektrotechnik 1847–1972. München 1972

5.4 Kernenergie – Großtechnik zwischen Staat, Wirtschaft und Öffentlichkeit
Joachim Radkau

Albers, Hartmut: Gerichtsentscheidungen zu Kernkraftwerken. Argumente in der Energiediskussion 10. Villingen 1980

Bundesminister für Forschung und Technologie (Hrsg.): Dokumentation über die öffentliche Diskussion des 4. Atomprogramms der Bundesrepublik Deutschland für die Jahre 1973–1976. Bonn 1974

Bundesminister für Forschung und Technologie (Hrsg.): Deutsche Risikostudie Kernkraftwerke. Hauptband. Bonn 1979

Bupp, Irvin C./*Derian*, Jean-Claude: Light Water. How the Nuclear Dream Dissolved. New York 1978

Deutscher Bundestag (Hrsg.): Das Risiko Kernenergie. Aus der öffentlichen Anhörung des Innenausschusses des deutschen Bundestages am 2. und 3. Dezember 1974 (Zur Sache 2/75). Bonn 1975

Deutscher Bundestag (Hrsg.): Zukünftige Kernenergie-Politik. Kriterien – Möglichkeiten – Empfehlungen. Bericht der Enquete-Kommission des Deutschen Bundestages. 2 Teile. (Zur Sache 1/80 und 2/80). Bonn 1980

Deutsches Atomforum (Hrsg.): Rede – Gegenrede. Symposium der Niedersächsischen Landesregierung zur grundsätzlichen sicherheitstechnischen Realisierbarkeit eines integrierten nuklearen Entsorgungszentrums. Bonn 1979

Eisenbart, Constanze (Hrsg.): Kernenergie und Dritte Welt. Heidelberg (FEST) 1984

(Ford Foundation) Das Veto. Der Atombericht der Ford Foundation. Frankfurt a. M. 1977

Franke, Jürgen/*Viefhues*, Dieter: Das Ende des billigen Atomstroms. Projekt am Öko-Institut Freiburg. Freiburg/Köln 1983

Goldschmidt, Bertrand: Le complexe atomique. Histoire politique de l'énergie nucléaire. Paris 1980

Häfele, Wolf: Hypotheticality and the New Challenges: The Pathfinder Role of Nuclear Energy. In: Minerva 12 (1974), S. 303–322

Hansen, Ulf: Kernenergie und Wirtschaftlichkeit. Eine Analyse der erwarteten Stromkosten gebauter und geplanter Kernkraftwerke. Köln 1983

Hermann, Armin/*Schumacher*, Rolf (Hrsg.): Das Ende des Atomzeitalters? Eine sachlich-kritische Dokumentation. München 1987

Hewlett, Richard G./*Duncan*, Francis: Nuclear Navy 1946–1962. Chicago/London 1974

Kaiser, Karl/*Lindemann*, Beate (Hrsg.): Kernenergie und internationale Politik. (Schriften des Forschungsinstituts der Deutschen Gesellschaft für auswärtige Politik e.V.). München/Wien 1975

Keck, Otto: Der Schnelle Brüter: Eine Fallstudie über Entscheidungsprozesse in der Großtechnik, Frankfurt a.M./New York 1984

Kernforschungsanlage Jülich (KFA) (Hrsg.): Sicherheit von Hochtemperaturreaktoren. Jülich 1985

Kirchner, Ulrich: Der Hochtemperaturreaktor. Konflikte, Interessen, Entscheidungen. Frankfurt/New York 1991

Kröger, Wolfgang: Verbrauchernahe Kernkraftwerke aus sicherheitstechnischer Sicht. Eine Bestandsaufnahme unter Einbeziehung moderner probabilistischer Ansätze und ein Vorschlag für entsprechende Sicherheitsanforderungen. Jülich (KFA) 1986

Marth, W.: Zur Geschichte des Projekts Schneller Brüter. Karlsruhe (KfK) 1981

Matthöfer, Hans (Hrsg.): Schnelle Brüter Pro und Contra. Protokoll des Expertengesprächs vom 19.5.1977 im Bundesministerium für Forschung und Technologie. (Argumente in der Energiediskussion 1). Villingen 1977

Meyer-Abich, Klaus M./*Ueberhorst*, Reinhard (Hrsg.): Ausgebrütet. Argumente zur Brutreaktorpolitik. Basel 1985

Mez, Lutz (Hrsg.): Der Atomkonflikt. Atomindustrie, Atompolitik und Anti-Atom-Bewegung im internationalen Vergleich. Berlin 1979

Michaelis, Hans: Handbuch der Kernenergie. 2 Bde. München 1982

Müller, Wolfgang D.: Geschichte der Kernenergie in der Bundesrepublik Deutschland. Anfänge und Weichenstellungen. Stuttgart 1990

Okrent, David: Nuclear Reactor Safety. On the History of the Regulatory Process. Madison/London 1981

Pringle, Peter/*Spigelman*, James: The Nuclear Barons. London 1982

Radkau, Joachim: Aufstieg und Krise der deutschen Atomwirtschaft 1945–1975. Verdrängte Alternativen in der Kerntechnik und der Ursprung der nuklearen Kontroverse. Reinbek 1983

Radkau, Joachim: Kerntechnik – Grenzen von Theorie und Erfahrung. In: Spektrum der Wissenschaft, Dezember 1984, S. 74–90

Radkau, Joachim: Sicherheitsphilosophien in der Geschichte der bundesdeutschen Atomwirtschaft. In: Sicherheit und Frieden Jg. 6 (1988), S. 110–116

Radkau, Joachim: Das überschätzte System. Zur Geschichte der Strategie- und Kreislauf-Konstrukte in der Kerntechnik. In: Technikgeschichte Jg. 55 (1988)

Traube, Klaus: Plutonium-Wirtschaft? Das Finanzdebakel von Brutreaktor und Wiederaufarbeitung. Reinbek 1984

Winnacker, Karl/*Wirtz*, Karl: Das unverstandene Wunder. Kernenergie in Deutschland. Düsseldorf/Wien 1975

5.5 Seeschiffahrt
Andreas Kunz
Daniel Thomas

Bundesstatistik: Fachserie 8, Reihe 5 (Seeschiffahrt). Laufend

Fenchel, Ludwig: Die deutschen Schiffahrtsgesellschaften. 2 Bde. Hamburg 1920/21.

Flügel, Heinrich: Die deutschen Welthäfen Hamburg und Bremen. Jena 1914

Guthmann, Theo: Die Hamburg-Amerika Linie. Eine volkswirtschaftliche Studie. Berlin 1907

Heinecken, Philip: Die Seeschiffahrt. In: Deutschland unter Kaiser Wilhelm II. Bd. 2. Berlin 1914, S. 955–967

Jolmes, Lothar: Die Seehäfen an der deutschen Nordseeküste (Handbuch der europäischen Seehäfen) Bd. 3. Hamburg 1980

Kunz, Andreas (Hrsg.)/*Thomas*, Daniel (Bearb.): Statistik der deutschen Seeschiffahrt 1835–1989. St. Katharinen 1993

Löbe, Karl: Metropolen der Meere. Düsseldorf 1979

Moltmann, Bodo Hans: Geschichte der deutschen Handelsschiffahrt. Hamburg 1981

Neubaur, Paul: Der Norddeutsche Lloyd. 50 Jahre Entwicklung 1857–1907. 2 Bde. Leipzig 1907

Peters, Max: Die Entwicklung der deutschen Rhederei seit Beginn dieses Jahrhunderts. 2 Bde. Jena 1899/1905

Reichsmarineamt (Hrsg.): Die Seeinteressen des deutschen Reichs. Reichstagsdrucksache vorgelegt zusammen mit einem Gesetz betr. der Flotte im Dezember 1897. Berlin o.J. (1897)

Statistik des Deutschen Reichs: Statistik der Seeschiffahrt im Jahre (. . .) Berlin 1873 f.

Stoob, Heinz (Hrsg.): See- und Flußhäfen vom Hochmittelalter bis zur Industriali-
sierung. Köln/Wien 1986
Theel, Gustav Adolf: Artikel „Seeschiffahrt". In: HdSW, Bd. 9. Tübingen 1956,
S. 189–204
Thomas, Daniel: Quellen zur Statistik der Seeschiffahrt im 19. und 20. Jahrhun-
dert. In: Fischer, Wolfram/Kunz, Andreas (Hrsg.): Grundlagen der historischen
Statistik von Deutschland. Opladen 1991, S. 239–256
Voigt, Fritz: Verkehr. Bd. 2, 1. Hälfte: Die Entwicklung des Verkehrssystems.
Berlin 1965, S. 11–224

5.6 Binnenschiffahrt
Andreas Kunz

Bundesstatistik. Fachserie 8, Reihe 4 (Binnenschiffahrt). Laufend
Führer auf den deutschen Schiffahrtsstraßen. Berlin 1893 u.ö.
Jahresberichte der Zentralkommission für die Rheinschiffahrt. Mainz u. Mann-
heim, 1835 ff.
Jolmes, Lothar: Geschichte der Unternehmen in der deutschen Rheinschiffahrt.
Düsseldorf 1960
Kunz, Andreas: Quellen zur Statistik der deutschen Binnenschiffahrt im 19. und
20. Jahrhundert. In: Fischer, Wolfram/Kunz, Andreas (Hrsg.): Grundlagen der
historischen Statistik von Deutschland, Opladen 1991, S. 223–256
Kunz, Andreas (Hrsg. u. Bearb.): Statistik der Binnenschiffahrt in Deutschland
1835–1989. St. Katharinen 1993
Meidinger, Heinrich: Die deutschen Ströme in ihren Verkehrs- und Handelsver-
hältnissen. Frankfurt a.M. 1852
Most, Otto (Hrsg.): Die deutsche Binnenschiffahrt. Eine Gemeinschaftsarbeit.
Düsseldorf 1957/Bad Godesberg ²1964
Peters, Max: Wasserstraßen und Binnenschiffahrt. In: Deutschland unter Kaiser
Wilhelm II., 2. Bd. Berlin 1914, S. 923–954
Schawacht, Jürgen Heinz: Schiffahrt und Güterverkehr zwischen den Häfen des
Niederrheins (insbesondere Köln) und Rotterdam vom Ende des 18. bis zur
Mitte des 19. Jahrhunderts. Köln 1973
Statistik des deutschen Reichs, Verkehr auf den deutschen Wasserstraßen. Berlin
1873 ff.
Stoob, Heinz (Hrsg.): See- und Flußhäfen vom Hochmittelalter bis zur Industriali-
sierung. Köln/Wien 1986
Sympher, Leo: Die Wasserwirtschaft Deutschlands und ihre Aufgaben. 2 Bde.
Berlin 1921/1925
Teubert, Oskar: Die Binnenschiffahrt. Ein Handbuch für alle Beteiligten. 2 Bde.
Leipzig 1912/1918
Teubert, Wilhelm: Deutsche See- und Binnenhäfen. Berlin 1930
Verein für Socialpolitik (Hrsg.): Die Schiffahrt der deutschen Ströme (Schriften
des Vereins für Socialpolitik, Bd. 100–102). Leipzig 1900–1905
Voigt, Fritz: Verkehr. Bd. 2 Erste Hälfte: Die Entwicklung des Verkehrssystems.
Berlin 1965, S. 225–360

5.7 Straßenverkehr
Uwe Burghardt

Adeney, Martin: The Motor Makers. London 1985

Bode, Peter/*Hamberger*, Sylvia/*Zängl*, Wolfgang: Alptraum Auto, München 1986.

Bracher, Tilman: Konzepte für den Radverkehr. Bielefeld 1987

Croon, Ludwig: Das Fahrrad und seine Entwicklung. (Deutsches Museum. Abhandlungen und Berichte, 11. Jg., Heft 6). Berlin 1939

Franke, Jutta: Illustrierte Fahrradgeschichte. Berlin 1987

Heinze, Gerd Wolfgang/*Herbst* Detlef/*Schühle*, Ulrich: Verkehr im ländlichen Raum. (Veröffentlichungen der Akademie für Raumforschung und Landesplanung, Abhandlungen. Bd. 82). Hannover 1982

Holzapfel, Helmut/*Traube*, Klaus/*Ullrich*, Otto: Autoverkehr 2000. Karlsruhe ²1988

Le Corbusier: Charta von Athen – Texte und Dokumente. Hrsg. v. Hilper, Thilo. Braunschweig 1984

Limpf, Martin: Das Motorrad – seine technische und geschichtliche Entwicklung (Deutsches Museum, Abhandlungen und Berichte, 51 Jg., Heft 1). München 1983

Neumann, Rainer/*Zachcial* Manfred (Hrsg.): Verkehrssysteme im Wandel. Berlin 1980, Voigt, Fritz (Schriftenreihe für Industrie- und Verkehrspolitik der Universität Bonn Bd. 39)

Räder, Autos und Traktoren (Schriftenreihe des Landesmuseums für Technik und Arbeit, Mannheim. Bd. 1). Mannheim 1986

Sachs, Wolfgang: Die Liebe zum Automobil. Reinbek/Hamburg 1984

Seidenfus, Hellmuth (Hrsg.): Verkehr zwischen wirtschaftlicher und sozialer Verantwortung. Göttingen 1984

Verkehr in Zahlen. Hrsg. durch den Bundesminister für Verkehr. Bonn 1987

Voigt, Fritz: Verkehr. 4 Bde. Berlin 1965–1973

Voigt, Fritz/*Witte*, Hermann: Integrationswirkung von Verkehrssystemen und ihre Bedeutung für die EG Berlin 1985

Voppel, Goetz: Verkehrsgeographie. Darmstadt 1980

Wolf, Winfried: Eisenbahn und Autobahn. Personen- und Gütertransporte auf Schiene und Straße. Hamburg 1986

Zwerenz, Gerhard: Berichte aus dem Landesinneren: City – Strecke – Siedlung. Frankfurt a.M. 1972

5.8 Eisenbahnen
Rainer Fremdling

Cohn, Gustav: Eisenbahnen. I. Geschichte und Bedeutung der Eisenbahnen. In: Handwörterbuch der Stadtwissenschaften. Bd. 3. 3. Auflage, Jena 1909, S. 805–819

Eisenbahnjahr Ausstellungsgesellschaft (Hrsg.): Zug der Zeit – Zeit der Züge, Deutsche Eisenbahn 1835–1985. Berlin 1985

Fremdling, Rainer: Eisenbahnen und deutsches Wirtschaftswachstum 1840–1879. Dortmund ²1985

Hoff, W.: Eisenbahnen. II. Eisenbahnen im Deutschen Reich. In: Fremdling, Rainer: Eisenbahnen und deutsches Wirtschaftswachstum 1840–1879. Dortmung ²1985, S. 587–641

Hoffmann, Klaus G.: Die Entwicklungschancen der Eisenbahn. In: Zug der Zeit, Zeit der Züge. Berlin 1985, S. 764–775

Horn, Manfred/*Knieps*, Günter/*Müller*, Jürgen: Deregulierungsmaßnahmen in den USA: Schlußfolgerungen für die Bundesrepublik Deutschland (Wirtschaftsrecht und Wirtschaftspolitik. Bd. 94). Baden-Baden 1988

V.D. Leyen, Alfred: Eisenbahnen. I. Allgemeiner Teil. In: Handwörterbuch der Staatswissenschaften. Bd. 3. Jena ⁴1926, S. 560–587

Napp-Zinn, Anton Felix: Eisenbahnen. In: Handwörterbuch der Sozialwissenschaften. Bd. 3. Stuttgart 1961. S. 109–151

Röll, Victor (Hrsg.): Enzyklopädie des Eisenbahnwesens. Bd. 1–10. Berlin ²1912–1923

Statistisches Jahrbuch für das Deutsche Reich, 1920, 1930, 1938, 1939/40

Statistisches Jahrbuch für die Bundesrepublik Deutschland, 1952, 1960, 1970, 1976, 1980, 1982, 1988

Statistisches Jahrbuch der Deutschen Demokratischen Republik 1955, 1960/61, 1969, 1970, 1980, 1988

Voigt, Fritz: Verkehr. Bd. 2. Berlin 1965

Wehner, Ludwig/*Walther*, Horst: 150 Jahre deutsche Eisenbahnen. In Signal + Draht Drath. Jg. 77 (1985), H 7/8, S. 140–148

5.9 Luftfahrt
Michael K. Wustrack

Angelucci, Enzo: Weltenzyklopädie der Flugzeuge. 2 Bde. München 1981/82

Behringer, Wolfgang/*Ott-Koptschalijski*, Constance: Der Traum vom Fliegen. Zwischen Mythos und Technik. Frankfurt a.M. 1991

Bölkow, Ludwig (Hrsg.): Ein Jahrhundert Flugzeuge. Geschichte und Technik des Fliegens. Düsseldorf 1990

Braunburg, Rudolf: Als Fliegen noch ein Abenteuer war. Dortmund 1988

Davies, Ron E.G.: A History of the World's Airlines. London Oxford University Press, New York/Toronto 1967

Deutsche Lufthansa AG (Hrsg.): Die Zeit im Fluge. Geschichte der Deutschen Lufthansa AG 1926 bis 1990. Köln 1991

Fluggesellschaften und Linienflugzeuge. Koblenz 1986

Flughafen Frankfurt/Main AG (Hrsg): 50 Jahre Flughafen Frankfurt. 1936–1986. Geschichte eines europäischen Flughafens. Frankfurt a.M. 1986

Gersdorf, Kyrill v./*Grasmann*, Kurt: Flugzeugmotoren und Strahltriebwerke. Koblenz 1981

Heimann, Erich H.: DieFlugzeuge der Deutschen Lufthansa 1926 bis heute. Suttgart 1980

Heinzerling, Werner/*Trischler*, Helmut (Hrsg.): Otto Lilienthal – Flugpionier, Ingenieur, Unternehmer. Gütersloh/München 1991

Kleinheins, Peter (Hrsg.): Die großen Zeppeline. Die Geschichte des Luftschiffbaus. Düsseldorf 1985

Koppermann, Klaus (Hrsg.): Otto Lilienthal – Über meine Flugversuche. 1889–1896. Ausgewählte Schriften. In: Klassiker der Technik. Düsseldorf 1987/88

Lilienthal, Otto: Der Vogelflug als Grundlage der Fiegekunst. Berlin 1889. ND Dortmund 1982

Müller, Karlhans: Das komplette Buch vom Fliegen. Frankfurt a.M. 1981

Rathjen, Walter: Luftverkehr – Geräte, Häfen, Gesellschaften, Post, Fracht, Passagiere. Deutsches Museum. München 1984

Reinicke, Helmut: Aufstieg und Revolution. Über die Beförderung irdischer Freiheitsneigungen durch Ballonfahrt und Luftschiffkunst. Berlin 1988

Riedel, Werner: Die Kontrolle des Luftverkehrs. Flugsicherung und Fluglotsen. Frankfurt a.M. 1973

Riha, Karl (Hrsg.): Reisen im Luftmeer. Ein Lesebuch zur Geschichte der Ballonfahrt von 1783 (und früher) bis zur Gegenwart. München/Wien 1983

Schwipps, Werner: Schwerer als Luft, die Frühzeit der Flugtechnik in Deutschland. Koblenz 1984

Schwipps, Werner: Der Mensch fliegt – Lilienthals Flugversuche in historischen Aufnahmen. Koblenz 1988

Stoffregen-Büller, Michael: Himmelfahrten – Die Anfänge der Aeronautik. Weinheim 1983

Streit, Kurt W./*Taylor*, John W.R.: Geschichte der Luftfahrt. Künzelsau 1975

Supf, Peter: Das Buch der deutschen Fluggeschichte. 2 Bde. Berlin 1935

Wagner, Wolfgang: Der deutsche Luftverkehr – Die Pionierjahre 1919–1925. Koblenz 1987

Wustrack, Michael K. (Hrsg.): Das Fliegende Museum Frankfurt am Main (Westermann-Museum Nr. 26). Braunschweig 1984

Wustrack, Michael K. (Hrsg.): Luftballone. Katalog zur Ausstellung der Flughafen Frankfurt/Main AG und der Stadt Frankfurt am Main zur Ballonfahrt in Geschichte und Gegenwart. Flughafen Frankfurt/Main AG 1985

5.10 Informationsübermittlung und Informationsverarbeitung
Ulrich Wengenroth

Aschoff, Volker: Geschichte der Nachrichtentechnik. Bd. 2: Nachrichtentechnische Entwicklungen in der ersten Hälfte des 19. Jahrhunderts. Berlin 1987

Barnouw, Erik: Tube of Plenty. Oxford 1982

Braun, Ernest/*MacDonald*, Stuart: Revolution in Miniature. The History and Impact of Semiconductor Electronics. Cambridge 1980

Douglas, Susan: Inventing American Broadcasting 1899–1922. Baltimore 1987

Gelatt, Roland: The Fabulous Phonograph 1877–1977. London 1977

Goebel, Gerhart: Das Fernsehen in Deutschland bis zum Jahre 1945. In: Archiv für das Post- und Fernmeldewesen 5 (1953), S. 259–393

Griset, Pascal: Les révolutions de la communication XIXe-XXe siècle. Paris 1991

Kieve, Jeffrey: the Electric Telegraph. A Social and Economic History. Newton Abbot 1973

Lerg, Winfried B.: Rundfunkpolitik in der Weimarer Republik (Rundfunk in Deutschland. Bd. 1). München 1980

Malerba, F.: The Semiconductor Business. The Economics of Rapid Growth and Decline. Madison, Wisconsin 1985

Marvin, Carolyn: When Old Technologies Were New. Thinking About Communications in the late Nineteenth Century. Oxford 1988

Petzold, Hartmut: Zur Bedeutung der Bausteintechnik für die Entstehung des elektrischen Telekommunikationssystems. In: Technikgeschichte, Bd. 56 (1988)

Slater, Robert: Portraits in Silicon. Cambridge, Mass. 1989

5.11 Von der Werkstattzentrale zur Verbundwirtschaft
Thomas Herzig

Ambrosius, Gerold: Der Staat als Unternehmer (Kleine Vandenhoek-Reihe 1498). Göttingen 1984

Boll, Georg: Geschichte des Verbundbetriebes. Entstehung und Entwicklung des Verbundbetriebes in der deutschen Elektrizitätswirtschaft bis zum europäischen Verbund. Frankfurt a.M. 1969

Die Elektrizitätswirtschaft im Deutschen Reich. Berlin 1934 u.ö.

Fischer, Wolfram (Hrsg.): Die Geschichte der Stromversorgung. Frankfurt a. M. 1992

Gröner, Helmut: Die Ordnung der deutschen Elektrizitätswirtschaft (Wirtschaftsrecht und Wirtschaftspolitik 41). Baden-Baden 1975

Historische Energiestatistik von Deutschland Band I: Statistik der öffentlichen Elektrizitätsversorgung Deutschlands 1890–1913. Hrsg. v. Ott, Hugo. Bearb. von Thomas Herzig unter Mitarbeit von Philipp Fehrenbach und Michael Drummer (Quellen und Forschungen zur historischen Statistik von Deutschland Band 1). St. Katharinen 1986

Historische Energiestatistik von Deutschland Band III: Bibliographie zur Geschichte der Energiewirtschaft in Deutschland. Eine Übersicht der seit dem 18. Jh. zur Energieerzeugung und -verwendung erschienenen Literatur. Hrsg. v. Ott, Hugo. Bearb. v. Rudi Allgeier unter Mitarbeit von Michael Drummer (Quellen und Forschungen zur historischen Statistik von Deutschland Bd. 3). St. Katharinen 1987

Hughes, Thomas P.: Networks of Power. Electrification in Western Society. Baltimore and London 1983

Pohl, Hans (Hrsg.): Kommunale Unternehmen: Geschichte und Gegenwart. (ZUG Beiheft 42). Stuttgart 1987

Un Siècle d'Electricité dans le Monde (1880–1980). Actes du premier colloque international d'histoire de l'électricité. Ed. par Fabienne Cardot. Paris 1987

Das Zeitalter der Elektrizität. 75 Jahre Vereinigung Deutscher Elektrizitätswerke. Hrsg. von der VDEW. Frankfurt a.M. 1967

5.12 Versorgungswirtschaft – Staatliche Regie und Privatindustrie in der Wasserversorgung
Axel Föhl

Fair, Gordon/*Geyer*, John: Wasserversorgung und Abwasserbeseitigung. München 1961

Föhl, Axel/*Hamm*, Manfred: Die Industriegeschichte des Wassers. Düsseldorf 1985

Garbrecht, Günther: Wasser. Vorrat, Bedarf und Nutzung in Geschichte und Gegenwart. Reinbek 1985

Kluge, Thomas/*Schramm*, Engelbert: Wassernöte. Umwelt und Sozialgeschichte des Trinkwassers. Aachen 1986

Simson, John von: Kanalisation und Städtehygiene im 19. Jahrhundert (Technikgeschichte in Einzeldarstellungen, Nr. 39). Düsseldorf 1983

Smith, Norman: Mensch und Wasser. Wiesbaden/Berlin 1985

Wahl, Karl: Die Entwicklung der Wasserversorgung seit Einführung der Dampfmaschine. In: Technikgeschichte. Beiträge zur Geschichte der Technik und Industrie. Bd. 25. 1936

5.13 Die Gasversorgung
Axel Föhl

Deutsches Energiezentrum (Hrsg.): Gasbeleuchtung. Ausstellungskatalog. Essen 1981

Körting, Johannes: Geschichte der deutschen Gasindustrie. Essen 1963

Schickardt, Karl Erich: Die Entwicklung der Ferngasversorgung in Deutschland. In: Wärme Gas International. Jg. 29 (1980), H.4

Schievelbusch, Wolfgang: Lichtblicke. Zur Geschichte der künstlichen Helligkeit im 19. Jahrhundert. München 1983

Personenregister

Bildquellennachweis

Seite 4:   Aus: Fourastié, Jean: Die große Hoffnung des 20. Jahrhunderts.
             Köln-Deutz 1954, Schaubild 4.
Seite 5:   Aus: Glastetter, Werner/Paulert, Rüdiger/Spörel, Ulrich: Die wirt-
             schaftliche Enwicklung in der Bundesrepublik Deutschland 1950–
             1980. Frankfurt a.M. 1983, S. 106.
Seite 7:   VDI Verlag, Düsseldorf.
Seite 12:   Aus: Kompendium Volkswirtschaftslehre (VWL). Bd. 1, S. 17.
Seite 15:   Bildstelle Deutsches Museum, München, Nr. 17082.
Seite 18:   Zeichnung aus einer Handschrift des 13. Jahrhunderts. Trinity Col-
             lege, Cambridge, Mass., 0.9.34.
Seite 24:   Kupferstich von Th. Galle nach Io. Stradanus – aus der Folge:
             Nova reperta. Amsterdam um 1570/80, Tafel 15 (Drucker Ph.
             Galle). – Bildstelle Deutsches Museum, München.
Seite 29:   Commune di Firenze, Palazzo Vecchio, Studiolo di Francesco I.
Seite 39:   Aus: Georg Agricola: Zwölf Bücher vom Berg- und Hüttenwesen.
             Faksimiledruck der dritten Auflage. Düsseldorf ^{5}1978, S. 365.
Seite 42:   Aus: Hermann, Wilhelm/Hermann, Gertrud: Die alten Zechen an
             der Ruhr. Königstein im Taunus, S. 41
Seite 43:   rechts: Uwe Burghardt.
Seite 43:   links: Uwe Burghardt.
Seite 49:   Aus: Heinrichbauer, August: 80 Jahre Harpen. Essen 1936, S. 33.
Seite 52:   Aus: Die Entwicklung des niederrheinisch-westfälischen Steinkohle-
             bergbaus in der zweiten Hälfte des 19. Jahrhunderts. Bd. 2. Berlin
             1902, Tafel XVI.
Seite 58:   Photoarchiv des Deutschen Bergbaumuseums, Bochum,
             Nr. 3200254.
Seite 62:   Aufruf der Neunerkommission vom 10. Januar 1919 (Anschlag);
             aus: Die Bergarbeiterstreiks, November 1918 bis Mitte Januar 1919,
             Abbildung 8.
Seite 64:   Aus: Bergarbeiterzeitung vom 30. August 1919.
Seite 67:   Photoarchiv des Deutschen Bergbaumuseums, Bochum; Album
             Schüchtermann & Krämer, Nr. 16/843.
Seite 75:   links: Uwe Burghardt.
Seite 75:   rechts: aus: Bergbau-Archiv 7 (1946), S. 7–28.
Seite 81:   Aus: List, Jürgen: Steinkohle im Ruhrgebiet. Diaserie Nr. 2367.
             Frankfurt a.M./Offenbach, Nr. 6.
Seite 83:   Aus: Werkzeitschrift „Saarberg" 8 (1988).
Seite 98:   Aus: Aubin, Hermann/Zorn, Wolfgang: Handbuch der Deutschen
             Wirtschafts- und Sozialgeschichte. Bd. 1. Stuttgart 1971, S. 544/545.
Seite 99:   Aus: Leipziger Illustrirte Zeitung v. 9. 12. 1876, Seite 490. Bild-
             stelle Deutsches Museum, München, Nr. 31287.
Seite 101:   Photoarchiv des Deutschen Bergbaumuseums, Bochum.
Seite 102:   Bildstelle Deutsches Museum, München, Nr. 11072.
Seite 106:   Bildstelle Deutsches Museum, München, Nr. 42751.
Seite 108:   Bildstelle Deutsches Museum, München, Nr. 41664.

Seite 110: Historisches Archiv der Friedrich Krupp AG, Essen.
Seite 124: Aus: Stuttgarter Nachrichten vom 10. 5. 1991.
Seite 129: Bildstelle Deutsches Museum, München, Nr. 34392.
Seite 142: Aus: Werksgeschichte, hrsg. von der IG. Farbenindustrie AG anläßlich der 75. Wiederkehr des Gründungstages der Farbenfabriken vorm. Friedrich Bayer & Co. München 1938, S. 102.
Seite 144: Bayer AG, Leverkusen: WV – ZD IFT/Zentrale Bildstelle, Nr. Q 23.
Seite 148: Bildstelle Deutsches Museum, München, Nr. 8948.
Seite 149: Aus: Osteroth, Dieter: Soda, Teer und Schwefelsäure (rororo Sachbuch Nr. 7720). Reinbek 1985, S. 35.
Seite 151: Bayer AG, Leverkusen: WV – ZD IFT/Zentrale Bildstelle, Nr. Q 23.
Seite 154: Aus: Osteroth, Dieter: Soda, Teer und Schwefelsäure (rororo Sachbuch Nr. 7720) Reinbek 1985, S. 115.
Seite 156: Bayer AG, Leverkusen: WV – ZD IFT/Zentrale Bildstelle, Nr. Q 23.
Seite 162: VDI-Verlag, Düsseldorf.
Seite 167: oben: aus: Jakob/Hoffmann: Organische Verbindungen. Bamberg 1988, S. 105.
Seite 167: unten: aus: Jakob/Hoffmann: Organische Verbindungen. Bamberg 1988, S. 106.
Seite 176: Aus: Mertzig, Walter/Büttgenbach, Erich: Kunststoff aus Gas. Düsseldorf 1956, S. 23 oben.
Seite 177: Kunststoff-Lexikon, hrsg. v. Stoeckhert, K. München ⁵1973.
Seite 178: Foto: Kölsch, Hans Ulrich, Essen.
Seite 187: Aus: Krauss Maffei: 150 Jahre Fortschritt durch Technik 1838–1988, S. 10.
Seite 190: Michael Holford Library.
Seite 194: Aus: Buchanan, R.: Practical essays on mill work. London 1841, S. 394.
Seite 195: Aus: Rolt, L.T.C.: Tools for the Job – A History of Machine Tools to 1950. London ²1986, S. 60.
Seite 196: Aus: English patents of inventions specifications – Old series. Nr. 931 – Arkwrights specification 1769.
Seite 197: Aus: Catling, H.: The spinning mule (David & Charles library of textile history). New Abbot 1970, S. 45 b.
Seite 203: Aus: L'Industriel. Journal principalement destiné à l'industrie générale. Bd. 5. Paris 1827/28. H. 2, Tafel 6.
Seite 204: Aus: L'Industriel. Journal principalement destiné à l'industrie générale. Bd. 5. Paris 1827/28. H. 1.
Seite 210: Volker Benad-Wagenhoff.
Seite 216: Oben links: aus: Buchanan, R.: Practical essays on mill work. London 1841, Fig. 4.
Seite 216: oben rechts, unten links u. unten rechts: aus: Buxbaum, Berthold: Der englische Werkzeugmaschinen- und Werkzeugbau im 19. Jahrhundert. In: Beiträge zur Geschichte der Technik und Industrie 11(1921), S. 117–142.
Seite 222: Aus: Hülle, Friedrich W.: Schnellstahl und Schnellbetrieb im Werkzeugmaschinenbau. Berlin ⁴1919, S. 9.
Seite 225: Volker Benad-Wagenhoff.

Seite 227: Volker Benad-Wagenhoff.
Seite 230: Schlesinger, Georg: Technisches Vollendung und höchste Wirt-
            schaftlichkeit im Fabrikbetrieb. Berlin 1931, Abb. 11.
Seite 231: LTA Mannheim.
Seite 233: Volker Benad-Wagenhoff.
Seite 243: Aus: Frankenstein, Carl von: Allgemeiner statistisch-topographi-
            scher und technischer Fabriks-Bilder-Atlas der österreichischen Mo-
            narchie. Graz 1842, S. 115.
Seite 245: Volker Benad-Wagenhoff.
Seite 249: Aus: Schmidt, Robert: Die Werkzeug-Maschinenfabrik und Eisen-
            gießerei von Joh. Zimmermann in Chemnitz. In: Dinglers Poly-
            technisches Journal 173 (1864), S. 9–12, Tafel 1.
Seite 254: Aus: Kienzle, Otto/Mäckbach, Frank (Hrsg.): Fließarbeit – Bei-
            träge zu ihrer Einführung. Berlin 1926, S. 257.
Seite 259: Aus: Diesel, Eugen: Wir und das Auto. Leipzig 1933, S. 33.
Seite 261: Foto: Wolfgang Eilmes; in: Frankfurter Allgemeine Zeitung vom
            20. 3. 1992.
Seite 262: Globus 8314 (Quelle IPA).
Seite 266: Rieppel, Paul: Ford-Betriebe und Ford-Methoden. Berlin/München
            1925, Bild 44.
Seite 273: Aus: Stahl und Kraft. Ein Bildwerk vom Bau der Lokomotiven
            Klasse 23 der südafrikanischen Staatsbahnen. Firma Henschel und
            Sohn. Kassel 1939, S. 58.
Seite 274: Historisches Bildarchiv Krauss Maffei, München
Seite 277: Archiv Paul Glaser.
Seite 287: International Visual Resource N.V., Amsterdam.
Seite 290: Württembergische Landesbibliothek, Stuttgart.
Seite 294: Württembergische Landesbibliothek, Stuttgart.
Seite 295: Marc Ferrez, Brasilien.
Seite 296: Aus: Rühlmann, Moritz: Allgemeine Maschinenlehre. Bd. 1. Leip-
            zig ²1875, S. 376.
Seite 300: Aus: Schreiber, Walther: Energiequelle Windkraft. Berlin o. J. S. 37.
Seite 305: Foto Gianni Gardin.
Seite 309: VDI Verlag, Düsseldorf.
Seite 311: VDI Verlag, Düsseldorf.
Seite 312: Aus: Russell, C.A. (Hrsg.): Coal, the basis of nineteenth-century
            technology. Science and the Rise of technology since 1800 –
            Block II Unit 4. Bletchley, The open university 1973, Abb. 2, S. 7.
Seite 313: Aus: Paulinyi: Industrielle Revolution. Reinbek 1989, S. 139.
Seite 316: Aus: Cossons, Neil: The BP Book of Industrial Archeology. New
            Abbot 1975, S. 93, Fig. 7.
Seite 317: Krupp-Archiv 18030-12, ÜFZ 3.2 F1.1.58.SA; WA 16 c 146.2
Seite 322: Statistisches Reichsamt (Bearb.): Deutsche Wirtschaftskunde. Berlin
            1930, S. 129.
Seite 326: Siemens-Museum – Siemens Archiv TWL 28972.
Seite 327: Aus: Matschoß, Conrad/Schulz, E./Groß, A. Th.: 50 Jahre Berliner
            Elektrizitätswerke 1884–1934. Berlin 1934, S. 7.

Seite 330: Aus: Matschoß, Conrad/Schulz, E./Groß, A. Th.: 50 Jahre Berliner Elektrizitätswerke 1884–1934. Berlin 1934. S. 15
Seite 331: Aus: Matschoß, Conrad/Schulz, E./Groß, A. Th.: 50 Jahre Berliner Elektrizitätswerke 1884–1934. Berlin 1934.
Seite 334: Werbebild der AEG, 1897.
Seite 338: Ulrich Wengenroth.
Seite 339: oben: aus: Ruppert, Wolfgang: Die Fabrik. Foto: Textilgruppe Hof.
Seite 339: unten: Ulrich Wengenroth.
Seite 341: Aus: Chronik 1925: Dortmund 1989, S. 132.
Seite 342: Aus: ÖTV-Dokumentation: Energie, Leistungen, Prognosen, Alternativen. Mannheim 1972
Seite 348: Bildstelle Deutsche Museum, München
Seite 352: Kraftwerk Union Mühlheim/Ruhr, Bereich PK. Kraftwerk Union Aktiengesellschaft, Erlangen, Nr. 84 Z 167 RC10.
Seite 355: Ullstein-Bilderdienst.
Seite 358: Nachrichtenmagazin „Der Spiegel" vom 27.2. 1967.
Seite 360: Zint, Günter: Gegen den Atomstaat – 300 Fotodokumente. Stand März 1981, Süddeutsche Zeitung, München.
Seite 363: Joachim Radkau.
Seite 365: Joachim Radkau.
Seite 368: Bildarchiv Preußischer Kulturbesitz; N: Schiffe/Häfen B 3254/92.
Seite 369: Bildarchiv Preußischer Kulturbesitz; 98 W.o.N.
Seite 373: Bildarchiv Preußischer Kulturbesitz; Schiffe/ 20. Jahrhundert, Schnelldampfer N.
Seite 375: Andreas Kunz.
Seite 378: Andreas Kunz.
Seite 379: Andreas Kunz.
Seite 384: GDV J. R. Moeschl – Statistik: Andreas Kunz. FU Berlin 1990.
Seite 386: GDV J. R. Moeschl – Statistik: Andreas Kunz. FU Berlin 1990.
Seite 388: Andreas Kunz.
Seite 390: Bildarchiv Preußischer Kulturbesitz; Schiffe Treideln/N.
Seite 392: Bildarchiv Preußischer Kulturbesitz; Schiffe/19. Jahrhundert Raddampfer N.
Seite 395: Foto Euro-Public. Redaktionsbüro Matthias Schneider, Krefeld.
Seite 396: oben: Andreas Kunz.
Seite 396: unten: Andreas Kunz.
Seite 402: Aus: Saunier, Baudry de/Dollfus, Charles/Geoffroy, Edgar de: Histoire de la locomotion terrestre. Paris 1936, p. 56–57.
Seite 403: oben: aus: Voigt, Fritz: Verkehr. Bd. 2.1. Berlin 1973, S. 433.
Seite 403: unten: aus: Voigt, Fritz: Verkehr. Bd. 2.1. Berlin 1973, S. 432.
Seite 405: Aus: Schoemann, Michael: Die Geschichte des Automobils. München 1985, S. 34.
Seite 407: Uwe Burghardt
Seite 409: Aus: Croon, Ludwig: Das Fahrrad und seine Entwicklung (Abhandlungen und Berichte 11. Jg. H. 6). Berlin 1939, S. 183.
Seite 411: Uwe Burghardt.

Seite 413:   Rainer Kiedrowski/Lieselotte Bergmann, Düsseldorf.
Seite 414:   Bavaria-Verlag, Gauting.
Seite 415:   Uwe Burghardt. In: Benz, Wolf (Hrsg.): Die Geschichte der
             Bundesrepublik Deutschland. Bd. 2. Frankfurt a. M. 1989, S. 271
Seite 419:   Aus: Walz, Werner: Die Geschichte der Bahn: Erlebnis Eisenbahn.
             Stuttgart 1983, S. 18.
Seite 422:   Deutsche Bundesbahn.
Seite 425:   Aus: Walz, Werner: Die Geschichte der Bahn: Erlebnis Eisenbahn.
             Stuttgart 1983.
Seite 428:   Briefmarken des Deutschen Reiches.
Seite 429:   Briefmarken des Deutschen Reiches.
Seite 434:   Briefmarken der Deutschen Bundespost.
Seite 439:   Flughafen Frankfurt Main AG, Luftfahrthistorische Sammlung
             Nr. 008/190 – 22,7 –17,2. Karteinummer 32.
Seite 443:   Flughafen Frankfurt Main AG, Luftfahrthistorische Sammlung.
             Lufthansa-Foto DLH 6012-1-8.
Seite 444:   Flughafen Frankfurt Main AG, Luftfahrthistorische Sammlung.
Seite 447:   Flughafen Frankfurt Main AG, Luftfahrthistorische Sammlung.
Seite 448:   Flughafen Frankfurt Main AG, Luftfahrthistorische Sammlung.
Seite 450:   Flughafen Frankfurt Main AG, Luftfahrthistorische Sammlung.
             Lufthansa-Foto CH 935-15-10 und C 86-2.
Seite 454:   Flughafen Frankfurt Main AG, Bundesanstalt für Flugsicherung,
             Fotostelle Nr. 88 MD 197.
Seite 459:   Siemens-Museum, München, Nr. P I 728 a.
Seite 460:   Bildstelle Deutsches Museum, München, Nr. 35826.
Seite 462:   Sigloch Edition, Künzelsau.
Seite 465:   Kodak-Reklame.
Seite 470:   Aus: Schütt, Ernst Christian: Chronik 1933. Dortmund 1989,
             S. 147 oben.
Seite 477:   Thomas Erkert, empirica GmbH, Bonn.
Seite 478:   Ulrich Wengenroth.
Seite 479:   oben: Ulrich Wengenroth.
Seite 479:   unten: Marktforum, Sem., Wien, Seminare, GA, KLS.
Seite 486:   LTA Mannheim 89/389 – Original Stadtarchiv Mannheim.
Seite 488:   LTA Mannheim 90/053 – Original Stadtarchiv Mannheim.
Seite 489:   LTA Mannheim 92.
Seite 491:   Reichsgesetzblatt Jg. 1920, S. 19.
Seite 494:   Aus: Boll, Georg: Geschichte des Verbundbetriebes. Frankfurt a. M.
             1969, S. 45.
Seite 501:   DVG (Hrsg.): Daten aus der Verbundwirtschft der Bundesrepublik
             Deutschland. Ausgabe 1. 7. 1991.
Seite 507:   Aus: Singer: A History of Technology. Bd. IV. Oxford 1958,
             S. 513.
Seite 508:   Aus: Smith, Norman: Mensch und Wasser. Wiesbaden/Berlin 1978,
             S. 141.
Seite 510:   Aus: Smith, Norman: Mensch und Wasser. Wiesbaden/Berlin 1978,
             S. 179.

Seite 513: Aus: Simson, John von: Kanalisation und Stadthygiene im
19. Jahrhundert. Düsseldorf 1983, S. 65.
Seite 519: Zeitgenössische Darstellung um 1877 (Baubehörde der Freien und
Hansestadt Hamburg).
Seite 525: Bildstelle der Berliner Wasserwirtschaft.
Seite 530: Bildarchiv Main – Gaswerke AG.
Seite 533: Germanisches Nationalmuseum, Nürnberg.
Seite 534: Bildarchiv Main – Gaswerk AG.
Seite 541: Bildarchiv IBM Deutschland GmbH, Stuttgart.

Inhaltsübersicht des Gesamtwerkes